中国国家标准汇编

601

GB 30281～30290

（2013 年制定）

中国标准出版社　编

中国标准出版社

北　京

图书在版编目(CIP)数据

中国国家标准汇编:2013年制定.601:
GB 30281～30290/中国标准出版社编.—北京:
中国标准出版社,2014.9
ISBN 978-7-5066-7682-3

Ⅰ.①中… Ⅱ.①中… Ⅲ.①国家标准-
汇编-中国-2013 Ⅳ.①T-652.1

中国版本图书馆CIP数据核字(2014)第187903号

中国标准出版社出版发行
北京市朝阳区和平里西街甲2号(100029)
北京市西城区三里河北街16号(100045)

网址 www.spc.net.cn
总编室:(010)64275323 发行中心:(010)51780235
读者服务部:(010)68523946
中国标准出版社秦皇岛印刷厂印刷
各地新华书店经销

*

开本 880×1230 1/16 印张 43.25 字数 1 339 千字
2014年9月第一版 2014年9月第一次印刷

*

定价 220.00 元

出 版 说 明

1.《中国国家标准汇编》是一部大型综合性国家标准全集。自1983年起，按国家标准顺序号以精装本、平装本两种装帧形式陆续分册汇编出版。它在一定程度上反映了我国建国以来标准化事业发展的基本情况和主要成就，是各级标准化管理机构，工矿企事业单位，农林牧副渔系统，科研、设计、教学等部门必不可少的工具书。

2.《中国国家标准汇编》收入我国每年正式发布的全部国家标准，分为"制定"卷和"修订"卷两种编辑版本。

"制定"卷收入上一年度我国发布的、新制定的国家标准，顺延前年度标准编号分成若干分册，封面和书脊上注明"20××年制定"字样及分册号，分册号一直连续。各分册中的标准是按照标准编号顺序连续排列的，如有标准顺序号缺号的，除特殊情况注明外，暂为空号。

"修订"卷收入上一年度我国发布的、被修订的国家标准，视篇幅分设若干分册，但与"制定"卷分册号无关联，仅在封面和书脊上注明"20××年修订-1，-2，-3，……"字样。"修订"卷各分册中的标准，仍按标准编号顺序排列(但不连续)；如有遗漏的，均在当年最后一分册中补齐。需提请读者注意的是，个别非顺延前年度标准编号的新制定的国家标准没有收入在"制定"卷中，而是收入在"修订"卷中。

读者配套购买《中国国家标准汇编》"制定"卷和"修订"卷则可收齐由我社出版的上一年度我国制定和修订的全部国家标准。

3.由于读者需求的变化，自1996年起，《中国国家标准汇编》仅出版精装本。

4.2013年我国制修订国家标准共1 979项。本分册为"2013年制定"卷第601分册，收入国家标准GB 30281～30290的最新版本。

中国标准出版社

2014年8月

目　　录

目　录

ICS 35.040
L 80

中华人民共和国国家标准

GB/T 30281—2013

信息安全技术　鉴别与授权　可扩展访问控制标记语言

Information security technology—Authentication and authorization—eXtensible Access Control Markup Language (XACML)

2013-12-31 发布　　2014-07-15 实施

中华人民共和国国家质量监督检验检疫总局
中国国家标准化管理委员会　发布

前　言

本标准按照 GB/T 1.1—2009 给出的规则起草。

本标准由全国信息安全标准化技术委员会(SAC/TC 260)提出并归口。

本标准起草单位:中国科学院软件研究所。

本标准主要起草人:冯登国、徐震、张敏、翟征德、王雅哲、高志刚、张凡。

引　言

如何实现大规模分布式应用中的信息资源的受控共享，实现基于策略的安全管理已成为信息安全领域关注的重点之一。目前多数分布式应用仍然独立定义自己的安全策略并实施资源访问控制，不仅无法获得一个完整的安全策略实施视图，而且安全策略的维护代价高，可靠性缺乏足够保障。

本标准定义一种通用的可扩展的访问控制策略标记语言 XACML，支持多种访问控制策略类型，允许用户自定义策略扩展，允许用户以一种实现无关的方式定义系统的资源保护策略并控制资源访问控制决策的逻辑过程，实现安全策略定义形式和访问判定过程标准化。

信息安全技术　鉴别与授权
可扩展访问控制标记语言

1　范围

本标准规定了可扩展访问控制标记语言(XACML)的数据流模型、语言模型和语法。

本标准适用于大规模分布式应用中资源统一访问控制策略语言的编写与分析。

2　规范性引用文件

下列文件对于本文件的应用是必不可少的。凡是注日期的引用文件,仅注日期的版本适用于本文件。凡是不注日期的引用文件,其最新版本(包括所有的修改单)适用于本文件。

IEEE 754　浮点运算标准(Standard for Floating-point Arithmetic)

IETF RFC 822　电子邮件的标准格式(Standard for the Format of Arpa Internet Text Messages)

IETF RFC 2253　轻型目录访问协议(v3):UTF-8　字符串表示辨别名(Lightweight Directory Access Protocol (v3):UTF-8 String Representation of Distinguished Names)

IETF RFC 2396 统一资源标识符:基本语法(Uniform Resource Identifiers (URI): Generic Syntax)

IETF RFC 2732 文本 IPv6 地址在 URL 上的格式(Format for Literal IPv6 Addresses in URL's)

IETF RFC 3280 X.509 PKI 证书和 CRL 简况(Internet X.509 Public Key Infrastructure Certificate and Certificate Revocation List (CRL) Profile)

W3C XQuery1.0 和 XPath 2.0 函数与操作符(XQuery 1.0 and XPath 2.0 Functions and Operators)

W3C XML 模式,第 1 部分和第 2 部分(XML Schema, parts 1 and 2)

3　术语和定义

下列术语和定义适用于本文件。

3.1

属性　attribute

在谓词和目标中用于描述主体、资源、动作和环境的特征。

3.2

授权决策　authorization decision

PDP 依据适用策略产生的评估结果,该结果返回至 PEP。

3.3

上下文　context

决策请求和授权决策的规范表述。

3.4

上下文处理器　context handler

将决策请求从原始格式的决策请求转换成 XACML 规范形式,并将授权决策从 XACML 规范形式转换成原始应答格式的系统实体。

3.5

决策　decision

规则、策略或策略集的评估结果。

3.6

决策请求　decision request

PEP 发送给 PDP 的授权决策请求。

3.7

效果　effect

规则条件满足时的预期评估结果，其取值为“Permit”或“Deny”。

3.8

环境　environment

一组独立于特定的主体、资源或者动作且与授权决策相关的属性集合。

3.9

命名属性　named attribute

属性的特定实例，具体值取决于属性名、类型、持有者和属性颁发者。

3.10

义务　obligation

由策略或策略集所定义，在 PEP 执行授权决策时应同时执行的特定操作。

3.11

策略　policy

执行访问控制决策遵循的规则。由一组规则、一个规则组合算法标识和一组义务(可选)组成，是策略集的组成部分。

3.12

策略管理点　policy administration point

创建策略或策略集的系统实体。

3.13

策略组合算法　policy-combining algorithm

用于组合多个策略的决策和义务的程序。

3.14

策略判定点　policy decision point

依据适用策略进行评估并产生授权决策的系统实体。

3.15

策略执行点　policy enforcement point

发出决策请求并依据授权决策结果进行访问控制的系统实体。

3.16

策略信息点　policy information point

产生并提供属性值的系统实体。

3.17

策略集　policy set

包括一个由策略或者其他策略集构成的集合，一个策略组合算法和一个可选的义务集合。

3.18

规则 rule

由一个目标、一个效果和一个条件构成，是策略的组成部分。

3.19

主体 subject

参与者，其属性用于描述谓词。

3.20

目标 target

由主体、资源和动作三者标识的决策请求集合，是对规则、策略和策略集适用范围的一种限定。

3.21

类型合一 type Unification

对两个类型表达式进行合一的方法。

4 缩略语

下列缩略语适用于本文件。

PAP：策略管理点(Policy Administrator Point)

PDP：策略决策点(Policy Decision Point)

PEP：策略执行点(Policy Enforcement Point)

PIP：策略信息点(Policy Information Point)

XACML：可扩展访问控制标记语言(Extensible Acess Control Markup Language)

XML：可扩展置标语言(Extensible Markup Language)

XSLT：可扩展样式表转换语言(Extensible Stylesheet Language Transformation)

SAML：安全断言标记语言(Security Assertion Markup Language)

XPath：XML 路径语言(XML Path Language)

URI：通用资源标识符(Uniform Resource Identifier)

W3C：万维网联盟(World Wide Web Consortium)

LDAP：轻量级目录访问协议(Lightweight Directory Access Protocol)

5 XACML 概述

5.1 概述

如何实现大规模分布式应用中的信息资源的受控共享，实现基于策略的安全管理已成为信息安全领域关注的重点之一。目前多数分布式应用仍然独立定义自己的安全策略并实施资源访问控制，不仅无法获得一个完整的安全策略实施视图，而且安全策略的维护代价高，可靠性缺乏足够保障。因此迫切需一种通用的策略描述语言，允许组织有效地管理信息系统部件中安全策略组件的实施情况。由于 XML 的句法和语义能很容易地进行扩展以适应安全应用的需求，并得到了几乎所有主流平台和工具提供商的广泛支持，因此 XML 自然地成为了这种通用安全策略语言的基础。

5.2 需求

描述信息系统安全策略的描述语言面临的基本需求是：

a) 提供一种方法将单独的规则和策略组合成一个策略集，以便使其适用于某次决策请求；

b) 提供一种方法来定义策略和规则的组合过程；

c) 提供一种方法来处理具有不同能力的多个主体；

d) 提供一种方法来基于主体和资源的属性进行授权决策；

e) 提供一种方法来处理多值属性；

f) 提供一种方法基于信息资源的内容进行授权决策；

g) 提供一组逻辑和数学操作符来处理主体、资源和环境的属性；

h) 提供一种方法来处理分布的策略组件，同时对策略组件的定位、检索和认证方式进行抽象；

i) 提供一种方法来基于主体、资源和动作的属性快速地确定适用于给定访问操作的策略；

j) 提供一个抽象层来将策略编写者同应用环境的细节隔离；

k) 提供一种方法来指定一组随着策略实施而强制执行的动作。

5.3 规则和策略组合

适用于特定决策请求的完整策略可能包含多个规则和策略。例如，一个个人隐私应用中，隐私信息的拥有者能定义安全策略一些方面，而负责监护这些信息的机构能定义策略的另外一些方面。为了产生一个授权决策，应能将这两个分离策略合并成一个适用于请求的单独策略。

XACML 定义了以下三个顶层策略元素：

——〈Rule〉元素：包含一个布尔表达式，它能独立地进行评估，却不能独立地被 PDP 访问。因此，该元素自身不能作为授权决策的基本单位。该元素能在 PAP 中独立存在，因此能作为策略管理的基本单位，并被多个策略重复引用。

——〈Policy〉元素：包含一组〈Rule〉元素和一个指定的对〈Rule〉元素评估结果进行组合的方式。它是 PDP 访问策略的基本单位，因此是授权决策的基础。

——〈PolicySet〉元素：包含一组〈Policy〉或其他〈PolicySet〉元素，和一个指定的对它们的评估结果进行组合的方式。它是将多个分离策略合并成一个单独策略的标准方法。

5.4 组合算法

XACML 定义了一组能由 RuleCombiningAlgId 或 PolicyCombingAlgId 属性指定的组合算法。规则组合算法定义了基于一组规则评估结果得到授权决策的过程。策略组合算法定义了基于一组策略评估结果得到授权决策的过程。标准的组合算法如下：

——拒绝优先：如果一个〈Rule〉或〈Policy〉元素的评估结果为“Deny”，则无论任何其他〈Rule〉或〈Policy〉元素的评估结果如何，组合后的结果是“Deny”；

——允许优先：一个“Permit”评估结果将导致组合结果为“Permit”；

——首次适用：组合评估结果等同于第一个适用于当前决策请求的〈Rule〉、〈Policy〉或〈PolicySet〉元素的评估结果；

——唯一适用：“唯一适用”算法仅适用于策略的组合。该算法产生的组合结果保证有且仅有一个〈Policy〉或〈PolicySet〉适用于当前决策请求，而这个适用策略的评估结果就是最终的组合决策结果。如果没有任何策略或者策略集适用，则组合结果为“NotApplicable”；如果多于一个的策略或策略集适用，则组合结果为“Indeterminate”；

策略和策略集可能带有能够修改组合算法行为的参数。但是本标准中定义的组合算法都是无参数的。必要时，用户能定义自己的组合算法。

5.5 多主体

访问控制策略经常对多个主体的动作制定规则。例如，数额较大的金融交易需要多个具有不同能力的用户主体批准。XACML 允许在一次决策请求中有多个主体。属性"subject-category"用于区分具有不同能力的主体。本标准为该属性定义了一组标准值，用户还能自定义属性值。

5.6 基于主体和资源属性的策略

在 XACML 中，主体属性可以通过在请求上下文的〈SubjectAttributeDesignator〉元素来表示。该元素包含一个用来标识属性的唯一资源名(URN)。另外一种方式是通过〈AttributeSelector〉元素，该元素包含一个 Xpath 表达式，可以用来从请求上下文中检索主体属性。

XACML 定义了一种标准的方式来引用 LDAP 规范中定义的属性。这样做的目的是鼓励开发人员使用标准的属性标识符。

在 XACML 中，资源属性可以通过在请求上下文的〈ResourceAttributeDesignator〉元素来表示。该元素包含一个用来标识属性的唯一资源名(URN)。另外一种方式是通过〈AttributeSelector〉元素，该元素包含一个 Xpath 表达式，可以用来从请求上下文中检索资源属性。

5.7 多值属性

常见的属性传输方式都支持多值属性。因此，当 PDP 检索一个命名属性的值时，结果可能有多个。这样的多个值称为一个包。包与集合的不同之处在于：包能包含多个重复的值，而集合不能。有时，这种情况对应一个错误；当且仅当规则中的任一属性值符合规则的要求，规则就被满足。

XACML 提供了一组函数以便策略制定者能清楚地指定 PDP 如何处理多值属性。这组函数称为"高阶函数"(见 A.3)。

5.8 基于资源内容的策略

许多应用要求访问时基于信息资源的内容进行授权决策。例如，一个常见的隐私策略的例子是用户应能访问有关自己的纪录。这种情况下，策略应能引用信息资源中的主体。

当信息资源能被表示成 XML 文档时，XACML 应能支持这种基于资源内容的授权决策。〈AttributeSelector〉元素中的 Xpath 表达式可以用来从请求上下文中的信息资源中提取数据。

如果信息资源不是 XML 文档，XACML 应能引用资源的属性(见 5.4)。

5.9 操作符

为了实现授权决策，策略需要操作主体、资源、动作和环境的属性。在决策过程中，多种属性参与比较和计算过程。例如在一个金融应用中，用户的可用资金额度等于用户的信用额度与账户余额的和。这种情况需要对主体和资源的属性进行数学操作。

一个策略可能定义了允许执行某个操作的所有角色。策略评估过程需要检查策略中标识出的角色集合与主体拥有的角色集合的交集非空。这种情况需要集合操作。

XACML 给出了一组内置函数和一种添加自定义函数的方法。这些函数能通过〈Apply〉元素进行嵌套已形成复杂的表达式。〈Apply〉元素的 FunctionId 属性标识了能施加在元素内容上的函数。每个标准函数都接受确定类型的参数，其返回值类型也是确定的。因此策略的数据类型一致性能在策略编写或解析的时候进行。对请求上下文中的数据值和策略中期望的值进行比较能确保可预期的判定结果。

除了对数值类型和集合的操作符，本标准也定义了对日期、时间和时间长度类型的操作符。

本标准还定义了针对多种数据类型的关系操作符，这些数据类型包括 RFC822 和 X.500 命名形式、字符串、URI 等。

布尔操作符允许对规则中的谓词进行组合。例如，一个规则可能定义：只有在工作时间内且地理位置在组织内的终端上发起的访问操作才被允许。

XACML 借用了 MathML[1]、XQuery 1.0 以及 XPath 2.0 中的函数表示方法。

5.10 策略分布

分布式系统中，不同的策略编写者能制定自己的策略声明，并且在多个策略实施点进行实施。除了有助于对独立的策略组件进行收集和组合之外，这种方法还有助于策略的及时更新。XACML 并不规定任何策略分布方法。PDP 应对所收集策略的目标元素进行检查以确保处理中的策略是适用的。

〈Policy〉元素可以附着在其适用的信息资源上[2]，或者在一个或多个位置进行维护以便检索。在这些情形下，适用策略可以被信息资源中的标识符或位置符引用。

5.11 策略索引

为了方便管理和提高评估效率，整个组织的安全策略能表示成多个独立的策略元素。在这种情况下，必须在策略评估之前鉴别和检索那些适用的策略声明并对其进行验证。下文提及的〈Target〉元素就是为此目的而定义的。

本规则支持两种策略索引方法：

——策略声明能存储在数据库中。这种情况下，PDP 应只从数据库中检索那些适用于当前决策请求的策略声明。此外，PDP 应按照本标准中定义的方式评估所检索策略和策略集的〈Target〉元素。

——PDP 能加载所有可用策略，并根据特定的决策请求上下文对其〈Target〉元素进行评估，以确定适用的策略和策略集。

5.12 抽象层

PEP 可以有多种形式：例如，一个 PEP 可能是远程访问网关、Web 服务器或电子邮件代理的一部分。一个特定的策略可能需要在多个 PEP 中实施，因此需要给出一种 XACML PDP 使用的规范化决策请求和应答上下文形式。这种规范化形式称为 XACML 上下文，上下文中涉及的属性和元素集则构成了抽象层。

遵守 XACML 规范的 PEP 能直接提交和接收 XACML 上下文格式的决策请求和应答，否则需要一个中间步骤把 PEP 能理解的请求和应答格式转换成 XACML 上下文格式。

如果原始决策请求和决策结果格式是符合某个 XML schema 的，XSLT 能用来实现从原始格式到 XACML 上下文格式的转换。

如果请求的资源是 XML 文档，则它可以直接包含在 XACML 请求上下文中或者为其所引用。通过 XPath 表达式，策略评估过程能引用资源中的值。

5.13 随同策略实施一起执行的动作

很多应用的安全策略指定了“必须”执行的动作和“可能”执行的动作中的一种，或者两种[3]；XACML 通过〈Obligations〉元素来描述那些随着策略评估过程而“必须”执行的临时动作[4]。本标准没有对这些动作进行定义，因此要正确地实施这种策略，PEP 和 PDP 之间需要事先达成一致。除非 PEP 能理解适用策略中的〈Obligations〉元素并履行其定义的所有动作，否则它将拒绝相应的资源访问请求。

6 模型

6.1 数据流模型

图 1 所示的数据流图显示了 XACML 域中的主要参与者。

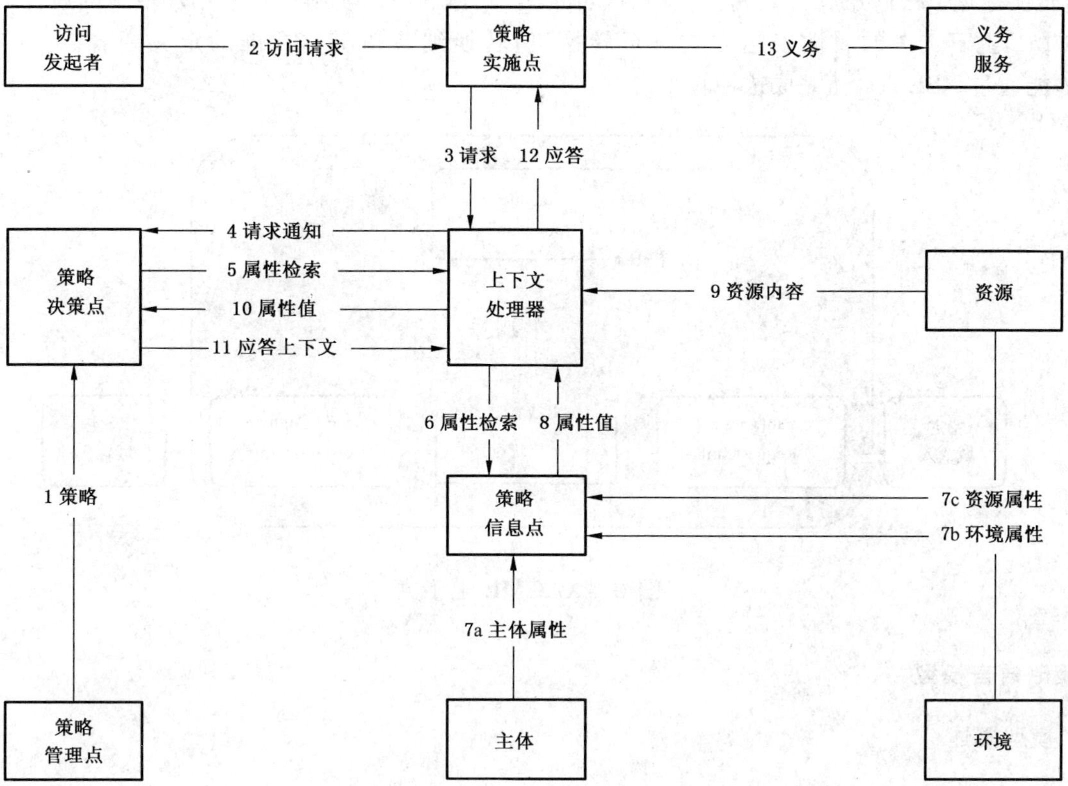

图 1　XACML 数据流图

该模型包括以下步骤：

1)　PAP 编写策略和策略集并提供给 PDP。这些策略或者策略集代表了特定目标的完整策略。

2)　访问请求者发送给 PEP 一个要访问资源的请求。

3)　PEP 将请求按照原有格式发送给上下文处理器，请求中可能包含主体、资源、动作和环境的属性信息。

4)　上下文处理器构造 XACML 请求并将其发送给 PDP。

5)　PDP 向上下文处理器请求其所需的其他主体、资源、动作和环境属性。

6)　上下文处理器向 PIP 请求上述属性信息。

7)　PIP 获得请求的属性。

8)　PIP 返回请求的属性给上下文处理器。

9)　上下文处理器将所获得的资源加入上下文中(可选)。

10)　上下文处理器将所获得的属性和资源(可选)发送至 PDP，PDP 评估策略。

11)　PDP 将包括授权决策在内的应答上下文返回给上下文处理器。

12)　上下文处理器将应答上下文转换成 PEP 能理解的格式，并发送给 PEP。

13)　PEP 完成规定的义务操作。

14)　如果访问被允许则 PEP 允许对资源的访问，否则拒绝该访问(图 1 中未显示)。

6.2　XACML 上下文

XACML 上下文将核心语言和应用环境隔离开。图 2 所示的灰色区域为 XACML 标准的覆盖范围。XACML 上下文由 XML 模式定义，描述 PDP 的输入和输出的规范表述形式。XACML 策略中引用的属性可能以 XPath 形式在上下文中表示，或者表示成主体、资源、动作、环境分别对应的属性指示器和其属性标识、属性数据类型、属性发布者(可选)。具体的应用实施应对应用环境中的属性表达方式和XACML上下文中的属性表达方式进行转换,但转换细节超出本标准的定义内容。一些应用如SAML,能通过XSLT自动完成这种转换。

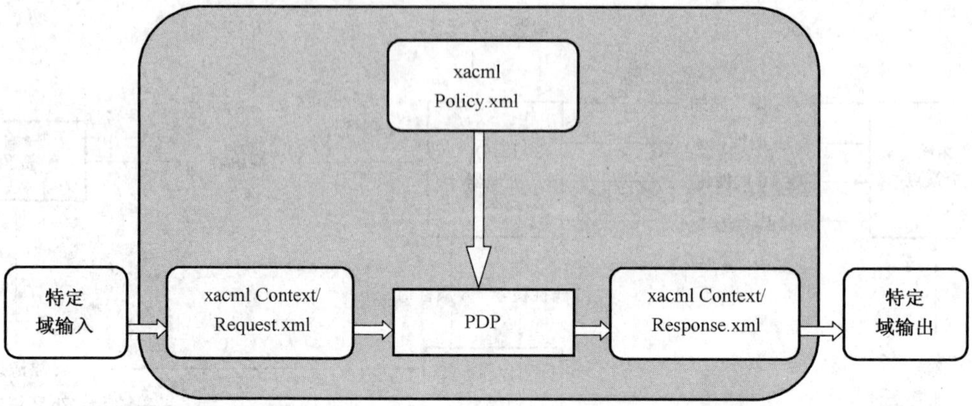

图2 XACML上下文

6.3 策略语言模型

6.3.1 模型概述

如图3所示,策略语言模型的主要组件是:

——规则;

——策略;

——策略集。

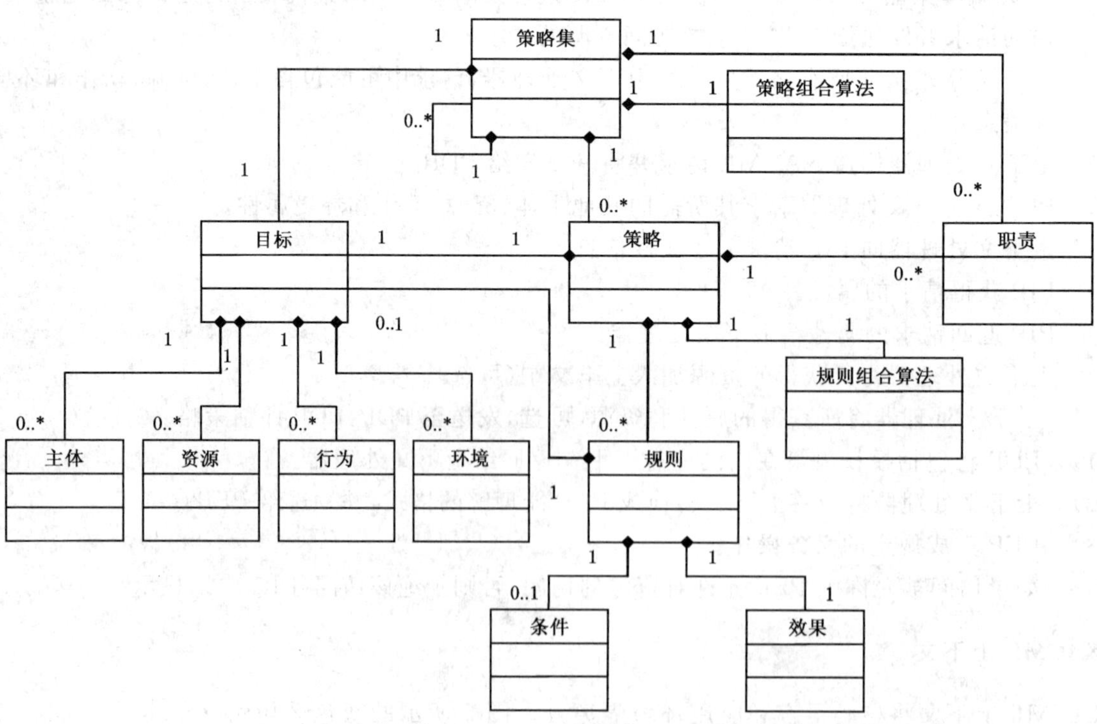

图3 策略语言模型

6.3.2 规则

6.3.2.1 概述

规则是策略的最基本单元。规则能仅限定于 XACML 域中的一个参与者。为了在参与者之间交换规则，他们应被包装为一个策略。规则的组件主要包括目标、结果、条件。

6.3.2.2 规则目标

目标定义了资源、主体、动作、环境集合。

〈Condition〉条件元素能进一步增强目标建立的适用性。如果规则要应用到一个特定类型的所有实体，则相关的实体将被目标忽略。PDP 验证请求中的主体，资源，动作和环境属性是否满足目标中定义的匹配。目标的定义是不连续的，目的是适用的规则能被 PDP 更有效的识别。

一个规则可以不包含目标元素。这种情况下，规则的目标和父策略元素的目标相同。

某些主体名称形式、资源名称形式和特定类型的资源是结构相关的。例如 RFC822 是针对主体的结构化命名形式，而 UNIX 文件系统命名形式和 URIs 都是针对资源的结构化命名形式。XML 文档也是一种结构化的资源。

通常，在一个结构化的命名形式里的节点(不能是叶节点)的名字也是一个命名形式的合法实例。

非叶节点的主体名称只能在“match”操作中使用(如 urn:oasis:names:tc:xacml:1.0:function:rfc822Name-match)，而不能在“equal”操作中使用(如 urn:oasis:names:tc:xacml:1.0:function:rfc822Name-equal)，见附录 A。

6.3.2.3 结果

规则的结果表明了规则制定者对于规则评估为真的预期的结果。结果值可能为“Permit”或者“Deny”。

6.3.2.4 条件

条件描述了加在目标断言之上加强规则适用性的布尔表达式。

6.3.3 策略

6.3.3.1 概述

一个策略由 4 个主要的部分组成：目标、规则组合算法标识符、一组规则、义务。

6.3.3.2 策略目标

XACML 中的〈PolicySet〉，〈Policy〉或者〈Rule〉元素包含一个〈Target〉元素，该元素定义了应用策略或者规则的特定主体，资源，动作和环境集合。〈PolicySet〉、〈Policy〉元素的〈Target〉元素可能由〈PolicySet〉〈Policy〉的编写者定义，也有可能从包含〈Target〉元素的〈PolicySet〉〈Policy〉和〈Rule〉元素的〈Target〉元素计算得出。

XACML 并没有定义系统实体如何计算〈Target〉，以下是两种可能被使用的方法：

——方法一：外部〈PolicySet〉、〈Policy〉的〈Target〉元素通过计算内部〈PolicySet〉、〈Policy〉和〈Rule〉元素的并集得到；

——方法二：外部组件的〈Target〉元素能通过计算所有内部组件的〈Target〉元素交集得到。

两种方法的评估结果是非常不同的：第一种情况，外部组件的〈Target〉元素适用所有满足至少一个内部组件〈Target〉元素的决策请求；第二种情况，外部组件的〈Target〉仅仅适用于满足所有内部组件

〈Target〉元素的决策请求。只有在目标数据模型相对简单的情况下，计算〈Target〉元素的交集才是实际可行的。

假如策略编写者声明了〈Policy〉元素的〈Target〉元素，则这个〈Policy〉元素中的任何含有相同〈Target〉元素的〈Rule〉元素将忽略掉〈Target〉元素。这些〈Rule〉元素从包含他们的〈Policy〉元素继承〈Target〉。

6.3.3.3 规则组合算法

规则组合算法定义了对规则评估结果进行组合从而产生策略评估结果的方法。PDP 应答的决策值是由规则组合算法计算的策略评估值。策略可以含有影响规则组合算法操作的组合参数。

6.3.3.4 义务

义务可以由策略编写者添加。

当 PDP 评估包括义务的策略时，它通过应答返回特定的义务给 PEP。

6.3.4 策略集

6.3.4.1 概述

策略集包含 4 个主要的部分：目标、策略组合算法标识符、策略集、义务。

6.3.4.2 策略组合算法

策略组合算法定义了评估策略集时组合策略评估结果的方法。PDP 应答的决策值是由策略组合算法计算的策略集评估结果。策略集可以含有影响策略组合算法操作的参数。

6.3.4.3 义务

策略集的编写者能为策略集增加义务。当 PDP 评估包含义务的策略集时，它通过应答返回给 PEP 特定的义务。

7 策略语法

7.1 〈**PolicySet**〉元素

〈PolicySet〉元素是 XACML 描述框架的顶层元素。〈PolicySet〉是其他策略集和策略的集合。策略集可能直接使用〈PolicySet〉元素包含一个策略集，或者使用〈PolicySetIdReference〉间接包含策略集。〈PolicySet〉元素能使用〈Policy〉元素直接包含策略，或者使用〈PolicyIdReference〉间接引用策略。

〈PolicySet〉可以被评估，评估过程见 9.11。

如果〈PolicySet〉元素包含 URL 形式的其他策略和策略集的引用，那么这些引用应能被解析。

〈PolicySet〉元素包含的策略集和策略应使用由 PolicyCombiningAlgId 属性标识的算法组合起来。所有的策略组合算法将其中包含的〈PolicySet〉元素看作〈Policy〉元素。如果〈PolicySet〉元素包含的〈Target〉元素匹配请求上下文，那么〈PolicySet〉元素可能被 PDP 使用来产生授权决策。

〈Obligations〉元素包含义务集合，PEP 在执行授权决策的同时应将它们一起执行。如果 PEP 不理解，或者不能执行集合中的任何一个义务，那么 PEP 认为 PDP 返回了“Deny”授权决策。

〈PolicySet〉元素及其类型定义如下：

〈xs:element name="PolicySet" type="xacml:PolicySetType"/〉

〈xs:complexType name="PolicySetType"〉

```
〈xs:sequence〉
  〈xs:element ref="xacml:Description" minOccurs="0"/〉
  〈xs:element ref="xacml:PolicySetDefaults" minOccurs="0"/〉
  〈xs:element ref="xacml:Target"/〉
  〈xs:choice minOccurs="0" maxOccurs="unbounded"〉
    〈xs:element ref="xacml:PolicySet"/〉
    〈xs:element ref="xacml:Policy"/〉
    〈xs:element ref="xacml:PolicySetIdReference"/〉
    〈xs:element ref="xacml:PolicyIdReference"/〉
    〈xs:element ref="xacml:CombinerParameters"/〉
    〈xs:element ref="xacml:PolicyCombinerParameters"/〉
    〈xs:element ref="xacml:PolicySetCombinerParameters"/〉
  〈/xs:choice〉
  〈xs:element ref="xacml:Obligations" minOccurs="0"/〉
〈/xs:sequence〉
〈xs:attribute name="PolicySetId" type="xs:anyURI" use="required"/〉
〈xs:attribute name="Version" type="xacml:VersionType" default="1.0"/〉
〈xs:attribute name="PolicyCombiningAlgId" type="xs:anyURI" use="required"/〉
〈/xs:complexType〉
```

〈PolicySet〉元素是 PolicySetType 复合类型，包含以下属性和元素：

——PolicySetId [必需]

策略集标识符。PAP 有责任保证 PDP 看到的任何两个策略都没有相同的标识符。这能通过预定义的 URN 或者 URI 框架来实现。如果策略集标识符是 URL 形式，则它是可解析的。

——Version [默认 1.0]

策略集的版本

——PolicyCombiningAlgId [必需]

组合〈PolicySet〉、〈CombinerParameters〉、〈PolicyCombinerParameters〉和〈PolicySetCombinerParameters〉元素的策略组合算法的标识符。标准的组合算法标识符见 B.9。标准的策略组合算法见附录 C。

——〈Description〉[可选]

策略集的自由格式描述。

——〈PolicySetDefaults〉[可选]

适用于策略集的默认值集。〈PolicySetDefaults〉元素的范围是策略集内部。

——〈Target〉[必需]

策略集适用的决策请求的集合。〈Target〉元素可能由策略集制定者制定，也能从引用的〈Policy〉元素的〈Target〉元素计算得出，计算结果是这些元素的交集或并集。

——〈PolicySet〉[任意数量]

策略集包含的策略集。

——〈Policy〉[任意数量]

策略集包含的策略。

——〈PolicySetIdReference〉[任意数量]

一个策略集的引用。被引用的策略集应包含在这个策略集中，如果是 URL，则应是可解析的。

——〈PolicyIdRefrence〉[任意数量]

一个策略的引用。被引用的策略应包含在这个策略集中,如果是 URL,则应能解析。

——〈Obligations〉[可选]

包含〈Obligation〉元素集合。

——〈CombinerParameters〉[可选]

包含一个〈CombinerParameter〉元素序列。

——〈PolicyCombinerParameters〉[可选]

包含一个〈CombinerParameter〉元素序列,这些元素和〈PolicySet〉元素包含的特定〈Policy〉和〈PolicyReference〉元素相关。

——〈PolicySetCombinerParameters〉[可选]

包含一个〈CombinerParameter〉元素序列,这些元素和〈PolicySet〉元素包含的特定〈PolicySet〉和〈PolicySetReference〉元素相关。

7.2 〈Description〉元素

〈Description〉元素包含对〈PolicySet〉、〈Policy〉或〈Rule〉元素的自由形式的描述。其元素及类型定义如下:

〈xs:element name=" Description " type="xs: string"/〉

〈Description〉元素是 xs:string 简单类型。

7.3 〈PolicySetDefaults〉元素

〈PolicySetDefaults〉元素定义应用到〈PolicySet〉元素的默认值,其元素及其类型定义如下:

```
〈xs:element name="PolicySetDefaults" type="xacml:DefaultsType"/〉
〈xs:complexType name="DefaultsType"〉
〈xs:sequence〉
  〈xs:choice〉
    〈xs:element ref="xacml:XPathVersion" minOccurs="0"/〉
  〈/xs:choice〉
〈/xs:sequence〉
〈/xs:complexType〉
```

〈PolicySetDefaults〉元素是 DefaultsType 复合类型,包含以下元素:

——〈XpathVersion〉[可选]

默认的 Xpath 版本。

7.4 〈XpathVersion〉元素

〈XPathVersion〉元素应指定策略集和策略中〈AttributeSelector〉元素使用的 Xpath 规范的版本,其元素及其类型定义如下:

〈xs:element name="XPathVersion" type="xs:anyURI"/〉

Xpath1.0 规范的 URI 是 http://www.w3.org/TR/1999/Rec-xpath-19991116。如果策略集和策略包含〈AttributeSelector〉元素或基于 Xpath 的函数,则必须包含〈XpathVersion〉元素。

7.5 〈Target〉元素

〈Target〉元素标识了父元素要评估的决策请求的集合。〈Target〉元素应作为〈PolicySet〉和〈Policy〉元素的子元素,也可以作为〈Rule〉元素的子元素。它包含主体,资源,动作和环境定义。

〈Target〉元素应包含一个〈Subjects〉,〈Resources〉,〈Actions〉和〈Environments〉元素的合取序列。

若要〈Target〉的父元素适用于决策请求，〈Target〉元素和〈xacml-context:Request〉元素中的对应部分至少有一组完全匹配。

〈Target〉元素及其类型定义如下：

〈xs:element name="Target" type="xacml:TargetType"/〉

〈xs:complexType name="TargetType"〉

〈xs:sequence〉

  〈xs:element ref="xacml:Subjects" minOccurs="0"/〉

  〈xs:element ref="xacml:Resources" minOccurs="0"/〉

  〈xs:element ref="xacml:Actions" minOccurs="0"/〉

  〈xs:element ref="xacml:Environments" minOccurs="0"/〉

〈/xs:sequence〉

〈/xs:complexType〉

〈Target〉元素的类型是 TargetType 复合类型，包含以下元素：

——〈Subjects〉[可选]

上下文中主体属性的匹配说明。如果缺少此元素，则目标匹配所有主体。

——〈Resources〉[可选]

上下文中资源属性的匹配说明。如果缺少此元素，则目标匹配所有资源。

——〈Actions〉[可选]

上下文中动作属性的匹配说明。如果缺少此元素，则目标匹配所有动作。

——〈Enviroment〉[可选]

上下文中环境属性的匹配说明。如果缺少此元素，则目标匹配所有环境。

7.6 〈Subjects〉元素

〈Subjects〉元素包含〈Subject〉元素的析取序列，其元素及其类型定义如下：

〈xs:element name="Subjects" type="xacml:SubjectsType"/〉

〈xs:complexType name="SubjectsType"〉

  〈xs:sequence〉

    〈xs:element ref="xacml:Subject" maxOccurs="unbounded"/〉

  〈/xs:sequence〉

〈/xs:complexType〉

〈Subjects〉元素类型是 SubjectsType 复合类型，包含以下元素：

——〈Subject〉[一个或多个，必需]

7.7 〈Subject〉元素

〈Subject〉元素包含一个〈SubjectMatch〉元素的合取序列，其元素及其类型定义如下：

〈xs:element name="Subject" type="xacml:SubjectType"/〉

〈xs:complexType name="SubjectType"〉

  〈xs:sequence〉

    〈xs:element ref="xacml:SubjectMatch" maxOccurs="unbounded"/〉

  〈/xs:sequence〉

〈/xs:complexType〉

〈Subject〉元素类型是 SubjectType 复合类型，包含以下元素：

——〈SubjectMatch〉[一个或多个]

7.8 〈**SubjectMatch**〉元素

〈SubjectMatch〉元素通过匹配内含的属性值和请求上下文中〈xacml-context:Subject〉元素的主体属性来确定一个主体相关的实体集合，其元素及其类型定义如下：

```
〈xs:element name="SubjectMatch" type="xacml:SubjectMatchType"/〉
〈xs:complexType name="SubjectMatchType"〉
    〈xs:sequence〉
        〈xs:element ref="xacml:AttributeValue"/〉
        〈xs:choice〉
            〈xs:element ref="xacml:SubjectAttributeDesignator"/〉
            〈xs:element ref="xacml:AttributeSelector"/〉
        〈/xs:choice〉
    〈/xs:sequence〉
    〈xs:attribute name="MatchId" type="xs:anyURI" use="required"/〉
〈/xs:complexType〉
```

〈SubjectMatch〉元素类型为 SubjectMatchType 复合类型，包含下列属性和元素：

——MatchId[必需]

指定匹配函数。这个属性的值应是 9.6 中 xs:anyURI 类型的合法值。

——〈xacml:AttributeValue〉[必需]

内含的属性值。

——〈SubjectAttributeDesignator〉[必需，选项]

能用来确定请求上下文中〈Subject〉元素包含的一个或多个主体属性值。

——〈AttributeSelector〉[必需，选项]

能用来确定请求上下文中的一个或多个属性值。Xpath 表达式应解析成请求上下文中〈Subject〉元素包含的主体属性。

7.9 〈**Resources**〉元素

〈Resources〉元素包含一个〈Resource〉元素的析取序列，其元素及其类型定义如下：

```
〈xs:element name=" Resources " type="xacml: ResourcesType"/〉
〈xs:complexType name=" ResourcesType"〉
    〈xs:sequence〉
        〈xs:element ref="xacml: Resource" maxOccurs="unbounded"/〉
    〈/xs:sequence〉
〈/xs:complexType〉
```

〈Resources〉元素类型是 ResourcesType 复合类型，包含以下元素：

——〈Resource〉[一个或多个，必需]

7.10 〈**Resource**〉元素

〈Resource〉元素包含一个〈 ResourceMatch〉元素的合取序列，其元素及其类型定义如下：

```
〈xs:element name="Resource" type="xacml:ResourceType"/〉
〈xs:complexType name="ResourceType"〉
    〈xs:sequence〉
        〈xs:element ref="xacml:ResourceMatch" maxOccurs="unbounded"/〉
```

```
    〈/xs:sequence〉
〈/xs:complexType〉
```

〈Resource〉元素类型是 ResourceType 复合类型，包含以下元素：

——〈ResourceMatch〉[一个或多个]

7.11 〈ResourceMatch〉元素

〈ResourceMatch〉元素通过匹配内含的属性值和请求上下文中〈xacml-context:Resource〉元素的资源属性值来确定一个资源相关的实体集合，其元素及其类型定义如下：

```
〈xs:element name="ResourceMatch" type="xacml:ResourceMatchType"/〉
〈xs:complexType name="ResourceMatchType"〉
    〈xs:sequence〉
        〈xs:element ref="xacml:AttributeValue"/〉
        〈xs:choice〉
            〈xs:element ref="xacml:ResourceAttributeDesignator"/〉
            〈xs:element ref="xacml:AttributeSelector"/〉
        〈/xs:choice〉
    〈/xs:sequence〉
    〈xs:attribute name="MatchId" type="xs:anyURI" use="required"/〉
〈/xs:complexType〉
```

〈ResourceMatch〉元素类型为 ResourceMatchType 复合类型，包含下列属性和元素：

——MatchId [必需]

指定匹配函数。这个属性的值应是 9.6 中 xs:anyURI 类型的合法值。

——〈xacml:AttributeValue〉[必需]

内含的属性值。

——〈ResourceAttributeDesignator〉[必需]

能用来确定请求上下文中〈Resource〉元素包含的一个或多个资源属性值。

——〈AttributeSelector〉[必需]

能用来确定请求上下文中的一个或多个属性值。Xpath 表达式应解析成请求上下文中〈Resource〉元素包含的资源属性。

7.12 〈Actions〉元素

〈Actions〉元素包含一个〈Action〉元素的析取序列，其元素及其类型定义如下：

```
〈xs:element name=" Actions " type="xacml: ActionsType"/〉
〈xs:complexType name=" ActionsType"〉
    〈xs:sequence〉
        〈xs:element ref="xacml: Action" maxOccurs="unbounded"/〉
    〈/xs:sequence〉
〈/xs:complexType〉
```

〈Actions〉元素类型是 ActionsType 复合类型，包含以下元素：

——〈Action〉[一个或多个，必需]

7.13 〈Action〉元素

〈Action〉元素包含一个〈ActionMatch〉元素的合取序列，其元素及其类型定义如下：

```
〈xs:element name="Action" type="xacml:ActionType"/〉
〈xs:complexType name="ActionType"〉
    〈xs:sequence〉
        〈xs:element ref="xacml:ActionMatch" maxOccurs="unbounded"/〉
    〈/xs:sequence〉
〈/xs:complexType〉
```

〈Action〉元素类型是 ActionType 复合类型，包含以下元素：

——〈ActionMatch〉［一个或多个］

7.14 〈ActionMatch〉元素

〈ActionMatch〉元素通过匹配内含的属性值和请求上下文中〈xacml-context:Action〉元素包含的动作属性值来确定一个动作相关的实体集合，其元素及其类型定义如下：

```
〈xs:element name="ActionMatch" type="xacml:ActionMatchType"/〉
〈xs:complexType name="ActionMatchType"〉
    〈xs:sequence〉
        〈xs:element ref="xacml:AttributeValue"/〉
        〈xs:choice〉
            〈xs:element ref="xacml:ActionAttributeDesignator"/〉
            〈xs:element ref="xacml:AttributeSelector"/〉
        〈/xs:choice〉
    〈/xs:sequence〉
    〈xs:attribute name="MatchId" type="xs:anyURI" use="required"/〉
〈/xs:complexType〉
```

〈ActionMatch〉元素类型为 ActionMatchType 复合类型，包含下列属性和元素：

——MatchId［必需］

指定匹配函数。这个属性的值应是 9.6 中 xs:anyURI 类型的合法值。

——〈xacml:AttributeValue〉［必需］

内含的属性值。

——〈ActionAttributeDesignator〉［必需，选项］

能用来确定请求上下文中〈Action〉元素包含的一个或多个动作属性值。

——〈AttributeSelector〉［必需，选项］

能用来确定请求上下文中的一个或多个属性值。Xpath 表达式应解析成请求上下文中〈Action〉元素包含的动作属性。

7.15 〈Environments〉元素

〈Environments〉元素包含一个〈Environment〉元素的析取序列，其元素及其类型定义如下：

```
〈xs:element name=" Environments " type="xacml: EnvironmentsType"/〉
〈xs:complexType name=" EnvironmentsType"〉
    〈xs:sequence〉
        〈xs:element ref="xacml: Environment" maxOccurs="unbounded"/〉
    〈/xs:sequence〉
〈/xs:complexType〉
```

〈Environments〉元素类型是 EnvironmentsType 复合类型，包含以下元素：

——〈Environment〉[一个或多个,必需]

7.16 〈**Environment**〉元素

〈Environment〉元素应包含一个〈EnvironmentMatch〉元素的合取序列,其元素及其类型定义如下:

```
〈xs:element name="Environment" type="xacml:EnvironmentType"/〉
〈xs:complexType name="EnvironmentType"〉
    〈xs:sequence〉
        〈xs:element ref="xacml:EnvironmentMatch" maxOccurs="unbounded"/〉
    〈/xs:sequence〉
〈/xs:complexType〉
```

〈Environment〉元素类型是 EnvironmentType 复合类型,包含以下元素:

——〈EnvironmentMatch〉[一个或多个]

7.17 〈**EnvironmentMatch**〉元素

〈EnvironmentMatch〉元素通过匹配内含的属性值和请求上下文中〈xacml-context:Environment〉元素包含的环境属性值来确定一个环境相关的实体集合,其元素及其类型定义如下:

```
〈xs:element name="EnvironmentMatch" type="xacml:EnvironmentMatchType"/〉
〈xs:complexType name="EnvironmentMatchType"〉
    〈xs:sequence〉
        〈xs:element ref="xacml:AttributeValue"/〉
        〈xs:choice〉
            〈xs:element ref="xacml:EnvironmentAttributeDesignator"/〉
            〈xs:element ref="xacml:AttributeSelector"/〉
        〈/xs:choice〉
    〈/xs:sequence〉
    〈xs:attribute name="MatchId" type="xs:anyURI" use="required"/〉
〈/xs:complexType〉
```

〈EnvironmentMatch〉元素类型为 EnvironmentMatchType 复合类型,包含下列属性和元素:

——MatchId [必需]

指定匹配函数。这个属性的值应是 9.6 中 xs:anyURI 类型的合法值。

——〈xacml:AttributeValue〉[必需]

内含的属性值。

——〈EnvironmentAttributeDesignator〉[必需]

能用来确定请求上下文中〈Environment〉元素的一个或多个属性值。

——〈AttributeSelector〉[必需]

能用来确定请求上下文中的一个或多个属性值。Xpath 表达式应解析成请求上下文中〈Environment〉元素包含的环境属性。

7.18 〈**PolicySetIdReference**〉元素

〈PolicySetIdReference〉元素通过 id 引用一个〈PolicySet〉元素。如果〈PolicySetIdReference〉是一个 URL,则它能解析得到一个〈PolicySet〉元素。但是解析策略集引用的机制超出本标准的讨论范围。

其元素及其类型定义如下:

```
〈xs:element name="PolicySetIdReference" type="xacml:IdReferenceType"/〉
```

```
<xs:complexType name="IdReferenceType">
    <xs:simpleContent>
        <xs:extension base="xs:anyURI">
            <xs:attribute name="xacml:Version"type="xacml:VersionMatchType" use="optional"/>
            <xs:attribute name="xacml:EarliestVersion" type="xacml:VersionMatchType"
            use="optional"/>
            <xs:attribute name="xacml:LatestVersion" type="xacml:VersionMatchType"
            use="optional"/>
        </xs:extension>
    </xs:simpleContent>
</xs:complexType>
```

〈PolicySetIdReference〉元素类型为 xacml:IdReferenceType 复合类型,通过以下属性扩展 xs:anyURI 类型:

——Version [可选]

指定引用策略集的版本匹配表达式。

——EarliestVersion [可选]

指定引用策略集适用的最早版本的匹配表达式。

——LatestVersion [可选]

指定引用策略集适用的最新版本的匹配表达式。

被引用的策略集必须匹配所有的表达式,匹配方法见7.21。如果所有的属性都没有,则使用任何版本的策略集均可。如果能获得匹配的多个版本,则应使用最新的一个。

7.19 〈PolicyIdReference〉元素

〈PolicyIdReference〉元素通过 id 引用一个〈Policy〉元素。如果〈PolicyIdReference〉是一个 URL,则它能解析得到一个〈Policy〉元素,但是解析策略引用的机制不属于本标准的讨论范围。

〈PolicyIdReference〉元素其元素及其类型定义如下:

```
<xs:element name="PolicyIdReference" type="xacml:IdReferenceType"/>
```

〈PolicyIdReference〉元素类型为 xacml:IdReferenceType 复合类型。

7.20 VersionType 简单类型

此类型元素包含策略或者策略集的版本数字,其类型定义如下:

```
<xs:simpleType name="VersionType">
    <xs:restriction base="xs:string">
        <xs:pattern value="(\d+\.) * \d+"/>
    </xs:restriction>
</xs:simpleType>
```

版本号应表示为一个十进制数序列,并以"."分隔。一个数字代表一个直接的数字匹配。"d"表示一个或多个十进制数位。

7.21 VesionMatchType 简单类型

此类型包含一个匹配版本号的受限正则表达式。表达式应匹配被引用策略或策略集的版本,并且该版本接受引用。

其类型定义如下:

```
〈xs:simpleType name="VersionMatchType"〉
    〈xs:restriction base="xs:string"〉
        〈xs:pattern value="((\d+|\*)\.)*(\d+|\*|\+)"/〉
    〈/xs:restriction〉
〈/xs:simpleType〉
```

版本匹配用“.”分隔，像一个版本字符串。一个数字表示了直接的数字匹配。“*”表示任何单个数字都是有效的。“+”表示任何数字和任何数字序列都是有效的。

7.22 〈Policy〉元素

〈Policy〉元素是提交给 PDP 评估的最小实体。应使用 9.10 定义的过程对〈Policy〉元素进行评估。

〈Policy〉元素包含一个〈VariableDefinition〉和〈Rule〉元素之间的选择序列。

〈Policy〉元素包含的规则集应通过 RuleCombiningAlgId 属性指定的算法进行组合。

〈Policy〉元素及其类型定义如下：

```
〈xs:element name="Policy" type="xacml:PolicyType"/〉
〈xs:complexType name="PolicyType"〉
〈xs:sequence〉
  〈xs:element ref="xacml:Description" minOccurs="0"/〉
  〈xs:element ref="xacml:PolicyDefaults" minOccurs="0"/〉
  〈xs:element ref="xacml:CombinerParameters" minOccurs="0"/〉
  〈xs:element ref="xacml:Target"/〉
  〈xs:choice maxOccurs="unbounded"〉
    〈xs:element ref="xacml:CombinerParameters" minOccurs="0"/〉
    〈xs:element ref="xacml:RuleCombinerParameters" minOccurs="0"/〉
    〈xs:element ref="xacml:VariableDefinition"/〉
    〈xs:element ref="xacml:Rule"/〉
  〈/xs:choice〉
  〈xs:element ref="xacml:Obligations" minOccurs="0"/〉
〈/xs:sequence〉
〈xs:attribute name="PolicyId" type="xs:anyURI" use="required"/〉
〈xs:attribute name="Version" type="xacml:VersionType" default="1.0"/〉
〈xs:attribute name="RuleCombiningAlgId" type="xs:anyURI" use="required"/〉
〈/xs:complexType〉
```

〈Policy〉元素的类型为 PolicyType 复合类型，包含以下属性和元素：

——PolicyId [必需]

策略标识符。PAP 有责任保证 PDP 可见的任何两个策略都具有不同的标识符。这能通过附上预定义的 URN 或者 URI 来实现。如果策略标识符是 URL 形式，则它应是可解析的。

——Version [默认 1.0]

策略的版本号。

——RuleCombiningAlgId [必需]

规则组合算法的标识符。〈Policy〉，〈CombinerParameters〉和〈RuleCombinerParameters〉元素应使用这个算法来组合。

——〈Description〉[可选]

策略的自由形式描述。

——〈PolicyDefaults〉［可选］

定义适用于策略的默认值集。〈PolicyDefaults〉元素的范围应限定在策略内。

——〈CombinerParameters〉［可选］

规则组合算法使用的参数序列。

——〈RuleCombinerParameters〉［可选］

规则组合算法使用的参数序列。

——〈Target〉［必需］

〈Target〉元素定义了策略对于决策请求集的适用性。〈Target〉元素能由策略编写者指定，也能通过对〈Rule〉元素中包含的〈Target〉元素计算交集或者并集得出。

——〈VariableDefinition〉［任意］

通用函数定义。能从规则的任意位置引用。

——〈Rule〉［任意］

应按照 RuleCombiningAlgId 属性指定的组合算法组合规则序列。目标元素匹配决策请求的规则应考虑，目标元素不匹配决策请求的规则应忽略。

——〈Obligations〉［可选］

义务合取序列。PEP 应将其和授权决策联合执行。

7.23 〈PolicyDefaults〉元素

〈PolicyDefaults〉元素指定应用到〈Policy〉元素的默认值，其元素及其类型定义如下：

```
〈xs:element name="PolicyDefaults" type="xacml:DefaultsType"/〉
〈xs:complexType name="DefaultsType"〉
    〈xs:sequence〉
        〈xs:choice〉
            〈xs:element ref="xacml:XPathVersion" minOccurs="0"/〉
        〈/xs:choice〉
    〈/xs:sequence〉
〈/xs:complexType〉
```

〈PolicyDefaults〉元素类型是 DefaultsType 复合类型，包含以下元素：

——〈XpathVersion〉［可选］

默认 Xpath 版本。

7.24 〈CombinerParameters〉元素

〈CombinerParameters〉元素为策略或者规则组合算法传递参数。

如果多个〈CombinerParameters〉元素出现在同一个策略或者策略集里面，他们应和一个包含了所有这些元素中参数串联序列的〈CombinerParameters〉元素等价，〈CombinerParameters〉元素的顺序在串联后的〈CombinerParameters〉元素中保留。

注：本标准中定义的组合算法都是没有参数的。

〈CombinerParameters〉元素及其类型定义如下：

```
〈xs:element name="CombinerParameters" type="xacml:CombinerParametersType"/〉
〈xs:complexType name="CombinerParametersType"〉
    〈xs:sequence〉
        〈xs:element ref="xacml:CombinerParameter" minOccurs="0"
        maxOccurs="unbounded"/〉
```

```
    〈/xs:sequence〉
〈/xs:complexType〉
```

〈CombinerParameters〉元素的类型为 ConminerParametersType 复合类型，包含以下元素：

——〈CombinerParameter〉［任意］

单个参数，参见 7.25。

〈CombinerParameters〉元素支持是可选的。

7.25 〈CombinerParameter〉元素

〈CombinerParameter〉元素传递单个参数给策略或者规则组合算法，其元素及其类型定义如下：

```
〈xs:element name="CombinerParameter" type="xacml:CombinerParameterType"/〉
〈xs:complexType name="CombinerParameterType"〉
    〈xs:sequence〉
        〈xs:element ref="xacml:AttributeValue"/〉
    〈/xs:sequence〉
    〈xs:attribute name="ParameterName" type="xs:string" use="required"/〉
〈/xs:complexType〉
```

〈CombinerParameter〉元素类型为 ConbinerParameterType 复合类型，包含以下属性：

——ParameterName［必需］

参数的标识符。

——AttributeValue［必需］

参数的值。

〈CombinerParameter〉元素支持是可选的。

7.26 〈RuleCombinerParameters〉元素

〈RuleCombinerParameters〉元素传递一个和特定规则相关的参数给规则组合算法。

每个〈RuleCombinerParameters〉元素应和同一个策略里的一个规则相关。如果多个〈RuleCombinerParameters〉元素引用了相同的规则，他们应和一个包含了所有这些元素中参数串联序列的〈RuleCombinerParameters〉元素等价，元素的顺序在串联后的〈 RuleCombinerParameters 〉元素中保留。

〈 RuleCombinerParameters 〉元素及其类型定义如下：

```
〈xs:element name="RuleCombinerParameters" type="xacml:RuleCombinerParametersType"/〉
〈xs:complexType name="RuleCombinerParametersType"〉
〈xs:complexContent〉
  〈xs:extension base="xacml:CombinerParametersType"〉
  〈xs:attribute name="RuleIdRef" type="xs:string" use="required"/〉
  〈/xs:extension〉
〈/xs:complexContent〉
〈/xs:complexType〉
```

〈RuleCombinerParameters〉元素包含以下元素：

——RuleIdRef［必需］

策略中〈Rule〉元素的标识符。

只有当 CombinerParameters 支持是可选时，〈RuleCombinerParameters〉元素支持才是可选的。

7.27 〈PolicyCombinerParameters〉元素

〈PolicyCombinerParameters〉元素传递一个和特定策略相关的参数给策略组合算法。

每个〈PolicyCombinerParameters〉元素应和同一个策略集里的一个策略相关。如果多个〈PolicyCombinerParameters〉元素引用了相同的策略，他们应和一个包含了所有这些元素中参数串联序列的〈PolicyCombinerParameters〉元素等价，元素的顺序在串联后的〈PolicyCombinerParameters〉元素中保留。

〈PolicyCombinerParameters〉元素及其类型定义如下：

```
〈xs:element name="PolicyCombinerParameters" type="xacml:PolicyCombinerParametersType"/〉
〈xs:complexType name="PolicyCombinerParametersType"〉
    〈xs:complexContent〉
        〈xs:extension base="xacml:CombinerParametersType"〉
            〈xs:attribute name="PolicyIdRef" type="xs:anyURI" use="required"/〉
        〈/xs:extension〉
    〈/xs:complexContent〉
〈/xs:complexType〉
```

〈PolicyCombinerParameters〉元素类型为 PolicyCombinerParametersType 复合类型，包含以下元素：

——〈PolicyIdRef〉[必需]

策略集中的策略标识符或者〈PolicyIdReference〉元素的值。

只有当 CombinerParameters 支持是可选时，〈PolicyCombinerParameters〉元素支持才是可选的。

7.28 〈PolicySetCombinerParameters〉元素

〈PolicySetCombinerParameters〉元素传递一个和特定策略集相关的参数给策略组合算法。

每个〈PolicySetCombinerParameters〉元素应和同一个策略集里的一个策略集相关。如果多个〈PolicySetCombinerParameters〉元素引用了相同的策略集，他们应和一个包含了所有这些元素中参数串联序列的〈PolicySetCombinerParameters〉元素等价，元素的顺序在串联后的〈PolicySetCombinerParameters〉元素中保留。

〈PolicySetCombinerParameters〉元素及其类型定义如下：

```
〈xs:element name="PolicySetCombinerParameters" type="xacml:PolicySetCombinerParametersType"/〉
〈xs:complexType name="PolicySetCombinerParametersType"〉
    〈xs:complexContent〉
        〈xs:extension base="xacml:CombinerParametersType"〉
            〈xs:attribute name="PolicySetIdRef" type="xs:anyURI" use="required"/〉
        〈/xs:extension〉
    〈/xs:complexContent〉
〈/xs:complexType〉
```

〈PolicySetCombinerParameters〉元素类型为 PolicySetCombinerParametersType 复合类型，包含以下元素：

——〈PolicySetIdRef〉[必需]

策略集中的策略集标识符或者〈PolicySetIdReference〉元素的值。

只有当 CombinerParameters 支持是可选时,〈PolicySetCombinerParameters〉元素支持才是可选的。

7.29 〈Rule〉元素

〈Rule〉元素定义策略里的单个规则。应使用 9.10 定义的评估过程评估〈Rule〉元素。

〈Rule〉元素及其类型定义如下:

```
〈xs:element name="Rule" type="xacml:RuleType"/〉
〈xs:complexType name="RuleType"〉
    〈xs:sequence〉
        〈xs:element ref="xacml:Description" minOccurs="0"/〉
        〈xs:element ref="xacml:Target" minOccurs="0"/〉
        〈xs:element ref="xacml:Condition" minOccurs="0"/〉
    〈/xs:sequence〉
    〈xs:attribute name="RuleId" type="xs:string" use="required"/〉
    〈xs:attribute name="Effect" type="xacml:EffectType" use="required"/〉
〈/xs:complexType〉
```

〈Rule〉元素类型为 RuleType 复合类型,包含以下属性和元素:

——RuleId [必需]

表示规则的标识符。

——Effect [必需]

规则效果。这个属性的值为"Permit"或"Deny"。

——〈Description〉[可选]

规则自由形式的描述。

——〈Target〉[可选]

确定〈Rule〉元素需要评估的决策请求的集合。如果缺少该元素,则〈Rule〉元素的目标应由〈Policy〉元素中的〈Target〉元素指定,见 9.7。

——〈Condition〉[可选]

规则被赋予 Effect 值前应满足的断言。

7.30 EffectType 简单类型

EffectType 简单类型定义了〈Rule〉元素中 Effect 属性及〈Obligation〉元素中 FulfillOn 属性使用的值。

EffectType 类型定义如下:

```
〈xs:simpleType name="EffectType"〉
    〈xs:restriction base="xs:string"/〉
    〈xs:enumeration value="Permit"/〉
    〈xs:enumeration value="Deny"/〉
〈/xs:simpleType〉
```

7.31 〈VariableDefinition〉元素

〈VariableDefinition〉元素应被用来定义一个被〈VariableReference〉引用的值。其 VariableId 属性名称不应在其所在策略中与其他〈VariableDefinition〉元素的 VariableId 属性名称相同。

〈VariableDefinition〉元素能包含未定义的〈VariableReference〉元素,但相应的〈VariableDefinition〉

元素应在同一策略内被定义。〈VariableDefinition〉能成组排列，也能置于策略中的引用附近。对于每个〈VariableDefinition〉元素，能定义零或多个引用。

〈VariableDefinition〉元素及其类型定义如下：

```
〈xs:element name="VariableDefinition" type="xacml:VariableDefinitionType"/〉
〈xs:complexType name="VariableDefinitionType"〉
    〈xs:sequence〉
        〈xs:element ref="xacml:Expression"/〉
    〈/xs:sequence〉
    〈xs:attribute name="VariableId" type="xs:string" use="required"/〉
〈/xs:complexType〉
```

〈VariableDefinition〉属于 VariableDefinitionType 复合类型，包含以下元素和属性：

——〈Expression〉[必需]

任意 ExpressionType 复合类型的元素。

——VariableId [必需]

变量定义的名称。

7.32 〈**VariableReference**〉元素

〈VariableReference〉元素用来引〈Policy〉元素中的一个变量定义。〈VariableReference〉元素通过匹配 VariableId 属性的字符串来引用相应的〈VariableDefinition〉元素。在同一〈Policy〉元素中，〈VariableReference〉所引用的〈VariableDefinition〉元素有且只有一个。对于一个〈VariableDefinition〉元素，能存在零或多个〈VariableReference〉元素来引用它。

〈VariableReference〉元素及其类型定义如下：

```
〈xs:element name="VariableReference" type="xacml:VariableReferenceType"
substitutionGroup="xacml:Expression"/〉
〈xs:complexType name="VariableReferenceType"〉
    〈xs:complexContent〉
        〈xs:extension base="xacml:ExpressionType"〉
        〈xs:attribute name="VariableId" type="xs:string" use="required"/〉
    〈/xs:extension〉
〈/xs:complexContent〉
〈/xs:complexType〉
```

〈VariableReference〉元素属于 VariableReferenceType 复合类型，该类型属于 ExpressionType 复合类型且能置换〈Expression〉元素。〈VariableReference〉能出现在方案中〈Expression〉定义出现的任何位置。

〈VariableReference〉元素包含以下属性：

——VariableId [必需]

用来引用〈VariableDefinition〉元素中定义的名称。

7.33 〈**Expression**〉元素

〈Expression〉不在策略中直接使用。〈Expression〉元素意味着一个元素扩展了 ExpressionType，能置换〈Expression〉元素。

〈Expression〉元素及其类型定义如下：

```
〈xs:element name="Expression" type="xacml:ExpressionType" abstract="true"/〉
```

```
〈xs:complexType name="ExpressionType" abstract="true"/〉
```

下列元素是〈Expression〉元素的置换组成员：

〈Apply〉、〈AttributeSelector〉、〈AttributeValue〉、〈Function〉、〈VariableReference〉、〈ActionAttributeDesignator〉、〈ResourceAttributeDesignator〉、〈SubjectAttributeDesignator〉和〈EnvironmentAttributeDesignator〉。

7.34 〈**Condition**〉元素

〈Condition〉元素是作用于主体、资源、动作和环境属性或属性函数之上的一个布尔型函数，应使用9.9中描述的方法对其进行评估。其元素及类型定义如下：

```
〈xs:element name="Condition" type="xacml:ConditionType"/〉
〈xs:complexType name="ConditionType"〉
    〈xs:sequence〉
        〈xs:element ref="xacml:Expression"/〉
    〈/xs:sequence〉
〈/xs:complexType〉
```

〈Condition〉包含一个〈Expression〉元素且〈Expression〉的返回数据类型应为“http://www.w3.org/2001/XMLSchema#boolean”。

7.35 〈**Apply**〉元素

〈Apply〉元素指定一个函数的应用，并对函数调用过程进行编码。〈Apply〉元素能应用于〈Expression〉元素置换组成员的任意组合，见7.33。其元素及类型定义如下：

```
〈xs:element name="Apply" type="xacml:ApplyType"
substitutionGroup="xacml:Expression"/〉
〈xs:complexType name="ApplyType"〉
    〈xs:complexContent〉
        〈xs:extension base="xacml:ExpressionType"〉
            〈xs:sequence〉
                〈xs:element ref="xacml:Expression" minOccurs="0"
                maxOccurs="unbounded"/〉
            〈/xs:sequence〉
        〈xs:attribute name="FunctionId" type="xs:anyURI" use="required"/〉
    〈/xs:extension〉
〈/xs:complexContent〉
〈/xs:complexType〉
```

〈Apply〉属于ApplyType复合类型，包含以下元素和属性：

——FunctionId［必需］

函数标识符。XACML中定义的函数列表参见附录A。

——〈Expression〉［可选］

函数的参数，可能包含其他函数。

7.36 〈**Function**〉元素

〈Function〉元素为其父元素〈Apply〉指定一个函数参数。如果〈Apply〉元素是高阶包函数（见附录A3.12），则〈Function〉指定的函数参数被应用于包中的所有元素。

〈Function〉元素及类型定义如下：

〈xs:element name="Function" type="xacml:FunctionType" substitutionGroup="xacml:Expression"/〉

〈xs:complexType name="FunctionType"〉

〈xs:complexContent〉

〈xs:extension base="xacml:ExpressionType"〉

〈xs:attribute name="FunctionId" type="xs:anyURI" use="required"/〉

〈/xs:extension〉

〈/xs:complexContent〉

〈/xs:complexType〉

Function 属于 FunctionType 复合类型，包含以下属性：

——FunctionId［必需］

函数的标识符。

7.37 AttributeDesignatorType 复合类型

AttributeDesignatorType 复合类型元素通过名称指定具体属性，包括匹配请求上下文中属性的所需信息(见 9.3.4)。当上下文中不包含匹配属性时，该类型元素描述行为控制信息。

本类型的元素不应改变命名属性的匹配语义，但能缩小搜索空间。

AttributeDesignatorType 类型定义如下：

〈xs:complexType name="AttributeDesignatorType"〉

〈xs:complexContent〉

〈xs:extension base="xacml:ExpressionType"〉

〈xs:attribute name="AttributeId" type="xs:anyURI" use="required"/〉

〈xs:attribute name="DataType" type="xs:anyURI" use="required"/〉

〈xs:attribute name="Issuer" type="xs:string" use="optional"/〉

〈xs:attribute name="MustBePresent" type="xs:boolean" use="optional" default="false"/〉

〈/xs:extension〉

〈/xs:complexContent〉

〈/xs:complexType〉

如果各自的 AttributeId、DataType 和 Issuer 属性相匹配，则命名属性应被认为是匹配的。属性指定器的 AttributeId 和 DataType 通过 URI 相等的方式和命名属性进行匹配。

如果属性指定器中存在 Issuer，应通过“urn:oasis:names:tc:xacml:1.0:function:string-equal”函数对其进行匹配。如果不存在 Issuer，则匹配结果由 AttributeId 和 DataType 决定。

〈AttributeDesignatorType〉包含以下属性：

——AttributeId［必需］

指定属性匹配中的 AttributeId。

——DataType［必需］

〈AttributeDesignator〉元素返回包中属性值的数据类型。

——Issuer［可选］

本属性如果存在，则指定属性的颁发者。

——MustBePresent［可选］

本属性决定在请求上下文中缺少要匹配的属性时，是否返回“Indeterminate”或空的包。参见

9.3.5、9.16.2 和 9.16.3。

7.38 〈**SubjectAttributeDesignator**〉元素

〈SubjectAttributeDesignator〉元素从请求上下文中取回一个命名分类主体属性的属性值包。主体属性包含在〈Subject〉元素中。由 subject-category 属性定义的主体是分类主体。命名分类主体属性特定分类主体的一个主体属性。

〈SubjectAttributeDesignator〉元素应返回一个包含所有匹配成功的主体属性值包。当没有匹配属性时，MustBePresent 决定返回空包还是“Indeterminate”。见 9.3.5。

SubjectAttributeDesignatorType 通过缩小搜索空间扩展了 AttributeDesignatorType（见 7.37）的匹配语义。使用本元素的 SubjectCategory 属性和〈Subject〉元素的 SubjectCategory 属性进行 URI 相等匹配。

如果请求上下文包含多个 SubjectCategory 属性相同的主体，则应被认为是同一类主体。

〈SubjectAttributeDesignator〉能出现在〈SubjectMatch〉元素中并能作为参数传递给〈Apply〉元素。其元素及类型定义如下：

```
〈xs：element name＝" SubjectAttributeDesignator" type＝" xacml：SubjectAttributeDesignatorType"
substitutionGroup＝"xacml：Expression"/〉
〈xs：complexType name＝"SubjectAttributeDesignatorType"〉
    〈xs：complexContent〉
        〈xs：extension base＝"xacml：AttributeDesignatorType"〉
        〈xs：attribute name＝"SubjectCategory" type＝"xs：anyURI"
            use＝"optional" default＝"urn：oasis：names：tc：xacml：1.0：subject-category：access-subject"/〉
        〈/xs：extension〉
    〈/xs：complexContent〉
〈/xs：complexType〉
```

〈SubjectAttributeDesignator〉元素属于 SubjectAttributeDesignatorType 类型，后者通过以下属性扩展了 AttributeDesignatorType 复合类型：

——SubjectCategory [可选]

本属性指定分类主体。如果 SubjectCategory 没有明确显示，其默认值为“urn：oasis：names：tc：xacml：1.0：subject-category：access-subject”。SubjectCategory 的标准值见附录 B.2。

7.39 〈**ResourceAttributeDesignator**〉元素

〈ResourceAttributeDesignator〉元素从请求上下文中取回一个命名资源属性的属性值包。资源属性包含在〈Resource〉元素中。命名资源属性和请求中的资源属性进行匹配。如果至少一个资源属性符合匹配标准集合，则认为存在命名资源属性。资源属性值包含在资源属性中。〈ResourceAttributeDesignator〉元素应返回一个包含所有匹配成功的资源属性值包。当没有匹配属性时，MustBePresent 决定返回空包还是“Indeterminate”包。见 9.3.5。

当 AttributeDesignatorType 复合类型中定义的每个匹配语义都匹配时，认为命名资源属性和上下文中的资源属性匹配。见 7.37。

〈ResourceAttributeDesignator〉能出现在〈ResourceMatch〉元素中并能作为参数传递给〈Apply〉元素。

〈ResourceAttributeDesignator〉元素及类型定义如下：

〈xs:element name="ResourceAttributeDesignator"

type="xacml:AttributeDesignatorType" substitutionGroup="xacml:Expression"/〉

〈ResourceAttributeDesignator〉元素属于 AttributeDesignatorType 复合类型。

7.40 〈**ActionAttributeDesignator**〉元素

〈ActionAttributeDesignator〉元素从请求上下文中取回一个命名动作属性的属性值包。动作属性包含在〈Action〉元素中。命名动作属性和请求中的动作属性进行匹配。如果至少一个动作属性符合匹配标准集合，则认为存在命名动作属性。动作属性值包含在动作属性中。〈ActionAttributeDesignator〉元素应返回一个包含所有匹配成功的动作属性值包。当没有匹配属性时，MustBePresent 决定返回空包还是“Indeterminate”包，见 9.3.5。

当 AttributeDesignatorType 复合类型中定义的每个匹配语义都匹配时，认为命名动作属性和上下文中的动作属性匹配。见 7.37。

〈ActionAttributeDesignator〉可以出现在〈ActionMatch〉元素中并能作为参数传递给〈Apply〉元素。

〈ActionAttributeDesignator〉元素及类型定义如下：

〈xs:element name="ActionAttributeDesignator"

type="xacml:AttributeDesignatorType" substitutionGroup="xacml:Expression"/〉

〈ActionAttributeDesignator〉元素属于 AttributeDesignatorType 复合类型。

7.41 〈**EnvironmentAttributeDesignator**〉元素

〈EnvironmentAttributeDesignator〉元素从请求上下文中取回一个命名环境属性的属性值包。环境属性包含在〈Environment〉元素中。命名环境属性和请求中的环境属性进行匹配。如果至少一个环境属性符合匹配标准集合，则认为存在命名环境属性。环境属性值包含在环境属性中。〈Environment-AttributeDesignator〉元素应返回一个包含所有匹配成功的环境属性值包。当没有匹配属性时，Must-BePresent 决定返回空包还是“Indeterminate”包。见 9.3.5。

当 AttributeDesignatorType 复合类型中定义的每个匹配语义都匹配时，认为命名环境属性和上下文中的环境属性匹配。见 7.37。

〈EnvironmentAttributeDesignator〉能作为参数传递给〈Apply〉元素。

〈EnvironmentAttributeDesignator〉元素及类型定义如下：

〈xs:element name="EnvironmentAttributeDesignator"

type="xacml:AttributeDesignatorType" substitutionGroup="xacml:Expression"/〉

〈EnvironmentAttributeDesignator〉元素属于 AttributeDesignatorType 复合类型。

7.42 〈**AttributeSelector**〉元素

〈AttributeSelector〉元素通过属性在请求上下文中的位标记识属性。对〈AttributeSelector〉元素的支持是可选的。

〈AttributeSelector〉元素的 RequestContextPath 属性应包含一个合法的 XPath 表达式，其上下文结点为〈xacml-context:Request〉元素。〈AttributeSelector〉元素应返回 DataType 所定义数据类型的属性值包。如果 DataType 为 XQuery、XPath 或 XML Schema 中定义的原始数据类型，则 XPath 表达式返回值应使用下列构造函数转化成〈AttributeSelector〉中定义的数据类型。如果使用构造函数时发生错误，则〈AttributeSelector〉的值为“Indeterminate”。

——xs:string()

——xs:boolean()

——xs:integer()

——xs:double()

——xs:dateTime()

——xs:date()

——xs:time()

——xs:hexBinary()

——xs:base64Binary()

——xs:anyURI()

——xf:yearMonthDuration()

——xf:dayTimeDuration()

如果 AttributeSelector 中定义的数据类型不是前述的原始类型，则 AttributeSelector 应返回指定类型的属性值包。如果将 XPath 表达式返回值转化为指定数据类型的过程发生错误，则〈AttributeSelector〉的值为“Indeterminate”。所有被选择的结点应为文本结点、属性结点、处理指令结点或内容结点。每个结点的字符串描述值应被转化为被指定数据类型的属性值，且 AttributeSelector 返回的属性值包中包含所有选定结点生成的属性值。如果选定的结点不是上述结点（例如文本结点、属性结点、处理指令结点或内容结点），则其所在策略的判定结果为“Indeterminate”，并且附带状态编码为“urn:oasis:names:tc:xacml:1.0:status:syntax-error”。

〈AttributeSelector〉元素及类型定义如下：

```
〈xs:element name="AttributeSelector" type="xacml:AttributeSelectorType"
substitutionGroup="xacml:Expression"/〉
〈xs:complexType name="AttributeSelectorType"〉
    〈xs:complexContent〉
        〈xs:extension base="xacml:ExpressionType"〉
            〈xs:attribute name="RequestContextPath" type="xs:string" use="required"/〉
            〈xs:attribute name="DataType" type="xs:anyURI" use="required"/〉
            〈xs:attribute name="MustBePresent" type="xs:boolean" use="optional"
                default="false"/〉
        〈/xs:extension〉
    〈/xs:complexContent〉
〈/xs:complexType〉
```

〈AttributeSelector〉元素属于 AttributeSelectorType 复合类型，包含以下属性：

——RequestContextPath [必需]

上下文结点为〈xacml-context:Request〉的 XPath 表达式，无句法限制，见 7.4。

——DataType [必需]

〈AttributeSelector〉元素返回值的数据类型。

——MustBePresent [可选]

本属性决定在请求上下文中缺少属性时，元素是否返回“Indeterminate”或空的包。见 9.3.5、9.16.2 和 9.16.3。

7.43 〈AttributeValue〉元素

〈xacml:AttributeValue〉元素应包含一个文字属性值，其元素及类型定义如下：

```
〈xs:element name="AttributeValue" type="xacml:AttributeValueType"
substitutionGroup="xacml:Expression"/〉
```

```
〈xs:complexType name="AttributeValueType" mixed="true"〉
    〈xs:complexContent〉
        〈xs:extension base="xacml:ExpressionType"〉
            〈xs:sequence〉
                〈xs:any namespace="##any" processContents="lax" minOccurs="0"
                maxOccurs="unbounded"/〉
            〈/xs:sequence〉
            〈xs:attribute name="DataType" type="xs:anyURI" use="required"/〉
            〈xs:anyAttribute namespace="##any" processContents="lax"/〉
        〈/xs:extension〉
    〈/xs:complexContent〉
〈/xs:complexType〉
```

〈xacml:AttributeValue〉元素类型为 AttributeValueType 复合类型，包含以下属性：

——DataType [必需]

属性值的数据类型。

7.44 〈**Obligations**〉元素

〈Obligations〉元素应包含一个〈Obligation〉元素集，其元素及类型定义如下：

```
〈xs:element name="Obligations" type="xacml:ObligationsType"/〉
〈xs:complexType name="ObligationsType"〉
    〈xs:sequence〉
        〈xs:element ref="xacml:Obligation" maxOccurs="unbounded"/〉
    〈/xs:sequence〉
〈/xs:complexType〉
```

〈Obligations〉元素类型为 ObligationsType 复合类型，包含以下元素：

——〈Obligation〉[一个或者多个]

一个义务序列，参见 7.45。

对〈Obligations〉元素的支持是可选的。

7.45 〈**Obligation**〉元素

〈Obligation〉元素应包含义务的标识符和一个构成义务动作参数的属性集，其元素及类型定义如下：

```
〈xs:element name="Obligation" type="xacml:ObligationType"/〉
〈xs:complexType name="ObligationType"〉
    〈xs:sequence〉
        〈xs:element ref="xacml:AttributeAssignment" minOccurs="0"
        maxOccurs="unbounded"/〉
    〈/xs:sequence〉
    〈xs:attribute name="ObligationId" type="xs:anyURI" use="required"/〉
    〈xs:attribute name="FulfillOn" type="xacml:EffectType" use="required"/〉
〈/xs:complexType〉
```

〈Obligation〉元素类型为 ObligationType 复合类型，包含以下元素和属性：

——ObligationId [必需]

义务标识符。PEP 负责解释该标识符。

——FulfillOn［必需］

义务被 PEP 强制执行的效果。

——〈AttributeAssignment〉［可选］

义务参数。PEP 负责解释参数。

7.46 〈**AttributeAssignment**〉元素

〈AttributeAssignment〉元素定义义务参数。它通过扩展 AttributeValueType 类型包含一个 AttributeId 和对应的属性值。〈AttributeAssignment〉元素由〈xs:any〉元素序列构成，只要符合构造语法，能被任意使用。PEP 应理解指定的属性值，见 9.15。

〈AttributeAssignment〉元素及类型定义如下：

```
〈xs:element name="AttributeAssignment" type="xacml:AttributeAssignmentType"/〉
〈xs:complexType name="AttributeAssignmentType" mixed="true"〉
    〈xs:complexContent〉
        〈xs:extension base="xacml:AttributeValueType"〉
            〈xs:attribute name="AttributeId" type="xs:anyURI" use="required"/〉
        〈/xs:extension〉
    〈/xs:complexContent〉
〈/xs:complexType〉
```

〈AttributeAssignment〉元素类型为 AttributeAssignmentType 复合类型，包含以下属性：

——AttributeId［必需］

属性标识符。

8 上下文语法

8.1 〈**Request**〉元素

〈Request〉元素是 XACML 上下文描述框架的顶层元素，是策略语言使用的抽象层。为表达简便起见，本标准基于上下文上的操作来描述策略评估过程。一个与本标准一致的 PDP 不需要实际实现 XML 文档形式的上下文，但是其产生的评估结果应与输入被转换成〈xacml-context:Request〉时的结果相同。

〈Request〉元素包含了〈Subjects〉、〈Resources〉、〈Action〉和〈Enviroment〉子元素。每个子元素包含一个〈xacml-context:Attribute〉元素序列。

〈Request〉元素及类型定义如下：

```
〈xs:element name="Request" type="xacml-context:RequestType"/〉
〈xs:complexType name="RequestType"〉
  〈xs:sequence〉
    〈xs:element ref="xacml-context:Subject" maxOccurs="unbounded"/〉
    〈xs:element ref="xacml-context:Resource" maxOccurs="unbounded"/〉
    〈xs:element ref="xacml-context:Action"/〉
    〈xs:element ref="xacml-context:Environment"/〉
  〈/xs:sequence〉
〈/xs:complexType〉
```

〈Request〉元素是 RequestType 类型，包含如下元素：

——〈Subject〉[一个或者多个]

通过一个〈Attribute〉元素序列来描述请求主体的信息。此处能有一个或者多个〈Subject〉。主体是访问请求相关的实体。例如,一个主体能代表创建访问请求程序的用户;另一个主体能代表创建访问请求程序的可执行代码;一个主体能代表程序运行所在的机器;另一个主体能代表资源的接收者。这些不同实体的属性应被包括在不同的〈Subject〉元素中。

——〈Resource〉[一个或者多个]

通过一个〈Attribute〉元素序列描述被请求资源的信息。该元素能包含一个〈ResourceContent〉元素。

——〈Action〉[必需]

通过一个〈Attribute〉元素序列描述将要施加到资源上的动作信息。

——〈Enviroment〉[必需]

通过一个〈Attribute〉元素序列描述访问操作发生时的环境信息。

8.2 〈Subject〉元素

〈Subject〉元素通过一个〈Atribute〉元素序列描述主体,其元素及类型定义如下:

```
〈xs:element name="Subject" type="xacml-context:SubjectType"/〉
〈xs:complexType name="SubjectType"〉
  〈xs:sequence〉
    〈xs:element ref="xacml-context:Attribute" minOccurs="0" maxOccurs="unbounded"/〉
  〈/xs:sequence〉
  〈xs:attribute name="SubjectCategory" type="xs:anyURI"
  default="urn:oasis:names:tc:xacml:1.0:subject-category:access-subject"/〉
〈/xs:complexType〉
```

〈Subject〉元素是〈SubjectType〉复合类型,包含如下元素和属性:

——SubjectCategory [可选]

该属性标识了父〈Subject〉元素在访问请求中所担负的角色。如果该属性不存在,其默认值为"urn:oasis:names:tc:xacml:1.0:subject-category:access-subject",该值说明父〈Subject〉代表了发起访问请求的主体。如果多个〈Subject〉元素包含了"urn:oasis:names:tc:xacml:1.0:subject-category:access-subject"属性,PDP在处理时能将这些〈Subject〉元素中的内容合并到一个〈Subject〉中。

——〈Attribute〉[任意数目]

一个主体属性序列。一个〈Subject〉元素能包含一个AttributeId为"urn:oasis:names:tc:xacml:1.0:subject:subject-id"的属性,该属性描述了主体的标识。一个〈Subject〉元素还能包含其他〈Atrribute〉元素。

8.3 〈Resource〉元素

〈Resource〉元素通过一个〈Attribute〉元素序列描述访问请求的资源信息。它能包含资源内容。〈Resource〉元素及其类型定义如下:

```
〈xs:element name="Resource" type="xacml-context:ResourceType"/〉
〈xs:complexType name="ResourceType"〉
  〈xs:sequence〉
    〈xs:element ref="xacml-context:ResourceContent" minOccurs="0"/〉
    〈xs:element ref="xacml-context:Attribute" minOccurs="0" maxOccurs="unbounded"/〉
```

〈/xs:sequence〉

〈/xs:complexType〉

〈Resouce〉元素是 ResourceType 复合类型，包含如下元素：

——〈ResouceContent〉[可选]

资源内容。

——〈Attribute〉[任意数目]

一个资源属性序列。

〈Resource〉元素能包含一个或者多个 AttributeId 为“urn:oasis:names:tc:xacml:2.0:resource:resource-id”的〈Attribute〉元素。每个〈Attribute〉都是一个绝对的完全解析的资源标识。如果资源拥有多个这样的标识，并且请求中包含一个取上述 AttributeId 值的 Attribute 属性，则需要为每一个资源标识给出相应的〈Attribute〉属性。所有这些〈Attribute〉应都描述同一个资源实例。特定的资源轮廓能为每个资源实例指定唯一的资源标识。此时，AttributeId 取该值的〈Attribute〉应只使用此标识。〈Resource〉元素还能包含其他〈Attribute〉元素。

8.4 〈ResouceContent〉元素

〈ResouceContent〉元素用于指定资源的内容。如果一个 XACML 策略通过〈AttributeSelector〉引用资源的内容，〈ResourceContent〉元素应被包含在 ResourceContentPath 字符串中，其元素及类型定义如下：

```
〈xs:complexType name="ResourceContentType" mixed="true"〉
  〈xs:sequence〉
    〈xs:any namespace="##any" processContents="lax" minOccurs="0" maxOccurs="unbounded"/〉
  〈/xs:sequence〉
  〈xs:anyAttribute namespace="##any" processContents="lax"/〉
〈/xs:complexType〉
```

〈ResourceContent〉元素是 ResourceContentType 复合类型。

〈ResourceContent〉元素允许任意的元素和属性。

8.5 〈Action〉元素

〈Action〉元素通过一个〈Attribute〉序列指定对资源的访问动作，其元素及类型定义如下：

```
〈xs:element name="Action" type="xacml-context:ActionType"/〉
〈xs:complexType name="ActionType"〉
  〈xs:sequence〉
    〈xs:element ref="xacml-context:Attribute" minOccurs="0" maxOccurs="unbounded"/〉
  〈/xs:sequence〉
〈/xs:complexType〉
```

〈Action〉元素是 ActionType 复合类型，包含如下元素：

——〈Attribute〉[任意数目]

对资源施加的访问动作属性列表。

8.6 〈Environment〉元素

〈Environment〉元素包含环境的相关属性，其元素及类型定义如下：

```
〈xs:element name="Environment" type="xacml-context:EnvironmentType"/〉
```

〈xs:complexType name="EnvironmentType"〉
〈xs:sequence〉
〈xs:element ref="xacml-context:Attribute" minOccurs="0" maxOccurs="unbounded"/〉
〈/xs:sequence〉
〈/xs:complexType〉

〈Environment〉元素是 EnvironmentType 复合类型，包含如下元素：

——〈Attribute〉［任意数目］

环境属性列表。环境属性与资源属性、动作属性和主体属性不具有相关性。

8.7 〈Attribute〉元素

〈Attribute〉元素包含属性元数据和一个或者多个属性值。属性元数据包含属性标识和属性颁发者。策略中的〈AttributeDesignator〉和〈AttributeSelector〉元素能通过元数据的方式来引用属性，其元素及类型定义如下：

〈xs:element name="Attribute" type="xacml-context:AttributeType"/〉
〈xs:complexType name="AttributeType"〉
〈xs:sequence〉
〈xs:element ref="xacml-context:AttributeValue" maxOccurs="unbounded"/〉
〈/xs:sequence〉
〈xs:attribute name="AttributeId" type="xs:anyURI" use="required"/〉
〈xs:attribute name="DataType" type="xs:anyURI" use="required"/〉
〈xs:attribute name="Issuer" type="xs:string" use="optional"/〉
〈/xs:complexType〉

〈Attribute〉元素是 AttributeType 类型，包含如下属性和元素：

——AttributeId［必需］

属性标识。附录 B 给出了一组预定义的标识符。

——DataType［必需］

〈xacml-context:AttributeValue〉元素内容的数据类型。它是本标准定义的基本类型或〈xacml-context〉元素声明的基本或者结构化类型。

——Issuer［可选］

属性颁发者。例如，该属性值可以是一个与某公钥绑定的标识符，或者是颁发者和依赖方通过非在线方式交换的标识符。

——〈xacml-context:AttributeValue〉［一个或多个］

一个或者多个属性值。

8.8 〈AttrributeValue〉元素

〈xacml-context:AttributeValue〉元素包含了属性的值，其元素及类型定义如下：

〈xs:element name="AttributeValue" type="xacml-context:AttributeValueType"/〉
〈xs:complexType name="AttributeValueType" mixed="true"〉
〈xs:sequence〉
〈xs:any namespace="##any" processContents="lax" minOccurs="0"
maxOccurs="unbounded"/〉
〈/xs:sequence〉
〈xs:anyAttribute namespace="##any" processContents="lax"/〉

〈/xs:complexType〉

〈xacml-context:AttributeValue〉元素是 AttributeValueType 类型。

〈xacml-context:AttributeValue〉的数据类型能通过父〈Attribute〉的 DataType 属性指定。

8.9 〈**Response**〉元素

〈Response〉元素是 XACML 上下文描述框架中的顶层元素。该元素是策略语言使用的一个抽象层。任何符合本标准的专有系统应将〈Response〉元素转换成授权决策。

〈Response〉元素对 PDP 产生的授权决策进行封装。它包含一个或者多个结果，每个结果对应于一个请求的资源。具体实现能支持多资源请求描述框架[5]，这种对多结果的支持是可选的。

其元素及类型定义如下：

〈xs:element name="Response" type="xacml-context:ResponseType"/〉
〈xs:complexType name="ResponseType"〉
  〈xs:sequence〉
    〈xs:element ref="xacml-context:Result" maxOccurs="unbounded"/〉
  〈/xs:sequence〉
〈/xs:complexType〉

〈Response〉元素是 ResponseType 复合类型。

〈Response〉元素包含如下元素：

——〈Result〉[一个或多个]

授权决策结果，见 8.10。

8.10 〈**Result**〉元素

〈Result〉元素表示了针对 ResourceID 指定资源的授权决策结果。它能包含一组应由 PEP 执行的义务。如果 PEP 不能理解或者不能执行一个义务，PEP 应认为 PDP 已经拒绝了该访问请求。

其元素及类型定义如下：

〈xs:complexType name="ResultType"〉
  〈xs:sequence〉
    〈xs:element ref="xacml-context:Decision"/〉
    〈xs:element ref="xacml-context:Status" minOccurs="0"/〉
    〈xs:element ref="xacml:Obligations" minOccurs="0"/〉
  〈/xs:sequence〉
  〈xs:attribute name="ResourceId" type="xs:string" use="optional"/〉
〈/xs:complexType〉

〈Result〉元素是 ResultType 复合类型，包含如下属性和元素：

——ResourceId [可选]

请求资源的标识符。如果该属性被省略，资源的标识由〈Request〉元素的"urn:oasis:names:tc:xacml:1.0:resource:resource-id"属性指定。

——〈Decision〉[必需]

授权决策值可以是："Permit"，"Deny"，"Indeterminate"或"NotApplicable"。

——〈Status〉[可选]

标记决策请求过程中是否出现了错误及其错误信息。如果〈Response〉元素包含的所有〈Result〉元素的〈Status〉元素都相同，并且〈Response〉元素在传输时被封装到一个协议层的封装器中，则这个相同的〈Status〉信息能被包含在协议层的封装器中，从而能将其从所有

〈Result〉元素中省略。

——〈Obligations〉[可选]

一组应由 PEP 完成的义务。如果 PEP 不能理解或者无法执行一个义务,其行为应与 PDP 拒绝该访问请求时保持一致。关于 PDP 如何决定返回这些义务,见 9.15。

8.11 〈Decision〉元素

〈Decision〉元素包含策略评估的结果,其元素及类型定义如下:

```
<xs:element name="Decision" type="xacml-context:DecisionType"/>
<xs:simpleType name="DecisionType">
  <xs:restriction base="xs:string">
    <xs:enumeration value="Permit"/>
    <xs:enumeration value="Deny"/>
    <xs:enumeration value="Indeterminate"/>
    <xs:enumeration value="NotApplicable"/>
  </xs:restriction>
</xs:simpleType>
```

〈Decision〉元素为 DecisionType 简单类型。

〈Decision〉元素的具体值分别代表以下含义:

——"Permit"

请求访问被允许。

——"Deny"

请求访问被拒绝。

——"Indeterminate"

PDP 无法评估请求,原因可能包括:属性信息不足,获取策略时发生网络错误,策略评估时除数为 0,在决策请求或策略中有语法错误等。

——"NotApplicable"

PDP 没有适用于决策请求的评估策略。

8.12 〈Status〉元素

〈Status〉元素表示授权决定的结果,其元素及类型定义如下:

```
<xs:element name="Status" type="xacml-context:StatusType"/>
<xs:complexType name="StatusType">
  <xs:sequence>
    <xs:element ref="xacml-context:StatusCode"/>
    <xs:element ref="xacml-context:StatusMessage" minOccurs="0"/>
    <xs:element ref="xacml-context:StatusDetail" minOccurs="0"/>
  </xs:sequence>
</xs:complexType>
```

〈Status〉元素是 StatusType 复杂类型,包含以下子元素:

——〈StatusCode〉[必需]

状态码。

——〈StatusMessage〉[可选]

对状态码详细描述的状态信息。

——<StatusDetail> [可选]

附加的状态信息。

8.13 <StatusCode>元素

<StatusCode>元素包含一个主状态码和一系列次状态码,其元素及类型定义如下:

```
<xs:element name="StatusCode" type="xacml-context:StatusCodeType"/>
<xs:complexType name="StatusCodeType">
  <xs:sequence>
    <xs:element ref="xacml-context:StatusCode" minOccurs="0"/>
    </xs:sequence>
    <xs:attribute name="Value" type="xs:anyURI" use="required"/>
</xs:complexType>
```

<StatusCode>元素是 StatusCodeType 复杂类型,包含以下属性和元素:

——Value [必需]

参见 B.8 中列出的属性值。

——<StatusCode> [任意数目]

次状态码,详细限定其父状态码。

8.14 <StatusMessage>元素

<StatusMessage>元素以任意方式描述状态码,其元素及类型定义如下:

```
<xs:element name="StatusMessage" type="xs:string"/>
```

<StatusMessage>元素是 xs:string 类型。

8.15 <StatusDetail>元素

<StatusDetail>元素通过附加信息限定<Status>元素。

<StatusDetail>元素允许包含任意 XML 信息,其元素及类型定义如下:

```
<xs:element name="StatusDetail" type="xacml-context:StatusDetailType"/>
<xs:complexType name="StatusDetailType">
  <xs:sequence>
    <xs:any namespace="##any" processContents="lax" minOccurs="0" maxOccurs="un-
bounded"/>
  </xs:sequence>
</xs:complexType>
```

是否包含<StatusDetail>元素是可选的。如果 PDP 返回以下规范中已定义的<StatusCode>元素值并包含<StatusCode>元素,则应遵循以下规则:

——urn:oasis:names:tc:xacml:1.0:status:ok

PDP 不能返回附带"ok"状态值的< StatusDetail >元素。

——urn:oasis:names:tc:xacml:1.0:status:missing-attribute

PDP 可选择不返回<StatusDetail>元素,或者返回一个<StatusDetail>元素,其中包含一个或多个<xacml-context:MissingAttributeDetail>元素。

——urn:oasis:names:tc:xacml:1.0:status:syntax-error

PDP 不能返回附带"syntax-error"状态值的<StatusDetail>元素,此信息说明在评估策略或请求上下文中出现语法错误,PDP 能返回<StatusMessage>描述错误细。

——urn:oasis:names:tc:xacml:1.0:status:processing-error

PDP 不能返回附带“processing-error”状态值的〈StatusDetail〉元素，此信息说明 PDP 内部出现错误。出于安全考虑，PDP 能选择不再发送附加信息给 PEP。例如除数为 0 之类的计算错误，PDP 能返回〈StatusMessage〉描述错误细。

〈StatusDetail〉元素是 StatusDetailType 复杂类型。

8.16 〈**MissingAttributeDetail**〉元素

〈MissingAttributeDetail〉元素描述策略评估要求的但请求中没有包含的属性信息，其元素及类型定义如下：

〈xs:element name="MissingAttributeDetail" type="xacml-context:MissingAttributeDetail-Type"/〉

〈xs:complexType name="MissingAttributeDetailType"〉

〈xs:sequence〉

〈xs:element ref="xacml-context:AttributeValue" minOccurs="0" maxOccurs="un-bounded"/〉

〈/xs:sequence〉

〈xs:attribute name="AttributeId" type="xs:anyURI" use="required"/〉

〈xs:attribute name="DataType" type="xs:anyURI" use="required"/〉

〈xs:attribute name="Issuer" type="xs:string" use="optional"/〉

〈/xs:complexType〉

〈MissingAttributeDetail〉元素是 MissingAttributeDetailType 复杂类型，包含以下属性和元素：

——AttributeValue [可选]

请求中未包含的属性值。

——〈AttributeId〉[必需]

未包含属性的标识符。

——〈DataType〉[必需]

未包含属性的数据类型。

——Issuer [可选]

定义未包含属性的颁发者。

MissingAttributeDetail〉元素中包含〈xacml-context:AttributeValue〉元素则它指定的是可接受的属性值，如果未包含则说明 PDP 策略评估中无法解析属性名。提供的属性列表可能是部分或全部，PDP 无法保证提供的属性和属性值完全满足策略评估的需要。

9 功能需求

9.1 概述

本条定义了不与特定 XACML 元素或者产品相关的一些功能需求。

9.2 策略执行点

9.2.1 概述

PEP 是一个应用，它保护对一个资源集的访问，并向 PDP 请求授权决策。PEP 应遵守下列描述的授权决策。

9.2.2 基本 PEP

如果决策是“Permit”，PEP 应准许访问。如果决策同时带有义务，PEP 应仅在理解并能执行这些义务的情况下允许访问。

如果决策是“Deny”，PEP 应拒绝访问。如果决策同时带有义务，PEP 应仅在理解并能执行这些义务的情况下拒绝访问。

如果决策是“NotApplicable”，PEP 的行为无定义。

如果决策是“Indeterminate”，PEP 的行为无定义。

9.2.3 拒绝倾向型 PEP

如果决策是“Permit”，PEP 应允许访问。如果决策同时带有义务，PEP 应仅在理解并能执行这些义务的情况下允许访问。所有其他的决策均应拒绝访问。

但是其他的行为，例如其他 PDP 的协商，决策请求的重构是不禁止的。

9.2.4 允许倾向型 PEP

如果决策是“Deny”，PEP 应拒绝访问。如果决策同时带有义务，PEP 应仅在理解并能执行这些义务的情况下拒绝访问。所有其他的决策均应允许访问。

但是其他的行为，例如其他 PDP 的协商，决策请求的重构是不禁止的。

9.3 属性评估

9.3.1 结构化属性

属性由上下文处理器在请求上下文中描述。策略通过主体、资源、动作和环境对应的属性指定器和属性选择器引用属性。命名属性是标准术语，主体、资源、动作和环境属性指定器和属性选择器使用它来引用请求上下文中特定的主体、资源、动作和环境元素。

〈xacml:AttributeValue〉和〈xacml-context:AttributeValue〉元素能包含一个结构化的 XML 数据类型的实例，例如：〈ds:KeyInfo〉。本标准支持如下几种元素内容比较方法。

a) 某些情况下，这些元素能使用 XACML 字符串函数比较，如“string-regexp-match”。这个函数要求元素的数据类型为“http://www.w3.org/2001/XMLSchema#string”。例如：

   〈AttributeValue DataType="http://www.w3.org/2001/XMLSchema#string"〉

   　〈ds:KeyName〉jhibbert-key〈/ds:KeyName〉

   〈/AttributeValue〉

   通常，只有结构化数据类型相当简单时这种方法才是适合的。

b) 〈attributeSelector〉元素能通过 Xpath 表达式的方法来选择结构化数据类型叶子节点的内容。节点值能使用 XACML 中适用其原始类型的函数来比较。这种情况下要求 PDP 支持可选的 Xpath 表达式特征。

c) 〈AttributeSelector〉元素能通过 Xpath 表达式的形式来选择结构化数据类型的任何结点。这些结点可以通过 Xpath 方法进行比较，见 A.3。这种方法要求 PDP 支持可选的 Xpath 表达式和函数特征。

9.3.2 属性包

XACML 称一种单一数据类型的集合为包。属性包用于处理从 XML 资源和 XACML 请求上下文中选择结点可能返回的多个值。

〈AttributeSelector〉元素使用 Xpath 表达式描述从 XML 资源选择的数据。Xpath 表达式的结果称为一个结点集,它包含了所有的 XML 资源中符合 Xpath 表达式断言的叶子结点。基于 Xpath 规范提供的各种索引函数,可以认为结果是匹配结点的集合。XACML 也定义了〈AttributeDesignator〉元素,它对于 XACML 请求上下文中的属性具有相同的匹配方法。

包中的值是无序的,并且可能有重复的值。XACML 中的包应仅包含相同数据类型的值。

9.3.3 多值属性

如果请求上下文中的单个〈Attribute〉元素包含多个〈xacml-context:AttributeValue〉子元素,则评估〈Attribute〉元素得到的结果包应和评估另一个上下文(这个上下文中每个〈xacml-context:AttributeValue〉元素都出现在分散的〈Attribute〉元素中,并且带有相同的元数据)得到的结果包相一致。

9.3.4 属性匹配

一个命名属性包含匹配上下文中属性的详细标准。一个属性指定了 AttributeId、DataType 以及属性发布者。一个命名属性应匹配这样一个属性:处于上下文特定的主体,资源,动作或者环境元素里,各自的 AttributeId、DateType 以及可选的 Issuer 属性值相互匹配。

命名属性的 AttributeId 通过 URI 格式应和相应的上下文属性的 AttributeId 匹配。命名属性的 DateType 应和相应的上下文属性的 DateType 匹配。如果命名属性指定了 Issuer,则应和相应的上下文属性的 Issuer 匹配(使用 urn:oasis:names:tc:xacml:1.0:function:string-equal 函数)。如果命名属性的 Issuer 未指定,则命名属性和上下文属性的匹配应通过 AttributeId 和 DataType 决定,而不管 Issuer 是否在相应的上下文属性中存在。在属性选择器的情况下,属性到名称属性的匹配应通过 Xpath 和 DataType 决定。

9.3.5 属性检索

PDP 应从上下文处理器获取请求上下文中的属性值。PDP 像上下文文档中的格式那样引用属性,属性值应由上下文处理器获取或提供。上下文处理器应返回一个匹配属性指定器或属性选择器的指定数据类型属性值包。如果请求上下文中没有属性与之匹配,则认为该属性空缺。如果属性空缺,MustBePresent 属性负责决定属性指定器或属性选择器返回一个空包还是一个"Indeterminate"的结果。

如果 MustBePresent 的值是"False(默认值)",则缺少属性应返回一个空包。如果 MustBePresent 的值是"True",则缺少属性应返回"Indeterminate"。"Indeterminate"结果应根据它外部的表达式、规则、策略和策略集来处理。如果结果是"Indeterminate",则属性的 AttributeId,DataType 和 Issuer 可以在授权决策中列出,见 9.13。但是有时候出于安全考虑,PDP 可以选择不返回这些信息。

9.3.6 环境属性

标准环境属性见 B.7。如果决策请求提供了其中的一个属性值,则上下文处理器应使用这个值。否则,上下文处理器应提供一个属性值。在日期和时间属性的情况下,提供的值应具有"应用到决策请求的日期和时间"的语义。

9.4 表达式评估

XACML 按照下面列出的元素定义表达式,且使用〈Apply〉和〈Condition〉元素递归地构成更复杂的表达式。有效的表达式应是类型正确的,这意味着〈Apply〉和〈Condition〉元素包含的每个元素数据类型应和 FunctionId 属性所指定函数的参数类型一致。〈Apply〉和〈Condition〉元素的合成类型应是函数的合成类型，它能是原始数据类型或原始数据类型包。XACML 定义了"Indeterminate"评估结果，作为表达式评估无效或者评估过程中发生错误的返回结果。

XACML 定义了下列元素替换〈Expression〉元素：

——〈xacml:AttributeValue〉

——〈xacml:SubjectAttributeDesignator〉

——〈xacml:ResourceAttributeDesignator〉

——〈xacml:ActionAttributeDesignator〉

——〈xacml:EnvironmentAttributeDesignator〉

——〈xacml:AttributeSelector〉

——〈xacml:Apply〉

——〈xacml:Condition〉

——〈xacml:Function〉

——〈xacml:VariableReference〉

9.5 算术评估

IEEE 754 定义了如何计算上下文中的算术函数，包括精确度，舍入方法的默认值等等。XACML 应使用该标准根据增强了精度的上下文评估所有整型和双整型函数：

——Flags 都设置为 0。

——Trap-enablers 除了除数为 0 的错误设为 1 外，其他的都设置为 0。

——Precision 设置为指定的双精度。

——Rounding 设置为舍入法。

9.6 匹配评估

属性匹配元素包含于规则、策略和策略集的〈Target〉元素内，有以下几种：

——〈SubjectMatch〉

——〈ResourceMatch〉

——〈ActionMatch〉

——〈EnvironmentMatch〉

这些元素分别代表了主体，资源，动作和环境属性上的布尔表达式。匹配元素中的 MatchId 属性指定用来执行匹配评估的函数，〈xacml:AttributeValue〉与〈AttributeDesignator〉或〈AttributeSelector〉元素的组合界定上下文中与指定属性值进行匹配的属性。

MatchId 属性应指定一个函数，它接受两个参数，返回一个 http://www.w3.org/2001/XMLSchema #boolean 类型的结果。匹配元素指定的属性值应作为第一个参数提供给 MatchId 指定的函数。

〈AttributeDesignator〉或者〈AttributeSelector〉返回的包中元素应作为第二个参数提供给 MatchId 指定的函数。〈xacml:AttributeValue〉元素的 DataType 应匹配指定函数第一个参数的数据类型。

〈AttributeDesignator〉或者〈AttributeSelector〉元素的 DataType 应匹配指定函数第二个参数的数据类型。

MatchId 属性值标识的 XACML 标准函数如下：

——urn:oasis:names:tc:xacml:2.0:function:-type-equal

——urn:oasis:names:tc:xacml:2.0:function:-type-greater-than

——urn:oasis:names:tc:xacml:2.0:function:-type-greater-than-or-equal

——urn:oasis:names:tc:xacml:2.0:function:-type-less-than

——urn:oasis:names:tc:xacml:2.0:function:-type-less-than-or-equal

——urn:oasis:names:tc:xacml:2.0:function:-type-match

另外,XACML扩展里的一些函数标识也能作为MatchId的属性值,这些函数能使用扩展的数据类型,只要函数返回布尔类型的结果,并且接受两个基本类型的输入。MatchId属性标识的函数应是可被索引的。如果使用不可索引或者复杂的函数可能会妨碍对决策请求的有效评估。

下面是匹配元素的评估语义。如果评估〈AttributeDesignator〉或者〈AttributeSelector〉元素时产生了操作错误,则整个表达式的结果应是“Indeterminate”。如果〈AttributeDesignator〉或〈AttributeSelector〉元素被评估为一个空包,则表达式的结果应是“FALSE”;否则,MatchId指定的函数应被作用于〈xacml:AttributeValue〉和〈AttributeDesignator〉或〈AttributeSelector〉返回包中的每个元素之间。如果至少有一个匹配评估为“TRUE”,则整个表达式的结果应是“TRUE”;否则,如果至少有一个匹配评估结果是“Indeterminate”,则整个表达式的结果是“Indeterminate”。最后,如果所有的匹配评估为“FALSE”,则整个表达式的结果是“FALSE”。

也可以在条件元素中表示目标匹配元素的语义。例如,比较以“John”开始的“subject-name”的目标匹配表达式可以如下表示:

```
〈SubjectMatch MatchId="urn:oasis:names:tc:xacml:1.0:function:string-regexp-match"〉
  〈AttributeValue DataType="http://www.w3.org/2001/XMLSchema#string"〉
    John.*
  〈/AttributeValue〉
  〈SubjectAttributeDesignator AttributeId="urn:oasis:names:tc:xacml:1.0:subject:subject-id"
  DataType="http://www.w3.org/2001/XMLSchema#string"/〉
〈/SubjectMatch〉
```

可以通过使用“urn:oasis:names:tc:xacml:1.0:function:any-of”函数将同样的语义表示为〈Apply〉元素:

```
〈Apply FunctionId="urn:oasis:names:tc:xacml:1.0:function:any-of"〉
  〈Function FunctionId="urn:oasis:names:tc:xacml:1.0:function:string-regexp-match"/〉
  〈AttributeValue DataType="http://www.w3.org/2001/XMLSchema#string"〉
    John.*
  〈/AttributeValue〉
  〈SubjectAttributeDesignator AttributeId="urn:oasis:names:tc:xacml:1.0:subject:subject-id"
  DataType="http://www.w3.org/2001/XMLSchema#string"/〉
〈/Apply〉
```

9.7 目标评估

目标元素中定义的主体、资源、动作和环境都匹配请求上下文中对应的值时才称为两者“匹配”。如果目标定义的主体、资源、动作和环境的任何一个匹配评估是“Indeterminate”,则目标评估是“Indeterminate”;否则,目标评估是“不匹配”。表1显示了目标匹配。

表 1　目标匹配表

主体值	资源值	动作值	环境值	目标值
匹配	匹配	匹配	匹配	匹配
不匹配	匹配或者不匹配	匹配或者不匹配	匹配或者不匹配	不匹配
匹配或者不匹配	不匹配	匹配或者不匹配	匹配或者不匹配	不匹配
匹配或者不匹配	匹配或者不匹配	不匹配	匹配或者不匹配	不匹配
匹配或者不匹配	匹配或者不匹配	匹配或者不匹配	不匹配	不匹配
不确定	任意	任意	任意	不确定
任意	不确定	任意	任意	不确定
任意	任意	不确定	任意	不确定
任意	任意	任意	不确定	不确定

如果主体、资源、动作和环境的至少一个〈Subject〉、〈Resource〉、〈Action〉和〈Environment〉元素分别匹配请求上下文中的一个对应值，则主体、资源、动作和环境应匹配请求上下文中的值。表 2 为主体匹配表，资源、动作和环境匹配表是相似的。

表 2　主体匹配表

〈Subject〉值	〈Subjects〉值
至少一个匹配	匹配
没有匹配的且至少一个"Indeterminate"	不确定
所有都不匹配	不匹配

主体、资源、动作或者环境的所有〈SubjectMatch〉、〈ResourceMatch〉、〈ActionMatch〉和〈EnvironmentMatch〉都是"TRUE"，则匹配请求上下文中的一个值。表 3 为主体匹配表，资源、动作和环境匹配表是相似的。

表 3　主体匹配表

〈SubjectMatch〉值	〈Subject〉值
所有的都为真	匹配
没有"假"且至少一个"Indeterminate"	不确定
至少有一个为"假"	不匹配

9.8　变量引用评估

〈VariableReference〉元素引用了一个在相同〈Policy〉元素里的〈VariableDefinition〉元素。没有引用特定〈VariableDefinition〉元素的〈VariableReference〉元素称为无定义的引用。含有无定义引用的策略是无效的。

〈VariableReference〉元素的位置都能看作用〈VariableDefinition〉元素中的〈Expression〉元素进行文字替换。例如〈VariableDefinition〉元素中的表达式能用来评估某个特定值，并且为多个无序引用缓存结果。这个特征是 XACML 作为一种声明式语言的优点。

9.9 条件评估

如果缺少〈Condition〉元素或者被评估为真时，条件值应是“真”。如果〈Condition〉元素被评估为“假”，条件的值应是“假”。如果〈Condition〉元素包含的表达式被评估为“Indeterminate”，条件的值应是“Indeterminate”。

9.10 规则评估

一个规则通过对其内容评估得到一个评估值。规则评估涉及目标和条件的评估。表 4 为规则的真值表。

表 4 规则的真值表

目标	条件	规则值
匹配	真	有效
匹配	假	不适用
匹配	不确定	不确定
不匹配	任意	不适用
不确定	任意	不确定

如果目标值是“不匹配”或者“Indeterminate”的，那么规则的值应分别是“不适用”或者“Indeter-minate”，与条件的值无关。因此，这些情况下条件不需要被评估。

如果目标值是“匹配”并且条件值是“真”，那么〈Rule〉元素内指定的效果将决定规则的值。

9.11 策略评估

策略的值应仅由它的内容(考虑和请求上下文的关系)决定。策略的值应通过评估策略的目标和规则决定。

评估策略的目标从而确定策略的适用性。如果目标被评估为“匹配”，则策略的值应根据指定的规则组合算法评估规则组合得到的结果决定。如果目标被评估为“不匹配”，则策略的值应是“Not-Applicable”。如果目标被评估为“Indeterminate”，则策略的值应是“Indeterminate”。

表 5 是策略真值表。

表 5 策略的真值表

目标	规则值	策略值
匹配	至少一个规则值是有效的	由规则组合算法决定
匹配	所有的规则值都是“NotApplicable”	不适用
匹配	至少一个规则值是“Indeterminate”	由规则组合算法决定
不匹配	任意	不适用
不确定	任意	不确定

至少一个规则值是有效的意味着或者缺少〈Rule〉元素，或者策略包含的一个或多个规则是适用与决策请求的。如果策略没有包含适用于决策请求的规则，则规则集的评估值为“NotApplicable”，如果

策略没有包含规则,则评估结果为"Indeterminate"。如果策略没有包含适用于请求上下文的规则,但是有一个或多个规则返回"Indeterminate",则规则集应被评估为"至少一个规则值是不确定"。

如果目标值是"不匹配"或者"Indeterminate",则策略评估值分别是"NotApplicable"或者"Indeterminate",而不管规则评估值。在这些情况下,规则不需要被评估。

如果目标值是"匹配"并且规则值是"至少一个规则值是有效的"或者"至少一个值是'Indeterminate'",那么策略的规则组合算法决定策略的最终评估值。

XACML 2.0 定义的规则组合算法都不接受参数,但非标准的组合算法允许接收参数。这时这些和规则相关的参数在评估策略时应加以考虑。这些参数和它们的类型应在组合算法的规范中定义。如果具体实现中支持组合参数并且策略中包含了组合参数,那么组合算法的具体实现应支持这些参数值。

9.12 策略集评估

策略集的值应由它的内容(考虑和请求上下文的关系)决定。根据策略组合算法对策略集的目标,策略和策略集进行评估确定策略集合的评估值。

评估策略集的目标从而确定策略集的适用性。如果目标被评估为"匹配",则策略集的值应根据策略组合算法评估得到。如果目标被评估为"不匹配",则策略集的值是"NotApplicable"。如果目标被评估为"Indeterminate",则策略集的值是"Indeterminate"。表 6 是策略集真值表。

表 6 策略集的真值表

目标	策略值	策略集值
匹配	至少一个策略值是它的决策	由策略组合算法决定
匹配	所有的策略值都是"NotApplicable"	不适用
匹配	至少一个策略值是"Indeterminate"	由策略组合算法决定
不匹配	任意	不适用
不确定	任意	不确定

如果策略集没有包含或者引用策略或者策略集,或者如果策略集包含的一个或者多个策略和策略集适用于决策请求,那么策略集合的值应是"至少一个策略值是有效的"。如果策略集包含或者引用的策略或者策略集都不适用于请求,并且没有包含或者引用返回值为"Indeterminate"的策略或策略集,则策略集合的值应是"所有策略值都是'NotApplicable'"。如果策略集包含或者引用的策略或者策略集都不适用于请求,但是一个或多个策略或者策略集返回"Indeterminate"值,则策略集合的值应是"至少一个策略值是'Indeterminate'"。

如果目标值是"不匹配"或者"Indeterminate",则策略集的值应分别是"NotApplicable"或者"In-determinate",而不管策略的值。在这些情况下,策略不需要被评估。

如果目标值是"匹配"并且策略集合值是"至少一个策略值是决策"或者"至少一个值是'Indeter-minate'",那么策略集指定的策略组合算法决定策略集最终的评估结果。

9.13 有层次的资源

通常的情况下,资源是有层次的。XACML 提供几种可选的机制来支持分层次的资源[5,6]。

9.14 授权决策

和特定的决策请求相关,通过一个策略组合算法,一些策略和/或策略集来定义 PDP。PDP 应返回一个应答上下文,能看作它已经评估过由一个策略组合算法,一些策略和/或策略集构成的单个策略集。

PDP 应评估第 7 章和第 9 章定义的策略集，并且应返回一个应答上下文，其中〈Decision〉元素包含"Permit""Deny""Indeterminate"或者"NotApplicable"的其中之一。

如果 PDP 不能做出一个决策，则返回值为"Indeterminate"。

9.15 义务

一个策略或者策略集能包含一个或者多个义务。仅当被评估的策略，策略集的效果匹配义务 Fulfillon 属性值的时候，义务应传递到下一级评估。

如果取消义务的策略或者策略集没有被评估，或者它们评估后的结果是"Indeterminate"和"NotApplicable"，或者策略或策略集的评估结果和一个内嵌策略集评估结果不匹配，则不把义务返回给 PEP。

如果把 PDP 的评估看成由返回"Permit"或者"Deny"评估值的策略集或策略组成的树，则 PDP 返回给 PEP 的义务集就仅包含每级评估的效果和 PDP 返回的效果相同的那些义务。不允许出现任何不确定的情况，因此应使用确定性的组合算法，如 ordered-deny-overides。

9.16 异常处理

9.16.1 不支持的功能

如果 PDP 试图评估包含可选元素类型或不支持的元素类型/函数的策略集或者策略，PDP 返回〈Decision〉元素值为"Indeterminate"。如果也返回〈StatusCode〉元素，若是不支持的元素类型引起的错误，则其值为"urn:oasis:names:tc:xacml:1.0:status:syntax-error"；若是不支持的函数引起的错误，则其值为"urn:oasis:names:tc:xacml:1.0:status:processing-error"。

9.16.2 语法和类型错误

XACML PDP 评估包含无效语法的策略时，评估决策结果是"Indeterminate"，返回的〈StatusCode〉元素值是"urn:oasis:names:tc:xacml:1.0:status:syntax-error"。

XACML PDP 评估包含无效静态数据类型的策略时，评估决策结果是"Indeterminate"，返回的〈StatusCode〉元素值是"urn:oasis:names:tc:xacml:1.0:status:processing-error"。

9.16.3 缺少属性

如果请求上下文缺少策略中属性指定器或属性选择器需要的匹配属性，则结果中的〈Decision〉元素值为"Indeterminate"。在这种情况下，如果结果提供了〈StatusCode〉元素，则它的值应为"urn:oasis:names:tc:xacml:1.0:status:missing-attribute"，以说明为了产生评估决策需要更多的信息。

〈Status〉元素应列出 PDP 为了产生决策需要的任何主体、资源、动作或者环境的属性。PEP 能重新提交一个请求上下文作为以上信息的应答，且这个请求上下文包含了 PDP 应答中列出的属性名字对应的属性值。当 PDP 返〈Decision〉元素内容为"Indeterminate"且〈StatusCode〉元素值为"urn:oasis:names: tc:xacml:1.0:status:missing-attribute"的应答时，不应列出原始请求中已经包含的任何主体，资源，动作或者环境属性的名称和数据类型。完善的请求要求 PDP 最终返回的授权决策是"Permit""Deny"或者"Indeterminate"及状态码。

10 XACML 扩展点

10.1 可扩展的 XML 属性类型

以下的 XML 属性拥有 URI 值。能通过建立和新语义关联的 URI 来扩展这些属性。

——AttributeId
——DataType
——FunctionId
——MatchId
——ObligationId
——PolicyCombiningAlgId
——RuleCombiningAlgId
——StatusCode
——SubjectCategory

这些属性类型的定义请参照第 7 章。

10.2 结构化属性

〈xacml:AttributeValue〉 and 〈xacml-context:AttributeValue〉能包含一个结构化的 XML 数据类型的实例。9.3.1 描述了一系列标识结构化属性包含的数据项的标准技术。这里列出一些需要 XACML 扩展的技术。

a) 对于一个给定的结构化数据类型,XACML 用户组织对于其中与 XACML 简单类型一致的叶子子元素能定义新的属性标识符。PEP 或者上下文处理器能使用这些新的属性标识符把结构化数据类型的实例展开成单个的〈Attribute〉元素序列。每个这样的〈Attribute〉元素能使用 XACML 定义的函数来比较。通过这种方法,结构化数据类型不会出现在〈xacml-context:AttributeValue〉元素里。
b) XACML 用户组织能自己定义用来比较结构化数据类型值的函数。这种方法只能被支持自定义函数的 PDP 使用。

11 安全和隐私

11.1 概述

本条定义 XACML 系统实现时应考虑的可能危及安全和隐私的场景,为系统实现者提供参考。

11.2 威胁模型

11.2.1 概述

我们假定攻击者已经进入到 XACML 参与者的通讯信道,并且攻击者能截获、插入、删除和修改消息或者部分消息。

另外,参与者能恶意地在稍后的交互中使用以前获取的消息。进一步假设规则策略的制定者与使用者与规则策略本身具有相同的可信任度。因此,每个参与者有义务建立与其他参与者合适的信任关系。信任链的建立超出了本标准的范围。

在 XACML 模型中,参与者之间传输的消息易于受到恶意第三方的攻击。其他的脆弱点包括 PEP,PDP 和 PAP。如果这些实体中的一部分没有严格遵循规范要求,它们自身可能危害到 PEP 执行的访问控制过程。

分布式系统中的其他组件也有可能受到威胁,比如操作系统、域名服务系统等,但这些超出了本威胁模型讨论的范围。

11.2.2 未授权的泄露

XACML 没有定义任何的内在机制保护参与者之间传送消息的机密性。因此攻击者能监测传输中的消息。在某些安全策略下,暴露信息是违反策略的。主体提交的决策请求的属性或者类型的暴露可能是隐私策略的一种破坏。在医药和金融数据等商业部门,个人数据的非授权泄露可能导致管理者被关押并且受到巨额处罚。

机密性保护措施处理非授权泄露问题。

11.2.3 消息重放

消息重放攻击是攻击者记录并重放 XACML 参与者之间的合法消息。使用过时的或假冒的数据可能导致系统拒绝服务。

防止重放攻击需要消息新鲜性防护措施。

消息加密并不能减少重放攻击,因为攻击者能不必理解消息内容仅是重放加密后的信息。

11.2.4 消息插入

消息插入攻击是攻击者在 XACML 参与者之间的消息序列中插入消息。

消息插入攻击的解决办法是在参与者之间使用双方认证和消息序列完整性措施。仅仅使用 SSL 双方认证是不够的。这仅仅证明了对方是由 X.509 证书主体标识的。为了达到更有效的结果,需要确认证书主体是发送消息的责任方。

11.2.5 消息删除

消息删除攻击是攻击者删除 XACML 参与者之间消息序列中的消息。消息删除能导致系统拒绝服务。设计良好的 XACML 系统针对消息删除攻击不应产生错误的授权决策。

消息删除攻击的解决办法是在参与者之间使用消息序列完整性措施。

11.2.6 消息篡改

如果攻击者能截获一个消息并且改变它的内容,那么他们能间接改变其对应的授权决策。消息完整性措施能防止消息篡改攻击。

11.2.7 不适用结果

“NotApplicable”结果表明 PDP 不能定位与决策请求目标匹配的策略。通常情况下,建议使用“Deny”结果的策略,如果 PDP 评估返回“NotApplicable”,应用“Deny”代替。

但是在某些安全模型中(如网页服务)“NotApplicable”授权决策被认为是和“Permit”决策是等价的。为了这种模型的安全,应考虑特殊的安全事项。以下章条将会说明这些事项。

如果“NotApplicable”被认为是“Permit”,策略应用的匹配算法与提交决策请求的应用使用的数据语义紧密结合是至关重要的。匹配失败将会产生“NotApplicable”结果,并且被当作“Permit”。因此,无意识的匹配失败可能导致非预计的访问。

商业 HTTP 服务器将许多不同的语法认为是等价的。“%”能被使用来表示十六进制值。URL 路径“/../”提供了多种方式定义相同的值。除非策略使用的匹配算法是历经考验的,否则非预计的访问可能被允许。

只有在形成决策请求的应用保证精确使用策略期望的语法的封闭环境中,把“NotApplicable”作为“Permit”对待才可能是安全的。在更开放的环境中能使用任意合法语法构造决策请求,此时不建议把“NotApplicable”作为“Permit”,除非匹配算法经过仔细的设计来匹配所有可能的可用输入。PEP 应拒绝请求除非它接收到明显的“Permit”授权决定,见 9.2。

11.2.8 否定规则

否定规则基于不为“真”的断言,在某些情况下非常高效。然而如果不慎重使用,否定规则可能导致违背策略原意,因此建议慎重使用并且尽量避免使用否定规则。

否定规则的通常用处是当允许组成员访问时,拒绝组中某些成员个体或者子组的访问。如果不慎重使用,否定规则可能导致两种违反策略的情况:属性被禁止和基本组改变。

属性禁止的例子如,假设我们有一个策略应在主体不存在信任风险时允许访问。如果由于某些原因 PDP 不知道主体是否存在信用风险,那么可能导致非授权访问。某些环境下,主体能通过隐私控制措施禁止属性发布,或者包含主体信息的服务器或信息库由于意外或主观原因不能对外发布属性。

基本组改变的例子如,某个策略规定工程部门的成员中除了秘书以外的每个人都能修改软件源码。假设此部门和其他部门合并并想维持原有策略。新部门中包括行政助理,应认为其与秘书具有同等职责。除非改变策略,否则行政助理将被允许改变软件源码。当策略集中管理时,此类问题容易避免。但是如果管理是分布式的(XACML 规范允许如此),应有效防止此类问题的发生。

11.3 安全措施

11.3.1 认证

认证提供了一种交互中一方确认另一方身份的方法。认证能是单向的或者是双向的。

考虑到访问控制系统的敏感性,PEP 认证 PDP 的身份是十分必要的。否则,敌手能假冒 PDP 并且提供错误或者非法的授权决策。

PDP 应认证 PEP 的身份并且评估其可信程度。例如,如果允许 PEP 无限制的向 PDP 提交决策请求,即使简单的"Permit"或"Deny"决策也能被敌手利用。

许多技术能提供认证机制,如地区码、私有网、虚拟专用网或者数字签名等。认证过程能在 PEP 与 PDP 之间交换上下文的协议中实现。这种情况下,认证能分别在消息级别和会话级别实现。

11.3.2 策略管理

如果策略被泄漏到访问控制系统之外,恶意主体能使用这些信息确定获得未授权访问的方法。

为了防止此类威胁,策略存储库自身可能需要提供访问控制功能。除此之外,只有在不会构成安全威胁的前提下,〈Status〉元素才能用来返回属性缺乏通知信息。

11.3.3 机密性

11.3.3.1 概述

机密性机制确保消息的内容只能被预期的接收者获得。有两个方面需要考虑机密性,即传输过程的机密性和〈Policy〉元素内容的机密性。

11.3.3.2 通信机密性

在一些环境下需要对访问控制系统中所有的数据进行机密性保护。另外一些情况下,策略能被随意的发布和查看。对策略进行保密的目的在于使敌手难以确定获得非授权访问的方法。无论采用哪种方式,访问控制系统的安全性不应依赖于策略的机密性。

本标准不包括传输或者交换 XACML〈Policy〉元素过程中的安全,如交换过程中的完整性和机密性保护等。传输机密性可以通过诸如 SSL 等保密机制来实现。但像 SSL 这样端到端的安全机制可能需要考虑中间节点的脆弱性。

11.3.3.3 声明级机密性

在某些情况下,具体实现可能希望加密 XACML〈Policy〉元素的一部分。

可以使用来自 W3C 的 XML 加密语法(XML Encryption Syntax)和处理候选推荐(Processing Candidate Recommendation)来加密整个或者部分 XML 文档。

如果一个存储空间被用来支持 PAP 和 PDP 之间的明文策略传输,则该存储的安全机制应能保护这些敏感数据。

11.3.4 策略完整性

供 PDP 评估请求的 XACML 策略在整个系统中居于核心地位。因此,保持其完整性是极其重要。策略完整性包含两个方面。首先是〈Policy〉元素自从被 PAP 创建以来没有被修改过;其次,没有在策略集合中添加或删除〈Policy〉元素。

在很多情况下,策略完整性能通过保证参与方自身的完整性以及提供会话级的安全通信机制来实现。系统实施者负责选择具体的安全机制。如果策略在组织间分发,或者策略随着资源进行传输,则对策路提供签名保护是有用的。在这些情况下,本标准推荐使用 W3C 的 XML 签名句法和处理规范。数字签名只能用于保证声明的完整性,不能用来做策略选择和评估的依据。PDP 不能依据策略是否被签名或者签名主体而请求特定的策略。然而,PDP 应验证策略上的签名是预期的主体产生的。具体的签名技术和方法超出本标准的讨论范围。

11.3.5 策略标识符

策略能通过标识符引用。保证标识符的唯一性是 PAP 的责任。标识符的混乱可能引起对策略的错误识别。当修改策略时,PAP 应继续使用原有标识符还是产生新的标识符,本标准不做要求。如果重用标识符,可能对引用此策略的其他策略或策略集产生不利影响。如果生成一个新标识符,引用者除非删除旧的标记否则其还指向以前的策略。这两种情况可能都不是策略管理员所期望的。

11.3.6 信任模型

对于认证、完整性和机密性的讨论都是建立在一个假设的信任模型基础上:一个参与方如何确信一个密钥和一个实体参与方身份绑定,从而这个密钥能用来加密数据或者验证签名。存在许多不同类型的信任模型,包括严格继承、分布式权威、网状关系、桥状关系等。考虑访问控制系统多个参与方之间存在或者不存在依赖关系是十分有必要的。

访问控制系统的任何实体都不依赖于 PEP。它们可能从 PEP 收集数据(如认证数据),但需要自己负责验证这些数据。

整个系统的正确操作依赖于 PEP 确实执行访问控制决策。

PEP 依赖于 PDP 正确地进行访问控制决策。应提供给 PDP 正确的决策请求输入。除此之外,PDP 不依赖于 PEP。

PDP 依赖于 PAP 提供正确的访问控制策略。PAP 不依赖其他实体。

11.3.7 隐私

任何访问控制过程都可能向外界泄露参与方的私有信息。例如,如果访问控制策略要求某些数据只有具有金卡成员身份的主体才能访问,则允许一个主体访问该数据的过程就揭示了该主体具有金卡成员身份这一状态信息。因此隐私性可能要求对 XACML 策略进行加密或者实施访问控制,例如通过加密通道保护请求/应答信息,在存储和传输过程中对主体属性进行保护等。

本标准不包括特定应用环境种对恰当的隐私机制的选择。这取决于具体的应用环境。

12 符合性

12.1 介绍

本标准解决了一些和符合性相关的问题：

本标准定义了大量的规范函数，某些具有特定的应用场景。因此在声称完全符合标准的应用中，这些函数不要求全部被实施。

12.2 符合性列表

12.2.1 概述

这部分列出了符合本标准的 PDP 应实施的规范细则，并给出一些示范用例来辅助说明。

注："M"代表强制实施；"O"代表选择实施。

12.2.2 方案元素

在标准实施过程中应实施那些标记为"M"的方案元素，见表 7。

表 7 方案元素列表

Element name	M/O
xacml-context:Action	M
xacml-context:Attribute	M
xacml-context:AttributeValue	M
xacml-context:Decision	M
xacml-context:Environment	M
xacml-context:MissingAttributeDetail	M
xacml-context:Obligations	O
xacml-context:Request	M
xacml-context:Resource	M
xacml-context:ResourceContent	O
xacml-context:Response	M
xacml-context:Result	M
xacml-context:Status	M
xacml-context:StatusCode	M
xacml-context:StatusDetail	O
xacml-context:StatusMessage	O
xacml-context:Subject	M
xacml:Action	M
xacml:ActionAttributeDesignator	M
xacml:ActionMatch	M
xacml:Actions	M
xacml:Apply	M
xacml:AttributeAssignment	O

表 7（续）

Element name	M/O
xacml:AttributeSelector	O
xacml:AttributeValue	M
xacml:CombinerParameters	O
xacml:CombinerParameter	O
xacml:Condition	M
xacml:Description	M
xacml:Environment	M
xacml:EnvironmentMatch	M
xacml:EnvironmentAttributeDesignator	M
xacml:Environments	M
xacml:Expression	M
xacml:Function	M
xacml:Obligation	O
xacml:Obligations	O
xacml:Policy	M
xacml:PolicyCombinerParameters	O
xacml:PolicyDefaults	O
xacml:PolicyIdReference	M
xacml:PolicySet	M
xacml:PolicySetDefaults	O
xacml:PolicySetIdReference	M
xacml:Resource	M
xacml:ResourceAttributeDesignator	M
xacml:ResourceMatch	M
xacml:Resources	M
xacml:Rule	M
xacml:RuleCombinerParameters	O
xacml:Subject	M
xacml:SubjectMatch	M
xacml:Subjects	M
xacml:Target	M
xacml:VariableDefinition	M
xacml:VariableReference	M
xacml:XPathVersion	O

12.2.3 标识符前缀

表 8 中是本标准保留的标识符前缀。

表 8 标识符前缀列表

Identifier
urn:oasis:names:tc:xacml:2.0
urn:oasis:names:tc:xacml:2.0:conformance-test
urn:oasis:names:tc:xacml:2.0:context
urn:oasis:names:tc:xacml:2.0:example
urn:oasis:names:tc:xacml:1.0:function
urn:oasis:names:tc:xacml:2.0:function
urn:oasis:names:tc:xacml:2.0:policy
urn:oasis:names:tc:xacml:1.0:subject
urn:oasis:names:tc:xacml:1.0:resource
urn:oasis:names:tc:xacml:1.0:action
urn:oasis:names:tc:xacml:1.0:environment
urn:oasis:names:tc:xacml:1.0:status

12.2.4 算法

标准实施中应包括标记为"M"的规则组合与策略组合算法,见表 9。

表 9 算法列表

Algorithm	M/O
urn:oasis:names:tc:xacml:1.0:rule-combining-algorithm:deny-overrides	M
urn:oasis:names:tc:xacml:1.0:policy-combining-algorithm:deny-overrides	M
urn:oasis:names:tc:xacml:1.0:rule-combining-algorithm:permit-overrides	M
urn:oasis:names:tc:xacml:1.0:policy-combining-algorithm:permit-overrides	M
urn:oasis:names:tc:xacml:1.0:rule-combining-algorithm:first-applicable	M
urn:oasis:names:tc:xacml:1.0:policy-combining-algorithm:first-applicable	M
urn:oasis:names:tc:xacml:1.0:policy-combining-algorithm:only-one-applicable	M
urn:oasis:names:tc:xacml:1.1:rule-combining-algorithm:ordered-deny-overrides	M
urn:oasis:names:tc:xacml:1.1:policy-combining-algorithm:ordered-deny-overrides	M
urn:oasis:names:tc:xacml:1.1:rule-combining-algorithm:ordered-permit-overrides	M
urn:oasis:names:tc:xacml:1.1:policy-combining-algorithm:ordered-permit-overrides	M

12.2.5 状态代码

具体规范实施对〈StatusCode〉元素的支持是可选的。如果支持,则表 10 中的状态编码也应被正确理解并实施。

表 10 状态代码列表

Identifier	M/O
urn:oasis:names:tc:xacml:1.0:status:missing-attribute	M
urn:oasis:names:tc:xacml:1.0:status:ok	M
urn:oasis:names:tc:xacml:1.0:status:processing-error	M
urn:oasis:names:tc:xacml:1.0:status:syntax-error	M

12.2.6 属性

应支持以下标识符描述的属性。如果这些属性的属性值没有在判定请求中提供,则上下文处理器应提供相应属性的具体值。不同于其他属性,这些属性对 PDP 来说是应明确提供的,见表 11。

表 11 属性列表

Identifier	M/O
urn:oasis:names:tc:xacml:1.0:environment:current-time	M
urn:oasis:names:tc:xacml:1.0:environment:current-date	M
urn:oasis:names:tc:xacml:1.0:environment:current-dateTime	M

12.2.7 标识符

标准实施中使用的标识符应在表 12 范围内,并按照标准定义使用。此要求主要针对 PAP 和 PEP 的具体实施,PDP 不处理属性的语义表示。

表 12 标识符列表

Identifier	M/O
urn:oasis:names:tc:xacml:1.0:subject:authn-locality:dns-name	O
urn:oasis:names:tc:xacml:1.0:subject:authn-locality:ip-address	O
urn:oasis:names:tc:xacml:1.0:subject:authentication-method	O
urn:oasis:names:tc:xacml:1.0:subject:authentication-time	O
urn:oasis:names:tc:xacml:1.0:subject:key-info	O
urn:oasis:names:tc:xacml:1.0:subject:request-time	O
urn:oasis:names:tc:xacml:1.0:subject:session-start-time	O
urn:oasis:names:tc:xacml:1.0:subject:subject-id	O
urn:oasis:names:tc:xacml:1.0:subject:subject-id-qualifier	O
urn:oasis:names:tc:xacml:1.0:subject-category:access-subject	M
urn:oasis:names:tc:xacml:1.0:subject-category:codebase	O
urn:oasis:names:tc:xacml:1.0:subject-category:intermediary-subject	O
urn:oasis:names:tc:xacml:1.0:subject-category:recipient-subject	O
urn:oasis:names:tc:xacml:1.0:subject-category:requesting-machine	O
urn:oasis:names:tc:xacml:1.0:resource:resource-location	O
urn:oasis:names:tc:xacml:1.0:resource:resource-id	M
urn:oasis:names:tc:xacml:1.0:resource:simple-file-name	O
urn:oasis:names:tc:xacml:1.0:action:action-id	O
urn:oasis:names:tc:xacml:1.0:action:implied-action	O

12.2.8 数据类型

标准实施应支持标记为“M”的数据类型,见表 13。

表 13 数据类型列表

Data-type	M/O
http://www.w3.org/2001/XMLSchema#string	M
http://www.w3.org/2001/XMLSchema#boolean	M
http://www.w3.org/2001/XMLSchema#integer	M
http://www.w3.org/2001/XMLSchema#double	M
http://www.w3.org/2001/XMLSchema#time	M
http://www.w3.org/2001/XMLSchema#date	M
http://www.w3.org/2001/XMLSchema#dateTime	M
http://www.w3.org/TR/2002/WD-xquery-operators-20020816#dayTimeDuration	M
http://www.w3.org/TR/2002/WD-xquery-operators-20020816#yearMonthDuration	M
http://www.w3.org/2001/XMLSchema#anyURI	M
http://www.w3.org/2001/XMLSchema#hexBinary	M
http://www.w3.org/2001/XMLSchema#base64Binary	M
urn:oasis:names:tc:xacml:1.0:data-type:rfc822Name	M
urn:oasis:names:tc:xacml:1.0:data-type:x500Name	M

12.2.9 函数

标准实施应能正确处理标记为“M”的功能函数,见表 14。

表 14 函数列表

Function	M/O
urn:oasis:names:tc:xacml:1.0:function:string-equal	M
urn:oasis:names:tc:xacml:1.0:function:boolean-equal	M
urn:oasis:names:tc:xacml:1.0:function:integer-equal	M
urn:oasis:names:tc:xacml:1.0:function:double-equal	M
urn:oasis:names:tc:xacml:1.0:function:date-equal	M
urn:oasis:names:tc:xacml:1.0:function:time-equal	M
urn:oasis:names:tc:xacml:1.0:function:dateTime-equal	M
urn:oasis:names:tc:xacml:1.0:function:dayTimeDuration-equal	M
urn:oasis:names:tc:xacml:1.0:function:yearMonthDuration-equal	M
urn:oasis:names:tc:xacml:1.0:function:anyURI-equal	M
urn:oasis:names:tc:xacml:1.0:function:x500Name-equal	M
urn:oasis:names:tc:xacml:1.0:function:rfc822Name-equal	M
urn:oasis:names:tc:xacml:1.0:function:hexBinary-equal	M
urn:oasis:names:tc:xacml:1.0:function:base64Binary-equal	M
urn:oasis:names:tc:xacml:1.0:function:integer-add	M
urn:oasis:names:tc:xacml:1.0:function:double-add	M

表 14（续）

Function	M/O
urn:oasis:names:tc:xacml:1.0:function:integer-subtract	M
urn:oasis:names:tc:xacml:1.0:function:double-subtract	M
urn:oasis:names:tc:xacml:1.0:function:integer-multiply	M
urn:oasis:names:tc:xacml:1.0:function:double-multiply	M
urn:oasis:names:tc:xacml:1.0:function:integer-divide	M
urn:oasis:names:tc:xacml:1.0:function:double-divide	M
urn:oasis:names:tc:xacml:1.0:function:integer-mod	M
urn:oasis:names:tc:xacml:1.0:function:integer-abs	M
urn:oasis:names:tc:xacml:1.0:function:double-abs	M
urn:oasis:names:tc:xacml:1.0:function:round	M
urn:oasis:names:tc:xacml:1.0:function:floor	M
urn:oasis:names:tc:xacml:1.0:function:string-normalize-space	M
urn:oasis:names:tc:xacml:1.0:function:string-normalize-to-lower-case	M
urn:oasis:names:tc:xacml:1.0:function:double-to-integer	M
urn:oasis:names:tc:xacml:1.0:function:integer-to-double	M
urn:oasis:names:tc:xacml:1.0:function:or	M
urn:oasis:names:tc:xacml:1.0:function:and	M
urn:oasis:names:tc:xacml:1.0:function:n-of	M
urn:oasis:names:tc:xacml:1.0:function:not	M
urn:oasis:names:tc:xacml:1.0:function:integer-greater-than	M
urn:oasis:names:tc:xacml:1.0:function:integer-greater-than-or-equal	M
urn:oasis:names:tc:xacml:1.0:function:integer-less-than	M
urn:oasis:names:tc:xacml:1.0:function:integer-less-than-or-equal	M
urn:oasis:names:tc:xacml:1.0:function:double-greater-than	M
urn:oasis:names:tc:xacml:1.0:function:double-greater-than-or-equal	M
urn:oasis:names:tc:xacml:1.0:function:double-less-than	M
urn:oasis:names:tc:xacml:1.0:function:double-less-than-or-equal	M
urn:oasis:names:tc:xacml:1.0:function:dateTime-add-dayTimeDuration	M
urn:oasis:names:tc:xacml:1.0:function:dateTime-add-yearMonthDuration	M
urn:oasis:names:tc:xacml:1.0:function:dateTime-subtract-dayTimeDuration	M
urn:oasis:names:tc:xacml:1.0:function:dateTime-subtractyearMonthDuration	M
urn:oasis:names:tc:xacml:1.0:function:date-add-yearMonthDuration	M
urn:oasis:names:tc:xacml:1.0:function:date-subtract-yearMonthDuration	M
urn:oasis:names:tc:xacml:1.0:function:string-greater-than	M
urn:oasis:names:tc:xacml:1.0:function:string-greater-than-or-equal	M
urn:oasis:names:tc:xacml:1.0:function:string-less-than	M
urn:oasis:names:tc:xacml:1.0:function:string-less-than-or-equal	M
urn:oasis:names:tc:xacml:1.0:function:time-greater-than	M
urn:oasis:names:tc:xacml:1.0:function:time-greater-than-or-equal	M

表 14（续）

Function	M/O
urn:oasis:names:tc:xacml:1.0:function:time-less-than	M
urn:oasis:names:tc:xacml:1.0:function:time-less-than-or-equal	M
urn:oasis:names:tc:xacml:2.0:function:time-in-range	M
urn:oasis:names:tc:xacml:1.0:function:dateTime-greater-than	M
urn:oasis:names:tc:xacml:1.0:function:dateTime-greater-than-or-equal	M
urn:oasis:names:tc:xacml:1.0:function:dateTime-less-than	M
urn:oasis:names:tc:xacml:1.0:function:dateTime-less-than-or-equal	M
urn:oasis:names:tc:xacml:1.0:function:date-greater-than	M
urn:oasis:names:tc:xacml:1.0:function:date-greater-than-or-equal	M
urn:oasis:names:tc:xacml:1.0:function:date-less-than	M
urn:oasis:names:tc:xacml:1.0:function:date-less-than-or-equal	M
urn:oasis:names:tc:xacml:1.0:function:string-one-and-only	M
urn:oasis:names:tc:xacml:1.0:function:string-bag-size	M
urn:oasis:names:tc:xacml:1.0:function:string-is-in	M
urn:oasis:names:tc:xacml:1.0:function:string-bag	M
urn:oasis:names:tc:xacml:1.0:function:boolean-one-and-only	M
urn:oasis:names:tc:xacml:1.0:function:boolean-bag-size	M
urn:oasis:names:tc:xacml:1.0:function:boolean-is-in	M
urn:oasis:names:tc:xacml:1.0:function:boolean-bag	M
urn:oasis:names:tc:xacml:1.0:function:integer-one-and-only	M
urn:oasis:names:tc:xacml:1.0:function:integer-bag-size	M
urn:oasis:names:tc:xacml:1.0:function:integer-is-in	M
urn:oasis:names:tc:xacml:1.0:function:integer-bag	M
urn:oasis:names:tc:xacml:1.0:function:double-one-and-only	M
urn:oasis:names:tc:xacml:1.0:function:double-bag-size	M
urn:oasis:names:tc:xacml:1.0:function:double-is-in	M
urn:oasis:names:tc:xacml:1.0:function:double-bag	M
urn:oasis:names:tc:xacml:1.0:function:time-one-and-only	M
urn:oasis:names:tc:xacml:1.0:function:time-bag-size	M
urn:oasis:names:tc:xacml:1.0:function:time-is-in	M
urn:oasis:names:tc:xacml:1.0:function:time-bag	M
urn:oasis:names:tc:xacml:1.0:function:date-one-and-only	M
urn:oasis:names:tc:xacml:1.0:function:date-bag-size	M
urn:oasis:names:tc:xacml:1.0:function:date-is-in	M
urn:oasis:names:tc:xacml:1.0:function:date-bag	M
urn:oasis:names:tc:xacml:1.0:function:dateTime-one-and-only	M
urn:oasis:names:tc:xacml:1.0:function:dateTime-bag-size	M
urn:oasis:names:tc:xacml:1.0:function:dateTime-is-in	M
urn:oasis:names:tc:xacml:1.0:function:dateTime-bag	M

表 14（续）

Function	M/O
urn:oasis:names:tc:xacml:1.0:function:anyURI-one-and-only	M
urn:oasis:names:tc:xacml:1.0:function:anyURI-bag-size	M
urn:oasis:names:tc:xacml:1.0:function:anyURI-is-in	M
urn:oasis:names:tc:xacml:1.0:function:anyURI-bag	M
urn:oasis:names:tc:xacml:1.0:function:hexBinary-one-and-only	M
urn:oasis:names:tc:xacml:1.0:function:hexBinary-bag-size	M
urn:oasis:names:tc:xacml:1.0:function:hexBinary-is-in	M
urn:oasis:names:tc:xacml:1.0:function:hexBinary-bag	M
urn:oasis:names:tc:xacml:1.0:function:base64Binary-one-and-only	M
urn:oasis:names:tc:xacml:1.0:function:base64Binary-bag-size	M
urn:oasis:names:tc:xacml:1.0:function:base64Binary-is-in	M
urn:oasis:names:tc:xacml:1.0:function:base64Binary-bag	M
urn:oasis:names:tc:xacml:1.0:function:dayTimeDuration-one-and-only	M
urn:oasis:names:tc:xacml:1.0:function:dayTimeDuration-bag-size	M
urn:oasis:names:tc:xacml:1.0:function:dayTimeDuration-is-in	M
urn:oasis:names:tc:xacml:1.0:function:dayTimeDuration-bag	M
urn:oasis:names:tc:xacml:1.0:function:yearMonthDuration-one-and-only	M
urn:oasis:names:tc:xacml:1.0:function:yearMonthDuration-bag-size	M
urn:oasis:names:tc:xacml:1.0:function:yearMonthDuration-is-in	M
urn:oasis:names:tc:xacml:1.0:function:yearMonthDuration-bag	M
urn:oasis:names:tc:xacml:1.0:function:x500Name-one-and-only	M
urn:oasis:names:tc:xacml:1.0:function:x500Name-bag-size	M
urn:oasis:names:tc:xacml:1.0:function:x500Name-is-in	M
urn:oasis:names:tc:xacml:1.0:function:x500Name-bag	M
urn:oasis:names:tc:xacml:1.0:function:rfc822Name-one-and-only	M
urn:oasis:names:tc:xacml:1.0:function:rfc822Name-bag-size	M
urn:oasis:names:tc:xacml:1.0:function:rfc822Name-is-in	M
urn:oasis:names:tc:xacml:1.0:function:rfc822Name-bag	M
urn:oasis:names:tc:xacml:2.0:function:string-concatenate	M
urn:oasis:names:tc:xacml:2.0:function:uri-string-concatenate	M
urn:oasis:names:tc:xacml:1.0:function:any-of	M
urn:oasis:names:tc:xacml:1.0:function:all-of	M
urn:oasis:names:tc:xacml:1.0:function:any-of-any	M
urn:oasis:names:tc:xacml:1.0:function:all-of-any	M
urn:oasis:names:tc:xacml:1.0:function:any-of-all	M
urn:oasis:names:tc:xacml:1.0:function:all-of-all	M
urn:oasis:names:tc:xacml:1.0:function:map	M
urn:oasis:names:tc:xacml:1.0:function:x500Name-match	M
urn:oasis:names:tc:xacml:1.0:function:rfc822Name-match	M

表 14（续）

Function	M/O
urn:oasis:names:tc:xacml:1.0:function:string-regexp-match	M
urn:oasis:names:tc:xacml:2.0:function:anyURI-regexp-match	M
urn:oasis:names:tc:xacml:2.0:function:ipAddress-regexp-match	M
urn:oasis:names:tc:xacml:2.0:function:dnsName-regexp-match	M
urn:oasis:names:tc:xacml:2.0:function:rfc822Name-regexp-match	M
urn:oasis:names:tc:xacml:2.0:function:x500Name-regexp-match	M
urn:oasis:names:tc:xacml:1.0:function:xpath-node-count	O
urn:oasis:names:tc:xacml:1.0:function:xpath-node-equal	O
urn:oasis:names:tc:xacml:1.0:function:xpath-node-match	O
urn:oasis:names:tc:xacml:1.0:function:string-intersection	M
urn:oasis:names:tc:xacml:1.0:function:string-at-least-one-member-of	M
urn:oasis:names:tc:xacml:1.0:function:string-union	M
urn:oasis:names:tc:xacml:1.0:function:string-subset	M
urn:oasis:names:tc:xacml:1.0:function:string-set-equals	M
urn:oasis:names:tc:xacml:1.0:function:boolean-intersection	M
urn:oasis:names:tc:xacml:1.0:function:boolean-at-least-one-member-of	M
urn:oasis:names:tc:xacml:1.0:function:boolean-union	M
urn:oasis:names:tc:xacml:1.0:function:boolean-subset	M
urn:oasis:names:tc:xacml:1.0:function:boolean-set-equals	M
urn:oasis:names:tc:xacml:1.0:function:integer-intersection	M
urn:oasis:names:tc:xacml:1.0:function:integer-at-least-one-member-of	M
urn:oasis:names:tc:xacml:1.0:function:integer-union	M
urn:oasis:names:tc:xacml:1.0:function:integer-subset	M
urn:oasis:names:tc:xacml:1.0:function:integer-set-equals	M
urn:oasis:names:tc:xacml:1.0:function:double-intersection	M
urn:oasis:names:tc:xacml:1.0:function:double-at-least-one-member-of	M
urn:oasis:names:tc:xacml:1.0:function:double-union	M
urn:oasis:names:tc:xacml:1.0:function:double-subset	M
urn:oasis:names:tc:xacml:1.0:function:double-set-equals	M
urn:oasis:names:tc:xacml:1.0:function:time-intersection	M
urn:oasis:names:tc:xacml:1.0:function:time-at-least-one-member-of	M
urn:oasis:names:tc:xacml:1.0:function:time-union	M
urn:oasis:names:tc:xacml:1.0:function:time-subset	M
urn:oasis:names:tc:xacml:1.0:function:time-set-equals	M
urn:oasis:names:tc:xacml:1.0:function:date-intersection	M
urn:oasis:names:tc:xacml:1.0:function:date-at-least-one-member-of	M
urn:oasis:names:tc:xacml:1.0:function:date-union	M
urn:oasis:names:tc:xacml:1.0:function:date-subset	M
urn:oasis:names:tc:xacml:1.0:function:date-set-equals	M

表 14（续）

Function	M/O
urn:oasis:names:tc:xacml:1.0:function:dateTime-intersection	M
urn:oasis:names:tc:xacml:1.0:function:dateTime-at-least-one-member-of	M
urn:oasis:names:tc:xacml:1.0:function:dateTime-union	M
urn:oasis:names:tc:xacml:1.0:function:dateTime-subset	M
urn:oasis:names:tc:xacml:1.0:function:dateTime-set-equals	M
urn:oasis:names:tc:xacml:1.0:function:anyURI-intersection	M
urn:oasis:names:tc:xacml:1.0:function:anyURI-at-least-one-member-of	M
urn:oasis:names:tc:xacml:1.0:function:anyURI-union	M
urn:oasis:names:tc:xacml:1.0:function:anyURI-subset	M
urn:oasis:names:tc:xacml:1.0:function:anyURI-set-equals	M
urn:oasis:names:tc:xacml:1.0:function:hexBinary-intersection	M
urn:oasis:names:tc:xacml:1.0:function:hexBinary-at-least-one-member-of	M
urn:oasis:names:tc:xacml:1.0:function:hexBinary-union	M
urn:oasis:names:tc:xacml:1.0:function:hexBinary-subset	M
urn:oasis:names:tc:xacml:1.0:function:hexBinary-set-equals	M
urn:oasis:names:tc:xacml:1.0:function:base64Binary-intersection	M
urn:oasis:names:tc:xacml:1.0:function:base64Binary-at-least-one-member-of	M
urn:oasis:names:tc:xacml:1.0:function:base64Binary-union	M
urn:oasis:names:tc:xacml:1.0:function:base64Binary-subset	M
urn:oasis:names:tc:xacml:1.0:function:base64Binary-set-equals	M
urn:oasis:names:tc:xacml:1.0:function:dayTimeDuration-intersection	M
urn:oasis:names:tc:xacml:1.0:function:dayTimeDuration-at-least-one-member-of	M
urn:oasis:names:tc:xacml:1.0:function:dayTimeDuration-union	M
urn:oasis:names:tc:xacml:1.0:function:dayTimeDuration-subset	M
urn:oasis:names:tc:xacml:1.0:function:dayTimeDuration-set-equals	M
urn:oasis:names:tc:xacml:1.0:function:yearMonthDuration-intersection	M
urn:oasis:names:tc:xacml:1.0:function:yearMonthDuration-at-least-one-member-of	M
urn:oasis:names:tc:xacml:1.0:function:yearMonthDuration-union	M
urn:oasis:names:tc:xacml:1.0:function:yearMonthDuration-subset	M
urn:oasis:names:tc:xacml:1.0:function:yearMonthDuration-set-equals	M
urn:oasis:names:tc:xacml:1.0:function:x500Name-intersection	M
urn:oasis:names:tc:xacml:1.0:function:x500Name-at-least-one-member-of	M
urn:oasis:names:tc:xacml:1.0:function:x500Name-union	M
urn:oasis:names:tc:xacml:1.0:function:x500Name-subset	M
urn:oasis:names:tc:xacml:1.0:function:x500Name-set-equals	M
urn:oasis:names:tc:xacml:1.0:function:rfc822Name-intersection	M
urn:oasis:names:tc:xacml:1.0:function:rfc822Name-at-least-one-member-of	M
urn:oasis:names:tc:xacml:1.0:function:rfc822Name-union	M
urn:oasis:names:tc:xacml:1.0:function:rfc822Name-subset	M
urn:oasis:names:tc:xacml:1.0:function:rfc822Name-set-equals	M

附 录 A
（规范性附录）
数据类型和函数

A.1 介绍

本附录描述条件元素和目标元素产生断言而使用的数据类型和函数。

本标准囊括了 IEEE 和 ANSI 对数学数值的字符表示和算数函数的评估，它描述了基本数据类型和包，并对标准函数的名称和操作语义进行了说明。

A.2 数据类型

尽管 XML 实例中将所有数据类型理解为字符串，XACML 的 PDP 部件应对这些字符串进行实际类型分析。如 Boolean，integer 和 double 等类型应从字符串描述转换为本类型内可比较的值，例如数字。下面是 XACML 中用到的基本数据类型，它们都有明确的数据表示：

——http://www.w3.org/2001/XMLSchema#string

——http://www.w3.org/2001/XMLSchema#boolean

——http://www.w3.org/2001/XMLSchema#integer

——http://www.w3.org/2001/XMLSchema#double

——http://www.w3.org/2001/XMLSchema#time

——http://www.w3.org/2001/XMLSchema#date

——http://www.w3.org/2001/XMLSchema#dateTime

——http://www.w3.org/2001/XMLSchema#anyURI

——http://www.w3.org/2001/XMLSchema#hexBinary

——http://www.w3.org/2001/XMLSchema#base64Binary

——http://www.w3.org/TR/2002/WD-xquery-operators—20020816#dayTimeDuration

——http://www.w3.org/TR/2002/WD-xquery-operators—20020816#yearMonthDuration

——urn:oasis:names:tc:xacml:1.0:data-type:x500Name

——urn:oasis:names:tc:xacml:1.0:data-type:rfc822Name

——urn:oasis:names:tc:xacml:2.0:data-type:ipAddress

——urn:oasis:names:tc:xacml:2.0:data-type:dnsName

为提高互操作性，建议所有的时间引用都采用 UTC 格式的时间描述。

本标准实现的 PDP 应有能力将字符串转化为不同的基本数据类型。对于 intergers 和 doubles 类型，本标准按照 IEEE754 中的描述转换。

XACML 定义了如下 4 种数据类型：

——“urn:oasis:names:tc:xacml:1.0:data-type:x500Name”

——“urn:oasis:names:tc:xacml:1.0:data-type:rfc822Name”

——“urn:oasis:names:tc:xacml:2.0:data-type:ipAddress”

——“urn:oasis:names:tc:xacml:2.0:data-type:dnsName”

以下类型表示主体和资源的标识符并且已经在许多标准应用中出现：

——X.500 directory name

"urn:oasis:names:tc:xacml:1.0:data-type:x500Name"基本类型代表 ITU-T 推荐的 X.520 辨别名称。该类型的有效语法参见 RFC 2253。

——RFC 822 name

"urn:oasis:names:tc:xacml:1.0:data-type:rfc822Name" 基本类型代表电子邮件地址。

——IP address

"urn:oasis:names:tc:xacml:2.0:data-type:ipAddress" 基本类型代表 IPv4 或 IPv6 网络地址,可附带选择字符和端口或端口范围。其语法应如下表示:

ipAddress = address ["/" mask] [":" [portrange]]

对于 IPv4 地址,其地址和字符应按照 RFC 2396 中的格式描述。对于 IPv6 地址,其地址和字符应按照 RFC 2732 中的格式描述。(其中 IPv6 的地址和字符用"[""]"包含)。

——DNS name

"urn:oasis:names:tc:xacml:2.0:data-type:dnsName" 基本类型代表域名服务主机名,可附带端口或端口范围。其语法应如下表示:

dnsName = hostname [":" portrange]

除了通配符"*"可用在描述域名最左面的部分代表当前域的任何子域,主机名的格式应按照 RFC 2396 中的定义。

"urn:oasis:names:tc:xacml:2.0:data-type:ipAddress"和

"urn:oasis:names:tc:xacml:2.0:data-type:dnsName"类型中的端口或端口范围描述语法应如下表示:

portrange = portnumber | "-"portnumber | portnumber"-"[portnumber]

"portnumber"用十进制数字表示,如果"-x"表示端口,则"x"表示具体的端口号,端口范围包括小于这个数字的所有端口号。如果"x-"表示端口,则"x"表示具体的端口号,端口范围包括大于这个数字的所有端口号。

A.3 函数

A.3.1 等式断言

下面这些函数是针对各种基本数据类型的等式函数。其中每个函数对应一个数据类型,其后是相关定义的规定。部分函数的详细评估准则参见 IEEE 754 和 W3C:XQuery 1.0 and XPath 2.0 Functions and Operators。

——urn:oasis:names:tc:xacml:1.0:function:string-equal

此函数接收 2 个 http://www.w3.org/2001/XMLSchema#string 类型的参数,返回一个 http://www.w3.org/2001/XMLSchema#boolean 类型的值。当且仅当 2 个参数的长度相等,并且对参数每个 byte 调用"integer-equal"函数比较后的结果都相等,返回"True",否则返回"False"。

——urn:oasis:names:tc:xacml:1.0:function:boolean-equal

此函数接收 2 个 http://www.w3.org/2001/XMLSchema#boolean 类型的参数,返回一个 http://www.w3.org/2001/XMLSchema#boolean 类型的值。当且仅当 2 个参数的值相等,返回"True",否则返回"False"。

——urn:oasis:names:tc:xacml:1.0:function:integer-equal

此函数接收 2 个 http://www.w3.org/2001/XMLSchema#integer 类型的参数,返回一个 http://www.w3.org/2001/XMLSchema#boolean 类型的值。它将按照 IEEE 754 中的规定对参数进行评估。

——urn:oasis:names:tc:xacml:1.0:function:double-equal

此函数接收2个http://www.w3.org/2001/XMLSchema#double类型的参数，返回一个http://www.w3.org/2001/XMLSchema#boolean类型的值。它将按照IEEE 754中的规定对参数进行评估。

——urn:oasis:names:tc:xacml:1.0:function:date-equal

此函数接收2个http://www.w3.org/2001/XMLSchema#date类型的参数，返回一个http://www.w3.org/2001/XMLSchema#boolean类型的值。它将按照"op:date-equal"函数进行评估。

——urn:oasis:names:tc:xacml:1.0:function:time-equal

此函数接收2个http://www.w3.org/2001/XMLSchema#time类型的参数，返回一个http://www.w3.org/2001/XMLSchema#boolean类型的值。它将按照"op:time-equal"函数进行评估。

——urn:oasis:names:tc:xacml:1.0:function:dateTime-equal

此函数接收2个http://www.w3.org/2001/XMLSchema#dateTime类型的参数，返回一个http://www.w3.org/2001/XMLSchema#boolean类型的值。它将按照"op:dateTime-equal"函数进行评估。

——urn:oasis:names:tc:xacml:1.0:function:dayTimeDuration-equal

此函数接收2个http://www.w3.org/TR/2002/WD-xquery-operators-20020816#dayTimeDuration类型的参数，返回一个http://www.w3.org/2001/XMLSchema#boolean类型的值。它将按照"op:dayTimeDuration-equal"函数进行评估。参数的词汇表示将被分解为多个部分。

——urn:oasis:names:tc:xacml:1.0:function:yearMonthDuration-equal

此函数接收2个http://www.w3.org/TR/2002/WD-xquery-operators-20020816#yearMonthDuration类型的参数，返回一个http://www.w3.org/2001/XMLSchema#boolean类型的值。它将按照"op: yearMonthDuration-equal"函数进行评估。参数的词汇表示将被分解为多个部分。

——urn:oasis:names:tc:xacml:1.0:function:anyURI-equal

此函数接收2个http://www.w3.org/2001/XMLSchema# anyURI类型的参数，返回一个http://www.w3.org/2001/XMLSchema#boolean类型的值。它将按照"op: anyURI-equal"函数进行评估。

——urn:oasis:names:tc:xacml:1.0:function:x500Name-equal

此函数接收2个"urn:oasis:names:tc:xacml:1.0:data-type:x500Name"类型的参数，返回一个http://www.w3.org/2001/XMLSchema#boolean类型的值。当且仅当2个参数的相对鉴别名称(RDN)匹配时，返回"True"，否则返回"False"。当且仅当按下列步骤操作返回结果为"True"，则称2个RDN匹配。步骤如下：

1) 根据RFC 2253中的规则格式化RDN参数。
2) 如果RDN中包含多个TypeAndValue属性对，重新按字节串的升序排序RDN中的属性对。
3) 根据RFC 3280 4.1.2.4中的规则比较RDN。

——urn:oasis:names:tc:xacml:1.0:function:rfc822Name-equal

此函数接收2个"urn:oasis:names:tc:xacml:1.0:data-type:rfc822Name"类型的参数，返回一个http://www.w3.org/2001/XMLSchema#boolean类型的值。当且仅当2个参数值相等返回"True"，否则返回"False"。RFC822中的名称由本地部分加"@"后跟域部分组成。本地

部分会随个体不同经常变化，而域部分不易变化。此函数进行如下操作：

1） 格式化每个参数的域部分为小写字母表示。

2） 对格式化后的参数调用“urn:oasis:names:tc:xacml:1.0:function:string-equal”函数进行比较。

——urn:oasis:names:tc:xacml:1.0:function:hexBinary-equal

此函数接收 2 个 http://www.w3.org/2001/XMLSchema# hexBinary 类型的参数，返回一个 http://www.w3.org/2001/XMLSchema#boolean 类型的值。当且仅当两参数的字节序列长度相等并且调用“urn:oasis:names:tc:xacml:1.0:function:integer-equal”函数判定相等时，返回“True”，否则返回“False”。将字符串转化为字节序列的步骤按中的描述进行。

——urn:oasis:names:tc:xacml:1.0:function:base64Binary-equal

此函数接收 2 个 http://www.w3.org/2001/XMLSchema# base64Binary 类型的参数，返回一个 http://www.w3.org/2001/XMLSchema#boolean 类型的值。当且仅当两参数的字节序列长度相等并且调用“urn:oasis:names:tc:xacml:1.0:function:integer-equal”函数判定相等时，返回“True”，否则返回“False”。将字符串转化为字节序列的步骤按中的描述进行。

A.3.2 算数函数

以下的所有函数都只接收 2 个 integer 或 double 类型的参数，且返回值也为相应的 2 种类型之一。对于“add”函数集可能有多于 2 个的参数。每个函数的评估过程应按照 IEEE 754 对应逻辑部分进行。在包含这些函数的表达式中，若有任一函数参数为“Indeterminate”，则表达式的评估结果为“Indeterminate”。当运算除法函数时，如果除数是 0，则函数返回结果为“Indeterminate”。

——urn:oasis:names:tc:xacml:1.0:function:integer-add

此函数可能有多于 2 个的参数

——urn:oasis:names:tc:xacml:1.0:function:double-add

此函数可能有多于 2 个的参数

——urn:oasis:names:tc:xacml:1.0:function:integer-subtract

——urn:oasis:names:tc:xacml:1.0:function:double-subtract

——urn:oasis:names:tc:xacml:1.0:function:integer-multiply

——urn:oasis:names:tc:xacml:1.0:function:double-multiply

——urn:oasis:names:tc:xacml:1.0:function:integer-divide

——urn:oasis:names:tc:xacml:1.0:function:double-divide

——urn:oasis:names:tc:xacml:1.0:function:integer-mod

以下的所有函数都只接收 1 个特定类型的参数。round 和 floor 类的函数接收一个 http://www.w3.org/2001/XMLSchema# double 类型参数且返回同样类型的值。

——urn:oasis:names:tc:xacml:1.0:function:integer-abs

——urn:oasis:names:tc:xacml:1.0:function:double-abs

——urn:oasis:names:tc:xacml:1.0:function:round

——urn:oasis:names:tc:xacml:1.0:function:floor

A.3.3 字符串变换函数

下列函数对“http://www.w3.org/2001/XMLSchema# string”类型值进行变换：

——urn:oasis:names:tc:xacml:1.0:function:string-normalize-space

此函数接收 1 个“http://www.w3.org/2001/XMLSchema# string”类型参数，格式化参数，去掉开头和结尾的空格字符。

——urn:oasis:names:tc:xacml:1.0:function:string-normalize-to-lower-case

此函数接收1个"http://www.w3.org/2001/XMLSchema# string"类型参数，格式化参数，将其中包含的所有大些字母替换为相应的小写字母。

A.3.4 数字类型变换函数

下列函数对"http://www.w3.org/2001/XMLSchema# integer"类型值和"http://www.w3.org/2001/XML-Schema# double"类型值进行变换：

——urn:oasis:names:tc:xacml:1.0:function:double-to-integer

此函数接收1个"http://www.w3.org/2001/XMLSchema#double"类型参数，将参数修剪获得其整数部分，返回一个"http://www.w3.org/2001/XMLSchema#integer"类型值。

——urn:oasis:names:tc:xacml:1.0:function:integer-to-double

此函数接收1个"http://www.w3.org/2001/XMLSchema#integer"类型参数，将参数提高精度，返回一个"http://www.w3.org/2001/XMLSchema#double"类型值。

A.3.5 逻辑函数

本条描述具有"http://www.w3.org/2001/XMLSchema#boolean"类型参数的逻辑函数

——urn:oasis:names:tc:xacml:1.0:function:or

如果此函数没有参数，则返回"False"。如果至少有一个参数被评估为"True"则返回"True"。

参数评估要有序进行，当任一参数被评估为"True"时，对剩余的参数停止评估，函数返回"True"。

——urn:oasis:names:tc:xacml:1.0:function:and

如果此函数没有参数，则返回"True"。如果任一参数被评估为"False"则返回"False"。

参数评估要有序进行，当任一参数被评估为"False"时，对剩余的参数停止评估，函数返回"False"。

——urn:oasis:names:tc:xacml:1.0:function:n-of

此函数的第一个参数为"http://www.w3.org/2001/XMLSchema#integer"类型，剩余参数都为"http://www.w3.org/2001/XMLSchema#boolean"类型。第一个参数规定最小使函数返回"True"的取值为"True"的参数个数。如果第一个参数取0，函数返回"True"。如果剩余参数的总个数小于第一个参数的取值，函数返回"Indeterminate"。函数参数的评估顺序为先获取第一个参数的整数值，然后依次评估其他参数。如果评估取值为"True"的参数个数达到规定值，则停止评估，函数返回"True"。如果确定继续评估仍不能满足规定值则停止评估。

如果此函数没有参数，则返回"False"。如果至少有一个参数被评估为"True"则返回"True"。

参数评估要有序进行，当任一参数被评估为"True"时，对剩余的参数停止评估，函数返回"True"。

——urn:oasis:names:tc:xacml:1.0:function:not

函数接收一个"http://www.w3.org/2001/XMLSchema#boolean"类型参数。如果参数被评估为"True"，则函数返回"False"。如果参数被评估为"False"，则函数返回"True"。

对and,or,或者n-of函数的评估不必对每个参数都完全评估来判断参数是否产生"Indeterminate"评估结果。对参数属性的可用性和可能出现的错误进行分析，例如"除数为0"能使参数避免出错。这类参数错误发生在因评估停止而未被处理的表达式中。

A.3.6 数字比较函数

这类函数为要比较的2个数值构造最小集，返回Boolean类型结果。它们应遵守IEEE 754[IEEE 754]

中的规则。

——urn:oasis:names:tc:xacml:1.0:function:integer-greater-than

——urn:oasis:names:tc:xacml:1.0:function:integer-greater-than-or-equal

——urn:oasis:names:tc:xacml:1.0:function:integer-less-than

——urn:oasis:names:tc:xacml:1.0:function:integer-less-than-or-equal

——urn:oasis:names:tc:xacml:1.0:function:double-greater-than

——urn:oasis:names:tc:xacml:1.0:function:double-greater-than-or-equal

——urn:oasis:names:tc:xacml:1.0:function:double-4265 less-than

——urn:oasis:names:tc:xacml:1.0:function:double-less-than-or-equal

A.3.7 日期和时间算数函数

下列函数对时间和日期进行算数运算。其中时间日期增加规范的详细内容参见 W3C XML 模式第 1 部分和第 2 部分。

——urn:oasis:names:tc:xacml:1.0:function:dateTime-add-dayTimeDuration

此函数接收 2 个参数,第一个为"http://www.w3.org/2001/XMLSchema# dateTime"类型,第 2 个为"http://www.w3.org/TR/2002/WD-xquery-operators—20020816#dayTimeDuration"类型。函数返回一个"http://www.w3.org/2001/XMLSchema# dateTime"类型结果。函数将按照时间日期增加规范把 2 个参数的值相加。

——urn:oasis:names:tc:xacml:1.0:function:dateTime-add-yearMonthDuration

此函数接收 2 个参数,第一个为"http://www.w3.org/2001/XMLSchema# dateTime"类型,第 2 个为"http://www. w3. org/TR/2002/WD-xquery-operators—20020816 # yearMonthDuration"类型。函数返回一个"http://www.w3.org/2001/XMLSchema# dateTime"类型结果。函数将按照时间日期增加规范把 2 个参数的值相加。

——urn:oasis:names:tc:xacml:1.0:function:dateTime-subtract-dayTimeDuration

此函数接收 2 个参数,第一个为"http://www.w3.org/2001/XMLSchema# dateTime"类型,第 2 个为"http://www.w3.org/TR/2002/WD-xquery-operators—20020816#dayTimeDuration"类型。函数返回一个"http://www.w3.org/2001/XMLSchema# dateTime"类型结果。如果第 2 个参数为正值,按照规范把第 2 个参数取负值,返回 2 个参数相加后的值。如果第 2 个参数为负值,取其正值,对 2 个参数调用"urn:oasis:names:tc:xacml:1.0:function:dateTime-add-dayTimeDuration"函数。

——urn:oasis:names:tc:xacml:1.0:function:dateTime-subtract-yearMonthDuration

此函数接收 2 个参数,第一个为"http://www.w3.org/2001/XMLSchema# dateTime"类型,第 2 个为"http://www.w3.org/TR/2002/WD-xquery-operators—20020816#yearMonthDuration"类型。函数返回一个"http://www.w3.org/2001/XMLSchema# dateTime"类型结果。如果第 2 个参数为正值,按照规范把第 2 个参数取负值,返回 2 个参数相加后的值。如果第 2 个参数为负值,取其正值,对 2 个参数调用"urn:oasis:names:tc:xacml:1.0:function:dateTime-add-yearMonthDuration"函数。

——urn:oasis:names:tc:xacml:1.0:function:date-add-yearMonthDuration

此函数接收 2 个参数,第一个为"http://www.w3.org/2001/XMLSchema#date"类型,第 2 个为"http:// www. w3. org/TR/2002/WD-xquery-operators—20020816 # yearMonthDuration"类型。函数返回一个"http://www.w3.org/2001/XMLSchema#date"类型结果。函数将按照日期增加规范把 2 个参数的值相加。

——urn:oasis:names:tc:xacml:1.0:function:date-subtract-yearMonthDuration

此函数接收2个参数,第一个为“http://www.w3.org/2001/XMLSchema#date”类型,第2个为“http:// www.w3.org/TR/2002/WD-xquery-operators—20020816 # yearMonthDuration”类型。函数返回一个“http://www.w3.org/2001/XMLSchema#date”类型结果。如果第2个参数为正值,把第2个参数取负值,返回2个参数相加后的值。如果第2个参数为负值,取其正值,对2个参数调用“urn:oasis:names:tc:xacml:1.0:function:date-add-yearMonthDuration”函数。

A.3.8 非数字比较函数

以下函数对2个非数字型的参数进行比较操作。其中关于 http://www.w3.org/2001/XMLSchema# dateTime 和 http://www.w3.org/2001/XMLSchema# date 的详细定义规范可参见 W3C:XQuery 1.0 and XPath 2.0 Functions and Operators。

——urn:oasis:names:tc:xacml:1.0:function:string-greater-than

此函数接收2个“http://www.w3.org/2001/XMLSchema# string”类型的参数,返回一个 http://www.w3.org/2001/XMLSchema#boolean 类型的值。当且仅当对两参数字节逐个比较调用“urn:oasis: names:tc:xacml:1.0:function:integer-equal”函数若相等则继续对下个字节比较,若不相等则调用“urn:oasis:names:tc:xacml:2.0:function:integer-greater-than”调用数判定第一个参数较大时,返回“True”,否则返回“False”。

——urn:oasis:names:tc:xacml:1.0:function:string-greater-than-or-equal

此函数接收2个“http://www.w3.org/2001/XMLSchema# string”类型的参数,返回一个 http://www.w3.org/2001/XMLSchema#boolean 类型的值。对2个参数分别调“urn:oasis:names:tc:xacml:1.0:function:stringr-greater-than”和“urn:oasis:names:tc:xacml:1.0:function:stringr-equal”函数,并对2个返回值再调用“urn:oasis:names:tc:xacml:1.0:function:or”函数。

——urn:oasis:names:tc:xacml:1.0:function:string-less-than

此函数接收2个“http://www.w3.org/2001/XMLSchema# string”类型的参数,返回一个 http://www.w3.org/2001/XMLSchema#boolean 类型的值。当且仅当对两参数字节逐个比较调用“urn:oasis:names:tc:xacml:1.0:function:integer-equal”函数若相等则继续对下个字节比较,若不相等则调用“urn:oasis:names:tc:xacml:2.0:function:integer-less-than”调用数判定第一个参数较小时,返回“True”,否则返回“False”。

——urn:oasis:names:tc:xacml:1.0:function:string-less-than-or-equal

此函数接收2个“http://www.w3.org/2001/XMLSchema# string”类型的参数,返回一个 http://www.w3.org/2001/XMLSchema # boolean 类型的值。对2个参数分别调用“urn:oasis:names:tc:xacml:1.0:function: stringr-less-than”和 “urn:oasis:names:tc:xacml:1.0:function:stringr-equal”函数,并对2个返回值再调用“urn:oasis:names:tc:xacml:1.0:function:or”函数。

——urn:oasis:names:tc:xacml:1.0:function:time-greater-than

此函数接收2个“http://www.w3.org/2001/XMLSchema# time”类型的参数,返回一个 http://www.w3.org/2001/XMLSchema#boolean 类型的值。当且仅当按照“http://www.w3.org/2001/XMLSchema#time”中定义的顺序规范比较,判定第一个参数较大时,返回“True”,否则返回“False”。不允许将带时区标识的时间和不带时区标识的时间格式比较,此时应调用 time-in-range 函数。

——urn:oasis:names:tc:xacml:1.0:function:time-greater-than-or-equal

此函数接收2个“http://www.w3.org/2001/XMLSchema# time”类型的参数,返回一个 http://www.w3.org/2001/XMLSchema＃boolean 类型的值。当且仅当按照“http://www.w3.org/2001/XMLSchema＃ time”中定义的顺序规范比较，判定第一个参数较大或两者相等时，返回“True”，否则返回“False”。不允许将带时区标识的时间和不带时区标识的时间格式比较，此时应调用 time-in-range 函数。

——urn:oasis:names:tc:xacml:1.0:function:time-less-than

此函数接收 2 个“http://www.w3.org/2001/XMLSchema＃ time”类型的参数，返回一个 http://www.w3.org/2001/XMLSchema＃boolean 类型的值。当且仅当按照“http://www.w3.org/2001/XMLSchema＃time”中定义的顺序规范比较，判定第一个参数较小时，返回“True”，否则返回“False”。不允许将带时区标识的时间和不带时区标识的时间格式比较，此时应调用 time-in-range 函数。

——urn:oasis:names:tc:xacml:1.0:function:time-less-than-or-equal

此函数接收 2 个“http://www.w3.org/2001/XMLSchema＃ time”类型的参数，返回一个 http://www.w3.org/2001/XMLSchema＃boolean 类型的值。当且仅当按照“http://www.w3.org/2001/XMLSchema＃time”中定义的顺序规范比较，判定第一个参数较小或两者相等时，返回“True”，否则返回“False”。不允许将带时区标识的时间和不带时区标识的时间格式比较，此时应调用 time-in-range 函数。

——urn:oasis:names:tc:xacml:1.0:function:time-in-range

此函数接收 3 个“http://www.w3.org/2001/XMLSchema＃time”类型的参数，返回一个 http://www.w3.org/2001/XMLSchema＃boolean 类型的值。如果第一个参数在后两个参数定义的时间区间内，返回“True”，否则返回“False”。第三个参数表示延后于第二个参数的不大于 24 小时的时间值。如果第一个参数无时区值，则采用上下文中的默认值。如后两个参数不包含时区值，则采用第一个参数的时区值。

——urn:oasis:names:tc:xacml:1.0:function:dateTime-greater-than

此函数接收 2 个“http://www.w3.org/2001/XMLSchema＃ dateTime ”类型的参数，返回一个 http://www.w3.org/2001/XMLSchema＃boolean 类型的值。当且仅当按照“http://www.w3.org/2001/ XMLSchema＃ dateTime”中定义的顺序规范比较，判定第一个参数较大时，返回“True”，否则返回“False”。如果数据值中没有包含时区值，将赋予一个隐含的时区值。

——urn:oasis:names:tc:xacml:1.0:function:dateTime-greater-than-or-equal

此函数接收 2 个“http://www.w3.org/2001/XMLSchema＃ dateTime ”类型的参数，返回一个 http://www.w3.org/2001/XMLSchema＃boolean 类型的值。当且仅当按照“http://www.w3.org/2001/XMLSchema＃ dateTime”中定义的顺序规范比较，判定第一个参数较大或两者相等时，返回“True”，否则返回“False”。如果数据值中没有包含时区值，将赋予一个隐含的时区值。

——urn:oasis:names:tc:xacml:1.0:function:dateTime-less-than

此函数接收 2 个“http://www.w3.org/2001/XMLSchema＃ dateTime ”类型的参数，返回一个 http://www.w3.org/2001/XMLSchema＃boolean 类型的值。当且仅当按照“http://www.w3.org/2001/XMLSchema＃ dateTime”中定义的顺序规范比较，判定第一个参数较小时，返回“True”，否则返回“False”。如果数据值中没有包含时区值，将赋予一个隐含的时区值。

——urn:oasis:names:tc:xacml:1.0:function:dateTime-less-than-or-equal

此函数接收 2 个“http://www.w3.org/2001/XMLSchema＃ dateTime ”类型的参数，返回一个 http://www.w3.org/2001/XMLSchema＃boolean 类型的值。当且仅当按照“http://

www.w3.org/2001/XMLSchema# dateTime"中定义的顺序规范比较，判定第一个参数较小或两者相等时，返回"True"，否则返回"False"。如果数据值中没有包含时区值，将赋予一个隐含的时区值。

——urn:oasis:names:tc:xacml:1.0:function:date-greater-than

此函数接收2个"http://www.w3.org/2001/XMLSchema# date"类型的参数，返回一个http://www.w3.org/2001/XMLSchema#boolean类型的值。当且仅当按照"http://www.w3.org/2001/XMLSchema# date"中定义的顺序规范比较，判定第一个参数较大时，返回"True"，否则返回"False"。如果数据值中没有包含时区值，将赋予一个隐含的时区值。

——urn:oasis:names:tc:xacml:1.0:function:date-greater-than-or-equal

此函数接收2个"http://www.w3.org/2001/XMLSchema# date"类型的参数，返回一个http://www.w3.org/2001/XMLSchema#boolean类型的值。当且仅当按照"http://www.w3.org/2001/XMLSchema# date"中定义的顺序规范比较，判定第一个参数较大或两者相等时，返回"True"，否则返回"False"。如果数据值中没有包含时区值，将赋予一个隐含的时区值。

——urn:oasis:names:tc:xacml:1.0:function:date-less-than

此函数接收2个"http://www.w3.org/2001/XMLSchema# date"类型的参数，返回一个http://www.w3.org/2001/XMLSchema#boolean类型的值。当且仅当按照"http://www.w3.org/2001/XMLSchema# date"中定义的顺序规范比较，判定第一个参数较小时，返回"True"，否则返回"False"。如果数据值中没有包含时区值，将赋予一个隐含的时区值。

——urn:oasis:names:tc:xacml:1.0:function:date-less-than-or-equal

此函数接收2个"http://www.w3.org/2001/XMLSchema# date"类型的参数，返回一个http://www.w3.org/2001/XMLSchema#boolean类型的值。当且仅当按照"http://www.w3.org/2001/XMLSchema# date"中定义的顺序规范比较，判定第一个参数较小或两者相等时，返回"True"，否则返回"False"。如果数据值中没有包含时区值，将赋予一个隐含的时区值。

A.3.9 字符串函数

下列函数对字符串和URIs进行操作

——urn:oasis:names:tc:xacml:2.0:function:string-concatenate

此函数接收2个或以上"http://www.w3.org/2001/XMLSchema# string"类型的参数，返回一个"http://www.w3.org/2001/XMLSchema#String"类型的值。返回结果是对参数的顺序串联。

——urn:oasis:names:tc:xacml:2.0:function:url-string-concatenate

此函数接收1个"http://www.w3.org/2001/XMLSchema# string"类型的参数，1个或以上"http:// www.w3.org/2001/XMLSchema# anyURI"类型的参数。返回一个"http://www.w3.org/2001/XMLSchema# anyURI"类型的值。返回结果是将"string"类型参数对"anyURI"类型参数的顺序附加。

A.3.10 包函数

将type定义为任一中基本数据类型，以下函数对"type"包进行操作。对函数添加一些约束条件，将使表达式的评估结果为"Indeterminate"。

——urn:oasis:names:tc:xacml:1.0:function:type-one-and-only

此函数接收1个"type"包作为参数，返回一个"type"且此值是包中的唯一值。否则返回"Indeterminate"。

——urn:oasis:names:tc:xacml:1.0:function:type-bag-size

此函数接收 1 个“type”包作为参数，返回“http://www.w3.org/2001/XMLSchema#integer”类型值标记包中值的个数。

——urn:oasis:names:tc:xacml:1.0:function:type-is-in

此函数接收 1 个“type”值作为第一个参数，接收 1 个“type”包作为第二个参数。返回“http://www.w3.org/2001/XMLSchema#boolean”类型。如果调用“urn:oasis:names:tc:xacml:x.x:function:type-equal”函数判断包中存在一个值和第一个参数匹配，则返回“True”，否则返回“False”。

——urn:oasis:names:tc:xacml:1.0:function:type-bag

此函数接收任意个“type”值作为参数，返回包含这些值的“type”包。若没有参数，返回该类型的空包。

A.3.11 集合函数

以下函数对多个类似集合的包进行操作，去除其中的重复元素。

——urn:oasis:names:tc:xacml:1.0:function:type-intersection

此函数接收 2 个“type”包作为参数，调用“urn:oasis:names:tc:xacml:x.x:function:type-equal”函数

返回一个新包，其中包含在 2 个包中都出现的元素。

——urn:oasis:names:tc:xacml:1.0:function:type-at-least-one-member-of

此函数接收 2 个“type”包作为参数，返回“http://www.w3.org/2001/XMLSchema#boolean”类型。当且仅当调用“urn:oasis:names:tc:xacml:x.x:function:type-is-in”函数判定第一个包中至少有一个元素包含在第二个包中，则返回“True”。

——urn:oasis:names:tc:xacml:1.0:function:type-union

此函数接收 2 个“type”包作为参数。调用“urn:oasis:names:tc:xacml:x.x:function:type-equal”函数消除重复元素，返回一个包含 2 个包中所有元素的新包。

——urn:oasis:names:tc:xacml:1.0:function:type-subset

此函数接收 2 个“type”包作为参数，返回“http://www.w3.org/2001/XMLSchema#boolean”类型。调用“urn:oasis:names:tc:xacml:x.x:function:type-equal”函数消除重复元素，当且仅当第一个包是第二个包的子集时，返回“True”。

——urn:oasis:names:tc:xacml:1.0:function:type-set-equals

此函数接收 2 个“type”包作为参数，返回“http://www.w3.org/2001/XMLSchema#boolean”类型。调用“urn:oasis:names:tc:xacml:1.0:function:type-subset”函数，2 个参数互换位置后再次调用“urn:oasis:names:tc:xacml:1.0:function:type-subset”函数，对 2 个函数的返回值调用“urn:oasis:names:tc:xacml:1.0:function:and”函数，返回结果。

A.3.12 高阶包函数

本条列出 XACML 中对包操作的函数。在此用 Haskell[8] 提出的函数描述语言形式化描述函数的语义表达。

在下面的 Haskell 符号系统中，用包含列表的字句定义函数。“[]”表示空列表，“(x:xs)”表示非空列表，“x”表示列表的第一个值，“xs”表示列表中的有序剩余值。用 Haskell 中的有序列表描述 XACML 中的包。

一个对应“urn:oasis:names:tc:xacml:1.0:function:and”函数的简单 Haskell 描述如下：

```
and:: [Bool] -> Bool
and [] = True
```

and (x:xs) = x && (and xs)

注：第一行中"::"代表函数类型，[Bool]代表函数的参数，最后一个"Bool"代表返回类型

第二行表示 and 函数作用于空列表，返回为"True"

第三行用逻辑符"&&"表示对列表(x:xs)中的每个值和其剩余部分迭代调用 and 函数。

以下是高阶包函数列表：

——urn:oasis:names:tc:xacml:1.0:function:any-of

此函数对一个基本类型值和一个包中的任意值调用 Boolean 函数，若至少有一次调用返回"True"，则该函数返回"True"。

此函数接收 3 个参数。第一个参数是〈xacml:Function〉元素命名的一个 Boolean 函数，此函数接收 2 个基本类型参数。第二个参数是基本类型值。第三个参数是基本类型值包。第二个参数与包中的每个值依次调用〈xacml:Function〉命名的 Boolean 函数，把每次的返回结果用"urn:oasis:names:tc:xacml:1.0:function:or"函数合并，所得结果为函数返回值。

Haskell 规范中，这个函数操作过程的语义如下：

any_of :: (a -> b -> Bool) -> a -> [b] -> Bool

any_of f a [] = False

any_of f a (x:xs) = (f a x) || (any_of f a xs)

注：在上面的符号中，"f"代表定义的 Boolean 函数，"a"代表基本数据类型值。"(x:xs)"中"x"表示列表的第一个值，"xs"表示列表中的剩余值。

——urn:oasis:names:tc:xacml:1.0:function:all-of

此函数对一个基本类型值和一个包调用 Boolean 函数，当且仅当对包中每个值的评估为"True"该函数返回"True"。

此函数接收 3 个参数。第一个参数是〈xacml:Function〉元素命名的一个 Boolean 函数，此函数接收 2 个基本类型参数。第二个参数是基本类型值。第三个参数是基本类型值包。第二个参数与包中的每个值依次调用〈xacml:Function〉命名的 Boolean 函数，把每次的返回结果用"urn:oasis:names:tc:xacml:1.0:function:and"函数合并，所得结果为函数返回值。

Haskell 规范中，这个函数操作过程的语义如下：

all_of :: (a -> b -> Bool) -> a -> [b] -> Bool

all_of f a [] = True

all_of f a (x:xs) = (f a x) && (all_of f a xs)

注：在上面的符号中，"f"代表定义的 Boolean 函数，"a"代表基本数据类型值。"(x:xs)"中"x"表示列表的第一个值，"xs"表示列表中的剩余值。

——urn:oasis:names:tc:xacml:1.0:function:any-of-any

此函数对 2 个不同包中元素间的所有一一映射分别调用 Boolean 函数，当且仅当至少有一个调用返回"True"该函数返回"True"。

此函数接收 3 个参数。第一个参数是〈xacml:Function〉元素命名的一个 Boolean 函数，此函数接收 2 个基本类型参数。第二个参数是基本类型值包。第三个参数是基本类型值包。对 2 个包中元素间的所有一一映射调用〈xacml:Function〉命名的 Boolean 函数，把每次的返回结果用"urn:oasis:names:tc:xacml:1.0:function:or"函数合并，所得结果为函数返回值。至少有一次调用的结果为"True"，该函数才返回"True"。

利用上面定义的"any-of"函数，"any-of-any"函数的语义描述如下：

any_of_any :: (a -> b -> Bool) -> [a]-> [b] -> Bool

any_of_any f [] ys = False

any_of_any f (x:xs) ys = (any_of f x ys) || (any_of_any f xs ys)

注：在上面的符号中，"f"代表定义的 Boolean 函数，"a"代表基本数据类型值。"(x:xs)"中"x"表示列表的第

一个值,“xs”表示列表中的剩余值。

——urn:oasis:names:tc:xacml:1.0:function:all-of-any

此函数对2个不同包中的元素调用Boolean函数。当且仅当第一个包中每个元素都能匹配第二个包中某个元素,该函数返回“True”。

此函数接收3个参数。第一个参数是<xacml:Function>元素命名的一个Boolean函数,此函数接收2个基本类型参数。第二个参数是基本类型值包。第三个参数是基本类型值包。第一个包中每个元素分别与第二个包调用“urn:oasis:names:tc:xacml:1.0:function:any-of”函数,把每次的返回结果用“urn:oasis:names:tc:xacml:1.0:function:and”函数合并,所得结果为函数返回值。

利用上面定义的“any-of”函数,“all-of-any”函数的语义描述如下:

```
all_of_any :: ( a -> b -> Bool ) -> [a]-> [b] -> Bool
all_of_any f [] ys = True
all_of_any f (x:xs) ys = (any_of f x ys) && (all_of_any f xs ys)
```

注:在上面的符号中,“f”代表定义的Boolean函数,“a”代表基本数据类型值。“(x:xs)”中“x”表示列表的第一个值,“xs”表示列表中的剩余值。

——urn:oasis:names:tc:xacml:1.0:function:any-of-all

此函数对2个不同包中的元素调用Boolean函数。当且仅当第二个包中每个元素都能匹配第一个包中某个元素,该函数返回“True”。

此函数接收3个参数。第一个参数是<xacml:Function>元素命名的一个Boolean函数,此函数接收2个基本类型参数。第二个参数是基本类型值包。第三个参数是基本类型值包。第二个包中每个元素分别与第一个包调用“urn:oasis:names:tc:xacml:1.0:function:any-of”函数,把每次的返回结果用“urn:oasis:names:tc:xacml:1.0:function:and”函数合并,所得结果为函数返回值。

利用上面定义的“any-of”函数,“any-of-all”函数的语义描述如下:

```
any_of_all :: ( a -> b -> Bool ) -> [a]-> 4722 [b] -> Bool
any_of_all f [] ys = False
any_of_all f (x:xs) ys = (all_of f x ys) || ( any_of_all f xs ys)
```

注:在上面的符号中,“f”代表定义的Boolean函数,“a”代表基本数据类型值。“(x:xs)”中“x”表示列表的第一个值,“xs”表示列表中的剩余值。

——urn:oasis:names:tc:xacml:1.0:function:all-of-all

此函数对2个不同包中的元素调用Boolean函数。当且仅当2个包中的元素一一匹配,该函数返回“True”。

此函数接收3个参数。第一个参数是<xacml:Function>元素命名的一个Boolean函数,此函数接收2个基本类型参数。第二个参数是基本类型值包。第三个参数是基本类型值包。第一个包中每个元素与第二个包中每个元素调用<xacml:Function>元素命名的Boolean函数,把每次的返回结果用“urn:oasis:names:tc:xacml:1.0:function:and”函数合并,所得结果为函数返回值。当且仅当每次调用的结果都为“True”,函数返回“True”。

利用上面定义的“all-of”函数,“all-of-all”函数的语义描述如下:

```
all_of_all :: ( a -> b -> Bool ) -> [a] -> [b] -> Bool
all_of_all f [] ys = True
all_of_all f (x:xs) ys = (all_of f x ys) && (all_of_all f xs ys)
```

注:在上面的符号中,“f”代表定义的Boolean函数,“a”代表基本数据类型值。“(x:xs)”中“x”表示列表的第一个值,“xs”表示列表中的剩余值。

——urn:oasis:names:tc:xacml:1.0:function:map

此函数将一个包转化为一个新包。

此函数接收 2 个参数。第一个参数是〈xacml:Function〉元素命名的函数，此函数接收 1 个基本类型参数，返回一个基本类型值。第二个参数是基本类型值包。对包中每个元素调用〈xacml:Function〉元素命名的函数，返回变换后的新包。

在 Haskell 规范中，这个函数操作过程的语义如下：

map:: (a -> b) -> [a] -> [b]

map f [] = []

map f (x:xs) = (f x) : (map f xs)

注：在上面的符号中，"f"代表定义的 Boolean 函数，"a"代表基本数据类型值。"(x:xs)"中"x"表示列表的第一个值，"xs"表示列表中的剩余值。

A.3.13 正规表达函数

此类函数作用于正规表达式类型，返回 Boolean 类型。

——urn:oasis:names:tc:xacml:1.0:function:string-regexp-match

此函数处理正规表达式匹配。它接收 2 个"http://www.w3.org/2001/XMLSchema#string"类型参数，返回"http://www.w3.org/2001/XMLSchema#boolean"类型值。第一个参数为正规表达式，第二个参数为一般字符串，调用颠倒参数次序后的"xf:matches"函数(参见 W3C XQuery 1.0 and XPath 2.0 Functions and Operators)。

——urn:oasis:names:tc:xacml:2.0:function:anyURI-regexp-match

此函数处理正规表达式匹配。它接收 2 个参数，第一个是 http://www.w3.org/2001/XMLSchema#string 类型，第二个是"http://www.w3.org/2001/XMLSchema#anyURI"类型，返回"http://www.w3.org/2001/ XMLSchema#boolean"类型值。第一个参数为正规表达式，第二个参数为 URI，函数将第二个参数变换为"http://www.w3.org/2001/XMLSchema#string"类型，然后调用"urn:oasis:names:tc:xacml:1.0:function:string-regexp-match"函数。

——urn:oasis:names:tc:xacml:2.0:function:ipAddress-regexp-match

此函数处理正规表达式匹配。它接收 2 个参数，第一个是 http://www.w3.org/2001/XMLSchema#string 类型，第二个是"urn:oasis:names:tc:xacml:2.0:data-type:ipAddress"类型，返回"http://www.w3.org/2001/ XMLSchema#boolean"类型值。第一个参数为正规表达式，第二个参数为 IPv4 或 IPv6 地址，函数将第二个参数变换为"http://www.w3.org/2001/XMLSchema#string"类型，然后调用"urn:oasis:names:tc:xacml:1.0:function:string-regexp-match" 函数。

——urn:oasis:names:tc:xacml:2.0:function:dnsName-regexp-match

此函数处理正规表达式匹配。它接收 2 个参数，第一个是 http://www.w3.org/2001/XMLSchema#string 类型，第二个是"http://www.w3.org/2001/XMLSchema#dnsName"类型，返回"http://www.w3.org/2001/ XMLSchema#boolean"类型值。第一个参数为正规表达式，第二个参数为 DNS 名称，函数将第二个参数变换为"http://www.w3.org/2001/XMLSchema#string"类型，然后调用"urn:oasis:names:tc:xacml:1.0:function:string-regexp-match" 函数。

——urn:oasis:names:tc:xacml:2.0:function:rfc822Name-regexp-match

此函数处理正规表达式匹配。它接收 2 个参数，第一个是 http://www.w3.org/2001/XMLSchema# string 类型，第二个是"urn:oasis:names:tc:xacml:1.0:data-type:

rfc822Name"类型，返回"http://www.w3.org/2001/ XMLSchema＃boolean"类型值。第一个参数为正规表达式，第二个参数为 RFC 822 命名，函数将第二个参数变换为"http://www.w3.org/2001/XMLSchema＃string"类型，然后调用"urn:oasis:names:tc:xacml:1.0:function:string-regexp-match" 函数。

——urn:oasis:names:tc:xacml:2.0:function:x500Name-regexp-match

此函数处理正规表达式匹配。它接收 2 个参数，第一个是 http://www.w3.org/2001/XMLSchema＃string 类型，第二个是"urn:oasis:names:tc:xacml:1.0:data-type:x500Name"类型，返回"http://www.w3.org/2001/ XMLSchema＃boolean"类型值。第一个参数为正规表达式，第二个参数为 X.500 目录名称，函数将第二个参数变换为"http://www.w3.org/2001/XMLSchema＃string"类型，然后调用"urn:oasis:names:tc:xacml:1.0:function:string-regexp-match" 函数。

A.3.14 特别匹配函数

此类函数作用于多种类型值，通过调用标准匹配算法，返回"http://www.w3.org/2001/XMLSchema ＃boolean"类型值。

——urn:oasis:names:tc:xacml:1.0:function:x500Name-match

此函数接收 2 个"urn:oasis:names:tc:xacml:2.0:data-type:x500Name"类型的参数，返回一个"http://www.w3.org/2001/XMLSchema ＃ boolean "类型的值。当且仅当调用 x500Name-equal 函数，判定第一个参数与第二个参数中某个 RDN 序列匹配，返回"True"。

——urn:oasis:names:tc:xacml:1.0:function:rfc822Name-match

此函数接收 2 个参数，第一个为"http://www.w3.org/2001/XMLSchema＃string "类型，第二个为"urn:oasis:names:tc:xacml:1.0:data-type:rfc822Name"类型。函数返回一个"http://www.w3.org/2001/XMLSchema＃ boolean "类型的值。如果第一个参数与第二个参数按照 RFC822 中定义的规范匹配，则返回"True"。

A.3.15 XPath 函数

本条描述的函数接收 XPath 表达式作为参数。一个 XPath 表达式是一个 XML 节点集合的匹配。节点或节点集合都不是 XACML 的标准数据类型。针对节点集合的比较及其他运算操作都在专门的函数中定义。XPath 表达式仅限在 XACML 请求上下文〈xacml-context:Request〉元素中使用。下面是这些函数的定义，其中"op:node-equal"的详细定义参见 W3C XQuery 1.0 and XPath 2.0 Functions and Operators：

——urn:oasis:names:tc:xacml:1.0:function:xpath-node-count

此函数接收 1 个"http://www.w3.org/2001/XMLSchema＃string"类型的参数，该参数被转化为 XPath 表达式，函数返回"http://www.w3.org/2001/XMLSchema＃integer"类型值，代表与 XPath 表达式匹配的节点集合中节点的个数。

——urn:oasis:names:tc:xacml:1.0:function:xpath-node-equal

此函数接收 2 个"http://www.w3.org/2001/XMLSchema＃string"类型的参数，都被转化为 XPath 表达式，函数返回"http://www.w3.org/2001/XMLSchema＃iboolean"类型值，调用"op:node-equal"函数，如果第一个表达式中包含的所有 XML 节点和第二个表达式中包含的所有 XML 节点匹配，返回"True"。

——urn:oasis:names:tc:xacml:1.0:function:xpath-node-match

此函数接收 2 个"http://www.w3.org/2001/XMLSchema＃string"类型的参数，都被转化为 XPath 表达式，函数返回"http://www.w3.org/2001/XMLSchema＃iboolean"类型值。如果

如下条件满足其一，则函数返回“True”：(1) 调用“op：node-equal”函数，第一个表达式中包含的所有 XML 节点和第二个表达式中包含的所有 XML 节点匹配(2) 调用“op：node-equal”函数，第一个表达式中所有 XML 节点的任何属性和子节点和第二个表达式中的相应 XML 节点匹配。

第一个条件等价于“xpath-node-equal”，从而确保“xpath-node-equal”是“xpath-node-match”的特例。

A.3.16 扩展函数和基本类型

函数和基本类型在 XACML 中都用字符串标识符描述。这种方式允许在现有 XACML 标准中扩展自定义的函数和基本类型。

为了保护 XACML 评估策略的完整性，扩展函数的返回结果只依赖于它的参数变量。全局和隐藏的变量不影响评估结果。当评估顺序无法固定时，扩展函数不能产生不利影响。

附 录 B
（规范性附录）
XACML 标识符

B.1 XACML 命名空间

目前存在 2 个已定义的 XACML 命名空间。

策略相关的定义用以下标识符：

——urn:oasis:names:tc:xacml:2.0:policy:schema:os

请求和应答上下文相关的定义用以下标识符：

——urn:oasis:names:tc:xacml:2.0:context:schema:os

B.2 访问主体类别

以下标识符标记发起访问请求的系统实体，即请求链中的最初实体。如果主体类别没有特别说明，则指定该标识符为默认值：

——urn:oasis:names:tc:xacml:1.0:subject-category:access-subject

以下标识符标记接收请求结果的系统实体(当它区别于 access-subject 时)：

——urn:oasis:names:tc:xacml:1.0:subject-category:recipient-subject

B.3 数据类型

下面的标识符标记在 A.2 中定义的数据类型：

——urn:oasis:names:tc:xacml:1.0:data-type:x500Name.

——urn:oasis:names:tc:xacml:1.0:data-type:rfc822Name

——urn:oasis:names:tc:xacml:2.0:data-type:ipAddress

——urn:oasis:names:tc:xacml:2.0:data-type:dnsName

下面的数据类型标识符在 XML 模式中已定义：

——http://www.w3.org/2001/XMLSchema#string

——http://www.w3.org/2001/XMLSchema#boolean

——http://www.w3.org/2001/XMLSchema#integer

——http://www.w3.org/2001/XMLSchema#double

——http://www.w3.org/2001/XMLSchema#time

——http://www.w3.org/2001/XMLSchema#date

——http://www.w3.org/2001/XMLSchema#dateTime

——http://www.w3.org/2001/XMLSchema#anyURI

——http://www.w3.org/2001/XMLSchema#hexBinary

——http://www.w3.org/2001/XMLSchema#base64Binary

下面的数据类型标识符对应于 dayTimeDuration 和 yearMonthDuration 数据类型：

——http://www.w3.org/TR/2002/WD-xquery-operators—20020816#dayTimeDuration

——http://www.w3.org/TR/2002/WD-xquery-operators—20020816#yearMonthDuration

B.4 主体属性

这些标识符标记了主体属性,应出现在请求上下文的〈Subject〉元素中。能通过指向请求上下文〈Subject〉元素的〈SubjectAttributeDesignator〉元素或者〈AttributeSelector〉元素获取属性值。

至多每个主体关联这些标识符标记的一个属性,在〈Subject〉元素中包含的认证属性要对应相应的认证事件。

下面的标识符标记了主体的名称,默认数据格式为 http://www.w3.org/2001/XMLSchema#string。如果要指定其他格式,使用 B.3 中的 DataType 属性。

——urn:oasis:names:tc:xacml:1.0:subject:subject-id

下面的标识符标记主体类别,“access-subject”是默认值:

——urn:oasis:names:tc:xacml:1.0:subject-category

下面的标识符标记主体的安全域,它指定主体所在命名空间域的管理者和策略:

——urn:oasis:names:tc:xacml:1.0:subject:subject-id-qualifier

下面的标识符标记验证主体身份的公钥信息:

——urn:oasis:names:tc:xacml:1.0:subject:key-info

下面的标识符标记主体被认证的时间:

——urn:oasis:names:tc:xacml:1.0:subject:authentication-time

下面的标识符标记用于主体的认证方法:

——urn:oasis:names:tc:xacml:1.0:subject:authn-locality:authentication-method

下面的标识符标记主体向 PEP 发起访问请求的时间:

——urn:oasis:names:tc:xacml:1.0:subject:request-time

下面的标识符标记主体与 PEP 开始当前会话的时间:

——urn:oasis:names:tc:xacml:1.0:subject:session-start-time

下列几个标识符标记信任凭证被激活的位置,它们应支持 SAML 认证断言中的相应实体描述。

下面的标识符标记用 IP 地址描述的位置:

——urn:oasis:names:tc:xacml:1.0:subject:authn-locality:ip-address

对应的属性数据类型为“http://www.w3.org/2001/XMLSchema#string”。

下面的标识符标记用 DNS 描述的位置:

——urn:oasis:names:tc:xacml:1.0:subject:authn-locality:dns-name

对应的属性数据类型为“http://www.w3.org/2001/XMLSchema#string”。

对于已经在 LDAP 中定义好的属性,应把属性名加在 LDAP 规范 URI 之后来代表该属性在 XACML 中的标识符。例如在 RFC2256[7] 定义的 userPassword 属性应表示为:

http://www.ietf.org/rfc/rfc2256.txt#userPassword

B.5 资源属性

这些标识符标记了资源属性。对应的属性能出现在请求上下文的〈Resource〉元素中。通过指向请求上下文〈Resource〉元素的〈ResourceAttributeDesignator〉元素或者〈AttributeSelector〉元素获取属性值。

下面的属性标识符指定了被访问的资源。如果提供了〈xacmlcontext:ResourceContent〉元素,则要访问的资源应是其全部或部分内容。

——urn:oasis:names:tc:xacml:1.0:resource:resource-id

下面的标识符指定〈xacmlcontext:ResourceContent〉元素中顶层元素的命名空间。如果请求上下文中包含资源元素并且命名空间在其中已定义,则 PDP 应验证该属性定义的命名空间是否与资源元素提供的命名空间一致。该属性对应的数据类型为 http://www.w3.org/2001/XMLSchema#anyURI。

——urn:oasis:names:tc:xacml:2.0:resource:target-namespace

B.6 动作属性

这些标识符标记了请求的动作属性。它们应出现在请求上下文的〈Action〉元素中。应通过指向请求上下文〈Action〉元素的〈ActionAttributeDesignator〉元素或者〈AttributeSelector〉元素获取属性值。

下列标识符标记具体的请求访问动作:

——urn:oasis:names:tc:xacml:1.0:action:action-id

当动作隐示描述时,action-id 属性的属性值应为:

——urn:oasis:names:tc:xacml:1.0:action:implied-action

下列标识符标记 action-id 属性的命名空间:

——urn:oasis:names:tc:xacml:1.0:action:action-namespace

B.7 环境属性

这些标识符标记判定请求中被评估的环境属性。它们应出现在请求上下文的〈Environment〉元素中。应通过指向请求上下文〈Environment〉元素的〈EnvironmentAttributeDesignator〉元素或者〈AttributeSelector〉元素获取属性值。

下列标识符标记了上下文处理器的当前时间。在实际中,这个时间指的是请求上下文的创建时间。因此,如果此类标识符在一个〈Policy〉 or 〈PolicySet〉元素中多次出现,不管出现的时间间隔是多少,都赋予相同取值。

——urn:oasis:names:tc:xacml:1.0:environment:current-time

对应的属性数据类型为"http://www.w3.org/2001/XMLSchema#time"

——urn:oasis:names:tc:xacml:1.0:environment:current-date

对应的属性数据类型为"http://www.w3.org/2001/XMLSchema#date"

——urn:oasis:names:tc:xacml:1.0:environment:current-dateTime

对应的属性数据类型为"http://www.w3.org/2001/XMLSchema#dateTime"

B.8 状态代码

以下标识符标记成功:

——urn:oasis:names:tc:xacml:1.0:status:ok

以下标识符标记策略判定所需的属性不可用:

——urn:oasis:names:tc:xacml:1.0:status:missing-attribute

以下标识符标记属性值中包含语法错误,例如字母出现在数字中:

——urn:oasis:names:tc:xacml:1.0:status:syntax-error

以下标识符标记在策略评估过程中发生错误:

——urn:oasis:names:tc:xacml:1.0:status:processing-error

B.9 组合算法

以下是拒绝优先规则组合算法对应 ruleCombiningAlgId 属性的属性值：

——urn:oasis:names:tc:xacml:1.0:rule-combining-algorithm:deny-overrides

以下是拒绝优先策略组合算法对应 policyCombiningAlgId 属性的属性值：

——urn:oasis:names:tc:xacml:1.0:policy-combining-algorithm:deny-overrides

以下是允许优先规则组合算法对应 ruleCombiningAlgId 属性的属性值：

——urn:oasis:names:tc:xacml:1.0:rule-combining-algorithm:permit-overrides

以下是允许优先策略组合算法对应 policyCombiningAlgId 属性的属性值：

——urn:oasis:names:tc:xacml:1.0:policy-combining-algorithm:permit-overrides

以下是首次适用规则组合算法对应 ruleCombiningAlgId 属性的属性值：

——urn:oasis:names:tc:xacml:1.0:rule-combining-algorithm:first-applicable

以下是首次适用策略组合算法对应 policyCombiningAlgId 属性的属性值：

——urn:oasis:names:tc:xacml:1.0:policy-combining-algorithm:first-applicable

以下是唯一适用策略组合算法对应 policyCombiningAlgId 属性的属性值：

——urn:oasis:names:tc:xacml:1.0:policy-combining-algorithm:only-one-applicable

以下是有序拒绝优先规则组合算法对应 ruleCombiningAlgId 属性的属性值：

——urn:oasis:names:tc:xacml:1.1:rule-combining-algorithm:ordered-deny-overrides

以下是有序拒绝优先策略组合算法对应 policyCombiningAlgId 属性的属性值：

——urn:oasis:names:tc:xacml:1.1:policy-combining-algorithm:ordered-deny-overrides

以下是有序允许优先规则组合算法对应 ruleCombiningAlgId 属性的属性值：

——urn:oasis:names:tc:xacml:1.1:rule-combining-algorithm:ordered-permit-overrides

以下是有序允许优先策略组合算法对应 policyCombiningAlgId 属性的属性值：

——urn:oasis:names:tc:xacml:1.1:policy-combining-algorithm:ordered-permit-overrides

附 录 C
（规范性附录）
组 合 算 法

C.1 拒绝优先

以下定义了针对策略的“Deny-overrides”规则组合算法：

a） 在策略的整个规则集合内，“Deny”优先于其他任何评估结果。只要有一条规则被评估为“Deny”，规则组合的评估结果就为“Deny”。如果一条规则的评估结果为“Permit”，其他所有规则的评估结果为“NotApplicable”，则整个规则组合的结果为“Permit”。如果所有规则的评估结果为“NotApplicable”，则规则组合的评估结果应为“NotApplicable”。

b） 对具有“Deny”结果的规则，如果评估其目标或条件元素时发生错误，则继续评估后继的规则，判断是否存在“Deny”结果，若其他规则都未被评估为“Deny”，则规则组合的评估结果为“Indeterminate”，并附带相应的错误状态码。

c） 若至少有一条规则的评估结果为“Permit”，没有出现评估错误其他规则评估结果为“Permit”或者“NotApplicable”，出现评估错误的规则包含“Permit”结果，则组合后的评估结果为“Permit”。

以下伪码描述了这个规则组合算法：

```
Decision denyOverridesRuleCombiningAlgorithm(Rule rule[])
{
  Boolean atLeastOneError = false;
  Boolean potentialDeny = false;
  Boolean atLeastOnePermit = false;
  for( i=0 ; i < lengthOf(rules) ; i++ )
  {
    Decision decision = evaluate(rule[i]);
    if (decision == Deny)
    {
      return Deny;
    }
    if (decision == Permit)
    {
      atLeastOnePermit = true;
      continue;
    }
    if (decision == NotApplicable)
    {
      continue;
    }
    if (decision == Indeterminate)
    {
```

```
        atLeastOneError = true;
        if (effect(rule[i]) == Deny)
        {
          potentialDeny = true;
        }
        continue;
      }
    }
    if (potentialDeny)
    {
      return Indeterminate;
    }
    if (atLeastOnePermit)
    {
      return Permit;
    }
    if (atLeastOneError)
    {
      return Indeterminate;
    }
    return NotApplicable;
}
```

以下定义了针对策略集的“Deny-overrides”策略组合算法：

a) 在策略集内的任何策略，“Deny”优先于其他任何评估结果。只要有一条策略的评估结果为“Deny”，则整个策略组合的评估结果为“Deny”。如果所有策略的评估结果为“NotApplicable”，则策略集的评估结果应为“NotApplicable”。

b) 在评估策略的目标时出现错误，或者引用的策略无效，或者策略评估的结果为“indeterminate”，则整个策略集应被评估为“Deny”。

以下伪码描述了这个策略组合算法：

```
Decision denyOverridesPolicyCombiningAlgorithm(Policy policy[])
{
    Boolean atLeastOnePermit = false;
    for( i=0 ; i < lengthOf(policy) ; i++ )
    {
      Decision decision = evaluate(policy[i]);
      if (decision == Deny)
      {
        return Deny;
      }
      if (decision == Permit)
      {
        atLeastOnePermit = true;
        continue;
```

```
        }
        if (decision == NotApplicable)
        {
          continue;
        }
        if (decision == Indeterminate)
        {
          return Deny;
        }
      }
      if (atLeastOnePermit)
      {
        return Permit;
      }
      return NotApplicable;
    }
```

每个策略的 Obligations 应按照 9.14 中的描述被组合。

C.2 有序拒绝优先

以下定义了针对策略的"Ordered-deny-overrides"规则组合算法：

a) 在此算法执行过程中，规则集合内规则的评估顺序应按照策略中对应的规则出现顺序。

b) 其余实施细则与拒绝优先规则组合算法相同。

以下定义了针对策略集的"Ordered-deny-overrides"策略组合算法：

a) 在此算法执行过程中，策略集合内策略的评估顺序应按照策略集中对应的策略出现顺序。

b) 其余实施细则与拒绝优先策略组合算法相同。

C.3 允许优先

以下定义了针对策略的"Permit-overrides"规则组合算法：

a) 在策略的整个规则集合内，"Permit"优先于其他任何评估结果。只要有一条规则被评估为"Permit"，规则组合的评估结果就为"Permit"。如果一条规则的评估结果为"Deny"，其他所有规则的评估结果为"NotApplicable"，则整个规则组合的结果为"Deny"。如果所有规则的评估结果为"NotApplicable"，则规则组合的评估结果应为"NotApplicable"。

b) 对具有"Permit"结果的规则，如果评估其目标或条件元素时发生错误，则应继续评估后继规则，判断是否存在"Permit"结果，若其他规则都未被评估为"Permit"，则规则组合的评估结果为"Indeterminate"，并附带相应的错误状态码。

c) 若至少有一条规则的评估结果为"Deny"，没有出现评估错误的其他规则评估结果为"Deny"或者"NotApplicable"，出现评估错误的规则包含"Deny"结果，则组合后的评估结果为"Deny"。

以下伪码描述了这个规则组合算法：

```
Decision permitOverridesRuleCombiningAlgorithm(Rule rule[])
{
  Boolean atLeastOneError = false;
```

```
  Boolean potentialPermit = false;
  Boolean atLeastOneDeny = false;
  for( i=0 ; i < lengthOf(rule) ; i++ )
  {
    Decision decision = evaluate(rule[i]);
    if (decision == Deny)
    {
      atLeastOneDeny = true;
      continue;
    }
    if (decision == Permit)
    {
      return Permit;
    }
    if (decision == NotApplicable)
    {
      continue;
    }
    if (decision == Indeterminate)
    {
      atLeastOneError = true;
      if (effect(rule[i]) == Permit)
      {
        potentialPermit = true;
      }
      continue;
    }
  }
  if (potentialPermit)
  {
    return Indeterminate;
  }
  if (atLeastOneDeny)
  {
    return Deny;
  }
  if (atLeastOneError)
  {
    return Indeterminate;
  }
  return NotApplicable;
}
```

以下定义了针对策略集的“Permit-overrides”策略组合算法：

a) 在策略集内的任何策略,“Permit”优先于其他任何评估结果。只要有一条策略的评估结果为“Permit”,则整个策略组合的评估结果为“Permit”。如果所有策略的评估结果为“NotApplicable”,则策略集的评估结果应为“NotApplicable”。
b) 如果在评估策略的目标时出现错误,或者引用的策略无效,或者策略评估的结果为“indeterminate”,只要其他策略没有被评估为“Permit”或“Deny”,则整个策略集应被评估为“Intermінate”,并附带相应的错误状态码。

以下伪码描述了这个策略组合算法:

```
Decision permitOverridesPolicyCombiningAlgorithm(Policy policy[])
{
  Boolean atLeastOneError = false;
  Boolean atLeastOneDeny = false;
  for( i=0 ; i < lengthOf(policy) ; i++ )
  {
    Decision decision = evaluate(policy[i]);
    if (decision == Deny)
    {
      atLeastOneDeny = true;
      continue;
    }
    if (decision == Permit)
    {
      return Permit;
    }
    if (decision == NotApplicable)
    {
      continue;
    }
    if (decision == Indeterminate)
    {
      atLeastOneError = true;
      continue;
    }
  }
  if (atLeastOneDeny)
  {
    return Deny;
  }
  if (atLeastOneError)
  {
    return Indeterminate;
  }
  return NotApplicable;
}
```

每个策略的 Obligations 应按照 9.14 中的描述被组合。

C.4 有序允许优先

以下定义了针对策略的“Ordered-permit-overrides”规则组合算法：

在此算法执行过程中，规则集合内规则的评估顺序应按照策略中对应的规则出现顺序。除此之外，实施细则与允许优先规则组合算法相同。

以下描述定义针对策略集的“Ordered-permit-overrides”策略组合算法：

在此算法执行过程中，策略集合内策略的评估顺序应按照策略集中对应的策略出现顺序。除此之外，实施细则与允许优先策略组合算法相同。

C.5 首次适用

以下定义了针对策略的“First-Applicable”规则组合算法：

每个规则应按照其在策略中出现的顺序进行评估。针对一个具体的规则，如果它的目标元素匹配并且条件元素评估为“True”，则针对整个策略的评估应停止，此规则的评估结果就是整个策略的评估结果（“Permit”或者“Deny”）。如果这个规则的目标元素匹配为“False”或者条件元素评估为“False”，则对策略中出现的下一个规则继续评估。

若遍历策略中所有规则后仍没有确定的评估结果，则该策略的评估结果为“NotApplicable”。

如果在评估规则的目标或条件元素时发生错误，则停止策略评估，定义该策略的评估结果为“Indeterminate”，并且附带相应的错误状态码。

以下伪码描述了这个规则组合算法：

```
Decision firstApplicableEffectRuleCombiningAlgorithm(Rule rule[])
{
  for( i = 0 ; i < lengthOf(rule) ; i++ )
  {
    Decision decision = evaluate(rule[i]);
    if (decision == Deny)
    {
      return Deny;
    }
    if (decision == Permit)
    {
      return Permit;
    }
    if (decision == NotApplicable)
    {
      continue;
    }
    if (decision == Indeterminate)
    {
```

```
            return Indeterminate;
        }
    }
    return NotApplicable;
}
```

以下定义了针对策略集的"First-Applicable"策略组合算法。

每个策略应按照其在策略集中出现的顺序进行评估。针对一个具体的策略，如果它的目标元素评估为"True"并且策略的评估结果为"Permit"或"Deny"，则针对整个策略集的评估应停止，此策略的评估结果就是整个策略集的评估结果。如果这个策略的目标元素评估为"False"或者策略的评估结果为"NotApplicable"，则对策略集中出现的下一个策略继续评估。若遍历策略集中所有策略后仍没有确定的评估结果，则该策略集的评估结果为"NotApplicable"。

如果在评估目标元素时发生错误，或者评估策略时引用的策略无效，或者策略本身的评估结果为"Indeterminate"，则停止策略组合算法，定义该策略集的评估结果为"Indeterminate"，并且附带相应的错误状态码。

以下伪码描述了这个策略组合算法。

```
Decision firstApplicableEffectPolicyCombiningAlgorithm(Policy policy[])
{
    for( i = 0 ; i < lengthOf(policy) ; i++ )
    {
        Decision decision = evaluate(policy[i]);
        if(decision == Deny)
        {
            return Deny;
        }
        if(decision == Permit)
        {
            return Permit;
        }
        if (decision == NotApplicable)
        {
            continue;
        }
        if (decision == Indeterminate)
        {
            return Indeterminate;
        }
    }
    return NotApplicable;
}
```

每个策略的 Obligations 应按照 9.15 中的描述被合并。

C.6 唯一适用

以下定义了针对策略集的“Only-one-applicable”策略组合算法。

a) 对策略集中的所有策略进行目标元素匹配评估，如果不存在任何适用的策略，则该策略集的评估结果为“NotApplicable”。如果策略集中存在一条以上的适用策略，则该策略集的评估结果为“Indeterminate”。

b) 如果策略集中仅有一条适用策略，则该策略的评估结果就是该策略集的评估结果。

c) 如果对目标元素进行匹配评估时发生错误，或者策略评估时引用的策略无效，或者策略评估的结果为“Indeterminate”，则该策略集的评估结果为“Indeterminate”，并且附带相应的错误状态码。

以下伪码描述了这个策略组合算法。

```
Decision onlyOneApplicablePolicyPolicyCombiningAlogrithm(Policy policy[])
{
  Boolean atLeastOne = false;
  Policy selectedPolicy = null;
  ApplicableResult appResult;
  for ( i = 0; i < lengthOf(policy) ; i++ )
  {
    appResult = isApplicable(policy[I]);
    if ( appResult == Indeterminate )
    {
      return Indeterminate;
    }
    if( appResult == Applicable )
    {
      if ( atLeastOne )
      {
        return Indeterminate;
      }
      else
      {
        atLeastOne = true;
        selectedPolicy = policy[i];
      }
    }
    if ( appResult == NotApplicable )
    {
      continue;
    }
  }
```

```
    if ( atLeastOne )
    {
        return evaluate(selectedPolicy);
    }
    else
    {
        return NotApplicable;
    }
}
```

参 考 文 献

[1] Mathematical Markup Language (MathML), Version 2.0, W3C Recommendation, 21 February 2001. http://www.w3.org/TR/MathML2/

[2] Perritt, H. Knowbots, Permissions Headers and Contract Law, Conference on Technological Strategies for Protecting Intellectual Property in the Networked Multimedia Environment, April 1993. Available at: http://www.ifla.org/documents/infopol/copyright/perh2.txt

[3] Sloman, M. Policy Driven Management for Distributed Systems. Journal of Network and Systems Management, Volume 2, part 4. Plenum Press. 1994.

[4] Kudo M and Hada S, XML document security based on provisional authorization, Proceedings of the Seventh ACM Conference on Computer and Communications Security, Nov 2000, Athens, Greece, pp 87-96

[5] Anderson, A., ed., "Multiple resource profile of XACML v2.0", OASIS Standard, 1 February 2005

[6] Anderson, 3919 n, A., ed., "Hierarchical resource profile of XACML v2.0", OASIS Standard, 1 February 2005

[7] RFC 2256: A Summary of the X.500(96) User Schema for use with LDAPv3, http://www.ietf.org/rfc/rfc2256.txt

[8] Haskell:一种标准化的、通用纯函数式编程语言(a purely functional language),可在 http://www.haskell.org/获取

ICS 35.040
L 80

中华人民共和国国家标准

GB/T 30282—2013

信息安全技术 反垃圾邮件产品技术要求和测试评价方法

Information security technology—Techniques requirements and testing and evaluation approaches for Anti-Spam product

2013-12-31 发布　　　　2014-07-15 实施

中华人民共和国国家质量监督检验检疫总局
中国国家标准化管理委员会　发布

前　言

本标准按照 GB/T 1.1—2009 给出的规则起草。

本标准由全国信息安全标准化技术委员会(SAC/ TC 260)提出并归口。

本标准起草单位:中国信息安全认证中心、上海市信息安全测评认证中心。

本标准主要起草人:布宁、陈清明、甘杰夫、张俊彦、贾雪飞、李菁。

引　言

为指导反垃圾邮件产品的研制、生产、测试和评价工作的开展，本标准依据GB/T 18336—2008《信息技术　安全技术　信息技术安全性评估准则》，从反垃圾邮件产品的功能、自身安全和安全保证等几个方面提出了相关技术要求，并提出了测试评价方法。

信息安全技术 反垃圾邮件产品技术要求和测试评价方法

1 范围

本标准规定了反垃圾邮件产品的技术要求和测试评价方法。

本标准适用于反垃圾邮件产品的设计、开发、测试和评价。

2 规范性引用文件

下列文件对于本文件的应用是必不可少的。凡是注日期的引用文件，仅注日期的版本适用于本文件。凡是不注日期的引用文件，其最新版本(包括所有的修改单)适用于本文件。

GB/T 5271.8—2001 信息技术 词汇 第8部分：安全(idt ISO/IEC 2382-8：1998)

GB/T 18336.1—2008 信息技术 安全技术 信息技术安全性评估准则 第1部分：简介和一般模型(ISO/IEC 15408-1：2005，IDT)

GB/T 18336.2—2008 信息技术 安全技术 信息技术安全性评估准则 第2部分：安全功能要求(ISO/IEC 15408-2：2005，IDT)

GB/T 18336.3—2008 信息技术 安全技术 信息技术安全性评估准则 第3部分：安全保证要求(ISO/IEC 15408-3：2005，IDT)

3 术语和定义

GB/T 5271.8—2001 和 GB/T 18336.1—2008 界定的以及下列术语和定义适用于本文件。

3.1

垃圾邮件 spam

电子邮件使用者事先未提出要求或同意接收的电子邮件，一般具有如下特征：

——未经电子邮件使用者请求而发送；

——同时发送给大量用户；

——伪造的发件人信息。

3.2

反垃圾邮件产品 anti-spam product

能够对垃圾邮件进行识别和处理的软件或软硬件组合，包括透明的反垃圾邮件网关、基于转发的反垃圾邮件系统、安装于邮件服务器的反垃圾邮件软件，以及与邮件服务器一体的反垃圾邮件的邮件服务器等。

3.3

黑名单 blacklist

电子邮件使用者不想接收到的发件人的邮件地址列表。

3.4

实时黑名单 realtime blacklist

由第三方机构和组织收集并维护的经常发送垃圾电子邮件的邮件地址列表。

3.5

虚假路由　false routing

邮件中声明的域名所对应的网络地址与该邮件实际来源网络地址不符。

3.6

投递　send

反垃圾邮件产品不对邮件进行过滤等处理，直接发送给收件人。

3.7

标记投递　label and send

反垃圾邮件产品将邮件标记为垃圾邮件后发送给收件人。

3.8

隔离　isolate

反垃圾邮件产品将识别为垃圾邮件或不应专递至使用者的邮件放置到专用的存储区域。

3.9

拒绝　reject

反垃圾邮件产品不接收邮件，并通知发件人该邮件被拒收。

3.10

丢弃　discard

反垃圾邮件产品将邮件直接拦截而不通知发件人。

4　反垃圾邮件产品等级划分

根据产品功能要求和安全保证要求的不同，以及反垃圾邮件产品适用应用环境的不同，将反垃圾邮件产品分为基本级和增强级两个等级。基本级评估保障要求达到EAL2级(见GB/T 18336.3—2008)，可适用家庭、小型企业或机构等反垃圾邮件需求比较简单的环境。增强级评估保障要求达到EAL3级(见GB/T 18336.3—2008)，可适用中、大型企业或机构等反垃圾邮件需求比较综合的环境。产品等级划分如表1所示。

表1　反垃圾邮件产品等级划分表

<table>
<tr><th colspan="3">技术要求</th><th>基本级</th><th>增强级</th></tr>
<tr><td rowspan="8">功能要求</td><td rowspan="3">垃圾邮件识别</td><td>基于邮件网络地址的垃圾邮件识别</td><td>*</td><td>**</td></tr>
<tr><td>基于邮件内容特征的垃圾邮件识别</td><td>*</td><td>**</td></tr>
<tr><td>基于邮件连接特征的垃圾邮件识别</td><td>*</td><td>**</td></tr>
<tr><td colspan="2">垃圾邮件处理</td><td>*</td><td>**</td></tr>
<tr><td rowspan="3">管理控制功能</td><td>策略配置</td><td>*</td><td>*</td></tr>
<tr><td>网络部署</td><td>*</td><td>*</td></tr>
<tr><td>产品升级</td><td>*</td><td>**</td></tr>
<tr><td colspan="2">报表统计</td><td>*</td><td>*</td></tr>
<tr><td rowspan="3">安全要求</td><td rowspan="3">安全审计</td><td>审计数据生成</td><td>*</td><td>*</td></tr>
<tr><td>审计数据查阅</td><td>*</td><td>*</td></tr>
<tr><td>审计数据存储</td><td>*</td><td>*</td></tr>
</table>

表 1（续）

技术要求		基本级	增强级
安全要求	身份鉴别	*	*
	用户角色	*	*
	远程会话保护	*	*
保证要求	配置管理	*	**
	交付与运行	*	*
	开发	*	**
	指导性文档	*	*
	测试	*	**
	脆弱性评定	*	*
注："*"和"**"表示产品应具备该项技术要求。"*"表示两个级别产品对于该项技术要求相同；"**"表示增强级产品相对于基本级产品在这项技术要求上进行了增强。标准正文中，若某些内容采用**加粗**字体，则表示该部分内容只对增强级产品提出要求或该部分内容中增强级产品相对于基本级产品进行了增强。			

5 技术要求

5.1 功能要求

5.1.1 垃圾邮件识别

反垃圾邮件产品应至少采用以下一种技术手段来识别垃圾邮件。

5.1.1.1 基于邮件发送地址的垃圾邮件识别

反垃圾邮件产品应能依据邮件发送方邮件地址来判断邮件是否为垃圾邮件，可采用黑名单、实时黑名单、虚假路由识别等技术方式实现。

a) 应提供黑名单的编辑(添加、删除等)功能，也可导入导出黑名单；

b) **支持和邮件客户端、邮件服务器之间的联动，邮件客户端的用户在手动阻止发件人之后能够将被阻止的发件人邮件地址同步至反垃圾邮件产品的黑名单中；**

c) 支持实时黑名单功能，可通过 DNS(Domain Name Server，域名服务器)查询方式来查询黑名单列表。

5.1.1.2 基于邮件内容特征的垃圾邮件识别

反垃圾邮件产品应能依据以下邮件内容特征来识别邮件是否为垃圾邮件：

a) 关键字过滤识别：可针对邮件的信头、信体、附件、主题、发件人、收件人、抄送人、正文中包含的文字而设定关键字，从而匹配识别垃圾邮件；

b) 数值特征匹配识别：可设定邮件或附件的大小、附件的数量、收件人总数等数量值，进行匹配识别垃圾邮件；

c) 附件特征匹配识别：根据附件文件名和附件文件类型等特征进行垃圾邮件识别；

d) **应能识别出带病毒特征的邮件附件；**

e) 其他特征识别。

5.1.1.3 基于邮件连接特征的垃圾邮件识别

反垃圾邮件产品应能依据以下邮件连接特征判断是否有发送垃圾邮件的行为：

a) 一段时间内同一主题的邮件接收次数；

b) **同一邮件来源 IP 地址对邮件服务端口的最大并发连接数量；**

c) **一段时间内同一邮件来源 IP 地址对邮件服务端口的最大连接数；**

d) 其他连接特征。

5.1.2 垃圾邮件处理

反垃圾邮件产品应提供以下可供选择的垃圾邮件处理方式：

a) 投递；

b) 标记投递；

c) 隔离**，并允许邮件用户登录到隔离区，恢复自己的邮件；**

d) 拒绝；

e) 丢弃。

5.1.3 管理控制功能

5.1.3.1 策略配置

应提供方便、快捷的垃圾邮件识别的配置方法和手段。

5.1.3.2 网络部署方式

网关类反垃圾邮件产品应支持透明方式和路由方式的接入。

5.1.3.3 产品升级

a) 反垃圾邮件产品应可通过手动或 Internet 自动的方式及时更新垃圾邮件规则库**和新病毒特征码；**

b) **自动升级时，产品应能对升级包进行校验，防止升级包被篡改或替换。**

5.1.4 报表统计

反垃圾邮件产品应能将邮件处理结果生成报表，提供灵活多样的统计查询结果，便于对垃圾邮件传递情况进行分析管理。

5.2 自身安全要求

5.2.1 安全审计

5.2.1.1 审计数据生成

反垃圾邮件产品应对以下安全事件生成审计记录：

a) 对安全策略(如邮件过滤策略等)进行更改的操作；

b) 授权管理员的登录和退出；

c) 因鉴别尝试不成功的次数超出了设定的限值，导致会话连接终止；

d) 对用户角色进行增加、删除和属性修改的操作；

e) 读取、修改、破坏审计数据的尝试；

f) 对其他安全功能配置参数的修改(设置和更新)，无论成功与否；

g) 能对垃圾电子邮件过滤和阻断行为进行记录，记录内容至少包括发件人网络地址和邮件地址、收件人地址、邮件主题、发信时间、阻断原因等信息。

5.2.1.2 审计数据查阅

反垃圾邮件产品应：

a) 只允许授权用户访问审计数据；

b) 提供对审计数据的查询功能，能按照条件或条件组合进行查询；

c) 提供相应的统计分析功能，方便用户掌握垃圾邮件状况，以便及时采取防护措施。

5.2.1.3 审计数据存储

a) 产品应提供审计数据的导出和转存功能，以保证产品有足够的审计数据存储空间；

b) **反垃圾邮件产品应能设置存储空间的阈值**，当达到存储空间阈值时，向管理员进行报警；在审计存储空间耗尽等异常情况下，应能采取相应措施保证(如覆盖以前数据、忽略新产生数据等)已存储审计数据的可用性。

5.2.2 身份鉴别

反垃圾邮件产品应：

a) 对授权管理员至少采用一种身份鉴别方式(如用户名＋口令)进行身份鉴别，**且身份鉴别方式应至少采取“字母和数字”组合的方式；**

b) 为授权管理员和用户登录设定一个可修改的鉴别尝试阈值，当不成功登录尝试超过阈值，反垃圾邮件产品应通过技术手段终止其与产品之间的会话过程。

5.2.3 用户角色

反垃圾邮件产品应定义不同的角色，每个角色可以具有多个用户，但每个用户只能属于一个角色。

5.2.4 安全功能数据传输保护

如果反垃圾邮件产品支持远程管理，应采取安全措施来保护安全功能数据传输。

5.3 安全保证要求

5.3.1 配置管理

5.3.1.1 配置管理能力

a) 开发者应为产品提供一个参照号，并在产品上进行标记，该参照号对产品的每一个版本应是唯一的；

b) 开发者应使用一个配置管理系统。配置管理系统应唯一标识产品所包含的所有配置项，**且应提供措施使得只能对配置项进行授权改变；**

c) **开发者应提供配置管理文档。配置管理文档应描述用于唯一标识产品所包含配置项的方法，并应提供所有配置项都已经或正在配置管理系统下进行有效维护的证据。配置管理文档应包括一个配置清单和一个配置管理计划。配置清单应唯一标识组成产品的所有配置项，并应描述组成产品的配置项。配置管理计划应描述配置管理系统是如何使用的，且应提供证实配置管理系统的运行与配置管理计划是一致的证据。**

5.3.1.2 配置管理范围

开发者应提供一个产品配置项列表。配置项列表应包括:实现表示和安全目标中其他保证组件所要求的评估证据。

5.3.2 交付与运行

5.3.2.1 交付

a) 开发者应使用交付程序给用户交付产品或其部分;

b) 开发者应采用文档的形式描述交付程序,该文档应描述在向用户方分发产品的各个版本时,用以维护其安全性所必需的所有程序。

5.3.2.2 安装、生成和启动

开发者应提供文档描述产品安全地安装、生成和启动必需的所有步骤。

5.3.3 开发

5.3.3.1 功能规范

开发者应提供功能规范的设计文档,该文档应满足如下要求:

a) 对产品功能、安全功能及其外部接口进行非形式化描述;

b) 保证其内在一致性;

c) 描述所有外部安全功能接口的用途与使用方法,适当时提供效果、例外情况和出错消息的细节;

d) 完备地表示产品功能和安全功能。

5.3.3.2 高层设计

开发者应提供产品安全功能的高层设计文档,该文档应满足如下要求:

a) 以非形式化方式表述,并且是内在一致的;

b) 按照子系统来描述产品安全功能的结构;

c) 描述每个产品安全功能子系统所提供的安全功能性;

d) 标识产品安全功能所要求的任何基础性的硬件、固件或软件,以及在这些硬件、固件或软件中实现的支持性保护机制提供功能的一个表示;

e) 标识产品安全功能子系统的所有接口;

f) 标识产品安全功能子系统的哪些接口是外部可见的;

g) 描述产品安全功能子系统所有接口的用途与使用方法,适当时提供效果、例外情况和出错消息的细节;

h) 把产品分成安全策略实施和其他子系统来描述。

5.3.4 指导性文档

5.3.4.1 管理员指南

a) 开发者应提供针对系统管理员的管理员指南。该指南应说明以下内容:

  1) 管理员可使用的管理功能和接口;

  2) 如何以安全的方式管理产品;

3） 一些关于安全处理环境中应被控制的功能和特权的警示信息；
4） 所有关于与产品安全运行有关用户行为的假设；
5） 所有受管理员控制的安全参数，适当时应指明安全值；
6） 每一种与需要执行的管理功能有关的安全相关事件，包括改变安全功能所控制实体的安全特性；
7） 所有与管理员有关的 IT 环境安全要求。

b） 管理员指南应与供评估的所有其他文档保持一致。

5.3.4.2 用户指南

a） 开发者应提供用户指南。该指南应说明以下内容：
1） 产品的非管理员用户可使用的功能和接口；
2） 产品所提供的用户可访问安全功能的使用；
3） 一些关于安全处理环境中应被控制的用户可访问功能和特权的警示信息；
4） 产品安全运行所必需的所有用户职责，包括与产品安全环境陈述中可找到的与关于用户行为的假设有关的那些职责；
5） 所有与用户有关的 IT 环境安全要求。

b） 用户指南应与供评估的所有其他文档保持一致。

5.3.5 测试

5.3.5.1 测试覆盖

a） 开发者应提供测试覆盖的证据，该证据应说明测试文档中所标识的测试与功能规范中所描述的安全功能之间的对应性；

b） 开发者应提供测试覆盖的一个分析，该分析应证实功能规范中所描述安全功能和测试文档所标识的测试之间的对应性是完备的。

5.3.5.2 功能测试

a） 开发者应测试安全功能，并文档化测试结果；
b） 开发者应提供测试文档，测试文档应包括测试计划、测试程序描述、预期测试结果和实际测试结果；
c） 测试计划应标识要测试的安全功能和描述要执行的测试目标；
d） 测试程序描述应标识要执行的测试，并描述每个安全功能的测试脚本。这些脚本应包括对于其他测试结果的任何顺序依赖性；
e） 预期的测试结果应指出测试成功执行后的预期输出；
f） 开发者执行测试所得到的测试结果应证实每个被测试的安全性功能都按照规定运转。

5.3.5.3 独立性测试

a） 开发者应提供用于测试的产品，该产品应适合测试；
b） 开发者应提供一组相当的资源，用于开发者的产品安全功能测试。

5.3.6 脆弱性评定

5.3.6.1 脆弱性分析

开发者和评估者应执行脆弱性分析，并提供脆弱性分析文档。该文档满足如下要求：

a) 描述为搜索用户能违反产品安全策略的明显方法而执行的产品可交付材料分析；
b) 描述对明显的脆弱性的处置；
c) 针对所有已标识的脆弱性，说明脆弱性不能在产品的预期使用环境中被利用。

6 测试评价方法

6.1 测试环境

反垃圾邮件产品的典型测试环境如图1所示。

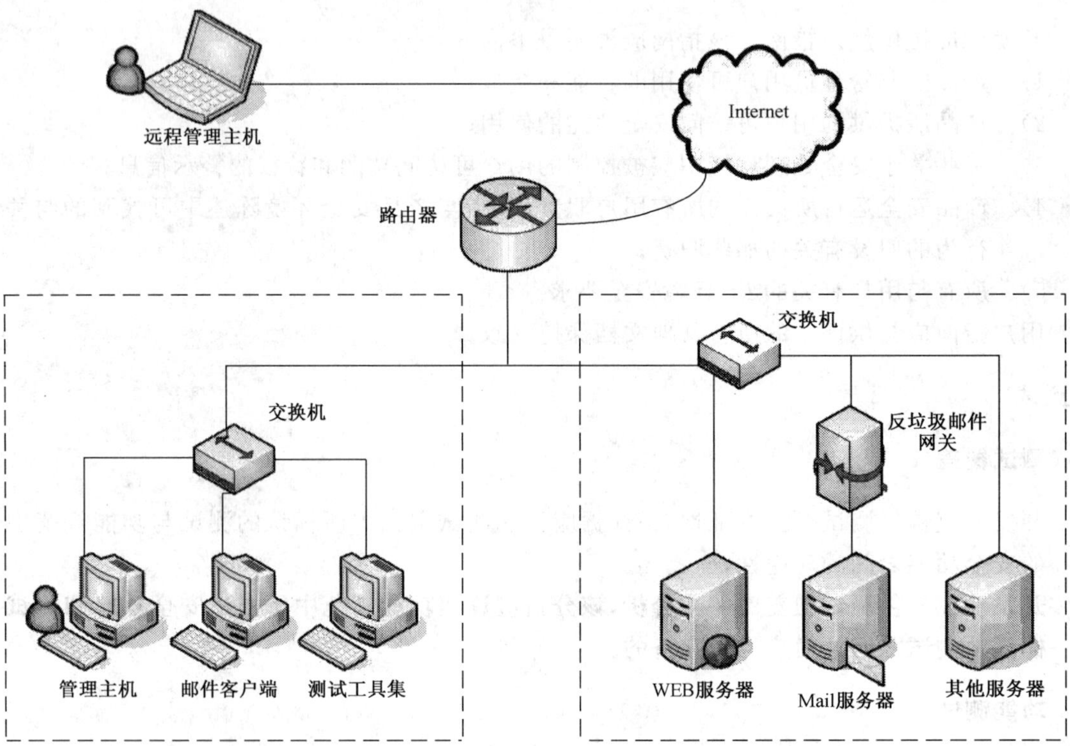

图1 反垃圾邮件产品典型测试环境示意图

测试设备包括测试所需的交换机、路由器、WEB服务器、Mail服务器、反垃圾邮件产品管理主机等。

可用的测试工具包括但不限于：能够制作和发送垃圾邮件的测试工具集等。

6.2 功能测试

6.2.1 垃圾邮件识别

6.2.1.1 基于邮件发送地址的垃圾邮件识别

根据产品采取的垃圾邮件识别机制，可分别或综合采取以下测试方法。

6.2.1.1.1 黑名单

a) 测试方法
   1) 配置反垃圾邮件产品的黑名单列表，并验证黑名单设置的有效性。
   2) 手工添加、删除黑名单，导入/导出黑名单，检查产品是否具有黑名单编辑功能。

3) **邮件客户端手工阻断正在接收的邮件,并尝试将该发件人邮件地址同步到反垃圾邮件产品黑名单中,验证产品和邮件客户端以及邮件服务器之间的联动。**

4) 查看黑名单内容。

b) 预期结果

1) 产品根据设定的邮件处理方式对黑名单用户发送的邮件进行处理,邮件接收客户端无法接收到其发送过来的邮件。

2) 可以手工编辑黑名单,并可将文件导入/导出黑名单。

3) **被阻止的发件人邮件地址同步至反垃圾邮件产品的黑名单中。**

4) 黑名单采取 IP 地址或邮件地址的形式。

6.2.1.1.2 实时黑名单

a) 测试方法

1) 检查产品是否能够进行提供实时黑名单服务域名的添加、修改等操作。

2) 验证产品所启用的实时黑名单功能的有效性。

b) 预期结果

1) 产品支持主要实时黑名单服务第三方提供的实时黑名单列表。

2) 可以对实时黑名单列表中用户发送的邮件进行阻断。

6.2.1.1.3 虚假路由邮件识别

a) 测试方法

1) 在测试环境中 Intranet 区域设置一台与模拟客户端不在同一网段的客户端主机,设定其邮件域名地址与模拟客户端一致,并向域内其他用户发送邮件。

2) 观察反垃圾邮件产品是否能识别并限制该邮件的发送。

b) 预期结果

反垃圾邮件产品应能识别并阻断虚假路由邮件的发送。

6.2.1.2 基于邮件内容特征的垃圾邮件识别

a) 测试方法

1) 分别针对邮件信头、信体、附件、主题、发件人、收件人、抄送人、暗送人(只针对外发邮件)、邮件正文设定不同的关键字,自邮件客户端向邮件服务器发送含有设定关键字的邮件。

2) 分别设置限制邮件大小、附件的尺寸、附件的数量、收件人总数等特征阀值,自邮件客户端向邮件服务器发送超过设定阀值的邮件。

3) 设定可限制的附件文件名和附件类型(如.doc),自邮件客户端向邮件服务器发送带有所限制附件文件名或附件类型的邮件。

4) **自邮件客户端向邮件服务器发送带有病毒特征附件的邮件。**

5) 按"与""或""非"的逻辑关系组合上述设定限制条件,自邮件客户端向邮件服务器发送具有所设定组合条件的邮件。

6) 分别判断产品是否能对上述邮件进行过滤。

7) 审查产品说明书分析产品是否采用以上特征以外的静态特征过滤机制,并采取相应的验证措施,证明产品对垃圾邮件的识别和过滤。

b) 预期结果

反垃圾邮件产品能根据所设定的邮件关键字、邮件数值特征和附件特征及其组合条件分别对邮件进行扫描过滤。

6.2.1.3 基于邮件连接特征的垃圾邮件识别

a) 测试方法

1) **设定反垃圾邮件产品允许同一邮件来源IP地址的最大并发连接数，使用测试工具集向邮件服务器并发超过设定连接数的邮件。**

2) **设定反垃圾邮件产品可允许的一段时间内同一邮件来源IP地址的最大连接数，使用测试工具集不断向邮件服务器发送超过设定次数的邮件，直至达到设定时间。**

3) 设定一段时间内某一主题邮件的接受次数，自邮件客户端在限定时间段内向邮件服务器发送带有限定主题的邮件，直至达到限定次数。

4) 观察以上过程中产品是否能自动阻断新的连接。

5) 审查产品说明书，分析产品是否具有以上限制功能以外的邮件过滤机制，并采取相应的验证措施，证明产品对垃圾邮件的识别和过滤。

b) 预期结果

反垃圾邮件产品在达到设定的限定条件时能够自动进行阻断邮件客户端所发送的邮件。

6.2.2 垃圾邮件处理

a) 测试方法

1) 审查产品说明书是否具有对垃圾邮件处理方式的描述，并在产品中选取不同的处理方式；

2) 由邮件客户端向邮件服务器发送一定数量垃圾邮件，分别验证产品对垃圾邮件的不同处理方式和处理结果；

3) **邮件客户端收件人尝试登录邮件服务器隔离区恢复被隔离的邮件。**

b) 预期结果

1) 产品对垃圾邮件的处理应至少包括：投递、标记投递、隔离、拒绝、丢弃等方式；

2) **邮件客户端收件人可以登录隔离区恢复被隔离的邮件。**

6.2.3 管理控制功能

6.2.3.1 策略配置

a) 测试方法

1) 按照产品说明书，查看产品使用的默认策略。

2) 验证是否可以编辑或修改生成新的策略。

b) 预期结果

1) 产品应提供默认的垃圾邮件识别策略。

2) 应允许授权用户编辑策略。

3) 具有供用户编辑策略的向导功能。

4) 支持策略的导入和导出。

6.2.3.2 网络部署方式

a) 测试方法

检查产品说明书和测试配置环境，判断产品所支持的网络接入方式，并在测试环境中调试其网络接入的有效性。

b) 预期结果

网关类产品应提供透明接入方式和路由接入方式。

6.2.3.3 产品升级

a) 测试方法

1) 检查垃圾邮件规则库的升级方式。

2) **检查病毒特征库的升级方式。**

b) 预期结果

垃圾邮件规则库**和病毒特征库**可以通过手动升级或者自动的在线升级;**自动升级时应能采取签名等校验机制,避免得到错误或伪造的升级包。**

6.2.4 报表统计

a) 测试方法

1) 查验产品对垃圾邮件处理结果的报告生成功能,并查看所生成报告的内容。

2) 查验报告结果的查询统计功能。

b) 预期结果

1) 反垃圾邮件产品具有垃圾邮件处理结果报告生成功能。

2) 可以对生成的报告结果按照表格、柱状图、饼图等形式进行表现。

3) 可以邮件发送时间、发件人地址、收件人地址等进行查询统计。

6.3 自身安全测试

6.3.1 安全审计

6.3.1.1 审计数据生成

a) 测试方法

1) 更改内容过滤等过滤策略,审查审计记录。

2) 授权管理员登录并退出,审查审计记录。

3) 多次尝试不成功的登录操作,审查审计记录。

4) 进行用户管理操作,添加、删除用户,修改用户口令等,审查审计记录。

5) 读取并尝试修改审计记录,审查审计记录。

6) 自邮件客户端向邮件服务器分别发送一定数量的基于内容过滤和地址过滤的垃圾邮件,审查产品是否记录相应拦截和阻断结果。并查阅记录内容是否包括网络地址和邮件地址、收件人地址、邮件主题、发信时间、阻断原因等信息。

b) 预期结果

1) 对每一个测试都产生正确的审计记录。

2) 产生的审计记录与其发生的事件相对应。

6.3.1.2 审计数据查阅

a) 测试方法

1) 查验审计数据是否只允许授权用户进行访问。

2) 审查产品是否能对审计记录内容进行分类查询和分类统计。

b) 预期结果

1) 只有授权用户才能访问审计记录。

2) 可以按照不同字段进行分类查询。

3) 可以对审计记录内容根据不同字段进行分类统计。

6.3.1.3 审计数据存储

a) 测试方法

1) 查验产品对审计数据可用性的保护机制，并验证保护机制的有效性；

2) 查验产品对存储空间阈值设置功能和超出阈值后的报警方式；

3) 验证产品是否提供将审计数据导出和转存的功能。

b) 预期结果

1) 产品提供授权用户将审计数据以文件方式导出。

2) 产品能设置存储空间的阈值，当达到阈值时，向管理员进行报警。

3) 产品提供可选择的操作以处理审计数据存储空间满的问题，如覆盖以前记录等。

6.3.2 身份鉴别

a) 测试方法

1) 登录产品，检查是否在执行所有功能之前要求首先进行身份认证。

2) **检查产品采取的用户登录鉴别方式，检查其用户名和口令的复杂要求程度。**

3) 检查产品是否定义用户鉴别尝试的最大允许失败次数以及相应的措施(如锁定该帐号、限定登录 IP 地址等)。

4) 尝试多次失败的用户鉴别行为，检查产品是否采取了相应措施，并生成了审计记录。

b) 预期结果

1) 在用户执行任何与安全功能相关的操作之前都应对用户进行鉴别。

2) **用户名和口令应在长度、字母组合等方面有所要求。**

3) 产品应能定义用户鉴别尝试的最大允许失败次数，以及达到失败次数时采取的相应措施，锁定帐号、限定登录 IP 等。

4) 当用户鉴别尝试失败连续达到指定次数后，应采取相应当措施，并生成审计记录。

5) 最大失败次数应仅由授权管理员设定。

6.3.3 用户角色

a) 测试方法

1) 检查产品是否允许定义多个角色。

2) 检查各角色是否可以进行权限划分，内容过滤策略和黑名单更新等操作权限与日志查阅管理等权限是否明确划分。

b) 预期结果

1) 产品允许定义多个角色。

2) 每个角色可以具有多个用户，每个用户只属于一个角色。

3) 反垃圾邮件产品能够保证任何用户标识全局唯一。

6.3.4 安全功能数据传输保护

a) 测试方法

审查产品说明手册并测试，当产品需要通过网络进行远程管理时，是否能提供对安全功能数据进行安全传输的功能。

b) 预期结果

当反垃圾邮件产品需要通过网络进行远程管理时，产品应能对安全功能数据进行保密传输。

6.4 安全保证要求评估

6.4.1 配置管理

6.4.1.1 配置管理能力

a) 评估方法

1) **检查每个版本的产品是否具有唯一的参照号。**
2) **检测产品提供的配置管理系统，验证其是否能唯一标识产品所包含的所有配置项，是否提供措施使得对配置项只能进行授权修改。**
3) **审查产品的配置管理文档中是否包括了配置清单和配置计划，审查配置清单是否描述并唯一标识了组成产品的所有配置项，审查配置计划是否描述了配置管理系统使用方法以及配置管理系统的运作和配置管理计划是否相一致，审查配置管理文档是否描述用于唯一标识产品所包含配置项的方法，是否提供所有配置项都已经和正在配置管理系统下有效地进行维护的证据。**

b) 预期结果

审查记录以及最后结果应(符合/不符合)符合评估方法要求，开发者应提供唯一版本号，开发者提供的配置管理内容应完整。

6.4.1.2 配置管理范围

a) 评估方法

审查开发者是否提供了产品配置项列表，且配置项列表包括：实现表示和安全目标中其他保证组件所要求的评估证据。

b) 预期结果

审查记录以及最后结果(符合/不符合)符合评估方法要求。

6.4.2 交付与运行

6.4.2.1 交付

a) 评估方法

1) 审查产品的交付文档，查看其是否具有安装文档、产品生成文档、指导用户进行产品运维的文档以及产品培训手册等文档；
2) 审查开发者是否提供了交付程序，该程序是否在文档中得到描述。

b) 预期结果

审查记录以及最后结果(符合/不符合)符合评估方法要求，开发者应提供完整的文档描述所有交付的过程(文档和程序交付)。

6.4.2.2 安装、生成和启动

a) 评估方法

审查开发者是否提供了文档描述了产品安全的安装、生成和启动所必要的步骤。

b) 预期结果

审查记录以及最后结果(符合/不符合)符合评估方法要求，安装、生成和启动中的全部要求都能得到满足。

6.4.3 开发

6.4.3.1 功能规范

a) 评估方法

1) **审查产品的开发文档,查看是否具有功能规范设计文档;**

2) **审查功能规范设计文档,确认其是否描述了产品的所有安全功能和外部接口,是否包括所有外部安全功能接口的使用方法和用途,是否是内在一致的,是否能完备的表示产品安全功能。**

b) 预期结果

审查记录以及最后结果(符合/不符合)符合评估方法要求,开发者提供的文档内容应精确和完整。

6.4.3.2 高层设计

a) 评估方法

1) **审查产品的开发文档,查看是否具有高层设计文档;**

2) **审查高层设计文档,确认其是否按照子系统来描述产品安全功能的结构,是否描述了每个产品安全功能子系统所提供的安全功能性,是否标识了安全功能子系统的所有接口,是否标识了产品安全功能子系统的哪些接口是外部可见的,是否标识了产品安全功能所要求的任何基础性的硬件、固件或软件,以及在这些硬件、固件或软件中实现的支持性保护机制提供功能的一个表示,是否描述产品安全功能子系统所有接口的用途与使用方法,是否把产品分成安全策略实施和其他子系统来描述,是否以非形式化方式进行描述,是否是内在一致的。**

b) 预期结果

审查记录以及最后结果(符合/不符合)符合评估方法要求,开发者提供的高层设计内容应精确和完整。

6.4.4 指导性文档

6.4.4.1 管理员指南

a) 评估方法

1) 评价者应审查开发者是否提供了供授权管理员使用的管理员指南,并且此管理员指南是否包括如下内容:

——产品可以使用的管理功能和接口;

——怎样安全地管理产品;

——在安全处理环境中应进行控制的功能和权限;

——所有对与产品的安全操作有关的用户行为的假设;

——所有受管理员控制的安全参数,如果可能,应指明安全值;

——每一种与管理功能有关的安全相关事件,包括对安全功能所控制的实体的安全特性进行的改变;

——所有与授权管理员有关的 IT 环境的安全要求。

2) 审查产品的管理员指南,验证其是否与供评估的所有其他文档保持一致。

b) 预期结果

审查记录以及最后结果(符合/不符合)符合评估方法要求,开发者提供的管理员指南应完整。

6.4.4.2 用户指南

a) 评估方法

1) 评价者应审查开发者是否提供了供系统用户使用的用户指南，并且此用户指南是否包括如下内容：

——产品的非管理用户可使用的安全功能和接口；

——产品提供给用户的安全功能和接口的用法；

——用户可获取但应受安全处理环境控制的所有功能和权限；

——产品安全操作中用户所应承担的职责；

——与用户有关的IT环境的所有安全要求。

2) 审查产品的用户指南，验证其是否与供评估的所有其他文档保持一致。

b) 预期结果

测试记录以及最后结果(符合/不符合)符合评估方法要求，开发者提供的用户指南应完整。

6.4.5 测试

6.4.5.1 测试覆盖

a) 评估方法

审查开发者提供的测试覆盖分析，验证该分析是否证实了测试文档中所标识的测试和功能规范中所描述的安全功能是对应的，**验证功能规范中所描述安全功能和测试文档所标识的测试之间的对应性是否完备。**

b) 预期结果

测试覆盖中的全部要求都能得到满足。

6.4.5.2 功能测试

a) 评估方法

1) 审查测试文档是否包括测试计划、测试程序描述、预期测试结果和实际测试结果。

2) 审查测试计划是否标识了要测试的安全功能，描述了要执行的测试目标。

3) 审查测试程序描述是否标识了要执行的测试，并描述了每个安全功能的测试脚本。这些脚本包括对于其他测试结果的任意顺序依赖性。

4) 审查预期的测试结果是否与测试成功执行后的预期输出一致。

5) 审查文档中记录的预期测试结果和实际测试结果，确认每个被测试的安全性功能都按照规定运转。

b) 预期结果

审查记录以及最后结果(符合/不符合)符合评估方法要求，开发者提供的内容应完整。

6.4.5.3 独立性测试

a) 评估方法

1) 审查开发者提供的测试系统，提供的测试集合是否与其自测系统功能时使用的测试集合相一致。

2) 审查开发者是否提供一组相当的资源，用于安全功能的抽样测试。

b) 预期结果

审查记录以及最后结果(符合/不符合)符合评估方法要求。

6.4.6 脆弱性评定

6.4.6.1 脆弱性分析

a） 评估方法

1） 检查产品是否提供了脆弱性分析文档。

2） 审查脆弱性文档是否描述为搜索用户能违反产品安全策略的明显方法而执行的产品可交付材料分析。

3） 审查脆弱性文档，确认是否描述了明显的脆弱性的处置方法。

4） 审查脆弱性文档，确认是否针对所有已标识的脆弱性，说明了脆弱性不能在产品的预期使用环境中被利用。

b） 预期结果

审查记录以及最后结果（符合/不符合）符合评估方法要求，开发者提供的脆弱性分析文档应完整。

附 录 A
（资料性附录）
性能测试

A.1 性能指标

A.1.1 识别率

反垃圾邮件产品对垃圾邮件能够予以正确识别的比率。识别率=（正确识别出的垃圾邮件数量/垃圾邮件的总数量）×100%。产品的技术文档应说明该产品的垃圾邮件识别率，并指明相应的测试环境、测试方法和测试工具。

A.1.2 误判率

反垃圾邮件产品把正常邮件判断为垃圾邮件的比率。误判率=（错误报警为垃圾邮件的正常邮件数量/正常邮件的总数量）×100%。产品的技术文档应说明该产品的垃圾邮件误判率，并指明相应的测试环境、测试方法和测试工具。

A.2 性能测试

A.2.1 识别率

a) 测试评价方法

  1) 在测试工具集中编辑测试邮件样本库，包括垃圾邮件和非垃圾邮件；
  2) 在邮件服务器端配置若干接收邮件的帐户，由邮件客户端随机选取垃圾样本邮件发送，每次选取的样本数应不少于100份；
  3) 记录反垃圾邮件产品对垃圾邮件的识别数量；
  4) 重复以上过程3次。

b) 测试评价结果

反垃圾邮件产品应能报告检测到相应的垃圾邮件，计算产品所正确识别到的垃圾邮件数量和所发送垃圾邮件数量的比值，并取3次测试结果的平均值。

A.2.2 误判率

a) 测试评价方法

  1) 在测试工具集中准备测试邮件样本库，包括垃圾邮件和非垃圾邮件；
  2) 在邮件服务器端配置若干接收邮件的账户，由邮件客户端随机选取非垃圾样本邮件发送，每次选取的样本数应不少于100份；
  3) 记录产品将非垃圾邮件识别为垃圾邮件的数量；
  4) 重复以上过程3次。

b) 测试评价结果

反垃圾邮件产品对非垃圾邮件应该直接放行通过，计算产品误判为垃圾邮件的数量和所发送正常邮件数量的比值，并取3次测试结果的平均值。

参 考 文 献

[1] 公安部计算机信息系统安全产品质量监督检验中心.信息安全技术 反垃圾邮件产品检验规范.2006.

[2] 中国互联网协会.中国互联网协会反垃圾邮件规范.2004.

ICS 35.040
L 80

中华人民共和国国家标准

GB/T 30283—2013

信息安全技术
信息安全服务　分类

Information security technology—
Information security service—Category

2013-12-31 发布　　2014-07-15 实施

中华人民共和国国家质量监督检验检疫总局
中国国家标准化管理委员会　发布

前　言

本标准按照 GB/T 1.1—2009 的规则起草。

本标准由全国信息安全标准化技术委员会(SAC/TC 260)提出并归口。

本标准起草单位:上海三零卫士信息安全有限公司、中国信息安全测评中心、中国信息安全认证中心、中国电子技术标准化研究院。

本标准主要起草人:邬敏华、张建军、陈晓桦、李斌、胡啸、杨建军、陈长松、闵京华、曹雅斌、张晓菲、翟亚红、王琰、沈传宁。

信息安全技术
信息安全服务 分类

1 范围

本标准规定了信息安全服务分类,包括信息安全咨询类、信息安全实施类、信息安全培训类及其他类四个方面。

本标准适用于信息安全行业对信息安全服务概念的理解和分类管理,适用于信息安全服务的开发、提供、选用和采购。

本标准不适用于仅依附于某一信息安全产品的服务(如信息安全产品的使用、维保等服务)。

2 规范性引用文件

下列文件对于本文件的应用是必不可少的。凡是注日期的引用文件,仅注日期的版本适用于本文件。凡是不注日期的引用文件,其最新版本(包括所有的修改单)适用于本文件。

GB/T 5271.8—2001 信息技术 词汇 第8部分:安全

GB/T 22080—2008 信息技术 安全技术 信息安全管理体系 要求

GB/T 22239—2008 信息安全技术 信息系统安全等级保护基本要求

GB/T 25058—2010 信息安全技术 信息系统安全等级保护实施指南

3 术语和定义

GB/T 5271.8—2001中界定的以及下列术语和定义适用于本文件。

3.1

信息安全服务 information security service

面向组织或个人的各类信息安全保障需求,由服务提供方按照服务协议所执行的一个信息安全过程或任务。

注:通常是基于信息安全技术、产品或管理体系的,通过外包的形式,由专业信息安全人员所提供的支持和帮助。

3.2

信息安全服务需求方 information security service acquirer

有偿采购(或免费使用)外部所提供的信息安全服务,以满足信息安全保障需求,实现自身业务目标的组织(或个人用户)。

3.3

信息安全服务提供方 information security service provider

按照服务协议,通过专业的信息安全人员提供信息安全服务的各类组织机构。

注:信息安全服务提供方在每项具体的服务中承担相应的服务角色和服务职责。如果服务内容仅涉及供需双方的,则服务提供方为乙方角色;在上述服务的基础上,就所涉及的问题,独立于有关各方提供评估、证明等服务并承担相关社会责任的,则服务提供方为第三方角色。服务角色与服务提供方的组织机构类型无关。

3.4

服务协议　service contract

服务需求方和服务提供方在服务开始前共同达成的约定，并在服务过程中共同遵守。

注：通常包含服务原则、服务内容、服务形式、服务级别协议、服务价格、服务交付物、服务安全要求等，在形成上可以是服务合同及其附属的工作说明书。

3.5

服务类别　service category

一组具有共同目标对象和服务特征的、但侧重点可能不同的服务组件的集合。

3.6

服务组件　service component

可包含在服务协议中的最小可选服务。

3.7

服务实例　service instance

为满足某一确定的安全保障目的而组合在一起的，一组可重用的服务组件。

3.8

信息安全咨询服务　information security consulting service

面向组织的信息安全服务，围绕组织信息系统所支持的业务和管理，通过知识传递、工作辅导和系统规划等形式提供信息安全服务。

3.9

信息安全实施服务　information security implementation service

面向组织或个人用户的信息安全服务，围绕组织信息系统或个人信息设备，及其基础设施、业务应用和信息数据的安全和可用，通过人力派遣、设施租用、流程外包等形式提供信息安全服务。

3.10

信息安全培训服务　information security training service

面向组织内人员或个人的信息安全服务，围绕信息安全意识、技术、管理等方面，通过授课、实操、考核等形成提供信息安全服务。

4　信息安全服务分类

本标准采用“服务类别—服务组件”这种层次结构来描述服务分类，见表1。信息安全服务分类的原则是：将相对独立的服务尽量细分为服务组件，将具有相同或相近服务界面（服务目标对象、服务供需关系、服务特征和服务质量要素等）的服务组件归并为同一服务类别。

本标准采用层次代码结构，共分二层，第一层采用一位字母表示信息安全服务类别；第二层采用两位数字表示信息安全服务组件，第二层中数字为“99”均表示收容类目。代码的表示形式如下：

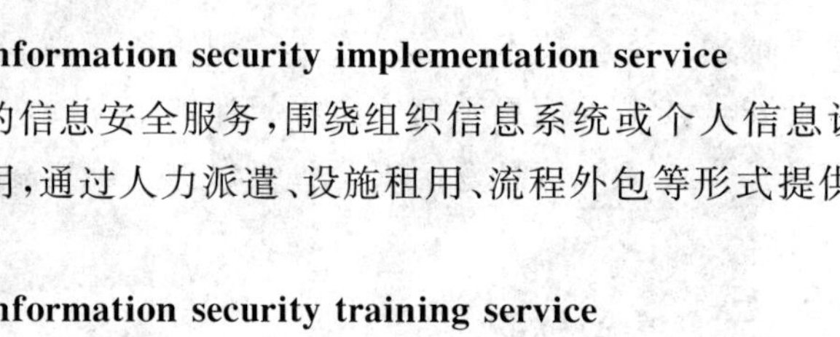

表 1 信息安全服务分类

<table>
<tr><th colspan="2">服务类别</th><th colspan="2">服务组件</th><th rowspan="2">目标对象</th></tr>
<tr><th>代码</th><th>名称</th><th>代码</th><th>名称</th></tr>
<tr><td rowspan="6">A</td><td rowspan="6">信息安全咨询服务</td><td>A01</td><td>信息安全规划</td><td rowspan="6">组织的信息系统及其所支持的业务和管理</td></tr>
<tr><td>A02</td><td>信息安全管理体系咨询</td></tr>
<tr><td>A03</td><td>信息安全风险评估</td></tr>
<tr><td>A04</td><td>信息安全应急管理咨询</td></tr>
<tr><td>A05</td><td>业务连续性管理咨询</td></tr>
<tr><td>A99</td><td>其他信息安全咨询服务</td></tr>
<tr><td rowspan="14">B</td><td rowspan="14">信息安全实施服务</td><td>B01</td><td>信息安全设计</td><td rowspan="14">组织的信息系统；
个人的信息设备</td></tr>
<tr><td>B02</td><td>信息安全产品部署</td></tr>
<tr><td>B03</td><td>信息安全开发</td></tr>
<tr><td>B04</td><td>信息安全加固和优化</td></tr>
<tr><td>B05</td><td>信息安全检查和测试</td></tr>
<tr><td>B06</td><td>信息安全监控</td></tr>
<tr><td>B07</td><td>信息安全应急处理</td></tr>
<tr><td>B08</td><td>信息安全通告</td></tr>
<tr><td>B09</td><td>备份和恢复</td></tr>
<tr><td>B10</td><td>数据修复</td></tr>
<tr><td>B11</td><td>电子认证服务</td></tr>
<tr><td>B12</td><td>信息安全监理</td></tr>
<tr><td>B13</td><td>信息安全审计</td></tr>
<tr><td>B99</td><td>其他信息安全实施服务</td></tr>
<tr><td>C</td><td>信息安全培训服务</td><td>C01</td><td>信息安全培训</td><td>信息安全相关人员</td></tr>
<tr><td>Z</td><td colspan="4">其他信息安全服务</td></tr>
</table>

基于这种分类，信息安全服务均可以服务实例的形式，由一个或多个服务类别或者(及其)服务组件所构成，某些还可能包含本标准不涉及的其他扩展服务。典型的信息安全服务实例有以下十种类型：安全咨询、风险评估、安全集成、安全运维、应急处理、灾难恢复、安全培训、安全测评、安全监理、安全审计。典型的信息安全服务实例与其可能包含的服务组件之间的关系见附录 A。

信息安全服务与信息安全法律、政策密切相关。例如：根据我国计算机信息系统实行安全等级保护的要求，按上述分类，可开展等级保护咨询、等级保护建设(整改)、等级保护测评、等级保护培训等信息安全服务。

5 信息安全咨询服务

5.1 概述

信息安全咨询服务的服务界面为：

a） 服务对象

面向组织的信息系统及其支持的业务和管理。

b） 服务供需

服务提供方提供信息安全领域的知识传递、工作辅导、系统规划等服务内容，以满足组织对外部“专业知识”的需求，从而提高自身的信息安全管理、规划、分析和决策能力。

c） 服务特征

基于组织整体的使命和业务，以人力的方式提供相关咨询，服务交付物通常是一些文档。

d） 服务质量

首先取决于服务人员的专业知识、经验的丰富程度，其次取决于服务人员的理解、分析和沟通等综合能力。服务人员与组织内有关人员（尤其是信息安全责任部门人员）的有效交互过程是咨询服务成败的关键。

e） 服务组件

包括：信息安全规划、信息安全管理体系咨询、信息安全风险评估、信息安全应急管理咨询、业务连续性管理咨询、其他信息安全咨询服务。

5.2 信息安全规划

信息安全规划主要是从组织核心业务、核心价值出发，根据组织的发展战略，通过风险评估等方式提取组织的安全需求，对相应的安全保障目标、任务、措施和步骤进行规划。信息安全规划站在组织整体的角度，从策略、组织、管理、技术、资源等多方面进行综合考虑，涉及综合管理、技术规范、工程建设、运行维护等多个层面。信息安全规划的成果，是组织在一段时间内开展信息安全保障工作的依据。

5.3 信息安全管理体系咨询

信息安全管理体系咨询主要是依照国际或国家信息安全管理体系相关标准，基于业务风险方法，通过定义范围和方针、业务分析、风险评估、设计、实施等步骤，面向组织建立、实施、运行、监视、评审、保持和改进信息安全的体系。信息安全管理体系是一个组织整个管理体系的一部分，包括组织结构、方针策略、规划活动、职责、实践、规程、过程和资源等多个方面。常见的信息安全管理体系有 GB/T 22080—2008、GB/T 22239—2008 中的管理要求等。

5.4 信息安全风险评估

信息安全风险评估主要是依据有关信息安全技术与管理标准，从风险管理角度，对信息系统及由其处理、传输和存储的信息的保密性、完整性和可用性等安全属性进行评价的过程，通过评估资产面临的威胁以及威胁利用脆弱性导致安全事件的可能性，结合安全事件所涉及的资产价值来判断安全事件一旦发生对组织造成的影响，并提出有针对性的抵御威胁的防护对策和整改措施。信息安全风险评估贯穿于信息系统的规划、设计、实施、运行维护以及废弃各个阶段。

5.5 信息安全应急管理咨询

信息安全应急管理咨询主要是针对各类各级信息安全事件，从应急管理角度，通过编制应急预案和指导应急演练，面向组织建立信息安全应急管理体系，不断进行改进和提高，应急预案的内容包括：建立组织的应急响应小组，制定应急响应流程，建立监测和预警机制，落实应急保障资源，制定子预案及相关支持文档，以及指导实施应急处理（见 6.8）等。

5.6 业务连续性管理咨询

业务连续性管理咨询主要是为保护组织的核心业务、核心价值，从保障组织的业务持续开展出发，通过识别组织业务的连续性指标要求，识别潜在的威胁和相关影响，制订业务连续性计划和灾难恢复计划，最终帮助组织建立一套综合管理流程，形成组织的业务保持和恢复能力，提高组织的风险防范能力，有效地响应非计划的业务破坏并降低不良影响。

6 信息安全实施服务

6.1 概述

信息安全实施服务的服务界面为：

a) 服务对象

面向具体的(组织)信息系统或(个人)信息设备。

b) 服务供需

服务提供方提供与信息安全相关的技术保障、管理保障等直接支撑，以满足组织(或个人)对专业技能、专业人员、专业工具的需求，从而保障信息系统整体或各层面的安全性。

c) 服务特征

基于对信息系统全生命周期的信息安全保障，为系统的建设和运行提供相关的实现，具有较高的重复性。

d) 服务质量

取决于服务提供方的整体专业能力和服务成熟度，主要包括：组织管理、专业知识、技术能力、人员素质、工具平台、服务经验、外部资源等方面。服务需求方的积极参与可以提高实施服务成效。

e) 服务组件

包括：信息安全设计、信息安全产品部署、信息安全开发、信息安全加固和优化、信息安全检查和测试、信息安全监控、信息安全应急处理、信息安全通告、备份和恢复、数据修复、电子认证服务、信息安全监理、信息安全审计、其他信息安全实施服务。

6.2 信息安全设计

信息安全设计主要是针对信息系统的安全保障需求，对组织的安全规划进行落实，设计总体安全策略、制定信息安全建设方案和实施方案，并在此基础上形成安全架构、技术体系和管理体系的设计。信息安全设计一般可分为顶层设计、初步设计和详细设计等不同的服务交付物。信息安全设计还可以包含对信息安全产品的功能和性能设计，以及选型建议。

6.3 信息安全产品部署

信息安全产品部署主要是根据信息系统安全设计方案，对已采购、租用或开发的信息安全产品进行安装配置、功能调试和性能测试，以及对相关人员的必要培训等，以达到预期的安全要求。一般包括各类信息安全产品的独立部署、各自部署或者组合部署(集成部署)。

信息安全产品部署还可以包含对信息安全产品的采购，即按照设计方案中的要求，依据相关主管部门的管理要求，以产品性价比为原则，完成产品及其后续服务的采购。

6.4 信息安全开发

信息安全开发主要是按照信息安全设计方案的安全目标和安全功能，对于一些不能通过采购现有信息安全产品来满足的安全需求，通过定制开发而予以满足。信息安全开发也可以基于已有的信息安全产品进行二次开发。

6.5 信息安全加固和优化

信息安全加固主要是针对组织在实施风险评估、安全检查和测试过程中发现的各种安全风险、系统漏洞和不符合项，依据既定的信息安全策略，采取措施予以弥补，消除已暴露的问题和可能的隐患。信息安全优化主要是基于风险评估等方法，对现有网络和系统架构进行调整和优化，或对现有设备的安全策略进行设置和调整。在实际服务中，信息安全加固和信息安全优化往往同时进行。

6.6 信息安全检查和测试

信息安全检查主要是针对组织部署的信息安全技术措施及其运行记录进行检查或审查，验证安全措施的完整性和有效性，并及时发现异常活动和潜在风险。一般包括对信息系统各层面的运行状态检查、配置项检查、日志分析等，也包括借助专门的安全审计设备来实施检查。信息安全检查还可以包含对信息安全管理措施和相关人员的检查。

信息安全测试主要是针对信息系统及其产品的安全属性，采取动态的手段进行问题发现、符合性和有效性验证。一般包括信息系统测试、漏洞扫描和渗透性测试等。信息系统测试是指将已经确认的信息系统组成元素结合在一起，进行各种组装测试和确认测试，发现所开发的系统与安全需求不符或矛盾的地方，从而提出安全整改方案。漏洞扫描服务是指借助一些专业的漏洞扫描工具，发现信息系统各层面存在的安全漏洞，为信息安全加固提供支持信息。渗透性测试是指信息安全服务提供者的专业人员模拟攻击行为，对目标系统实施渗透，意图找到"非法"进入目标系统并取得相关权限的途径，从而测试目标系统安全控制措施的有效性。

6.7 信息安全监控

信息安全监控主要是通过监控工具或平台，对信息系统的环境、网络、主机、系统和应用等进行实时监控，查看各个系统组件的功能、性能、运行状况等，检查设备、系统和应用的日志，一旦发现异常情况，可以采取措施解决，或者启动应急响应等服务。信息安全监控还可以包含对信息安全事件的预警功能。

信息安全监控一般可以分为现场监控和远程监控两种方式。现场监控是由服务提供方的驻场人员为组织承担系统维护和管理的任务，对组织的信息系统实施监控。远程监控是由服务提供方在远程的安全运行中心(SOC)中进行，一般需要有加密的网络连接，并在组织的信息系统上安装一些监控软件。

6.8 信息安全应急处理

信息安全应急处理主要是根据组织信息安全应急管理体系，针对各类突发信息安全事件，提供实施层面的应急响应和应急演练。应急响应是对已发生的各类信息安全事件作出快速响应，及时而有效进行事件处理，最大程度上减少损失和该事件造成的消极影响，响应的方式可以按事件特点和级别分为现场和远程两种。应急演练是根据组织已有的应急预案，在设备、系统、业务、组织等不同层面进行测试和演练，从而提高组织的应对各类突发信息安全事件的能力，演练的方式可分为桌面演练、模拟演练和实战演练。

6.9 信息安全通告

信息安全通告主要是在通告服务提供方与服务需求方之间，建立一种紧密的信息发布和沟通渠道，以便最新的信息安全信息能够被组织或个人获知，并及时采取控制措施来预防自身信息安全事件的发生。信息安全通告的服务提供方可以是权威专业组织、IT 产品厂商或信息安全厂商等。安全通告服务的内容主要包括：漏洞信息、威胁信息、病毒信息、预警消息、重大事件和问题通告等，以及相应的解决方案。

6.10 备份和恢复

备份和恢复是为了防止信息系统及其应用和数据等，因信息安全事件或灾难而造成的丢失或损坏。从而在原文中独立出来单独存储的程序或文件副本，并在系统出现故障或瘫痪时，能够及时恢复系统及其应用和数据，将信息系统从故障或瘫痪状态恢复到可正常运行状态、并将其支持的业务功能从不正常状态恢复到可接受状态。备份和恢复还包括对备份介质和链路的定期测试、恢复的定期演练。

6.11 数据修复

数据修复服务主要指对由有害程序、系统故障、误操作、升级或安装软件错误、人为故意破坏等安全事件造成的逻辑损坏或数据丢失，或由电击、水淹、火烧、震荡、撞击、机械故障等意外事故造成物理损坏或数据丢失，而进行数据抢救和修复的专业服务。

6.12 电子认证服务

电子认证服务主要指为电子签名的真实性和可靠性提供证明的活动，包括签名人身份的真实性认证，电子签名过程的可靠性认证和数据电文的完整性认证三个部分，涉及数据电文的生成、传递、接收、保存、提取、鉴定各环节，涵盖电子认证专有设备提供、基础设施运营、技术产品研发、系统检测评估、专业队伍建设等各方面的专业服务。

6.13 信息安全监理

信息安全监理主要是指信息安全工程监理，即具有相关资质的监理单位受信息安全工程建设单位的委托，依据国家批准的信息化工程项目建设文件、有关工程建设的法律法规和工程建设监理合同及其他工程建设合同，尤其是依据信息安全方面的标准和要求，在工程建设各阶段向建设单位提供相关咨询，并协助建设单位对承建单位在工程建设中的信息安全实施服务，实施控制和管理的一种专业化服务活动。信息安全监理还可以包括对信息系统运维阶段的其他信息安全实施服务进行监理。

6.14 信息安全审计

信息安全审计主要是针对与信息安全有关的活动，从外部独立进行相关信息的识别、记录、存储和分析，确保各项活动符合组织已建立的安全策略和操作过程，并评估它们的有效性和准确性，发现安全违规，掌握安全状态，提出改进建议。信息安全审计的具体对象是在组织的信息安全层面上，技术和管理、物理和逻辑等方面的控制措施，包括对数据中心物理安全、信息系统脆弱性、应用系统安全、数据库逻辑安全，以及组织的信息安全合规性等进行审核。

7 信息安全培训服务

信息安全培训服务的服务界面为：

a) 服务对象

面向信息安全相关人员。

b) 服务供需

服务提供方提供信息安全意识、技术、管理、体系、工程、法律、政策和标准等方面的培训内容，以满足提高信息安全意识、完善信息安全知识、掌握信息安全技能的需求，从而提高相关人员的信息安全能力水平。

c) 服务特征

基于培训目的，结合培训规模、人员基础知识、培训时间、培训条件等情况，对培训内容、培训方式、考核方式等作出针对性的培训计划，并通过授课、实操、考核等方式予以实施。

d） 服务质量

取决于培训的针对性、科学性和实效性。对面向组织的统一培训，培训服务提供方可在培训结束后，提供培训效果分析报告，以便组织掌握培训情况并对培训工作持续改进。

e） 服务组件

包括：针对信息安全专业人员的资质培训、针对服务需求方特定要求的定制培训等。

8 信息安全服务特点

本标准涉及的信息安全服务除了信息技术服务所具有的共同特点之外，还具有如下特点：

——不依附于某一单独的、具体的、批量生产的信息安全产品；

——就某项具体的服务而言，信息安全服务提供方只能以乙方或第三方的一种角色出现；

——针对不同的信息安全保障需求，信息安全服务提供方可提供不同服务内容的组合；

——信息安全服务的形式可以分为现场服务、远程联机服务、远程非联机服务等；

——信息安全服务提供方应保证其服务人员、过程和工具的可信和可控；

——信息安全服务需求方的信息安全责任部门（或个人自身）应承担对服务的采购、管理等责任；

——信息安全服务提供方应符合国家信息安全基本政策的相关规定（如等级保护），并接受国家信息安全管理部门的行业管理。

附 录 A
（规范性附录）
信息安全服务的采购

A.1 信息安全服务采购要素

A.1.1 采购时机

信息安全工作是组织信息化工作的重要组成部分，贯穿组织信息系统整个生命周期，因此在整个信息系统的生命周期中，组织都会根据信息安全保障需求采购信息安全服务，参见附录B。

根据业界实践，在信息系统规划、设计和运行阶段，采购咨询类服务较多；在信息系统建设、运行阶段，采购实施类服务较多；在每个阶段都有可能采购信息安全风险评估和信息安全培训服务。

A.1.2 采购目录

由于信息安全服务对服务质量、服务可信和服务可控的高要求，预算和采购政策的管理部门，需及时制定并发布相关的信息安全服务采购目录（采购目录的服务分类可按照本标准执行），以便于组织正确采购相关的服务。

A.1.3 服务资质

信息安全服务资质是服务提供方服务能力的一种体现形式。对同一类服务的不同服务商，如果分别拥有不同能力级别的服务资质，则会在服务质量和服务成本上有所差异。服务需求方可根据自身的信息安全需求，结合信息安全管理部门的相关要求，确定服务提供方的资质准入或认证要求。

A.1.4 服务价格

可以根据组织级别规模、信息系统规模、信息安全保护级别，信息安全保障需求和现有水平，根据不同信息安全服务的服务界面和服务特点，综合采用定额法和比率法，分别确定面向组织和面向信息系统的信息安全服务价格（结合计价单位，确定基准价格和浮动因素）。

A.1.5 招投标规范

采购部门可根据本标准的分类，针对不同服务类别，制定相关的采购招投标规范，至少对如下内容作出规定：

a） 服务资质（准入资质）的要求；
b） 服务级别协议的承诺形式和度量方法；
c） 服务的质量要求；
d） 服务的保障措施（人员、过程、工具、资源等）；
e） 服务自身的安全要求；
f） 服务项目评标规则。

A.1.6 服务协议（采购合同）

信息安全服务的服务协议至少包括：

a） 服务原则：对服务提供方的原则性要求；

b) 服务内容:服务提供方提供的服务组件,可参照本标准二级分类;

c) 服务形式:服务提供方所提供服务的方式,如:现场、远程等;

d) 服务级别协议:评价服务效果关键指标;

e) 服务价格:服务提供方所提供服务的价格,含总价和分项计算依据等;

f) 服务交付物:服务过程中、服务结束后,服务提供方需要提供的文档、记录、数据、成果等;

g) 服务安全要求:对服务人员、服务过程、服务工具、服务数据保护等作出明确要求。

A.2 信息安全服务实例

作为最常见的信息安全服务采购,信息安全服务实例是由信息安全服务类别及其服务组件所构成的,典型的信息安全服务实例与其可能包含的服务组件之间的关系如表 A.1 所示。

表 A.1 典型的信息安全服务实例

服务实例	对应的服务组件(代码)
安全咨询	A02、C01
风险评估	A03
安全集成	B01、B02、B03、B04、B05、B09
安全运维	B04、B05、B06、B07、B08、B09
应急处理	A04、B07、C01
灾难恢复	A05、B09、C01
安全培训	C01
安全测评	B05
安全监理	B12
安全审计	B13

服务提供方会根据服务需求方的信息化现状和信息安全保障需求、结合自身的服务能力和服务特点,对服务组件进行组合(即形成各个服务提供方的信息安全服务实例),供需求方采购,最常见的组合方式是“安全集成”和“安全运维”。

安全集成是按照信息系统建设的安全需求,采用信息系统安全工程的方法和理论,将安全单元、产品部件进行集成的行为或活动。典型的安全集成包括:

a) 信息安全设计;

b) 信息安全产品部署;

c) 信息安全检查和测试。

安全运维是为满足信息系统运行的安全需求,综合采用检查、测试、监控、应急等手段,维持信息系统安全保障水平的行为或活动。典型的安全运维包括:

a) 信息安全检查和测试;

b) 信息安全监控;

c) 信息安全应急处理。

有时在安全集成和安全运维服务过程中,还会涉及一些咨询类服务和第三方角色的服务。但由于这些服务与乙方角色的实施类服务的服务界面不同,服务需求方需尽可能将其分开采购,才可保证相关的服务质量。

附 录 B
（资料性附录）
信息安全服务与信息系统生命周期的对应关系

信息安全服务与信息系统生命周期（参照 GB/T 25058—2010）的对应关系见表 B.1。

表 B.1 信息安全服务与信息系统生命周期的对应关系

信息安全服务		信息系统生命周期			
服务类别	服务组件	规划	设计	建设	运行
信息安全咨询服务	信息安全规划	√			
	信息安全管理体系咨询	√			√
	信息安全风险评估	√	√	√	√
	信息安全应急管理咨询	√			√
	业务连续性管理咨询	√			√
信息安全实施服务	信息安全设计		√		
	信息安全产品部署			√	√
	信息安全开发			√	√
	信息安全加固和优化			√	√
	信息安全检查和测试			√	√
	信息安全监控				√
	信息安全应急处理				√
	信息安全通告				√
	备份和恢复			√	√
	数据修复				√
	电子认证服务			√	√
	信息安全监理			√	√
	信息安全审计				√
信息安全培训服务	信息安全培训	√	√	√	√

注：本标准在服务类别中统一采用信息安全实施服务，而不直接使用“安全集成服务”“安全运维服务”等服务实例名称，原因是安全集成服务、安全运维服务的服务内容在不同的服务场景下差异较大。例如，安全集成服务可能包含信息安全设计、信息安全产品部署、信息安全开发等多项信息安全实施服务，也可能只包含信息安全产品部署；安全运维服务可能包含信息安全检查和测试、信息安全监控、信息安全应急处理等多项信息安全实施服务，也可能只包含信息安全应急处理服务。

参 考 文 献

[1] GB/T 18336—2008 信息技术 安全技术 信息技术安全性评估准则

[2] ISO/IEC TR 15443-1:2005 信息技术 安全技术 信息技术安全保障框架 第1部分:总揽和框架

[3] NIST SP800-35 信息技术安全服务指南

[4] CMU/SEI OMSS 可管理安全服务外包

[5] CMU/SEI SSE-CMM 系统安全工程能力成熟度模型

ICS 35.040
L 80

中华人民共和国国家标准

GB/T 30284—2013

移动通信智能终端操作系统安全技术要求（EAL2 级）

Technical requirements of security for operating system in smart mobile terminal (EAL2)

2013-12-31 发布　　2014-07-15 实施

中华人民共和国国家质量监督检验检疫总局
中国国家标准化管理委员会　发布

前　言

本标准按照 GB/T 1.1—2009 给出的规则起草。

请注意本文件的某些内容可能涉及专利，本文件发布机构不承担识别这些专利的责任。

本标准由全国信息安全标准化技术委员会(SAC/TC 260)提出并归口。

本标准的起草单位：兴唐通信科技有限公司。

本标准的主要起草人：朱晖、孙正红、李健巍、李茜、侯长江、刘尚焱、周斌。

移动通信智能终端操作系统安全技术要求
(EAL2级)

1 范围

本标准规定了EAL2级移动通信智能终端操作系统的安全技术要求。

本标准适用于移动通信智能终端操作系统安全的设计、开发、测试和评估。

2 规范性引用文件

下列文件对于本文件的应用是必不可少的。凡是注日期的引用文件,仅注日期的版本适用于本文件。凡是不注日期的引用文件,其最新版本(包括所有的修改单)适用于本文件。

GB/T 18336.1—2008 信息技术 安全技术 信息技术安全性评估准则 第1部分:简介和一般模型

GB/T 18336.2—2008 信息技术 安全技术 信息技术安全性评估准则 第2部分:安全功能要求

ISO/IEC 15408-3:2008 信息技术 安全技术 信息技术安全性评估准则 第3部分:安全保证要求(Information technology—Security techniques—Evaluation criteria for IT security—Part 3:Security assurance components)

IEEE 802(所有部分) 局域网和城域网(Local and metropolitan area networks)

3 术语、定义和缩略语

3.1 术语和定义

GB/T 18336.1—2008界定的以及下列术语和定义适用于本文件。

3.1.1

移动通信智能终端 smart mobile terminal

通过蜂窝移动通信网络向用户提供语音、消息、电子邮件、Web浏览等服务,集成照相机、摄像机、音乐、视频播放器、电视机、定位导航等功能的个人手持通信设备,可以下载、安装应用软件,是具备移动通信功能的手持式电脑。

3.1.2

移动通信智能终端操作系统 smart mobile terminal operating system

运行在移动通信终端上的系统软件,控制、管理移动终端上的硬件和软件,提供用户操作界面和应用软件编程接口。

注:移动通信智能终端操作系统管理的资源中涉及用户利益的资源有通信资源、信源传感器和存储用户信息的存储器等。

3.1.3

用户 user

在移动通信智能终端操作系统之外,与移动通信智能终端操作系统交互的任何实体(人员用户或外部IT实体)。

3.1.4

授权用户 authorized user

依据安全策略可执行某项操作的用户。

3.1.5

持有者 holder

移动通信智能终端的合法使用者。

3.1.6

管理员 administrator

是一个授权用户，拥有管理部分或全部移动通信智能终端操作系统安全功能的权限，同时可能拥有旁路部分移动通信智能终端操作系统安全策略的特权。

3.1.7

人员用户 human user

与移动通信智能终端操作系统交互的任何人员。

3.1.8

角色 role

一组预先确定的规则，规定用户和移动通信智能终端操作系统之间所允许的交互行为。

3.1.9

应用软件 application software

移动智能终端操作系统之外，向用户提供服务功能的软件。

3.1.10

主体 subject

在移动通信智能终端操作系统安全功能控制下实施操作的实体。

3.1.11

客体 object

在移动通信智能终端操作系统安全功能控制下被主体实施操作的实体。

3.1.12

介导 mediate

以一个中间步骤来传递或起媒介的作用。

注：授权主体通过操作系统安全功能介导实现对系统资源、用户数据的访问。

3.1.13

鉴别数据 authentication data

用于验证用户所声称身份的信息。

3.1.14

用户数据 user data

由用户产生或为用户服务的数据，这些数据不影响 TOE 安全功能的运行。

3.1.15

安全属性 security attribute

是用户、主体、客体、信息、会话及资源的特性，此特性用于定义安全功能要求，其值用于实施安全功能要求。

3.1.16

移动终端安全功能数据 TSF data

实施移动终端操作系统安全功能所依赖的数据。

3.1.17

资源　resource

一组有限的逻辑或物理实体。

注：操作系统为用户、主体和客体分配或管理资源，如存储空间、电源、CPU、无线通信设备等。

3.1.18

会话　session

用户与 TSF 的一段交互。

注：会话建立受控于多种因素，如用户鉴别、对 TOE 访问的时间和方法及允许建立会话的最大数等。

3.1.19

评估对象　target of evaluation

被评估的 IT 产品，包括使用指南。本标准指移动通信智能终端操作系统。

3.1.20

移动终端操作系统安全功能　TOE security functions

移动终端操作系统正确、完整实现安全功能要求所依赖的所有软件、固件、硬件的功能集合。

3.2 缩略语

下列缩略语适用于本文件。

SFP：安全功能策略（Security Function Policy）

TOE：评估对象（Target of Evaluation）

TSF：TOE 安全功能（TOE Security Functions）

TSFI：TOE 安全功能接口（TSF Interface）

4 概述

4.1 TOE 类型

移动通信智能终端（以下简称移动终端）操作系统是单人员用户使用的手持操作系统，主要目的是向用户提供良好的操作界面，便于用户使用移动终端的功能。随着处理器能力的提高及移动通信技术的发展，移动终端能够通过多种方式接入互联网或其他计算机系统，并支持各种商业应用。

移动终端操作系统的特点是开放应用软件可编程接口（API）或开放操作系统源文件，由此带来的安全威胁使得安全功能成为移动智能终端操作系统必不可少的组成部分。

移动终端操作系统管理移动终端硬件、软件。移动终端上与用户利益直接相关的硬件包括：通信设备（蜂窝移动通信设备、无线局域网设备）、终端信源传感器（麦克、摄像头、加速度计、定位导航系统）、终端输入输出设备（红外线接口、蓝牙、USB 接口、SDIO 接口）等。与用户利益直接相关的软件包括存储用户信息的文件（通讯录、通信记录、短消息、电子邮件、记事本等）以及相关应用软件。

操作系统边界内的软件由操作系统的核心软件部分组成，边界内的软件受到操作系统运行平台保护不被非可信主体干扰，并且不受操作系统安全策略限制。操作系统边界外的应用软件对系统资源的访问受到操作系统安全策略的限制，应用软件对系统资源的访问应在操作系统安全功能介导下进行。

移动终端操作系统应具备下述特征：

a）在手持式单机硬件平台上工作；

b）单人员用户使用；

c）支持多个管理员角色；

d）支持应用软件安装；

e）应用软件通过操作系统介导访问数据、传感器及无线通信资源；

f） 支持基于 IP 协议的网络通信；

g） 可以与远程 IT 系统协同工作。

4.2 TOE 安全特征

移动终端操作系统需要抵御的威胁主要来自非授权用户的访问、授权用户的恶意访问、恶意应用软件的访问和互联网非授权实体的访问。

移动终端操作系统不提供多人员用户的隔离机制，移动终端失去物理保护时，可能受到非授权人员用户的恶意访问。因此，移动终端操作系统应利用会话建立、会话锁定、会话解锁、数据备份、备份数据保护等功能应对此类威胁，防范用户数据的泄露和丢失。

除使用者外，移动终端还可能存在多个授权用户，包括维修人员、各种服务人员和开发者等理论上的可信用户。这些授权用户可能有旁路或部分旁路移动终端操作系统安全机制的特权。本标准并不要求充分抵御授权用户的恶意行为，但要求移动终端操作系统依据最小特权原则，通过划分角色对授权用户的权限加以限制。

支持应用软件是移动智能终端的基本特征，恶意软件的安装和运行构成移动终端主要的安全威胁。移动终端可通过两类措施抵御恶意软件的威胁：

a） 安装可信的应用软件；

b） 执行安全功能策略（访问控制策略和信息流控制策略）对应用软件的访问加以限制。

移动终端安装可信应用软件的基础是采取技术手段维系移动终端与应用软件责任担保者之间的信任传递链条，因此移动终端操作系统应具备下述安全功能：

a） TSF 间用户数据保密性传送、完整性传送（如由可信应用商店承担应用软件的担保责任）；

b） 带安全属性的用户数据输入（如由可信第三方承担应用软件的担保责任）；

c） 可信信道（如终端与可信应用商店或可信第三方建立可信通道）。

移动终端很难完全避免恶意软件的安装，移动终端操作系统应通过实施访问控制策略限制应用软件的权限，使移动终端自身具备一定的安全防护能力。应用软件对用户数据、通信资源、传感器的访问均被访问控制策略覆盖。

与大型的专业计算机系统不同，通常情况下，移动终端没有实时在线管理员对安全异常事件做出响应，移动终端使用者也难以胜任全部安全管理职能。移动终端操作系统应通过安全角色的划分，把对用户数据、通信资源的访问授权管理职能赋予使用者，即移动终端持有者，而允许选择把复杂的安全管理职能（例如卸载已安装的恶意软件、操作系统升级、安全策略的更改）赋予在远程可信 IT 系统上工作的专业技术用户（比如，远程管理员），以实现远程可信 IT 系统对移动终端的管理。

移动终端操作系统内置 IP 网络通信协议。IP 网所有数据包和控制包都在一个公共管道上传送，不能将不同用户、不同用途的信息流分割到独立的通道中，IP 网又提供了“任意到任意”和“端到端”的连通性。因此，移动终端操作系统应对 IP 网络信息实施信息流控制策略，过滤无法鉴别、未经授权的 IP 网络数据包，保护移动终端的带宽资源、话费和电源能量。

此外，移动终端操作系统及其安全功能也应得到保护，移动终端安全构架应确保移动终端操作系统不受不可信用户、不可信主体的干扰和破坏。

移动终端操作系统高级别安全功能的实现还应得到密码服务的支持，这些安全功能包括：标识与鉴别、可信信道等。

移动终端操作系统应具备的安全特征如下：

a） 给每个用户、应用、主体、进程分配唯一的标识；

b） 在允许授权人员用户或远程 IT 实体施行操作前，对他们的身份进行鉴别；

c） 执行访问控制和网络信息流控制策略；

d） 执行应用软件限制策略；

e) 执行设备安全管理，即具有可配置的安全和管理策略，实现远程可信 IT 系统对移动终端的安全管理；
f) 执行访问授权管理，即持有者能够根据需要初始化、配置、修改应用软件的访问权限；
g) 对个体行为审计；
h) 提供密码支持。

5 移动终端操作系统安全问题

5.1 假设

5.1.1 授权用户（A.AUTHORIZED_USER）

授权用户是负责的、无恶意的，没有违背持有人意愿的行为。

5.1.2 可信的 SIM 卡（A.TRUSTED SIM）

移动终端操作系统与 SIM 卡的交互符合国际相关通信及安全标准，SIM 卡承载的应用是可信应用。

5.1.3 远程可信 IT 系统（A.TRUSTED_REMOTE）

移动终端操作系统与远程可信 IT 实体配合，实施某些安全功能。

5.1.4 TSF 保护（A.HARDWARE_PROTECTION 或 A.PRIVILEGE_MODE）

移动终端操作系统运行的基础平台提供特对操作系统的保护，保证移动终端操作系统安全功能得到保护，不被干扰、破坏和篡改。

5.2 资产

在移动终端中需要保护的资产有：

——用户数据：包含位置信息、账户信息、通信记录、通讯录等。

——移动终端敏感资源：包含通信资源、外设接口，如摄像头、位置传感器等。

——移动终端操作系统安全功能数据：包含鉴别数据、安全属性等。

5.3 安全威胁

5.3.1 用户数据丢失（T.LOSS_THEFT）

由于丢失或被盗，可能导致用户数据丢失。

5.3.2 非授权人员访问（T.UNAUTHORIZED_ENTRY）

非授权人员试图访问移动终端上的用户数据和系统敏感资源，例如在手机丢失或被盗的情况下非授权人员访问移动终端。

5.3.3 用户配置错误（T.USER_CONFIGRATION_ERROR）

不具备安全意识或安全意识薄弱的用户通过不正确地配置，使移动终端安全受到威胁。

5.3.4 危及 TSF 安全（T.TSF_COMPROMISE）

恶意用户、进程可能查看、更改或删除 TSF 数据或可执行代码，危及 TSF 的安全。

5.3.5 非授权网络流量(T.UNAUTHORIZED_ NETTRAFFIC)

未授权外部IT实体向TOE发送网络数据或接收经由TOE路由的网络数据。

5.3.6 授权人员用户的恶意行为(T.ACCESS_MALICIOUS)

授权用户利用权限进行非法操作,比如,维修人员在设备维护期间窃取用户隐私、安装恶意软件,或进行其他违背持有者意愿的行为。

5.3.7 恶意软件(T.MALICIOUS_SOFTWARE)

恶意软件可能通过伪装成授权应用或进程非授权访问用户数据和系统敏感资源,比如,木马或病毒。

5.3.8 数据备份(T.DATA_BACKUP)

攻击者可能在备份数据传送过程中被窃取或破坏用户数据。

5.3.9 设备管理(T. DEVICE_MANAGEMENT)

攻击者可能在设备管理过程中篡改、破坏管理数据、配置数据和系统更新数据。

5.4 组织安全策略

5.4.1 按需授予(P.NEED_TO_KNOW)

限制授权用户及主体访问能力的原则是按需给予。

5.4.2 访问授权管理(P.ACCESS_ AUTHORIZATION_MANAGE)

移动终端操作系统应向用户提供访问授权管理能力。(比如,用户可进行一定的访问限制管理配置,以限制应用软件的访问能力。因为手机没有一个实时在线的管理员对手机安全进行管理。)

5.4.3 明确提示(P. VISIBLE_PROMPT)

当访问与安全、法律有关的用户数据和系统敏感资源时,移动终端操作系统应能够向用户提供明确的提示。

5.4.4 标识和鉴别(P.I_AND_A)

移动终端的用户、应用软件、进程、主体、客体都应被分配唯一的标识,并在执行访问和实施动作之前加以鉴别。

5.4.5 追溯(P.TRACE)

主体行为可以被追溯。

5.4.6 密码(P.CRYPTOGRAPHY)

移动终端操作系统安全功能应得到密码技术的支持,密码算法应符合国家和行业的信息技术安全标准或规范。

5.4.7 网络连接(P.NETWORK)

移动终端操作系统用户通过互联网访问远程可信IT实体(应用软件商店、运营商服务器、设备管理系统、邮件服务器)时应能够建立安全连接。

6 移动通信智能终端操作系统安全目的

6.1 设备访问(O.DEVICE_ACCESS)

用户、进程、主体应通过授权访问方式访问用户数据及系统敏感资源。

6.2 管理员角色(O.ADMINISTRATOR_ROLE)

设置管理员角色以隔离管理员行为。

6.3 会话锁定(O.SESSION_LOCK)

移动终端操作系统应能在不活动时间达到规定值时锁定会话。同时也应支持由用户发起的会话锁定。重新激活终端应经过用户的再次鉴别。

6.4 审计产生(O.AUDIT_GENERATION)

移动终端操作系统具备检测与安全有关事件的能力,并产生审计记录。

6.5 审计保护(O.AUDIT_PROTECTION)

保护审计信息。

6.6 审计调阅(O.AUDIT_REVIEW)

具备选择性审阅审计信息的能力。

6.7 管理(O.MANAGE)

向管理员提供管理移动终端操作系统安全的功能,并限制非授权用户使用此项功能。

6.8 用户数据备份(O.USERDATA_BACKUP)

移动终端操作系统应提供用户数据备份机制。

6.9 域隔离(O.DOMAIN_ISOLATION)

提供域隔离机制,保护自身及资源不受到外部冲突、篡改或破坏。

6.10 密码服务(O.CRYPTOGRAPHIC_SERVICES)

移动终端操作系统应为安全功能的实施提供密码服务。

6.11 鉴别(O.USER_AUTHENTICATION)

鉴别用户、应用软件的身份。

6.12 标识(O.USER_IDENTIFICATION)

给用户、应用软件分配唯一的标识。

6.13 应用软件限制(O.APPLICATION_RESTRICT)

在应用软件安装、运行时,对应用软件进行限制。

6.14 网络信息流控制(O.NETWORK_FLOW_CONTROL)

移动终端操作系统依据信息流控制策略与远程 IT 实体通信。

6.15 备份数据保护(O.BACKUP_DATA_PROTECT)

移动终端操作系统应在备份数据输出前对数据进行保密性和完整性保护。

6.16 设备管理 (O.DEVICE_MANAGEMENT)

移动终端操作系统应保护设备管理过程中传送的管理数据、配置数据和系统更新数据。

6.17 网络连接(O.NETWORK)

移动终端操作系统与远程可信 IT 实体通信应建立安全连接。

7 移动终端操作系统安全功能要求

7.1 表达方式

依据 GB/T 18336.1—2008,对安全功能要求的表达使用赋值、反复、选择、细化的方式。

注:本文用正常字体表示已完成的赋值、选择和细化。用括号"【】"内的加粗字体表示有待赋值和选择的内容。用安全功能组件后括号"()"内的字符,表示对一个安全功能组件的反复使用或限定使用。用"_EXT"表示族或组件的扩展。

7.2 扩展组件说明

移动终端操作系统扩展的安全功能组件在表 1 中列出。

表 1 扩展的安全功能要求组件

扩展组件	扩展组件名称	说　明
FCS_CBR_EXT.1	密码支持基本要求	7.7.2
FCS_COA_EXT.1	密码操作应用	7.7.3

7.3 用户数据保护

7.3.1 安全功能策略

移动终端操作系统安全功能策略包含应用软件限制 SFP、设备访问控制 SFP、网络信息流控制 SPF、管理信息流控制 SFP:

a) 应用软件限制 SFP 用于限制非可信应用软件的安装和执行;
b) 设备访问控制 SFP 用于防止非授权用户对用户数据的访问和对系统敏感资源的使用;
c) 网络信息流控制 SFP 用于防止移动终端产生或接收未知的网络流量,造成移动用户资费及无线资源的损失;
d) 管理信息流控制 SFP 是预防非授权或假冒的管理信息造成对移动终端的安全危害。

7.3.2 用户数据保护类架构

用户数据保护类架构见图 1。

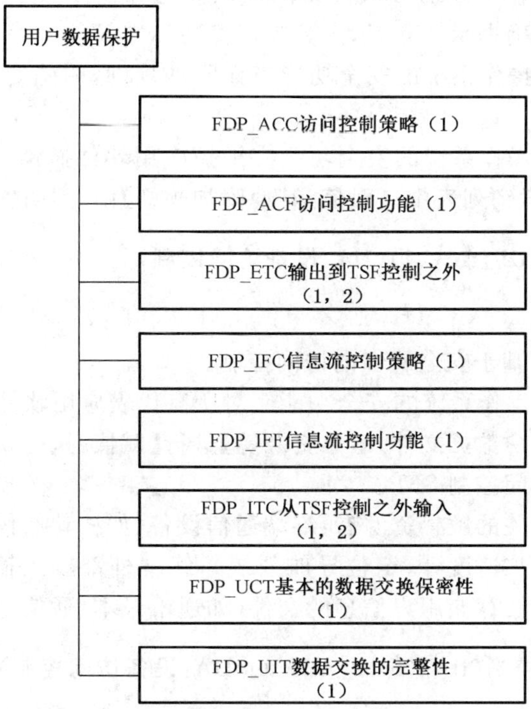

图 1　用户数据保护类架构

7.3.3　子集访问控制（AP）（FDP_ACC.1）（AP：应用软件）

从属于：无。

依赖：FDP_ACF.1（AP）　基于安全属性的访问控制。

FDP_ACC.1.1 移动终端操作系统的安全功能应对如下主体、客体及主体和客体之间的操作执行应用软件限制 SFP：

a）主体：代表安装文件、动态链接文件和可执行文件行为的系统管理进程；

b）客体：移动设备资源；

c）操作：安装、加载。

7.3.4　基于安全属性的访问控制（AP）（FDP_ACF.1）（AP：应用软件）

从属于：无。

依赖：FDP_ACC.1（AP）子集访问控制；

　　FMT_MSA.3 静态属性初始化。

FDP_ACF.1.1 移动终端操作系统的安全功能应在代表安装文件、动态链接文件和可执行文件行为的系统管理进程对客体进行操作时，依据主体的安全属性，实施应用软件限制 SFP：

a）安装文件：安装文件提供商的标识或数字签名、文件撤销列表、**【赋值：其他属性】**；

b）动态链接文件：动态链接文件提供商的标识或数字签名、文件撤销列表、**【赋值：其他属性】**；

c）可执行文件：可执行文件提供商的标识或数字签名、文件撤销列表、**【赋值：其他属性】**。

FDP_ACF.1.2 移动终端操作系统的安全功能应依据如下规则，决定安装文件、动态链接文件和可执行文件的安装和加载是否允许：

a）若安装文件、动态链接文件和可执行文件提供商的标识或数字签名是可信的，则允许安装和加载；

b) 若安装文件、动态链接文件和可执行文件提供商的标识或数字签名是不可识别或无标识、无数字签名，则需要明确提示持有者，由其决定安装和加载。

FDP_ACF.1.3 移动终端操作系统的安全功能应无附加规则，明确允许安装文件、动态链接文件和可执行文件的安装和加载：

FDP_ACF.1.4 移动终端操作系统的安全功能应维护应用软件撤销列表，若安装文件、动态链接文件和可执行文件在应用软件撤销列表中、**【赋值：其他附加规则】**中，则明确拒绝安装和加载。

7.3.5 子集访问控制(DA)(FDP_ACC.1)(DA：设备访问控制)

从属于：无。

依赖：FDP_ACF.1(DA) 基于安全属性的访问控制。

FDP_ACC.1.1 移动终端操作系统的安全功能应对所有代表应用软件的进程，对**【赋值：与用户隐私及用户利益相关的客体，如用户数据文件、敏感资源等】**进行**【赋值：执行动作列表(如读、写、执行、打开/关闭等操作)】**时，执行设备访问控制 SFP。

应用注释：与用户利益相关的敏感资源有：终端通信设备(如移动通信设备、无线局域网设备)，终端信源传感器(如麦克、摄像头、加速度计、定位导航系统)，终端外部输入输出设备等(如红外线接口、蓝牙)；与用户隐私相关的客体有：存储用户信息的文件(如通讯录本、通信记录、短消息、电子邮件等)。

7.3.6 基于安全属性的访问控制(DA)(FDP_ACF.1)(DA：设备访问控制)

从属于：无。

依赖：FDP_ACC.1 (DA)子集访问控制；

FMT_MSA.3 静态属性初始化。

FDP_ACF.1.1 移动终端操作系统的安全功能应对所有代表应用软件的进程对用户数据及系统敏感资源进行访问时，依据如下的安全属性，实施设备访问控制 SFP：

【选择：

a) **应用标识、应用组标识、及其访问能力参数；**

b) **客体标识及访问控制列表；**

c) **【赋值：应用软件的其他属性，客体的其他属性】**。

】

FDP_ACF.1.2 移动终端操作系统的安全功能应依据如下规则，决定代表应用软件的进程对受控客体的操作是否允许：

a) 如果应用软件要求的访问方式没有允许，则拒绝访问；

b) 如果应用软件要求的访问方式被允许，则允许访问；

c) 如果应用软件所属于的每一个组所要求的访问方式被拒绝，则拒绝访问；

d) 如果应用软件所属于的任何一个组所要求的访问方式被允许，则允许访问；

e) 其他，则拒绝访问。

FDP_ACF.1.3 移动终端操作系统的安全功能应无附加规则，明确允许代表应用软件的进程对受控客体的授权访问。

FDP_ACF.1.4 移动终端操作系统的安全功能应依据如下附加规则，明确拒绝代表应用软件的进程对受控客体的访问：

a) 应用软件在应用软件撤销列表中；

b) **【赋值：与用户隐私或利益相关的客体列表】**的访问未获用户许可。

7.3.7 不带安全属性的用户数据输出(UD)(FDP_ETC.1)(UD：用户数据)

从属于：无。

依赖：FDP_ACC.1 (DA)子集访问控制和/或 FDP_IFC.1 (NIC)子集信息流控制。

FDP_ETC.1.1 在安全功能策略覆盖下的用户数据输出到 TOE 之外时，移动终端操作系统的安全功能应实施设备访问控制 SFP 和/或网络信息流控制 SFP。

FDP_ETC.1.2 移动终端操作系统的安全功能应能输出用户数据，但不带有用户数据关联的安全属性。

应用注释：在不带与用户数据关联的安全属性输出用户数据时，对用户数据的保护要依赖环境。

7.3.8 带安全属性的用户数据输出(FDP_ETC.2)

从属于：无。

依赖：FDP_ACC.1 (DA)子集访问控制和/或 FDP_IFC.1(NIC)子集信息流控制和/或
FDP_IFC.1 (MIC)子集信息流控制；
FCS_CPR_EXT.1 密码提供要求。

FDP_ETC.2.1 在安全功能策略覆盖下的用户数据输出到 TOE 之外时，移动终端操作系统的安全功能应实施设备访问控制 SFP 和/或网络信息流控制 SFP 和/或管理信息流控制 SFP。

FDP_ETC.2.2 移动终端操作系统的安全功能应输出用户数据且带有与用户数据关联的安全属性。

FDP_ETC.2.3 移动终端操作系统的安全功能应确保安全属性，在输出到 TOE 之外时，与所输出的用户数据明确关联。

FDP_ETC.2.4 当用户数据输出到 TOE 之外时，移动终端操作系统的安全功能应实施规则**【选择：对用户数据加密保护，【赋值：附加的输出控制规则】】**。

7.3.9 子集信息流控制(NIC)(FDP_IFC.1)(NIC：网络信息流控制 SFP)

从属于：无。

依赖：FDP_IFF.1 (NIC)简单安全属性。

FDP_IFC.1.1 移动终端操作系统的安全功能应对下列主体和网络信息流及其操作实施网络信息流控制 SFP：

a) 主体：
   1) 在 TOE 介导下发送和接收网络信息的没有鉴别的外部 IT 实体；
   2) **【赋值：其他由 TOE 介导发送、接收网络信息的其他主体】**。
b) 信息：经 TOE 路由的网络数据；
c) 操作：导致信息流动的所有操作。

应用注释：操作可能是发送、接收、转发、丢弃或对发送方的一个应答。

7.3.10 简单安全属性(NIC)(FDP_IFF.1)(NIC：网络信息流控制 SFP)

从属于：无。

依赖：FDP_IFC.1(NIC) 子集信息流控制；
FMT_MSA.3 静态属性初始化。

FDP_IFF.1.1 移动终端操作系统的安全功能应基于下列主体类型和网络信息的安全属性，实施网络信息流控制 SFP：

a) 客体属性(与主体类型相关)：
   1) 网络数据所通过的逻辑或物理的网络接口；
   2) **【赋值：其他客体属性】**。
b) TCP/IP 信息的安全属性：
   1) 源和目的的 IP 地址；

2） 源和目的的 TCP 端口；

3） 源和目的的 UDP 端口；

4） IP、TCP、UDP、ICMP 或【**赋值：其他**】的协议；

5） TCP 的头标识【**选择：SYN、ACK、【赋值：其他标识】**】；

6） 【**赋值：IP 包的其他属性**】。

c） 【**选择：**

IEEE 802 信息的安全属性：

1） **MAC 地址；**

2） 【**赋值：其他属性**】。

】。

FDP_IFF.1.2 移动终端操作系统的安全功能应在规则【**赋值：对每一个操作，应在主体和信息的安全属性间保持的基于安全属性的关系**】下，允许受控的网络信息通过受控操作经受控主体流动。

FDP_IFF.1.3 移动终端操作系统的安全功能应执行【**赋值：附加的网络数据流 SFP 规则**】。

FDP_IFF.1.4 移动终端操作系统的安全功能应依据规则【**赋值：基于安全属性的明确准许网络数据流 SFP 的规则**】明确准许网络信息流。

FDP_IFF.1.5 移动终端操作系统的安全功能应依据规则【**赋值：基于安全属性的明确拒绝网络数据流 SFP 的规则**】明确拒绝网络信息流。

应用注释：FDP_IFF.1.3 附加规则可以是基于 TCP 连接状态的匹配，基于时间的匹配，统计分析匹配，对符合条件的网络数据进行相应的操作处理。

7.3.11 子集信息流控制(MIC)(FDP_IFC.1)(MIC：管理信息流控制 SFP)

从属于：无。

依赖：FDP_IFF.1 (MIC)简单安全属性。

FDP_IFC.1.1 移动终端操作系统的安全功能应对下列主体和管理信息流及其操作实施管理信息流控制 SFP：

a） 主体：

1） 移动终端/设备管理客户端；

2） 远程可信管理服务器；

3） 【**赋值：其他由 TOE 介导发送、接收管理信息的其他主体**】。

b） 信息：管理信息流（如管理策略、安全策略、安全配置数据）等 TSF 数据；

c） 操作：导致管理信息流动的所有操作（如远程管理命令等）。

应用注释：远程可信管理服务器可以是终端设备提供商、系统提供商或移动通信运营商。操作可能是执行某一管理命令，如恢复初始配置命令、防止用户隐私泄露的清除用户数据命令等。

7.3.12 简单安全属性(MIC)(FDP_IFF.1)(MIC：管理信息流控制 SFP)

从属于：无。

依赖：FDP_IFC.1 (MIC)子集信息流控制；

FMT_MSA.3 静态属性初始化。

FDP_IFF.1.1 移动终端操作系统的安全功能应基于下列主体和信息的类型及其安全属性，实施管理信息流 SFP：

a） 移动终端/设备管理客户端：

【**选择：**

1） **根证书、远程可信管理服务器证书和移动终端私钥；**

2) **对远程可信管理服务器的鉴别数据；**

3) **赋值【其他安全属性】。**

】；

b) 远程可信管理服务器：

【选择：

1) **根证书、移动终端证书和远程可信管理服务器私钥；**

2) **对移动终端的鉴别数据；**

3) **【赋值：其他安全属性】。**

】。

FDP_IFF.1.2 移动终端操作系统的安全功能应依据如下规则：

a) 移动终端和远程可信管理服务器的双向鉴别；

b) **【选择：**

1) **建立移动终端和远程可信管理服务间的 IPSec 连接；**

2) **建立移动终端和远程可信管理服务间的 SSL/TLS 会话；**

3) **【赋值：其他规则】。**

】。

允许受控管理信息从移动终端或远程可信管理服务器通过受控操作流动。

FDP_IFF.1.3 移动终端操作系统的安全功能应执行规则**【赋值：附加的管理信息流控制规则】**。

FDP_IFF.1.4 移动终端操作系统的安全功能应依据规则**【赋值：基于安全属性的明确准许管理信息流的规则】**明确准许管理信息流动。

FDP_IFF.1.5 移动终端操作系统的安全功能应依据规则**【赋值：基于安全属性的明确拒绝管理信息流的规则】**明确拒绝管理信息流动。

7.3.13 不带安全属性的用户数据输入(AP)(FDP_ITC.1)(AP:应用软件)

从属于：无。

依赖：FDP_ACC.1 子集访问控制；

FMT_MSA.3 静态属性初始化。

FDP_ITC.1.1 在应用软件限制 SFP 覆盖下的应用软件安装和可执行文件由 TOE 外输入时，移动终端操作系统的安全功能应实施应用软件限制 SFP。

FDP_ITC.1.2 当从 TOE 外输入非可信应用软件安装和可执行文件时，移动终端操作系统的安全功能应忽略任何与应用软件安装和可执行文件相关的安全属性。

FDP_ITC.1.3 当从 TOE 外输入应用软件限制 SFP 覆盖下的应用软件安装和可执行文件时，移动终端操作系统的安全功能应执行规则**【赋值：附加的输入控制规则】**。

7.3.14 带安全属性的用户数据输入(AP)(FDP_ITC.2)(AP:应用软件)

从属于：无。

依赖：FDP_ACC.1 (AP)子集访问控制和/或 FDP_IFC.1 (NIC)子集信息流控制；

FTP_ITC.1 TSF 间可信信道或 FTP_TRP.1 可信路径；

FPT_TDC.1 TSF 间基本 TSF 数据一致性。

FDP_ITC.2.1 在应用软件限制 SFP 覆盖下的应用软件安装和可执行文件从 TOE 之外输入时，移动终端操作系统的安全功能应实施应用软件限制 SFP 和/或网络信息流控制 SFP。

FDP_ITC.2.2 移动终端操作系统的安全功能应使用与输入的应用软件安装和可执行文件关联的安全属性。

FDP_ITC.2.3 移动终端操作系统的安全功能应保证使用的协议提供了输入的应用软件安装和可执行文件与其安全属性的确定关联。

FDP_ITC.2.4 移动终端操作系统的安全功能应保证对输入的应用软件安装和可执行文件安全属性的解释与来源的意图相同。

FDP_ITC.2.5 在安全功能策略覆盖下的应用软件的安装文件和可执行文件从 TOE 之外输入时，移动终端操作系统的安全功能应实施规则**【赋值：附加的输入控制规则】**对应用软件的安装文件和可执行文件进行储存。

7.3.15 不带安全属性的用户数据输入(UD)(FDP_ITC.1)(UD:用户数据)

从属于：无。

依赖：FDP_ACC.1 (DA)子集访问控制和/或 FDP_IFC.1 (NIC)子集信息流控制；

FMT_MSA.3 静态属性初始化。

FDP_ITC.1.1 在安全功能策略覆盖下的用户数据由 TOE 外输入时，移动终端操作系统的安全功能应实施设备访问控制 SFP 和/或网络信息流控制 SFP。

FDP_ITC.1.2 当从 TOE 外输入用户数据时，移动终端操作系统的安全功能应忽略任何用户数据相关的安全属性。

FDP_ITC.1.3 当从 TOE 外输入设备访问控制 SFP 和/或网络信息流控制 SFP 覆盖下的用户数据时，移动终端操作系统的安全功能应执行规则**【赋值：附加的输入控制规则】**。

7.3.16 带安全属性的用户数据输入(FDP_ITC.2)

从属于：无。

依赖：FDP_ACC.1(DA) 子集访问控制和/或 FDP_IFC.1 (NIC)子集信息流控制；和/或

FDP_IFC.1 (MIC)子集信息流控制；

FTP_ITC.1 TSF 间可信信道或 FTP_TRP.1 可信路径；

FPT_TDC.1 TSF 间基本 TSF 数据一致性。

FDP_ITC.2.1 在安全功能策略覆盖下的用户数据从 TOE 之外输入时，移动终端操作系统的安全功能应实施设备访问控制 SFP 和/或网络信息流控制 SFP 和/或管理信息流控制 SFP。

FDP_ITC.2.2 移动终端操作系统的安全功能应使用与输入的用户数据关联的安全属性。

FDP_ITC.2.3 移动终端操作系统的安全功能应保证使用的协议提供了接收的数据与安全属性的确定关联。

FDP_ITC.2.4 移动终端操作系统的安全功能应保证对输入数据安全属性的解释与用户数据源的意图相同。

FDP_ITC.2.5 在安全功能策略覆盖下的用户数据从 TOE 之外输入时，移动终端操作系统的安全功能应实施规则**【赋值：附加的输入控制规则】**。

7.3.17 基本的数据交换保密性(FDP_UCT.1)

从属于：无。

依赖：FDP_ACC.1 (DA)子集访问控制和/或 FDP_IFC.1 (NIC)子集信息流控制；和/或

FDP_IFC.1 (MIC)子集信息流控制；

FTP_ITC.1 TSF 间可信信道或 FTP_TRP.1 可信路径。

FDP_UCT.1.1 移动终端操作系统的安全功能应实施设备访问控制 SFP 和/或网络信息流控制 SFP 和/或管理信息流控制 SFP，以便保护在传送和接收用户数据时免受非授权泄露。

7.3.18 数据交换的完整性(**FDP_UIT**.1)

从属于:无。

依赖:FDP_ACC.1 (DA)子集访问控制和/或 FDP_IFC.1(NIC)子集信息流控制;和/或
FDP_IFC.1 (MIC)子集信息流控制;
FTP_ITC.1 TSF 间可信信道或 FTP_TRP.1 可信路径。

FDP_UIT.1.1 移动终端操作系统的安全功能应实施设备访问控制 SFP 和/或网络信息流控制 SFP 和/或管理信息流控制 SFP,以便保护传送和接收用户数据时免于被**【选择:修改、删除、插入、重放】**。

FDP_UIT.1.2 移动终端操作系统的安全功能应能判断用户数据接收过程中是否发生了**【选择:修改、删除、插入、重放】**的错误。

7.4 标识与鉴别

7.4.1 标识与鉴别类架构

标识与鉴别类架构见图 2。

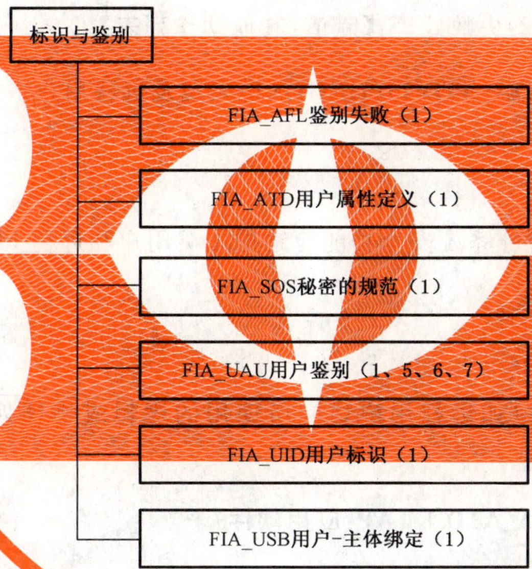

图 2 标识与鉴别类架构

7.4.2 鉴别失败处理(**HU**)(**FIA_AFL**.1)(**HU**:本地人员用户)

从属于:无。

依赖:FIA_UAU.1 鉴别的时机。

FIA_AFL.1.1 移动终端操作系统的安全功能应检测何时发生**【选择:【赋值:正整数】,管理员可设置的【赋值:可接受数值范围】内的整数】**次本地人员用户身份的未成功鉴别尝试。

FIA_AFL.1.2 当达到或超过所定义的未成功鉴别尝试次数时,移动终端操作系统安全功能应**【选择:删除用户数据、使终端失效、会话锁定一定时间、【赋值:其他动作列表】】**。

7.4.3 鉴别失败处理(**RU**)(**FIA_AFL**.1)(**RU**:远程用户)

从属于:无。

依赖:FIA_UAU.1 鉴别的时机。

FIA_AFL.1.1 移动终端操作系统的安全功能应检测何时发生**【选择:【赋值:正整数】,管理员可设置的【赋值:可接受数值范围】内的整数】**次远程访问的未成功鉴别尝试。

FIA_AFL.1.2 当达到或超过所定义的未成功鉴别尝试次数时,移动终端操作系统安全功能应**【选择:禁止建立会话、【赋值:其他动作列表】】**。

应用注释:如果移动终端操作系统开发商需要定义除上述之外的安全属性,则需在赋值中增加。移动终端操作系统远程用户可以是同一安全体系下的应用软件商店、设备管理系统等等,比如对应用来源的鉴别。

7.4.4 鉴别失败处理(RE)(FIA_AFL.1)(RE:重鉴别)

从属于:无。

依赖:FIA_UAU.1 鉴别的时机;FIA_UAU.6 重鉴别。

FIA_AFL.1.1 移动终端操作系统的安全功能应检测何时发生**【赋值:正整数】**次在 FIA_UAU.6 中定义的重鉴别事件的未成功鉴别尝试。

FIA_AFL.1.2 当达到或超过所定义的未成功鉴别尝试次数时,移动终端操作系统安全功能应:

a) FIA_UAU.6 定义的 1)失败处理:会话锁定一定时间;

b) FIA_UAU.6 定义的 2)失败处理:**【赋值:其他动作列表】**。

7.4.5 用户属性定义(HRU)(FIA_ATD.1)(HRU:本地人员及远程用户)

从属于:无。

依赖:无。

FIA_ATD.1.1 移动终端操作系统安全功能应维护人员用户和远程 IT 系统的下列安全属性:

a) 用户标识;

b) 鉴别数据;

c) 安全相关角色;

d) **【赋值:其他安全属性(如远程用户访问所使用的逻辑或物理外部接口、逻辑或物理网络接口)】**。

7.4.6 用户属性定义(AP)(FIA_ATD.1)(AP:应用软件)

从属于:无。

依赖:无。

FIA_ATD.1.1 移动终端操作系统安全功能应维护应用软件的下列安全属性:

a) 应用标识;

b) 组标识;

c) 完整性校验数据;

d) 访问能力参数 ;

e) **【赋值:其他安全属性】**。

7.4.7 秘密的规范(FIA_SOS.1)

从属于:无。

依赖:无。

FIA_SOS.1.1 移动终端操作系统的安全功能应针对不同的秘密形式,提供机制以验证秘密是否满足相应的质量度量:

【选择:

a) 口令形式:字符数应不少于【赋值:正整数】,并且满足【赋值:数字、字母、符号的组合规则】;

b) 图形方式:输入的像素个数不少于【赋值:正整数】;

c) PIN 码方式:输入的数字个数不少于 4;

d) 其他秘密形式:【赋值:其他的验证方式】。

】

7.4.8 鉴别的时机(HU)(FIA_UAU.1)(HU:本地人员用户)

从属于:无。

依赖:FIA_UID.1 标识的时机。

FIA_UAU.1.1 在人员用户被鉴别前,移动终端操作系统安全功能应允许执行以下行为:

a) 显示消息状态;

b) 显示未接来电;

c) 显示时间/日期信息;

d) 显示移动终端状态信息;

e) 显示移动用户信息(用户所选的运营商和照片的信息);

f) 显示某些通知(低电量通知等);

g) 输入鉴别数据;

h) 拨打紧急电话;

i) 接收来电;

j) 接收短信息;

k) **【赋值:其他在 TSF 介导下的动作】**。

FIA_UAU.1.2 在执行任何其他 TSF 介导的动作前,移动终端操作系统安全功能应要求每个人员用户都已被成功鉴别。

7.4.9 鉴别的时机(RU)(FIA_UAU.1)(RU:远程用户)

从属于:无。

依赖:FIA_UID.1 标识的时机。

FIA_UAU.1.1 在远程用户被鉴别前,移动终端操作系统安全功能应允许执行:

a) 网络信息流控制策略覆盖下的信息流动;

b) **【赋值:其他在 TSF 介导下的动作】**。

FIA_UAU.1.2 在执行任何其他 TSF 介导的动作前,移动终端操作系统安全功能应要求每个远程用户都已被成功鉴别。

应用注释:此远程用户为同一安全体系下的 IT 系统,如应用软件商店、设备管理系统等。

7.4.10 多种鉴别(FIA_UAU.5)

从属于:无。

依赖:无。

FIA_UAU.5.1 移动终端操作系统安全功能应提供下述鉴别机制:

a) 基于口令的鉴别;

b) 基于密码技术的鉴别;

c) **【赋值:其他鉴别机制】**。

FIA_UAU.5.2 移动终端操作系统安全功能应依据下述规则鉴别用户所声称的身份:

a) 鉴别人员用户所声称的身份时,采用**【选择:基于口令的鉴别机制,【赋值:其他鉴别机制】】**;

b) 鉴别应用软件来源时,采用**【选择:基于密码技术的鉴别机制,【赋值:其他鉴别机制】】**;

c) 鉴别远程 IT 实体时,采用**【选择:基于密码技术的鉴别机制,【赋值:其他鉴别机制】】**;

d) **【赋值:其他多种鉴别机制如何提供鉴别的规则】**。

应用注释:如果移动终端操作系统还支持生物识别、SDIO 等鉴别机制,则可以在 FIA_UAU.5.1 的赋值中添加。

7.4.11 重鉴别(FIA_UAU.6)

从属于:无。

依赖:无。

FIA_UAU.6.1 移动终端操作系统安全功能应在下述条件重新鉴别用户:

a) 用户重新设置鉴别数据;

b) **【赋值:其他需要重鉴别的条件】**。

应用注释:当用户访问 TOE 某些安全相关重要功能(比如安全管理等)或用户隐私数据时可进行重鉴别。

7.4.12 受保护的鉴别反馈(FIA_UAU.7)

从属与:无。

依赖:FIA_UAU.1 鉴别的时机。

FIA_UAU.7.1 移动终端操作系统安全功能应针对不同的鉴别形式,提供受保护的鉴别反馈:

a) 口令形式:仅向用户反馈字符占位,而不反馈鉴别数据原始字符;

b) 图形形式:仅向用户反馈图形点位,而不反馈图形的串联轨迹。

7.4.13 标识的时机(AP)(FIA_UID.1)(AP:应用软件)

从属于:无。

依赖:FDP_ITC.1 不带安全属性的用户数据输入和/或 FDP_ITC.2 带安全属性的用户数据输入。

FIA_ UID.1.1 在标识应用软件之前,移动终端操作系统安全功能应允许执行应用软件的安装。

FIA_ UID.1.2 在允许执行代表该应用软件的任何其他移动终端操作系统安全功能介导动作之前,移动终端操作系统安全功能应要求每个应用软件都已被成功标识。

应用注释:当应用软件被成功安装后,移动终端操作系统安全功能应为其分配唯一代表其身份的标识。

7.4.14 用户_主体绑定(FIA_USB.1)

从属于:无。

依赖:FIA_ATD.1 用户属性定义。

FIA_USB.1.1 移动终端操作系统安全功能应将下述用户安全属性与代表用户行为的主体(进程)进行关联:

a) FIA_ATD.1(HRU)定义的 a)、c)和 d)中与 TOE 安全策略实施相关的用户属性;

b) FIA_ATD.1(AU)定义的 a)、b)、d)和 e)中与 TOE 安全策略实施相关的用户属性。

FIA_USB.1.2 移动终端操作系统安全功能应执行规则**【赋值:属性初始关联规则】**将用户安全属性与代表用户活动的主体初始关联。

FIA_USB.1.3 移动终端操作系统安全功能应执行规则**【赋值:属性更改规则】**管理与代表用户活动的主体相关联的用户安全属性的改变。

应用注释:访问控制策略和审计策略要求每个代表用户行为的主体具备一个与用户相关联的身份。

比如自主访问控制策略将依据用户的身份执行访问控制决策。并非所有的用户安全属性都与主体关联，只有与TOE安全策略执行相关的属性才与主体关联。

7.5 安全管理

7.5.1 安全管理类架构

安全管理类架构见图3。

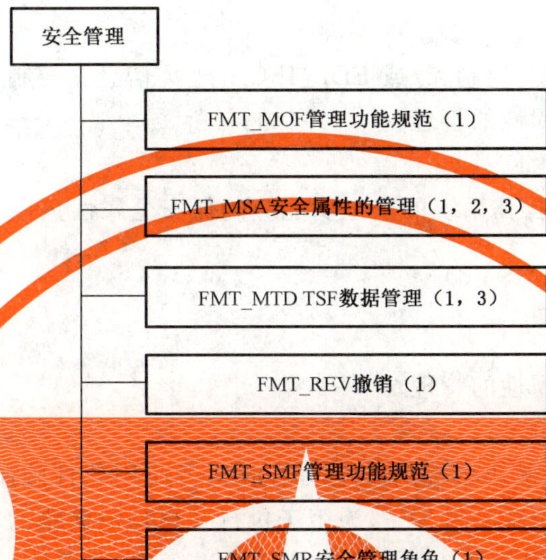

图3 安全管理类架构

7.5.2 安全功能行为的管理(ADM)(FMT_MOF.1)(ADM:管理员角色)

从属于：无。

依赖：FMT_SMR.1 安全角色；

FMT_SMF.1 管理功能规范。

FMT_MOF.1.1 移动终端操作系统的安全功能应仅限于管理员角色对应用软件限制、设备访问控制功能具有确定其行为、终止、激活、修改其行为的能力。

7.5.3 安全功能行为的管理(AUM)(FMT_MOF.1)(AUM:审计管理员角色)

从属于：无。

依赖：FMT_SMR.1 安全角色；

FMT_SMF.1 管理功能规范。

FMT_MOF.1.1 移动终端操作系统的安全功能应仅限于审计管理员角色对审计功能具有确定其行为、终止、激活、修改其行为的能力。

7.5.4 安全属性管理(DA)(FMT_MSA.1)(DA:设备访问控制)

从属于：无。

依赖：FDP_ACC.1 (DA)子集访问控制；

FMT_SMR.1 安全角色；

FMT_SMF.1 管理功能规范。

FMT_MSA.1.1 移动终端操作系统的安全功能执行设备访问控制 SFP,以仅限于授权用户能够对敏感资源、用户数据的安全属性进行查询、修改。

应用注释:持有者可对应用软件的访问授权进行管理,以授予来源不同的应用软件不同的访问控制权限,如对某微博软件授予允许发送短信的权限,而对某播放器软件不允许其使用摄像镜头、位置信息的权限。

7.5.5 安全的安全属性(FMT_MSA.2)

从属于:无。

依赖:FDP_ACC.1 子集访问控制和/或 FDP_IFC.1 子集信息流控制;

FMT_MSA.1 安全属性的管理;

FMT_SMR.1 安全角色。

FMT_MSA.2.1 移动终端操作系统的安全功能应确保安全属性只接收安全的值。

7.5.6 静态属性初始化(FMT_MSA.3)

从属于:无。

依赖:FMT_MSA.1 安全属性的管理;

FMT_SMR.1 安全角色。

FMT_MSA.3.1 移动终端操作系统的安全功能应执行应用软件限制 SFP、设备访问控制 SFP、IP 网络信息流控制 SFP、管理信息流控制 SFP,为用于执行安全功能策略的安全属性提供受限的默认值。

FMT_MSA.3.2 移动终端操作系统的安全功能应允许管理员、授权用户在创建客体或信息时,用替换性的初始值代替原默认值。

7.5.7 TSF 数据的管理(NON_A)(FMT_MTD.1)(NON_A:非审计数据的 TSF 数据)

从属于:无。

依赖:FMT_SMR.1 安全角色;

FMT_SMF.1 管理功能规范。

FMT_MTD.1.1 移动终端操作系统的安全功能应仅限于管理员能够**【赋值:TSF 数据列表】**进行**【选择:改变默认值、查询、修改、删除、清除、【赋值:其他操作】】**。

7.5.8 TSF 数据的管理(AU)(FMT_MTD.1)(AU:审计数据)

从属于:无。

依赖:FMT_SMR.1 安全角色;

FMT_SMF.1 管理功能规范。

FMT_MTD.1.1 移动终端操作系统的安全功能应仅限于审计管理员能够对审计数据进行**【选择:改变默认值、查询、修改、删除、清除、【赋值:其他操作】】**。

7.5.9 安全的 TSF 数据(FMT_MTD.3)

从属于:无。

依赖:FMT_MTD.1 TSF 数据的管理。

FMT_MTD.3.1 移动终端操作系统的安全功能应确保 TSF 数据仅接收安全的值。

7.5.10 安全属性撤销(AP)(FMT_REV.1)

从属于:无。

依赖:FMT_SMR.1 安全角色。

FMT_REV.1.1 移动终端操作系统的安全功能应仅限于管理员、授权用户能够撤销在 TSF 控制下与应用软件相关联的安全属性。

FMT_REV.1.2 移动终端操作系统的安全功能应执行规则:撤销将发生在对比应用软件撤销列表后。

7.5.11 管理功能规范(FMT_SMF.1)

从属于:无。

依赖:无。

FMT_SMF.1.1 移动终端操作系统的安全功能应能够执行下列安全管理功能:

a) 管理设备访问控制;

b) 管理应用软件限制;

c) 管理审计;

d) 管理网络信息流控制;

e) 管理用户的安全属性;

f) **【赋值:其他管理功能】**。

7.5.12 安全角色(FMT_SMR.1)

从属于:无。

依赖:FIA_UID.1 标识的时机。

FMT_SMR.1.1 移动终端操作系统的安全功能应预设以下角色:

a) 授权用户角色;

b) 非授权用户角色;

c) 审计管理员角色;

d) 管理员角色;

e) **【赋值:其他角色】**。

FMT_SMR.1.2 移动终端操作系统的安全功能应能够将用户与角色正确关联。

应用注释:对移动终端操作系统来说,角色以及对应管理的权限是预先设置。持有者与上述授权用户角色关联,具备一些与安全相关的管理能力,而与管理员角色关联的可以是本地设备维护人员或远程可信用户。

7.6 TOE 访问

7.6.1 TOE 访问类架构

TOE 访问类架构见图 4。

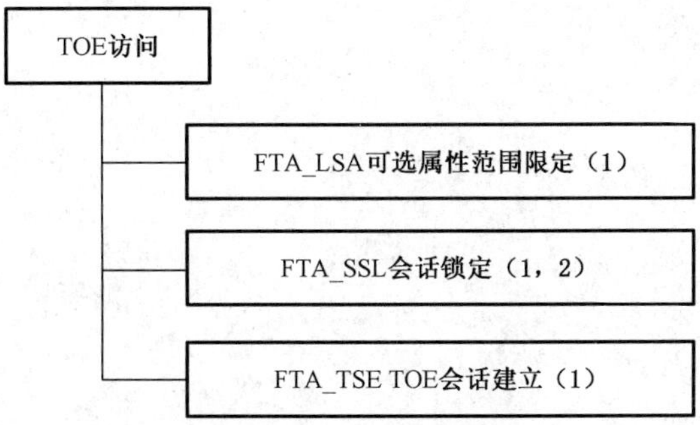

图 4 TOE 访问类架构

7.6.2 TSF 原发会话锁定(FTA_SSL.1)

从属于:无。

依赖:FIA_UAU.1 鉴别的时机。

FTA_SSL.1.1 移动终端操作系统安全功能应在达到管理员设置的用户会话不活动时间间隔后,通过以下方法锁定交互式会话:

a) 锁定显示屏仅显示 FIA_UAU.1 中所允许的通知和信息状态;

b) 使当前用户会话不可用,除了 FIA_UAU.1 中所允许的行为和解锁会话行为。

FTA_SSL.1.2 移动终端操作系统安全功能应要求在解锁会话之前成功地完成移动终端对人员用户的鉴别。

7.6.3 用户原发会话锁定(FTA_SSL.2)

从属于:无。

依赖:FIA_UAU.1 鉴别的时机。

FTA_SSL.2.1 移动终端操作系统安全功能应允许通过以下方法实现对交互会话进行用户原发锁定:

a) 锁定显示屏仅显示 FIA_UAU.1 中所允许的通知和信息状态;

b) 使当前用户会话不可用,除了 FIA_UAU.1 中所允许的行为和解锁会话行为。

FTA_SSL.2.2 移动终端操作系统安全功能应要求在解锁会话之前成功地完成移动终端对人员用户的鉴别。

7.6.4 TOE 会话建立(FTA_TSE.1)

从属于:无。

依赖:无。

FTA_TSE.1.1 移动终端操作系统安全功能应基于属性**【选择:用户身份、访问端口号、【赋值:其他安全属性】】**拒绝会话的建立。

7.6.5 可选属性范围限定(FTA_LSA.1)

从属于:无。

依赖:无。

FTA_LSA.1.1 移动终端操作系统安全功能应基于访问方法(用户身份、访问端口及访问时间等),限制下列会话的安全属性范围:审计管理员角色、管理员角色。

应用注释:此要求说明管理员只能用与普通用户不同的方法(物理和逻辑)建立 TOE 会话。

7.7 密码支持

7.7.1 密码支持类架构

密码支持类架构见图 5。

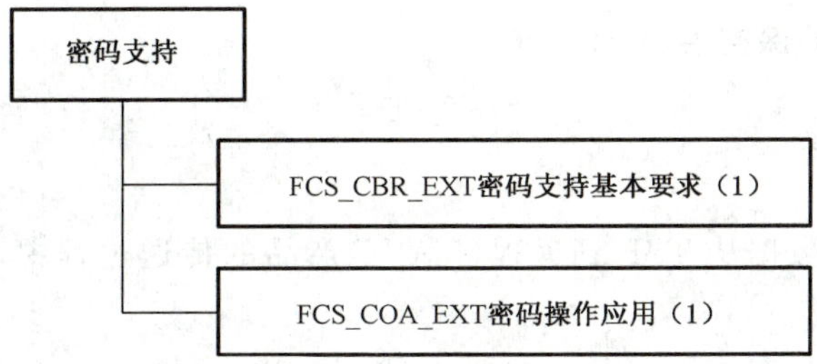

图 5　密码支持类架构

7.7.2　密码支持基本要求(FCS_CBR_EXT.1)

从属于:无。

依赖:无。

FCS_CBR.1.1:移动终端操作系统的安全功能提供的密码算法应符合**【赋值:相关国家标准】**,密码算法的实现应符合**【赋值:相关国家标准】**,密码算法操作所涉及的密钥管理应符合**【选择:国家标准 GB/T 17901.1,【赋值:相关国家标准】】**。

7.7.3　密码操作应用(FCS_COA_EXT.1)

从属于:无。

依赖:FCS_CBR.1 密码支持基本要求。

FCS_CPR 1.1 移动终端操作系统的安全功能应提供下列密码操作:

a)　加密和解密;

b)　数字签名;

c)　杂凑;

d)　**【赋值:其他密码操作】**。

用于可信通道、用户数据保护、**【赋值:其他应用】**。

7.8　TSF 保护

7.8.1　TSF 保护类架构

TSF 保护类架构见图 6。

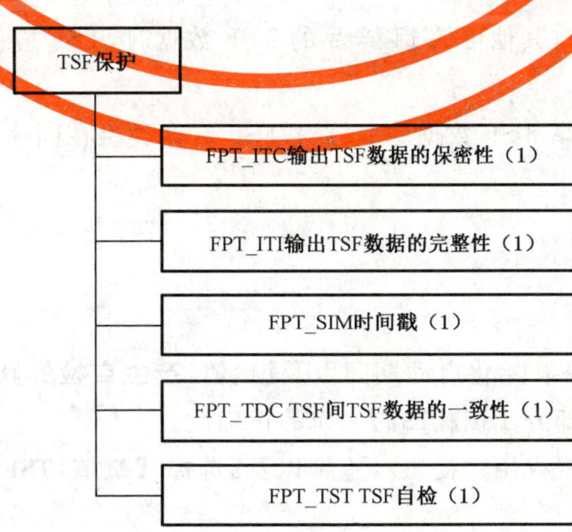

图 6　TSF 保护类架构

7.8.2 传送过程中 TSF 间的保密性(FPT_ITC.1)

从属于:无。

依赖:无。

FPT_ITC.1.1 在 TSF 数据从 TSF 到远程可信 IT 产品的传送过程中,TSF 应保护所有的 TSF 数据不被未授权泄漏。

7.8.3 TSF 间修改的检测(FPT_ITI.1)

从属于:无。

依赖:无。

FPT_ITI.1.1 TSF 应提供能力,在量度标准【**赋值:一个定义的修改度量标准**】下,检测 TSF 与远程可信 IT 产品间传送的所有 TSF 数据是否被修改。

FPT_ITI.1.2 TSF 应提供验证在 TSF 与远程可信 IT 产品间传送的所有 TSF 数据的完整性及执行,如果检测到修改将执行【**赋值:采取的行动**】。

应用注释 1:"一个定义的修改度量标准"指简单的校验和度量与密码技术校验度量,建议使用密码技术校验度量。

应用注释 2:【**赋值:采取的行动**】例如,忽略 TSF 数据,请求原始可信产品重新发送 TSF 数据。

7.8.4 可靠的时间戳(FPT_STM.1)

从属于:无。

依赖:无。

FPT_STM.1.1 TSF 应提供可靠的时间戳。

7.8.5 TSF 间基本 TSF 数据的一致性(FPT_TDC.1)

从属于:无。

依赖:无。

FPT_TDC.1.1 当 TSF 与其他可信 IT 产品共享 TSF 数据时,TSF 应提供对【**赋值:TSF 数据类型列表**】一致性解释的能力。

FPT_TDC.1.2 当解释来自其他可信 IT 产品的 TSF 数据时,TSF 应使用【**赋值:TSF 使用的解释规则列表**】。

应用注释:该组件要求共享 TSF 数据的双方对 TSF 数据类型在同一规则下有相同的意义。

7.8.6 TSF 检测(FPT_TST.1)

从属于:无。

依赖:无。

FPT_TST.1.1 TSF 应在初始化启动期间以及【**赋值:产生自检的其他条件**】运行一套自检,以表明密码模块及【**选择:【赋值:部分 TSF】,TSF**】操作的正确性。

FPT_TST.1.2 TSF 为授权用户提供对鉴别以及【**选择:【赋值:TSF 的部分】,TSF**】数据完整性的验证能力。

FPT_TST.1.3 TSF 通过密码服务为授权用户提供对所储存的【**选择:【赋值:部分 TSF】,TSF**】可执行代码完整性的验证能力。

7.9 安全审计

7.9.1 安全审计类架构

安全审计类架构见图7。

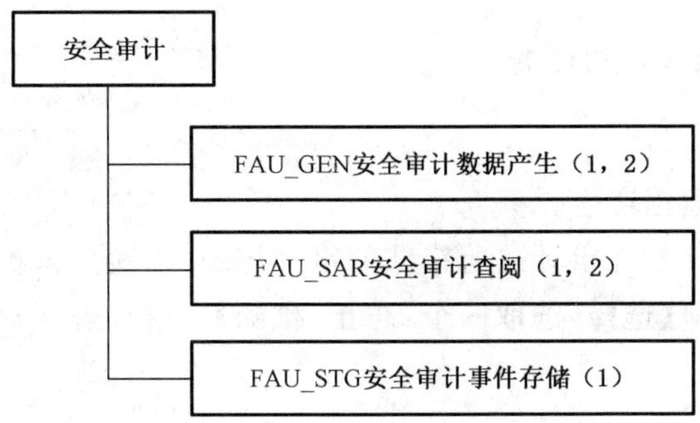

图7 安全审计类架构

7.9.2 审计数据产生(FAU_GEN.1)

从属于:无。

依赖:FPT_STM.1 可信时间戳。

FAU_GEN.1.1 TSF 应能为下述可审计事件产生审计记录:

a) 审计功能的启动和关闭;

b) 在最小级审计级别以内的所有可审计事件;

c) **【赋值:其他专门定义的可审计事件】**。

FAU_GEN.1.2 TSF 应在每个审计记录中至少记录如下信息:

a) 事件的日期和时间,事件类型,主体身份,事件的结果(成功或失败);

b) 基于安全功能组件中可审计事件定义的**【赋值:其他审计相关信息】**。

应用注释:相关事件的“最小级审计级别”请参考 GB/T 18336.2—2008 的规定。

7.9.3 用户身份关联(FAU_GEN.2)

从属于:无。

依赖:FAU_GEN.1 审计数据产生;

　　FIA_UID.1 标识时机。

FAU_GEN.2.1 TSF 应能将每个可审计事件与引起该事件的用户及应用软件,远程 IT 用户身份相关联。

7.9.4 审计查阅(FAU_SAR.1)

从属于:无。

依赖:FAU_GEN.1 审计数据产生。

FAU_SAR.1.1 TSF 应为**【赋值:授权用户,审计管理员】**提供从审计记录中读取**【赋值:审计信息列表】**的能力。

FAU_SAR.1.2 TSF 应以便于用户理解的方式提供审计记录。

应用注释:本机可以不提供审计查阅功能,但远程可信 IT 系统应提供该功能。

7.9.5 有限审计查阅(FAU_SAR.2)

从属于:无。

依赖:FAU_SAR.1 审计查阅。

FAU_SAR.2.1 除具有明确读访问权限的用户外,TSF 应禁止所有用户对审计记录的读访问。

7.9.6 受保护的审计迹存储(FAU_STG.1)

从属于:无。

依赖:FAU_GEN.1 审计数据产生。

FAU_STG.1.1　TSF 应保护在审计迹所存储的审计记录,以避免未授权的删除。

FAU_STG.1.2　TSF 应能**【选择,选取一个:防止、检测】**对审计迹所存储的审计记录的修改。

7.10 可信路径/信道

7.10.1 可信路径/信道类架构

可信路径/信道类架构见图 8。

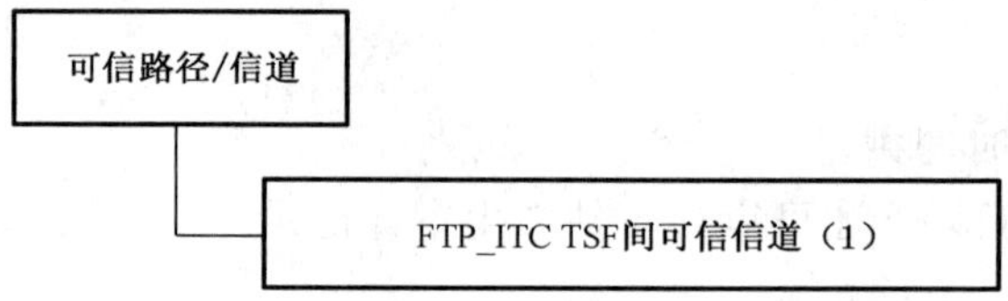

图 8　可信路径/信道类架构

7.10.2 TSF 间可信信道(FTP_ITC.1)

从属于:无。

依赖:无。

FTP_ITC.1.1　TSF 应在它自身和一远程可信 IT 产品之间提供一条通信信道,此信道在逻辑上与其他通信信道不同,并且对其端点提供确定的标识,以及通过密码技术保护信道中数据免遭修改和泄露。

FTP_ITC.1.2　TSF 应允许**【选择:TSF,远程的可信 IT 产品】**经可信信道发起通信。

FTP_ITC.1.3　对于与远程可信 IT 产品间的交互,**【赋值:其他需要可信信道的功能列表】**,TSF 应经可信信道发起通信。

应用注释:TSF 间的可信信道应与普通通信信道不同,并要使用密码技术建立此可信信道。

8 移动终端操作系统的安全保证要求

8.1 安全保证级别

移动终端操作系统的安全保证级别选择 EAL2(见 ISO/IEC 15408-3:2008)。

EAL2 级别应包含的保证组件在表 2 中列出。

表 2 保证组件

保证类	保证组件
ADV:开发	ADV_ARC.1 安全架构描述
	ADV_FSP. 2 实施安全功能规范
	ADV_TDS. 1 基本设计
AGD:指导性文件	AGD_OPE. 1 操作用户指南
	AGD_PRE.1 准备程序
ALC:生命周期支持	ALC_CMC. 2 配置管理系统的使用
	ALC_CMS. 2 TOE 配置管理覆盖部分
	ALC_DEL.1 交付过程
ASE:安全目标评估	ASE_CCL.1 一致性要求
	ASE_ECD.1 扩充组件定义
	ASE_INT.1 ST 引言
	ASE_OBJ.2 安全目的
	ASE_REQ.2 安全要求导出
	ASE_SPD. 1 安全问题定义
	ASE_TSS.1 TOE 概要规范
ATE:测试	ATE_COV.1 覆盖证据
	ATE_FUN.1 功能测试
	ATE_IND.2 独立测试-用例
AVA:脆弱性评估	AVA_VAN. 2 脆弱性分析

8.2 开发

8.2.1 安全架构描述(ADV_ARC.1)

依赖:ADV_FSP.1 基本功能规范;
　　ADV_TDS.1 基本设计。

开发者行为元素:

ADV_ARC.1.1D 开发者应设计和实施 TOE 使得 TSF 的安全特性不能被旁路。

ADV_ARC.1.2D 开发者应设计和实施 TOE 使得 TSF 能够保护自身不受非可信活动实体的干扰。

ADV_ARC.1.3D 开发者应提供 TSF 安全架构描述。

内容和形式元素:

ADV_ARC.1.1C 安全架构描述的详细程度应与 TOE 设计文档中实施安全功能要求的抽象描述相当。

ADV_ARC.1.2C 安全架构描述应描述由 TSF 维护的与安全功能要求一致的安全域。

ADV_ARC.1.3C 安全架构描述应描述 TSF 初始化过程是安全的。

ADV_ARC.1.4C 安全架构描述应论证 TSF 保护自身不受干扰。

ADV_ARC.1.5C 安全架构描述应论证 TSF 能够防止安全功要求的执行被旁路。

评估者行为元素：

ADV_ARC.1.1E 评估者应确认所提供的信息满足证据的内容和形式的所有要求。

8.2.2 安全执行功能规范(ADV_FSP.2)

依赖：ADV_TDS.1 基本设计。

开发者行为元素：

ADV_FSP.2.1D 开发者应提供功能规范。

ADV_FSP.2.2D 开发者应提供从功能规范到安全功能要求的对应。

内容和形式元素：

ADV_FSP.2.1C 功能规范应完整表达 TSF。

ADV_FSP.2.2C 功能规范应描述所有 TSFI 的目的和使用方法。

ADV_FSP.2.3C 功能规范应标识和描述与每个 TSFI 关联的所有参数。

ADV_FSP.2.4C 对每一个执行安全功能要求的 TSFI,功能规范应描述与此 TSFI 关联的安全功能要求的执行动作。

ADV_FSP.2.5C 对每一个执行安全功能要求的 TSFI,功能规范应描述与安全功能要求执行动作相关的处理所导致的直接错误信息。

ADV_FSP.2.6C 在功能规范中的对应关系应能论证安全功能要求与 TSFI 的对应。

评估者行为元素：

ADV_FSP.2.1E 评估者应能确认所提供的信息满足证据的内容和形式的所有要求。

ADV_FSP.2.2E 评估者应能判断此功能规范是安全功能要求的一个正确和完整的具体例证说明。

8.2.3 基本设计 (ADV_TDS.1)

依赖：ADV_FSP.2 安全执行功能规范。

开发者行为元素：

ADV_TDS.1.1D 开发者应提供 TOE 的设计。

ADV_TDS.1.2D 开发者应提供功能规范中 TSFI 与 TOE 最底层分解设计间的映射关系。

内容和形式元素：

ADV_TDS.1.1C 设计应从子系统的角度描述 TOE 的结构。

ADV_TDS.1.2C 设计应标明 TSF 的全部子系统。

ADV_TDS.1.3C 设计应通过充分的细节描述每个安全功能要求支持或安全功能要求无关 TSF 子系统的行为以确定它不是安全功能要求执行子系统。

ADV_TDS.1.4C 设计应概要说明安全功能执行子系统执行安全功能的行为。

ADV_TDS.1.5C 设计应描述 TSF 安全功能执行子系统间的交互、TSF 安全功能执行子系统与其他 TSF 子系统间的交互。

ADV_TDS.1.6C 映射关系应论证全部的 TSFI 与 TOE 设计中所描述的由它们引发的行为相对应。

评估者行为元素：

ADV_TDS.1.1E 评估者应确认所提供的信息满足证据的内容和形式的所有要求。

ADV_TDS.1.2E 评估者应能判断此设计是全部安全功能要求的正确和完整的具体例证说明。

8.3 指导性文件

8.3.1 用户操作指南 (AGD_OPE.1)

依赖：ADV_FSP.1 基本功能规范。

开发者行为元素：

AGD_OPE.1.1D 开发者应提供用户操作指南。

内容和形式元素：

AGD_OPE.1.1C 用户操作指南应为每个用户角色描述需要在安全环境控制下可访问的功能、特权，并做适当警告。

AGD_OPE.1.2C 用户操作指南应为每个用户角色描述如何使用 TOE 以安全方式提供的可用接口。

AGD_OPE.1.3C 用户操作指南应为每个用户角色描述可用的功能和接口，特别是所有由用户控制的安全参数，适当指明安全数值。

AGD_OPE.1.4C 用户操作指南应为每个用户角色陈述每一种需要执行的与用户可访问功能相关的安全事件，包括改变 TSF 控制实体的安全特性。

AGD_OPE.1.5C 用户操作指南应标明所有可能的 TOE 操作模式(包括导致失败、操作错误的操作)及它们对保证安全操作的后果和影响。

AGD_OPE.1.6C 用户操作指南应描述每个用户角色所遵循的安全措施以满足 ST 所描述的环境安全目的。

AGD_OPE.1.7C 用户操作指南应清晰合理。

评估者行为元素：

AGD_OPE.1.1E 评估者应确认所提供的信息满足证据的内容和形式的所有要求。

8.3.2 准备过程（AGD_PRE.1）

依赖：无。

开发者行为元素：

AGD_PRE.1.1D 开发者应提供 TOE，包括它的准备过程。

内容和形式元素：

AGD_PRE.1.1C 准备过程应描述按照开发者交付程序安全接收 TOE 必要的全部步骤。

AGD_PRE.1.2C 准备过程应描述安全安装 TOE 及依据 ST 描述的环境安全目的安全准备操作环境必要的全部步骤。

评估者行为元素：

AGD_PRE.1.1E 评估者应确认所提供的信息满足证据的内容和形式的所有要求。

AGD_PRE.1.2E 评估者应实施准备过程，确认 TOE 能为操作做好安全准备。

8.4 生命周期支持

8.4.1 配置管理系统的使用（ALC_CMC.2）

依赖：ACL_CMS.1：TOE 配置管理覆盖。

开发者行为元素：

ALC_CMC.2.1D 开发者应提供 TOE 和 TOE 的参照号。

ALC_CMC.2.2D 开发者应提供配置管理文档。

ALC_CMC.2.3D 开发者应使用配置管理系统。

内容和形式元素：

ALC_CMC.2.1C TOE 应被其参照号唯一标识。

ALC_CMC.2.2C 配置管理文件应描述用于唯一标识 TOE 所包含配置项的方法。

ALC_CMC.2.3C 配置管理系统应唯一标识 TOE 所包含的所有配置项。

评估者行为元素：

ALC_CMC.2.1E 评估者应确认所提供的信息满足证据的内容和形式的所有要求。

8.4.2 TOE 配置管理覆盖部分（ALC_CMS.2）

依赖：无。

开发者行为元素：

ALC_CMS.2.1D 开发者应提供一个 TOE 配置列表。

内容和形式元素：

ALC_CMS.2.1C 配置列表应包含下列内容：TOE 自身；安全保证要求所要求的评估证据；和构成 TOE 的各个部分。

ALC_CMS.2.2C 配置列表应唯一标识配置项。

ALC_CMS.2.3C 对每个与 TSF 相关的项，配置列表应标明此项的开发者。

评估者行为元素：

ALC_CMS.2.1E 评估者应确认所提供的信息满足证据的内容和形式的所有要求。

8.4.3 交付过程（ALC_DEL.1）

依赖：无。

开发者行为元素：

ALC_DEL.1.1D 开发者应把 TOE 或其部分交付用户的过程文档化，并提交。

ALC_DEL.1.2D 开发者应使用交付过程。

内容和形式元素：

ALC_DEL.1.1C 交付文档应描述，在向消费者颁发 TOE 版本时，用以维护其安全性所必需的全部过程。

评估者行为元素：

ALC_DEL.1.1E 评估者应确认所提供的信息满足证据的内容和形式的所有要求。

8.5 安全目标评估

8.5.1 遵从声明（ASE_CCL.1）

依赖：ASE_INT.1：ST 引言；

ASE_ECD.1：扩展组件定义；

ASE_REQ.1：安全要求的陈述。

开发者行为元素：

ASE_CCL.1.1D 开发者应提供遵从声明。

ASE_CCL.1.2D 开发者应提供对遵从声明的解释。

内容和形式元素：

ASE_CCL.1.1C 遵从声明应说明 ST 及 TOE 所遵从的标准。

ASE_CCL.1.2C 遵从声明应论证 TOE 类型与其遵从的标准中的 TOE 类型是一致的。

ASE_CCL.1.3C 遵从声明应论证安全问题定义与其遵从的标准中的安全问题定义是一致的。

ASE_CCL.1.4C 遵从声明应论证安全目的与其遵从的标准中的安全目的是一致的。

ASE_CCL.1.5C 遵从声明应论证其安全要求与其遵从的标准中的安全要求是一致的。

评估者行为元素：

ASE_CCL.1.1E 评估者应能确认所提供的信息满足证据的内容和形式的所有要求。

8.5.2 ST引言(ASE_INT.1)

依赖:无。

开发者行为元素:

ASE_INT.1.1D 开发者应提供ST引言。

内容和形式元素:

ASE_INT.1.1C ST引言应包含ST实例、TOE实例、TOE概述及TOE描述。

ASE_INT.1.2C ST实例应唯一标识ST。

ASE_INT.1.3C TOE实例应唯一标识TOE。

ASE_INT.1.4C TOE概述应简述TOE用途和主要安全特征。

ASE_INT.1.5C TOE概述应标识TOE类型。

ASE_INT.1.6C TOE概述应标识不属于TOE但TOE需要的任何硬件、软件及固件。

ASE_INT.1.7C TOE描述应陈述TOE的物理范围。

ASE_INT.1.8C TOE的描述应陈述TOE的逻辑范围。

评估者行为元素:

ASE_INT.1.1E 评估者应确认所提供的信息满足证据的内容和形式的所有要求。

ASE_INT.1.2E 评估者应确认TOE实例、TOE概述及TOE描述之间的一致性。

8.5.3 扩展组件定义(ASE_ECD.1)

依赖:无。

开发者行为元素:

ASE_ECD.1.1D 开发者应提供安全要求的陈述。

ASE_ECD.1.2D 开发者应提供扩展组件定义。

内容和形式元素:

ASE_ECD.1.1C 安全要求的陈述应标明所有扩展的安全要求。

ASE_ECD.1.2C 扩展组件定义应为每一个扩展的安全要求定义一个扩展组件。

ASE_ECD.1.3C 扩展组件定义应描述每一个扩展组件与标准现有的组件、族、类的关系。

ASE_ECD.1.4C 扩展组件定义应使用标准现有组件、族、类及方法作为表达形式。

ASE_ECD.1.5C 扩展组件应由可度量的和客观的组件组成,以便于论证是否遵从这些组件。

评估者行为元素:

ASE_ECD.1.1E 评估者应确认所提供的信息满足证据的内容和形式的所有要求。

ASE_ECD.1.2E 评估者应确认已有组件无法明确表示扩展组件。

8.5.4 安全目的(ASE_OBJ.2)

依赖:ASE_SPD.1 安全问题定义

开发者行为元素:

ASE_OBJ.2.1D 开发者应陈述安全目的。

ASE_OBJ.2.2D 开发者应提供安全目的原理。

内容和形式元素:

ASE_OBJ.2.1C 安全目的应描述TOE的安全目的和操作环境的安全目的。

ASE_OBJ.2.2C 安全目的原理应追溯每一个TOE的安全目的所对应的威胁和要求实施的组织安全策略。

ASE_OBJ.2.3C 安全目的原理应追溯每一个操作环境的安全目的所对应的威胁和要求实施的组织

安全策略,及其支持的假设。

ASE_OBJ.2.4C 安全目的原理应证明安全目的应对了所有的威胁。

ASE_OBJ.2.5C 安全目的原理应证明安全目的实施了所有的组织安全策略。

ASE_OBJ.2.6C 安全目的原理应证明操作环境的安全目的支持了所有的假设。

评估者行为元素:

ASE_OBJ.2.1E 评估者应确认所提供的信息满足证据的内容和形式的所有要求。

8.5.5 安全要求的导出(ASE_REQ.2)

依赖:ASE_OBJ.2 安全目标;

ASE_ECD.1 扩展组件定义。

开发者行为元素:

ASE_REQ.2.1D 开发者应陈述安全要求。

ASE_REQ.2.2D 开发者应提供安全要求原理。

内容和形式元素:

ASE_REQ.2.1C 安全要求应描述安全功能要求和安全保证要求。

ASE_REQ.2.2C 应定义用于安全功能要求和安全保证要求中的所有主体、客体、操作、安全属性、外部实体及其他项目。

ASE_REQ.2.3C 安全要求陈述应标明安全要求的所有操作。

ASE_REQ.2.4C 应正确实施所有操作。

ASE_REQ.2.5C 每一个安全要求的依赖应满足,或在安全要求原理中说明不满足的理由。

ASE_REQ.2.6C 安全要求原理应追溯每一安全要求到所对应的 TOE 的安全目的。

ASE_REQ.2.7C 安全要求原理应论证安全要求组件实现了所有的 TOE 安全目的。

ASE_REQ.2.8C 安全要求原理应解释选择安全保证要求组件的原因。

ASE_REQ.2.9C 安全要求的陈述应是内部一致的。

评估者行为元素:

ASE_REQ.2.1E 评估者应确认所提供的信息满足证据的内容和形式的所有要求。

8.5.6 安全问题定义(ASE_SPD.1)

依赖:无。

开发者行为元素:

ASE_SPD.1.1D 开发者应提供安全问题定义。

内容和形式元素:

ASE_SPD.1.1C 安全问题定义应描述威胁。

ASE_SPD.1.2C 所有威胁应按照威胁主体、资产及攻击行为进行描述。

ASE_SPD.1.3C 安全问题定义应描述组织安全策略。

ASE_SPD.1.4C 安全问题定义应描述有关 TOE 操作环境的假设。

评估者行为元素:

ASE_SPD.1.1E 评估者应能确认所提供的信息满足证据的内容和形式的所有要求。

8.5.7 TOE 概要规范(ASE_TSS.1)

依赖:ASE_INT.1 ST 引言;

ASE_REQ.1 安全要求的陈述;

ADV_FSP.1 基本功能规范。

开发者行为规范：

ASE_TSS.1.1D 开发者应提供 TOE 概要规范。

内容和形式元素：

ASE_TSS.1.1C TOE 概要规范应描述 TOE 如何满足每一个安全功能要求。

评估者行为元素：

ASE_TSS.1.1E 评估者应能确认所提供的信息满足证据的内容和形式的所有要求。

ASE_TSS.1.2E 评估者应确认 TOE 概要规范与 TOE 概述和 TOE 描述一致。

8.6 测试

8.6.1 覆盖证据（ATE_COV.1）

依赖：ADV_FSP.2：安全执行功能规范；

ATE_FUN.1：功能测试。

开发者行为元素：

ATE_COV.1.1D 开发者应提供测试覆盖证据。

内容和形式元素：

ATE_COV.1.1C 测试覆盖证据应展示测试文件中的测试与功能规范的 TSFIs 之间的对应关系。

评估者行为元素：

ATE_COV.1.1E 评估者应确认所提供的信息满足证据的内容和形式的所有要求。

8.6.2 功能测试（ATE_FUN.1）

依赖：ATE_COV.1：证据覆盖。

开发者行为元素：

ATE_FUN.1.1D 开发者应测试 TSF 并形成结果文档。

ATE_FUN.1.2D 开发者应提供测试文档。

内容和形式元素：

ATE_FUN.1.1C 测试文档应包括测试计划、预期测试结果和实际测试结果。

ATE_FUN.1.2C 测试计划应标明所开展的测试并描述每个测试的测试场景。这些场景应包括对其他测试结果的次序依赖。

ATE_FUN.1.3C 预期测试结果应给出成功执行测试的预期输出。

ATE_FUN.1.4C 实际测试结果应与预期测试结果一致。

评估者行为元素：

ATE_FUN.1.1E 评估者应确认所提供的信息满足证据的内容和形式的所有要求。

8.6.3 独立测试-用例（ATE_IND.2）

依赖：ADV_FSP.2：安全执行功能规范；

AGD_OPE.1：用户操作指南；

AGD_PRE.1：准备过程；

ATE_FUN.1：功能测试；

ATE_COV.1：证据覆盖。

开发者行为元素：

ATE_IND.2.1D 开发者应提供 TOE 用于测试。

内容和形式元素：

ATE_IND.2.1C TOE 应适于测试。

ATE_IND.2.2C 开发者应提供开发者进行 TSF 功能测试的等同资源。

评估者行为元素：

ATE_IND.2.1E 评估者应确认所提供的信息满足证据的内容和形式的所有要求。

ATE_IND.2.2E 评估者应执行一个测试文件中的测试用例以检验开发者的测试结果。

ATE_IND.2.3E 评估者应测试一个 TSF 的子集，确认 TSF 以指定的方式工作。

8.7 脆弱性评估

8.7.1 脆弱性分析(AVA_VAN.2)

依赖：ADV_ARC.1：安全架构描述；

ADV_FSP.2：安全执行功能规范；

ADV_TDS.1：基本设计；

AGD_OPE.1：用户操作指南；

AGD_PRE.1：准备过程。

开发者行为元素：

AVA_VAN.2.1D 开发者应提供 TOE 用于测试。

内容和形式元素：

AVA_VAN.2.1C TOE 应适于测试。

评估者行为元素：

AVA_VAN.2.1E 评估者应确认所提供的信息满足证据的内容和形式的所有要求。

AVA_VAN.2.2E 评估者应执行公共域资源搜索以辨识 TOE 中的脆弱性。

AVA_VAN.2.3E 评估者应通过使用用户指南、功能规范、TOE 设计和安全架构描述，执行独立的 TOE 脆弱性分析以辨识 TOE 中潜藏的脆弱性。

AVA_VAN.2.4E 基于已经辨识的潜在脆弱性，评估者应构造穿透性测试以确定 TOE 能抵抗具备基础攻击潜能的攻击者发起的攻击。

9 原理

9.1 安全目的原理表

表 3、表 4 分别描述了安全威胁和组织安全策略所对应的安全目的。

表 3 威胁与安全目的

序号	威　　胁	安全目的
1	用户数据丢失(T.LOSS_THEFT) 由于丢失或被盗，可能导致用户数据损失	用户数据备份(O.USERDATA_BACKUP) 移动终端操作系统应提供用户数据备份机制
2	非授权人员访问(T.UNAUTHORIZED_ENTRY) 非授权人员试图访问移动终端上的用户数据和系统敏感资源，例如在手机丢失或被盗的情况下非授权人员访问移动终端	鉴别(O.USER_AUTHENTICATION) 鉴别用户、应用软件的身份； 会话锁定(O.SESSION_LOCK) 移动终端操作系统应能在不活动时间达到规定值时锁定会话。同时也应支持由用户发起的会话锁定。重新激活终端应经过用户的再次鉴别

表 3（续）

序号	威　　胁	安全目的
3	用户配置错误（T. USER _ CONFIGRATION _ ERROR） 不具备安全意识或安全意识薄弱的用户通过不正确地配置 TOE，使移动终端安全受到威胁	管理（O.MANAGE） 向管理员提供管理移动终端操作系统安全的功能，并限制非授权用户使用此项功能
4	危及 TSF 安全（T.TSF_COMPROMISE） 恶意用户、进程可能查看、更改或删除 TSF 数据或可执行代码，危及 TSF 的安全	域隔离（O.DOMAIN_ISOLATION ） 提供域隔离机制，保护自身及资源不受到外部冲突、篡改或破坏
5	非授权网络流量（T.UNAUTHORIZED_ NETTRAFFIC） 未授权外部 IT 实体向 TOE 发送网络数据或接收经由 TOE 路由的网络数据	网络信息流控制（O. NETWORK _ FLOW _ CONTROL） 移动终端操作系统需依据信息流控制策略与远程 IT 实体通信 （IP 网络信息流控制 SFP、安全管理信息流控制 SFP）
6	授权人员用户的恶意行为（T. ACCESS_ MALICIOUS） 授权用户利用权限进行非法操作，比如：维修人员在设备维护期间窃取用户隐私、安装恶意软件，或进行其他违背持有者意愿的行为	管理员角色（O.ADMINISTRATOR_ROLE） 设置管理员角色以隔离管理员行为
7	恶意软件（T.MALICIOUS_SOFTWARE） 恶意软件可能通过伪装成授权应用或进程非授权访问用户数据和系统敏感资源，比如，木马或病毒	设备访问（O.DEVICE_ACCESS） 用户、进程、主体应通过授权方式访问用户数据及系统敏感资源（设备访问控制 SFP）； 应用软件限制（O.APPLICATION_RESTRICT） 在应用软件安装、运行时，对应用软件进行限制 （应用软件限制 SFP，设备访问控制 SFP）
8	数据备份（T.DATA_BACKUP） 攻击者可能在备份数据传送过程中窃取或破坏用户数据	备份数据保护（O.BACKUP_DATA_PROTECT） 移动终端操作系统应在备份数据输出前对数据进行保密性和完整性保护
9	设备管理（T.DEVICE_MANAGEMENT） 攻击者可能在设备管理过程中篡改、破坏管理数据、配置数据和系统更新数据	设备管理（O. DEVICE_MANAGEMENT） 移动终端操作系统应保护设备管理过程中传送的管理数据、配置数据和系统更新数据

表 4　组织安全策略与安全目的

序号	组织安全策略	安全目的
1	按需授予（P.NEED_TO_KNOW） 限制授权用户及主体访问能力的原则是按需给予	设备访问（O.DEVICE_ACCESS） 用户、进程、主体应通过授权方式访问用户数据及系统敏感资源（设备访问控制 SFP）； 管理员角色（O.ADMINISTRATOR_ROLE） 设置管理员角色以隔离管理员行为

表 4（续）

序号	组织安全策略	安全目的
2	访问授权管理(P.ACCESS_ AUTHORIZATION_MANAGE) 移动终端操作系统应向用户提供访问授权管理能力	管理(O.MANAGE) 向管理员提供管理移动终端操作系统安全的功能，并限制非授权用户使用此项功能； 管理员角色(O.ADMINISTRATOR_ROLE) 设置管理员角色以隔离管理员行为
3	明确提示(P. VISIBLE_PROMPT) 当访问与安全、法律有关的用户数据和系统敏感资源时，移动终端操作系统应能够向用户提供明确的提示	设备访问(O.DEVICE_ACCESS) 用户、进程、主体应通过授权方式访问用户数据及系统敏感资源(设备访问控制 SFP)； 应用软件限制(O.APPLICATION_RESTRICT) 在应用软件安装、运行时，对应用软件进行限制(应用软件限制 SFP)
4	标识和鉴别(P.I_AND_A) 移动终端的用户、应用软件、进程、主体、客体都应被分配唯一的标识，并在执行访问和实施动作之前加以鉴别	鉴别(O.USER_AUTHENTICATION) 鉴别用户、应用软件的身份； 标识(O.USER_IDENTIFICATION) 给用户、应用软件分配唯一的标识
5	追溯(P.TRACE) 主体行为可以被追溯	审计产生(O.AUDIT_GENERATION) 移动终端操作系统具备检测与安全有关事件的能力，并产生审计记录； 审计保护(O.AUDIT_PROTECTION) 保护审计信息； 审计调阅(O.AUDIT_REVIEW) 具备选择性审阅审计信息的能力，并向管理员报告安全违规
6	密码(P.CRYPTOGRAPHY) 移动终端操作系统安全功能应得到密码技术的支持，密码算法应符合国家和行业的信息技术安全标准或规范	密码服务(O.CRYPTOGRAPHIC_SERVICES) 移动终端操作系统应为安全功能的实施提供密码服务
7	网络连接(P.NETWORK) 移动终端操作系统用户通过互联网访问远程可信 IT 实体(应用软件商店、运营商服务器、设备管理系统、邮件服务器)时应能够建立安全连接	网络连接(O.NETWORK) 移动终端操作系统需与远程实体通信建立安全连接(网络信息流控制 SFP、安全管理信息流控制 SFP)

9.2 安全要求原理表

表 5 描述了针对每一个安全目的所对应的安全功能要求或安全保证要求，以说明安全目的得到正确实施。

表 5 安全要求原理表

序号	安全目的	安全功能要求(SFRs)
1	用户数据备份(O.USERDATA_BACKUP) 移动终端操作系统应提供用户数据备份机制	TOE 通过[FDP_ETC.1(UD)]、[FDP_ETC.2(UD)]向用户提供用户数据输出到 TOE 外的功能,通过[FDP_ITC.1(UD)]、[FDP_ITC.2(UD)]提供用户数据由 TOE 外输入的功能
2	鉴别(O.USER_AUTHENTICATION) 鉴别用户、应用软件的身份	TSF 应确保只有授权人员用户和授权的应用软件基于用户属性(FIA_ATD.1)访问 TOE 或 TOE 的敏感资源。用户和应用软件须经标识鉴别过程实现访问(FIA_UAU.1、FIA_UAU.5、FIA_UAU.6、FIA_UAU.7);TSF 应具备抵御暴力攻击的能力(FIA_AFL.1、FIA_SOS.1)
3	会话锁定(O.SESSION_LOCK) 移动终端操作系统应能在不活动时间达到规定值时锁定会话。同时也应支持由用户发起的会话锁定。重新激活终端应经过用户的再次鉴别	TOE 应通过 TSF 原发(FTA_SSL.1)、用户原发(FTA_SSL.2)锁定用户会话以限制非授权用户对 TOE 的访问; TOE 应根据安全属性拒绝用户会话建立(FTA_TSE.1),TSF 应基于访问方法限制管理员和审计管理员会话的安全属性范围(FTA_LSA.1)
4	管理(O.MANAGE) 向管理员提供管理移动终端操作系统安全的功能,并限制非授权用户使用此项功能	(FMT_SMF.1)定义了 TOE 安全管理接口的划分。通过(FMT_MOF.1)确定管理员和审计管理员能够实施的安全功能行为的管理;通过(FMT_MSA.1)、(FMT_MSA.2)、(FMT_MSA.3)对执行应用程序限制策略、设备访问控制策略、网络信息流控制策略、安全管理信息流控制所依赖的安全属性进行管理;通过(FMT_MTD.1)、(FMT_MTD.2)、(FMT_MTD.3)对审计数据及其他 TSF 数据进行管理;通过安全属性撤销(FMT_REV.1)向用户提供撤销应用软件安全属性的能力;管理权限通过(FMT_SMR.1)进行分割
5	域隔离(O.DOMAIN_ISOLATION) 提供域隔离机制,保护自身及资源不受到外部冲突、篡改或破坏	TSF 应具备自检能力(FPT_TST.1),确保密码模块、TSF 可执行代码的完整性。应为审计、用户数据保护等安全功能提供可靠的时间戳(FPT_STM.1);通过安全架构描述(ADV_ARC.1)保证自身及资源不受到外部冲突、篡改或破坏
6	网络信息流控制(O.NETWORK_FLOW_CONTROL) 移动终端操作系统需依据信息流控制策略与远程 IT 实体通信	网络信息流控制机制[FDP_IFC.1(NIC)]和安全管理信息流控制机制[FDP_IFC.1(MIC)]控制移动终端与远程网络实体间的网络信息流,采用由 FDP_IFF.1(NIC)和 FDP_IFF.1(MIC)定义的规则对网络信息流实施控制
7	管理员角色(O.ADMINISTRATOR_ROLE) 设置管理员角色以隔离管理员行为	(FMT_SMR.1)定义了 TOE 安全角色
8	设备访问(O.DEVICE_ACCESS) 用户、进程、主体应通过授权方式访问用户数据及系统敏感资源(设备访问控制 SFP)	[FDP_ACC.1(DA)]定义了 TOE 的设备访问控制 SFP 的控制范围,[FDP_ACF.1(DA)]定义了 TSF 实施设备访问控制 SFP 的规则;访问用户数据及系统敏感资源的权限与用户身份关联(FIA_USB.1)

表 5（续）

序号	安全目的	安全功能要求(SFRs)
9	应用软件限制（O. APPLICATION _ RESTRICT） 在应用软件安装、运行时，对应用软件进行限制	[FDP_ACC.1(AP)]定义了 TOE 应用软件限制 SFP 的控制范围，[FDP_ACF.1(AP)]定义了 TSF 实施应用软件限制 SFP 的规则； [FDP_ITC.1(AP)]和[FDP_ITC.2(AP)]定义了应用软件输入时应受到的限制
10	备份数据保护（O. BACKUP _ DATA _ PROTECT） 移动终端操作系统应在备份数据输出前对数据进行保密性和完整性保护	(FDP_UCT.1)保证备份数据输出的保密性，(FDP_UIT.1)保证备份数据输出的完整性
11	设备管理(O. DEVICE_MANAGEMENT) 移动终端操作系统应保护设备管理过程中传送的管理数据、配置数据和系统更新数据	用(FPT_ITC.1)、(FPT_ITI.1)、(FPT_TDC.1)实现 TOE 与外部实体间管理数据、配置数据的交互及系统数据的更新
12	标识(O.USER_IDENTIFICATION) 给用户、应用软件分配唯一的标识	应用程序应被 TSF 标识(FIA_UID.1)
13	审计产生(O.AUDIT_GENERATION) 移动终端操作系统具备检测与安全有关事件的能力，并产生审计记录	TOE 应产生审计数据(FAU_GEN.1)，并与用户身份关联(FAU_GEN.2)
14	审计调阅(O.AUDIT_REVIEW) 具备选择性审阅审计信息的能力，并向管理员报告安全违规	TOE 应提供审计查阅(FAU_SAR.1)及有限审计查阅(FAU_SAR.2)
15	审计保护(O.AUDIT_PROTECTION) 保护审计信息	TOE 应保护审计迹存储(FAU_STG.1)
16	密码服务(O.CRYPTOGRAPHIC_SERVICES) 移动终端操作系统应为安全功能的实施提供密码服务	(FCS_CBR_EXT.1)确定了 TOE 密码支持的基本要求，(FCS_COA_EXT.1)定义了向 TOE 的安全功能应提供的密码操作
17	网络连接(O.NETWORK) 移动终端操作系统需与远程实体通信建立安全连接	TOE 与远程实体进行安全的网络通信前应进行双向鉴别(FIA_UAU.5)，通过(FPT_ITC.1)、(FPT_ITI.1)、(FPT_TDC.1)与远程实体进行 TSF 数据的交互，通过(FDP_ITC.2)、(FDP_UCT.1)、(FDP_UIT.1)与远程实体进行用户数据交互，以实现与远程实体建立安全连接

参 考 文 献

［1］ GB/T 20271—2006 信息安全技术 信息系统通用安全技术要求

［2］ GB/T 20272—2006 信息安全技术 操作系统安全技术要求

［3］ GB/Z 20283—2006 信息安全技术 保护轮廓和安全目标的产生指南

［4］ ISO/IEC 15408-1:2009 信息技术 安全技术 信息技术安全性评估准则 第1部分:简介和一般模型(Information technology—Security techniques—Evaluation criteria for IT security—Part 1:Introduction and general model)

ICS 35.040
L 80

中华人民共和国国家标准

GB/T 30285—2013

信息安全技术 灾难恢复中心建设与运维管理规范

Information security technology—Construction and sustain management specifications of disaster recovery center

2013-12-31 发布　　　　2014-07-15 实施

中华人民共和国国家质量监督检验检疫总局
中国国家标准化管理委员会 发布

前 言

本标准按照 GB/T 1.1—2009 给出的规则起草。

本标准由全国信息安全标准化技术委员会(SAC/TC 260)提出并归口。

本标准起草单位:北京万国长安容灾备份服务有限公司。

本标准主要起草人:汪琪、王娜、熊四皓、李爱东、吴晓军、李丹、何瑜、周云峰、刘书明、刘建明、王军、黄伟、刘东红、关继铮、高勇、杨海涛、刘洋、上官晓丽。

信息安全技术 灾难恢复中心建设与运维管理规范

1 范围

本标准规定了灾难恢复中心建设与运维的管理过程。

本标准适用于开展信息系统灾难恢复及业务连续性活动的机构或提供信息系统灾难恢复及业务连续性服务的服务机构(以下简称"机构")。

2 规范性引用文件

下列文件对于本文件的应用是必不可少的。凡是注日期的引用文件,仅注日期的版本适用于本文件。凡是不注日期的引用文件,其最新版本(包括所有的修改单)适用于本文件。

GB/T 20984—2007 信息安全技术 信息安全风险评估规范

GB/T 20988—2007 信息安全技术 信息系统灾难恢复规范

GB 50174—2008 电子信息系统机房设计规范

3 术语和定义

下列术语和定义适用于本文件。

3.1

生产系统 production system

正常情况下支持机构日常运作的信息系统。

3.2

灾难备份系统 disaster recovery system

用于灾难恢复目的,当灾难发生导致生产系统不可用时用于接替生产运行的信息系统,以满足机构业务运营的连续性要求。

3.3

数据中心 data center

用于支撑信息系统运行的场地和环境,一般由电力保障系统、空气调节系统、安全保障系统、监控系统、消防系统、机柜及桥架、办公及生活保障设施等构成。

3.4

生产中心 production center

利用数据中心场地和环境支撑机构生产系统运行,对机构的重要信息进行集中管理和处理的场所和组织。

3.5

灾难恢复中心 disaster recovery center

满足机构关键业务运营连续性的要求,利用数据中心场地和环境支撑机构灾难备份系统运行,抵御导致生产系统全部或部分不可用的灾难,用以接替生产中心部分或全部职能,对机构重要信息进行集中管理和处理的场所和组织。

注:灾难恢复中心也称为灾备中心或容灾中心。灾难恢复中心按照其风险防范职能及与生产中心的距离,可分为

同城灾难恢复中心和异地灾难恢复中心。

3.6

同城灾难恢复中心　city disaster recovery center

与生产中心一般处于同一城市，但与生产中心处于不同的风险区域内，能够抵御同一城市内的小范围停电、建筑物火灾、基础设施设备故障、通信线路故障、软硬件故障以及其他突发事件可能造成的局部交通封锁或中断等小范围灾难的灾难恢复中心。

注：同城灾难恢复中心具有通讯成本较低，可实现同步“零数据丢失”复制，可抵御较小范围风险等特点。

3.7

异地灾难恢复中心　remote disaster recovery center

与生产中心一般处于不同城市，能够抵御大范围停电、地震、战争、洪水、海啸、滑坡、泥石流、台风、洪水、较大范围的公共卫生事件、社会动乱等较大规模的区域性灾难的灾难恢复中心。

注：异地灾难恢复中心可实现异步复制或定时备份方式，可抵御较大范围的风险等特点。

3.8

灾难恢复演练　disaster recovery exercises

为验证灾难备份系统的有效性，确保灾难备份系统能够顺利接替生产系统运行，机构需要通过演练的方式验证灾难备份系统与生产系统数据的一致性和完整性，验证灾难备份系统接替生产系统的能力。

注：灾难恢复演练的形式可分为桌面演练、模拟切换演练和实际切换演练。

3.9

灾难备份系统切换　disaster recovery system failover

将生产系统切换到灾难备份系统运行，利用灾难恢复中心接管部分或全部生产中心职能的活动。

3.10

灾难备份系统回切　disaster recovery system failback

将灾难备份系统切换回生产系统，并恢复生产中心职能的活动。

4　建设与运维管理概述

4.1　建设与运维管理原则

灾难恢复中心建设与运维管理原则如下：

a)　预防为主原则

充分认识生产中心在使用和管理过程中所面临的风险，及时提出风险处置策略，明确在灾难恢复中心需要解决或处置的灾难事件风险场景，根据成本效益原则采取必要的措施降低风险发生的可能性，最大限度地减少可能造成的损害。在灾难恢复中心选址时，应避免与生产中心同处一个风险区域和环境，以达到风险分散的目的。

b)　资源共享原则

灾难恢复中心是在灾难发生时为机构从事灾难恢复活动所提供的专用资源，一般处于闲置或就绪状态，为最大限度地降低灾难恢复中心的总体拥有成本，提高灾难恢复资源建设的投入费效比，应在保证机构业务、数据安全的前提下利用灾难恢复中心的闲置资源或利用第三方机构的资源实现机构之间和机构内部功能区之间的资源共享。

c)　持续保障原则

充分考虑与生产中心的业务和数据处理能力的一致性，保证灾难恢复中心具有接管生产中心关键信息系统运行的能力。机构应建立一整套长效保障机制以确保灾难恢复中心资源的完整性和长期有效性。

d) 安全保障原则

应加强灾难恢复中心的安全保障工作，使灾难恢复中心与生产中心具备同等的安全保障机制，以确保灾难恢复中心的信息安全和信息系统的运行安全，实现灾难发生时灾难恢复中心对生产中心的平稳接替。

4.2 建设与运维管理的生命周期模型

根据灾难恢复体系建设最佳实践，灾难恢复中心的建设与运维管理过程一般可分为分析、规划、建设、交付和运维五个阶段，见图1，为保证灾难恢复中心的功能和水平能够跟随业务发展和灾难恢复需求的变化，应定期对灾难恢复需求进行重新评估，并根据需求评估的结果重复进行规划、建设、交付和运维等管理活动的开展。

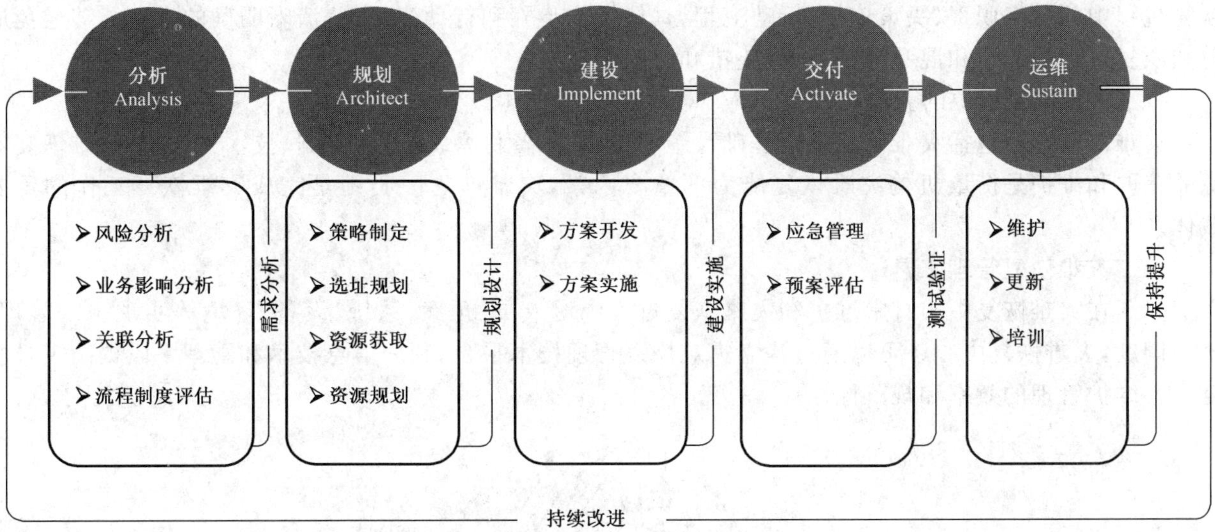

图 1 灾难恢复中心建设与运维管理生命周期模型

a) 分析阶段

通过风险分析、业务影响分析、应用系统关联分析、流程与制度评估等需求分析方法获取灾难恢复中心建设需求，确定建设目标、范围及路线等。

b) 规划阶段

根据需求分析结论，制定灾难恢复策略，进行灾难恢复中心选址规划、资源获取方式规划、资源获取方式规划、基础设施资源规划、信息系统规划、运维管理体系规划和灾难备份技术方案设计。

c) 建设阶段

根据灾难备份技术方案的要求进行灾难备份系统建设，包括基础设施建设、信息系统建设和预案体系建设，通过灾难恢复中心建设，获取机构灾难恢复所必需的环境、场地、系统、人员等灾难恢复资源。

d) 交付阶段

交付阶段是建设阶段向运维阶段过渡的重要阶段，在此阶段，通过预案和手册的培训、测试、演练等方式，是灾难恢复中心的运行管理团队逐渐熟悉并接管灾难恢复中心。确保灾难恢复资源满足机构灾难恢复能力要求。

e) 运维阶段

通过持续维护、培训、验证、演练等方式保持灾难恢复能力在整个生命周期内的有效性，逐步改善并提升运行维护管理水平和管理效率。

当机构的业务模式、管理目标、外围环境、技术架构发生重大变化且对机构灾难恢复需求产生重大影响时，应重新进行灾难恢复需求分析，并根据新的需求进行重新规划、建设、交付和运维，因此灾难恢复中心建设与运维管理是一个循环往复、不断改进、不断完善的过程。

4.3　建设与运维管理的内容

灾难恢复中心建设与运维管理的内容见图2，包括以下几个方面：

a)　灾难恢复中心的组织体系建设和管理

机构应建立一个构架合理、岗位清晰、职责明确、管理有序、执行高效的灾难恢复管理、实施和运维团队，确保灾难发生后的恢复过程能够得到有效组织和管理。

b)　预案体系的建设和管理

预案体系应包括应急响应预案和灾难恢复预案，通过事先的定义和文档化，明确在应急响应和灾难恢复过程中的分工职责、决策依据、行动流程、具体操作步骤和行动建议等，清晰明确的预案能够避免应急和恢复过程的无序和混乱，减少人为差错和时间的浪费。

c)　灾难恢复资源的获取和维护

灾难恢复资源包括灾难恢复中心基础设施环境、灾难备份系统、备用数据、技术支持等，灾难恢复资源的获取和维护是衡量机构灾难恢复能力的重要因素，灾难恢复中心则是完成灾难恢复工作的重要载体。

d)　灾难恢复管理工具

为了在灾难恢复中心日常维护和灾难恢复过程中对人员、预案、系统、设备、环境等实现统一管理、统一调度，灾难恢复中心还可以通过建立灾难恢复管理技术平台，利用信息技术和管理手段提高灾难恢复中心维护管理的效率和规范性。

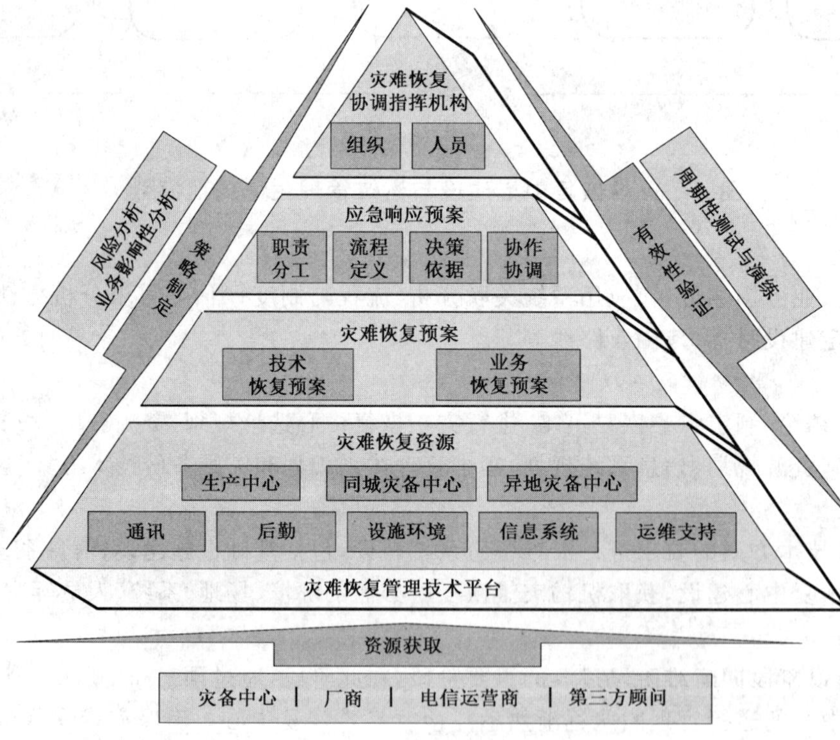

图2　灾难恢复中心建设与运维管理内容

为了获取灾难恢复能力并保证其能够持续有效的发挥作用，不但应关注灾难恢复中心的建设过程，还应关注灾难恢复中心的管理和维护，特别是灾难恢复中心的规划、资源获取和运行维护。

明确灾难恢复中心的建设策略，通过风险分析、业务影响分析等方法明确灾难恢复中心的组织体系、职责分工、恢复目标、恢复范围、恢复水平、恢复次序和优先级，建立灾难恢复中心场地、线路、设备、系统、数据等资源获取的渠道和方法；

根据灾难恢复中心的建设需求和策略，组织规划、建设或通过其他渠道购买、租赁，以获得机构的灾难恢复能力；

已经获取的灾难恢复能力(包括组织、预案、设施、设备等)进行周期性的验证、检查和演练以确保灾难恢复中心能够适应机构管理体系和业务需求的变化，保证机构灾难恢复能力的持续性和稳定性。

4.4 灾难恢复中心组织机构及岗位的设立

机构应根据自身的发展战略，结合机构业务特点和信息系统运行平台的特点，本着"合理布局、有效利用、平战结合、持续保障"的原则对灾难恢复中心进行职能定位。灾难恢复中心除应具备灾难恢复及业务持续运营的基本职能外，还可以根据自身的具体情况，赋予灾难恢复中心以其他辅助职能，如测试开发、统一监控、教育培训等。

灾难恢复中心作为机构业务持续管理的重要组成部分，应建立由机构高层管理人员领导，各相关部门参与的灾难恢复中心组织机构。

灾难恢复中心组织机构应由灾难恢复中心建设管理机构、灾难恢复中心运维管理机构组成。

灾难恢复中心建设管理机构负责灾难恢复中心的规划、设计、施工、测试、试运行、交付的管理等工作；灾难恢复中心运维管理机构负责灾难恢复中心的日常运行维护、应急响应管理、灾难恢复的管理等工作。

灾难恢复中心建设管理机构应设立规划设计、协调管理、建设实施等岗位，灾难恢复中心运维管理机构应设立组织管理、运行维护、操作执行等岗位，在灾难发生时，应设立应急指挥、应急管理岗位。每个岗位都应有专人负责，关键岗位至少应设立两个互为备份的角色，以避免由于岗位缺失导致实施和运维质量的下降。

灾难恢复中心的部分职能可以由外包服务机构承担，外包服务机构应视外包职能的范围设立内部组织机构履行相应的灾难恢复中心建设职能和灾难恢复中心运维职能，并与服务对象的灾难恢复组织机构对接。同时，服务对象机构应指定或设立相应组织负责对外包服务机构进行管理并担负起相应的管理责任。

5 灾难恢复中心规划

5.1 灾难恢复中心需求分析

5.1.1 生产系统风险分析

应依据GB/T 20984—2007的要求，识别生产中心信息系统的资产价值、潜在的威胁和脆弱性，并对资产价值、威胁和脆弱性进行等级评估，从而确立信息系统风险级别。根据不同的风险级别制定可行的风险管控措施，并对分析实施风险管控措施后的残余风险，提出灾难备份系统建设的必要性，风险分析应根据业务和环境变换的情况至少每三年进行一次。

5.1.2 基础设施风险分析

为了加强风险防范和管控能力，机构应对其生产中心基础设施进行风险分析，通过对机构生产中心基础设施资产的威胁和脆弱性识别，按照脆弱点被威胁利用时对生产中心所造成的影响范围和影响程度划分风险级别，并针对不同级别的风险制定相应的风险管控措施，以及实施风险管控措施后的残余风险分析。基础设施风险分析的范围应至少涵盖生产中心可能面临的供电中断、地质灾害、气象灾害、交通、通信中断以及生产中心基础设施本身的缺陷和弱点。

5.1.3 业务影响分析

应按照 GB/T 20988—2007 的要求，分析机构各业务系统中断后对机构所造成的财务影响和非财务影响，确立业务系统的灾难恢复指标(RTO 和 RPO)。通过对业务系统和信息系统的关联分析，进而确定信息系统的灾难恢复指标、灾难恢复的优先级别和灾难恢复资源需求。

5.1.4 应用关联分析

应通过对业务应用逻辑架构和业务功能的分析，明确各应用系统的关联关系，包括数据流向、信息交互方式、交互时段和交互路径等，通过应用系统关联分析，确立机构灾难备份的范围和灾难恢复中心信息系统的部署方式。

5.1.5 应急流程与运维制度评估

应通过对机构生产中心现有的应急流程和运维管理制度的调研分析，按照相关标准和规范的要求制定评估基线，对机构现有的应急流程和运维管理制度进行差异分析，提出整改建议和措施。

5.2 灾难恢复中心的规划

5.2.1 灾难恢复策略制定

灾难备份策略制定包括如下的灾难恢复技术策略制定、业务恢复策略制定、灾难恢复范围确定、灾难备份系统实施策略制定、灾难恢复预案开发策略制定和灾难恢复中心运维管理策略制定等方面：

a) 业务恢复策略制定

业务恢复策略的制定应包括业务恢复的手段和恢复流程，数据追补手段和流程，确保发生灾难时业务的持续运行。

b) 灾难恢复范围的确定

应根据机构的业务特点，按照国家和行业相关规范的要求，依据应用系统关联分析，确定信息系统灾难恢复的范围。

c) 灾难恢复技术策略制定

应根据应用系统灾难恢复指标的要求，制定信息系统灾难恢复等级，按照 GB/T 20988—2007 中针对不同灾难恢复等级所确定的灾难恢复资源需求，制定灾难恢复的技术策略。

d) 灾难备份系统实施策略制定

按照灾难备份系统技术策略的要求，结合灾难恢复的范围，制定灾难备份系统的实施策略，包括实施原则、实施范围、实施方法、实施流程等。

e) 灾难恢复预案开发策略制定

按照灾难恢复的实施策略，结合企业自身的特点，制定灾难恢复预案开发策略。

f) 灾难恢复中心运维管理策略制定

针对灾难备份系统运维的要求，确定灾难备份系统运维模式、运维制度、运维团队和运维流程。

5.2.2 场地选址规划

考虑场地建设的合规性，机构业务的持续发展和机构现有资源配置状况等多方面因素等，提出场地选址要求。

所在城市的自然条件、政策环境、区域经济环境、配套设施条件、专业支持保障能力、建设成本等多方面的综合评估。

所在城市环境资源、技术资源、人力资源、配套生活资源等方面的整体布局。

考虑灾难恢复中心的场地条件和风险状况，避免灾难恢复中心与生产中心处于同类风险区域，或发生与生产中心类似的风险状况。

灾难恢复中心场地选址还应综合考虑以下因素：

a) 自然威胁

灾难恢复中心应避免建立在环境灾害高发或高危地区，例如，地震带、气象灾害高发区、低洼易涝地区等。

b) 临近威胁

灾难恢复中心的选址应该避开一些临近的工业和商业风险。这些风险可能包括：制造危险化学品或爆炸物品的工厂、飞机航线直接经过的地区、工业废气（粉尘、酸雾）影响地区、高速和高架桥临近区域等。

c) 交通条件

灾难恢复中心的选址应考虑交通便利的地区，保证人员和装备能够顺利地进入目标恢复区域而不会遭遇计划外的延迟。

d) 连带威胁

灾难恢复中心应尽量避免临近公共设施，尽量避免受到公共设施动荡、冲突或被破坏所造成的影响。

e) 网络接入

灾难恢复中心的选址应便于不同网络运营商的线路接入，以方便分支机构和合作伙伴的网络接入。

5.2.3 资源获取规划

通过对灾难恢复中心建设的可行性分析，包括财务分析、技术及运维能力分析，确定灾难恢复中心的场地资源的获取方式。

灾难恢复中心基础设施资源获取方式，可根据机构的具体情况可采取以下方式获得：

a) 自建

机构所有并运行。

b) 购买

购买现有第三方基础设施。

c) 共建

多个机构共同所有并运行。

d) 外包

由具有信息系统灾难恢复能力的第三方商业机构提供并负责运行。

5.2.4 基础设施资源规划

灾难恢复中心基础设施资源规划是按照机构灾难恢复中心建设的总体要求和基础设施风险分析的结论，对灾难恢复中心的场地、电力、制冷、网络、消防等基础设施资源配置进行规划。规划的主要内容包括：

a) 按照灾难恢复中心全生命周期，制定基础设施总体需求；
b) 按照机构管理要求和外部监管要求和信息系统灾难恢复策略要求，提出灾难恢复中心基础设施建设指标体系；
c) 按照灾难恢复中心基础设施建设指标要求，进行灾难恢复中心的功能区划分和容量分析，并进行电力资源、制冷量、安全资源、运维监控、后勤保障等方面的资源规划。

在灾难恢复中心基础设施资源规划时应重点考虑以下因素：

a） 机构业务活动对于信息系统活动依赖程度；

b） 防范的灾难场景；

c） 机构信息系统运行的特点；

d） 机构归属行业的监管要求；

e） 灾难恢复中心的生命周期。

资源规划应根据灾难恢复中心基础设施资源需求，结合灾难恢复中心基础设施的地理环境和资源状况进行灾难恢复中心机房环境规划和配套设施规划。

5.2.5 信息系统规划

灾难恢复中心的信息系统规划应根据灾难恢复需求评估结论，结合机构生产中心信息系统的具体情况进行灾难备份技术策略的制定、信息系统资源规划和信息系统资源部署规划。

灾难备份技术策略的制定应根据灾难恢复需求评估的结论，结合机构生产中心信息系统的配置情况，通过对业界主流灾难备份技术的分析，结合 GB/T 20988—2007 中关于不同灾难恢复等级的各要素要求，制定适合机构灾难恢复需求的技术策略，包括数据备份策略、数据复制策略、系统切换策略和网络切换策略。

信息系统资源规划是根据灾难备份技术策略的要求，进行灾难恢复中心信息系统资源规划，包括备用数据处理资源规划、数据存储与备份资源规划和备用网络资源规划。

信息系统资源部署规划应按照信息系统资源规划中不同信息系统资源的类型和配置的要求，进行信息系统资源部署规划；多个生产中心共享的灾难恢复中心，在信息系统资源部署规划时应考虑各机构在灾难恢复中心信息系统资源的安全和可用。信息系统资源部署规划应包括数据备份与复制平台的部署规划、备用数据处理资源部署规划、备用数据存储资源部署规划、备用网络资源部署规划和灾难恢复中心应用系统部署规划。

灾难备份系统需考虑信息安全等级保护要求，灾难备份系统的使用单位需按照信息安全等级保护管理规范和技术标准，对灾难备份系统分等级实行安全保护。

5.2.6 运维管理规划

灾难恢复中心运维管理规划应充分考虑灾难恢复中心的职能定位，按照灾难恢复中心运维管理策略的要求，进行运维管理组织架构和岗位职责规划、运维管理制度体系规划、运维管理流程规划，运维管理体系规划应突出灾难恢复中心专业运维的特点，从组织管理、岗位职责、管理制度、流程设计等方面体现灾难恢复中心的运维专业性。

运维管理体系规划不仅应考虑未发生灾难时灾难恢复中心的工作内容和运维流程，还要考虑发生灾难时的应急响应和灾难恢复的工作内容和流程。

5.2.7 方案设计

根据灾难恢复策略，进行灾难恢复中心方案设计。包括灾难恢复中心基础设施方案、灾难恢复技术方案和灾难恢复中心实施方案。详细规定如下：

a） 灾难恢复中心基础设施方案设计

根据灾难恢复中心基础设施资源规划，进行灾难恢复中心的基础环境设计和机房设计。其中基础环境设计包括园区、建筑物设计；机房设计包括场地、供配电、空调、安防、网络等方面的设计。

所有设计的结论应记入灾难恢复策略文档，并获得机构高层管理的批准。设计方案应以文档方式留存，以便于复查和更新。

b） 灾难恢复技术方案设计

根据灾难恢复中心信息系统规划，进行灾难恢复中心技术方案设计，包括备用数据处理系统、备用数据存储系统、备用网络和安全系统方案的设计，灾难恢复中心系统资源配置建议；

灾难恢复技术方案设计应按照灾难恢复的技术策略，制定灾难备份系统的技术架构，包括数据备份与恢复技术架构、数据复制技术架构、网络技术架构、系统切换与回切技术架构等。

c) 灾难恢复中心实施方案设计

按照灾难恢复技术方案的要求，制定灾难恢复中心实施方案，包括实施计划、实施流程、实施管理方案和实施的风险控制等。

6 灾难恢复中心的建设管理

6.1 基础设施建设管理

6.1.1 建设内容

灾难恢复中心基础设施建设可根据机构的建设要求组织实施，其建设内容包括工作设施、辅助设施、生活设施和其他必要区域等。

工作设施包括信息系统工作设施和保障系统工作设施等。例如，计算机机房、主操作室、通讯机房、介质机房、信息系统设备测试维修机房等属信息系统工作设施；供配电设施、空调暖通设施、给排水设施、消防设施、监控设施、货运设施等属于保障系统工作设施。

辅助设施包括日常运行辅助设施、灾难恢复辅助设施、灾难恢复培训设施等。例如，灾难恢复中心办公室、会议室、资料室、值班室、仓库、接待室、休息室、访问活动区域、停车场、货物装卸区等属于日常运行辅助设施；灾难恢复指挥中心、灾难恢复坐席区、办公区、新闻发布中心（多媒体室）、会议室、打印传真室等属于灾难恢复辅助设施；培训教室、模拟演练室等属于灾难恢复培训设施。

生活配套设施包括日常保障人员生活设施和灾难恢复人员生活设施等。例如，宿舍、食堂、活动室等。

其他必要区域还包括集合区域、等候区域、人流物流通道等。

在灾难恢复中心基础设施建设中，机构应组织成立建设管理团队，并根据国家相关标准的要求选择具有数据中心建设经验的施工承包单位，施工监理单位等完成建设。

机构还应组织专家或第三方评估单位对数据中心建设和验收的过程及重要节点给予专业监督，确保灾难恢复中心的建设满足设计和运行要求。

6.1.2 建设管理要求

基础设施建设应遵循"统一协调、分工协作、精心组织、严格审核"的原则，按照基础设施规划和设计的要求进行实施。在建设实施的各个阶段应严格按照施工安全标准和项目管理标准组织实施，并且在实施过程中对质量、安全和进度进行持续的监控和审查，确保施工与设计目标的一致性。同时灾难恢复中心的建设还应尽可能规避施工的风险，坚持成本效益平衡原则，最大限度地提高资源利用率，并综合考虑技术可行性、技术先进性、可扩展性、可管理性、可持续性，以及环保、节能和社会效益等多个方面。

6.1.3 建设实施要求

灾难恢复中心基础设施的实施要求如下：

a) 机构应组建专门的基础设施建设工程项目管理机构，负责对建设工程的全过程进行管理，项目管理机构中应至少包括建设单位代表、监理机构代表和承建单位代表；
b) 项目管理机构可聘请或委托第三方专业机构提供指导或协助；
c) 工程项目管理机构应充分理解需求规划和设计要求，建设过程中发生的重大调整和变更都应被记录并提交灾难恢复中心建设管理机构进行评审，避免出现与需求和设计目标的偏离；

d） 建设过程中工程项目管理机构应对工程进度、工程质量、工程成本等情况进行持续的记录和监控，及时发现问题并推动问题解决；

e） 工程项目管理机构应关注施工现场安全管理，制定施工现场安全管理办法，避免出现施工安全事故；

f） 灾难恢复中心基础设施的施工应遵循相关领域的建筑施工标准组织实施。

6.2 灾难备份系统的建设管理

6.2.1 管理要求

灾难恢复中心基础设施的实施要求如下：

a） 数据备份系统建设管理要求

数据备份系统应本着数据的一致性原则进行建设，确保灾难恢复中心与生产中心数据的一致性和完整性，在系统实施过程中，应进行必要的数据一致性和完整性验证。对于多个生产中心共享的灾难恢复中心，在数据备份系统建设过程中还应考虑不同生产系统在灾难恢复中心备份数据的安全性。

b） 备用处理系统建设管理要求

为满足机构业务持续性运行的要求，灾难备份应用系统应在系统运行环境和软件版本等方面与生产系统完全兼容，在备用数据处理系统建设时，应进行灾难恢复中心子系统运行能力的测试验证和灾难备份系统切换与恢复验证，以确保灾难备份系统平台的有效性和可操作性，以及灾难备份系统接管生产系统运行的能力。

c） 备用网络系统建设管理要求

备用网络系统的建设与实施应按照灾难备份系统规划方案的要求，对灾难恢复中心内部网络、生产中心与灾难恢复中心之间的互联网络、灾难恢复中心与上级机构之间的网络、灾难恢复中心与分支机构之间的网络平台进行实施，搭建灾难备份系统切换和恢复所需要的网络支撑环境。对于多个生产中心共享的灾难恢复中心，备用网络系统建设时应注意对不同生产系统网络的安全隔离，避免由于多个生产系统在灾难恢复中心内部的网络互通导致的安全隐患。

d） 灾难恢复指挥和管理系统建设管理要求

灾难恢复中心往往与生产中心相距较远，需要相对独立的运行管理团队和运行管理的流程制度，为保证灾难恢复中心的可靠运行，建议在灾难恢复中心建立独立的运行维护管理团队和运行管理系统，对灾难恢复中心的事件、问题、变更、发布、配置等关键管理活动和流程进行标准化、规范化管理；

灾难恢复的过程对恢复时间要求严格，涉及的部门组织较多、系统结构复杂，恢复任务数量多、关联复杂，在不同的故障情况下需要启动的预案也各不相同，为了方便日常的培训和演练，更有效的组织灾难恢复的指挥协调工作，建议灾难恢复中心应建立专门的灾难恢复指挥系统，通过对灾难恢复流程和方案的预先定义，通过对日常演练培训的便捷组织，提高灾难恢复的指挥效率和操作能力水平。

6.3 预案体系建设管理

机构应建立有效的预案管理体系，建立有效的开发、维护机制和流程，确保预案符合机构的应急和灾难恢复管理要求。预案体系包括应急预案体系和灾难恢复预案体系。

应急体系描述在紧急状况下机构的应急响应和处置过程，包括应急组织管理、紧急事件的发现、报告和处置，损害评估、恢复、重续运行、重建与回退处理流程和审核与问责制度等内容。应急预案应包括基础设施应急预案、网络系统应急预案和应用系统专项应急预案。

灾难恢复预案则描述在紧急状况下机构如何进行抢救和恢复的过程，包括：灾难恢复组织管理、紧急事件的发现、报告和处置，损害评估、灾难宣告、恢复、重续运行、重建和回退处理流程和处理步骤等内容。灾难恢复预案是定义信息系统灾难恢复过程中所需的任务、行动、数据和资源的文件。用于指导相关人员在预定的灾难恢复目标内恢复信息系统支持的关键业务功能。灾难恢复中心的启用和恢复工作必须在灾难恢复预案的指导下进行。灾难恢复预案应包括灾难恢复中心基础设施恢复预案、灾难备份网络切换恢复预案、信息系统切换恢复预案和业务恢复预案等。

预案体系应按以下要求进行建设和管理：

a) 在预案开发阶段，机构内应设立专门的团队负责预案的开发和验证工作。
b) 开发团队应了解应急和灾难恢复的管理流程、管理原则和业务、技术恢复方法，能够协调和获取管理层和业务、技术部门的支持，具备相关文档的开发写作能力。
c) 预案开发团队人员应由本机构业务、技术等各方面的专业人员以专职或兼职的方式参与，也可聘用或委托其他灾难恢复专业服务机构人员提供辅导和帮助。
d) 预案的制定应遵循"完整性、易用性、明确性、有效性、兼容性"原则，并明确灾难恢复中心启用的限制和前提、灾难恢复的组织和分工、决策机制和流程、决策依据和标准、通讯手段和联络方式、业务与技术的恢复方法和流程、恢复资源的获取方式、持续运行的周期，以及重建和回退策略等方面。
e) 开发完成的预案应交各专业团队进行验证，并组织人员进行验证，灾难恢复预案确认有效后应交由机构领导层进行审批和发布。
f) 机构应建立有效的预案维护体系，并有专人负责预案的维护，包括预案的版本控制、预案的生命周期管理、预案的更新机制等。

7 灾难恢复中心交付管理

7.1 基础设施的验收和移交

7.1.1 基础设施的验收

灾难恢复中心基础设施的验收应严格依照设计规划和施工标准的要求进行，在正式验收开始前应组织包括基础设施运行维护团队参与测试运行，建立基础设施运行管理规范并核对、验证建设方提交的运行维护规程和操作手册的完整性和正确性；

a) 灾难恢复中心基础设施的验收组织应遵循"验评分离、强化验收、完善手段、过程控制"原则；
b) 灾难恢复中心综合验收应根据验收范围和验收类别，分别组织制定验收工作计划和验收方案；
c) 灾难恢复中心的综合验收应在完成国家规范规定的建筑规范验收后进行；
d) 灾难恢复中心综合验收的参与人员应至少包括：灾难恢复中心的灾难恢复管理人员，灾难恢复中心的规划人员，灾难恢复中心的设计人员及跨行业的灾难恢复领域的专家；
e) 验收范围不但应该包含相关设备、设施的数量和施工质量，还应包括相关的图纸、使用说明和操作手册等资料性文档；
f) 灾难恢复中心综合验收后，相关单位应根据验收的结论，对相应工作完成材料补充或整改工作。

7.1.2 基础设施的移交

灾难恢复中心基础设施的移交应建立对基础设施验收合格基础上进行，在基础设施移交前，建设管理机构应组织相关人员准备移交的所有文档，包括建设实施文档、测试文档、验收文档、技术文档，在正式移交时，建设管理机构应与运维管理机构召开移交会议，讨论移交工作内容和工作流程，并使运维管理人员了解和掌握基础设施的建设情况和设备的运行情况，确保灾难恢复中心的基础设施能顺利进入运行维护阶段。

7.2 灾难备份系统的有效性验证

7.2.1 数据的完整性验证

采用技术和业务手段两种手段对灾难恢复中心数据的有效性和完整性进行验证，确保灾难发生时灾难恢复中心的接管能力。

7.2.2 数据的一致性验证

采用技术和业务手段两种手段对生产中心与灾难恢复中心业务数据的一致性进行验证，防止一旦灾难发生，数据丢失量超过灾难恢复指标要求和业务系统容忍度。

7.2.3 数据备份与恢复能力验证

采用技术和业务两种手段对灾难恢复中心数据备份能力进行验证，防止数据备份中断，或是数据备份周期超出设计的时间范围；同时通过技术和业务手段验证灾难恢复中心备份数据的可恢复性，防止一旦灾难发生时备份数据失效，导致系统恢复失败。

7.2.4 信息系统切换与回切能力验证

a） 主机操作系统切换与回切能力验证

通过技术手段进行主机操作系统的切换与回切的验证和测试，保证灾难发生时应用系统主机能顺利切换到灾难恢复中心，以及灾后回退时，主机也能顺利回切至生产中心。防止生产中心与灾难恢复中心主机操作系统环境不一致，导致主机接管失败。

b） 存储系统能力验证

通过技术手段验证灾难恢复中心存储系统能力，保证灾难发生时，灾难恢复中心存储系统的可访问和数据的可用性。

c） 数据库系统切换与回切能力验证

通过技术手段进行数据库系统的切换与回切的验证和测试，保证灾难发生时，数据库系统能够顺利切换到灾难恢复中心，以及灾后回退时，数据库系统也能回切至生产中心。

7.2.5 网络系统切换与回切能力验证

a） 网络设备的切换与回切能力验证

通过技术手段进行网络设备的切换与回切的验证和测试，确保灾难发生时，灾难恢复中心的网络能对外提供服务，以及灾后回退时生产中心的网络能提供对外服务。

b） 网络线路的切换与回切能力验证

通过技术手段进行网络线路的切换与回切的验证和测试，确保灾难发生时，灾难恢复线路畅通，各分支机构、外联单位、监管部门能够顺利连接到灾难恢复中心进行交易，以及灾后回退时各分支机构、外联单位、监管部门能够顺利连接到生产中心进行交易。

7.2.6 应用系统切换与回切能力验证

a） 灾难恢复中心应用系统运行能力验证

通过技术手段和业务手段对灾难恢复中心应用系统进行验证，验证应用系统能否正常对外服务，验证应用系统数据访问能力，验证应用系统变更后的业务处理有效性。

b） 应用系统切换与回切能力验证

通过技术手段和业务手段对灾难恢复中心应用系统进行切换与回切的验证和演练，保证灾难发生时应用系统能够顺利切换到灾难恢复中心,以及灾后回退时应用系统能回切至生产中心运行。

7.3 灾难恢复预案的验证

灾难恢复预案至少应包含灾难恢复的组织体系、恢复流程、技术操作等内容,灾难恢复预案开发完成后应通过桌面演练和操作演练(模拟切换演练和实际切换演练)的方式对预案设定的组织、流程和操作的可行性、正确性、有效性进行验证,并针对验证过程中反应的问题进行修正和调整。灾难恢复中心正式启用前应至少进行一次灾难恢复演练。

a) 灾难恢复预案应明确灾难发生时进行灾难恢复的组织体系,至少应包括灾难恢复的指挥体系、灾难恢复执行体系和灾难恢复的后勤保障体系。

b) 灾难恢复预案应明确灾难恢复的管理和响应流程,至少应包括灾难预警、灾难宣告、人员的通知和集结、评估和决策、灾难恢复技术操作、灾难恢复成功标志、灾难恢复中心持续运行管理、重建及回退等。

c) 灾难恢复预案应包括明确的技术操作说明,包括执行权限、操作步骤、操作指令、返回结果、异常处置等,技术操作说明中应明确操作步骤、执行的顺序和依赖关系。

d) 灾难恢复预案应在明显处标明最后更新日期和版本号,明确灾难恢复预案的更新、发放管理办法和负责人;新版本灾难恢复预案发布后老版本的灾难恢复预案应集中收回并销毁。

7.4 灾难恢复中心与生产中心的协作管理

在灾难恢复中心交付期间应明确在日常维护期和灾难恢复期间与生产中心间的分工界面与工作流程,并对相关机制进行检验和测试,保证正式运营后双方工作协调一致。

a) 灾难恢复中心与生产中心间应建立备份数据传输校验机制,保证双方收发数据的完整性一致性;

b) 灾难恢复中心与生产中心间应建立统一变更流程,生产中心发生的变更和调整应事先评估可能对灾难恢复中心产生的影响,并同时规划灾难恢复中心的变更方案和计划;

c) 灾难恢复中心与生产中心间应建立比对基准和基准核对流程,生产中心和灾难恢复中心应定期检查核对相关应用、设备的状态和参数是否保持在正确状态,并对发生的差错进行及时的纠正;

d) 灾难恢复中心与生产中心间应协调演练和测试计划,保证对双方的正常工作内容和周期不产生重大影响。

8 灾难恢复中心运行维护管理

8.1 运行维护管理原则

灾难恢复中心运行维护管理应遵循以下原则:

a) 安全性原则

灾难恢复中心的安全管理的等级和要求应与生产中心保持一致,灾难恢复中心存储的网络、数据、应用等安全等级不可因使用模式和状态的不同降低安全要求。

b) 关联性原则

灾难恢复中心运维管理体系应与生产中心运维管理体系相关联,在人员岗位构成、日常管理流程和应急恢复期管理流程的衔接、应用和数据的备份恢复操作、数据有效性测试、演练组织、数据安全管理要求等方面都应与生产中心相关联。

c) 流程化与制度化原则

机构应按照灾难恢复中心运维管理要求,建立具有完善的、可行的运维管理流程和制度,以规范运维人员的工作行为，提高运维管理的质量、效率和水平。

d) 可用性与有效性原则

灾难恢复中心运维管理应通过全面测试和定期的验证机制，确保资源的可用性和有效性。

8.2 运行维护管理的组织

8.2.1 组织形式

a) 灾难恢复中心与生产中心采用统一领导、集中管理、协同配合的方式进行组织和管理，这种形式适合于灾难恢复中心等级较高、规模较大、日常运行维护管理工作量较大且独立性强等情形；
b) 灾难恢复中心的组织从属于生产中心，并接受生产中心的管理，这种形式适合于中等规模灾难恢复中心；
c) 灾难恢复中心与生产中心共享运行维护管理团队，运维团队为灾难恢复中心设置特定的岗位和角色，日常的运行维护以远程监控和第三方团队代为现场操作为主。适合于现场维护和操作量较小，不需驻场人员或只需要少数驻场人员等情形；
d) 不论何种模式下灾难恢复中心都应设定专门团队或人员负责灾难恢复中心的安全管理，并与生产中心的安全管理要求保持同步建设和更新。

8.2.2 管理职责

灾难恢复中心的管理职责应包括下列内容：

a) 基础设施运维管理

——负责灾难恢复中心基础设施监控；
——负责灾难恢复中心基础设施相关设备的维护；
——负责灾难恢复中心安防管理；
——负责灾难恢复中心卫生管理；
——负责灾难恢复中心生活设施管理；
——负责灾难恢复中心电力、通讯设施管理；
——负责灾难恢复交通工具管理；
——负责灾难恢复临时人员生活设施管理。

b) 信息系统运维管理

——负责灾难备份系统的监控及日常操作；
——负责灾难备份系统的专业技术支持；
——负责运行事件的管理；
——负责运行问题的管理；
——负责灾难恢复中心 IT 设备变更管理；
——负责灾难备份系统及数据有效性验证；
——负责灾难恢复预案的维护和管理；
——负责灾难恢复演练。

8.2.2.1 应急及灾难恢复支持

应急及灾难恢复支持的职责如下：

a) 负责接受处理突发事件及其预警信息；
b) 负责突发事件处置工作程序和工作机制的相关事务；

c) 接受灾难恢复应急处置的各项指挥；

d) 负责安排和获取灾难恢复所需的资源；

e) 负责跟踪恢复处置态势，协调各恢复团队的处置工作；

f) 负责收集和整理灾难恢复全面信息，为决策层提供支持；

g) 负责协助灾难备份系统实施；

h) 负责灾难恢复的技术操作；

i) 协助其他部门开展业务功能的恢复。

8.2.2.2 接替生产运行

接替生产运行的职责如下：

a) 负责接替运行期间的灾难备份系统的维护；

b) 负责协助安排接替运行期间业务部门和其他机构现场工作场所和环境的保持；

c) 负责生产系统和灾难备份系统的切换和回退检查；

d) 负责协调切换和回退过程中相关人员和重要设备的转移；

e) 负责灾难备份系统的切换和回退后的环境清理和复原。

8.2.2.3 安全管理

安全管理的职责如下：

a) 安全策略的规划与确定；

b) 安全管理制度的制定和落实；

c) 安全管理方案的设计和实施；

d) 安全事件的管理和追踪；

e) 安全记录的检查和审计。

8.3 灾难恢复中心运行维护管理内容和要求

8.3.1 安全管理

安全管理内容和要求如下：

a) 人员健康和安全应该优先于所有的设施和IT设备的保护策略和程序；

b) 灾难恢复中心的安全管理水平要求原则上应与生产中心保持一致，灾难恢复中心应特别注意数据保管、测试和废弃过程中的处理，避免发生遗失和泄漏；

c) 应为灾难恢复中心定义明确的安全管理制度，明确操作和管理权限，包括物理区域安全等级、访问授权办法，应用、数据访问途径和权限等，保证事前的控制审批和事后的审计追查；

d) 应由主要领导人对灾难恢复中心信息安全负责，并有专人承担灾难恢复中心的安全管理职能；

e) 应定期对灾难恢复中心人员进行适当的安全知识及相应技能的培训，在其上岗前进行必要的资格认证并明确安全责任；对在工作中涉及组织秘密的人员(含第三方人员)，应签署保密协议；

f) 应加强灾难恢复中心信息资产管理，识别信息资产并建立责任制，根据信息资产重要性实施分类控制和分级保护，防范信息资产生成、使用和处置过程中的风险；

g) 应建立网络通信与访问安全策略，隔离不同网络功能区域，采取与其安全级别对应的预防、监测等控制措施，防范对网络的未授权访问，保证网络通信安全；

h) 应建立数据安全管理制度，规范数据的产生、获取、存储、传输、分发、备份、恢复和清理的管理，以及存储介质的台账、转储、抽检、报废和销毁的管理，保证数据的保密、真实、完整和可用；

i) 应建立基础设施和重要信息的授权访问机制，制定访问控制流程，保留访问记录，防止未授权访问；

j) 应建立和落实物理环境安全管理制度，明确安全区域、规范区域访问管理，减少未授权访问所造成的风险；

k) 应采用适当的技术手段，包括监控、门禁、入侵检测、网络安全设备和相关信息管理平台来保证可接受的安全和效率的一致；

l) 应制定紧急访问流程以保证在紧急状况发生时(如发生灾难性事件)获得效率和最基本的安全保证；

m) 应按照安全策略、标准、规范对灾难恢复中心的安全体系进行全面的审查和核实；对安全事故进行审查和监控。检查策略的有效性及其对业务效率的影响，确保在最初风险评估的基础有变化时，根据明确规定的审查程序对安全体系进行审查和维护。

8.3.2 基础设施运维管理

基础设施运维管理内容和要求如下：

a) 机构应设专人负责灾难恢复中心园区、建筑、机房的安全防护和卫生管理，建立、落实安全防护管理制度和标准，并定期进行检查；

b) 应对灾难恢复中心基础设施进行定期维护，确保其满足设计和建设指标要求，能够完全承担相应的职能；

c) 应对灾难恢复中心的基础设施运行使用情况进行监控，对基础设施发生异常情况要及时响应处理并依据流程升级和上报。对异常情况产生的原因进行分析，找出根本原因并从源头上防范和避免问题的再次发生；

d) 应对电力设施、通信设施、交通设施和生活设施等进行定期功能和性能检查，确保其能满足灾难发生时电力供应、通信联络、交通联系和生活保障功能；

e) 应对基础设施的性能和容量进行定期检查评估，如需进行升级改造，之前需要按照建设的流程和标准进行评估、审核，保证能够按照预期提升能力。需保留过程相关文档备查。

8.3.3 灾难备份系统运维管理

灾难备份系统运维管理内容和要求如下：

a) 应建立灾难恢复中心信息系统的运行监控平台，及时发现灾难备份系统运行的故障。灾难恢复中心应保留所有监控记录，以满足故障定位、诊断及事后审计的要求；

b) 应建立有效的事件跟踪机制、问题排查机制、变更管理机制，确保灾难恢复中心的事件和问题能得到及时解决，避免重大隐患的发生；

c) 应建立灾难备份系统资产清单和配置项清单，确保资产和配置项可审核、可追溯；

d) 应建立灾难备份系统的定期审核与验证机制，确保灾难备份系统能够在灾难发生时接替生产系统运行。监控和操作管理：应采用适当的监控手段，能够及时发现灾难恢复中心基础设施和设备运行的故障和问题；应保留所有监控记录，以满足故障定位、诊断及事后审计要求；

e) 存储介质和数据管理：应建立规范的流程和记录确保数据的传输和复制过程有章可依，有据可查，保证存储介质和数据的安全，不遗失、不泄露；同时应对存储介质和数据进行定期的检查和验证，保证存储介质和数据的正确、完整、可用；

f) 事件管理：应制定规范的事件处置流程，规定所有事件的记录、优先排序、业务影响、分类、更新、调整、解决和正式关闭，并在系统中记录事件处理的全过程；应能够记录并跟踪、统计事件处置的过程和结果，以保证服务能力和服务承诺的实现和改善；

g) 问题管理：应建立问题管理流程，落实问题分析及解决机制，有效约束和控制重复性故障，主动排除重大隐患；

h) 变更管理：应制定变更管理流程，以应对常规和紧急状态下的硬件、软件、通信、服务要求和文档流程等方面的变更，减少或避免因为疏忽、缺少资源、准备不充分等缘故导致变更失败或产生其他的问题；

i) 配置管理：应建立资产清单和配置项清单，确保资产和配置项可审核、可追溯。

8.3.4 服务商管理

应对灾难恢复服务商的管理内容及要求如下：

a) 评估紧急采购流程风险对恢复能力和恢复水平的影响，对关键设备和服务应事先签订紧急供货或紧急服务协议；

b) 明确约定服务范围、服务内容、服务水平、定价机制、保密条款和违约责任；

c) 定期对服务商的支持能力和服务水平进行测试，包括响应时间、保障能力、人员稳定性和服务技能等。如果可能还应指明可能的替换资源和途径；

d) 应制定服务商管理制度、流程，建立全面的服务质量控制和风险控制措施；

e) 结合业务恢复需求，科学合理定义服务范围和服务水平要求；

f) 签订书面合同，在合同中明确重要事项，包括双方的权利和义务、服务水平、服务的可靠性、服务的可用性、信息安全控制、服务持续性计划、审计、合规性要求、违约赔偿等；

g) 通过服务水平协议(SLA)明确可检核的服务质量水平目标，作为检验服务的质量标准，根据服务内容约定服务的质量和时间要求；

h) 应禁止服务提供方转包并严格控制分包，保证服务水平；

i) 加强服务安全管理，通过技术和流程手段控制服务人员接触系统的权限和内容，执行信息安全管理的标准和规范，保障业务、管理和客户敏感数据信息安全；

j) 应建立服务商考核、评价机制，定期对服务活动和服务提供方的服务能力进行审核和评估，确保获得持续、稳定的外包服务；

k) 定期对服务提供方进行非现场审计；

l) 定期对服务提供方进行现场考察；

m) 定期对报告服务结果进行抽查、抽测；

n) 定期的执行联合测试及演练考察服务商的实际响应能力。

8.3.5 基准核对管理

基准核对管理内容和要求如下：

a) 组织应根据灾难备份系统的范围和特点，建立灾难备份系统的基准，并形成相应的基准文档；

b) 基准文档应包括灾难备份信息系统资源的配置信息，包括主机、存储、网络、安全等硬件设备及操作系统、数据库、中间件等软件的配置信息；

c) 在灾难备份系统投入运营后，应根据变更情况，及时修改和更新基准文档；

d) 应定期对生产中心和灾难恢复中心的基准进行统计核对工作，发现差异及时处理。

8.3.6 子系统验证管理

子系统验证管理内容和要求如下：

a) 定期对各子系统进行能力和状态的测试工作，以保证灾难备份各子系统的有效性和运行的可靠性；

b) 关键测试应通过机构管理者的批准和授权，机构管理者和客户也应参与关键测试，使其了解测试过程和结果；

c) 所有的测试的目标、计划和结果都应记录在案用于复审或审核的跟踪；在测试中发现的缺陷应尽可能及时改正；没有改正的缺陷将通过与机构管理者沟通来评价，每次疏忽的潜在后果应展示出来；

d) 每次测试应选取不同的形式，保证测试所覆盖的完整性。

8.3.7 灾难恢复演练

灾难恢复演练内容和要求如下：

a) 灾难恢复中心建设完成后应组织全面的演练，验证灾难恢复中心基础设施、灾难备份系统和灾难恢复预案的正确性和有效性，进一步改进和提升灾难恢复中心的恢复能力和管理水平。灾难恢复演练实施应包括演练策略的制定、演练计划的落实、演练方案设计、演练的组织、演练的实施、演练过程的过程记录和应急处置、演练结果的评估与总结。灾难恢复演练的形式包括：桌面演练、模拟切换演练和实际切换演练。

b) 灾难恢复演练应充分考虑系统验证的实际需要，应灵活选择桌面演练、模拟切换演练和实际切换演练等不同形式定期开展灾难恢复演练。在条件成熟的情况下应定期开展实际切换演练，验证灾难恢复中心的实际切换和真实生产任务的接管能力。但在组织实际切换演练时应在人员培训、系统测试、预案验证等方面做好充足的准备，充分注意对实际业务可能产生的风险和影响，避免由于演练组织不当对生产业务造成重大影响。

c) 灾难恢复演练应做到“目标明确、全员参与、组织有序、结果真实”，机构的高层管理人员应充分认识灾难恢复演练的重要性，组织机构内部的各部门落实演练策略、制定演练计划、指挥演练实施、评估演练结果，确保演练的顺利实施。灾难恢复切换演练应按照以下要求进行组织实施：

   1) 演练实施管理团队应根据机构的业务特点和灾难备份系统操作熟练程度规划演练目标、演练范围和演练方式，并组织机构的业务、技术和管理人员对演练方案进行评审；应仔细评估演练失败或操作失误可能造成的影响，并事前采取相应防范措施，避免对生产系统的正常运行造成重大影响；

   2) 演练方案应通过演练实施管理团队的审批，如果涉及生产中心或业务部门还应获得机构管理层的批准后方可执行；

   3) 灾难恢复演练前应对演练场所、演练设备、配置要求等进行仔细的核对和检查，并组织相关参演人员进行培训，使其熟悉和了解相关的操作过程和操作结果；

   4) 演练过程中应尽量模拟真实场景、真实环境和真实问题，并对演练中发生的突发事件制定有效的应对措施；

   5) 演练结果应形成正式的书面演练报告，演练报告应包含：演练的目标、演练范围、演练实施的组织架构和岗位职责、演练过程记录，演练过程中的应急处置方案、演练结果的评价等。

8.3.8 预案维护

预案的维护的内容和要求如下：

a) 在演练实施后，应及时组织相关人员进行总结，对预案进行必要的更新；

b) 应定期检查和核对灾难恢复预案中的变更情况（如成员及联络方式的变更、信息系统的日常变更等），对预案进行及时的文档更新及分发，确保预案的切实有效；

c) 应预先制定灾难恢复预案启动的条件，确定灾难宣告的决策和授权机制。并明确对内和对外宣告的范围和内容。

8.3.9 应急和切换

应急和切换的内容和要求如下：

a） 应建立灾难预警和预告机制，明确责任，加强与公共专业服务机构的沟通与联系，如气象、地震、消防、防疫、公安、供电等，做到灾难的早发现、早报告，提前进行灾难预防和灾难切换准备；
b） 应明确灾难恢复环境必需的资源和配置，并定期进行测试演练，以保证灾难恢复所需资源和配置的有效性。灾难恢复环境一般应包括灾难备份系统的监控平台、灾难恢复指挥中心、业务恢复操作终端环境、业务连续性恢复配套资源、技术支持平台、后勤保障平台等；
c） 在灾难切换过程期间，灾难恢复中心应在场地环境、设备操作等方面提供支持，配合将生产系统从生产中心切换到灾难恢复中心，切换过程主要工作包括：网络切换、存储切换、主机切换、数据校验、系统校验、数据追补、业务验证等；
d） 在接替生产运营服务期间，灾难恢复中心应加强技术支持与设施保障的资源和人力，以接替生产中心的日常工作。

8.3.10 教育与培训

教育与培训的内容和要求如下：

a） 机构应为所有员工提供业务连续性或灾难恢复的专业培训。培训形式可根据机构的自身条件选择内部培训或聘请外部机构培训；
b） 应按照灾难恢复运维管理要求为关键岗位和关键角色提供特殊的岗位培训；
c） 应对每次培训的结果进行记录和评估。

8.3.11 文档和知识管理

机构应建立一个知识管理体系来获得并保持其在业务连续性或灾难恢复管理的过程和结果文档。该体系包括：

a） 关键人员的联系方式和业务连续性计划文档；
b） 内部知识和最佳实践共享；
c） 历史项目的文档和恢复成果。

8.4 灾难恢复中心管理的审核与验证

为确保机构灾难恢复中心的有效性和合规性，机构应定期组织内部和外部专家对灾难恢复中心进行定期审验，以保证各方面工作得到落实。

a） 应组建独立于灾难恢复中心组织机构的内部或外部审计团队，对灾难恢复运行维护有效性进行审计，审计内容至少应包括灾难恢复技术有效性，灾难恢复预案正确性、恢复组织管理流程的合理性和熟练度等；
b） 内部审计团队可由机构内的业务部门、技术专家和运维管理专家构成；
c） 外部审计团队可由灾难恢复管理领域的专业机构或专家构成；
d） 内部及外部审计应定期开展。

8.4.1 外包管理

对于通过外包方式获取灾难恢复中心资源的机构，应对外包服务机构进行严格地考核，并制定有效的外包服务管理机制，以确保外包服务质量。外包服务机构选择应注重：

a） 专业性

考察服务提供机构是否专业从事灾难恢复服务领域；

b） 服务质量

是否具有完善的服务质量管理体系，以及服务体系和安全体系的认证；

c） 机构规模

考察服务提供机构是否具有一定规模，是否能长期稳定地提供服务；

d） 服务经验

从事灾难恢复服务的历史，服务案例，提供恢复测试、演练的服务经历；

e） 服务范围

考察服务体系是否完整，是否能够提供机构所需的所有服务；

f） 地理区域

考察服务是否有地理区域限定，机构的需求会不会受到限制；

g） 服务人员

考察服务提供机构能否维持一个专业的灾难恢复服务团队；

h） 应急管理

在服务提供机构发生意外时是否有合适的响应体系和计划。

外包服务机构持续管理应注重：

a） 合约保障

签订书面合同，在合同中明确重要事项，包括双方的权利和义务、外包服务水平、服务的可靠性、服务的可用性、信息安全控制、服务持续性计划、审计、合规性要求、违约赔偿等；

b） 服务水平

通过服务水平协议（SLA）明确可检核的灾难恢复中心外包服务质量水平目标，作为检验灾难恢复外包服务的质量标准，根据服务内容约定服务的质量和时间要求；

c） 服务控制

服务提供机构不应转包并严格控制分包，保证外包服务水平；

d） 服务安全

通过技术和流程手段控制服务人员接触系统的权限和内容，执行信息安全管理的标准和规范，保障业务、管理和客户敏感数据信息安全；

e） 考核机制

应建立外包服务考核、评价机制，定期对外包服务活动和服务提供方的服务能力进行审核和评估，确保获得持续、稳定的外包服务。

ICS 35.040
L 80

中华人民共和国国家标准化指导性技术文件

GB/Z 30286—2013

信息安全技术 信息系统保护轮廓和信息系统安全目标产生指南

Information security technology—Guide for the production of information system protect profile and information system security target

2013-12-31 发布　　2014-07-15 实施

中华人民共和国国家质量监督检验检疫总局
中国国家标准化管理委员会　发布

前　言

本指导性技术文件按照 GB/T 1.1—2009 给出的规则起草。

请注意本文件的某些内容可能涉及专利。本文件的发布机构不承担识别这些专利的责任。

本指导性技术文件由全国信息安全标准化技术委员会(SAC/TC 260)提出并归口。

本指导性技术文件主要起草单位:中国信息安全测评中心、中国信息安全测评中心华中测评中心、华北计算技术研究所。

本指导性技术文件主要起草人:江常青、张利、姚轶崭、佟鑫、彭勇、陆丽、胡卫华、付敏、周瑾。

引　言

本指导性技术文件是GB/T 20274《信息安全技术　信息系统安全保障评估框架》系列标准的配套指南文件，为信息系统保护轮廓(Information System Protect Profile，ISPP)和信息系统安全目标(Information System Security Target，ISST)的编制提供指导。

本指导性技术文件的使用者应熟悉GB/T 20274系列标准。

信息安全技术 信息系统保护轮廓和信息系统安全目标产生指南

1 范围

本指导性技术文件给出了编制信息系统保护轮廓(ISPP)和信息系统安全目标(ISST)的过程,为编写ISPP和ISST提供指导。

本指导性技术文件适用于应用GB/T 20274系列标准进行信息系统安全性保障评估的评估者和确认评估者行为的认证者、系统开发者等。

2 规范性引用文件

下列文件对于本文件的应用是必不可少的。凡是注日期的引用文件,仅注日期的版本适用于本文件。凡是不注日期的引用文件,其最新版本(包括所有的修改单)适用于本文件。

GB/T 20274.1—2006 信息安全技术 信息系统安全保障评估框架 第1部分:简介和一般模型

GB/T 20274.2—2008 信息安全技术 信息系统安全保障评估框架 第2部分:技术保障

GB/T 20274.3—2008 信息安全技术 信息系统安全保障评估框架 第3部分:管理保障

GB/T 20274.4—2008 信息安全技术 信息系统安全保障评估框架 第4部分:工程保障

GB/T 20984—2007 信息安全技术 信息安全风险评估规范

3 术语和定义

GB/T 20274.1—2006、GB/T 20274.2—2008、GB/T 20274.3—2008、GB/T 20274.4—2008界定的术语和定义适用于本文件。

4 ISPP和ISST概述

4.1 ISPP和ISST的用途

GB/T 20274系列标准的主要用途是表达信息系统的安全保障要求。信息系统有许多不同的种类,每个信息系统运行于特定的现实环境中,受到来自于组织内部与外部环境的约束。因此对于不同的信息系统,通常有不同的安全保障要求。

GB/T 20274.1—2006中用ISPP和ISST来表达某一类信息系统和某一个特定信息系统的安全保障要求。信息系统的所有者运用ISPP来描述某一类信息系统标准化、结构化和规范化的安全保障需求。信息系统的开发者依据ISPP针对特定的信息系统编制相应的ISST,描述其特定用户系统的安全保障需求以及对ISPP的满足情况。

4.2 ISPP和ISST的内容

GB/T 20274.1—2006的图A.1描述了ISPP中所要求的内容条目。表1是推荐使用的ISPP样本目录清单结构。GB/T 20274.1—2006 的图 B.1 中描述了 ISST 所要求的内容条目。表 2 是推荐使用的 ISST 样本目录清单结构。

表 1 安全保护轮廓样本目录清单

序号	目 录 结 构
1	ISPP 描述 1.1 ISPP 标识 1.2 ISPP 概述
2	信息系统描述 2.1 信息系统使命描述 2.2 信息系统概要描述 2.3 信息系统详细描述
3	安全保障需求 3.1 识别和说明假设 3.2 识别和说明威胁 3.3 识别和确定组织安全策略
4	安全保障目的 4.1 信息系统安全技术保障目的 4.2 信息系统安全管理保障目的 4.3 信息系统安全工程保障目的
5	安全保障要求 5.1 信息系统安全保障要求 5.2 信息系统安全技术保障要求 5.3 信息系统安全管理保障要求 5.4 信息系统安全工程保障要求
6	ISPP 应用注解
7	符合性声明 7.1 安全目的符合性声明 7.2 安全要求符合性声明

表 2 安全目标样本目录清单

序 号	目 录 结 构
1	ISST 描述 1.1 ISST 标识 1.2 ISST 概述
2	信息系统描述 2.1 信息系统使命描述 2.2 信息系统概要描述 2.3 信息系统详细描述

表 2（续）

序　号	目　录　结　构
3	安全保障需求 3.1 识别和说明假设 3.2 识别和说明威胁 3.3 识别和确定组织安全策略
4	安全保障目的 4.1 信息系统安全技术保障目的 4.2 信息系统安全管理保障目的 4.3 信息系统安全工程保障目的
5	安全保障要求 5.1 信息系统安全保障要求 5.2 信息系统安全技术保障要求 5.3 信息系统安全管理保障要求 5.4 信息系统安全工程保障要求
6	信息系统概要规范 6.1 信息系统安全保障要求 6.2 信息系统安全技术保障 6.3 信息系统安全管理保障 6.4 信息系统安全工程保障
7	ISPP 声明 7.1 ISPP 引用 7.2 ISPP 剪裁 7.3 ISPP 附加项
8	符合性声明 8.1 安全目的符合性声明 8.2 安全要求符合性声明

ISPP 或 ISST 的描述部分标识了 ISPP 或 ISST 的信息系统，并概要描述了 ISPP 或 ISST。ISPP 概述可以被 ISPP 文档的编目和注册引用。

信息系统描述提供了信息系统(或信息系统类型)的一般信息，帮助目标读者理解信息系统的安全要求和信息系统的预期使用方法。ISST 的信息系统描述应该包括信息系统使命描述、信息系统概要描述和信息系统详细描述。

安全保障需求是信息系统所处环境的安全保障需求，即信息系统的预期使用方式、预期使用的环境范围和特征。安全环境详细描述了用于定义安全保障需求的假设、预期使用的范围、资产所面临的已知威胁以及信息系统必须遵从的组织安全策略。

安全保障目的提供与安全保障需求相对应的符合性声明。详尽说明见第 9 章。

安全保障要求包括信息系统的安全技术保障要求、安全管理保障要求和安全工程保障要求，分别使用 GB/T 20274.2—2008、GB/T 20274.3—2008 和 GB/T 20274.4—2008 中的功能组件和保证组件来描述。详尽说明见第 10 章。

ISPP 应用注解是 ISPP 的可选部分，它提供了 ISPP 有用的附加信息。

信息系统概要规范包括由信息系统提供的用于满足特定安全保障要求的安全功能，以及所有声明满足特定安全保障要求的安全保障措施。详尽说明见第 11 章。

ISPP 声明是 ISST 的可选部分，用于声明 ISST 遵从和满足的所有 ISPP，以及对 ISPP 内容的补充或裁减。详尽说明见第 12 章。

4.3 ISPP 和 ISST 的目标读者

ISPP 和 ISST 的目标读者主要包括：

a) 用户：用户需要了解遵从 ISPP 的信息系统应该采取哪些安全保障措施；

b) 开发者：开发者需要获得清晰的安全保障要求，以便去构建符合 ISPP 的信息系统；

c) 信息系统使用者：信息系统使用者（包括安装人员、管理员和运维人员）需要获得信息系统安全需求；

d) 评估者：ISPP 或 ISST 评估者需要获得相关的证实 ISPP 或 ISST 技术正确性和有效性的信息。

ISPP 或 ISST 的描述、信息系统描述、安全保障需求以及安全保障目的等部分主要针对用户和系统使用者。同时，信息系统开发者也应该认真了解安全保障需求和安全保障目的。

ISPP 中的安全保障要求部分、ISST 中的信息系统概要规范部分主要针对信息系统的开发者、系统使用者和评估者。

5 ISPP 和 ISST 的产生过程

信息系统安全保障要求根本上来源于对信息系统的目的、环境及其本身的考虑。图 1 阐明了 ISPP 和 ISST 的产生过程。

在 GB/T 20274.1—2006 附录 A 和附录 B 中，要求 ISPP 与 ISST 的编制应按逻辑顺序以“自上而下”的方式进行。例如，ISPP 的编制顺序是：

a) 定义安全保障需求；

b) 确认与安全保障需求对应的安全保障目的；

c) 定义满足安全保障目的的安全保障要求。

ISPP 与 ISST 的编制可能需要多次迭代，从而反映信息系统内部或外部环境的产生的新需求。例如：

a) 出现新的威胁；

b) 组织安全策略发生变化；

c) 信息系统的使命发生变化。

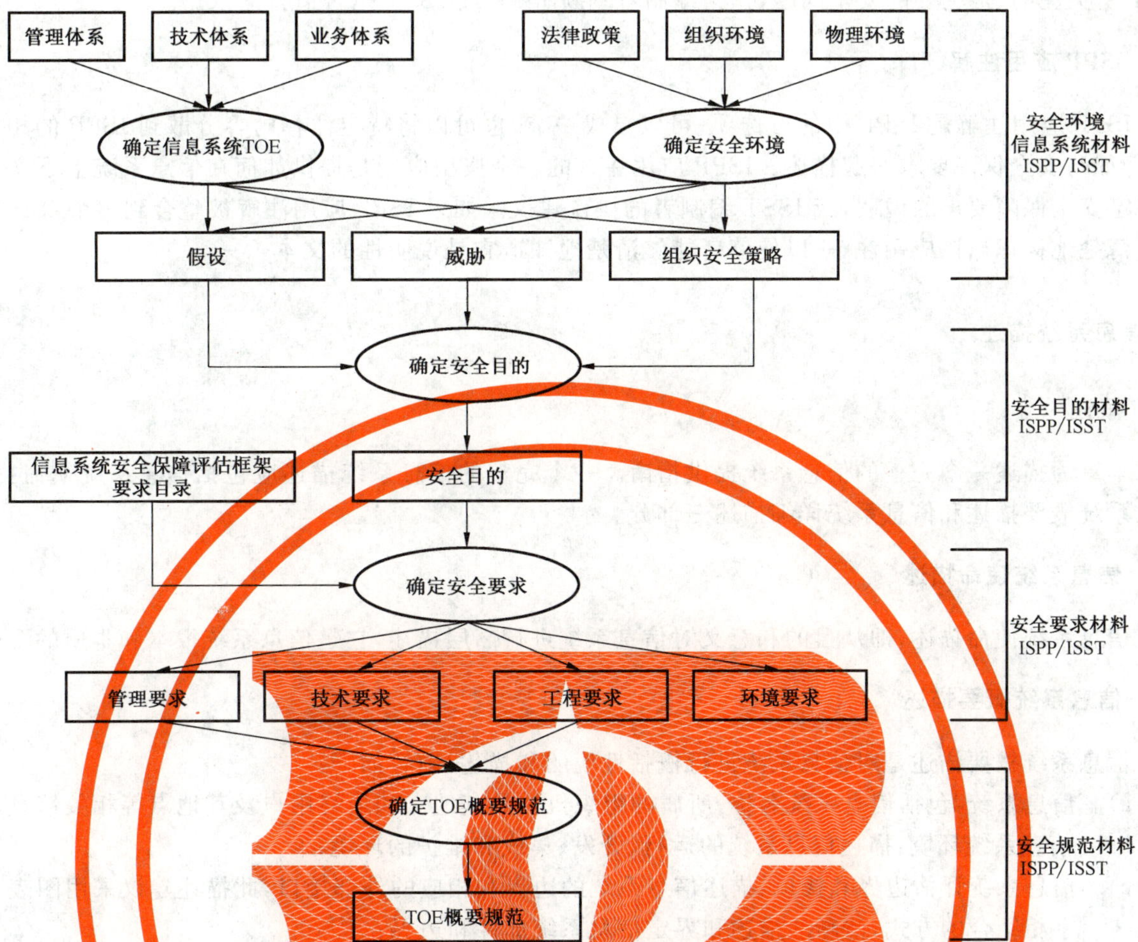

图 1　ISPP 和 ISST 的产生过程

6　ISPP 和 ISST 的描述部分

6.1　概述

本章为规范 ISPP 和 ISST 的描述部分提供指南，即：

a)　ISPP 和 ISST 标识；

b)　ISPP 和 ISST 概述；

c)　ISPP 应用注解。

6.2　ISPP 和 ISST 标识

ISPP 或 ISST 标识部分应能提供足够的信息，唯一标识出 ISPP 或 ISST。ISPP 或 ISST 标识部分至少包括具有唯一版本的 ISPP 或 ISST 名称，以及用于标识信息系统的内容(例如，信息系统的名称和版本号)。标识部分还需包括用于编制 ISPP 或 ISST 的 GB/T 20274.1—2006 的版本信息，以便于版本控制。

6.3　ISPP 和 ISST 概述

根据 GB/T 20274.1—2006 的要求，概述部分应概要性描述 ISPP 或 ISST。该部分应包括 ISPP 或

ISST 所关注的、最主要的安全问题，作为编制者判断 ISPP 或 ISST 是否适合的依据。

6.4 ISPP 应用注解

ISPP 应用注解是 ISPP 中的可选项，可以自成一节，也可以将特定注释内容分散到 ISPP 的相应部分，例如与安全保障要求一起描述。ISPP 应用注释的一个典型应用是提供如何在信息系统上下文中解释特定安全保障要求的说明，或 ISST 编制者的操作建议。如果 ISPP 应用注解被整合到整个 ISPP 中，建议清楚地标识出该应用注解，以使读者能够清楚地知道它是说明性的文本。

7 信息系统描述

7.1 概述

本章为描述一个完整的信息系统提供指南。一个完整的信息系统描述应包括信息系统使命描述、信息系统概要描述和信息系统详细描述三部分。

7.2 信息系统使命描述

信息系统使命描述，即从目的和意义对信息系统进行高层描述，它是信息系统根本和本质的要求。

7.3 信息系统概要描述

信息系统概要描述是对信息系统进行概括性说明和描述，内容如下：

a) 信息系统：包括信息系统名称、所属的组织机构及其地点和最终用户及其地点等相关信息；
b) 信息系统环境：描述信息系统的运行、开发、集成和维护的环境；
c) 信息系统评估边界和接口：描述信息系统的边界和相应的外部接口，此描述建议采用图表和文字相结合的方式，清晰地描述和界定信息系统部件和边界；
d) 信息系统安全域：根据信息系统的重要性（描述信息系统的重要程度以及可接受的风险级别）、数据的分类和密级（描述信息系统所处理的数据类型和机密级别），以及系统用户（描述使用系统的用户）等方面划分系统的安全域。

7.4 信息系统详细描述

从管理体系、技术体系和业务体系分别对信息系统进行详细描述。

a) 管理体系：在管理体系中，需要对信息系统现有的组织结构、所使用的规章制度和所涉及的重要资产进行描述。
    1) 组织机构：描述同信息系统相关的管理/使用/开发/集成/支持等组织机构，特别是与安全保障管理相关的组织机构的描述；
    2) 规章制度：列出目前使用的、同信息系统管理相关的规章制度；
    3) 资产：描述了信息系统的物理资产（信息系统中的各种硬件、软件和物理设施）和信息资产（在信息系统计划组织、开发采购、实施交付、运行维护和废弃生命周期过程中产生的、有价值的信息以及信息系统所存储、处理和传输的各种办公、管理和业务等信息）。
b) 技术体系：技术体系是信息系统描述的核心，对信息系统的应用、网络基础设施和技术标准进行描述。技术体系的描述为业务体系的描述提供支持。
    1) 网络基础设施：描述信息系统的网络层次等网络体系结构；
    2) 应用：描述信息系统应用的技术架构；
    3) 技术标准：描述应用所采用的技术标准。
c) 业务体系：基于技术体系，业务体系对组织机构的主要业务进行分类和描述，并通过业务流程和业务信息流来进一步解释。

1） 主要业务：列出组织机构的主要业务并进行描述；

2） 业务流程：基于组织机构对主要业务的流程进行描述；

3） 业务信息流：描述主要业务的接口和相应数据流，数据流描述应包括数据的类型以及数据传送的方式。

8 安全保障需求

8.1 概述

本章为定义在ISPP或ISST中描述信息系统的安全保障需求提供指南，这一部分内容的要求见GB/T 20274.1—2006的A.2.4和B.2.4。

定义安全保障需求首先应识别信息系统的安全环境，根据安全环境定义信息系统的安全保障需求。安全环境应描述信息系统的预期使用方式以及使用的环境范围和特征。安全环境描述应包括假设、威胁和组织安全策略，如图2所示。

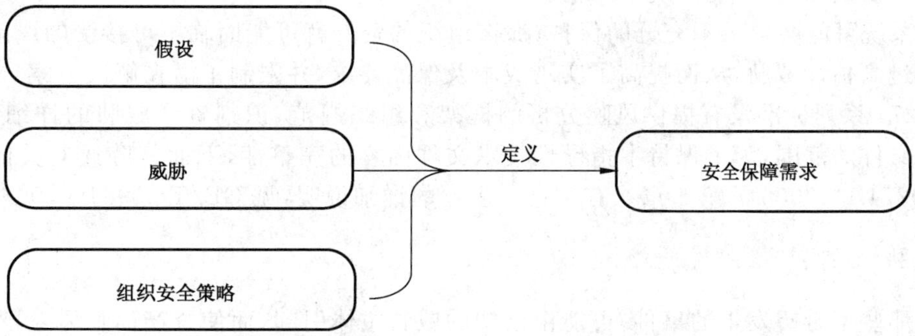

图2 定义安全保障需求的过程

本章包括以下内容：

a） 依据信息系统安全环境的假设，定义出“安全保障需求”的范围；

b） 依据需要保护的系统资产，包括信息系统环境或信息系统本身典型的资产，以及已知的威胁主体和对系统资产的威胁；

c） 在处理安全保障需求时，必须服从的所有组织安全策略。

8.2 识别和说明假设

GB/T 20274.1—2006要求ISPP或ISST的信息系统安全环境部分包括安全环境的假设或信息系统的预期用途。首先需要回答下面的问题：

对于信息系统安全环境和安全保障需求范围，应做出什么假设？

例如，可能需要给出几个假设来保证某个系统的潜在威胁实际上是与信息系统环境无关的。

常用的假设类型：

a） 有关信息系统预期用途的假设；

b） 信息系统任一部分的环境（例如，物理的）保护假设；

c） 连通性假设，例如信息系统与其他系统之间的网络连接点；

d） 人员方面的假设，例如预期的用户权限类型，他们的一般责任以及假设给予这些用户的信任度等。

e） 通常情况下，不太可能一次就完全识别出所有假设，而应在ISPP或ISST的整个编制过程中不断识别出更多的假设。特别是在编制 ISPP 或 ISST 符合性声明时，例如在阐明安全保障目的适于对抗已知的威胁时，应考虑该威胁是否包含在 ISPP 或 ISST 的陈述中。

为方便引用，建议对每个假设设定唯一的名称或编号。

8.3 识别和说明威胁

8.3.1 概述

GB/T 20274.1—2006 要求 ISPP 或 ISST 包括所有对要保护资产的威胁的描述(见 GB/T 20274.1—2006 的 A.2.4)，但 GB/T 20274.1—2006 还指出：如果安全保障目的仅源于组织安全策略，也就是"安全保障需求"完全由组织的安全策略和假设来定义，那么就可以不需要进行威胁分析。例如，在回应招标书或投标邀请书给出的组织安全策略就属于这种情况。

在 ISPP 或 ISST 中安全需求被陈述为"威胁"会比陈述为相应的"组织安全策略"要好，因为这有助于对安全需求的理解。另外，如果只使用组织安全策略陈述安全需求，那么可能出现不能及时更新当前威胁的风险。风险分析的重要意义在于正确地识别资产以及对于资产的威胁，不应低估风险分析的重要性。

如果风险分析做不好，可能出现下列情况：

a) 信息系统可能会提供不充分的保护，那么组织的资产就可能面临不可接受的风险；

b) 可能过高估计威胁，从而提高了实现成本及保障要求，并限制了潜在解决方案。

GB/T 20274 系列标准没有提供风险分析的框架和组织规范，识别资产威胁的详细讨论也超出了本指导性技术文件的范围，为了保持本指导性技术文件内容的完整性，下面将陈述有关的一般性原理，另见 GB/T 20274.1—2006 的第 5 章。有关这一主题的详细说明，见 GB/T 20984—2007 等。

8.3.2 识别威胁

威胁是指那些不希望发生的事件，可能由已知的威胁主体引起，而使资产面临风险，注意：对组织安全策略和假设的违背不应算作风险。要识别风险是什么，应回答下列问题：

a) 需要保护的资产是什么？

b) 威胁主体是什么？

c) 需要保护资产免于什么攻击方法或事件造成的损害？

8.3.3 识别资产

在一个组织中，资产有多种表现形式，同样的两个资产也因属于不同的信息系统而重要性不同，而且对于提供多种业务的组织，其支持业务持续运行的系统数量可能更多。这时首先需要将信息系统及相关的资产进行恰当的分类，然后对资产进行识别，以此为基础进行下一步的风险评估。在实际工作中，具体的资产分类方法可以根据具体的评估对象和要求，由评估者灵活把握。例如根据资产的表现形式进行分类，可将资产分为数据、软件、硬件、文档、服务、人员等类型，如表 3 所示(另见 GB/T 20984—2007)。识别资产的描述应包括资产的价值、资产所有者、责任人等。

表 3 资产分类

分类	示　例
数据	保存在信息媒介上的各种数据资料，包括源代码、数据库数据、系统文档、运行管理规程、计划、报告、用户手册等
软件	系统软件：操作系统、语句包、工具软件、各种库等； 应用软件：外部购买的应用软件，外包开发的应用软件等； 源程序：各种共享源代码、自行或合作开发的各种代码等

表 3（续）

分类	示　　例
硬件	网络设备：路由器、网关、交换机等； 计算机设备：大型机、小型机、服务器、工作站、台式计算机、移动计算机等； 存储设备：磁带机、磁盘阵列、磁带、光盘、软盘、移动硬盘等； 传输线路：光纤、双绞线等； 保障设备：动力保障设备（UPS、变电设备等）、空调、保险柜、文件柜、门禁、消防设施等； 安全保障设备：防火墙、入侵检测系统、身份验证等； 其他：打印机、复印机、扫描仪、传真机等
服务	办公服务：为提高效率而开发的管理信息系统（MIS），包括各种内部配置管理、文件流转管理等服务； 网络服务：各种网络设备、设施提供的网络连接服务； 信息服务：对外依赖该系统开展的各类服务
文档	纸质的各种文件，如传真、电报、财务报告、发展计划等
人员	掌握重要信息和核心业务的人员，如主机维护主管、网络维护主管及应用项目经理等
其他	企业形象、客户关系等

8.3.4 识别攻击方法

在确定要保护的资产和威胁主体之后，下一步就是识别可能导致资产受损的攻击方法，应基于对信息系统环境的了解来确认攻击方法，如：

a) 内部人员攻击；

b) 被动攻击；

c) 主动攻击；

d) 物理临近攻击；

e) 分发攻击。

各种攻击方式具体解释如下：

a) 内部人员攻击

1) 内部人员威胁通常由内部合法人员造成，他们具有对信息系统的合法访问权限。威胁分为恶意和非恶意两种，即恶意攻击和非恶意威胁。

2) 恶意攻击是内部人员出于各种目的，对所使用的信息系统实施攻击。

3) 非恶意威胁是由于合法用户的无意行为造成了对系统的攻击，他们并非故意要破坏信息和系统，但由于误操作、经验不足、培训不足而导致一些特殊的行为，对系统造成了无意的破坏。

4) 典型的内部人员攻击：

——恶意修改数据和安全机制配置参数；

——恶意建立未授权的网络连接，如拨号连接；

——恶意的物理损坏和破坏；

——无意的数据损坏和破坏，如误删除。

b) 被动攻击

被动攻击主要包括被动监视开放的通信信道（如无线电、卫星、微波和公共通信网络）上的传

送信息。被动攻击主要是了解所传送的信息,一般不易被发现。典型例子如下:

1) 监视通信数据;
2) 解密加密不当的通信数据;
3) 口令截获;
4) 通信量分析。

c) 主动攻击

主动攻击是攻击者主动对信息系统实施攻击,包括企图避开安全保护,引入恶意代码,以及破坏数据和系统的完整性。典型的例子有:

1) 修改传输中的数据;
2) 重放所截获的数据;
3) 插入数据;
4) 盗取合法建立的会话;
5) 伪装;
6) 越权访问;
7) 利用缓存区溢出(BOF)漏洞执行代码;
8) 插入和利用恶意代码(如特洛依木马、后门、病毒等);
9) 利用协议、软件、系统故障和后门;
10) 拒绝服务攻击。

d) 邻近攻击(接近攻击)

此类攻击的攻击者试图在地理上尽可能接近被攻击的网络、系统和设备,目的是修改、收集信息,或者破坏系统。这种接近可以是公开的和秘密进入的,也可以是两种都有,典型案例有:

1) 修改数据;
2) 收集信息;
3) 偷窃;
4) 物理破坏。

e) 分发攻击

分发攻击是指在系统软件和硬件的开发、生产、运输、安装阶段,攻击者恶意修改设计、配置等行为。例如:

1) 利用开发制造商的设备上修改软硬件配置;
2) 在产品分发、安装时修改软硬件配置。

8.3.5 说明威胁

识别出信息系统或环境所处理的威胁之后,下一步就是将它们列入 ISPP 或 ISST 中。如前所述,信息系统安全环境部分应清晰简明地陈述安全保障需求。

为了提供清晰的威胁说明,威胁说明应包括以下细节:

a) 威胁主体(例如,信息系统的授权用户);
b) 受威胁控制的资产(例如,敏感数据);
c) 使用的攻击方法(例如,假冒的信息系统授权用户)。

陈述威胁的具体示例如下:

1) 攻击者可能通过假冒信息系统的授权用户,未经授权访问信息或资源;
2) 信息系统的授权用户可能假冒其他信息系统的授权用户,未经授权地访问信息或资源。

如果将威胁描述与描述项的解释、资产受到的威胁范围、以及威胁主体可能使用的攻击方法一起综合陈述,那么读者就比较容易理解威胁描述。例如,上面陈述的威胁示例中,处于风险中的资产是用户或假冒的用户有权访问或获取这些假冒的一系列的信息和资源。

为有助于确保简明描述威胁，威胁描述应尽可能独立，即不同威胁之间应尽可能不重叠。这样既有助于避免使ISPP或ISST读者产生混淆，也可以通过避免不必要的重复来简化ISPP或ISST符合性声明。

如果以同样详细程度陈述所有威胁，那么威胁之间的重叠就容易避免。例如，如果特定攻击情节与在ISPP或ISST的其他部分陈述的一般威胁有关，那么就不要陈述这样的威胁，因为它描述的是已详细说明了的对特定资产的攻击方法。

每个威胁都应唯一标识以方便引用，标识方式有：

a) 采用连续的编号进行标识（例如T1、T2、T3等）；

b) 采用简短而有意义的名称进行标识。

第一种方法的优点是，编号通常很短，并易于参考。第二种方法的优点是，使用名称作为标识，名称具有充分的含义并且容易记忆。然而，在使用第二种标识方法时，由于实际中限制名称中字符数量，并且名称还要含义准确和易于记忆，因此，不可能在所有情况下都分配一个完整定义的标识。

威胁描述不应仅涉及那些直接危害被保护资产的事件，还应要考虑对资产的间接威胁，即针对威胁的措施间接导致资产损失的攻击，例如对信息系统安全功能的旁路或篡改攻击。针对间接威胁，要特别注意以下几点：

a) 不要将间接威胁作为信息系统安全环境，否则会使读者过早涉及信息系统的实现细节，从而产生困惑；

b) 不要将间接威胁纳入已有的威胁范围之内。

例如，如果威胁X可能损害资产Y，则任何旁路对抗威胁X的措施也可能导致资产Y的损害。由于这种旁路威胁是一种已经隐含在威胁X内的攻击方法，不应再将它作为单独的威胁陈述出来。

还应注意到，当需要选择GB/T 20274.1—2006中有依赖关系的组件形成安全保障要求时，必须考虑对信息系统安全措施的攻击方法，比如旁路或篡改攻击。任何对信息系统安全功能的可行攻击都应在信息系统评估期间被全部罗列出来。

8.4 识别和确定组织安全策略

GB/T 20274.1—2006的A.2.4要求信息系统安全环境部分包括信息系统必须服从的所有组织安全策略的描述，但GB/T 20274.1—2006又指出：如果安全保障目的仅源于威胁，也就是“安全保障需求”完全由威胁来定义，那么就可以忽略组织安全策略的陈述。

组织安全策略是指组织机构为保障其运转而规定的若干安全规则、程序、规范和指南。组织安全策略可能需要由信息系统或其环境或由两者一起实施。

如果ISPP或ISST指定了组织安全策略及威胁，那么就应在信息系统安全环境部分给出安全保障需求的简明陈述。仅以不同形式简单重述某个威胁的组织安全策略，通常是无用的。该现象仅出现在组织强制要求对某个组织安全策略进行声明的情况，实际上这个组织安全策略是对一个已存在的威胁的重新声明。

例如，如果已经识别出一个威胁“非授权者可能获得对信息系统的逻辑访问”，再给出如下陈述的组织安全策略“必须在信息系统访问被接纳之前鉴别信息系统的合法用户”，并不会赋予更多信息。这个组织安全策略不仅以不同方式重述这个威胁，而且也重复了安全保障目的的定义。如果只陈述一次，ISPP或ISST将更清晰易懂。

一般的规则是：信息系统预期由特定组织或一类组织使用，或信息系统需要实现一组明显不包含或仅隐含在威胁描述中的规则时，制定出组织安全策略才是适当的。例如：

a) 标识所使用的信息流控制规则；

b) 标识所使用的访问控制规则；

c) 定义有关安全审计的组织策略；

d) 强制性要求，例如使用特别批准的密码算法，或使用与认定的指南相一致的密码算法。应唯一标识每个组织安全策略以便于引用。

8.5 明确安全保障需求定义

定义安全保障需求的最后一个阶段是完成安全保障需求定义详述，包括两件工作：

a) 准备假设、威胁、组织安全策略的列表；

b) 执行一致性和完整性检查，确定安全保障需求。

9 安全保障目的

9.1 概述

本章提供在 ISPP 或 ISST 中识别和制定安全保障目的的指南，这方面要求见 GB/T 20274.1—2006 的 A.2.5 和 GB/T 20274.1—2006 的 B.2.5 的描述。

安全保障目的是对安全保障需求预期响应的简明陈述，换言之，如果在安全环境中已经陈述了安全保障需求，那么就必须在安全保障目的的陈述中明确地界定出安全保障需求是由信息系统还是由环境来满足或实现的。如图 3 所示。

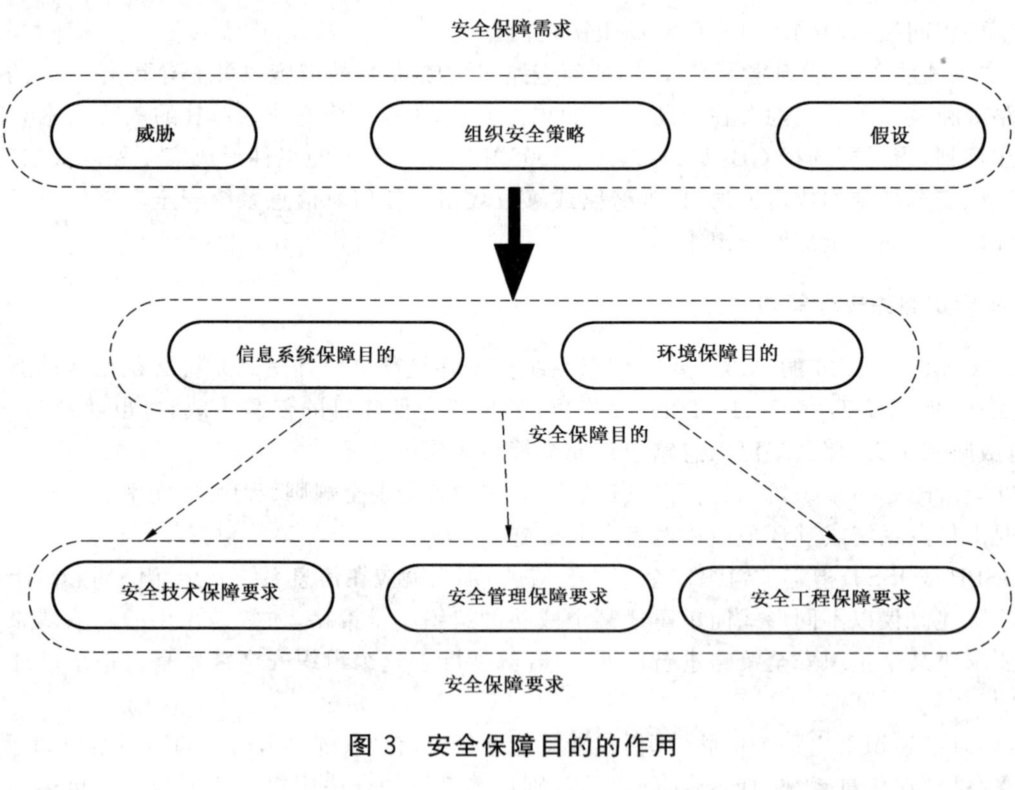

图 3 安全保障目的的作用

图 3 中明确标识出 GB/T 20274.1—2006 要求的两种类型的安全保障目的，它们在 ISPP 或 ISST 中是明确分开的：

a) 信息系统安全保障目的，由信息系统的安全保障措施来满足；

b) 环境安全保障目的，由信息系统外部环境来满足，例如国家或行业的政策与法律法规。

信息系统的安全保障目的包括由信息系统安全保障控制措施和信息系统安全保障能力级别。

信息系统安全保障目的基于下面一系列的步骤产生：

a） 安全保障目的要覆盖所有威胁、组织安全策略和假设；

b） 识别信息系统安全保障目的；

c） 识别环境安全保障目的；

d） 关联威胁、组织安全策略和假设的安全保障目的的符合性声明。

9.2 威胁、假设和组织安全策略的列表

首先，从安全保障需求定义中裁减所有适用的威胁、组织安全策略和假设的列表。特别是由于假设不会产生安全保障目的的威胁，这些威胁应被裁减。

保留下的威胁、组织安全策略和假设应按照以下类型区分：

a） 与信息系统环境有关的；

b） 与信息系统有关的。

9.3 信息系统环境保障目的

环境安全保障目的使用唯一性标识以便于引用，采用的标识方法最好能区别环境安全保障目的和信息系统安全保障目的。如果采用序列编号，应为两类安全保障目的分别编号(如对环境安全保障目的使用 OE1、OE2、OE3 等)。

9.4 信息系统安全保障目的

信息系统安全保障目的可进一步细分为安全技术保障目的、安全管理保障目的和安全工程保障目的。

安全技术保障目的，是从信息系统安全角度达到信息系统安全保障目标。可将安全技术保障目的进一步分解为对网络基础设施的目的、对边界安全的目的、对计算环境的目的和对支撑性安全基础设施的目的以及端到端的安全技术保障目的。

安全管理保障目的，是根据通过覆盖信息系统生命周期的各阶段的管理域来标准化建立完善的信息安全保障管理体系，从而在实现信息能够充分共享的基础上，同时保障信息和其他资产，保证业务的持续性并使业务的损失最小化。可将安全管理保障目的进一步分解为安全风险管理、安全策略管理和安全运行等。

安全工程保障目的，是对信息系统工程过程进行标准化。依据信息系统的安全工程过程生命周期，可将安全工程保障目的进一步分解为挖掘安全需求、定义安全保障要求、设计体系结构、详细安全设计、实现系统安全和有效性评估等。

GB/T 20274.1—2006 的 A.2.5 要求信息系统安全保障目的可明确映射到相关威胁或组织安全策略，因此需要确保：

a） 每个已知的、由信息系统完全或部分对抗的威胁，至少被一个安全保障目的所覆盖；

b） 每个已知的、由信息系统完全或部分符合的组织安全策略，至少被一个安全保障目的所覆盖。

这一映射可以通过交叉引用或用表格形式提供。要求的信息在符合性声明中提供。在安全保障目的部分提供映射对 ISPP 或 ISST 读者来讲更有帮助。描述遵从组织安全策略的安全保障目的时，引用组织安全策略比重述完整的实现规则更适用。

唯一标识信息系统安全保障目的以便于引用，标识方法可采用序列编号(如 O1、O2、O3 等)，也可采用简短而有意义的名称。

10 安全保障要求

10.1 概述

本章提供有关 ISPP 与 ISST 中的信息系统安全保障的编制指导，此指导不仅适用于信息系统安全

保障要求而且适用于环境的安全保障要求。

在ISPP与ISST中说明了下列类型的信息系统安全保障要求，如图4所示：

a) 信息系统的安全保障技术要求(STR)，标识出确保达到信息系统安全保障目的的安全技术保障要求；
b) 信息系统的安全保障管理要求(SMR)，标识出确保达到信息系统安全保障目的的安全管理保障要求；
c) 信息系统的安全保障工程要求(SER)，标识出确保达到信息系统安全保障目的的安全工程保障要求；
d) 信息系统的环境安全保障要求(这些在ISPP或ISST是可选的)。

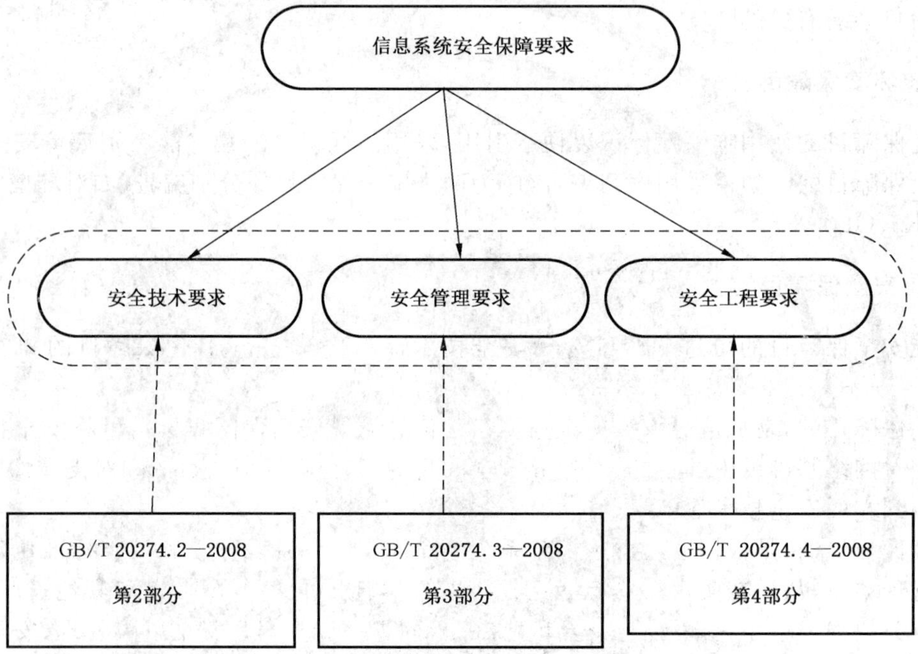

图4 信息系统安全保障要求

除信息系统安全技术、管理和工程要求组件外，对ISPP与ISST的信息系统安全保障要求部分需要说明信息系统安全技术强度的最低级别，并在相关地方对强度进行明确声明(见GB/T 20274.1—2006的A.2.6和GB/T 20274.1—2006的B.2.6)。

图4表明，信息系统安全保障要求的显著特点是，尽可能用GB/T 20274.2—2008、GB/T 20274.3—2008、GB/T 20274.4—2008中定义的保障组件来构建。GB/T 20274.1—2006的意图是确保安全保障要求以标准化的方式提出。使用GB/T 20274.2—2008、GB/T 20274.3—2008、GB/T 20274.4—2008表达信息系统安全保障要求更有利于ISPP与ISST之间的对比。

在有些情况下允许不用GB/T 20274.2—2008、GB/T 20274.3—2008、GB/T 20274.4—2008的组件来陈述安全保障要求，但这些要求必须是明确的、可评估的，并且采用与GB/T 20274.2—2008、GB/T 20274.3—2008、GB/T 20274.4—2008相同的风格描述组件。

GB/T 20274.2—2008、GB/T 20274.3—2008、GB/T 20274.4—2008允许STR、SMR和SER有一定程度的灵活性，允许通过实施一系列的操作以满足相应的安全保障要求。这些操作包括赋值、反复、选择和细化，用于特殊数据项的显示和(或)修改。

10.2提供了对GB/T 20274.2—2008技术组件进行操作的指导，10.3提供了对GB/T 20274.3—2008管理组件的操作指导，10.4提供了对GB/T 20274.4—2008工程组件的操作指导。每个安全保障要求组件都有唯一的基于分类标准的参考名。例如：

a) GB/T 20274.2—2008 中的组件 FAU_GEN.1.2 具有如下含义：
   1) “F”表示它是技术(功能)组件；
   2) “AU”表示它属于 STR 的安全审计类；
   3) “GEN”表示它属于该类中安全审计数据产生子类；
   4) “1”表示它属于该子类中审计数据产生组件；
   5) “2”表示它是该组件中的第二个元素。
b) GB/T 20274.3—2008 中的组件 MPS_SAT.2 具有如下含义：
   1) “M”表明它是管理组件；
   2) “PS”表明它属于 SMR 的“人员安全”类；
   3) “SAT”表明它属于“安全意识和培训”子类；
   4) “2”表明它属于该子类中的“安全培训”组件。
c) GB/T 20274.4—2008 中的 PEN_SEE.2 具有如下含义：
   1) “P”表示它是工程组件；
   2) “EN”表示属于 SER 的“工程过程”类；
   3) “SEE”表示它属于该类中的“安全工程实施”子类；
   4) “2”表示它属于该子类中的“系统试运行”组件。

STR、SMR 和 SER 的选择以组件为单位。如果在 ISPP 与 ISST 中包括某个组件，则组件中所有已定义的元素都应包括进来。要注意组件间有两种关联类型，它会影响信息系统安全保障要求的选择：

a) 子类内组件可能有层次关系，表明一个组件包括在子类内其他组件中规定的全部要求元素。例如，FAU_SAA.4 是 FAU_SAA.3 的从属组件，因为前者中包含了所有在后者中定义的功能元素。但 FAU_SAA.4 不是 FAU_SAA.1 的从属组件，因此可以在同一个 ISPP 与 ISST 中同时包括这两个组件；
b) 已经定义的组件可能与其他子类中的组件有依赖关系。例如，FAU_SAA.1(潜在侵害分析)依赖于 FAU_GEN.1(审计数据产生)。这些组件也必须包括在 ISPP 与 ISST 中，除非依赖性可以表明与威胁和安全保障目的无关。

10.2 安全技术保障要求

10.2.1 安全技术保障要求的选择

在定义了安全保障需求并以安全技术保障目的的形式对应了这些需求之后，现在需要详细阐述安全技术要求将如何满足这些安全保障目的。首先，选择一组适当的 STR 组件，如果预先定义与信息系统的安全保障目的相关的技术组件包，将简化 STR 的选择过程。本指导性技术文件的附录 A 提供了信息系统安全技术要求从 GB/T 20274.2—2008 中定义的安全技术要求(STR)组件中选取。

为 ISPP 或 ISST 选择 STR 的过程分几个阶段，在选择过程中要注意区别以下两种类型的 STR：

a) 主要的 STR，它直接满足信息系统安全保障目的；
b) 支持性的 STR，它不直接满足信息系统安全保障目的，但对主要的 STR 提供支持，从而间接支持相应信息系统安全保障目的。

GB/T 20274.2—2008 没有明确区别这两种类型的 STR，但其差别暗含在功能组件间的依赖性或 STR 间的相互支持中。因此，没有必要在 ISPP 或 ISST 中明确区分这两类 STR，但在编写安全保障目的符合性声明时，认识到存在这两类 STR 是非常有益的。

在选择 STR 时，首先识别出能够满足信息系统一个安全保障目的的一组主要的 STR，再识别出一组完整的支持性 STR。如前所述，所有 STR(不论主要的或支持性的)应该用适当的 GB/T 20274.2—

2008 中的技术保障组件来表达。当从 GB/T 20274.2—2008 中选择组件时，应参考在 GB/T 20274.2—2008 的附录中技术保障组件依赖关系表。

两种类型 STR 之间的关系如图 5 所示，注意这种关系与 ISPP 或 ISST 符合性声明相关，要求表现 STR 之间的相互支持。它包含了对支持性 STR 提供支持的性质的解释，从而保证了信息系统安全技术保障目的得到满足。

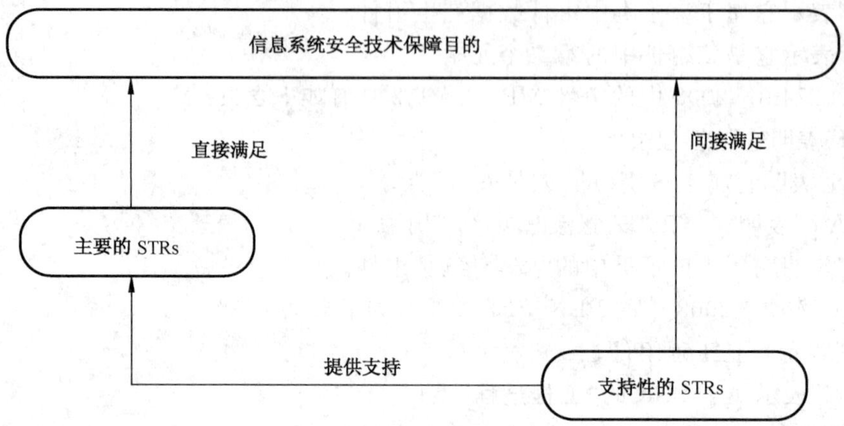

图 5　主要的 STRs 和支持性的 STRs 的关系

识别完整的支持性 STR 的过程分 3 个阶段：

a)　识别出所需的用于满足(认为它适用的话)所有主要 STR 依赖性的 STR(像 GB/T 20274.2—2008 中定义相关技术组件一样)。它包括本阶段识别的支持性 STR 的所有依赖性；
b)　识别为确保达到信息系统安全保障目的补充 STR。它包括用来抵抗组合攻击的 STR；
c)　识别补充 STR 的支持性 STR(认为它适用的话)，以满足那些在 a)和 b)这两个阶段中选择的 STR 的依赖关系。

支持性 STR 满足 GB/T 20274.2—2008 中给出的依赖关系的识别过程，可能需要多次反复，例如：

a)　假设 ISPP 或 ISST 要包括的安全保障目的要求信息系统在检测到即将发生安全事故时做出响应，这会导致将基于 FAU_ARP.1 组件(安全警告)作为主要 STR 包含进来；
b)　根据 GB/T 20274.2—2008，FAU_ARP.1 依赖于 FAU_SAA.1(潜在侵害分析)，这样该组件要作为支持性 STR 应被包含进来；
c)　FAU_SAA.1 依赖于 FAU_GEN.1(审计数据产生)，该组件也要作为支持性 STR 应被包含进来；
d)　FAU_GEN.1 依赖于 FPT_STM.1(可信时间戳)，该组件也要作为支持性 STR 应被包含进来；
e)　FPT_STM.1 则不需要引入别的功能组件。

GB/T 20274.1—2006 允许部分有依赖关系产生的 STR 不满足安全保障目的，但需要作者对此进行合理的解释。

依赖性应以一致的方式被使用，例如，对于 FAU_ARP.1 而言，其符合性是由该组件的性质决定的(即 FAU_ARP.1 依赖于对可能发生的安全违规的预测，这种违规是用 FAU_SAA.1.2 来定义的)。

对另外一些组件来说，保证符合性可能比较困难。例如，对于组件 FDP_ACC.1，ISPP 或 ISST 将识别出与之相关的特殊访问控制 SFP，为满足 FDP_ACC.1 对 FDP_ACF.1 的依赖性，必须确保相同的访问控制 SFP 作用于 FDP_ACF.1 和 FDP_ACC.1。如果针对不同访问控制 SFP，对组件 FDP_ACC.1 施行“反复操作”，那么对每个访问控制 SFP，都需要满足对 FDP_ACF.1 的依赖性。

对额外的支持性 STR 的识别(例如在 GB/T 20274.2—2008 中未被识别的依赖性)包括 GB/T 20274.2—2008 中未提及的 STR 的识别对支持达到信息系统安全保障目的是必须的。这类的

STR一般通过减少攻击者可利用的选择或机会提供支持，或增加攻击者要实现成功攻击所需达到的专业知识水平或资源。应根据安全保障需求和安全保障目的考虑下述问题：

a) 基于GB/T 20274.2—2008中同类相关组件的STR。比如，如果包括组件FAU_GEN.1（审计数据产生），那么就隐含着一个产生和维护存储所产生数据（需要一个或多个来自FAU_STG子类的功能组件）的安全审计踪迹的组件，以及利用工具审查所产生的审计数据（需要一个或多个来自FAU_SAR子类的功能组件）的组件。或者将所产生的审计数据输出到其他系统去审查；

b) 基于FPT类相关组件的STR。这类STR一般保护其他STR所依赖的TSF或TSF数据的完整性和可用性。以FPT_AMT.1（抽象机测试）和FPT_SEP（域分离）子类的组件为例，当有确定的需求要保护TSF使之不出故障、不被中断或不被（可能是恶意的）修改时，可能需要上述组件支持相应的安全保障目的；

c) 基于FMT类相关组件的STR。这些组件用于规定所有需要支持的安全管理STR，以处理取消安全属性的FMT_REV.1组件为例，在含有处理安全属性（如访问控制）的STR时，可以考虑使用这类相关组件。

应根据安全保障目的选择支持性的STR，尤其要考虑STR应该是相互支持的、紧密结合的、有效的整体。构建ISPP符合性声明的过程会影响那些支持性STR的选择，因为符合性声明需要证明STR是相互支持的、完整的、有效的整体。强烈建议不要选取与安全保障目的无关的支持性STR，因为这样会让ISPP或ISST不易被接受，其原因是：

a) STR不适用某些信息系统；

b) 增加STR的数量会增加成本及对不必要需求的维护。

如果ISPP以相关ISPP为基础编写，那么选择STR的过程会大大简化。相同的，如果ISST以相关ISST为基础编写，那么选择STR的过程也会大大简化。ISPP和ISST应包括不同的STR，并考虑信息系统中的安全环境和（或）安全保障目的之间的差异。

10.2.2 安全技术保障要求的操作

根据GB/T 20274.2—2008，安全技术控制组件可以依据本指导性技术文件中定义的操作使用，也可以通过使用安全保障控制组件允许的操作，对安全技术控制组件进行裁剪，以满足特定的安全策略或应对特定的威胁。安全技术控制组件标识并定义了组件是否允许“赋值”“选择”和“细化”等操作，在哪些情况下可对组件使用这些操作，以及使用这些操作的结果。允许的操作如下所述：

a) 反复：采用不同的操作多次使用同一组件；

b) 赋值：对指定参数的详述；

c) 选择：对列表中的一个或多个元素的选择；

d) 细化：对安全保障要求组件增加细节，细化了可能接受的解决办法，但不引入任何新的STR的依赖性。

10.2.3 GB/T 20274.2—2008中未包含的STR的说明

如果ISPP或ISST增加GB/T 20274.2—2008中未定义的保障要求时，应按GB/T 20274.2—2008中组件的表达模式构建STR。

可以通过恰当应用细化、赋值、选择等操作构建新的STR。一般情况下，建议ISPP中不要轻易添加保障组件，因为这样会使安全保障要求的含义或意图变得模糊，进而增加对其他不适于包括在ISPP中的组件的依赖性。

使用GB/T 20274.2—2008保障组件的表达模式，构建新的STR，具体表达模式如下：

a) 使用与GB/T 20274.2—2008组件相同的抽象程度；

b) 使用与 GB/T 20274.2—2008 组件相似的风格和措辞；

c) 使用 GB/T 20274.2—2008 组件采用的拓扑和逻辑。

新构建的 STR 具有与类或子类中其他组件相似的性质，使用整个类或子类通用概念的特定用词，有助于减少对它的陌生感。

GB/T 20274.2—2008 中的组件表现风格的独特性包括：

a) 多数安全保障要求组件是以短语“TSF 将”或“TSF 将能够”开始的，后面跟着这样的动词：检测、执行、确保、限制、监视、防止、保护、提供或限制；

b) 使用标准术语，如：安全属性、授权管理员等；

c) 每个元素往往各自独立并无须引用以前元素即可理解。

d) 每个安全保障要求必须是可评估的，即必须是可以判定它是否被信息系统实现。

当形成符合上述风格的 STR 后，还应考虑是否：

a) 允许 ISST 作者对该 STR 实施赋值或选择操作；

b) 有依赖关系的其他 STR 必须包括在 ISPP 或 ISST 中；

c) STR 描述应审计的所有事件，以及应记录这些事件的那些信息；

d) STR 有安全管理的含义，如依赖需要管理的安全属性。

如果构建了一个比 GB/T 20274.2—2008 中已有的功能组件更好的 STR，可以考虑在标准下一次修改时提交这个 STR。

GB/T 20274.1—2006 允许 ISST 引用 GB/T 20274.2—2008 中未定义的 STR，如果这个 STR 只是用于自身的 ISST，并不准备复用于其他的 ISPP、ISST 或功能包，那么，不要求为这些 STR 指定 GB/T 20274.1—2006 规定的诸如赋值、选择等操作。

命名 GB/T 20274.2—2008 中未定义的 STR，建议采用与标准相同的结构和习惯，该类新增组件是 GB/T 20274.2—2008 的扩展组件。扩展组件应该用“T”表示技术，然后是相应的类、子类和组件编号。如果是在已有的类之上扩展组件，那么应将其置于相应的位置。如果扩展的组件与已有的类没有关联，那么组件的类名要清楚地表明它是扩展的安全保障要求，例如，可以在组件类名前或后加上“EX”字样。扩展组件的含义在 ISPP 或 ISST 应用解释中要加以说明，还要注意命名的习惯不能与 GB/T 20274.2—2008 的习惯相冲突。

10.2.4 安全技术能力级的确定

安全技术能力级通过对组织机构执行安全技术每个过程域能力反映了组织机构在执行信息安全技术达到预定的成本、功能和质量目标上的度量。一个组织机构一般可随意以他们所选择的方式和次序来计划、跟踪、定义、控制和改进他们的系统安全技术架构构建过程。然而，由于一些较高级别的通用实践依赖于较低级别的实践，因此组织机构应在试图达到较高级别的系统安全技术体系架构之前，应首先实现较低级别的系统安全技术体系架构的构建实践过程。

安全技术能力级的实施划分为如下的能力级别：

a) 能力级别 0：未实施；

b) 能力级别 1：基本执行；

c) 能力级别 2：计划和跟踪；

d) 能力级别 3：充分定义；

e) 能力级别 4：量化控制；

f) 能力级别 5：持续改进。

安全技术能力级别的确定见 GB/T 20274.2—2008 的第 18 章。

10.3 安全管理保障要求

10.3.1 安全管理保障要求的选择

在定义了安全保障需求并以安全管理保障目的的形式对应了这些需求之后，现在需要详细阐述安全管理要求将如何满足这些安全保障目的。首先，在组件级选择一组适当的SMR，当然，如果可以预先定义与信息系统的安全保障目的相关的管理组件包，SMR选择过程就会非常容易。附录B提供了信息系统安全技术要求从GB/T 20274.3—2008中定义的安全管理要求（SMR）组件中选取。

在进行信息系统安全管理要求的选择时，应考虑以下方面的问题：

a) 应以风险和策略为核心，因此应适当选择信息安全策略（MSP）和风险管理（MRM）安全保障控制类中的组件，并将其作为所有其他安全管理控制措施的核心；

b) 从信息系统安全管理的角度来看，组织机构的信息系统安全组织机构（MSO）、人员安全（MPS）、资产管理（MAM）、物理和环境安全（MPE）以及符合性管理（MCM）是所有信息系统安全管理保障活动所必须依赖的基础；

c) 信息系统安全管理保障应覆盖信息系统整个生命周期。信息系统典型的生命周期模型分为规划组织、开发采购、实施交付、运行维护、废弃五个阶段应用于系统产生的闭合循环周期结构。因此，与之对应并结合了组织机构信息系统的特殊要求，在必要时，安全保障要求的选择应覆盖信息系统安全规划管理（MIP）、系统开发管理（MSD）、运行管理（MOP）、应急响应管理（MER）以及业务持续和灾难恢复管理（MBD）信息系统安全管理控制类。

信息系统安全管理要求是通过不同的信息安全管理控制类中的组件来体现的。

10.3.2 安全管理保障要求的操作

根据GB/T 20274.3—2008，安全管理控制组件可以依据本指导性技术文件中定义的操作使用，也可以通过使用安全保障控制组件允许的操作，对安全管理控制组件进行裁剪，以满足特定的安全策略或应对特定的威胁。安全管理控制组件标识并定义了组件是否允许“赋值”、“选择”和“细化”等操作，在哪些情况下可对组件使用这些操作，以及使用这些操作的结果。允许的操作如下所述：

a) 赋值：当组件被应用时，允许填入所规定的参数；

b) 选择：允许从组件表中选定若干项；

c) 反复：允许一个组件与不同的操作一起多次使用；

d) 细化：允许增加细节。

10.3.3 GB/T 20274.3—2008中未包含的SMR的说明

如果ISPP或ISST增加GB/T 20274.3—2008中未定义的保障要求时，应按GB/T 20274.3—2008中组件的表达模式构建SMR。

可以通过恰当应用细化或赋值等操作构建SMR、选择操作来得到。一般情况下，建议ISPP中不要轻易添加保障组件，因为这可能使安全保障要求的含义或意图变得模糊，进而增加对其他不适于包括在ISPP中的组件的依赖性。

使用GB/T 20274.3—2008保障组件的表达模式，构建新的SMR，具体表达模式如下：

a) 使用与GB/T 20274.3—2008组件相同的抽象程度；

b) 使用与GB/T 20274.3—2008组件相似的风格和措辞；

c) 使用GB/T 20274.3—2008组件采用的拓扑和逻辑。

新构建的SMR具有与类或子类中其他组件相似的性质，使用整个类或子类通用概念的特定用词，有助于减少对它的陌生感。

GB/T 20274.3—2008 中的组件表现风格的独特性包括：

a） 使用标准术语，如：控制、信息处理设施等；

b） 每个元素往往各自独立并无须引用以前元素即可理解；

c） 每个安全保障要求必须是可评估的，即必须是可以判定它是否被信息系统满足。

当形成符合上述风格的 SMR 时，还应考虑是否：

a） 允许 ISST 作者对该 SMR 实施赋值或选择操作；

b） SMR 描述应审计的所有事件，以及应记录这些事件的那些信息。

如果构造了一个比 GB/T 20274.3—2008 中已有的功能组件更好的 SMR，可以考虑在标准下一次修改时提交这个 SMR。

GB/T 20274.1—2006 允许 ISST 引用 GB/T 20274.3—2008 中未定义的 SMR，如果这个 SMR 只是用于自身的 ISST，并不准备复用于其他的 ISPP、ISST 或功能包，那么，不要求为这些 SMR 指定 GB/T 20274.3—2008 规定的诸如赋值、选择等操作。

命名 GB/T 20274.3—2008 中未定义的 SMR，建议采用与标准相同的结构和习惯，该类新增组件是 GB/T 20274.3—2008 的扩展组件。扩展组件应该用"M"表示管理，然后是相应的类、子类和组件编号。如果是在已有的类之上扩展组件，那么应将其置于相应的位置。扩展组件的含义在 ISPP 或 ISST 应用解释中要加以说明，还要注意命名的习惯不能与 GB/T 20274.3—2008 的习惯相冲突。

10.3.4 安全管理能力级的确定

安全管理能力级通过对组织机构执行安全管理每个过程域能力反映了组织机构在执行信息安全管理达到预定的成本、功能和质量目标上的度量。一个组织机构一般可随意以他们所选择的方式和次序来计划、跟踪、定义、控制和改进他们的系统安全管理架构构建过程。然而，由于一些较高级别的通用实践依赖于较低级别的实践，因此组织机构应在试图达到较高级别的系统安全管理体系架构之前，应首先实现较低级别的系统安全管理体系架构的构建实践过程。

安全管理能力级的实施划分为如下的能力级别：

a） 能力级别 0：未实施；

b） 能力级别 1：基本执行；

c） 能力级别 2：计划和跟踪；

d） 能力级别 3：充分定义；

e） 能力级别 4：量化控制；

f） 能力级别 5：持续改进。

安全管理能力级别的确定见 GB/T 20274.3—2008 的第 19 章。

10.4 ISPP 或 ISST 中的安全工程保障要求

10.4.1 安全工程保障要求的选择

定义了安全保障需求并以安全工程保障目的的形式对应了这些需求之后，现在需要详细阐述安全工程要求将如何满足这些安全保障目的。首先，在组件级选择一组适当的 SER，当然，如果可以预先定义与信息系统的安全保障目的相关的工程组件包，SER 选择过程就会非常容易。本指导性技术文件的附录 C 提供了信息系统安全技术要求从 GB/T 20274.4—2008 中定义的安全工程要求（SER）组件中选取。

根据 GB/T 20274.4—2008，信息系统安全工程可划分为三个基本的过程域（即信息系统安全工程控制类）：风险、工程和保障。虽然这些域不是互相独立的，但在进行安全保障要求的选择时，可以分开考虑它们。在最简单的级别中，风险过程识别是按优先级排序对开发出的信息系统的内在危险进行识别。安全工程过程与其他工程学科共同作用来决定和实施危险所引起问题的解决方案。最后，保障过程建立对安全解决方案的信心并将这种信心传递给用户。

在对风险过程域的安全保障要求进行选择时要考虑：安全工程的一个主要目标是降低风险。风险评估是识别尚未发生的问题的过程。通过针对威胁、脆弱性、影响或者风险本身实施保护措施来降低风险。然而，降低所有风险或完全根除任一特定风险都是不可能的。这主要是因为风险降低的成本，以及相关的不确定性。因此，总是必须接受一些残余风险。在不确定性很高的情况下，由于不能精确地描述风险，接受风险会有很大问题。信息系统安全工程保障的过程域包括确保服务提供方组织机构进行了威胁、脆弱性和影响分析，并综合这些活动所得到的威胁、脆弱性和影响信息进行风险分析，然后得到风险信息。

在对工程过程域的安全保障要求进行选择时要考虑：安全工程和其他工程学科一样，是一个贯穿概念、设计、实施、测试、验收、运行、维护和废弃的过程。在整个过程中，安全工程师必须与系统工程组的其他部分密切工作。信息系统安全工程保障强调安全工程师是大团队的一部分，而且需与其他学科的工程师协作他们的活动。这有助于确保安全是较大过程的重要组成部分，而不是分离、独立的活动。

在对工程过程域的安全保障要求进行选择时要考虑：保障是指安全保障需求得到满足的信心度。它是安全工程的重要产物。保障有很多形式。安全工程的过程保障提供了一个方面：安全工程的过程结果可重复性的信心。这种信心的基础是一个成熟的组织比一个不成熟的组织更可能重复结果。不同形式的保障之间的详细关系是研究中的主题。保障不增加任何附加控制措施对抗安全风险，但它提供这样的信心：已经实施的控制措施将减少已预料到的风险。

10.4.2 安全工程保障要求的操作

根据 GB/T 20274.4—2008，安全工程控制组件可以依据本指导性技术文件中定义的操作使用，也可以通过使用安全保障控制组件允许的操作，对安全工程控制组件进行裁剪，以满足特定的安全策略或应对特定的威胁。安全工程控制组件标识并定义了组件是否允许“赋值”“选择”和“细化”等操作，在哪些情况下可对组件使用这些操作，以及使用这些操作的结果。允许的操作如下所述：

a) 赋值：当组件被应用时，允许填入所规定的参数；

b) 选择：允许从组件表中选定若干项；

c) 反复：允许一个组件与不同的操作一起多次使用；

d) 细化：允许增加细节。

10.4.3 GB/T 20274.4—2008 中未包含的 SER 的说明

如果 ISPP 或 ISST 增加 GB/T 20274.4—2008 中未定义的保障要求时，应按 GB/T 20274.4—2006 中组件的表达模式构建 SER。

一般情况下，建议 ISPP 作者不要轻易添加保障组件，因为这可能使安全保障要求的含义或意图变得模糊，进而增加对其他不适于包括在 ISPP 中的组件的依赖性。

使用 GB/T 20274.4—2008 保障组件作为表达模式，构建新的 SER，应包括：

a) 使用与 GB/T 20274.4—2008 组件相同的抽象程度；

b) 使用与 GB/T 20274.4—2008 组件相似的风格和措辞；

c) 使用 GB/T 20274.4—2008 组件采用的拓扑和逻辑。

新构建的 SER 具有与类或子类中其他组件相似的性质，使用整个类或子类通用概念的特定用词，有助于减少对它的陌生感。

GB/T 20274.4—2008 中的组件表现风格的独特性包括：

a) 使用标准术语，如：确认、验证等；

b) 每个元素往往各自独立并无须引用以前元素即可理解；

c) 每个安全保障要求必须是可评估的，即必须是可以判定它是否被信息系统满足。

当形成符合上述风格的SMR时，还应考虑是否：

a) 允许ISST作者对该要求实施赋值或选择操作；

b) SER描述应审计的所有事件，以及应记录这些事件的那些信息。

如果构造了一个比GB/T 20274.4—2008中已有的功能组件更好的SER，可以考虑在标准下一次修改时提交这个SER。

GB/T 20274.1—2006允许ISST引用GB/T 20274.4—2008中未定义的SER，如果这个SER只是用于自身的ISST，并不准备复用于其他的ISPP、ISST或功能包，那么，不要求为这些SMR指定GB/T 20274.4—2008规定的诸如赋值、选择等操作。

命名GB/T 20274.4—2008中未定义的SER，建议采用与标准相同的结构和习惯，该类新增组件是GB/T 20274.4—2008的扩展组件。扩展组件应该用“P”表示工程，然后是相应的类、子类和组件编号。如果是在已有的类之上扩展组件，那么应将其置于相应的位置。扩展组件的含义在ISPP或ISST应用解释中要加以说明，还要注意命名的习惯不能与GB/T 20274.4—2008的习惯相冲突。

10.4.4 安全工程能力级的确定

安全工程能力级通过对组织机构执行安全工程每个过程域能力反映了组织机构在执行信息安全工程达到预定的成本、功能和质量目标上的度量。一个组织机构一般可随意以他们所选择的方式和次序来计划、跟踪、定义、控制和改进他们的系统安全工程架构构建过程。然而，由于一些较高级别的通用实践依赖于较低级别的实践，因此组织机构应在试图达到较高级别的系统安全工程体系架构之前，应首先实现较低级别的系统安全工程体系架构的构建实践过程。

安全工程能力级的实施划分为如下的能力级别：

a) 能力级别0：未实施；

b) 能力级别1：基本执行；

c) 能力级别2：计划和跟踪；

d) 能力级别3：充分定义；

e) 能力级别4：量化控制；

f) 能力级别5：持续改进。

安全工程能力级别的确定见GB/T 20274.4—2008的第10章。

11 信息系统概要规范

11.1 概述

信息系统概要规范的目的是让读者了解：STR如何适用于信息系统的安全技术保障；SMR如何适用于信息系统的安全管理保障；SER如何适用于信息系统的安全工程保障。

11.2 信息系统概要规范概述

构成信息系统概要规范的一个好方法是要以概述开始，概述表明信息系统的结构和如何保护自身不被干扰和旁路。然后，安全技术保障应该被描述为基于STR的模型；安全管理保障应该被描述为基于SMR的模型；安全工程保障应该被描述为基于SER的模型。GB/T 20274.1—2006的ISST中对信息系统概要规范有介绍，而在ISPP中没有对应的内容。在GB/T 20274.1—2006中对信息系统概要规范的定义为在ISST中提供的信息系统概要规范定义了信息系统安全保障要求的实例化。它提供了高层设计的描述，分别满足安全保障控制的要求以及相应能力级的要求。信息系统概要规范定义信息系统安全保障要求的实现方法，该规范描述符合信息系统安全保障要求的信息系统安全保障控制要求和能力级要求。GB/T 20274.1—2006 的 B.2.7 对信息系统概要规范有如下要求：

a) 定义满足已知安全技术保障要求的安全技术保障措施；

b) 定义满足已知安全管理保障要求的安全管理保障措施；

c) 定义满足已知安全工程保障要求的安全工程保障措施；

d) 定义系统的安全保障能力级。

信息系统概要规范的主要组成如图 6 所示。

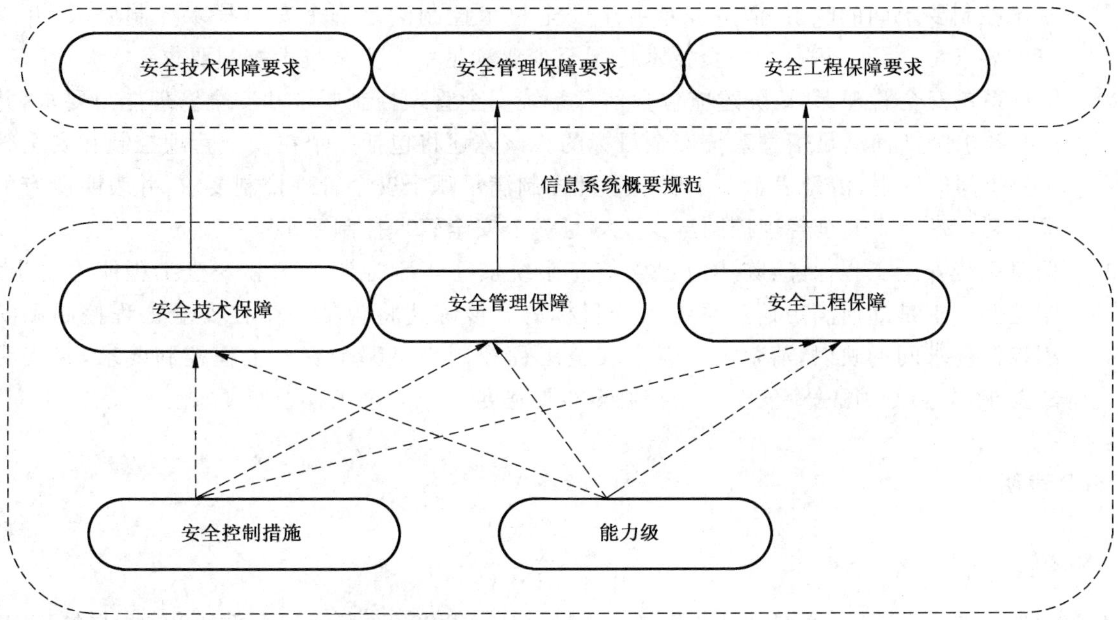

图 6 信息系统概要规范的组成

11.3 安全保障措施的选择

本条针对已知的安全保障需求，确定特定信息系统解决方案，即为满足前面定义的安全保障要求，信息系统应提供哪些安全保障控制措施，以及应达到的信息系统安全保障级。因此信息系统概要规范应定义信息系统为满足安全保障要求而提供的方法和内容。

本条为 ISST 读者提供了确定安全保障技术、管理、工程控制措施的指南，与安全保障要求相比，安全保障控制措施应通过一种易于 ISST 读者理解的方式来编写。特别是：

a) 为满足安全保障需求，安全保障控制措施可以表述成强调信息系统实际操作的形式；

b) 安全保障控制措施可以组织成更密切反映信息系统文档内容的形式。除安全保障要求外，提供比安全保障要求更适于评估的控制措施，会提高信息系统评估的效率，使得 ISST 到安全控制措施表述(如信息系统设计文档)、ISST 到开发者的测试计划和规范的映射更容易。如果已知信息系统设计和实现的同一底层机制能满足几个安全保障要求，那么可以规定一项安全保障控制措施满足这一组安全保障要求，在组织文档时可采用这种方法。这样做可以在不损失严格性的情况下，减少开发者必须提供的对应性证据陈述量，并从中受益；

c) 包含信息系统特定术语可以使安全保障控制措施更容易与设计、用户或管理员手册建立联系。此外，还应包含通用术语(如主题、目的和管理员职责)的详细定义。

因此，信息系统概要规范应详细描述信息系统以表明其满足信息系统特定要求，但不必提供信息系统实现及其结构或设计原理的详细内容，也不需要详细介绍开发者是如何实施、测试安全保障控制措施。

如上所述，GB/T 20274.1—2006 要求 ISST 中的信息系统概要规范包含由信息系统提供的安全保障控制措施规范，信息系统的评估将以此为依据。但是，ISST 必须表明安全保障控制措施满足了所有的安全保障要求，而且每个安全保障控制措施至少映射到一个安全保障要求。

总之，在概要规范中，信息系统的安全保障控制措施至少应包括下列内容：

a） 信息系统整体安全保障要求：陈述应包含对信息系统整体安全目标的完整描述；

b） 信息系统安全技术保障：陈述应包含信息系统安全技术控制要求和安全技术能力级要求，并说明这些要求是如何满足信息系统安全目标的。该陈述将包括一个在安全技术控制和安全技术控制要求间的映射，清楚表示哪个安全技术控制满足哪个安全技术控制要求，并表明所有的要求都达到。每一个安全技术控制至少要满足一个安全技术控制要求；

c） 信息系统安全管理保障：陈述应包含信息系统安全管理控制要求和安全管理能力要求，并说明这些要求是如何满足信息系统安全目标的。该陈述将包括一个在安全管理控制和安全管理控制要求间的映射，清楚表示哪个安全管理控制满足哪个安全管理控制要求，并表明所有的要求都达到。每一个安全管理控制至少要满足一个安全管理控制要求；

d） 信息系统安全工程保障：陈述应包含信息系统安全工程控制要求和安全工程能力要求，并说明这些要求是如何满足信息系统安全目标的。该陈述将包括一个在安全工程控制和安全工程控制要求间的映射，清楚表示哪个安全工程控制满足哪个安全工程控制要求，并表明所有的要求都达到。每一个安全工程控制至少要满足一个安全工程控制要求。

12 ISPP 声明

12.1 概述

本章为如何构建 ISST 中声明的 ISPP 提供指导。GB/T 20274.1—2006 的 B.2.8 要求在 ISPP 的符合性声明中包含如下信息：

a） ISPP 引用；

b） ISPP 裁减；

c） ISPP 附加项。

注意，声明不能部分满足 ISPP，必须满足 ISPP 的所有要求。当然，对于一些 ISPP 安全目的和安全要求不在 ISST 评估范围之内的情况，必须在 ISST 符合性声明中表明信息系统和环境安全特征完全被信息系统或环境安全所涵盖，并在符合性说明中清楚的说明这种依赖关系。

如果没有 ISPP 符合性声明，在 ISST 的这节中就要明确声明这种影响。

12.2 ISPP 引用

ISPP 必须以某种方式进行标识，以使得 ISST 的读者在有疑问时能方便地查到 ISPP 的内容，建议使用包和 ISPP 的 ISO 注册索引形式，还要注意确保标识出特定版本和 ISPP 引用源。

12.3 ISPP 裁剪

如果 ISPP 在安全保障要求声明中包含额外许可的操作，需要在此处添加详细的替代部分。如果需要替代的要求，最好在 ISST 内重述完整的 ISPP 内容。

12.4 ISPP 附加项

如果 ISPP 开发者不满足 ISPP 的安全保障目的，需要增加附加的威胁、策略、目的，并在 ISST 符合性声明中覆盖这些附加项。

13 符合性声明

13.1 概述

本章为如何编写 ISPP 或 ISST 的符合性声明提供指导。符合性声明包括安全保障目的符合性声明和安全保障要求的符合性声明。

13.2 安全保障目的的符合性声明

本条为如何构建 ISPP 和 ISST 中的符合性声明提供指导。

ISPP 和 ISST 的安全保障目的符合性声明是为了说明信息系统在安全环境下提供了一套有效的安全措施。尤其是要说明信息系统安全保障要求适当的满足了安全保障目的,安全保障目的也适当的满足了信息系统安全环境(它定义了安全保障需求)的所有方面。

图 7 说明 ISPP 符合性声明的主要组成部分。

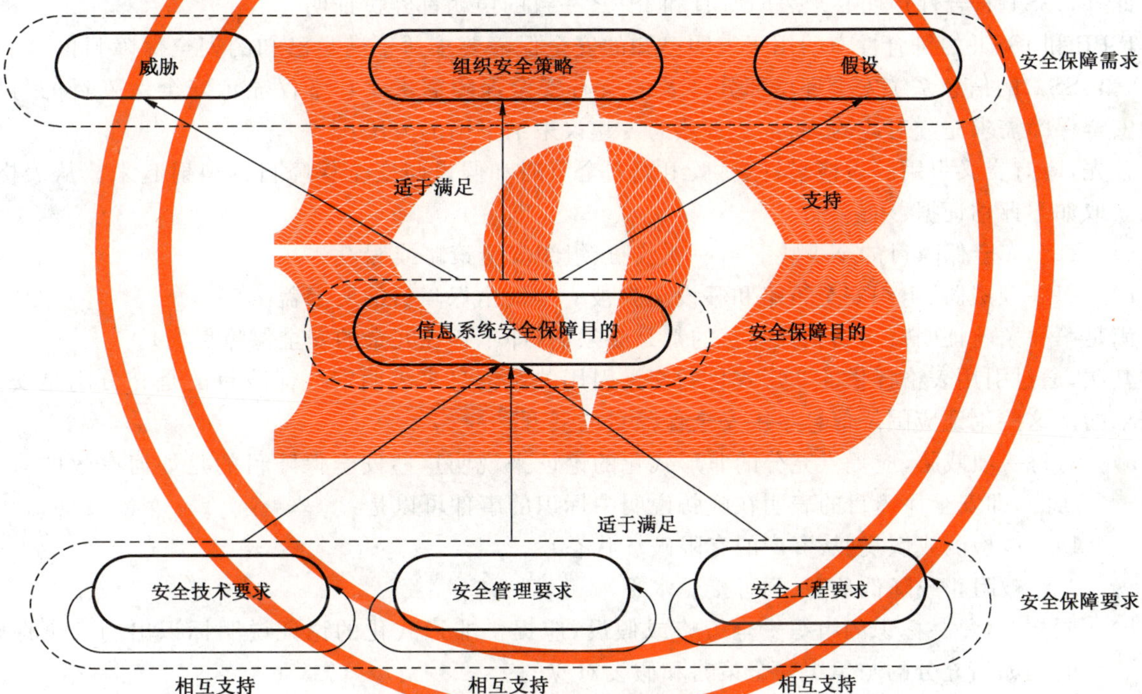

图 7 **ISPP 的符合性声明**

对于所有安全保障要求已完成的操作,应在安全保障要求部分进行标识,而不是作为 ISPP 符合性声明的一部分。这种方法的主要优点在于:避免在 ISPP 符合性声明中重复安全保障要求,从而减少了 ISPP 及其符合性声明之间存在不一致的可能。

图 8 说明了 ISST 符合性声明的主要部分。

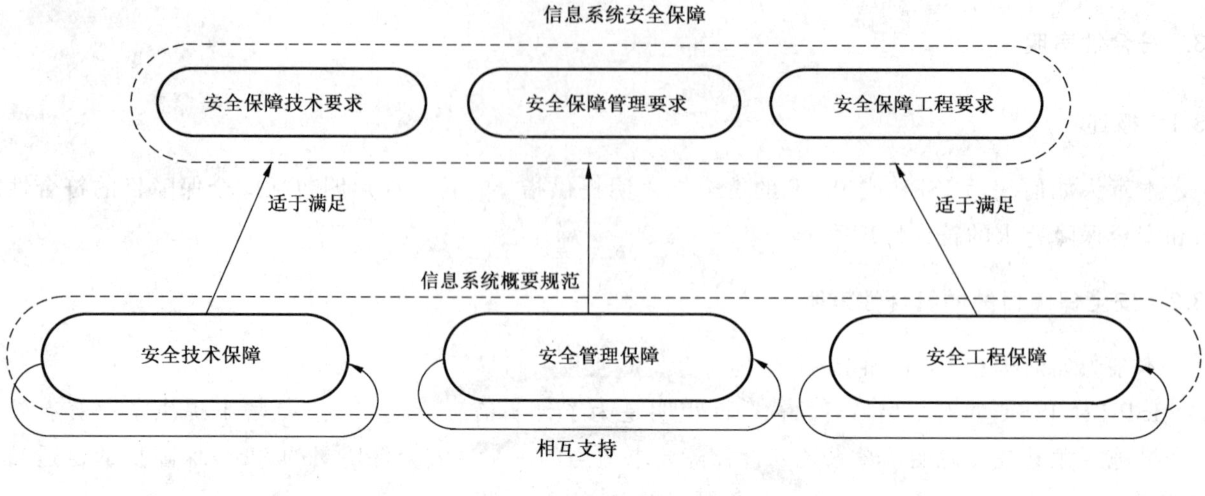

图 8 ISST 的符合性声明

此外,ISST 符合性声明必须表明所有和 ISPP 一致的声明都经过证明。

ISPP 和 ISST 的符合性声明用于表明已知的安全保障要求适于满足已知的安全保障目的,涵盖了 ISPP 和 ISST 的信息系统安全环境部分涉及的所有安全保障需求。它不仅显示安全保障目的与所关注的安全保障需求充分对应的,而且是必须的。建议采纳下面的方法:

首先,应有交叉引用的表格来将威胁、组织安全策略和假设与安全保障目的映射起来。从表格中,可以获取如下评估证据:

a) 每个安全保障目的至少映射到一项威胁、组织安全策略或假设;

b) 每一项威胁、组织安全策略和假设至少被一个安全保障目的所涵盖。

满足第一条就证明每一安全保障目的都是必须的(即不存在冗余的安全保障目的)。

其次,通过引用表格提供的非形式化的交叉引用关系信息来表明安全保障目的是充分满足安全保障需求的。这些论证应围绕信息系统安全保障目的展开。

a) 对每一项威胁,应提供充分的非形式化的论证来说明这些安全保障目的是如何有效的对抗威胁的,即安全保障目的表明在威胁说明中标识的事件可以是:

 1) 被检测或恢复(从资产的有限破坏状态);

 2) 被阻止或降低危害(到可接受水平)。

b) 同样,对每一标识的组织安全策略或假设,应提供非形式化的论证说明标识出的安全保障目的是如何充分的与组织安全策略和假设对应的。

论证集中在信息系统的安全保障目的对应的威胁和组织安全策略。这些论证应该包括:

a) 讨论每一个安全保障目的的地位,这些被标识的安全保障目的用于对应威胁或组织安全策略;

b) 描述有多少个相关的环境安全保障目的支持信息系统要达到的安全保障目的。

本条只判定与安全环境对应的安全保障目的,不是对所有威胁进行评估,即使其中包含有与风险评估相似的陈述。应由各组织来定义哪些风险是可接受的,并在定义其安全策略时完成风险分析。基于一个好的评估基础上的 ISPP 或 ISST,用户可以选择其中的符合性声明作为组织的风险分析过程中论据的基础。

如果 ISST 中有 ISPP 符合性声明,那么 ISST 的符合性声明部分应简单说明与 ISPP 不一致的地方,如:

a) 所有补充的由安全保障目的应对的威胁;

b) 所有补充的由安全保障目的满足的组织安全策略;

c) 所有附加的安全保障目的及其如何处理相关威胁和(或)组织安全策略。

13.3 安全保障要求的符合性声明

13.3.1 安全保障要求的适当性

ISPP 的符合性声明用于展示信息系统安全保障要求满足其安全保障目的。对安全保障目的,要说明这些信息系统安全保障要求不仅是必须的而且是充分的。推荐采用下面的方法。

首先要提供安全保障目的与安全保障要求对应的交叉引用表。该表要提供如下信息：

a) 每一个安全保障要求至少对应一个安全保障目的；

b) 每一个安全保障目的也至少要对应一个安全保障要求。

前一条要充分说明每一个安全保障要求是必须的(即不存在冗余的安全保障要求)。

其次是通过交叉引用表中以非形式化的方式论证安全保障要求的充分性。这些非形式化的论证应围绕信息系统安全保障目的展开。对于每个安全保障目的,在显示的需求和导出的需求都满足的情况下,都应提供非形式化的论证证明安全保障要求是充分满足安全保障目的的。这些论证应涵盖 ISPP 中的所有安全保障要求,这些安全保障要求不仅直接满足安全保障需求,还起到支持作用。在讨论时,应考虑以下方面：

a) 为什么以及如何应用 GB/T 20274.2—2008、GB/T 20274.3—2008、GB/T 20274.4—2008 中的操作；

b) 信息系统安全保障要求如何与环境安全保障要求相适应。

如果 ISST 有 ISPP 符合性声明,在 ISST 的符合性声明部分要简要说明与 ISPP 不同的地方：

a) 所有附加的安全保障目的如何与安全保障要求相对应；

b) 所有附加的安全保障要求如何与安全保障目的相对应。

13.3.2 安全保障要求的相互支持

13.3.2.1 概要

在 ISPP 符合性声明中,本节通过展示安全保障要求的相互支持及其具有的完备、有效和整体性来说明安全保障控制措施是完整的、内部一致的。建议采纳如下方法：

a) 提供安全保障要求之间内部一致性的说明；

b) 表明支持性安全保障要求已包括在内,这些安全保障要求适合于保护其他安全保障要求免受诸如旁路或篡改之类的攻击。

分析方式应与安全保障要求是相互支持的分析方式一样。因为安全保障要求的相互支持性已经在安全保障要求中说明了,这部分的分析应关注安全保障要求之外引入的额外细节部分所产生的影响。对任何由额外细节部分引入的安全保障控制措施之间的相互支持或关联的实例都要进行分析。然而,由于信息系统概要规范是从信息系统的角度对安全保障要求的再次解释,因此,对安全保障要求分析结果的复用应说明结果的不同视角来源。

13.3.2.2 组件依赖性分析

不管组件依赖性分析使用什么表达方式,都应具有如下的能力：

a) 能够展示安全保障要求组件在相应级别的依赖性是如何得到满足；

b) 能够标识出所有未满足的依赖,并解释不需要满足的原因。

信息系统也可能不需要去满足某个依赖关系,原因是它可能与信息系统无关或没必要由安全保障目的来陈述,依赖关系可能是由环境的手段来满足。

如上所述,表示依赖关系的一种方法是构建一张对应表,例如：

a) 用一行表示包含在 ISPP 中的一个组件,多行表示该组件出现多次；

b) 每个识别出的组件和在 GB/T 20274.2—2008、GB/T 20274.3—2008、GB/T 20274.4—2008 中定义的其他依赖组件都要列出；

c) 对于每个识别出的依赖关系，给出满足依赖关系的行号，或说明不需满足依赖关系的理由。

组件依赖性分析也应能证明安全保障要求是相互支持的。换言之，如果组件 A 依赖于组件 B，那么，就可以说 B 是 A 的支持。

如果 ISST 声明与某个 ISPP 保持一致，那么这部分只需要反映出与该 ISPP 的不同之处，即表明所有补充的安全保障要求是满足依赖关系的。

13.3.2.3 内部一致性

作为证明相互支持的第二个方面，在所有组件间的依赖关系都已满足的情况下，必须提供安全保障要求内部一致性的证据。在满足安全保障要求方面，应针对不同安全保障要求应用于同一类型的事件、操作或数据的不同场合，分别考虑其内部一致性。例如，ISPP 不仅包括用户匿名要求，还包括用户单独可审计性要求，那么就必须证明这些要求之间是不冲突的，也就是说不需要产生那些操作与用户账户相关联的匿名用户的审计事件。

如果 ISST 声明与某个 ISPP 保持一致，那么 ISST 的符合性声明部分只要反映与 ISPP 不同之处，并展示附加部分的安全保障要求是一致的，包括：

a) 被其他安全保障要求支持；

b) 提供对其他安全保障要求的支持；

c) 与其他安全保障要求是一致的。

13.3.3 ISST 与 ISPP 的一致性

在 ISST 符合性声明中，需确认 ISST 与 ISPP 是一致的，并表明在 ISST 中：

a) 包括了 ISPP 的所有安全保障目的，且这些目的的任何细化操作都是有效的；

b) 包括了 ISPP 的所有安全保障要求，且这些要求的任何细化操作或其他操作都是有效的；

c) 所有安全保障要求没有与 ISPP 中的安全保障要求发生冲突。

如果 ISST 精确地包括了 ISPP 安全保障目的和安全保障要求，就不需要进行 ISST 与 ISPP 的一致性分析。只有在 ISST 包括附加细节时，该分析才会有意义。当 ISPP 安全保障目的和安全保障要求中有附加的细节时，必须说明这些内容与 ISPP 中的任何内容不冲突。

另外，ISPP 安全保障要求中的未完成的操作如赋值、选择操作都应由 ISST 的作者去完成，必须在 ISST 中证明完成了所有 ISPP 未完成的操作。

13.3.4 安全保障控制措施满足安全保障要求

在 ISST 符合性声明中，这部分用来确定安全保障控制措施适当地满足 ISST 中包括的所有安全保障要求。建议采用表格的方式，将安全保障控制措施映射到安全保障要求上。表格应该是这样的：

a) 每个安全保障要求至少映射到一个安全保障控制措施；

b) 每个安全保障控制措施至少映射到一个安全保障要求。

除此之外，必须对特殊的安全保障要求是如何被满足的给出必要的解释。例如，当多个安全保障控制措施映射到一个安全保障要求时候，应作出适当的解释。

附 录 A
（资料性附录）
从 GB/T 20274.2—2008 选取 STRs

本附录的表格提供了信息系统安全技术要求从 GB/T 20274.2—2008 中定义的安全技术要求(STR)组件中选取。一些组件可能仅仅覆盖了范例的一个方面，因此，在表中也对应了多个组件。

表 A.1～表 A.11 用于帮助识别和确定适当的 STR 组件。ISST 或 ISPP 作者要选取和使用这些组件表达安全保障模式的各方面和允许的操作。同时，对于体系架构要求，表 A.1～表 A.11 提供了架构问题的列表，用于指导 GB/T 20274.2—2008 中相关问题 STR 组件的选择。

表 A.1 安全审计相关 STR

信息系统安全技术要求	STR 组件
安全审计自动应答	FAU_ARP.1
安全审计数据产生	FAU_GEN.1，FAU_GEN.2
安全审计分析	FAU_SAA.1，FAU_SAA.2，FAU_SAA.3，FAU_SAA.4
安全审计查阅	FAU_SAR.1，FAU_SAR.2，FAU_SAR.3
安全审计事件选择	FAU_SEL.1
安全审计事件存储	FAU_STG.1，FAU_STG.2，FAU_STG.3，FAU_STG.4

表 A.2 通信相关 STR

信息系统安全技术要求	STR 组件
原发抗抵赖	FCO_NRO.1，FCO_NRO.2
接收抗抵赖	FCO_NRR.1，FCO_NRR.2

表 A.3 密码支持相关 STR

信息系统安全技术要求	STR 组件
密钥管理	FCS_CKM.1，FCS_CKM.2，FCS_CKM.3，FCS_CKM.4
密码运算	FCS_COP.1

表 A.4 用户数据保护相关 STR

信息系统安全技术要求	STR 组件
访问控制策略	FDP_ACC.1，FDP_ACC.2
访问控制功能	FDP_ACF.1
数据鉴别	FDP_DAU.1，FDP_DAU.2
输出到 TSF 控制之外	FDP_ETC.1，FDP_ETC.2
信息流控制策略	FDP_IFC.1，FDP_IFC.2

表 A.4（续）

信息系统安全技术要求	STR 组件
信息流控制功能	FDP_IFF.1,FDP_IFF.2,FDP_IFF.3,FDP_IFF.4,FDP_IFF.5,FDP_IFF.6
从 TSF 控制之外输入	FDP_ITC.1,FDP_ITC.2
信息系统内部传输	FDP_ITT.1,FDP_ITT.2,FDP_ITT.3,FDP_ITT.4
残余信息保护	FDP_RIP.1,FDP_RIP.2
反转	FDP_ROL.1,FDP_ROL.2
存储数据的完整性	FDP_SDI.1,FDP_SDI.2
TSF 间用户数据传输的保密性保护	FDP_UCT.1
TSF 间用户数据传输的完整性保护	FDP_UIT.1,FDP_ UIT.2,FDP_ UIT.3

表 A.5 标识和鉴别相关 STR

信息系统安全技术要求	STR 组件
鉴别失败	FIA_AFL.1
用户属性定义	FIA_ATD.1
秘密的规范	FIA_SOS.1,FIA_SOS.2
用户鉴别	FIA_UAU.1,FIA_UAU.2,FIA_UAU.3,FIA_UAU.4,FIA_UAU.5,FIA_UAU.6,FIA_UAU.7
用户标识	FIA_UID.1,FIA_UID.2
用户-主体绑定	FIA_USB.1

表 A.6 安全管理相关 STR

信息系统安全技术要求	STR 组件
TSF 中功能的管理	FMT_MOF.1
安全属性的管理	FMT_MSA.1,FMT_MSA.2,FMT_MSA.3
TSF 数据管理	FMT_MTD.1,FMT_MTD.2,FMT_MTD.3
撤消	FMT_REV.1
安全属性到期	FMT_SAE.1
安全管理角色	FMT_SMR.1,FMT_SMR.2,FMT_SMR.3

表 A.7 隐秘相关 STR

信息系统安全技术要求	STR 组件
匿名	FPR_ANO.1,FPR_ANO.2
假名	FPR_PSE.1,FPR_PSE.2,FPR_PSE.3
不可关联性	FPR_UNL.1
不可观察性	FPR_UNO.1,FPR_UNO.2,FPR_UNO.3,FPR_UNO.4

表 A.8 TSF 保护相关 STR

信息系统安全技术要求	STR 组件
根本抽象机测试	FPT_AIM.1
失败保护	FPT_FLS.1
输出 TSF 数据的可用性	FPT_ITA.1
输出 TSF 数据的保密性	FPT_ITC.1
输出 TSF 数据的完整性	FPT_ITI.1,FPT_ITI.2
信息系统内 TSF 数据的传输	FPT_ITT.1,FPT_ITT.2,FPT_ITT.3
TSF 物理保护	FPT_PHP.1,FPT_PHP.2,FPT_PHP.3
可信恢复	FPT_RCV.1,FPT_ RCV.2,FPT_ RCV.3,FPT_ RCV.4
重放检测	FPT_RPL.1
参照仲裁	FPT_RVM.1
域分离	FPT_SEP.1,FPT_SEP.2,FPT_SEP.3
状态同步协议	FPT_SSP.1,FPT_SSP.2
时间戳	FPT_STM.1
TSF 间 TSF 数据的一致性	FPT_TDC.1
信息系统内 TSF 数据复制的一致性	FPT_TRC.1
TSF 自检	FPT_TST.1

表 A.9 资源利用相关 STR

信息系统安全技术要求	STR 组件
容错	FRU_FLT.1,FRU_FLT.2
服务优先级	FRU_PRS.1,FRU_PRS.2
资源分配	FRU_RSA.1,FRU_RSA.2

表 A.10 信息系统访问相关 STR

信息系统安全技术要求	STR 组件
可选属性范围限定	FTA_LSA.1
多重并发会话限定	FTA_MCS.1,FTA_MCS.2
会话锁定	FTA_SSL.1,FTA_SSL.2,FTA_SSL.3
信息系统访问旗标	FTA_TAB.1
信息系统访问历史	FTA_TAH.1
信息系统会话建立	FTA_TSE.1

表 A.11　可信路径/信道相关 STR

信息系统安全技术要求	STR 组件
TSF 间可信信道	FTP_ITC.1
可信路径	FTP_TRP.1

附　录　B
（资料性附录）
从 GB/T 20274.3—2008 选取 SMRs

本附录的表格提供了信息系统安全管理要求从 GB/T 20274.3—2008 中定义的安全管理要求(SMR)组件中选取。一些组件可能仅仅覆盖了范例的一个方面，因此，在表中也对应了不止一个组件。

表 B.1～表 B.12 用于帮助识别和确定适当的 SMR 组件。ISST 或 ISPP 作者要选取和使用这些组件表达安全保障模式的各方面和允许的操作。同时，对于体系架构要求，表 B.1～表 B.12 提供了架构问题的列表，用于指导 GB/T 20274.3—2008 中相关问题 SMR 组件的选择。

表 B.1　风险管理相关 SMR

信息系统安全管理要求	SMR 组件
对象确立	MRM_TEM.1,MRM_TEM.2,MRM_TEM.3
风险评估	MRM_RAM.1,MRM_RAM.2,MRM_ RAM.3
风险控制	MRM_RCT.1,MRM_RCT.2,MRM_RCT.3
沟通与监控	MRM_CAM.1,MRM_CAM.2

表 B.2　信息安全策略相关 SMR

信息系统安全管理要求	SMR 组件
信息安全策略	MSP_SPL.1, MSP_SPL.2,MSP_SPL.3,MSP_SPL.4

表 B.3　信息安全组织机构 SMR

信息系统安全管理要求	SMR 组件
信息安全的管理支持	MSO_IOA.1
信息安全组织架构	MSO_ORG.1
信息安全职责	MSO_RES.1,MSO_RES.2,MSO_RES.3
沟通协作	MSO_CAC.1,MSO_CAC.2

表 B.4　人员安全相关 SMR

信息系统安全管理要求	SMR 组件
人员审查	MPS_PEC.1,MPS_PEC.2,MPS_PEC.3
安全意识和培训	MPS_SAT.1,MPS_SAT.2
考核和奖惩	MPS_CRP.1
人事变更	MPS_PCM.1,MPS_PCM.2

表 B.5 资产管理相关 SMR

信息系统安全管理要求	SMR 组件
资产登记管理	MAM_ARM.1
资产管理职责	MAM_AMR.1,MAM_AMR.2
资产分类管理	MAM_ACM.1,MAM_ACM.2

表 B.6 物理和环境安全相关 SMR

信息系统安全管理要求	SMR 组件
物理安全区域管理	MPE_PSA.1,MPE_PSA.2,MPE_PSA.3,MPE_PSA.4,MPE_PSA.5,MPE_PSA.6
支撑基础设施安全	MPE_SIS.1,MPE_SIS.2,MPE_SIS.3, MPE_SIS.4
设备安全	MPE_EMS.1,MPE_EMS.2,MPE_EMS.3

表 B.7 符合性管理相关 SMR

信息系统安全管理要求	SMR 组件
法律法规和政策符合性	MCM_LCP.1,MCM_LCP.2,MCM_LCP.3
标准符合性	MCM_STP.1,MCM_STP.2
安全策略符合性	MCM_PSP.1, MCM_PSP.2

表 B.8 信息安全规划管理相关 SMR

信息系统安全管理要求	SMR 组件
信息安全规划	MSP_ISP.1,MSP_ISP.2,MSP_ISP.3
投资和预算	MSP_IAB.1,MSP_IAB.2

表 B.9 系统开发管理相关 SMR

信息系统安全管理要求	SMR 组件
安全需求管理	MSD_SRM.1
系统设计管理	MSD_SDM.1
工程实施管理	MSD_ENM.1,MSD_ENM.2
交付管理	MSD_IRM.1,MSD_IRM.2

表 B.10 运行管理相关 SMR

信息系统安全管理要求	SMR 组件
系统漏洞管理	MOP_TVM.1，MOP_TVM.2，MOP_TVM.3，MOP_TVM.4
逻辑访问控制管理	MOP_LAC.1，MOP_LAC.2，MOP_LAC.3，MOP_LAC.4，MOP_LAC.5，MOP_LAC.6
审计和监控管理	MOP_AMM.1，MOP_AMM.2，MOP_AMM.3，MOP_AMM.4
安全配置管理	MOP_NSM.1，MOP_ NSM.2，MOP_ NSM.3，MOP_ NSM.4
系统变更管理	MOP_SCM.1
运行管理	MOP_ITM.1，MOP_ITM.2，MOP_ITM.3，MOP_ITM.4，MOP_ITM.5，MOP_ITM.6，MOP_ITM.7，MOP_ITM.8
信息传输安全	MOP_IEX.1，MOP_IEX.2，MOP_IEX.3

表 B.11 业务持续性和灾难恢复管理相关 SMR

信息系统安全管理要求	SMR 组件
业务持续性管理	MBD_BCM.1，MBD_BCM.2，MBD_BCM.3，MBD_BCM.4，MBD_BCM.5，MBD_BCM.6

表 B.12 应急响应管理相关 SMR

信息系统安全管理要求	SMR 组件
汇报安全事件和安全漏洞	MER_REW.1，MER_REW.2
应急响应管理	MER_IMI.1，MER_IMI.2，MER_IMI.3

附　录　C
（资料性附录）
从 GB/T 20274.4—2008 选取 SERs

本附录的表格提供了信息系统安全工程要求与 GB/T 20274.4—2008 中定义的安全工程要求(SER)组件中选取。一些组件可能仅仅覆盖了范例的一个方面，因此，在表中也对应了不止一个组件。

表 C.1～表 C.3 用于帮助识别和确定适当的 SER 组件。ISST 或 ISPP 要选取和使用这些组件表达安全保障模式的各方面和允许的操作。同时，对于体系架构要求，表 C.1～表 C.3 提供了架构问题的列表，用于指导 GB/T 20274.4—2008 中相关问题 SER 组件的选择。

表 C.1　风险过程相关 SER

信息系统安全工程要求	SER 组件
系统定义	PRM_SDF.1
评估威胁	PRM_ATT.1，PRM_ATT.2，PRM_ATT.3，PRM_ATT.4，PRM_ATT.5，PRM_ATT.6
评估脆弱性	PRM_AVL.1，PRM_AVL.2，PRM_AVL.3，PRM_AVL.4，PRM_AVL.5
评估影响	PRM_AIM.1，PRM_AIM.2，PRM_AIM.3，PRM_AIM.4，PRM_AIM.5，PRM_AIM.6
评估安全风险	PRM_ASR.1，PRM_ ASR.2，PRM_ ASR.3，PRM_ ASR.4，PRM_ ASR.5，PRM_ASR.6

表 C.2　工程过程相关 SER

信息系统安全工程要求	SER 组件
确定安全要求	PEN_ISR.1，PRM_ ISR.2，PRM_ ISR.3，PEN_ISR.4，PRM_ ISR.5，PRM_ ISR.6，PEN_ISR.7
高层安全设计	PEN_HSD.1，PEN_HSD.2
详细安全设计	PEN_DSD.1，PEN_DSD.2，PEN_DSD.3，PEN_DSD.4
安全工程实施	PEN_SEE.1，PEN_ SEE.2，PEN_ SEE.3，PEN_SEE.4，PEN_ SEE.5，PEN_SEE.6
提供安全输入	PEN_PSI.1，PEN_PSI.2，PEN_PSI.3，PEN_PSI.4，PEN_PSI.5，PEN_PSI.6
监视安全态势	PEN_MSP.1，PEN_ MSP.2，PEN_ MSP.3，PEN_ MSP.4，PEN_ MSP.5，PEN_MSP.6，PEN_ MSP.7
管理安全控制	PEN_MSC.1，PEN_MSC.2，PEN_MSC.3，PEN_MSC.4
协调安全	PEN_COS.1，PEN_ COS.2，PEN_ COS.3，PEN_ COS.4

表 C.3　保障过程相关 SER

信息系统安全工程要求	SER 组件
验证和确认安全	PAS_VVS.1，PAS_VVS.2，PAS_VVS.3，PAS_VVS.4，PAS_VVS.5
建立保证证据	PAS_EAE.1，PAS_ EAE.2，PAS_ EAE.3，PAS_ EAE.4，PAS_ EAE.5

参 考 文 献

[1] GB/Z 20283—2006 信息安全技术 保护轮廓和安全目标产生指南

[2] ISO/IEC 15292 Protection profile registration procedures

[3] ISO/IEC 13335 Information technology—Security techniques—Management of information and communications technology security

[4] ISO/IEC 14516 Information technology—Security techniques—Guidelines on the use and management of Trusted Third Parties services

ICS 33.200
M 50

中华人民共和国国家标准

GB/T 30287.1—2013

卫星定位船舶信息服务系统
第1部分:功能描述

**Satellite positioning ship information service system(SISS)—
Part 1: Function description**

2013-12-31 发布　　　　2014-07-15 实施

中华人民共和国国家质量监督检验检疫总局
中国国家标准化管理委员会　发布

前 言

GB/T 30287《卫星定位船舶信息服务系统》目前包括四个部分：

——第1部分：功能描述；

——第2部分：船用终端与服务中心信息交换协议；

——第3部分：信息安全规范；

——第4部分：船用终端通用规范。

本部分为GB/T 30287的第1部分。

本部分按照GB/T 1.1—2009给出的规则起草。

请注意本文件的某些内容可能涉及专利。本文件的发布机构不承担识别这些专利的责任。

本部分由中华人民共和国工业和信息化部提出。

本部分由中国电子技术标准化研究院归口。

本部分主要起草单位：首都信息发展股份有限公司、中国电子技术标准化研究院。

本部分主要起草人：张彦明、陈倩、胡晓芳、张宇。

卫星定位船舶信息服务系统
第1部分:功能描述

1 范围

GB/T 30287 的本部分规定了卫星定位船舶信息服务系统(以下简称系统)的体系结构和功能描述。

本部分适用于通过卫星定位技术、采用公众移动通信网络或专用移动通信网络、具有船舶信息服务中心的信息系统,可作为系统设计依据。通过非卫星定位技术、具有船舶信息服务中心的信息系统亦可参照执行。

2 规范性引用文件

下列文件对于本文件的应用是必不可少的。凡是注日期的引用文件,仅注日期的版本适用于本文件。凡是不注日期的引用文件,其最新版本(包括所有的修改单)适用于本文件。

GB/T 30287.2—2013 卫星定位船舶信息服务系统 第2部分:船用终端与服务中心信息交换协议

GB/T 30287.3—2013 卫星定位船舶信息服务系统 第3部分:信息安全规范

GB/T 30287.4—2013 卫星定位船舶信息服务系统 第4部分:船用终端通用规范

IEC 61174 海上导航和无线通信设备与系统——电子海图显示与信息系统(ECDIS)——性能要求、测试方法和要求的测试结果(Maritime navigation and radiocommunication equipment and systems—Electronic chart display and information system (ECDIS)—Operational and performance requirements, methods of testing and required test results)

IHO S-52 ECDIS 海图内容与显示规范(INTERNATIONAL HYDROGRAPHIC ORGANIZATION Special Publication No. 52:SPECIFICATIONS FOR CHART CONTENT AND DISPLAY ASPECTS OF ECDIS)

3 术语和定义

GB/T 30287.2—2013、GB/T 30287.3—2013、GB/T 30287.4—2013 界定的以及下列术语和定义适用于本文件。

3.1

船舶信息服务系统 ship information service system;SISS

以船舶位置信息为基础,向船员、不同类型的船舶管理者、航行管理机构和服务机构提供信息服务,并可对服务范围内的船舶进行监控、管理和调度的综合性信息服务系统。

3.2

船舶信息服务中心 ship information service center;SISC

船舶信息服务系统中,通过信息处理、信息传输和人机接口等,向服务范围内的船舶、不同类型的船舶管理者、航行管理机构和服务机构提供信息服务,实现船舶监控、管理、调度和用户管理等功能的部分。

3.3

船舶信息服务中心网关　ship information service center gateway;SISCG

船舶信息服务中心内,实现船舶信息服务中心与船用终端之间、不同的船舶信息服务中心之间、船舶信息服务中心与其他信息系统之间数据通信的接口部分。

3.4

船舶信息服务系统通信网络　ship information service system network;SISSN

实现船舶信息服务中心与船用终端之间、船舶信息服务中心之间、船舶信息服务中心与其他信息系统之间的数据通信而采用的通信网络。

3.5

船用终端　ship-borne terminal;ST

安装在船舶上,用于位置信息的采集和处理,通过船舶信息服务系统通信网络与船舶信息服务中心进行数据交换,实现船舶信息服务中心的信息服务,完成船舶信息服务中心调度功能的部分。

3.6

船用终端收发信模块　ship-borne terminal transceiver;STR

船用终端中,实现船用终端与船舶信息服务中心之间通信功能的模块。

3.7

卫星定位接收模块　satellite positioning receiver;SPR

船用终端中,实现船舶定位信息接收功能的模块。

3.8

船用终端主控处理模块　ship-borne terminal main controller;STM

船用终端中,实现船用终端各功能控制的中央处理功能的模块。

3.9

船用终端加解密模块　ship-borne terminal encryptor & disencryptor;STE

船用终端中,实现与船舶信息服务中心通信加解密和用户密钥管理等功能的模块。

3.10

船舶信息服务中心加解密实体　ISC encryptor & disencryptor;ISCE

船舶信息服务中心内,实现与船用终端通信加解密和用户密钥管理等功能的部分。

4　缩略语

下列缩略语适用于文件。

ARPA 船用自动雷达标绘仪（Marine Automatic Radar Plotting Aids）

CDMA 码分多址（Code Division Multiple Access）

ECDIS 电子海图显示与信息系统（Electronic Chart Display and Information System）

ENC 电子航海图（Electronic Navigational Chart）

GNSS 全球导航卫星系统(Global Navigation Satellite System)

GPRS 通用分组无线服务（General Packet Radio Services）

HF 高频无线通信系统(High Frequency)

UHF 超高频无线通信系统(Ultra High Frequency)

VHF 甚高频无线通信系统(Very High Frequency)

5 系统体系结构

5.1 基本模型

系统基本结构模型如图1所示。

5.2 基本组成

系统由船舶信息服务中心(SISC)、船用终端(ST)、船舶信息服务系统通信网络(SISSN)和全球导航卫星系统(GNSS)所组成。

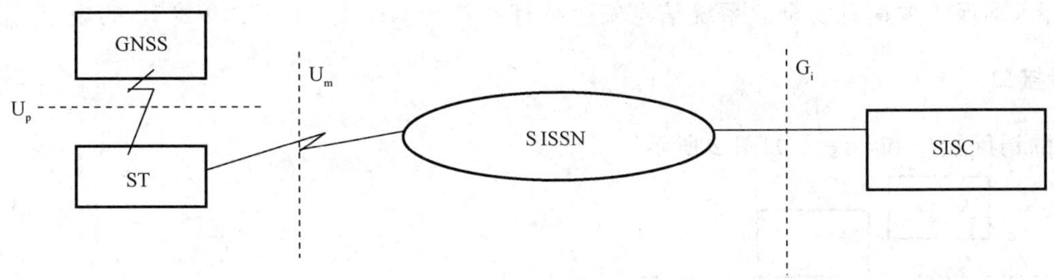

说明:

U_p——船用终端(ST)接收卫星定位系统信息的空中接口;

U_m——船用终端与SISSN中无线通信网络之间的空中通信接口。无线通信网络可以是公众移动通信(如GPRS、CDMA)、卫星通信、数字/模拟无线集群、常规无线电(如HF/VHF/UHF)或其他专用移动通信等网络;

G_i——船舶信息服务中心(SISC)接入SISSN中数据通信网络的接口。

图1 SISS基本模型

5.2.1 船舶信息服务中心(SISC)

SISC是系统的控制、管理、维护服务中心,根据服务要求,可以是单独服务设备,也可以是计算机网组成的服务群。加解密实体(ISCE)可作为扩展部分。

SISC主要完成通信联网、船舶监控、信息处理及应用系统接入等功能。

SISC的系统规模和实现方法,可根据服务规模、区域规划、应用管理等要求而定。可以根据需要对SISC进行分级分类管理。不同SISC之间可构成从属关系。

5.2.2 船用终端(ST)

ST的基本部分由主控处理模块(STM)、卫星定位接收模块(SPR)及通信收发信模块(STR)组成。加解密模块(STE)和ECDIS可作为扩展部分。

ECDIS可以是独立的设备,与ST通过通信线路相连;也可以与ST构成一体化设备。

ST与SISC共同实现本部分所确定的功能。

5.2.3 船舶信息服务系统通信网络(SISSN)

SISSN可由公众移动通信网(如GSM、GPRS、CDMA)、卫星通信、数字/模拟无线集群、常规无线电(如HF/VHF/UHF)或其他专用移动通信网络等组成。

SISSN应提供点-点、点-多点操作方式,以完成ST和ISC之间的端—端通信。可根据需要完成不同ST之间的通信或不同SISC之间的互联。

5.2.4 全球导航卫星系统(GNSS)

GNSS 为船用终端提供位置信息。

集成在 ST 中的卫星定位接收模块通过接收全球导航卫星系统的信号,以获得如经纬度、速度、时间和方向等船舶定位数据。

5.3 信息安全机制

信息安全机制是系统的可选部分。系统的信息安全机制由船用终端加解密模块(STE)和信息服务中心加解密实体(ISCE)组成。采用信息安全技术,通过安全规则和密码算法实现用户鉴权、设备认证及报文加密,确保传输信息安全。系统信息安全处理应符合 GB/T 30287.3—2013 的规定。

5.4 参考接口

系统的访问接口和参考点如图 2 所示。

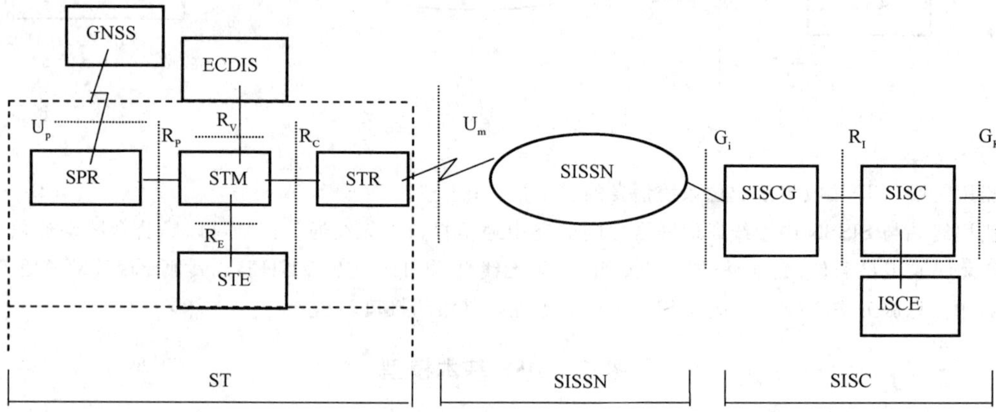

说明:

U_P ——定位信息接收空中接口,是船用终端与全球导航卫星系统之间的空中通信接口,由船用终端的卫星定位接收模块实现无线信号的接收和格式信息的解析;

R_P ——定位信息接入参考点,是船用终端内主控处理模块与卫星定位接收模块之间的通信接口;

R_V ——外部设备控制参考点,是船用终端与其他的船舶导航和无线电设备的通信接口;

R_C ——船舶通信参考点,即船用终端内主控处理模块与通信收发信模块之间的通信接口;

R_E ——船用终端方面信息加密参考点。若 ST 带有加密模块,则从 ST 发出的信息将在此先行加密,来自服务中心的信息也将先在此解密,然后交由其他部分处理;

U_m ——船用终端(ST)与移动通信网络之间的空中通信接口;

G_i ——SISC 接入 SISSN 的接口;

R_I ——信息处理参考点,即船舶信息服务中心内计算机系统与信息服务中心网关之间的接口;

G_K ——SISC 互连接口,即船舶信息服务系统中各信息服务中心之间的接口;

R_S ——船舶信息服务中心方面信息加密参考点。若系统带有加密实体,则从船舶信息服务中心发出的信息将在此先行加密,来自 ST 的信息也将先在此解密,然后交由其他部分处理。

图 2 SISS 访问接口和参考点

5.5 信息交换协议

完成 SISC 与 ST 之间的信息交换,应符合 GB/T 30287.2—2013 的规定。

6 功能描述

6.1 概述

系统提供基本功能和扩展功能。这些功能可由系统的信息服务中心与船用终端共同实现，也可由船用终端单独实现，其中某些基本功能和扩展功能是带有 ECDIS 的船用终端所特有的。

系统功能的组合，可为船舶、船员和船舶管理者提供不同类型的服务。部分服务类型参见附录 A。

6.2 基本功能

6.2.1 终端管理

SISC 应具有对 ST 进行管理、配置的功能，可包括：

a) 设置设备组管理地址；

b) 设置设备区域号；

c) 设置数据中心号码；

d) 设置报警目的地址；

e) 设置通信源/目的地址；

f) 设置船舶信息记录采样间隔；

g) 查询终端状态；

h) 设置时区；

i) 注册、关机、停机等。

6.2.2 定位

系统应具备定位功能，即：ST 按照 SISC 的服务请求，发送船舶位置信息到 SISC。

SISC 的服务请求可包含定位条件和终止定位条件。

定位条件可包括下列方式：

a) 即时定位方式：指要求 ST 即时发送当前位置信息到 SISC；

b) 定时方式：指 ST 按照一定时间间隔，将位置信息发往 SISC；

c) 定距方式(可选)：指船舶每航行一段指定的距离后，将位置信息发往 SISC；

d) 定时与定距结合方式(可选)：指船舶在满足 SISC 所设定的定时条件或行驶距离满足定距条件时，将位置信息发往 SISC；

e) 定时刻方式(可选)：指 ST 根据 SISC 设定的一个或多个时刻参数，在满足条件时主动将位置信息发往 SISC；

f) 定位置方式(可选)：指 ST 根据 SISC 设定的一个或多个位置参数(如计划航线的航路点等)，在满足条件(如接近计划航线航路点)时将位置信息发往 SISC。

当设定的终止定位条件(如位置信息条数)满足时，ST 可主动终止定位，也可由 SISC 发出定位撤销请求来终止定位。

系统可具有链路维护功能，即：在 ST 与 SISC 之间建立一个链路状态。可根据系统需要选择由 SISC 或 ST 主动维护链路。主动维护方每隔一定时间需发送链路维护信息到另一方，表明 SISC 正对船舶进行定位。若超过设定的时间没有收到维护方发出的链路维护信息，表明定位终止。

6.2.3 报警

ST 应具备报警信息产生和传输功能。当船舶航行中发生紧急事件时，人工或自动启动这些功能，由ST向SISC发送位置信息及报警状态。SISC收到报警信息后，根据报警的种类采取相应的措施，同时通知ST，证实SISC已收到报警信息。报警类型如下：

a) 人员落水报警：当有人员落水时，由船员报警；
b) 海难报警：当发生与碍航物或其他船舶碰撞或其他海难时，自动或由船员报警；
c) 越界报警（可选）：船舶接近或穿越禁航区或存在特殊情况的地理区域的界线时，应自动报警；
d) 穿越安全等深线和非安全水深报警（可选）：船舶接近或穿越安全等深线时，以及接近或穿越非安全水深时，应自动报警；
e) 偏航报警（可选）：超出规定的偏离计划航线距离和航向角限度时，应自动报警；
f) 其他报警类型（可选）；
g) 撤销误报警（可选）。

6.3 扩展功能

6.3.1 海图信息显示

SISC应能显示官方海道测量机构发布和提供的全部航海图信息。

带有ECDIS的船用终端具有的海图显示功能应符合IEC 61174的规定。

6.3.2 更新电子航海图

SISC应能更新电子航海图。

带有ECDIS的船用终端具有的电子航海图更新功能应符合IHO S-52的规定。

6.3.3 警示

带有ECDIS的船用终端应具有警示功能，即：对于所关注信息的显示或设备故障，提供合适的警示。

6.3.4 航线设计

SISC应能依据船舶的吨位、安全等深线、非安全水深和船舶位置信息等，为ST进行航线设计，并依据所设计的航线对ST进行航路监视。

SISC可将所设计的航线发送给带有ECDIS的ST，用于ST对船舶自身的航路监视。

带有ECDIS的ST可自行进行航线设计，并将所设计的航线发送给SISC，用于SISC对其进行航路监视。

航线设计功能如下：

a) 应能实现包括直线段和曲线段两者在内的航线设计；
b) 应能通过如下方法修改计划航线，如：
   1) 在计划航线中增加航路点；
   2) 从计划航线中删除航路点；
   3) 改变航路点的位置；
   4) 改变航线中航路点的顺序；
c) 除选定的航线外，应能准备一条备用航线。选定的航线应能与其他航线明显区别显示；
d) 若所设计的航线穿越本船的安全等深线，则应能给出警示；
e) 若所设计的航线穿越禁航区的界线或穿越存在特殊情况的地理区域的界线，则应能给出警示。

6.3.5 航路监视

SISC应能根据所获得的船舶定位信息，实现对系统内船舶的航路监视功能。

带有 ECDIS 的船用终端应具有航路监视功能。

航路监视功能如下：

a) 当计划航线和船舶位置处于显示区所对应的海域时，计划航线和船舶位置均应能在显示区中出现；
b) 应可以显示船舶不在显示区上的海域；
c) 若船舶要在设定的时间内穿越安全等深线，则：
   1) SISC 应能向船用终端发出航路监视警告；
   2) SISC 的软件和带有 ECDIS 的船用终端应能分别向各自的操作者发出警示；
d) 若船舶要在设定的时间内穿越禁航区或存在特殊情况的地理区域的界线，则：
   1) SISC 应能向船用终端发出航路监视警告；
   2) SISC 的软件和带有 ECDIS 的船用终端应能分别向各自的操作者发出警示；
e) 应能规定一个偏离计划航线的距离和航向角；
f) 若船舶超过了规定的偏离计划航线距离和航向角时，则：
   1) SISC 应能向船用终端发出航路监视警告；
   2) SISC 的软件和带有 ECDIS 的船用终端应能分别向各自的操作者发出警示；
g) 若来自卫星定位系统的输入信息丢失，带有 ECDIS 的船用终端应能向操作者发出警示；
h) 若船舶将在设定的时间或距离内到达计划航线上的一个航路点，则：
   1) SISC 应能向船用终端发出航路监视警告；
   2) SISC 的软件和带有 ECDIS 的船用终端应能分别向各自的操作者发出警示；
i) 应能显示沿船舶航迹的时间标记。可按需要人工显示时间标记，也可按事先选定的时间间隔自动显示时间标记。时间间隔的长度是 1 min～120 min。

6.3.6 航行记录与回放

具备 ECDIS 功能的 ST 应能存储并回放前 12h 的航行过程记录，并可将每次航行记录内容传输给 SISC，航行记录内容为以 1 min 的间隔所记录的以下数据：时间、位置、航向、速度等；在紧急事件发生时，记录报警时间、报警类型以及报警的位置。

SISC 应能根据船舶发回的航行记录信息，或由对船舶定位所获得的信息，以及船舶报警信息等，进行船舶的航行轨迹回放。

SISC 应能按给定船舶、时间、地点、范围及报警类型等条件查询船舶航行记录中储存的航行轨迹、报警信息、报警处理记录等。

6.3.7 调度

能通过规定 ST 与 SISC 间信息的传输、应答规程，定义 ST 与 SISC 的交互方式。SISC 的调度业务应分为单船调度、船组调度和船队调度三种方式。

6.3.8 信息发布

SISC 应能按海域向船舶发布公共或定制信息，如海浪预报、气象预报、港口信息、航路指南等。

6.3.9 通信盲区补传

若 ST 在业务处理过程中处于 SISSN 通信盲区，能将待发信息保存在缓冲区中。当船舶驶出通信盲区后，ST 应能首先发送当前的信息，在发送的间隙将缓冲区中的信息按顺序发往 SISC。

6.3.10 拒绝定位

ST 应能对 SISC 进行合法性鉴别，当收到非法的 SISC 发出的定位服务请求时，ST 应能进行拒绝定位应答。

6.3.11 多 SISC 定位

ST 应能支持多个 SISC 的定位请求。

6.3.12 报警测试

ST 应提供报警测试功能。ST 设置为报警测试状态时,SISC 在接收到报警测试信息后返回报警测试成功的应答。ST 应通过声光或文字提示报警测试成功或失败。ST 提供船舶维修状态的设置。

6.3.13 软件升级

ST 中的固化软件可由 SISC 通过 SISSN 通信网络远程下载升级。下载程序时,ST 先将所下载的程序保存,只有在下载完成并对程序验证正确后才自动升级。软件升级应具有高可靠性,并支持断点续传。

6.3.14 扩展数据传输

可在 ST 与 SISC 间定义一个透明数据传输通道,用于传输其他扩展数据。

6.3.15 电子航海图管理

SISC 可对所使用的电子航海图进行管理,包括电子航海图的存储、查询、显示、将官方海道测量机构发布的标准电子航海图交换格式数据转换到内部存储格式、按照官方海道测量机构发布的电子航海图改正通告对电子航海图进行人工或自动改正。

SISC 可将官方海道测量机构发布的电子航海图改正通告发布给带有 ECDIS 功能的 ST,并保证每次发布通告改正信息的真实有效无误,后者可对所使用的电子航海图进行人工或自动改正。

附 录 A
（资料性附录）
船舶信息服务系统服务类型

各类船舶信息服务系统通过将基本功能和扩展功能组合，在信息交换协议的支持下，可提供大量的服务。系统运营商可根据服务对象的不同需要，自行编制服务项目，向服务对象提供不同的服务。A.1～A.5 为部分服务类型，可作为不同服务系统的参考。

A.1 船舶监控管理服务

系统通过实时定位、报警、电子海图的显示和查询等功能，可以为船主或船舶管理者提供船舶监控服务，包括：

a） 接收被监控船舶的运行状态，在电子海图上显示被监控船舶的编号、运行轨迹、速度、方向、附近海域情况、预计到达目的地时间等信息；

b） 定时收取被监控船舶上报的航行计划；

c） 为被监控船舶提供收发电文等通信服务；

d） 对指定群体或指定海域内的船舶发送调度命令、信息等；

e） 对被监控船舶进行动态信息查询，包括船名、最近位置时间、所在航线、所处海域、最近参照物方位、以及通信记录信息和轨迹信息的回放；

f） 将监控到的危险信息及时通报被监控船舶和主管部门，如船舶接近危险物、进入危险区域或离开指定区域、偏离航线或违反航行计划、船舶主动发出报警或求助等。

A.2 船舶调度服务

系统通过调度、定位等功能，可实现对船舶的调度服务。SISC 可以选呼、组呼及群呼等方式向船舶发出调度命令，并按照船舶发回的位置信息和其他信息，形成在港、离港、航行报告等。可根据应用行业的不同类型提供相应的调度方案。

A.3 船舶导航服务

系统通过定位、数据传输、信息发布、ECDIS 等功能，可实现船舶导航服务，包括：

a） 由 SISC 为船舶制定计划航线，并将计划航线发给 ST；

b） 在船舶航行过程中，SISC 可向 ST 提供当前船舶位置附近的助航标志物、碍航物等的相对位置或绝对位置信息，以及航路指南、气象信息、海浪预报、潮汐数据等；

c） 航行记录及回放。

若 ECDIS 已经作为 ST 的扩展部分，且 ECDIS 连接有 ARPA 系统，ECDIS 可对 ARPA 数据进行处理，用于辅助导航，并可传输给 SISC。

A.4 海上交通管制与港口引航服务

系统通过定位、调度或数据传输、ECDIS 等功能，可实现船舶引航服务，可包括：

a） 信息服务：向装有 ECDIS 的船舶提供各港口的引航信息，并引导船舶按照给定航线进出港口；

b) 船舶监控：实时采集、标绘船舶位置等，实时计算船舶是否按照规定航道行驶或在规定的锚地抛锚，是否有触礁和搁浅的危险；

c) 指挥：发现有违反交通规则或发生碰撞、搁浅危险的船只，及时通知当事船舶，采取必要的改正措施，以保证航行安全和航道畅通。

A.5 信息发布服务

系统通过定位、信息发布等功能，可由 SISC 向服务区域内的所有船队发布新闻、通知、天气预报、潮汐数据、海浪预报、航路指南、各港口基本情况、渔汛等信息。信息的发布可以是定时的，如天气预报等；也可以是实时的，如当船舶到达某特定区域时发布该区域基本情况信息；还可以是紧急的，即 SISC 强行发布的，如可能的灾害天气信息等。

ICS 33.200
M 50

中华人民共和国国家标准

GB/T 30287.2—2013

卫星定位船舶信息服务系统 第2部分:船用终端与服务中心信息交换协议

Satellite positioning ship information service system(SISS)—
Part 2: Information protocol for shipborne station and service center

2013-12-31 发布 2014-07-15 实施

中华人民共和国国家质量监督检验检疫总局
中国国家标准化管理委员会 发布

前　言

GB/T 30287《卫星定位船舶信息服务系统》目前包括四个部分：

——第1部分：功能描述；

——第2部分：船用终端与服务中心信息交换协议；

——第3部分：信息安全规范；

——第4部分：船用终端通用规范。

本部分为GB/T 30287的第2部分。

本部分按照GB/T 1.1—2009给出的规则起草。

请注意本文件的某些内容可能涉及专利。本文件的发布机构不承担识别这些专利的责任。

本部分由中华人民共和国工业和信息化部提出。

本部分由中国电子技术标准化研究院归口。

本部分起草单位：首都信息发展股份有限公司、中国电子技术标准化研究院、成都四威电子股份有限公司。

本部分主要起草人：张彦明、陈倩、邬亮、胡晓芳、张宇、张雅南。

卫星定位船舶信息服务系统 第2部分:船用终端与服务中心信息交换协议

1 范围

GB/T 30287 的本部分规定了船舶信息服务系统(以下简称系统)船用终端与信息服务中心之间信息交换规程及帧格式。

本部分适用于使用卫星导航定位技术、采用公众移动通信网络或专用移动通信网络、具有信息服务中心的信息系统,可作为系统设计及测试依据。使用非卫星定位技术、具有船舶信息服务中心的信息系统亦可参考执行。

2 规范性引用文件

下列文件对于本文件的应用是必不可少的。凡是注日期的引用文件,仅注日期的版本适用于本文件。凡是不注日期的引用文件,其最新版本(包括所有的修改单)适用于本文件。

GB/T 30287.1—2013 卫星定位船舶信息服务系统 第1部分:功能描述

GB/T 30287.3—2013 卫星定位船舶信息服务系统 第3部分:信息安全规范

GB/T 30287.4—2013 卫星定位船舶信息服务系统 第4部分:船用终端通用规范

3 术语和定义

GB/T 30287.1—2013、GB/T 30287.3—2013、GB/T 30287.4—2013 界定的以及下列术语和定义适用于本文件。

3.1

定位状态 positioning state

船用终端接受信息服务中心的请求,发送船舶位置或状态信息到信息服务中心,直至信息服务中心撤销请求或船用终端终止传送。

3.2

定位时段 positioning time

定位状态下,船用终端按定位周期发送船舶位置或状态信息到信息服务中心的持续时间。

3.3

定位条数 positioning number

定位状态下,船用终端按定位周期发送船舶位置或状态信息到信息服务中心的次数。

3.4

目标相对数据 target relative data

由船用终端所在船舶测定的目标的相对方位、相对航向、相对速度和距本船的距离等数据。

3.5

目标真数据 target true data

由船用终端所在船舶测定的目标的真方位、真航向、真速度、距本船的距离等数据。

3.6

目标信息　target information

船用终端按规定要求生成，并由信息服务中心处理的信息，包括目标相对数据、真数据和其他信息在内的。

4　缩略语和符号

GB/T 30287.1—2013、GB/T 30287.3—2013、GB/T 30287.4—2013 界定的缩略语和符号适用于本文件。

5　信息交换接口定义

5.1　信息交换协议参考点

船用终端(ST)与信息服务中心(SISC)信息交换帧格式定义的参考点 R_C 和 R_I 见图 1。

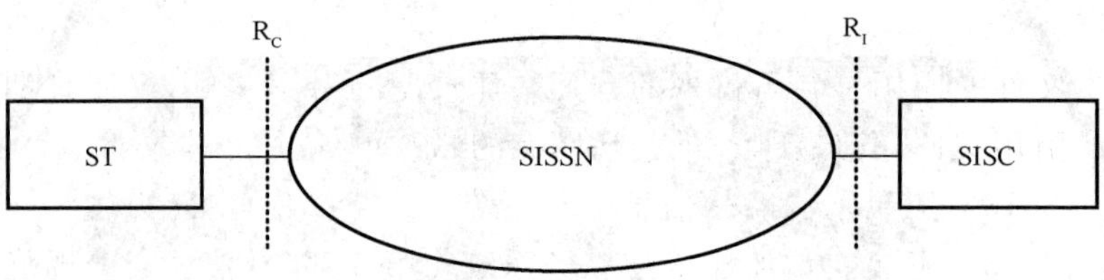

图 1　信息交换协议参考点

5.2　信息交换方式

ST 与 SISC 之间的信息交换以信息交换帧方式进行。

5.3　信息交换帧中的数据表示

a)　除非特别说明，信息交换帧中的所有数据采用 8 位 16 进制数表示；

示例：10 进制数 16 表示为 0x10，10 进制数 35 表示为 0x23。

b)　多字节数据字段均以高字节在前的方式排列；

c)　数据类型定义如下：

1)　位段型：字节中的 1 个或连续的多个位(bit)组成的数据类型，以二进制数值加后缀 B 表示其值，如二进制数 10 表示为 10B；

2)　字符型：1 字节，可表示数值－128～127；

3)　无符号字符型：1 字节，可表示数值 0～255；

4)　无符号短整型：2 字节，可表示数值 0～65 535；

5)　无符号长整型：4 字节，可表示数值 0～4 294 967 296。

5.4　信息交换帧结构

信息交换帧结构见图 2。

标志	信息内容	校验	标志
1字节	n字节	1字节	1字节

图 2　信息交换帧结构

a)　标志：指示帧的开始和结束，以 0x7e 作为标志符，为保证数据传输的唯一性，需对信息及校验字段中按字节出现的标志符进行转义处理，在发送时，0x7e 转换为相连的 0x7d 和 0x02；0x7d 转换为相连的 0x7d 和 0x01。接收时，将相连的 0x7d 和 0x02 转换为 0x7e；0x7d 和 0x01 转换为 0x7d。

　　示例：如待发信息为“0x01 0x45 0x7e 0x90 0x7d 0x88”，经转义后在通信信道上的数据为”0x01 0x45 0x7d 0x02 0x90 0x7d 0x01 0x88”。

b)　信息内容：信息内容由信息头和命令/响应体组成，命令/响应体又由信息帧类型和用户数据组成，如图 3 所示。各字段定义见 5.5。

信息头								命令/响应体	
控制	识别码	设备组管理地址	设备区域号	版本号	目的地址	源地址	序列号	帧类型	用户数据
2字节	8字节	16字节	2字节	1字节	8字节	8字节	2字节	2字节	N字节

图 3　信息字段定义

c)　校验：信息内容按字节的累加和，其算法为：

设待校验运算的数据为 Data[i]，0≤i<n，校验结果为 ChkSum，则计算步骤如下：

```
ChkSum = 0;
for (i=0;i<n;i++)
{
    ChkSum = ChkSum + Data[ i ];
    if ( ChkSum >= 256 )
    ChkSum = (ChkSum-256) + 1;
}
```

示例：如待发信息为“0x01 0x45 0x7e 0x90 0x7d 0x88”，其校验值按上述算法为：0x5b。

5.5　信息字段

5.5.1　信息头字段

5.5.1.1　控制字段

控制字段由 2 字节组成，见图 4。

Bit15		10	9	8	7	6	5	4	3	2	1	Bit0
	……		C	K	E	I	G	A	V	D	S	Q

说明：

C——设备认证控制位；

K——密钥分配管理控制位；

E——加密控制位；

I——识别码标志位；

G——设备组管理地址控制字段；

A——设备区域号控制字段；

V——版本号控制字段；

D——目的地址控制字段；

S——源地址控制字段；

Q——序列号控制字段。

图 4 控制字段定义

图 4 中：

a) C：1 位位段型。C=0B 指示本条信息的命令/响应体为非设备认证信息；C=1B 指示本条信息的命令/响应体为设备认证信息。设备认证规程应符合 GB/T 30287.3—2013 的规定；
b) K：1 位位段型。K=0B 指示本条信息的命令/响应体为非密钥分配管理信息；K=1B 指示本条信息的命令/响应体为密钥分配管理信息。密钥分配管理规程应符合 GB/T 30287.3—2013 的规定；
c) E：1 位位段型。E=0B 指示本条信息的命令/响应体为非加密信息；E=1B 指示本条信息的命令/响应体为加密信息。对 ST 发往 SISC 的数据帧的加密处理，以及 ST 所收到的来自 SISC 的数据帧的解密处理，由 ST 中的 STE 模块完成；对 SISC 发往 ST 的数据帧的解密处理，以及 SISC 所收到的来自 ST 的数据帧的解密处理，由 SISC 的加解密实体完成。加解密的处理应符合 GB/T 30287.3—2013 的规定；
d) I：1 位位段型。I=0B 指示识别码字段不存在；I=1B 指示识别码字段存在；
e) G：1 位位段型。G=0B 指示设备组管理地址字段不存在；G=1B 指示设备组管理地址字段存在；
f) A：1 位位段型。A=0B 指示设备区域号字段不存在；A=1B 指示设备区域号字段存在；
g) V：1 位位段型。V=0B 指示版本号字段不存在；V=1B 指示版本号字段存在；
h) D：1 位位段型。D=0B 指示目的地址字段不存在；D=1B 指示目的地址字段存在；
i) S：1 位位段型。S=0B 指示源地址字段不存在；S=1B 指示源地址字段存在；
j) Q：1 位位段型。Q=0B 指示序列号字段不存在；Q=1B 指示序列号字段存在；
k) 控制字段的第 10 至 15 位保留。

5.5.1.2 识别码字段

识别码字段为 8 字节，用于 SISC 与 ST 间的鉴别。SISC 的识别码由系统定义。ST 的识别码由终端厂商定义，并注入 ST 保存。

5.5.1.3 设备组管理地址字段

设备组管理地址字段用于对船舶进行分组管理。设备组标识和设备组内标识的编码由系统确定，并注入 ST 保存，结构定义如图 5 所示，其中设备组标识 2 字节，设备组内标识 13 字节。

设备组标识	2字节
设备组内标识	13字节
保留备用	1字节

图 5　设备组管理地址字段结构定义

5.5.1.4　设备区域号字段

设备区域号字段用于区分 ST 归属的 SISC。SISS 可包含多个或多层 SISC,每个 ST 可属于其中的某个、某些个或某些层 SISC。本字段用于定义这种隶属关系。各 SISC 的区域编号可由系统自行定义。

示例：两级 SISC 的情况,其设备区域号字段如图 6 所示。其中高位为 Bit6～Bit15,共 10 位,可表示 1024 个上级 SISC,低位为 Bit0～Bit5,共 6 位,可表示 32 个下级 SISC。

Bit 15　　　　6	5　　　　Bit 0
上级SISC区域字段号	下级SISC区域字段号

图 6　设备区域号字段结构示例

5.5.1.5　版本号字段

版本号字段用于记录 ST 内嵌软件的版本号,字段结构如图 7 所示。版本号采用 BCD 码存储。

Bit 7　　　　4	3　　　　Bit 0
主版本号	次版本号

图 7　版本号字段结构定义

示例：如版本号为 3.1,则该字段为 0x31。

5.5.1.6　目的地址字段

信息最终接收方的地址。目的地址字段的地址编码方案依赖所采用的网络技术体系,系统可根据通信网络的类型,采用不同的地址编码方法。

示例 1：当采用公众无线网络时,可将移动终端(手机)号作为地址,采用 BCD 编码方式。在地址字段中以 0xf 为地址结束标志及填充。如：手机号为 13800592300，BCD 编码结果为 0x13、0x80、0x05、0x92、0x30、0x0f、0xff、0xff。

示例 2：若直接采用 IP 地址作为地址,可只用 6 字节,前 4 字节分别作为无符号字符使用,用于存储 IP 地址的 4 个段,将后两个字节作为一个无符号短整数使用,用于存储端口号。如:IP 地址为 172.20.108.25:80,编码结果为 0xac,0x14,0x6c,0x19,0x0050。

5.5.1.7　源地址字段

信息最初发送方的地址;编码方法同 5.5.1.6。

5.5.1.8　序列号字段

序列号字段,2 字节,无符号短整型,由信息最初发送方定义,用于确定回应信息对应的发送数据包,可循环使用。

5.5.2　命令/响应体字段

5.5.2.1　帧类型字段

帧类型字段结构见图 8。

功能类型	数据类型

图 8 类型字段结构

帧类型字段分为功能类型和数据类型两部分。

功能类型：1 字节，无符号字符型。用于对功能进行分类，取值范围为 0x00～0xff。功能类型编码见表 1；

数据类型：1 字节，无符号字符型。用于定义同一功能中的数据分组，取值范围为 0x00～0xff。对数据类型字段统一编码为上行和下行两类，规定如下：

下行编码为 0x00～0x7f；

上行编码为 0x80～0xff。

注：上行、下行均相对于 SISC 而言，从 SISC 发往其下级 SISC 或 ST 的数据帧称为下行；反之，从 ST 发往 SISC 或从 SISC 发往其上级 SISC 的数据帧称为上行。

表 1 功能类型编码

功能类型编码	功能类型描述
0x00	定位、报警
0x01	计划航线收发
0x02	航路监视警告
0x03	调度及信息发布
0x04	终端软件升级
0x05	数据传输
0x06	启动设备认证
0x10	终端管理
其余	保留

5.5.2.2 用户数据字段

用户数据字段用于构造命令/响应体的各类信息帧，其最大允许长度根据所采用的通信网络类型而定。命令/响应体帧格式定义见第 7 章。

6 信息交换规程

6.1 信息交换规程模式说明

信息交换规程采用请求应答方式和广播方式。每一请求均应具有超时重传机制，超时重传参数由 SISC 定义。

6.2 定位规程

SISC 向 ST 发出定位请求，其中可包括位置信息类型、若干定位参数和条件，ST 按照规定的时段、条数等要求，传送 SISC 要求的信息类型。

GB/T 30287.1—2013 中的“定位”、“链路维护”、“通信盲区补传”、“拒绝定位”、“多 SISC 定位”等功能可由此规程实现。

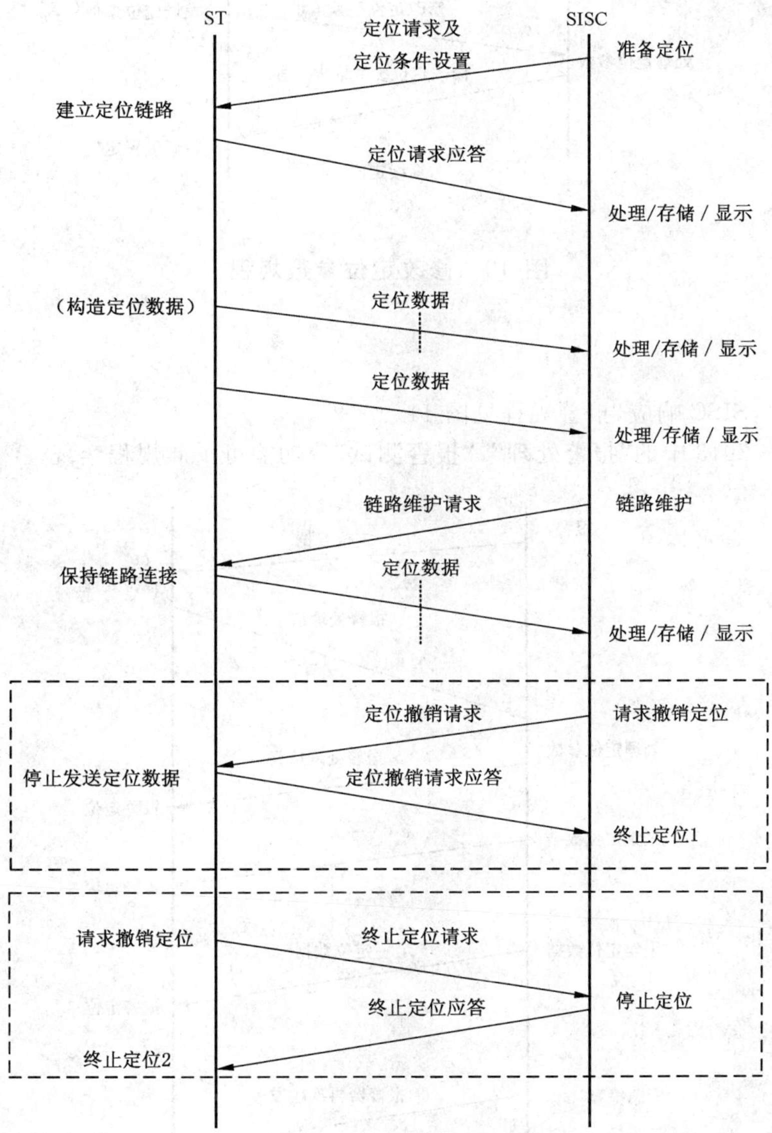

注：终止定位的方式有两种(如虚框所示)，任何一种方式都将终止定位操作。

图 9　定位规程

图 9 中，链路维护也可由 ST 主动发起，此时，若不能正常收到 SISC 返回的链路维护应答，则可自动终止定位。

6.3　修改定位参数规程

在 ST 处于定位状态时有效，修改定位参数规程如图 10。

GB/T 30287.1—2013 中 的“定位”功能中，“修改定位参数”可由此规程实现。

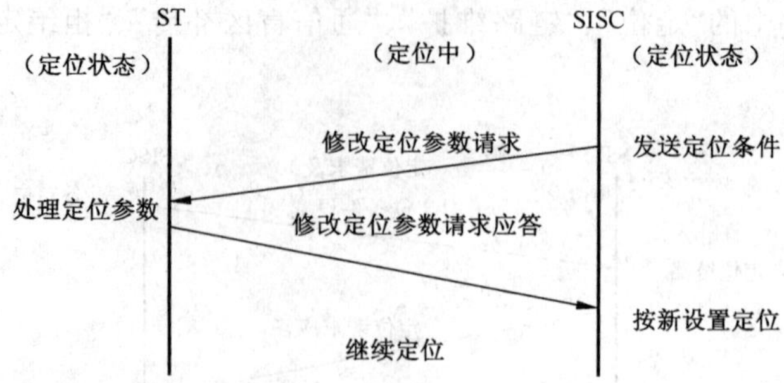

图 10 修改定位参数规程

6.4 报警规程

由 ST 发起报警，SISC 响应，报警规程见图 11。

GB/T 30287.1—2013 中的"报警处理"、"报警测试"等功能可由此规程实现。

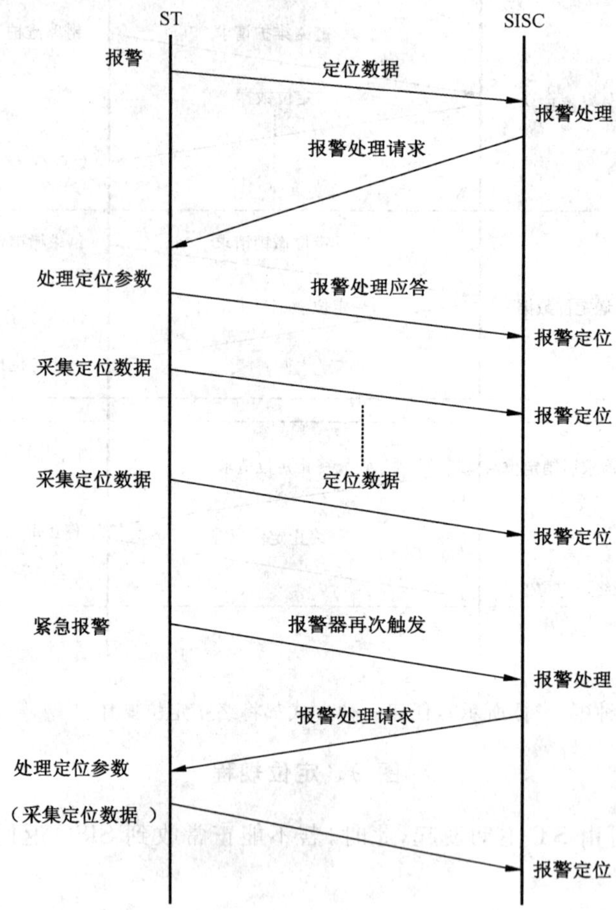

图 11 报警规程

6.5 计划航线收发规程

带有 ECDIS 功能的 ST 可将自行设计的计划航线数据通过本规程上行给 SISC，以便 SISC 对其进行航路监视。SISC 也可为 ST 设计计划航线，并通过本规程下行给 ST，同时对其进行航路监视。

计划航线收发规程见图 12 a)、12b)。

GB/T 30287.1—2013 中的“航线设计”功能可由此规程实现。

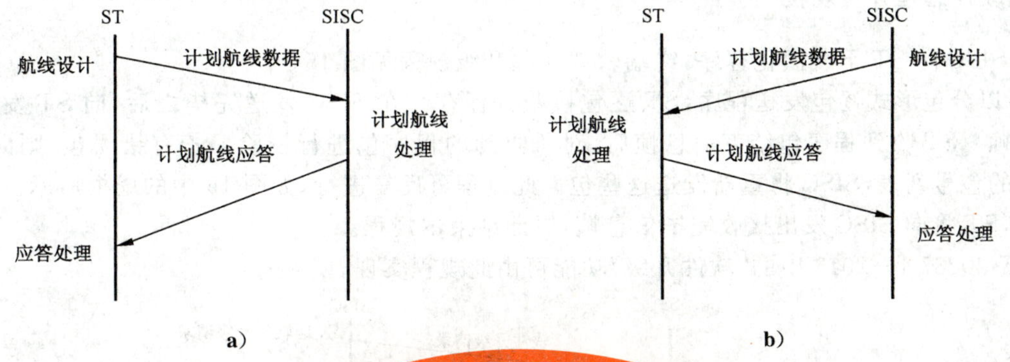

图 12 计划航线收发规程

6.6 航路监视警告规程

SISC 可在接收来自 ST 的定位数据的过程中，对船舶进行航路监视，在发现异常情况时，向 ST 发出航路监视警告。ST 收到警告后，应自动发出应答。

航路监视警告规程见图 13。

GB/T 30287.1—2013 中的“航路监视”功能可由此规程实现。

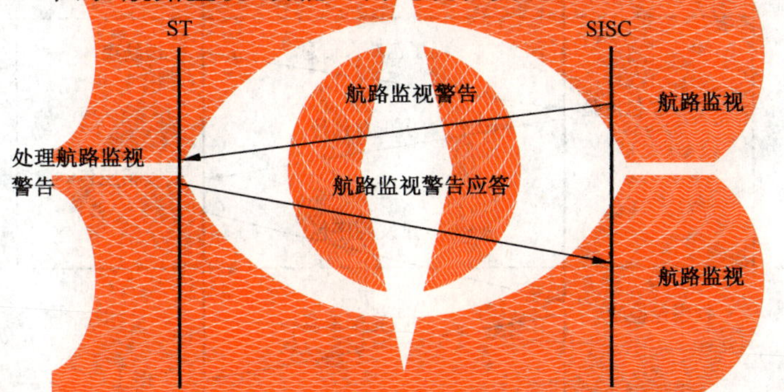

图 13 航路监视警告规程

6.7 调度及信息发布规程

用于 SISC 与 ST 之间互传调度信息、报告信息、以及气象预报、海浪预报、航海指南和其他服务性信息等。调度及信息发布规程见图 14。

GB/T 30287.1—2013 中的“调度”、“信息发布”等功能可由此规程实现。

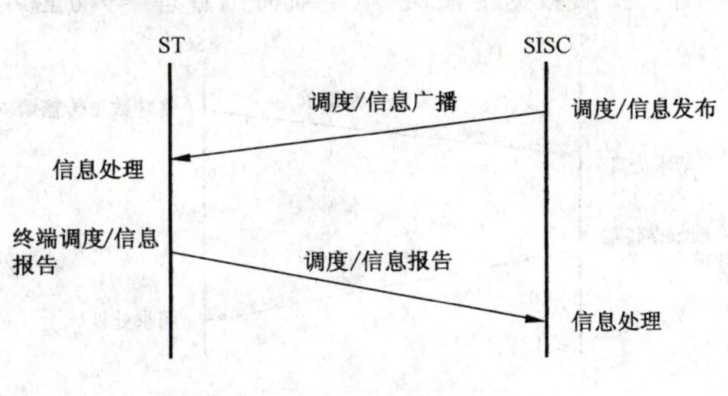

图 14 调度及信息发布规程

6.8 终端软件远程升级规程

用于 SISC 向 ST 下载固化程序，终端软件远程升级规程见图 15。

SISC 以分包形式逐包发送程序，ST 逐包接收并保存。在 SISC 发送完毕之后，向 ST 发出程序包结束信息帧。ST 收到程序包结束信息帧后，对所收到的程序包进行校验。若有错误包，则向 SISC 发出出错包的包号列表，SISC 将重新发送这些包。此过程可反复进行，如图 15 中的虚框所示。全部接收正确之后，ST 将向 SISC 发出接收完毕信息帧，以此结束本规程。

GB/T 30287.1—2013 中的"软件升级"功能可由此规程实现。

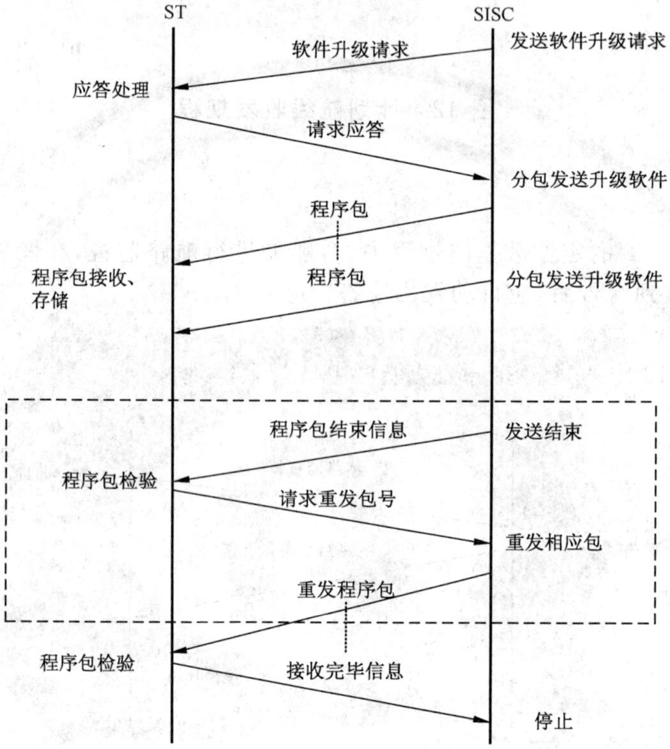

图 15 终端软件远程升级规程

6.9 数据传输规程

用于 SISC 与 ST 之间的数据传输、ST 航行记录整体上传、SISC 发布电子海图改正通告信息等。数据传输规程见图 16。

GB/T 30287.1—2013 中的"扩展数据传输"、"电子航海图管理"等功能可由此规程实现。

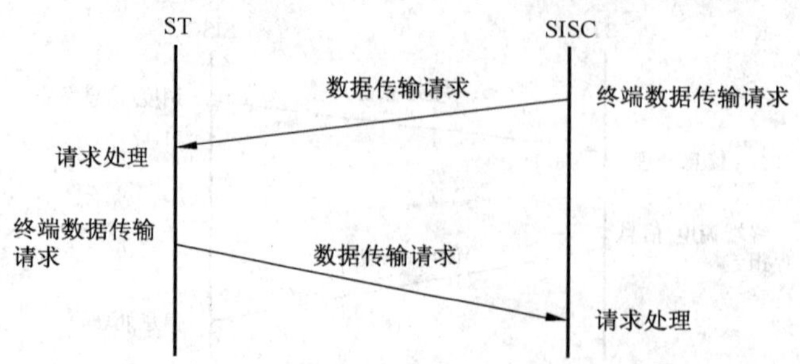

图 16 数据传输规程

6.10 启动设备认证规程

当 ST 或 SISC 发起设备认证时，应先通过此规程通知对方。设备认证规程应符合 GB/T 30287.3—2013 的规定。启动设备认证规程见图 17。

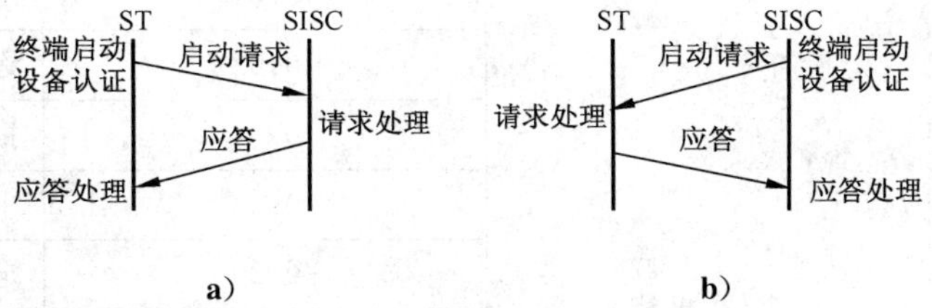

图 17 启动设备认证规程

6.11 终端管理规程

终端管理由 SISC 请求，ST 应答，终端管理规程见图 18。

GB/T 30287.1—2013 中的“终端管理”功能可由此规程实现。

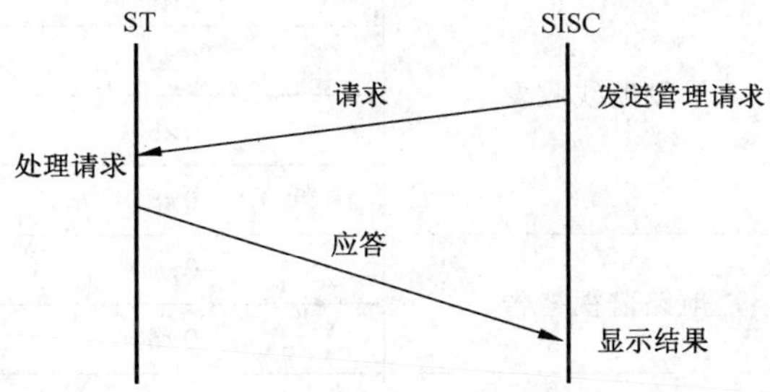

图 18 终端管理规程

7 命令/响应体格式

7.1 命令/响应体格式与帧类型

命令/响应体的格式见图 19。

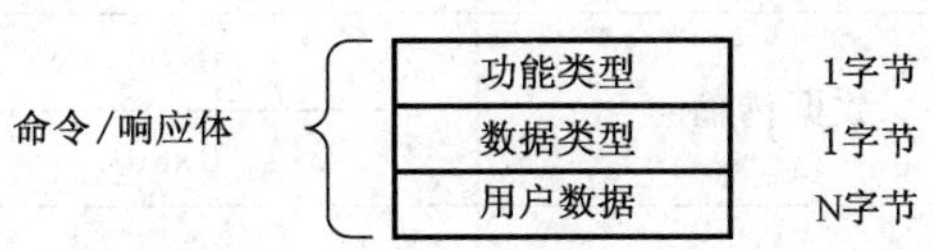

图 19 命令/响应体格式

帧类型见表 2。

表 2 帧类型

功能类型编码	功能类型描述	数据类型编码	功能帧
0x00	定位、报警	0x00	定位请求
		0x01	定位撤销请求
		0x02	终端终止定位应答
		0x04	报警处理请求
		0x06	中心链路维护请求
		0x80	定位应答
		0x81	定位撤销应答
		0x82	终端终止定位请求
		0x83	定位、报警数据
		0x84	报警处理请求应答
		0x85	再次报警请求
		0x86	终端链路维护请求
0x01	计划航线收发	0x00	下传计划航线
		0x01	上传计划航线应答
		0x80	下传计划航线应答
		0x81	上传计划航线
0x02	航路监视警告	0x00	航路监视警告
		0x80	航路监视警告应答
0x03	调度及信息发布	0x00	中心调度请求
		0x80	终端调度请求
0x04	终端软件升级	0x00	软件升级
		0x01	程序包
		0x02	程序包结束信息
		0x80	软件升级应答
		0x82	请求重发包号
		0x83	接收完毕
0x05	数据传输	0x00	中心数据请求
		0x80	终端数据请求
0x06	启动设备认证	0x00	中心启动认证
		0x01	终端启动认证应答
		0x80	中心启动认证应答
		0x81	终端启动认证

表 2（续）

功能类型编码	功能类型描述	数据类型编码	功能帧
0x10	终端管理	0x00	设置组管理地址
		0x01	设置设备区域号
		0x02	设置数据中心号码
		0x03	设置报警目的地址
		0x04	设置通信源/目的地址
		0x05	设置航行记录采样间隔
		0x08	查询终端状态
		0x09	用户注册应答
		0x0a	用户关机应答
		0x0b	停机应答
		0x0c	时区设置请求
		0x80	设置组管理地址应答
		0x81	设置设备区域号应答
		0x82	设置数据中心号码应答
		0x83	设置报警目的地址应答
		0x84	设置通信源/目的地址应答
		0x85	设置航行记录采样间隔应答
		0x88	查询终端状态应答
		0x89	用户注册请求
		0x8a	用户关机请求
		0x8b	停机请求
		0x8c	时区设置应答

7.2 定位帧格式

7.2.1 定位请求帧

定位请求帧命令/响应体格式见图 20。

0x00	1字节
0x00	1字节
信息类型	1字节
定位条数	2字节
定位时段	2字节
条件个数	1字节
定为条件类型1	1字节
定位条件1	N字节
……	
定位条件类型n	1字节
定位条件n	N字节

图 20　定位请求帧格式

a) 信息类型:字段定义见图 21;

Bit7	6	5	4	3	2	1	Bit0
0	0	0	0	T		S	

图 21　定位信息类型字段定义

1) S,两位位段型,用于表示位置信息类型:
S=01B:压缩定位数据;
S=10B:标准定位数据;
其他:保留;
注:标准定位数据格式见第 A.1 章。压缩定位数据格式由用户自定义。

2) T,两位位段型,用于表示目标数据类型:
T=00B:相对数据;
T=01B:真数据;
其他:保留;

b) 定位条数:2 字节,无符号短整型,为 0 时表示不限条数;

c) 定位时段:2 字节,无符号短整型,单位为分钟。取值为 0 时,则表示永久定位;

d) 条件个数:1 字节,无符号字符型;

e) 定位条件类型:1 字节,无符号字符型,表示的定位条件类型为:
1) 0x00:定时条件;
2) 0x01:定距条件;
3) 0x02:时刻条件;
4) 其他:保留;

f) 定位条件:
1) 定时条件:2 字节,无符号短整型,单位为 10 s;
2) 定距条件:2 字节,无符号短整型,单位为 0.1 n mile;
3) 时刻条件:3 字节,结构定义如图 22 所示:

日	1字节
时	1字节
分	1字节

图 22　时刻条件结构

——日:1 字节,无符号字符型,取值 0～31,0 表示每天,1～31 对应每月中的相应日;

——时:1 字节,无符号字符型,取值 0～24,采用 24 h 制;

——分:1 字节,无符号字符型,取值 0～59。

7.2.2 定位应答帧

定位应答帧格式见图 23。

0x00	1字节
0x80	1字节
应答类型	1字节
控制字	1字节
位置信息	N字节
目标信息	N字节
用户自定义字段	N字节

图 23 定位应答帧格式

a) 应答类型:1 字节,无符号字符型,取值:

1) 0x00:定位成功;

2) 0x01:定位失败;

3) 其他:保留。

b) 控制字:1 字节,定义见图 24。

Bit 7	6	5	4	3	2	1	Bit 0
0	0	0	0	0	S1	S2	S3

S1——位置信息控制位;

S2——目标信息控制位;

S3——用户自定义字段控制位。

图 24 控制字定义

1) S1,1 位位段型。

S1＝0B:无位置信息;

S1＝1B:有位置信息;

2) S2,1 位位段型。

S2＝0B:无目标信息;

S2＝1B:有目标信息;

3) S3,1 位位段型。

S3＝0B:无用户自定义字段;

S3＝1B:有用户自定义字段。

c) 位置信息:格式见图 25,详细定义见 A.1。

日期	3字节
位置数据类型	1字节
位置数据	N字节
校验码	1字节

图 25 位置信息格式

d） 目标信息：格式见图 26，详细定义见 B.1。

日期	3字节
目标数据类型	1字节
目标数据	N字节
校验码	1字节

图 26　目标信息格式

e） 用户自定义字段：格式见图 27。

长度	1字节
自定义编码	N字节

图 27　用户自定义字段格式

1） 长度：1 字节，无符号字符型，指示自定义编码字节数；

2） 自定义编码：由 SISC 与 ST 根据功能要求定义。

7.2.3　定位撤销请求帧

SISC 撤销定位时，向 ST 发定位撤销请求帧，格式见图 28。

0x00	1字节
0x01	1字节
撤销原因	1字节
用户自定义字段	N字节

图 28　定位撤销请求帧格式

a） 撤销原因：1 字节，无符号字符型，取值 0x00 表示正常撤销，其他为保留；

b） 控制字：同 7.2.2 b）；

c） 用户自定义字段：同 7.2.2 e）。

7.2.4　定位撤销应答帧

定位撤销应答帧格式见图 29。

0x00	1字节
0x81	1字节
应答类型	1字节
控制字	1字节
位置信息	N字节
目标信息	N字节
用户自定义字段	N字节

图 29　定位撤销应答帧格式

a） 应答类型：1 字节，无符号字符型，取值：

1） 0x00：成功；

2） 0x01：失败；

3） 其他：保留；

b） 控制字：同 7.2.2 b）；

c) 位置信息:同 7.2.2 c);

d) 目标信息:同 7.2.2 d);

e) 用户自定义字段:同 7.2.2 e)。

7.2.5 终端终止定位请求帧

ST 终止定位时,向 SISC 发终端终止定位请求帧,格式见图 30。

0x00	1字节
0x82	1字节
终止定位原因	1字节
控制字	1字节
位置信息	N字节
目标信息	N字节
用户自定义字段	N字节

图 30 终端终止定位请求帧格式

a) 终止定位原因:1 字节,无符号字符型,取值:

1) 0x00:定位时段超时;

2) 0x01:用户终止定位;

3) 0x02:链路维护时间超时;

4) 0x03:报警信号终止;

5) 0x04:因终端误报警而终止报警定位;

6) 其他:保留;

b) 控制字:同 7.2.2 b);

c) 位置信息:同 7.2.2 c);

d) 目标信息:同 7.2.2 d);

e) 用户自定义字段:同 7.2.2 e)。

7.2.6 终端终止定位应答帧

终端终止定位应答帧格式见图 31。

0x00	1字节
0x02	1字节
应答类型	1字节
用户自定义字段	N字节

图 31 终端终止定位应答帧格式

a) 应答类型:同 7.2.4 a);

b) 用户自定义字段:同 7.2.2 e)。

7.2.7 定位报警数据帧

定位报警数据帧格式见图 32。

0x00	1字节
0x83	1字节
报警类型	1字节
报警次数	1字节
控制字	1字节
位置信息	N字节
目标信息	N字节
用户自定义字段	N字节

图 32　定位报警数据帧格式

a) 报警类型:1 字节,定义见图 33:

Bit 7	6	5	4	3	2	1	Bit 0
0	0	0	0		E		T

说明:

T——报警测试状态指示字段;

E——报警类型指示字段。

图 33　报警类型字段定义

T 为报警状态指示字段,1 位位段型,取值:

——0B:正常报警状态;

——1B:报警测试状态;

E 为报警类型指示字段,3 位位段型,报警类型为:

——000B:正常;

——001B:人员落水(MOB);

——010B:海难;

——011B:越界;

——100B:临近或穿越安全等深线,临近或穿越非安全水深;

——101B:偏航;

——其他:保留;

b) 报警次数:1 字节,无符号字符型;

c) 控制字:同 7.2.2 b);

d) 位置信息:同 7.2.2 c);

e) 目标信息:同 7.2.2 d)。

7.2.8 链路维护请求帧

链路维护请求帧格式见图 34,图 34 a)为 SISC 发起的链路维护帧;图 34 b)为 ST 发起的链路维护帧。

a)

0x00	1字节
0x06	1字节
链路维护时间	2字节

b)

0x00	1字节
0x06	1字节
链路维护时间	2字节

图 34　链路维护请求帧格式

链路维护时间:2 字节,无符号短整型,单位为分钟,指 ST 收到下一条链路维护信息距此时的时间

间隔。

7.3 报警帧格式

7.3.1 报警数据帧

同 7.2.7 定位报警数据帧。

7.3.2 报警处理请求帧

SISC 收到 ST 的报警数据后，向 ST 发送报警处理请求帧，报警处理请求帧格式见图 35。

0x00	1字节
0x04	1字节
请求类型	1字节

图 35 报警处理请求帧格式

请求类型：1 字节，无符号字符型，取值：

——0x00：接受报警；

——0x01：撤销报警；

——其他：保留。

7.3.3 报警处理请求应答帧

报警处理请求应答帧格式见图 36。

0x00	1字节
0x84	1字节
应答类型	1字节
控制字	1字节
位置信息	N字节
目标信息	N字节
用户自定义字段	N字节

图 36 报警处理请求应答帧格式

a） 应答类型：同 7.2.4 a)；

b） 控制字：同 7.2.2 b)；

c） 位置信息：同 7.2.2 c)；

d） 目标信息：同 7.2.2 d)；

e） 用户自定义字段：同 7.2.2 e)。

7.3.4 再次报警请求帧

再次报警请求帧格式见图 37。

0x00	1字节
0x85	1字节
报警次数统计	1字节
报警类型	4字节
控制字	1字节
位置信息	N字节
目标信息	N字节
用户自定义字段	N字节

图 37 再次报警请求帧格式

a) 报警次数统计:1 字节,无符号字符型;
b) 报警类型:同 7.2.7 a);
c) 控制字:同 7.2.2 b);
d) 位置信息:同 7.2.2 c);
e) 目标信息:同 7.2.2 d);
f) 用户自定义字段:同 7.2.2 e)。

7.4 收发计划航线帧格式

7.4.1 下传计划航线帧

下传计划航线帧格式见图 38。

0x01	1字节
0x00	1字节
航路点数	2字节
航路点信息	N字节
用户自定义字段	N字节

图 38 下传计划航线帧格式

a) 航路点数:2 字节,无符号短整型,表示航路点信息的数量;
b) 航路点信息:格式如图 39:

点号	2字节
纬度	4字节
经度	4字节
航向	2字节
航程	4字节
拟用航速	2字节
经纬度方向标志	1字节
说明	13字节

图 39 航路点信息格式

1) 点号:2 字节,无符号短整型。计划航线中航路点的序号;
2) 纬度、经度:分别为 4 字节,无符号长整型,单位为 0.01″。航路点的位置;
3) 航向:2 字节,无符号短整型,单位为分。从该点开始,向下一航路点航行时的航向;
4) 航程:4 字节,无符号长整型,单位为 0.1 n mile。从该点开始,保持相同航向航行的航程;
5) 拟用航速:2 字节,无符号短整型,单位为 0.1 kn,从该点开始,向下一航路点航行时拟采用的航速；

6) 经纬度方向标志：1字节，定义如图40所示：

Bit 7	6	5	4	3	2	1	Bit 0
0	0	0	0	0	0	L2	L1

图40 经纬度方向标志字段定义

L1、L2均为1位段位型。

L1=0B：表示东经，L1=1B：表示西经；

L2=0B：表示北纬，L2=1B：表示南纬；

7) 说明：用于记录该航路点的注意事项，固定长度字节数，具体长度可由系统自定义，推荐采用13字节。

c) 用户自定义字段：同7.2.2 e)。

7.4.2 下传计划航线应答帧

下传计划航线应答帧格式见图41。

0x01	1字节
0x80	1字节
应答类型	1字节
控制字	1字节
位置信息	N字节
目标信息	N字节
用户自定义字段	N字节

图41 下传计划航线应答帧格式

a) 应答类型：同7.2.4 a)；

b) 控制字：同7.2.2 b)；

c) 位置信息：同7.2.2 c)；

d) 目标信息：同7.2.2 d)；

e) 用户自定义字段：同7.2.2 e)。

7.4.3 上传计划航线帧

上传计划航线帧格式见图42。

0x01	1字节
0x81	1字节
航路点数	2字节
航路点信息	N字节
用户自定义字段	N字节

图42 上传计划航线帧格式

a) 航路点数：同7.4.1 a)；

b) 航路点信息：同7.4.1 b)；

c) 用户自定义字段：同7.2.2 e)。

7.4.4 上传计划航线应答帧

上传计划航线应答帧格式见图 43。

0x01	1字节
0x01	1字节
应答类型	1字节
用户自定义字段	N字节

图 43 上传计划航线应答帧格式

a) 应答类型:同 7.2.4 a);
b) 用户自定义字段:同 7.2.2 e)。

7.5 航路监视警告帧格式

7.5.1 航路监视警告帧

航路监视警告帧格式见图 44。

0x02	1字节
0x00	1字节
警告类型	1字节
用户自定义字段	N字节

图 44 航路监视警告帧格式

a) 警告类型:1 字节,无符号字符型,取值:
   1) 0x00:船舶正在穿越安全等深线或非安全水深;
   2) 0x01:船舶正在穿越禁航区或存在特殊情况的地理区域的界线;
   3) 0x02:船舶超过了规定的偏离计划航线距离和/或航向角;
   4) 0x03:船舶将在设定的时间或距离内到达计划航线上的一个航路点;
   5) 其他:保留;
b) 用户自定义字段:同 7.2.2 e)。

7.5.2 航路监视警告应答帧

航路监视警告应答帧格式见图 45。

0x02	1字节
0x80	1字节
应答类型	1字节
控制字	1字节
位置信息	N字节
目标信息	N字节
用户自定义字段	N字节

图 45 航路监视警告应答帧格式

a) 应答类型:同 7.2.4 a);
b) 控制字:同 7.2.2 b);
c) 位置信息:同 7.2.2 c);

d) 目标信息:同 7.2.2 d);

e) 用户自定义字段:同 7.2.2 e)。

7.6 调度及信息发布帧格式

7.6.1 中心调度请求帧

中心调度请求帧格式见图 46。

0x03	1字节
0x00	1字节
总页数	2字节
页码	2字节
请求数据	N字节

图 46 中心调度请求帧格式

a) 总页数:2 字节,无符号短整型;

b) 页码:2 字节,无符号短整型;

c) 请求数据:由 SISC 与 ST 之间或 SISC 与 SISC 之间或 ST 与 ST 之间定义。

注:中心调度帧既用于 SISC 与 ST 之间的信息传输,亦可用于各级 SISC 之间、ST 与 ST 之间的信息传输。

7.6.2 终端调度请求帧

终端调度请求帧格式见图 47。

0x03	1字节
0x80	1字节
总页数	2字节
页码	2字节
请求数据	N字节

图 47 终端调度请求帧格式

a) 总页数:同 7.6.1 a);

b) 页码:同 7.6.1 b);

c) 请求数据:字段由 SISC 与 ST 之间或 SISC 与 SISC 之间或 ST 与 ST 之间定义。

注:终端调度帧既用于 SISC 与 ST 之间的信息传输,亦可用于各级 SISC 之间、ST 与 ST 之间的信息传输。

7.7 终端软件升级帧格式

7.7.1 终端软件升级请求帧

终端软件升级请求帧格式见图 48。

0x04	1字节
0x00	1字节
总包数	4字节

图 48 终端软件升级请求帧格式

总包数:4 字节,无符号长整型,表示将程序分包后的总包数。

7.7.2 终端软件升级应答帧

终端软件升级应答帧格式见图 49。

0x04	1字节
0x80	1字节
应答类型	1字节

图 49 终端软件升级应答帧格式

应答类型:1 字节,同 7.2.4 a);

7.7.3 终端软件升级包帧

终端软件程序包帧格式见图 50。

0x04	1字节
0x01	1字节
包数	4字节
包号	4字节
包长度	4字节
程序数据包	N字节
校验位长度	1字节
校验位	M字节

图 50 终端软件程序包帧格式

a) 包数:4 字节,无符号长整型,表示将发送的程序包数量;
b) 包号:4 字节,无符号长整型,表示当前传输的程序包序号;
c) 包长度:4 字节,无符号长整型,表示程序数据包的长度;
d) 程序数据包:一个程序包内容;
e) 校验位长度:1 字节,无符号字符型,表示校验位的字节数;
f) 校验位:校验值。其长度、校验算法等,由系统自定义。

7.7.4 终端软件升级包结束信息帧

终端软件升级包结束信息帧格式见图 51。

0x04	1字节
0x02	1字节
已发包数	4字节

图 51 终端软件升级包结束信息帧格式

已发包数:4 字节,无符号长整数型,表示已经发过的程序包数。

7.7.5 终端软件升级请求重发帧

终端软件升级请求重发帧格式见图 52。

0x04	1字节
0x82	1字节
需重发的包数	4字节
需重发包号 1	4字节
……	
需重发包号 N	4字节

图 52　终端软件升级请求重发帧格式

a)　需重发包数:4 字节,无符号长整型,表示需要 SISC 重新发送的程序包数;

b)　需重发包号:4 字节,无符号长整型,表示需要 SISC 重新发送的程序包的包号。

7.7.6　终端软件升级接收完毕帧

终端软件升级接收完毕帧格式见图 53。

0x04	1字节
0x83	1字节
总包数	4字节

图 53　终端软件升级接收完毕帧格式

总包数:4 字节,无符号长整型,表示已经正确接收的总包数。

7.8　数据传输帧格式

7.8.1　中心数据请求帧

中心数据请求帧格式见图 54。

0x05	1字节
0x00	1字节
总页数	2字节
页码	2字节
请求数据	N字节

图 54　中心数据请求帧格式

a)　总页数:同 7.6.1 a);

b)　页码:同 7.6.1 b);

c)　请求数据:格式由 SISC 与 ST 或 SISC 与 SISC 之间或 ST 与 ST 之间定义。

注:中心数据请求帧既用于 SISC 与 ST 之间的信息传输,亦可用于各级 SISC 之间、ST 与 ST 之间的信息传输。

7.8.2　终端数据请求帧

终端数据请求帧格式见图 55。

0x05	1字节
0x80	1字节
总页数	2字节
页码	2字节
请求数据	N字节

图 55　终端数据请求帧格式

a)　总页数：同 7.6.1 a)；

b)　页码：同 7.6.1 b)；

c)　请求数据：格式由 SISC 与 ST 或 SISC 与 SISC 之间或 ST 与 ST 之间定义。

注：终端数据请求帧既用于 SISC 与 ST 之间的信息传输，亦可用于各级 SISC 之间、ST 与 ST 之间的信息传输。

7.9　启动设备认证帧格式

7.9.1　中心启动认证帧

中心发起设备认证前，首先向终端发送此帧，收到正确应答后，再按照 GB/T 30287.3—2013 的规定进行设备认证。中心启动设备认证帧格式见图 56。

0x06	1字节
0x00	1字节
认证类型	1字节

图 56　中心启动认证格式

认证类型：1 字节，无符号字符型。取值：

a)　0x00：启动中心对终端单向设备认证；

b)　0x01：启动中心与终端双向设备认证；

c)　其他：保留。

7.9.2　中心启动认证应答帧

终端对中心启动认证帧的应答帧格式见图 57。

0x06	1字节
0x80	1字节
应答类型	1字节

图 57　中心启动认证应答格式

应答类型：同 7.2.4 a)。

7.9.3　终端启动认证帧

终端发起设备认证前，首先向中心发送此帧，收到正确应答后，再按照 GB/T 30287.3—2013 的规定进行设备认证。终端启动认证帧格式见图 58。

0x06	1字节
0x81	1字节
认证类型	1字节

图 58 终端启动认证格式

认证类型:无符号字符型,1 字节。取值:

a) 0x00:启动终端对中心单向设备认证;

b) 0x01:启动终端与中心双向设备认证;

c) 其他:保留。

7.9.4 终端启动认证应答帧

中心对终端启动认证帧的应答帧格式见图 59。

0x06	1字节
0x01	1字节
应答类型	1字节

图 59 终端启动认证应答格式

应答类型:同 7.2.4 a)。

7.10 终端管理帧格式

7.10.1 设置设备组管理地址帧

设置设备组管理地址帧格式见图 60。

0x10	1字节
0x00	1字节
设备组管理地址	16字节

图 60 设置设备组管理地址帧格式

设备组管理地址:16 字节,同 5.5.1.3 设备组管理地址定义。

7.10.2 设置设备组管理地址应答帧

设置设备组管理地址应答帧格式见图 61。

0x10	1字节
0x80	1字节
应答类型	1字节

图 61 设置设备组管理地址应答帧格式

应答类型:同 7.2.4 a)。

7.10.3 设置设备区域号帧

设置设备区域号帧格式见图 62。

0x10	1字节
0x01	1字节
设备区域号	2字节

图 62　设置设备区域号帧格式

设备区域号:2 字节,同 5.5.1.4 设备区域号定义。

7.10.4　设置设备区域号应答帧

设置设备区域号应答帧格式见图 63。

0x10	1字节
0x81	1字节
应答类型	1字节

图 63　设置设备区域号应答帧格式

应答类型:同 7.2.4 a)。

7.10.5　设置数据中心号码帧

用于 SISC 向 ST 注入数据中心号码。设置数据中心号帧格式见图 64。系统可根据所使用的网络技术体系,决定是否建立独立编址的数据中心。数据中心号码可与 SISC 地址相同。

0x10	1字节
0x02	1字节
数据中心号	8字节

图 64　设置数据中心号帧格式

数据中心号:8 字节,编码方法见 5.5.1.6。

7.10.6　设置数据中心号码应答帧

设置数据中心号应答帧格式见图 65。

0x10	1字节
0x82	1字节
应答类型	1字节

图 65　设置数据中心号应答帧格式

应答类型:同 7.2.4 a)。

7.10.7　设置报警目的地址帧

系统可根据需要决定是否设置独立编址的接报警中心,用于接收和处理 ST 的报警信息。此中心的地址可与 SISC 的地址相同。设置报警目的地址帧格式见图 66。

0x10	1字节
0x03	1字节
报警目的地址	8字节

图 66 设置报警目的地址帧格式

报警目的地址:8 字节,编码方法见 5.5.1.6。

7.10.8 设置报警目的地址应答帧

设置报警目的地址应答帧格式见图 67。

0x10	1字节
0x83	1字节
应答类型	1字节

图 67 设置报警目的地址应答帧格式

应答类型:同 7.2.4 a)。

7.10.9 设置通信源/目地址帧

设置通信源/目地址帧格式见图 68。

0x10	1字节
0x04	1字节
源地址	8字节
目的地址	8字节

图 68 设置通信源/目地址帧格式

a) 源地址:8 字节,同 5.5.1.7;
b) 目的地址:8 字节,同 5.5.1.6。

7.10.10 设置通信源/目地址应答帧

设置通信源/目地址应答帧格式见图 69。

0x10	1字节
0x84	1字节
应答类型	1字节

图 69 设置通信源/目地址帧应答格式

应答类型:同 7.2.4 a)。

7.10.11 设置航行记录采样间隔帧

设置航行记录采样间隔帧格式见图 70。

0x10	1字节
0x05	1字节
间隔时间	2字节

图 70　设置航行记录采样间隔帧格式

采样间隔时间:2 字节,无符号短整型,单位为秒,如采样间隔时间取 0,则表示终止航行记录。

7.10.12　设置航行记录采样间隔应答帧

设置航行记录采样间隔应答帧格式见图 71。

0x10	1字节
0x85	1字节
应答类型	1字节

图 71　设置航行记录采样间隔应答帧格式

应答类型:同 7.2.4 a)。

7.10.13　查询终端状态帧

查询终端状态帧格式见图 72。

0x10	1字节
0x08	1字节

图 72　查询终端状态帧格式

7.10.14　查询终端状态应答帧

查询终端状态应答帧格式见图 73。

0x10	1字节
0x88	1字节
应答类型	1字节
状态数据	2字节
控制字	1字节
位置信息	N字节
目标信息	N字节
用户自定义字段	N字节

图 73　查询终端状态应答帧格式

a)　应答类型:同 7.2.4 a);

b)　状态数据:2 字节,定义如图 74 所示:

Bit7	6	5	4	3	2	1	Bit0	
S15	S14	S13	S12	S11	S10	S9	S8	字节 1
S7	S6	S5	S4	S3	S2	S1	S0	字节 2

说明：

S0——报警目的地址状态；

S1——卫星定位接收模块状态位；

S2～S15 用户自定义。

图 74 查询终端状态数据定义

1） S0：1 位位段型，报警目的地址状态位。
S0＝0B：报警目的地址状态正常；
S0＝1B：报警目的地址状态异常；

2） S1：1 位位段型，卫星定位接收模块状态位。
S1＝0B：卫星定位接收模块状态为正常运行；
S1＝1B：卫星定位接收模块状态为睡眠；

3） S2～S15：用户自定义；

c） 控制字：同 7.2.2 b）

d） 位置信息：同 7.2.2 c）；

e） 目标信息：同 7.2.2 d）；

f） 用户自定义字段：同 7.2.2 e）。

7.10.15 用户注册请求帧

用户注册请求帧格式见图 75。

0x10	1字节
0x89	1字节
注册日期	3字节
注册时间	3字节
账号长度	1字节
账号	N字节
密码长度	1字节
密码	N字节

图 75 用户注册请求帧格式

a） 注册日期：同 A.1.1 a）；

b） 注册时间：3 字节，时、分、秒均为 1 字节的无符号字符型，按时、分、秒顺序排列。时取值 0～23，分取值 0～59，秒取值 0～59；

c） 账号长度：1 字节，无符号字符型，取值 0～12；

d） 账号：字母、数字的 ASCII 码；

e） 密码长度：1 字节，取值 0～12；

f） 密码：数字“0”～“9”的 ASCII 码。

7.10.16 用户注册应答帧

用户注册应答帧格式见图 76。

0x10	1字节
0x09	1字节
应答类型	1字节
账号长度	1字节
账号	N字节

图 76 用户注册请求应答帧格式

a) 应答类型:同 7.2.4 a);
b) 账号长度:同 7.10.15 c);
c) 账号:同 7.10.15 d)。

7.10.17 用户关机请求帧

用户关机请求帧格式见图 77。

0x10	1字节
0x8a	1字节
关机日期	3字节
关机时间	3字节

图 77 用户关机请求帧格式

a) 关机日期:同 7.10.15 a)注册日期;
b) 关机时间:同 7.10.15 b)注册时间。

7.10.18 用户关机应答帧

用户关机应答帧格式见图 78。

0x10	1字节
0x0a	1字节
应答类型	1字节

图 78 用户关机应答帧格式

应答类型:同 7.2.4 a)。

7.10.19 停机请求帧

停机请求帧格式见图 79。

0x10	1字节
0x8b	1字节
账号长度	1字节
账号	N字节

图 79 停机请求帧格式

a) 账号长度:同 7.10.15 c);
b) 账号:同 7.10.15 d)。

7.10.20 停机应答帧

停机应答帧格式见图 80。

0x10	1字节
0x0b	1字节
应答类型	1字节

图 80 停机应答帧格式

应答类型:同 7.2.4 a)。

7.10.21 时区设置请求帧

时区设置请求帧格式见图 81。

0x10	1字节
0x0c	1字节
时区值	1字节

图 81 时区设置请求帧格式

时区值:1 字节,字符型。以正负值区分东西区,正值表示东区,负值表示西区。

示例:时区值为 8 表示东八区。

7.10.22 时区设置应答帧

时区设置请求帧格式见图 82。

0x10	1字节
0x8c	1字节
应答类型	1字节

图 82 时区设置应答帧格式

应答类型:同 7.2.4 a)。

附 录 A
（规范性附录）
GNSS位置信息定义

A.1 位置信息格式

位置信息格式如图A.1所示：

GNSS日期	2字节
GNSS数据类型	1字节
GNSS数据	N字节
校验码	1字节

图A.1 GNSS信息格式

A.1.1 GNSS日期字段

GNSS日期字段结构定义如图A.2所示。GNSS日期为UTC时间，从2000年计起，采取YYMMDD表示。

年 YY	1字节
月 MM	1字节
日 DD	1字节

图A.2 GNSS日期字段结构定义

a) 年(YY)：取0～99；
b) 月(MM)：取1～12；
c) 日(DD)：取1～31。

A.1.2 GNSS数据类型字段

GNSS数据类型字段定义如图A.3所示。

Bit7	6	5	4	3	2	1	Bit0
0	0	T		E	N	S	A

说明：
T——GNSS数据类型；
E——经度；
N——纬度；
S——卫星定位接收模块工作状态；
A——GNSS数据有效性。

图A.3 GNSS数据类型字段定义

a) T，2位位段型，定义的GNSS数据类型为：
   1) T＝01B：压缩GNSS数据；

2） T＝10B：标准 GNSS 数据；

3） 其他保留。

b） E，1 位位段型，定义的经度为：

1） E＝0B：东经；

2） E＝1B：西经。

c） N，1 位位段型，定义的纬度为：

1） N＝0B：北纬；

2） N＝1B：南纬。

d） S，1 位位段型，定义的卫星定位接收模块工作状态为：

1） S＝0B：正常工作状态；

2） S＝1B：睡眠状态。

e） A，1 位位段型，定义的 GNSS 数据有效性为：

1） A＝0B：无效；

2） A＝1B：有效。

A.1.3 GNSS 数据字段

A.1.3.1 标准 GNSS 数据

标准 GNSS 数据字段结构定义如图 A.4 所示。

GNSS时间	4字节
纬度	4字节
经度	4字节
航速	2字节
航向	2字节
船首向	2字节

图 A.4 标准 GNSS 数据字段结构定义

a） GNSS 时间：4 字节，无符号长整型，UTC 时间，以 0.1 s 为单位，从当日 00：00：00 开始，至当前时刻的累计秒数；

b） 纬度：4 字节，无符号长整型，以 0.01″为单位；

c） 经度：4 字节，无符号长整型，以 0.01″为单位；

d） 航速：2 字节，无符号短整型，单位为 0.1 kn；

e） 航向：2 字节，无符号短整型，单位为 0.1°，表示范围为：0.0°～360.0°；

f） 船首向：2 字节，无符号短整型，单位为 0.1°，表示范围为：0.0°～360.0°。

注：船首向数据作为可选数据项使用。

A.1.4 GNSS 数据校验码

所有各字段字节的累加和，算法同 5.4 c)。

附 录 B
（规范性附录）
目标信息定义

B.1 目标信息格式

目标信息格式如图 B.1 所示：

日期	2字节
目标数据类型	1字节
目标数据	N字节
校验码	1字节

图 B.1 目标信息格式

B.1.1 日期

同 A.1.1。

B.1.2 目标数据类型

目标数据类型：1 字节，无符号字符型，取值 0 或 1，0 表示相对数据，1 表示真数据。

B.1.3 目标数据

各数据字段定义如图 B.2：

本船首向	2字节
目标个数	1字节
数据字段 1	N字节
……	
数据字段 n	N字节

图 B.2 目标数据字段定义

a) 本船首向：2 字节，无符号短整型，单位为 0.1°，表示范围为：0.0°～360.0°；

b) 目标个数：1 字节，无符号字符型，为 0 时表示没有目标；

c) 数据字段：相对数据字段见 B.1.3.1，真数据字段见 B.1.3.2。

B.1.3.1 相对数据字段

相对数据字段定义如图 B.3：

目标号	1字节
距本船距离	2字节
相对方位	2字节
相对航向	2字节
相对速度	2字节

图 B.3 目标相对数据字段定义

a) 目标号,1 字节,无符号字符型,可自行编制,也可由其他船用导航设备自动产生;

b) 距本船距离,2 字节,无符号短整型,单位为 0.01n mile;

c) 相对方位:2 字节,无符号短整型,单位为 0.1°,表示范围为:0.0°～360.0°;

d) 相对航向:2 字节,无符号短整型,单位为 0.1°,表示范围为:0.0°～360.0°;

e) 相对速度,2 字节,无符号短整型,单位为 0.1kn。

B.1.3.2 真数据字段

真数据字段定义如图 B.4:

目标号	1字节
距本船距离	2字节
真方位	2字节
真航向	2字节
真速度	2字节

图 B.4 目标真数据字段定义

a) 目标号,1 字节,无符号字符型,可自行编制,也可由其他船用导航设备自动产生;

b) 距本船距离,无符号短整型,2 字节,单位为 0.01n mile;

注:本船即船用终端所在船舶。

c) 真方位:无符号短整型,2 字节,单位为 0.1°,表示范围为:0.0°～360.0°;

d) 真航向:2 字节,无符号短整型,单位为 0.1°,表示范围为:0.0°～360.0°;

e) 真速度,2 字节,无符号短整型,单位为 0.1kn。

B.1.4 目标信息校验码

所有各字段字节的累加和,算法同 5.4 c)。

ICS 33.200
M 50

中华人民共和国国家标准

GB/T 30287.3—2013

卫星定位船舶信息服务系统 第3部分：信息安全规范

Satellite positioning ship information service system (SISS)—
Part 3: Information security specification

2013-12-31 发布　　2014-07-15 实施

中华人民共和国国家质量监督检验检疫总局
中国国家标准化管理委员会　发布

前　言

GB/T 30287《卫星定位船舶信息服务系统》目前包括四个部分：

——第1部分：功能描述；

——第2部分：船用终端与服务中心信息交换协议；

——第3部分：信息安全规范；

——第4部分：船用终端通用规范。

本部分为GB/T 30287的第3部分。

本部分按照GB/T 1.1—2009给出的规则起草。

请注意本文件的某些内容可能涉及专利。本文件的发布机构不承担识别这些专利的责任。

本部分由中华人民共和国工业和信息化部提出。

本部分由中国电子技术标准化研究院归口。

本部分起草单位：中国电子科技集团公司第三十研究所、中国电子技术标准化研究院、厦门雅迅网络股份有限公司。

本部分主要起草人：虞忠辉、肖红英、尹峰、陈倩、韦昌荣。

卫星定位船舶信息服务系统
第3部分:信息安全规范

1 范围

GB/T 30287 的本部分规定了卫星定位船舶信息服务系统(以下简称"系统")的信息安全模型、密钥分配、设备认证、访问控制、数据机密性及数据完整性保护等安全保密机制,定义了船用终端加密机的接口、要求和通信协议。

本部分适用于通过卫星定位技术、采用公众移动通信网络或专用移动通信网络、具有船舶信息服务中心的信息处理系统,可作为系统信息安全功能的设计和测试依据。通过非卫星定位技术、具有船舶信息服务中心的信息处理系统的信息安全功能亦可参照执行。

2 规范性引用文件

下列文件对于本文件的应用是必不可少的。凡是注日期的引用文件,仅注日期的版本适用于本文件。凡是不注日期的引用文件,其最新版本(包括所有的修改单)适用于本文件。

GB/T 6107—2000 使用串行二进制数据交换的数据终端设备和数据电路终接设备之间的接口

GB/T 30287.1—2013 卫星定位船舶信息服务系统 第1部分:功能描述

GB/T 30287.2—2013 卫星定位船舶信息服务系统 第2部分:船用终端与服务中心信息交换协议

GB/T 30287.4—2013 卫星定位船舶信息服务系统 第4部分:船用终端通用规范

3 术语和定义

GB/T 30287.1—2013、GB/T 30287.2—2013、GB/T 30287.4—2013 界定的以及下列术语和定义适用于本文件。

3.1

访问控制 access control

保护系统资源不受非授权访问。

3.2

机密性 confidentiality

数据不能被非授权的个人、实体或者处理流程(例如,非授权的系统实体)所访问,或者不能被暴露的特性。

3.3

密钥 cipher key

在密码体制中,用于控制或改变密码算法和初态的一组参数(变量)。

3.4

密码算法　cryptographic algorithm

一组受密钥控制将明文变换成密文和将密文变换成明文的规则。

3.5

解密　decryption

将密文变换成明文的密码操作。

3.6

设备认证　device authentication

对一个设备所声称的,或者为一个设备所声明的身份进行验证、并授予其访问系统资源的权利或者许可的过程。

3.7

加密　encryption

将明文变换成密文的密码操作。

3.8

完整性　integrity

数据没有在非授权或者意外的情况下被修改、破坏或者丢失的特性。

3.9

安全保密机制　security and crypto mechanism

用于实现系统之中或者系统提供的某个安全保密服务的处理流程(或者设备加上处理流程)。

3.10

安全模型　security model

对一系列实体和关系的示意性描述,可提供一系列特定的安全服务。

4　符号和缩略语

GB/T 30287.1—2013、GB/T 30287.2—2013、GB/T 30287.4—2013 界定的以及下列缩略语和符号适用于本文件。

4.1　符号

G_C　信息服务中心保密实体与信息服务中心接口

G_S　安全保密管理实体与信息服务中心接口

4.2　缩略语

AK　认证密钥(Authentication Key)

DCK　导出密钥(Derived Cipher Key)

DCK1　导出密钥的第一部分(Part 1 of Derived Cipher Key)

DCK2　导出密钥的第二部分(Part 2 of Derived Cipher Key)

ISCCE　信息服务中心保密实体(Information Service Center Crypto Entity)

ISCSCE　信息服务中心安全保密实体(Information Service Center Security and Crypto Entity)

KS　会话密钥(Key of Session)

MK　主密钥(Main Key)

PIN　个人身份识别码(Personal Identification Number)

RAND1　随机询问 1(Random Challenge 1)

RAND2　随机询问 2(Random Challenge 2)

RES1　响应 1(Response 1)

RES2　响应 2(Response 2)

RS　随机数种子(Random Seed)

SA11　船用认证算法 11(Ship-Borne Authentication Algorithm 11)

SA12　船用认证算法 12(Ship-Borne Authentication Algorithm 12)

SA21　船用认证算法 21(Ship-Borne Authentication Algorithm 21)

SA22　船用认证算法 22(Ship-Borne Authentication Algorithm 22)

SCMC　安全保密管理中心(Security and Crypto Management Center)

SCME　安全保密管理实体(Security and Crypto Management Entity)

SDCKA　船用导出密钥算法(Ship-Borne Derived Cipher Key Algorithm)

SPCA　船用分组密码加密算法(Ship-Borne Packet Cipher Algorithm)

SSCA　船用序列密码加密算法(Ship-Borne Sequence Cipher Algorithm)

STCE　船用终端保密实体(Ship-Borne Terminal Crypto Entity)

STCM　船用终端保密模块(Ship-Borne Terminal Crypto Module)

STSCE　船用终端安全保密实体(Ship-Borne Terminal Security and Crypto Entity)

STSCM　船用终端安全保密模块(Ship-Borne Terminal Security and Crypto Module)

STSCMIN　船用终端安全保密模块身份识别码(Ship-Borne Terminal Security and Crypto Module Identification Number)

STSE　船用终端安全实体(Ship-Borne Terminal Security Entity)

STSM　船用终端安全模块(Ship-Borne Terminal Security Module)

SWKEA　船用工作密钥加密算法(Ship-Borne Work Key Encryption Algorithm)

XRES1　期望响应 1(Expect Response 1)

XRES2　期望响应 2(Expect Response 2)

5　安全保密机制

5.1　参考模型

系统安全保密机制建立在 GB/T 30287.1—2013 的参考模型基础上,通过在船用终端(ST)和船舶信息服务中心(SISC)上分别叠加安全保密实体,实现安全保密系统与非安全保密系统的相互独立。安全保密模型访问接口和参考点定义如图 1 所示。

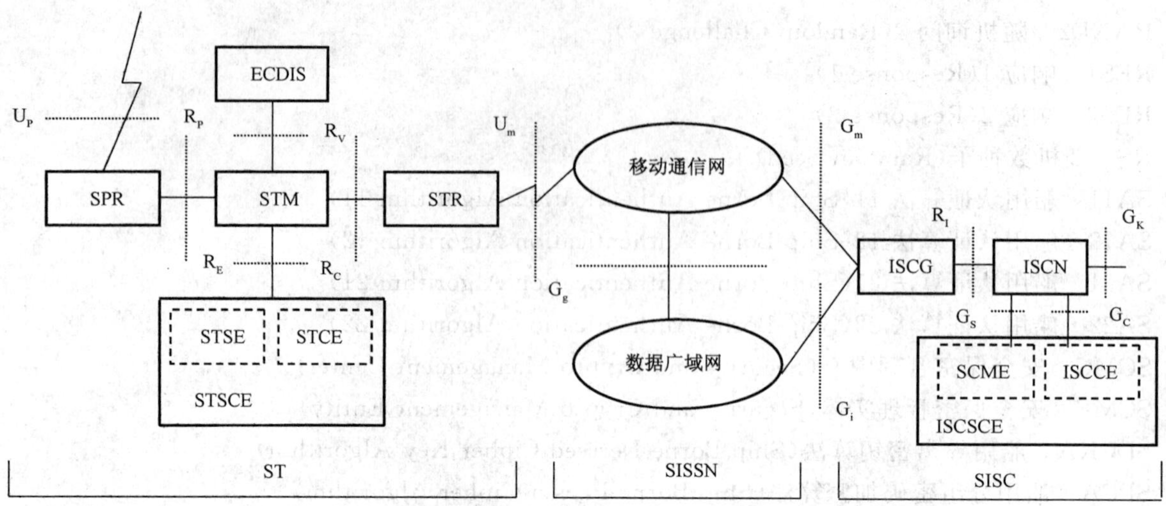

图 1 SISS 访问接口和参考点

5.2 实体组成

系统安全保密实体由船用终端安全保密实体(STSCE)和信息服务中心安全保密实体(ISCSCE)两部分组成。

5.2.1 STSCE 组成

STSCE 包括船用终端安全实体(STSE)和船用终端保密实体(STCE)。STSE 提供设备认证等安全服务,STCE 提供加/解密、密钥管理等保密服务。根据系统安全管理确定的安全机制,STSCE 可仅提供安全服务或保密服务,也可两种服务同时提供。

当 STSCE 仅提供安全服务时,其只包括 STSE,此时 STSCE 则相应由独立的船用终端安全模块(STSM)来实现,如图 2 所示。

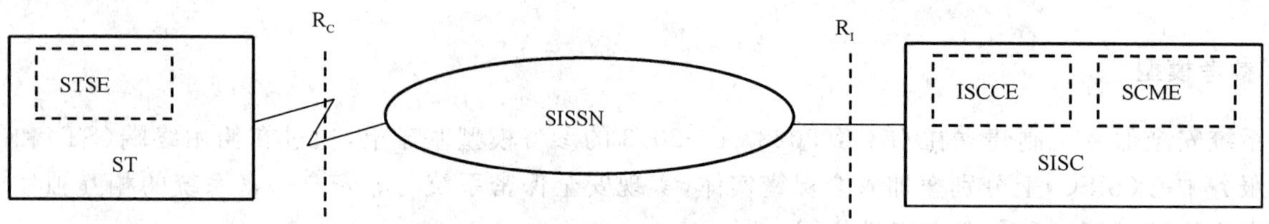

图 2 仅提供安全服务的基本模型

当 STSCE 仅提供保密服务时,其只包括 STCE,此时,STSCE 则相应由独立的船用终端保密模块(STCM)来实现,如图 3 所示。

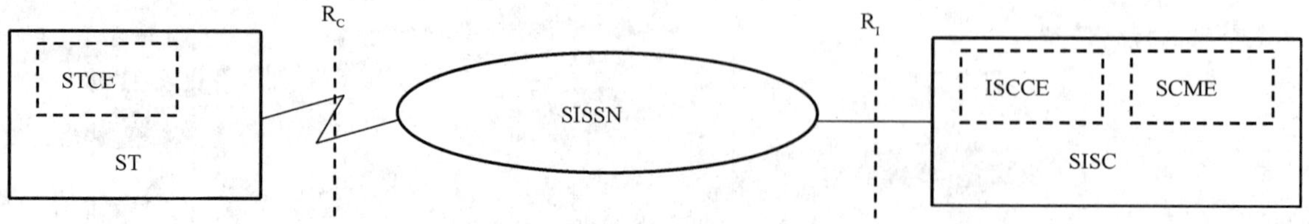

图 3 仅提供保密服务的基本模型

当 STSCE 两种服务同时提供时，其包括 STSE 和 STCE，此时，STSCE 则相应由独立的船用终端安全保密模块(STSCM)来实现，如图 4 所示。

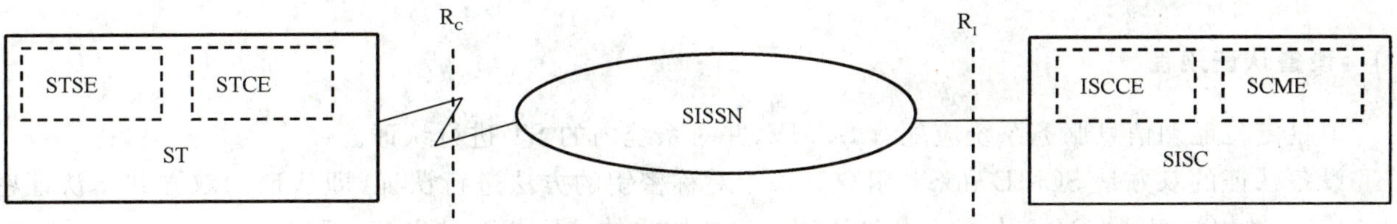

图 4　提供安全服务和保密服务的基本模型

5.2.2　ISCSCE 组成

ISCSCE 由信息服务中心保密实体(ISCCE)和安全保密管理实体(SCME)组成。

ISCCE 用以实现 ISC 与 ST 间通信的加/解密服务，其可由硬件设备或软件模块实现，通过相关接口与 ISC 相连。

SCME 为系统提供设备认证、密钥产生、密钥分配、密钥遥控销毁等安全保密管理服务，通常由独立设备安全保密管理中心(SCMC)实现，通过局域网与 ISC 连接。

5.3　密码体制

安全保密实体的加/解密算法采用基于密码学的对称密钥密码体制实现，其密钥结构为：

a)　主密钥(MK_n)

　　MK_n 用于完成对空中分配的认证密钥(AK)的加/解密，参与安全保密实体内部保密参数的加密掩盖运算。n 为用户编号，即每个用户拥有独立的 MK。MK 由 SCMC 产生，通过加载设备以人工方式注入安全保密实体。

b)　认证密钥(AK)

　　AK 用于完成通信双方间的身份认证。由 SCMC 定期或根据需要产生，经 SISC 通过移动通信网络分配给各安全保密实体。

5.4　机制运行

安全保密实体依据系统安全管理确定的安全保密机制，可启动和关闭设备认证、访问控制、数据加密等一个或几个功能。

5.4.1　设备认证机制启用和关闭

SCME 对 ST 用户单向设备认证机制由 SCME 启用或者关闭；ST 用户对 SCME 单向设备认证机制由 ST 用户启用或者关闭；SCME 与 ST 用户间双向设备认证机制由 SCME 启用或者关闭。

5.4.2　访问控制机制启用和关闭

ST 用户的访问控制机制由 ST 用户启用或者关闭；SCME 的访问控制机制由 SCME 启用或者关闭。

5.4.3　数据加密机制启用和关闭

ST 与 SISC 间通信时的数据加密机制由 SCME 启用或者关闭。

6 安全保密规程

6.1 设备认证规程

卫星定位船舶信息服务系统应配有 SCME，并对系统内的 ST 进行认证。

设备认证的双方是 SCME 和 ST 用户。采用对称密钥的方法进行认证，即认证的双方共享认证密钥 AK，通过相互询问共享 AK 完成设备认证。每个用户的 AK 相互独立、互不相同。

在 ST 每次和船舶信息服务系统通信网络连接，获取相关的安全保密服务时，其与 SCME 之间需实施单向或双向空中接口认证。空中接口认证的方式有以下几种，可采用其中之一：

a) SCME 对 ST 用户单向设备认证：采用询问-应答协议；

b) ST 用户对 SCME 单向设备认证：采用询问-应答协议；

c) SCME 和 ST 用户双向设备认证：采用询问-应答协议，而且采用与 a) 和 b)设备认证相同的密钥和密码算法。

6.1.1 SCME 对 ST 用户单向设备认证

SCME 对 ST 用户的设备认证过程如图 5 所示。首先，ST 用户向 SCME 发起认证申请，收到申请后 SCME 产生随机数种子(RS)和随机询问(RAND1)发送给 ST，然后 SCME 和 ST 根据 RS 通过算法 SA11 计算出会话密钥(KS)，再根据 RAND1 通过算法 SA12 分别计算出预期响应(XRES1)、响应(RES1)和导出密钥(DCK1)。ST 将计算出的 RES1 发送给 SCME，SCME 把得到的 RES1 与计算出的 XRES1 进行比较，如果值相等，则设置运算结果 R1 为真，并发送给 ST，设备认证成功。

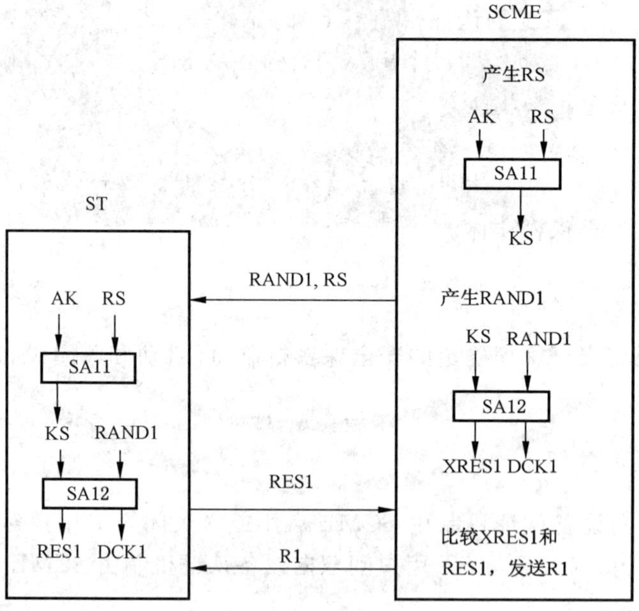

图 5 SCME 对 ST 用户单向设备认证过程

SCME 对 ST 用户单向设备认证规程如图 6 所示，虚线部分表示工作异常时的处理流程。

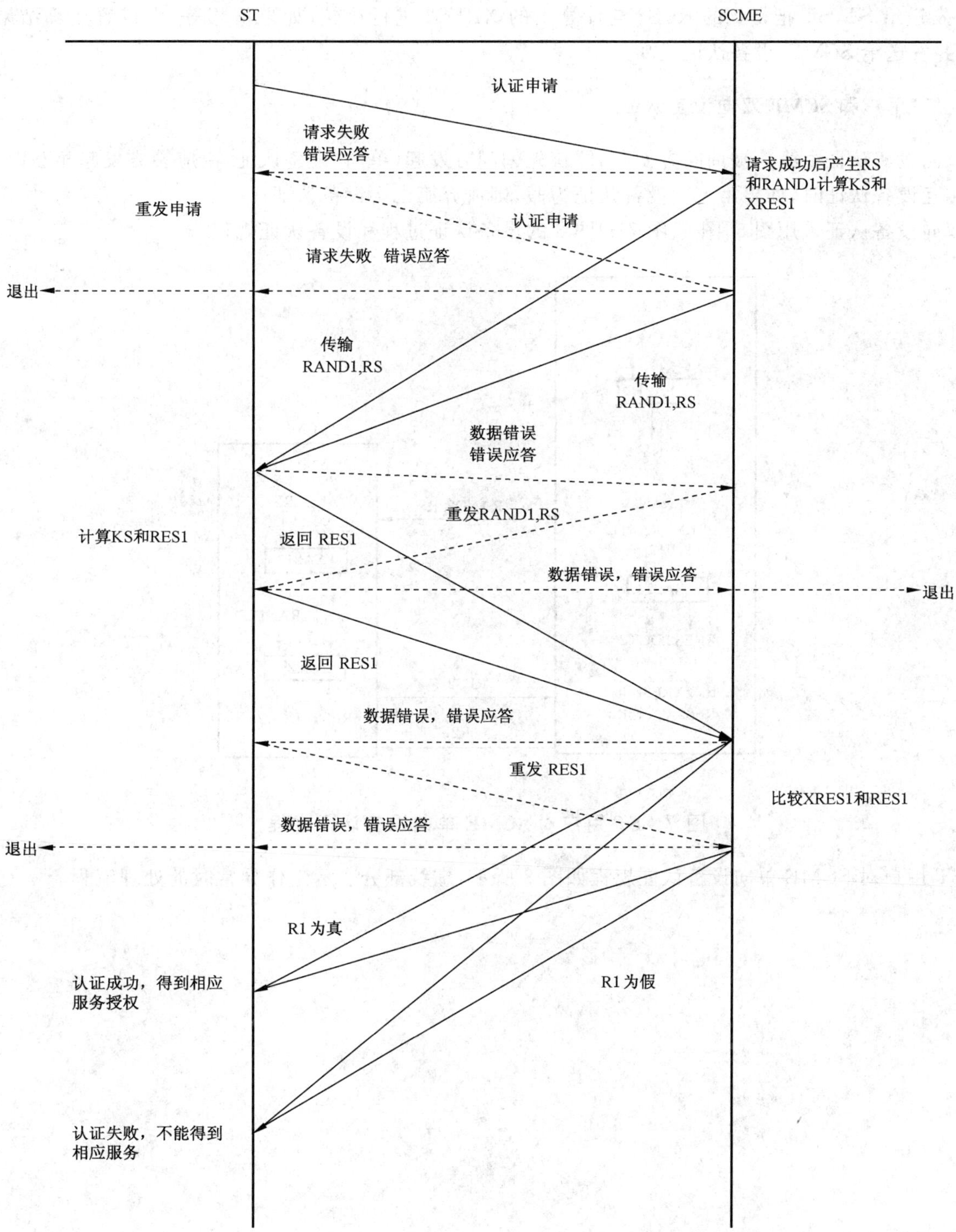

图 6 SCME 对 ST 用户单向设备认证规程

6.1.2 ST 用户对 SCME 单向设备认证

ST 用户对 SCME 的设备认证过程如图 7 所示。首先，SCME 向 ST 发起认证申请，KS' 收到申请后 ST 产生 RS 和 RAND2 发送给 SCME，然后 ST 和 SCME 根据 RS 通过算法 SA21 计算出会话密钥(KS')，再根据 RAND2 通过算法 SA22 分别计算出 XRES2、RES2 和 DCK2。SCME 将计算出的

RES2 发送给 ST，ST 把得到的 RES2 与计算出的 XRES2 进行比较，如果值相等，则设置运算结果 R2 为真，并发送给 SCME，设备认证成功。

6.1.3 ST 用户和 SCME 双向设备认证

双向设备认证由第一被询问方发起，即首先询问方发起(单向)设备认证，由应答方发起相互设备认证。相互设备认证时，如果第一次设备认证为假，则放弃第二次设备认证。

双向设备认证采用图 5、图 6、图 7 和图 8 的设备认证过程和设备认证规程。

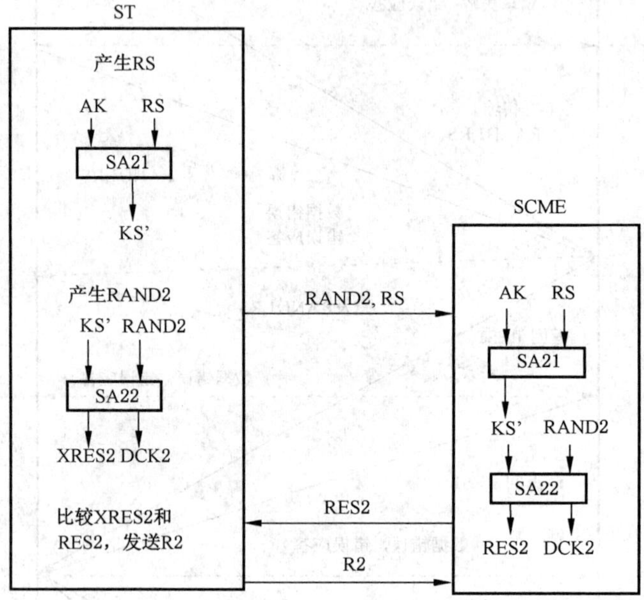

图 7　ST 用户对 SCME 单向设备认证过程

ST 用户对 SCME 单向设备认证规程如图 8 所示，虚线部分表示工作异常时的处理流程。

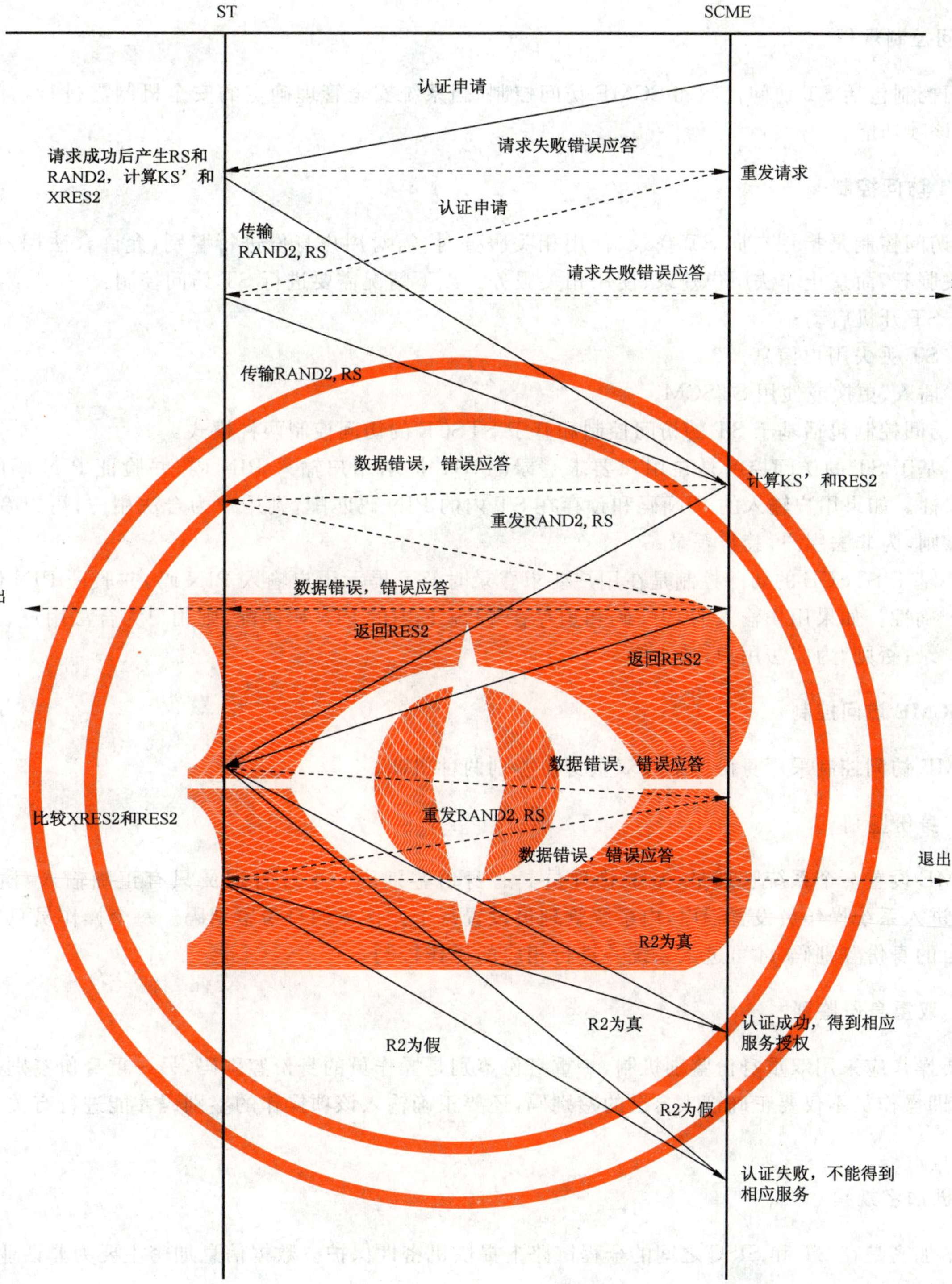

图 8　ST 用户对 SCME 单向设备认证规程

6.2 访问控制规程

访问控制包括 ST 访问控制和 SCME 访问控制，当系统安全管理确定的安全机制需进行访问控制时，启用该项功能。

6.2.1 ST 访问控制

ST 访问控制是指用户向 ST 登录、使用相关服务时，需对用户身份进行鉴别，允许合法用户登录、使用相关服务，而禁止非法用户登录、使用相关服务。以下情况需要进行 ST 访问控制：

a) ST 开机启动；
b) ST 丢失用户信息；
c) 插入、更换或使用 STSCM。

ST 访问控制包括基于 ST 的访问控制和基于 STSCE 的访问控制两种模式：

a) 基于 ST 的访问控制是在用户要求登录时，ST 提示用户输入 PIN 码，并验证 PIN 码的正确性。如果用户输入的 PIN 码和预存在 ST 内的 PIN 码匹配，则用户为合法用户，可以登录；否则，为非法用户，禁止登录；
b) 基于 STSCE 的访问控制是在用户要求登录时，ST 提示用户输入 PIN 码，并验证 PIN 码的正确性。如果用户输入的 PIN 码和预存在 STSCE 内的 PIN 码匹配，则用户为合法用户，允许登录；否则，为非法用户，禁止登录。

6.2.2 SCME 访问控制

SCME 访问控制采用身份鉴别和双重身份鉴别两种机制。

6.2.2.1 身份鉴别

SCME 设置一个系统管理员，系统管理员具有身份鉴别码。系统管理员只有正确输入身份鉴别码，才能进入系统操作员设置程序，由系统管理员设置每个操作员的身份鉴别码。每个操作员只有正确输入各自的身份鉴别码，才可进入系统并进行相应的操作控制。

6.2.2.2 双重身份鉴别

重要操作应采用双重身份鉴别机制，一重身份鉴别是操作员的身份鉴别码，另一重身份鉴别是操作鉴别码，即操作员不仅要正确输入自己的鉴别码，还要正确输入该项操作的鉴别码才能进行有关的重要操作。

6.3 数据加密规程

数据加密是在 ST 和 SISC 之间的全程链路上提供机密性保护。数据信息加密主要为非话业务。

6.3.1 加密算法及信道要求

采用分组密码加密算法，加密无信道限制。

6.3.2 数据加解密规程

数据加解密规程如图 9 所示。虚线部分表示工作异常时的处理流程。

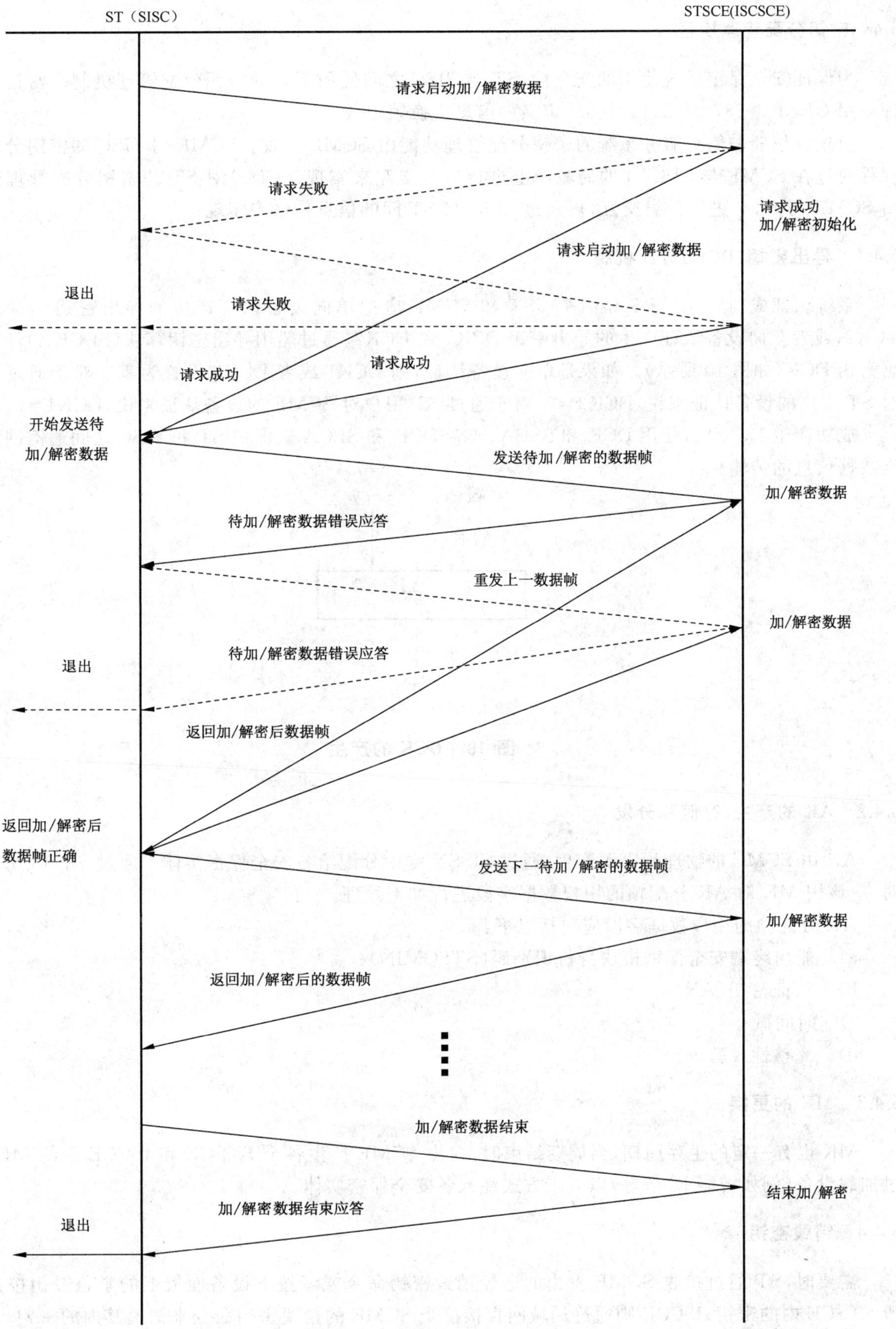
ST（SISC）
STSCE(ISCSCE)
请求启动加/解密数据
请求失败
请求成功
加/解密初始化
请求启动加/解密数据
退出
请求失败
请求成功
请求成功
开始发送待
加/解密数据
发送待加/解密的数据帧
加/解密数据
待加/解密数据错误应答
重发上一数据帧
加/解密数据
退出
待加/解密数据错误应答
返回加/解密后数据帧
返回加/解密后
数据帧正确
发送下一待加/解密的数据帧
加/解密数据
返回加/解密后的数据帧
加/解密数据结束
结束加/解密
加/解密数据结束应答
退出

图 9　数据加解密规程

6.4 密钥分配管理规程

为保证安全保密系统使用的安全性，ST 与 SISC 之间使用不同的密钥分配管理机制。密钥分配管理采用 GB/T 30287.2—2013 中 6.2 定义的信息交换帧承载。

卫星定位船舶信息服务系统的密钥分配管理功能由 SCME 实现。SCME 对 SISC 的密钥分配管理规程通过在 SCME 与 SISC 间的局域网上进行信息交互来实现；SCME 对 ST 的密钥分配管理规程先由 SCME 与 SISC 进行信息交互，再通过 SISC 与 ST 间的信息传输来实现。

6.4.1 导出密钥(DCK)分配机制

系统认证成功后(如图 5 和图 7)，ST 和 SCME 应把单向设备认证产生的导出密钥 DCK1 或者 DCK2，或者双向设备认证产生的导出密钥 DCK1 和 DCK2，通过船用导出密钥算法(SDCKA)计算出导出密钥 DCK(如图 10 所示)。如果是单向设备认证，则 DCK1 或者 DCK2 设置为零。对于通过 SCME 对 ST 用户的设备认证来说，DCK2=0；对于通过 ST 用户对 SCME 的设备认证来说，DCK1=0。

成功产生 DCK 后，使用 DCK 和 SSCA、或者 DCK 和 SPCA 来保护 ST 和 SISC 之间通信网络的各类数据信息的传输。

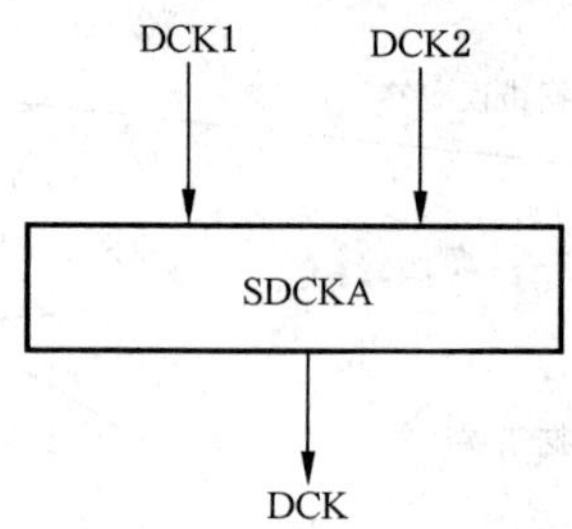

图 10 DCK 的产生

6.4.2 AK 的产生、存储和分发

AK 由 SCMC 的物理噪声源产生，通过 SISSN 空中分配给各安全保密实体。通过 SISSN 分配 AK 时，应该用 MK 对 AK 分配帧的用户数据字段进行加密处理。

AK 分配帧的用户数据字段应包括以下：

a) 船用终端安全保密模块身份识别码(STSCMIN)；

b) 认证密钥(AK)；

c) 时间戳；

d) 完整性校验码。

6.4.3 MK 的更换

MK 也有一定的生存周期，当周期结束时，应由 SCME 产生各个 STSCE 和 ISCCE 新的 MK，并通过加载设备(例如智能 IC 卡等)以人工方式注入各安全保密实体。

6.4.4 销毁密钥

需要时，ST 通过接收 SCME 发出的遥控销毁密钥命令或者按下设备面板上的紧急毁钥按键来销毁 STSCE 内的密钥；ISCCE 则通过局域网直接接受 SCME 的销毁密钥命令来销毁其内的密钥。

遥控销毁密钥命令是 SCME 通过 SISSN 发送给 ST，并由 ST 下达给 STSCE 的。收到命令后，STSCE 销毁存储的 AK、DCK 和 WK。SCME 发送的遥控销毁密钥命令应该包括以下参数：

a) 船用终端安全保密模块身份识别码(STSCMIN);

b) 时间戳;

c) 完整性校验码。

7 通信接口

7.1 通信接口参考点

STSCE与ISCSCE的通信由ST与SISC信息交换协议承载,遵循GB/T 30287.2—2013中6.2的规定。各安全保密实体与系统的接口分别为(见图11):

a) STSCE与ST接口R_E;

b) ISCCE与SISC接口G_C;

c) SCME与SISC接口G_S。

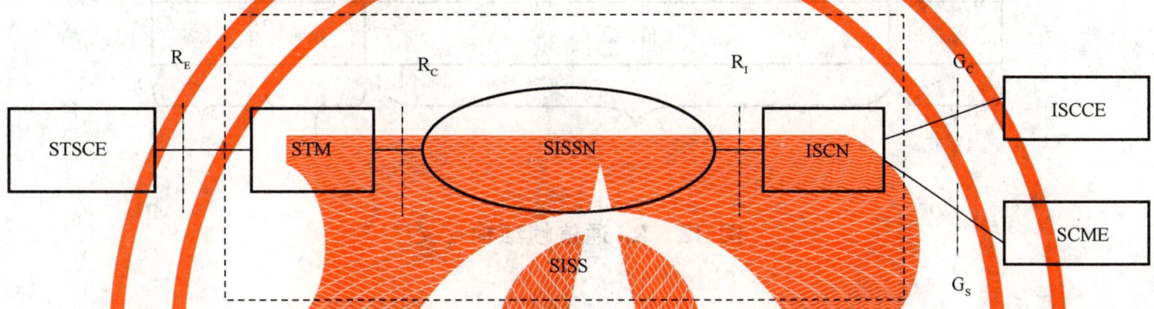

图11 信息交换协议参考点

7.2 R_E接口定义

R_E接口包括物理接口和通信协议。

7.2.1 R_E物理接口

STSCE与ST的物理接口R_E定义如表1所示。

表1 船用终端安全保密实体与船用终端接口定义

序号	定义	方向	特性
1	电源(VCC)	ST→STSCE	产品规范定义
2	复位(RESET)	ST→STSCE	低电平有效
3	RXD	ST←STSCE	异步通信[a]
4	TXD	ST→STSCE	异步通信
5	RTS	ST→STSCE	
6	CTS	ST←STSCE	
7	DTR	ST→STSCE	
8	DSR	ST←STSCE	
9	地(GND)	ST↔STSCE	

表 1（续）

序　　号	定　　义	方　　向	特　　性
10	备用 1		
11	备用 2		
[a] 接口采用串行异步通信 10 位数字模式。其中：1 位起始位、8 位数据位、1 位停止位、无校验位。其握手流控方式满足 GB/T 6107—2000 的要求。			

7.2.2　R_E 通信帧结构

STSCE 与 ST 通信协议采用图 12 所示的帧结构定义。每一帧由标志、信息、校验等字段组成。帧内的所有数据采用十六进制数格式。

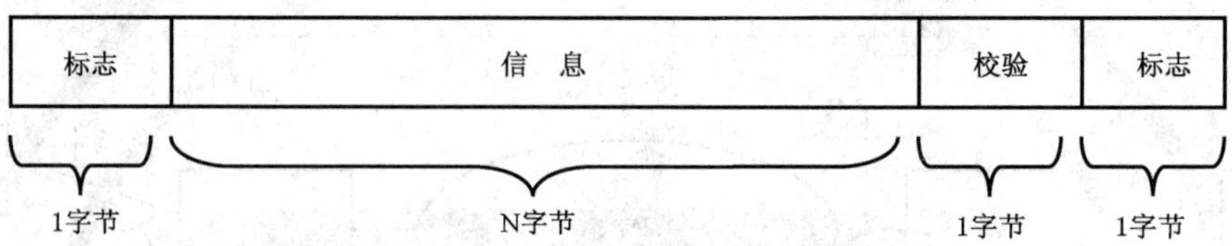

图 12　R_E 通信帧结构定义

a)　标志字段

指示帧的开始和结束，以 7EH 作为标志符。为保证数据传输的透明性，需对信息和校验字段中按字节(byte)出现的标志符进行转义处理。在发送时，7EH 转换为相连的 7DH 和 02H，7DH 转换为相连的 7DH 和 01H。接收时，将相连的 7DH 和 02H 转换为 7EH，7DH 和 01H 转换为 7DH。

示例：如待发信息为“01H 45H 7EH 90H 7DH 88H”，经转义后在通信线路上的数据为“01H 45H 7DH 02H 90H 7DH 01H 88H”。

b)　信息字段

用于承载安全保密各实体之间传输的数据，定义如图 13 所示。

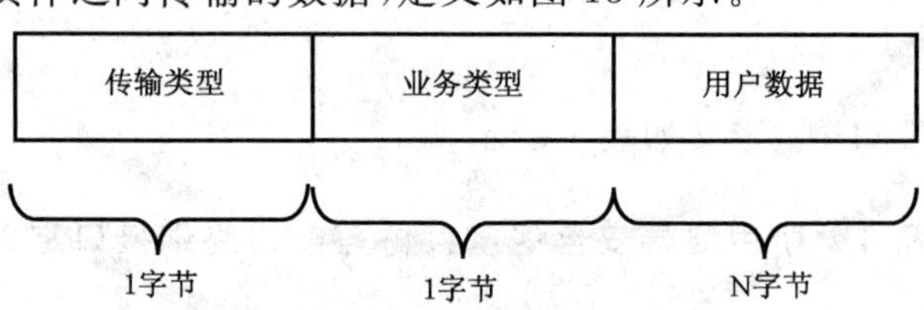

图 13　信息字段定义

c)　校验字段

用于检验信息字段传输是否正确，其值为信息字段按字节带进位的累加和，其算法为：设待校验运算的数据为 Data[i]，0≤i<n，n 为字节长度，校验结果为 ChkSum，则计算步骤如下：

```
ChkSum = 0;
for ( i= 0;i<n;i++ )
  {
    ChkSum = ChkSum + Data[ i ];
    if ( ChkSum >= 256 )
```

ChkSum = (ChkSum - 256) + 1;

}

示例：如待发信息为“01H 45H 7EH 90H 7DH 88H”，其效验值按上述算法为：5BH。

7.2.3 传输类型和业务类型定义

传输类型1字节，定义通信帧的传输方向，00H表示该帧用在ISCSCE与STSCE之间的传输；01H表示该帧用在ISCSCE与SISC或STSCE与ST之间的传输；其他为保留。

业务类型1字节，定义了描述的各个规程实现。业务类型的编码范围为00H～FFH，其编码定义如表2所示。

表2 业务类型编码定义

传输类型	业务类型	业务类型描述	方向
设备认证帧			
00H	00H	认证申请	STSCE↔SCME
00H	01H	传输RS和RAND	STSCE↔SCME
00H	02H	传输RES	STSCE↔SCME
00H	03H	认证成功	STSCE↔SCME
00H	04H	认证失败	STSCE↔SCME
00H	05H	错误应答	STSCE↔SCME
访问控制帧			
01H	10H	请求状态	ST→STSCE SISC→ISCSCE
01H	11H	请求状态应答	ST←STSCE SISC←ISCSCE
01H	12H	请求传送PIN码	ST→STSCE SISC→ISCSCE
01H	13H	传送PIN码应答	ST←STSCE SISC←ISCSCE
01H	14H	请求修改PIN码	ST→STSCE SISC→ISCSCE
01H	15H	修改PIN码应答	ST←STSCE SISC←ISCSCE
数据加密帧			
01H	20H	启动或结束加/解密数据	ST→STSCE SISC→ISCSCE
01H	21H	启动或结束加/解密数据应答	ST←STSCE SISC←ISCSCE
01H	22H	发送待加/解密数据	ST→STSCE SISC→ISCSCE
01H	23H	发送待加/解密数据应答	ST←STSCE SISC←ISCSCE
01H	24H	发送已加/解密数据	ST←STSCE SISC←ISCSCE
01H	25H	发送已加/解密数据应答	ST→STSCE SISC→ISCSCE
密钥分配管理帧			
00H	30H	AK分配	SCME→STSCE
00H	31H	AK分配应答	SCME←STSCE
00H	32H	销毁密钥	SCME→STSCE
00H	33H	销毁密钥应答	SCME←STSCE

表 2（续）

传输类型	业务类型	业务类型描述	方　　向
00H	F0H～FFH	用户定义	
01H	F0H～FFH	用户定义	
其他		系统保留	

7.2.4　用户数据定义

用户数据依据业务功能定义，见第 8 章。

7.3　G_C 和 G_S 接口定义

G_C 和 G_S 物理接口满足 10-BasT、100-BasT、1000-BasT 规范要求。通过 TCP/IP 承载 7.2.2 定义的信息帧。

8　信息字段帧格式定义

8.1　概述

本章所描述的各类帧格式，如果用于 STSCE 与 ISCSCE 的通信则由 ST 与 SISC 信息交换协议承载，遵循 GB/T 30287.2—2013 中 6.2 定义；如果用于 ST 和 STSCE 的通信，则应遵循 7.2.2 中 R_E 通信帧结构的定义。

8.2　设备认证帧结构

设备认证帧由认证申请帧、传输 RS 和 RAND 帧、传输 RES 帧、认证成功帧、认证失败帧和错误应答帧组成，该类型帧主要通过接口 R_C、R_C、R_I 和 G_S 交互，在 SCME 和 ST 间进行设备认证时使用，为双方所共有。

8.2.1　认证申请帧

SCME 和 ST 之间单向或双向认证申请帧定义如图 14 所示。

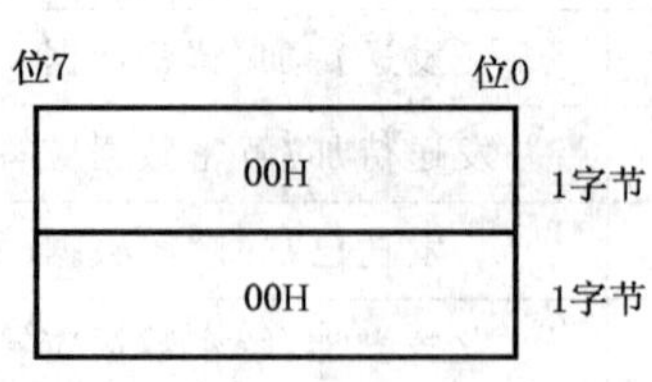

图 14　认证申请帧

8.2.2 传输 RS 和 RAND 帧

传输 RS 和 RAND 帧定义如图 15 所示。

位7　　　　位0	
00H	1字节
01H	1字节
RS数据长度[a]	1字节
RS[b]	N字节
RAND数据长度[c]	1字节
RAND[d]	N字节

[a] RS 数据长度：取值范围为 00H～FFH，指示 RS 数据的长度。

[b] RS：N 字节，指示 RS 数据。

[c] RAND 数据长度：取值范围为 00H～FFH，指示 RAND 数据的长度。

[d] RAND：指示 RAND 数据。

图 15　传输 RS 和 RAND 帧

8.2.3 传输 RES 帧

传输 RES 帧定义如图 16 所示。

位7　　　　位0	
00H	1字节
02H	1字节
数据长度[a]	1字节
RES[b]	N字节

[a] 数据长度：取值范围为 00H～FFH，指示 RES 数据的长度。

[b] RES：指示 RES 数据。

图 16　传输 RES 帧

8.2.4 认证成功帧

认证成功帧定义如图 17 所示。

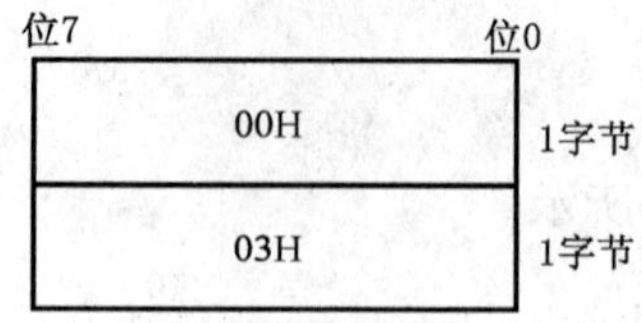

图 17　认证成功帧

8.2.5　认证失败帧

认证失败帧定义如图 18 所示。

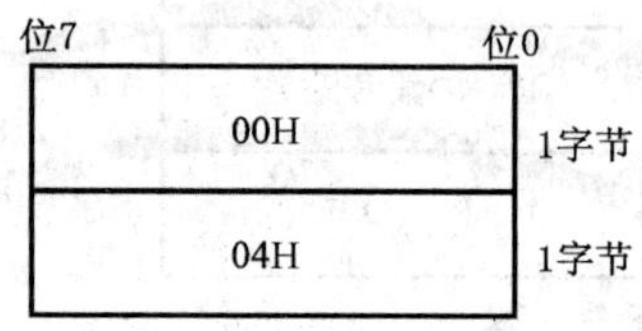

图 18　认证失败帧

8.2.6　错误应答帧

错误应答帧定义如图 19 所示。

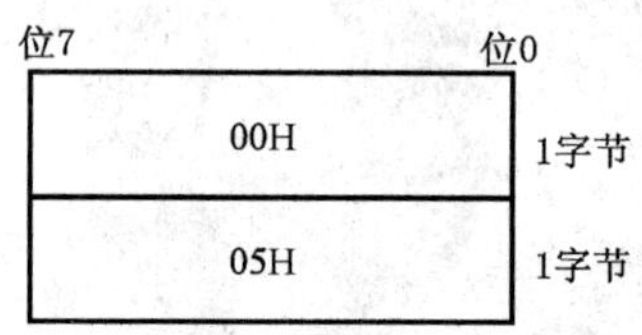

图 19　错误应答帧

8.3　访问控制帧结构

8.3.1　请求状态帧

请求状态帧定义如图 20 所示。

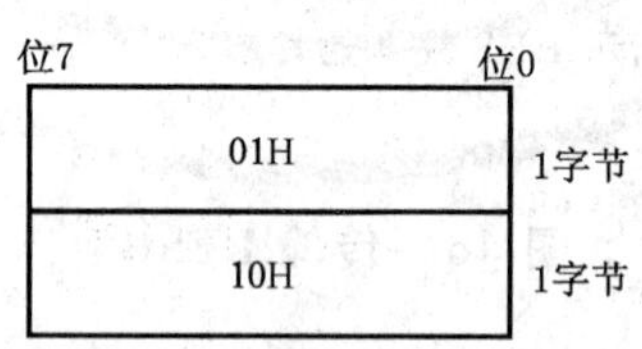

图 20　请求状态帧

8.3.2　请求状态应答帧

请求状态应答帧定义如图 21 所示。

位7　　　　位0	
01H	1字节
11H	1字节
类型[a]	1字节

[a] 类型：取值范围为00H～FFH，00H表示安全保密实体存在，用户已登陆；01H表示安全保密实体存在，用户未登陆；其他为保留。

图 21　请求状态应答帧

8.3.3　请求传送 PIN 码帧

请求传送 PIN 码帧定义如图 22 所示。

位7　　　　位0	
01H	1字节
12H	1字节
数据长度[a]	1字节
PIN码[b]	N字节

[a] 数据长度：取值范围为00H～FFH，指示PIN码数据的长度。

[b] PIN码：采用ASCII码表示，指示已输入的PIN码数据。

图 22　请求传送 PIN 码帧

8.3.4　传送 PIN 码应答帧

传送 PIN 码应答帧定义如图 23 所示。

位7　　　　位0	
01H	1字节
13H	1字节
状态[a]	1字节

[a] 状态：取值范围为00H～FFH，00H表示PIN码验证成功；01H表示PIN码验证失败，PIN码错误；其他为保留。

图 23　传送 PIN 码应答帧

8.3.5　请求修改 PIN 码帧

请求修改 PIN 码帧定义如图 24 所示。

位7 位0	
01H	1字节
14H	1字节
旧PIN码长度[a]	1字节
旧PIN码[b]	N字节
新PIN码长度[c]	1字节
新PIN码[d]	N字节

[a] 旧 PIN 码长度:取值范围为 00H～FFH,指示旧的 PIN 码数据的长度。

[b] 旧 PIN 码:采用 ASCII 码表示,指示旧的 PIN 码数据。

[c] 新 PIN 码长度:取值范围为 00H～FFH,指示新的 PIN 码数据的长度。

[d] 新 PIN 码:采用 ASCII 码表示,指示新的 PIN 码数据。

图 24 请求修改 PIN 码帧

8.3.6 修改 PIN 码应答帧

修改 PIN 码应答帧定义如图 25 所示。

位7 位0	
01H	1字节
15H	1字节
状态[a]	1字节

[a] 状态:取值范围为 00H～FFH,00H 表示 PIN 码修改成功;01H 表示请求修改 PIN 码帧中的旧 PIN 码错误;02H 表示 PIN 码修改失败;其他为保留。

图 25 修改 PIN 码应答帧

8.4 数据加密帧结构

8.4.1 启动或结束加/解密数据帧

启动或结束加/解密数据帧定义如图 26 所示。

位7 位0	
01H	1字节
20H	1字节
请求类型[a]	1字节

[a] 请求类型:取值范围为:00H～FFH,00H 表示请求启动数据加/解密;01H 表示请求结束数据加/解密;其他为保留。

图 26 启动或结束加/解密数据帧

8.4.2 启动或结束加/解密数据应答帧

启动或结束加/解密数据应答帧定义如图 27 所示。

位7　　　　　位0	
01H	1字节
21H	1字节
类型[a]	1字节

[a] 类型:取值范围为 00H～FFH,00H 表示加/解密数据请求成功;01H 表示加/解密数据请求失败;其他为保留。

图 27　启动或结束加/解密数据应答帧

8.4.3 发送待加/解密数据帧

发送待加/解密数据帧定义如图 28 所示。

位7　　　　　位0	
01H	1字节
22H	1字节
加/解密类型[a]	1字节
数据类型[b]	1字节
数据帧总数[c]	2字节
帧序号[d]	2字节
密钥序号[e]	1字节
数据长度[f]	2字节
数据[g]	N字节

[a] 加/解密类型:取值范围为 00H～FFH,01H 表示本数据为待加密数据;02H 表示本数据为待解密数据;其他为保留。

[b] 数据类型:取值范围为 00H～FFH,01H 表示本数据为短信;02H 表示本数据为定位信息;03H 表示本数据为文件数据;其他为保留。

[c] 数据帧总数:第 1 字节为高位,第 2 字节为低位,取值范围为 0000H～FFFFH,指示该类型数据的总帧数。

[d] 帧序号:第 1 字节为高位,第 2 字节为低位,取值范围为 0000H～FFFFH,指示本帧在总帧数中的序号,帧序号从 0 开始编码。

[e] 密钥序号:取值范围为 00H～FFH,指示本帧数据在加密时所使用的密钥的组序号,密钥序号从 0 开始编码,当加/解密类型为 01H 时,则该字段无实际意义,可任意取值。

[f] 数据长度:第 1 字节为高位,第 2 字节为低位,取值范围为 0000H～FFFFH,指示待加/解密数据的长度。

[g] 数据:N 字节,指示待加/解密的数据。

图 28　发送待加/解密数据帧

8.4.4 发送待加/解密数据应答帧

发送待加/解密数据应答帧定义如图29所示，当数据错误时才发送此帧。

位7　　　　位0	
01H	1字节
23H	1字节
类型[a]	1字节
出错帧序号[b]	2字节

[a] 类型：取值范围为00H～FFH，01H表示用户未登陆，加/解密失败；02H表示数据错误；其他为保留。

[b] 出错帧序号：第1字节为高位，第2字节为低位，取值范围为0000H～FFFFH，指示数据错误的帧的帧序号，当类型为01H时，该字段无实际意义，不传输该字段。

图29　发送待加/解密数据应答帧

8.4.5 发送已加/解密数据帧

发送已加/解密数据帧定义如图30所示。

位7　　　　位0	
01H	1字节
24H	1字节
加/解密类型[a]	1字节
数据类型[b]	1字节
数据帧总数[c]	2字节
帧序号[d]	2字节
密钥序号[e]	1字节
数据长度[f]	2字节
数据[g]	N字节

[a] 加/解密类型：取值范围为00H～FFH，01H表示本数据为已加密数据；02H表示本数据为已解密数据；其他为保留。

[b] 数据类型：取值范围为00H～FFH，01H表示本数据为短信；02H表示本数据为定位信息；03H表示本数据为文件数据；其他为保留。

[c] 数据帧总数：第1字节为高位，第2字节为低位，取值范围为0000H～FFFFH，指示该类型数据的总帧数。

[d] 帧序号：第1字节为高位，第2字节为低位，取值范围为0000H～FFFFH，指示本帧在总帧数中的序号，帧序号从0开始编码。

[e] 密钥序号：取值范围为00H～FFH，指示本帧数据在加密时所使用的密钥的组序号，密钥序号从0开始编码，当加/解密类型为02H时，则该字段无实际意义，可任意取值。

[f] 数据长度：第1字节为高位，第2字节为低位，取值范围为0000H～FFFFH，指示已加/解密数据的长度。

[g] 数据：N字节，指示已加/解密的数据。

图30　发送已加/解密数据帧

8.4.6 发送已加/解密数据应答帧

发送已加/解密数据应答帧定义如图 31 所示，当数据错误时才发送此帧。

位7　　　　　位0	
01H	1字节
25H	1字节
类型 [a]	1字节
出错帧序号 [b]	2字节

[a] 类型：取值范围为 00H～FFH，01H 指示数据错误；其他为保留。

[b] 出错帧序号：第 1 字节为高位，第 2 字节为低位，取值范围为 0000H～FFFFH，指示数据错误的帧的帧序号。

图 31　发送已加/解密数据应答帧

8.5 密钥分配管理帧格式定义

密钥分配管理帧由 AK 分配帧、AK 分配应答帧、销毁密钥帧、销毁密钥应答帧组成，通过密钥分配管理规程实现系统的密钥分配管理功能。密钥分配管理帧在 SCME 和 STSCE 之间进行交互，在空中传输时需要对这类帧的用户数据字段进行加密处理。

8.5.1 AK 分配帧

SCME 发送给 STSCE 的 AK 分配帧如图 32 所示。

位7　　　　　位0	
00H	1字节
30H	1字节
识别码 [a]	8字节
认证密钥AK [b]	N字节
时间戳 [c]	7字节
完整性校验码 [d]	2字节

[a] 识别码(船用终端安全保密模块身份识别码)：取值范围为 0000000000000000H～FFFFFFFFFFFFFFFFH，收到该命令后首先比对收到的识别码与模块中存储的识别码，如果不一致则不进行相关的操作。

[b] 认证密钥 AK：指示认证密钥数据，其长度由所采用的算法确定。

[c] 时间戳：第一字节为高位，第七字节为低位，取值范围为 00000000000000H～FFFFFFFFFFFFFFH，指示该命令发出的时间，防止重播等安全威胁。

示例：如 2005 年 10 月 21 日 8 时 40 分 35 秒就记为 14 h，05 h，0a h，15 h，08 h，28 h，23 h。

[d] 完整性校验码：用于检验数据的完整性。

图 32　AK 分配帧

8.5.2 AK 分配应答帧

STSCE 发送给 SCME 的 AK 分配应答帧如图 33 所示。

位7　　　　　位0	
00H	1字节
31H	1字节
类型 [a]	1字节

[a] 类型:取值范围为 00H～FFH,00H 表示 AK 分配成功;01H 表示 AK 分配失败;其他为保留。

图 33　AK 分配应答帧

8.5.3 销毁密钥帧

SCME 发送给 STSCE 的销毁密钥帧定义如图 34 所示。

位7　　　　　位0	
00H	1字节
32H	1字节
识别码 [a]	8字节
时间戳 [b]	7字节

[a] 识别码(船用终端安全保密模块身份识别码):具体定义同 8.5.1 a)。

[b] 时间戳:具体定义同 8.5.1 c)。

图 34　销毁密钥帧

当 ST 接收到 SCME 发送的销毁密钥帧后,立即以相同的帧结构转发给 STSCE。如果是按下设备面板的毁钥按键,则 ST 直接发送销毁密钥帧给 STSCE。

8.5.4 销毁密钥应答帧

STSCE 发送给 SCME 的销毁密钥应答帧定义如图 35 所示。

位7　　　　　位0	
00H	1字节
33H	1字节
状态 [a]	1字节

[a] 状态:取值范围为 00H～FFH,00H 表示毁钥成功;01H 表示毁钥失败;其他为保留。

图 35　销毁密钥应答帧

9 安全保密实体参数要求

系统各安全保密实体在设备认证和加密时使用的有关参数的指标见表3。

表3 设备认证和加密参数

符　号	名　称	长　度 bit
AK	认证密钥	根据使用的算法而定
DCK1	导出密钥的第一部分	根据使用的算法而定
DCK2	导出密钥的第二部分	根据使用的算法而定
DCK	导出密钥	根据使用的算法而定
KS	会话密钥	根据使用的算法而定
PIN	个人身份识别码	自行定义
RAND1	随机询问1	根据使用的算法而定
RAND2	随机询问2	根据使用的算法而定
RES1	响应1	根据使用的算法而定
RES2	响应2	根据使用的算法而定
RS	随机数种子	根据使用的算法而定
STSCMIN	船用终端安全保密模块身份识别码	自行定义
WK	工作密钥	根据使用的算法而定
XRES1	期望响应1	根据使用的算法而定
XRES2	期望响应2	根据使用的算法而定

10 STSCE技术要求

10.1 功能描述

STSCE由系统控制及密钥管理、加解密器、数据接口等功能模块组成，如图36所示。系统控制及密钥管理主要负责整个STSCE功能控制及密钥管理功能；加解密器负责将数据接口传送过来的数据进行加解密处理然后再传回给数据接口；数据接口为STSCE与ST间的接口，负责传送待加密或待解密的各类数据。

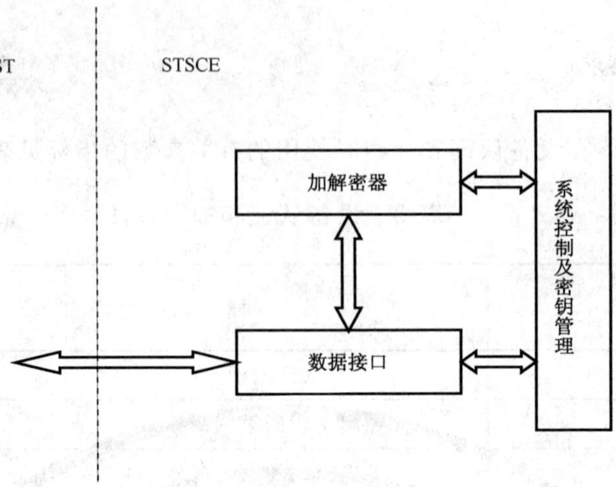

图 36 STSCE 框图

10.2 功能性能要求

10.2.1 密码

a) 加解密速率:由产品规范规定;
b) 密钥量:根据使用的算法而定。

10.2.2 安全性

a) 具有物理防护措施(如物理锁);
b) 具有主动或被动式密钥销毁功能;
c) 具有数据防读出功能,可有效防止非法读取数据。

10.2.3 环境适应性

STSCM 应满足 GB/T 30287.4—2013 的要求。

ICS 33.200
M 50

中华人民共和国国家标准

GB/T 30287.4—2013

卫星定位船舶信息服务系统 第4部分:船用终端通用规范

Satellite positioning ship information service system(SISS)—
Part 4: General specification for ship-born terminal

2013-12-31 发布 2014-07-15 实施

中华人民共和国国家质量监督检验检疫总局
中国国家标准化管理委员会 发布

前　言

GB/T 30287《卫星定位船舶信息服务系统》目前包括四个部分：

——第1部分：功能描述；

——第2部分：船用终端与服务中心信息交换协议；

——第3部分：信息安全规范；

——第4部分：船用终端通用规范。

本部分为GB/T 30287的第4部分。

本部分按照GB/T 1.1—2009给出的规则起草。

请注意本文件的某些内容可能涉及专利。本文件的发布机构不承担识别这些专利的责任。

本部分由中华人民共和国工业和信息化部提出。

本部分由中国电子技术标准化研究院归口。

本部分主要起草单位：大连海事大学。

本部分主要起草人：张淑芳、胡青、张晶泊。

卫星定位船舶信息服务系统
第4部分：船用终端通用规范

1 范围

GB/T 30287 的本部分规定了卫星定位船舶信息服务系统船用终端(以下简称船用终端)的技术要求、试验方法、检验规则、包装、运输及贮存等内容。

本部分适用于采用卫星定位技术、具有无线通信能力、实现船舶信息采集、处理和传输功能的船用终端设计、检测和验收。

2 规范性引用文件

下列文件对于本文件的应用是必不可少的。凡是注日期的引用文件，仅注日期的版本适用于本文件。凡是不注日期的引用文件，其最新版本(包括所有的修改单)适用于本文件。

GB/T 191 包装储运图示标志

GB/T 2423.1—2008 电工电子产品环境试验 第2部分：试验方法 试验A：低温

GB/T 2423.2—2008 电工电子产品环境试验 第2部分：试验方法 试验B：高温

GB/T 2423.3—2006 电工电子产品环境试验 第2部分：试验方法 试验Cab：恒定湿热试验

GB/T 2423.5—1995 电工电子产品环境试验 第2部分：试验方法 试验Ea和导则：冲击

GB/T 2423.10—2008 电工电子产品环境试验 第2部分： 试验Fc：振动(正弦)

GB/T 2423.16—2008 电工电子产品环境试验 第2部分：试验方法 试验J及导则：长霉

GB/T 2423.17—2008 电工电子产品环境试验 第2部分：试验方法 试验Ka：盐雾

GB/T 2423.38—2008 电工电子产品环境试验 第2部分：试验方法 试验R：水试验方法和导则

GB/T 2423.101—2008 电工电子产品环境试验 第2部分：试验方法 试验：倾斜和摇摆

GB/T 2828.1—2012 计数抽样检验程序 第1部分：按接收质量限(AQL)检索的逐批检验抽样计划

GB/T 2829—2002 周期检验计数抽样程序及表(适用于对过程稳定性的检验)

GB/T 4857.5—1992 包装 运输包装件 跌落试验方法

GB/T 5080.1—2012 可靠性试验 第1部分：试验条件和统计检验原理

GB/T 5080.7—1986 设备可靠性试验 恒定失效率假设下的失效率与平均无故障时间的验证试验方案

GB/T 6388 运输包装收发货标志

GB/T 9969 工业品使用说明书 总则

GB/T 13384—2008 机电产品包装通用技术条件

GB/T 17626.2 电磁兼容、试验和测量技术 静电放电抗扰度试验

GB/T 17626.3 电磁兼容、试验和测量技术 射频电磁场辐射抗扰度试验

GB/T 17626.4 电磁兼容、试验和测量技术 电快速瞬变脉冲群抗扰度试验

GB/T 17626.5 电磁兼容、试验和测量技术 浪涌(冲击)抗扰度试验

CB/T 17626.11 电磁兼容、试验和测量技术 电压暂降、短时中断和电压变化的抗扰度试验

GB/T 20512　GPS接收机导航定位数据输出格式

GB/T 30287.1　卫星定位船舶信息服务系统　第1部分:功能描述

GB/T 30287.2　卫星定位船舶信息服务系统　第2部分:船用终端与服务中心信息交换协议

GB/T 30287.3　卫星定位船舶信息服务系统　第3部分:信息安全规范

JT/T 219—1996　船用通信、导航设备的安装、使用、维护、修理技术要求　全球定位系统(GPS)接收机

SJ/Z 3216—1989　电子产品防护、包装和装箱等级

IEC 61174　海上导航和无线电通信设备及系统电子海图显示和信息系统(ECDIS)操作要求和性能要求　测试方法和要求的测试结果(Maritime navigation and radiocommunication equipment and systems—Electronic chart display and information system (ECDIS)—Operational and performance requirements, methods of testing and required test results)

3　术语和定义、缩略语

3.1　术语和定义

GB/T 30287.1—2013界定的及下列术语和定义适用于本文件。

3.1.1

入网船舶　ship connected

船用终端在服务中心进行了有效信息的入网注册,通过通信网络可实现与服务中心的信息交换,并可接收和执行服务中心指令的船舶。

3.1.2

船舶报警　ship alarm

船用终端在需要报警的情况下,通过手动或自动的方式而采取的本地报警措施和向服务中心传送报警信息的过程。

3.1.3

船舶跟踪　ship tracking

服务中心通过电子海图和接收的船舶位置信息实时确定目标船舶当前位置的过程。

3.1.4

船舶监控　ship monitoring

服务中心通过电子海图和接收的船舶位置信息、事件信息及用户信息的辅助,对船舶终端实施位置监视、遥控、呼叫、应答等过程的总称。

3.1.5

船用终端　ship-born terminal

在船舶信息服务系统中,安装在船舶上,用于采集和处理船舶位置等信息,并能够通过系统通信网络与船舶信息服务中心进行信息交换的终端设备。

3.1.6

卫星定位模块　satellite positioning module

船用终端中,实现船舶定位的功能模块。

3.1.7

无线通信模块　wireless communications module

船用终端中,实现船用终端与船舶信息服务中心之间数据通信的功能模块。

3.1.8

主控模块　main control module

船用终端中,完成各功能控制的中央处理模块。

3.1.9

船舶信息服务中心　ship information service center

船舶信息服务系统中,船舶信息服务中心(以下简称服务中心)能够通过计算机信息处理系统和通信网络与服务范围内的船舶进行信息交换,向各类船舶管理者及其他有关的管理机构和服务机构提供信息服务。

3.2　缩略语

GB/T 30287.1—2013 界定的以及下列缩略语适用于本文件。

GNSS 全球导航卫星系统(Global Navigation Satellite System)

ECDIS 电子海图显示与信息系统(Electronic chart display and information system)

4　要求

4.1　组成

船用终端由基本部分和扩展部分组成。

4.1.1　基本部分

船用终端的基本部分组成如下:

a)　主控模块

船用终端中,完成各种功能控制的中央处理模块,该模块包括中央处理器和应用程序。

b)　卫星定位模块

船用终端中,实现船舶定位信息采集的功能模块,包括位置信息、速度信息和时间信息。该模块包括卫星定位接收机和内部接口及协议。

c)　无线通信模块

船用终端中,实现船用终端与船舶信息服务中心之间数据通信的功能模块。该模块包括无线通信收发器、通信网接口和协议、内部接口和协议。

d)　报警接口

船用终端中,实现报警功能的控制开关,该控制开关可以是人工控制或者传感器信号自动控制。

4.1.2　扩展部分

船用终端的扩展部分组成如下:

a)　人机接口

船用终端中,可提供显示模块、键盘控制模块等,通过文本、图形图像及语音等向船舶操纵人员提供信息,也可通过键盘和语音等对终端进行控制。

b)　信号接口

船用终端中,可提供扩展功能的信号物理连接,用于采集船舶的各类信息和信息的输出。

c)　终端加解密模块

船用终端中,可提供加解密模块以保证系统的信息安全。

4.2 功能要求

船用终端依据不同应用要求可提供基本功能和扩展功能,应符合 GB/T 30287.1 的规定。

4.2.1 基本功能

4.2.1.1 位置信息报告

船用终端应具有接受和确认服务中心的定位请求,并按规程采集位置信息和进行位置信息报告的功能。船用终端应支持系统的实时定位、条件定位和盲区补传等功能。

4.2.1.2 控制参数接受与确认

船用终端应具有接受服务中心的参数修改请求等,并按规程保存参数和向服务中心确认参数修改成功等功能。

4.2.1.3 自动(或人工)报警

船用终端应具有自动或人工按规程向服务中心进行报警的功能。船用终端应支持系统的报警处理、报警测试等功能。

4.2.2 扩展功能

4.2.2.1 信息处理

船用终端可接收服务中心的文字信息,并通过人机界面向船舶操纵人员提供信息;船用终端也可接收人机接口输入的信息,并通过通信网络向服务中心传输。

4.2.2.2 语音通信

船用终端可提供与服务中心和其他船用终端的语音通信功能。

4.2.2.3 海图显示功能

带有 ECDIS 的船用终端具有的海图显示功能应符合 IEC 61174 的规定。

4.3 性能

4.3.1 定位性能及接口

4.3.1.1 卫星定位

船用终端的卫星定位功能应通过卫星定位模块提供,卫星定位模块可以采用为提高定位信息可靠性和提高定位精度而采用的组合定位和差分定位等技术。

卫星定位模块的定位精度,数据更新率,首次定位时间,重捕获时间等由所用定位模块的产品规范规定。

4.3.1.2 接口

数据传送方式、数据格式协议、数据内容等应符合 GB/T 20512 的规定。

4.3.2 通信性能及接口

4.3.2.1 无线通信

船用终端应具有无线通信功能,能够与服务中心进行实时数据传输。无线通信的实时性和可靠性应满足系统设计要求。船舶信息服务系统的有效服务区域应在无线通信网络覆盖范围之内。

4.3.2.2 接口

船用终端的通信接口应采用 RS-232-E、RS-422 和 RS-485 等通用串行数据接口。

4.3.3 规程处理

船用终端应能按 GB/T 30287.2 的要求与服务中心进行通信,实现协议处理,完成控制和应答规程,执行服务中心的控制要求和报告船舶信息。

4.3.4 信息安全

船用终端可提供用户认证、数据加密的信息安全功能,符合 GB/T 30287.3 的规定。

4.4 电气要求

4.4.1 电压适应性

船用终端电源应适应标称直流电压分别为 12 V 和 24 V 的船舶工作环境,其工作电压范围见表 1。

表 1 船用终端电源适应性要求

标称电压 V	低电压 V	高电压 V	过电压 V
12	+9	+18	24
24	+12	+32	36

4.4.2 功耗限制

船用终端应符合产品规范中有关最大电流、工作电流、静态电流和功耗限制等参数的规定。

4.4.3 安全保护

a) 过压保护:船用终端应能在表 1 规定的电压范围内正常工作。当电压高于过电压时应能断电以保护终端设备,保证不损坏终端设备。
b) 极性保护:船用终端应能在表 1 规定的电压极性反接时断电以保护终端设备,或者反接时也能正常工作,不应损坏终端设备。
c) 船用终端的电源连接器应有明显的接线标记。

4.5 环境适应性

4.5.1 温度

工作温度为 −10 ℃～+55 ℃,贮存温度为 −25 ℃～+70 ℃。船用终端经受 GB/T 2423.1—2008 低温和 GB/T 2423.2—2008 的高温试验后,应能正常工作。

4.5.2 冲击

船用终端经受 GB/T 2423.5—1995 的试验后，应能正常工作。

4.5.3 振动

船用终端经受 GB/T 2423.10—2008 的试验后，应能正常工作。

4.5.4 湿热

船用终端经受 GB/T 2423.3—2006 的试验后，应能正常工作。

4.5.5 冲水

船用终端经受 GB/T 2423.38—2008 的试验后，应能正常工作。

4.5.6 盐雾

船用终端经受 GB/T 2423.17—2008 的试验后，应能正常工作。

4.5.7 倾斜与摇摆

船用终端经受 GB/T 2423.101—2008 的试验后，应能正常工作。

4.5.8 长霉

船用终端经受 GB/T 2423.16—2008 规定的方法 2 的试验后，应能正常工作。

4.6 电磁兼容性

4.6.1 静电放电抗扰度

接触放电试验电压为 6 kV，空气放电试验电压为 8 kV，船用终端应能正常工作。

4.6.2 射频电磁场辐射抗扰度

在 80 MHz～1 000 MHz 频率范围内，试验场强为 10 V/m，船用终端应能正常工作。

4.6.3 电快速瞬变脉冲群抗扰度

在电源、接地保护端口，加入电压峰值为 0.5 kV、重复频率为 5 kHz 脉冲群；在 I/O 信号、数据和控制端口，加入电压峰值为 0.25 kV、重复频率为 5 kHz 的脉冲群；脉冲群的持续时间 15 ms、重复周期 300 ms，干扰持续时间大于 1 min，船用终端应能正常工作。

4.6.4 浪涌(冲击)抗扰度

在电源、I/O 信号端口，加入开路试验电压 0.5 kV、至少每分钟一次的浪涌干扰，船用终端应能正常工作。

4.6.5 电压暂降、短时中断和电压变化的抗扰度

将电源短时中断或者降低到额定值的 70%，持续时间 50 ms，船用终端应能正常工作。

4.7 可靠性

船用终端的平均失效间隔时间 (MTBF)最低可接收值为 3 000 h。

4.8 外观

船用终端机壳表面涂覆应无气泡、腐蚀、毛刺、划痕、沙孔和漆层脱落。

5 船用终端分类

依据所要求的功能将船用终端分为基本型,普通型和增强型。船用终端的分类见表 2。

表 2 船用终端分类

功能	类别		
	基本型	普通型	增强型
基本功能	√	√	√
键盘和字符显示功能	—	√	—
键盘和图形显示功能	—	—	√
可选扩展功能	—	√	√
注:"√"表示该类别具有该功能。			

6 测试方法

6.1 测试条件

6.1.1 大气条件

除另有规定外,所有试验应在测试用的标准大气条件下进行:

a) 温度:15 ℃～35 ℃;

b) 相对湿度:25%～75%;

c) 气压:86 kPa～106 kPa。

6.1.2 测试系统

船用终端测试应在服务中心、无线通信、卫星定位等系统完好情况下测试。除另有规定外,利用实际的卫星信号、实际的无线通信网络进行测试。试验期间施加于系统的电源电压应在额定电压的±5%范围内,周围应无明显的电磁干扰源。

6.1.3 测试设备

所有测试设备应有足够的分辨率、准确度和稳定度,其性能应满足被测技术性能指标的要求。除另有规定外,其精度应优于被测指标精度一个数量级或三分之一。所有测试设备应经过计量检定合格并在有效期内。

6.2 船用终端组成

对船用终端内部、外部和文件进行实物目测、图文核对和操作演示。

6.3 功能要求试验

通过与服务中心联合操作,记录过程和结果,对船用终端功能进行测试。

6.3.1 位置信息报告

船用终端接收和确认服务中心定位请求，并按操作项目进行位置信息报告。船用终端应支持系统的实时定位、条件定位和盲区补传等功能，按表 3 的要求操作。

表 3 位置信息报告功能检测

<table>
<tr><td rowspan="5">位置信息报告</td><td>操作项目</td><td>观测结果</td><td>观测要求</td><td>判 据</td></tr>
<tr><td>定时报告</td><td>是否按规定时间报告位置信息直至服务时间到</td><td rowspan="4">各操作项目实施三次不同参数的操作</td><td rowspan="4">至少二次成功</td></tr>
<tr><td>定距报告</td><td>是否按规定距离报告位置信息直至服务时间到</td></tr>
<tr><td>定时定距报告</td><td>是否按规定时间/距离报告位置信息直至服务时间到</td></tr>
<tr><td>盲区补传</td><td>是否在通信中断期间记录数据并在通信恢复后报告数据</td></tr>
</table>

6.3.2 控制参数接受与确认

船用终端应能接受服务中心的控制参数配置和修改请求，并按操作项目保存参数和向服务中心确认参数修改成功的功能，按照表 4 的要求操作。

表 4 船用终端参数配置检测

<table>
<tr><td rowspan="8">参数配置操作</td><td>操作项目</td><td>观测结果</td><td>观测要求</td><td>判 据</td></tr>
<tr><td>设备组管理地址</td><td rowspan="7">在中心确认是否操作成功</td><td rowspan="7">实施三次操作，查看是否设置成功并记录结果</td><td rowspan="7">至少二次成功</td></tr>
<tr><td>设备区域号</td></tr>
<tr><td>数据中心号码</td></tr>
<tr><td>报警目的地址</td></tr>
<tr><td>报警源/目的地址</td></tr>
<tr><td>船舶信息记录采样间隔</td></tr>
<tr><td>注册</td></tr>
</table>

6.3.3 自动(或人工)报警

按表 5 的要求操作。

表 5 自动(或人工)报警功能检测

<table>
<tr><td rowspan="2">报警</td><td>操作项目</td><td>观测结果</td><td>观测要求</td><td>判 据</td></tr>
<tr><td>自动或人工触发各种类型的报警传感器</td><td>是否按规定的报警类型发送报警信息</td><td>各操作项目实施三次操作，确定报警类型和报警终端的位置，记录报警时刻</td><td>至少二次成功</td></tr>
</table>

6.4 性能要求试验

6.4.1 定位性能

按照船用终端使用的卫星定位模块的说明书,对定位精度、数据更新率、捕获时间等参数进行验证。验证方法如下:

a) 定位精度:利用定位精度高一个数量级的高精度定位系统进行定位数据的匹配对比,获取的对比数据至少应不少于7 200个,统计数据处理的标准差;
b) 数据更新率:在船用终端以不小于10 km/h的速度连续移动并保持定位的情况下,用秒表测量位置数据刷新的间隔,应符合说明书提供的数据;
c) 捕获时间:试验用的船用终端进行冷启动,观察船用终端设备的卫星信号捕获标志,用秒表测量从电源开启到信号捕获的时间间隔。

6.4.2 通信性能

按照船用终端使用的通信模块的说明书,对通信系统的性能进行验证。

a) 实时性验证:在服务中心向船用终端发送测试信号,用秒表测量发送信号到接受应答信号之间的时间间隔;
b) 可靠性验证:将船用终端处于工作状态,在1 h内至少3次随机触发人工报警信号。

6.5 电源试验

6.5.1 电源适应性试验

a) 对于标称为12 V工作电源的船用终端,分别输入电源电压9 V和18 V各运行15 min,测试终端的任一功能;
b) 对于标称为24 V工作电源的船用终端,分别输入电源电压18 V和32 V各运行15 min,测试终端的任一功能。

6.5.2 功耗限制测试

使船用终端处于工作状态10 min,测量最大工作电流,平均工作电流和待机状态下的静态电流,记录各状态下的工作电流和相应的工作电压,计算出功耗。

6.5.3 安全保护试验

a) 向船用终端的电源端分别输入12 V和24 V但极性相反的电压,各持续1 min,恢复正常电源连接,测试终端的任一功能;
b) 向船用终端的电源端分别输入24 V和36 V的电压,各持续1 min,恢复正常电源连接,测试终端的任一功能;
c) 用目测法检查船用终端连接器上的标记和防差错装置。

6.6 环境适应性

在进行环境适应性试验时,除另有规定外,船用终端不应加任何防护包装。在试验中改变温度时,升温或降温速率不超过1 ℃/min。除非另有规定,试验顺序按表6进行,试验后测试终端功能。

表 6　船用终端试验顺序

试验顺序	试验项目
1	温度试验
2	冲击试验
3	振动试验
4	恒定湿热试验
5	冲水试验
6	盐雾试验
7	倾斜与摇摆
8	防霉变

6.6.1　温度

6.6.1.1　低温

a)　工作温度

试验等级：−10 ℃±3 ℃，2 h。

试验方法：按 GB/T 2423.1—2008 规定的 Ad 方法进行，在船用终端内部温度达到规定值时通电测试船用终端功能。试验结束时关断电源，在温度恢复到常温后测试船用终端功。

b)　贮存温度

试验等级：−25 ℃±3 ℃，16 h。

试验方法：按 GB/T 2423.1—2008 规定的 Ad 方法进行，在船用终端内部温度达到规定值时持续 16 h，试验结束后在温度恢复到常温后测试船用终端功能。

6.6.1.2　高温

a)　工作温度

试验等级：+55 ℃±2 ℃，2 h。

试验方法：按 GB/T 2423.2—2008 规定的 Bd 方法进行，在船用终端内部温度达到规定值时通电测试，测试船用终端功能，试验结束时关断电源，在温度恢复到常温后测试船用终端功能。

b)　贮存温度

试验等级：+70 ℃±2 ℃，16 h。

试验方法：按 GB/T 2423.2—2008 规定的 Bd 方法进行，在船用终端内部温度达到规定值时持续 16 h，试验结束后，在温度恢复到常温后测试船用终端功能。

6.6.2　冲击

试验等级和方法按 GB/T 2423.5—1995 的规定进行，依次在 X、Y、Z 三个方向施加峰值加速度 50 m/s^2、持续时间 30 ms 速度、速度变化量 1 m/s 的半正弦脉冲的冲击，每一方向连续施加三次，共 18 次，试验后正常条件下测试船用终端功能。

6.6.3　振动

试验等级和方法按 GB/T 2423.10—2008 的规定进行，在 X、Y、Z 三个方向依次施加振动，振动频率 10 Hz、振动幅值 0.75 mm、振动加速度幅值 2 m/s^2，持续时间 10 min±0.5 min，试验后正常条件下测试船用终端功能。

6.6.4 湿热

试验等级及试验方法按 GB/T 2423.3—2006 的规定进行，在将船载终端置于温度+40 ℃±2 ℃、湿度 93^{+2}_{-3}%的湿热条件下持续 2 d。试验后正常条件下测试船用终端功能。

6.6.5 冲水

试验等级及试验方法按 GB/T 2423.38—2008 试验 Rb3 的规定进行，用口径 6.3 mm 的软管喷嘴，以 12.5 L/min±1 L/min、水流压力 30 kPa 的喷水强度持续 1 min，试验后正常条件下测试船用终端功能。

6.6.6 盐雾

试验等级及试验方法应按 GB/T 2423.17—2008 的规定进行，在空间温度为 35 ℃±2 ℃、浓度为(5±0.1)%的盐溶液连续雾化 16 h，试验后，检查船用终端有无明显锈蚀，并测试船用终端功能。

6.6.7 倾斜与摇摆试验

按 GB/T 2423.101—2008 的规定进行，纵倾 10°，前后不少于 15 min；横倾 22.5°，左右不少于 15 min。纵摇±5°，周期 5 s，持续时间 30 min；横摇 22.5°，周期 10 s，持续时间 30 min，试验后测试船用终端功能。

6.6.8 长霉

按 GB/T 2423.16—2008 规定的试验方法 2 进行，试验后肉眼看不到长霉。

6.7 电磁兼容性试验

将船用终端置于实验室环境，确保与服务中心之间通信正常，表 7 进行。

表 7 电磁兼容性实验方法

试验内容	试验方法
静电放电抗扰度	按 GB/T 17626.2 试验等级 3
射频电磁场辐射抗扰度	按 GB/T 17626.3 试验等级 3
电快速瞬变脉冲群抗扰度	按 GB/T 17626.4 试验等级 1
浪涌(冲击)抗扰度	按 GB/T 17626.5 试验等级 1
电压暂降、短时中断和电压变化的抗扰度	按 GB/T 17626.11 试验等级 1 和 3

6.8 可靠性试验

6.8.1 试验方案

船用终端的可靠性试验方案，根据生产批量的多少和生产方可能提供的试验条件，由生产方和使用方按照下述试验方案协商确定。

a) 在船用终端定型时，应进行可靠性鉴定试验，以验证产品是否达到规定的可靠性要求。鉴定方案可选用 GB/T 5080.7—1986 中标准型定时截尾试验方案；

b) 在船用终端批量生产验收且不需要估计 MTBF 的真值时，应以预定的判断风险率(α、β)，对规定的 MTBF 值作合格与否的判决。方案可选用 GB/T 5080.7—1986 中的序贯试验方案。

6.8.2 试验样本的数量

a) 可靠性试验样本的数量应在有关合同中规定或由生产方和使用方商定；
b) 最佳试验样本数量推荐如表 8 所示。

表 8 最佳试验样本数量

批量大小	最佳样本数
1～3	全部
4～50	4
50～100	8

6.8.3 失效判决准则

按 GB/T 5080.1—2012 中规定执行。

6.9 外观试验

通过目测和手感法，或借助放大倍数不超过 10 的放大镜检测船用终端的表面状况、外观质量和防护涂覆。

6.10 包装检验

a) 用目测法检查和核对包装箱内的物品和包装标志；
b) 按 GB/T 4857.5—1992 的规定进行垂直冲击跌落试验。

7 质量评定程序

7.1 检验分类

检验包括：鉴定检验、质量一致性检验。

7.2 鉴定检验

鉴定检验在有下列情况之一时进行鉴定检验：

a) 设计定型和生产定型时；
b) 在设计有重大改进、重要的原材料和元器件及工艺有重大变化使原来的鉴定结论不再有效时；
c) 产品停产一年以上恢复生产时；
d) 易地生产时。

7.2.1 检验项目及顺序

鉴定检验项目及顺序见表 9。

表 9 检验项目和顺序

序号	检验项目	鉴定检验	质量一致性检验			要求的章条号	测试方法的章条号
			逐批检验		周期检验		
			全数检验	抽样检验			
1	基本部分	○	—	○	—	4.1.1	6.2
2	基本功能	○	—	○	—	4.2.1	6.3
3	定位性能及接口	○	—	○	—	4.3.1	6.4.1
4	通信性能及接口	○	—	○	—	4.3.2	6.4.2
5	规程处理	○	○	○	—	4.3.3	6.3.1
6	电源适应性	○	—	○	—	4.4.1	6.5.1
7	功耗限制	○	—	○	—	4.4.2	6.5.2
8	安全保护	○	—	△	—	4.4.3	6.5.3
9	温度	○	—	—	○	4.5.1	6.6.1
10	冲击	○	—	—	○	4.5.2	6.6.2
11	振动	○	—	—	○	4.5.3	6.6.3
12	湿热	○	—	—	○	4.5.4	6.6.4
13	外壳防护	○	—	—	○	4.5.5	6.6.5
14	防盐雾	○	—	—	○	4.5.6	6.6.6
15	倾斜与摇摆	○	—	—	○	4.5.7	6.6.7
16	防霉变	○	—	—	○	4.5.8	6.6.8
17	电磁兼容性	○	—	—	△	4.6	6.7
18	可靠性	△	—	—	△	4.7	6.8
19	外观	○	○	—	△	4.8	6.9
20	包装	○	—	—	—	9.2	6.10
注："○"表示必做项目；"—"表示不做项目；"△"表示按合同规定的选做项目。							

7.2.2 样品数量

检验样品从鉴定批中随机抽出 2～4 套进行。亦允许根据不同的检验项目采用不同的样品数量进行，具体由产品规范规定。

7.2.3 合格判据

当规定的检验项目全部符合第 4 章时，判定鉴定检验合格，否则判为不合格。

若其中任何一项不符合规定要求时，生产方应对不合格项目进行分析，找出缺陷原因，并采取纠正措施后再次检验，直至合格。

7.3 质量一致性检验

7.3.1 检验分类

质量一致性检验分为逐批检验和周期检验。

7.3.2 检验批的形成与提出

检验批的形成与提出应符合 GB/T 2828.1—2012 中 6.2 的规定。

7.3.3 不合格的分类

按产品的质量特性及其不符合的严重程度分为 A 类、B 类、C 类不合格(见附录 A)。当有一个或一个以上不合格项目的单位产品称为不合格品。按不合格类型可分为 A 类、B 类、C 类不合格品。

7.3.4 检验项目

检验项目见表 9。

7.3.5 逐批检验

逐批检验其目的是为判断每个提交检查批的批质量是否符合规定的要求。

根据检查对象,逐批检验分全数检验和抽样检验。

7.3.5.1 全数检验

7.3.5.1.1 抽样方案

对生产方提交检验批的产品进行全数检验。

7.3.5.1.2 合格判据

根据检验结果对全数检验做出如下判定:

a) 当发现 A 类不合格项时,应判该批产品检验不合格;
b) 当发现 B 类,G 类不合格项小于或等于合格判定数,则判该批产品检验合格,否则不合格。合格判定数由产品规范规定。

7.3.5.1.3 样品处理

经全数检验合格的批中,对发现有缺陷的产品,生产方应负责修复并达到规定后,可作为合格品交付。

7.3.5.2 抽样检验

7.3.5.2.1 抽样方案

从交验的合格批中,随机抽取样本。除非另有规定,抽样方案按 GB/T 2828.1—2012 中规定的一般检验水平 II,一次正常检验抽样方案,其接收质量限(AQL)规定为:

A 类不合格品:AQL 为 0.65;

B 类不合格品:AQL 为 6.5;

C 类不合格品:AQL 为 15。

7.3.5.2.2 合格判据

根据检验结果,若发现的三类不合格品数均不大于规定的合格判定数,则判检验合格,否则为不合格。

7.3.5.3 重新检验

若抽样检验不合格，生产方应对该批产品进行分析，找出缺陷原因并采取纠正措施后，可重新提交检验。重新提交检验批的抽样检验应按 GB/T 2828.1—2012 中的 13.3 转移规则进行处理。若重新检验合格，仍判抽样检验合格；若重新检验仍不合格，仍判该批产品抽样检验不合格，拒收。

7.3.5.4 样品处理

经全数检验合格的批中，对发现有缺陷的产品，生产方应负责修复并达到规定后，可作为合格品交付。

7.3.6 周期检验

周期检验是生产方周期性地从逐台检验和抽样检验合格的某个批或产品中随机抽取样本进行的检验，以判断在规定周期内生产过程的稳定性是否符合规定的质量指标。

有下列情况之一，应进行周期检验：

a) 连续生产的产品，每年不少于一次，具体要求由产品规范规定；

b) 产品主要设计、工艺及原材料、元器件发生重大更改的提交批；

c) 停产半年后，恢复生产时。

7.3.6.1 抽样方案

除非另有规定，抽样方案按 GB/T 2829—2002 判别水平 III 的一次抽样方案进行，不合格质量水平(RQL)和判定数组见表 10。

表 10 不合格质量水平(RQL)和判定数组

不合格品	样本大小	RQL	判定数组
A类	6	40	Ac=0,Re=1
B类	6	65	Ac=1,Re=2
C类	6	80	Ac=2,Re=3
注：Ac=合格判定数；Re=不合格判定数。			

7.3.6.2 合格判据

根据检验的不合格品数，按抽样方案中的判定数组要求，判定合格或不合格。若有一组不合格则应暂停交货，分析原因，采取改进措施，重新进行周期检验。合格后，产品方可交货。

当周期检验不合格，对已生产的产品和已交付的产品由生产方采取纠正措施。

7.3.6.3 样品处理

经周期检验的样品不能作为正品出厂。

8 安装

船用终端的安装分为出厂船舶和在用船舶安装。

8.1 出厂船舶

对于出厂的新船舶，船用终端的安装由船舶制造商自行负责设计、安装和调试，安装方法应按JT/T 219—1996关于天线和船用终端设备安装的要求进行。

8.2 在用船舶

对于在用船舶，由船用终端制造商与用户共同设计，决定设备的安装位置和方式。安装不应影响船舶的结构强度、电气安全性能和船用终端的使用、维修，且具有一定的防破坏能力。具体安装方法应按JT/T 219—1996 关于天线和船用终端设备安装的要求进行。

9 标志、包装、运输及贮存

9.1 标志

产品标志应符合 GB/T 191 和 GB/T 6388 的规定。

在产品上应有以下标志：商标、企业名称与地址、产品型号、生产日期以及安全认证标记。

在包装箱上应有如下标志：收发货标志、包装储运图示标志、包装件尺寸及质量等。

9.2 包装

a) 产品包装应符合 GB/T 13384—2008 的规定；

b) 装箱等级按 SJ/Z 3216—1989 中的 B 级要求进行；

c) 包装件应能承受 GB/T 4857.5—1992 的跌落试验，试验后不应有机械损伤或电性能指标缺陷；

d) 包装箱内应备有：装箱单、合格证、使用说明(书)等。

9.3 运输

产品经包装后，可采用任何交通工具运输。但在运输过程中应采取防雨淋、防震以及安全措施。

9.4 贮存

包装后的设备应在环境温度－15 ℃到 45 ℃，相对湿度 80％以下，周围无酸碱及其他腐蚀性气体及强磁场的库房中贮存。

若无其他规定，贮存期为 1 a，超过 1 a 期的产品应开箱检验，经复验合格后方可进入流通领域。

10 使用说明

使用说明(书)的编写应符合 GB/T 9969 的规定并提供下列有关信息：

a) 产品型号及组成；

b) 产品功能及操作；

c) 运输、装配和安装；

d) 保养、故障判断及修理；

e) 安全注意事项；

f) 其他。

附 录 A
（规范性附录）
产品不合格分类

产品不合格分类见表 A.1。

表 A.1 产品不合格分类见表

检查项目	不合格内容	不合格分类		
		A类	B类	C类
基本部分	不符合 4.1.1	○	—	—
基本功能	不符合 4.2.1	○	—	—
定位性能及接口	不能定位	○	—	—
	精度、数据更新率、捕获时间不符合要求，但系统能正常工作	—	○	—
通信性能及接口	不能通信	○	—	—
	接口是自定义的，但系统能正常工作			○
规程处理	不符合 4.3.3	○	—	—
	系统能正常工作，但信息应答时间不十分符合实时性要求	—	—	○
电源适应性	不符合 4.4.1	○	—	—
	在边界条件时工作不正常	—	○	
功耗限制	不符合 4.4.2	—	—	○
安全保护	没有过压保护	○	—	—
	没有极性保护	○	—	—
	没有接线标记	○	—	—
外观	表面有严重发霉、腐蚀、沙孔或漆层脱落	—	○	—
	表面涂覆有较少气泡、毛刺、划痕	—	—	○
包装	内包装的备附件或随机文件不全	—	○	—
	运输试验后发生较严重的机械损伤	—	—	○

ICS 33.200
M 50

中华人民共和国国家标准

GB/T 30288—2013

卫星导航定位坐标系统

Coordinate system for navigation satellite system

2013-12-31 发布　　　　2014-07-15 实施

中华人民共和国国家质量监督检验检疫总局
中国国家标准化管理委员会　发布

前　言

本标准按照 GB/T 1.1—2009 给出的规则起草。

请注意本文件的某些内容可能涉及专利。本文件的发布机构不承担识别这些专利的责任。

本标准由中华人民共和国工业和信息化部提出。

本标准由中国电子技术标准化研究院归口。

本标准起草单位:武汉大学。

本标准主要起草人:刘晖、邹蓉、魏娜、王玉娥、聂桂根。

卫星导航定位坐标系统

1 范围

本标准规定了卫星导航定位坐标系统的定义、建立原则、常用坐标系统、坐标系统间的转换及地图投影等内容。

本标准适用于卫星导航定位系统应用及其产品的研发、生产和使用，也可用于地理信息和其他相关领域的产品研发、生产和应用。

2 规范性引用文件

下列文件对于本文件的应用是必不可少的。凡是注日期的引用文件，仅注日期的版本适用于本文件。凡是不注日期的引用文件，其最新版本(包括所有的修改单)适用于本文件。

GB/T 17159—2009 大地测量术语

GB/T 19391 全球定位系统(GPS)术语及定义

GB 22021—2008 国家大地测量基本技术规定

3 术语、定义和缩略语

3.1 术语和定义

GB/T 19391、GB/T 17159—2009、GB 22021—2008 中界定的以及下列术语和定义适用于本文件。

3.1.1 坐标系统

3.1.1.1

大地坐标系统 geodetic coordinate system

大地坐标参考系统 geodetic coordinate reference system

参考系统 reference system

通过定义地心、尺度、坐标轴指向、地球旋转速度以及参考椭球常数(椭球几何参数和物理参数)等参数，所建立的用于描述地球表面及附近区域物体空间或物理位置的坐标系统。

[GB 22021—2008，定义 2.1]

3.1.1.2

地心坐标系统 geocentric coordinate system

以地球质心或几何中心为原点的坐标系统。

[GB/T 17159—2009，定义 3.64]

3.1.1.3

参心坐标系统 reference-ellipsoid-centric coordinate system

以参考椭球几何中心为原点的坐标系统。

[GB/T 17159—2009，定义 3.65]

3.1.1.4

(地心)地固坐标系统 (earth centered) earth-fixed coordinate system

以地球质心为原点,以指向固定平极为 Z 轴,以指向经度原点为 X 轴的右手笛卡尔直角坐标系统,属地心坐标系统。

[GB/T 17159—2009,定义 3.68]

3.1.1.5

笛卡尔直角坐标系统 Cartesian rectangular coordinate system

坐标轴相互正交的坐标系统。

3.1.1.6

大地坐标参考框架 geodetic coordinate reference frame

大地参考框架 geodetic reference frame

参考框架 reference frame

坐标参考框架 coordinate reference frame

大地坐标系统的具体实现,它通过固定在地球表面上的一组特定的测量标记及其在参考系统下的坐标和其他参数体现。

[GB 22021—2008,定义 2.2]

3.1.1.7

大地基准 geodetic datum

由大地坐标系统和大地坐标框架构成的,用于描述物体空间和物理位置的起算数据。

[GB 22021—2008,定义 2.3]

3.1.1.8

相对独立的平面坐标系统 local plane coordinate system

为了满足在局部地区大比例尺测图和工程测量的需要,以任意点和方向起算建立的平面坐标系统或者在 1954 年北京坐标系或 1980 西安坐标系基础上,进行中央子午线投影变换以及平移、旋转等而建立的平面坐标系统。

3.1.2 地球椭球和参考椭球

3.1.2.1

地球椭球 earth ellipsoid

近似表示地球形状和大小,并且其表面为等位面的旋转椭球。

[GB/T 17159—2009,定义 4.2]

3.1.2.2

参考椭球 reference ellipsoid

最符合一定区域的大地水准面,具有一定大小和定位参数的旋转地球椭球。

[GB/T 17159—2009,定义 4.6]

3.1.2.3

地球椭球参数 parameters of earth ellipsoid

表示地球椭球的形状、大小、质量、自转速率以及重力场有关的几何与物理参数。

[GB/T 17159—2009,定义 3.16]

3.1.2.4

大地纬度 geodetic latitude

某点的大地纬度是在该点所处子午面上所量测的赤道面与过该点的参考椭球面法线所夹的锐角,在赤道以北为正,在赤道以南为负。用符号 B 表示。

3.1.2.5

大地经度　geodetic longitude

某点的大地经度是在赤道面上所量测的从本初子午面到该点所处子午面间的夹角。用符号 L 表示。

3.1.2.6

大地高　geodetic height

某点的大地高是从参考椭球面沿过该点的法线量测至该点的距离。用符号 H 表示。

3.1.3　大地测量常数

3.1.3.1

大地测量常数　geodetic constant

大地测量参数

由 IAG 或 IUGG 推荐的,用于确定大地参考系和坐标系以及大地测量计算的一系列常数和参数。

[GB/T 17159—2009,定义 3.13]

3.1.3.2

引力常数　gravitational constant

两质点之间牛顿万有引力的比例因子,用符号 G 表示。

[GB/T 17159—2009,定义 3.14]

3.1.3.3

地球引力常数　geocentric gravitational constant

地心引力常数

万有引力常数和地球总质量的乘积,用符号 GM 表示。

[GB/T 17159—2009,定义 3.15]

3.1.3.4

地球动力形状因子　dynamic form factor of the earth

地球引力位球谐函数级数展开式中的二阶带谐系数,用符号 J_2 表示。

[GB/T 17159—2009,定义 3.17]

3.1.3.5

地球自转参数　earth rotation parameters;ERP

表示地球自转的速率、自转轴方向及其变化的参数。

[GB/T 17159—2009,定义 3.24]

3.1.4　地球自转运动

3.1.4.1

极移　polar motion

地球瞬时自转轴相对于地球惯性轴的运动。

[GB/T 17159—2009,定义 3.21]

3.1.4.2

岁差　precession

地球瞬时自转轴在空间中不断改变方向的长期性运动。

[GB/T 17159—2009,定义 3.22]

3.1.4.3

章动 nutation

地球瞬时自转轴在空间中不断改变方向的周期性运动。

[GB/T 17159—2009,定义 3.23]

3.1.4.4

地极 terrestrial pole

地球自转轴与地球表面的交点。

[GB/T 17159—2009,定义 3.35]

3.1.4.5

平极 mean pole

由若干极移监测站在一定时期内,大量持续的观测数据算得的平均地(北)极位置。

[GB/T 17159—2009,定义 3.37]

3.1.5 高程系统

3.1.5.1

大地高 geodetic height

一点沿椭球法线到椭球面的距离。

[GB/T 17159—2009,定义 4.30]

3.1.5.2

平均海水面 mean sea level

由长期大量持续的海水面监测数据算得的无周期性变化的海水面平均位置。

[GB/T 17159—2009,定义 5.21]

3.1.5.3

大地水准面 geoid

设想一个与静止的平均海水面重合并延伸到大陆内部的包围整个地球的封闭的重力位水准面。

[GB/T 17159—2009,定义 5.22]

3.1.5.4

正高 orthometric height [orthometric elevation]

地面一点沿该点的重力线到大地水准面的距离,用符号 $H_{正}$ 表示。

[GB/T 17159—2009,定义 5.24]

3.1.5.5

大地水准面高 geoidal height

大地水准面起伏 geoidal undulation

大地水准面至地球椭球面的垂直距离,用符号 N 表示。

[GB/T 17159—2009,定义 5.28]

3.1.5.6

似大地水准面 quasi-geoid

从地面一点沿正常重力线按正常高相反方向量取高至正常高所得端点所构成的曲面。

[GB/T 17159—2009,定义 5.30]

3.1.5.7

正常高 normal height [normal elevation]

地面一点沿正常重力线到似大地水准面的距离,用符号 $H_{正常}$ 表示。

[GB/T 17159—2009,定义 5.25]

3.1.5.8

高程异常　height anomaly

似大地水准面高　quasi-geoid height

似大地水准面至地球椭球面的垂直距离,用符号 ζ 表示。

[GB/T 17159—2009,定义 5.32]

3.2　缩略语

下列缩略语适用于本文件。

BDS　(中国)北斗卫星导航系统(BeiDou Navigation Satellite System)

CGCS2000　2000 国家大地坐标系(China Geodetic Coordinate System 2000)

DORIS　星上多普勒定轨和无线电定位系统(Doppler Orbiting Determination and Radio positioning Integrated on Satellite)

ECEF　地心地固坐标系统(Earth Centered Earth-Fixed coordinate system)

GALILEO　(欧洲)伽利略卫星导航系统(GALILEO satellite navigation system)

GPS　(美国)全球定位系统(Global Positioning System)

GLONASS　(俄罗斯)全球导航卫星系统(GLobal Orbiting Navigation Satellite System)

GNSS　全球导航卫星系统(Global Navigation Satellite System)

GTRF　伽利略地球参考框架(GALILEO Terrestrial Reference Frame)

IAG　国际大地测量协会(International Association of Geodesy)

IAU　国际天文联合会(International Astronomical Union)

IERS　国际地球自转和参考系统服务(International Earth Rotation and Reference System Service)

IRM　IERS 参考子午面(IERS Reference Meridian)

ITRF　国际地球参考框架(International Terrestrial Reference Frame)

ITRS　国际地球参考系统(International Terrestrial Reference System)

IGS　国际 GNSS 服务局(International GNSS Service)

ISO　国际标准化组织(International Organization for Standardization)

IUGG　国际大地测量与地球物理联合会(International Union of Geodesy and Geophysics)

LLR　激光测月(Lunar Laser Ranging)

SLR　人造卫星激光测距(Satellite Laser Ranging)

VLBI　甚长基线干涉(Very Long Baseline Interferometry)

WGS84　1984 年世界大地坐标系统(World Geodetic System 1984)

4　总则

4.1　概述

卫星导航定位系统的建立、维护和应用中涉及多种坐标系统,包括地心坐标系统、参心坐标系统和相对独立的平面坐标系统三类。

4.2　地心坐标系统

4.2.1　基本定义

卫星导航定位系统一般采用地心坐标系统作为系统建立、维护、用户定位导航计算等的坐标系统,应符合以下基本规定:

a) 采用三维坐标系统；

b) 原点位于地球质心(简称地心)，是整个地球(包括海洋和大气)的质量中心；

c) 坐标轴相互垂直，符合右手规则；

d) 各坐标轴尺度一致，应在相对论理论框架下得到；

e) 通过天文或其他手段确定坐标系统的起始方位；

f) 应与国际地球参考系统(ITRS)定义保持概念上的一致；

g) 地心坐标可以用大地坐标(B，L，H)表示，也可用空间直角坐标(X，Y，Z)表示。其中大地坐标(B，L，H)的定义基于地球椭球，地球椭球的定位和定向应符合 b)，c)，d)，e)的要求，应在全球范围内与大地水准面有最佳的符合度。同一坐标系统中的大地坐标(B，L，H)和空间直角坐标(X，Y，Z)存在严密的换算关系，参见 A.4；

h) 需符合国际及国家有关组织的相关标准和规定。

4.2.2 实现的基本方法

根据 4.2.1 对地心坐标系统进行定义后，通过建立大地坐标参考框架实现坐标系统。

一般采用常规大地测量、GNSS、VLBI、SLR、LLR、DORIS、重力测量或者其他技术手段获取观测数据，经过数据处理建立大地坐标参考框架。

4.2.3 维持和精化的基本方法

大地坐标参考框架建立后，应定期利用 4.2.2 中的观测数据对该坐标系统进行维持和精化，主要的步骤是：

a) 日解，即利用一日的观测数据计算站坐标；

b) 周解，即利用一周的观测数据计算站坐标；

c) 月解，即利用一月的观测数据计算站坐标；

d) 年解，即利用一年的观测数据计算站坐标；

e) 根据连续年份的观测数据求解站的坐标变化量和站变化速度，以此进行修正。

4.2.4 主要的地心坐标系统

BDS、GPS、GLONASS、GALILEO 等主要卫星导航定位系统使用的地心坐标系统见表 1。

表 1 主要的地心坐标系统

坐标系统名称	参考框架名称	使用坐标系统的导航系统名称	说　明
ITRS	ITRFyy[a,b]	GNSS	国际地球参考框架
ITRS	IGSyy[c,d]	GNSS	IGS 建立的全球参考框架
CGCS2000	2000 国家大地控制网	BDS	基于 ITRF97 框架，历元为 J2000.0
WGS84	WGS84(Gwwww)[e]	GPS	逐渐向 ITRF 对准
PZ90	PZ90	GLONASS	GLONASS 使用
ITRS	GTRF	GALILEO	尚未完全建立

[a] ITRF 为目前国际上公认的最精密的大地参考框架，GPS、GALILEO 等所用的坐标系统均向其对准。

[b] ITRFyy 中的 yy 是以年表示的版本号。

[c] IGSyy 中的 yy 是以年表示的版本号。

[d] IGSyy 与 ITRFyy 相似，但仅使用 GPS 数据进行实现。

[e] WGS84(Gwwww)中的 G 表示 GPS 数据，wwww 是以 GPS 周表示的版本号。

ITRS 的定义见 5.1.1。

参考框架 ITRFyy 的详细内容见 5.1.2。

参考框架 IGSyy 的详细内容见 5.1.3。

参考框架 GTRF 的详细内容见 5.1.4。

WGS84 的定义见 5.2.1。

参考框架 WGS84(Gwwww)的详细内容见 5.2.2。

PZ90 的定义见 5.3.1。

参考框架 PZ90 的详细内容见 5.3.2。

CGCS2000 的定义见 5.4.1。

参考框架 2000 国家大地控制网的详细内容见 5.4.2。

4.3 参心坐标系统

4.3.1 基本定义

卫星导航定位系统的应用中涉及到参心坐标系统，参心坐标系统通过参考椭球的定位和定向来建立，应符合以下基本规定：

a) 在一定范围内参考椭球面与大地水准面有最佳的符合；
b) 坐标系统的原点位于参考椭球的中心；
c) 椭球短半轴平行于地球自转轴；
d) 大地起始子午面平行于天文起始子午面；
e) 需符合国际及国家有关组织的相关标准和规定。

4.3.2 实现的基本方法

根据 4.3.1 对参心坐标系统进行定义后，通过建立大地坐标参考框架实现坐标系统。

一般采用常规大地测量、GNSS、天文测量、三角测量、重力测量技术手段获取得观测数据，经过数据处理后建立大地坐标参考框架。

4.3.3 常用的参心坐标系统

卫星导航定位应用中涉及到的参心坐标系统包括 1954 年北京坐标系和 1980 西安坐标系。

1954 年北京坐标系的详细内容见 6.1。

1980 西安坐标系的详细内容见 6.2。

4.4 相对独立的平面坐标系统

4.4.1 基本定义

用户根据应用需求自行定义的区域性平面独立坐标系统。

4.4.2 建立方法

相对独立的平面坐标系统可用以下方法建立：

a) 改变 1954 年北京坐标系或 1980 西安坐标系的中央子午线或者投影面，或者同时改变中央子午线和投影面；
b) 对 1954 年北京坐标系或 1980 西安坐标系进行平移、旋转和尺度缩放；
c) 任意指定坐标原点和坐标轴的指向；
d) 任意指定两个已知点；

e） 其他方法。

相对独立的平面坐标系统宜与 CGCS2000、1954 年北京坐标系或 1980 西安坐标系通过联测建立转换关系。

4.5 高程系统

4.5.1 基本定义

高程系统是确定与高程有关的参考面并定义高程。高程基准定义了陆地上高程测量的起算点，可以用验潮站处的长期平均海平面来确定。

4.5.2 常用的高程系统

卫星导航定位应用中常用的高程系统包括 1956 年黄海高程系统和 1985 国家高程基准。

1956 年黄海高程系统的详细内容见 8.2。

1985 国家高程基准的详细内容见 8.3。

4.6 坐标系统间的转换

4.6.1 概述

坐标系统间的转换可分为以下类型：

a） 不同参心大地坐标系统间的转换；

b） 参心坐标系统与地心坐标系统间的转换；

c） 不同地心坐标系统间的转换；

d） 其他类型坐标系统间的转换。

4.6.2 转换方法

大地坐标系统的转换按转换形式可以分为三维坐标转换和二维坐标转换。三维坐标转换可以通过三参数模型或七参数模型，参见 A.2。

不同平面坐标系统间的转换可以通过二维转换数学模型，参见 A.3。

4.7 地图投影

4.7.1 概述

为便于用户使用，将椭球面各元素（包括坐标、方向和长度）按一定的数学法则投影到平面上，以获得平面坐标的方法称为地图投影。

国家基本比例尺地形图（1∶100 万的比例尺）采用高斯-克吕格投影（简称高斯投影），海图采用墨卡托投影。

4.7.2 高斯投影

大地测量和国家基本比例尺地形图均采用高斯投影，为一种横切椭圆柱正形投影。

高斯投影的投影面上，中央子午线和赤道的投影均为直线，中央子午线投影后长度不变。以中央子午线的投影为纵坐标 x 轴，以赤道的投影为横坐标 y 轴，以中央子午线和赤道的交点西移 500 km 作为坐标原点，由此建立高斯平面坐标系。

高斯投影一般按 6°或 3°分带。

高斯投影 6°带自 0°子午线起每隔 6°自西向东分带，依次编号 1，2，3，…，高斯平面坐标系的 y 坐标前应冠以带号。

高斯投影 3°带在 6°带的基础上形成，单数带的中央子午线与 6°带中央子午线重合，偶数带的中央子午线与 6°带分界子午线重合。

大地坐标与高斯平面坐标之间的转换公式参见 B.2。

4.7.3 墨卡托投影

海图通常采用墨卡托投影，为一种等角正圆柱投影。

墨卡托投影是将一个与地轴方向一致的圆柱切于或割于地球，按等角条件将经纬网投影到圆柱面上，将圆柱面展为平面后，得平面经纬线网。

墨卡托投影后的经线是一组竖直的等距离平行直线，纬线是垂直于经线的一组平行直线。

大地坐标与墨卡托平面坐标的转换公式参见 B.3。

5 地心坐标系统及其参考框架

5.1 国际地球参考系统——ITRS

5.1.1 定义

ITRS 定义由 IERS 通过协议给出，ITRS 的定义如下：

a) 坐标系原点位于地心，是整个地球(包含海洋和大气)的质量中心；

b) 坐标系尺度是国际标准化组织定义的 m(SI)，这一尺度和地心局部框架的 TCG 时间坐标保持一致，符合 IAU 和 IUGG 的 1991 年决议，由相应的相对论模型得到；

c) 坐标系方向初始值为国际时间局(BIH)给出的 1984.0 历元时的方向；

d) 在采用相对于整个地球的水平板块运动没有净旋转条件下，确定方向的时变。

5.1.2 参考框架——ITRFyy

5.1.2.1 概述

ITRFyy 是 ITRS 的具体实现，是国际公认的最为精确的地球参考框架。

5.1.2.2 具体实现

ITRFyy 使用 VLBI、LLR、SLR、GPS 和 DORIS 空间大地测量技术手段获取观测数据。这些观测数据首先由不同技术各自的分析中心进行处理，最后由 IERS 中心局根据各分析中心的处理结果进行综合分析，得出 ITRFyy 的最终结果，以 IERS 年度报告和技术备忘录的形式向全球公布。

自 1988 年起，IERS 已经发布 ITRF88、89、90、91、92、93、94、96、97、2000、2005 版本的全球参考框架。ITRF2005 给出了 608 个 ITRF 跟踪站的位置和速度。

5.1.2.3 大地测量常数

ITRFyy 采用 GRS80 椭球，主要的大地测量常数参见 C.2。

5.1.2.4 维持方法

ITRFyy 下任意历元测站的坐标可以表示为：

$$\vec{X} = \vec{X}_0 + \dot{\vec{X}} \cdot (t - t_0) + \sum_i \Delta \vec{X}_i(t) \qquad \cdots\cdots(1)$$

式中：

$\vec{X}$ ——ITRFyy 框架下测站在 t 时刻的坐标向量，单位为米(m)。

$\vec{X}_0$ ——ITRFyy 框架下测站在参考历元 t_0 时刻的坐标向量，单位为米(m)。

$\dot{\vec{X}}$ ——ITRFyy 框架下测站在参考历元的线性速度向量，单位为米每年(m/a)。

t ——任意时刻，单位为年(a)。

t_0 ——ITRFyy 框架的参考历元，单位为年(a)。

$\sum_i \Delta\vec{X}_i(t)$ ——各种局部变形，由模型计算得到，单位为米(m)。

IERS 规定在各种局部变形中应考虑固体潮、海潮、极潮、大气负载和地心运动的影响。

ITRFyy 的维持是对 ITRF 跟踪站进行长期连续的跟踪观测，通过分析跟踪站及其速度的时间序列来分析和确定 ITRF 跟踪站网的质量。对于形变量超限的测站，应重新计算其坐标和速度或者建立模型加以修正。

5.1.2.5 参考框架间的转换

IERS 提供各版本 ITRF 间的转换模型(参见 D.2)和转换参数(参见 D.4 和 D.5)。

5.1.3 参考框架——IGSyy

5.1.3.1 概述

IGSyy 采用 ITRS 定义，由 IGS 负责实现和维持，所有 IGS 公布的卫星轨道等数据产品均基于 IGS 参考框架。

5.1.3.2 具体实现

IGS 参考框架只采用 GPS 数据实现，已发布了 IGS96、IGS97、IGS00、IGS05 版本的参考框架。

最新的 IGS 参考框架为 IGS05，由 132 个测站组成。

5.1.3.3 维持方法

IGSyy 的维持是对 IGS 跟踪站进行长期连续的跟踪观测，通过分析跟踪站坐标及其速度的时间序列来分析和确定 IGS 跟踪站网的质量。对于形变量超限的测站，应重新计算其坐标和速度或者建立模型加以修正。

5.1.3.4 参考框架间的转换

IGS05 与 ITRF2005 间的转换模型参见 D.2，转换参数参见 D.3。

5.1.4 参考框架——GTRF

5.1.4.1 概述

GTRF 采用 ITRS 定义，服务于伽利略核心系统和伽利略用户部分。

5.1.4.2 具体实现

GTRF 参考框架由站点坐标和速度构成，初始实现所采用的测站网由以下几类站组成：伽利略遥测站、IGS 站和并置 SLR 技术的 IGS 站。

5.1.4.3 大地测量常数

GTRF 主要的大地测量常数参见 C.3。

5.2 GPS 的大地坐标系统——WGS84

5.2.1 定义

美国建立的全球大地坐标系统。WGS84 的定义如下：

a) WGS84 的 Z 轴指向与 IERS 参考极的指向一致；

b) WGS84 的 X 轴为 IERS 参考子午面(IRM)与过地球质心且与 Z 轴垂直的平面的交线；

c) WGS84 的 Y 轴与其他两轴构成右手空间直角坐标系。

5.2.2 参考框架——WGS84(Gwwww)

5.2.2.1 概述

GPS 广播星历和美国国家影像与制图局(NIMA)精密星历的参考框架是 WGS84 参考框架。

5.2.2.2 具体实现

美国国防部先后发布了 WGS84(G730)、WGS84(G873)和 WGS84(G1150)三个版本的参考框架，其参考历元分别为 1994.0、1997.0 和 2001.0。

WGS84(G1150)由 8 个美国空军站和 12 个美国地理空间情报局站的坐标和速度实现，其中每一个站坐标分量的精度优于 1 cm(1σ)。

5.2.2.3 大地测量常数

WGS84(Gwwww)采用 WGS84 椭球，主要的大地测量常数见 C.4。

5.2.2.4 维持方法

WGS84 通过定期与 ITRF 框架联测，精化得到新的参考框架。

5.2.3 WGS84 与 ITRFyy 的转换关系

基于 GPS 数据实现的 WGS84 参考框架(G730、G873、G1150)与 ITRF 的一致性优于 10 cm，但没有正式发布与 ITRF 间的转换参数。

非高精度应用用户可忽略两个框架间的差异，不进行坐标转换，直接在 ITRFyy 下处理 GPS 观测数据。

5.3 GLONASS 的大地坐标系统——PZ90

5.3.1 定义

GLONASS 使用 PZ90 大地坐标系，定义如下：

a) 原点定义为地心；

b) Z 轴指向 IERS 推荐的协议地球极 CTP；

c) X 轴指向地球赤道面和由 BIH 定义的零子午线的交点；

d) Y 轴与 X 轴和 Z 轴构成右手空间直角坐标系。

5.3.2 参考框架

5.3.2.1 概述

GLONASS 广播星历的参考框架是 PZ90。

5.3.2.2 具体实现

PZ90 参考框架由包括 GLONASS 的地面监测站在内的 26 个点的地心坐标和速度实现，这些站点的地心坐标由这些站对 Geo-IK 卫星的星敏感器、多普勒、激光测距、卫星测高以及对 GLONASS 和 Etalon 卫星的微波、激光观测数据用卫星大地测量方法计算得到，精度约 1 m～2 m。

5.3.2.3 大地测量常数

PZ90 主要的大地测量常数参见 C.5。

5.3.3 PZ90 与 WGS84 的转换关系

PZ90 与 WGS84 的转换参数参见 D.6。

5.4 BDS 的大地坐标系统——CGCS2000

5.4.1 定义

我国于 2008 年 7 月 1 日起正式启用的大地坐标系统，定义如下：

a) 地心：整个地球(包括陆地、海洋和大气)的质量中心；

b) 尺度：广义相对论意义下局部地球框架中的米；

c) *Z* 轴定向：定向的初始值为国际时间局(BIH)给出的 1984.0 的方向，其时间变化是在整个地球板块水平运动无净旋转条件下所确定的值。

5.4.2 参考框架

5.4.2.1 概述

CGCS2000 是通过我国 GNSS 连续运行基准站、空间大地控制网以及天文大地网与空间大地网联合平差建立的地心大地坐标系统，是 BDS 所采用的大地坐标系。

CGCS2000 以 ITRF97 参考框架为基准，参考框架历元为 J2000.0。

5.4.2.2 具体实现

CGCS2000 由框架网和加密网点组成。

CGCS2000 框架网由约 2 600 个 2 000 国家 GPS 大地控制网三维大地控制点的点位坐标构成，其点位精度约为±3 cm。

CGCS2000 加密网由约 5 万个控制点构成，三维点位误差约为±0.3 m。

5.4.2.3 大地测量常数

CGCS2000 主要的大地测量常数参见 C.6。

5.4.2.4 维持方法

CGCS2000 的维持主要依靠连续运行 GNSS 基准站，坐标精度为毫米级，速度精度为±1 mm/a。

6 参心坐标系统及其参考框架

6.1 1954年北京坐标系

6.1.1 定义

通过将东北呼玛、吉拉林、东宁三个基线网和前苏联大地网进行联测，将前苏联1942年坐标系延伸至我国，建立1954年北京坐标系。

1954年北京坐标系的高程异常以前苏联1955年大地水准面差距为依据，按我国天文重力水准路线传递而得到。

6.1.2 参考框架

6.1.2.1 概述

1954年北京坐标系的参考框架是国家天文大地网。

6.1.2.2 具体实现

1954年北京坐标系由国家天文大地网经局部平差实现。

参与平差的国家天文大地网包括了一等三角锁系，二等三角网，部分三等网，总共约5万个大地控制点。

6.1.2.3 大地测量常数

1954年北京坐标系属于前苏联1942年大地坐标系，其大地原点在前苏联普尔科沃，采用克拉索夫斯基椭球，主要的大地测量常数参见E.2。

6.2 1980年西安坐标系

6.2.1 定义

1980年西安坐标系采用的椭球参数与1954年北京坐标系有所不同，主要是：

a) 采用1975年IUGG第16届大会上推荐的4个椭球基本参数；

b) 椭球短轴平行于地球质心指向地极原点JYD 1968.0的方向；

c) 椭球定位参数满足我国范围内高程异常值平方和为最小；

d) 大地原点地处我国中部，位于西安市以北60 km处的泾阳县永乐镇；

1980年西安坐标系的高程系统采用1956年黄海高程系。

6.2.2 参考框架

6.2.2.1 概述

1980年西安坐标系的参考框架是国家天文大地网。

6.2.2.2 具体实现

1980年西安坐标系由国家天文大地网经统一平差而实现。

参与平差的国家天文大地网包括一等三角锁系，二等三角网，部分三等网和导线网，总共约5万个大地控制点。

6.2.2.3 大地测量常数

1980年西安坐标系主要的大地测量常数参见E.3。

7 相对独立的平面坐标系统

7.1 概述

城市测量和工程应用常使用相对独立的平面坐标系统。

相对独立的平面坐标系宜与CGCS2000、1954年北京坐标系或1980西安坐标系通过联测建立坐标转换关系。

7.2 建立方法

根据覆盖范围和用途的不同，可以采用以下方法建立相对独立的平面坐标系：

a) 把中央子午线移到城市或建设地区的中央，归化高程面为区域平均高程面。此方法适用于中小型城市；

b) 利用高程归化改正和投影变形相互抵消的特点选定投影面和投影中央子午线，使变形最小。此方法适用于大型城市；

c) 仅移动中央子午线，归化高程面仍然选用1954年北京坐标系或1980西安坐标系的参考椭球面，此方法适用于工程建设。

d) 其他方法建立的平面坐标系。

7.3 与其他坐标系统间的坐标转换

宜采用二维转换数学模型求取相对独立的平面坐标系统与CGCS2000，1954年北京坐标系或1980西安坐标系之间的转换关系，步骤如下：

a) 野外至少联测3～4个两个坐标系统的公共已知点；

b) 数据处理后按照平面二维转换模型或其他模型求取转换参数。

8 高程系统

8.1 概述

高程系统包括大地高、正高和正常高系统。

国家高程系统采用正常高系统，包括1956年黄海高程系统和1985国家高程基准。

8.2 1956年黄海高程系统

根据青岛验潮站1950年～1956年的潮汐资料确定的平均海水面作为国家高程基准面，以此高程基准面作为我国统一起算面建立的高程系统。

1956年黄海高程系统国家水准原点位于青岛市观象山，水准原点高程为72.289 m。

8.3 1985年国家高程基准

以青岛大港验潮站1952年～1979年的潮汐资料推求的平均海平面作为国家高程基准面，以此高程基准面作为我国统一起算面建立的高程系统。

1985年国家高程基准国家水准位于青岛市观象山，水准原点高程为72.260 m。

8.4 大地高与正常高间的转换

利用卫星导航定位技术测得的高程是大地高(H),国家高程系统采用的是正常高($H_{正常}$),两者之间的差异称为高程异常(ζ),其转换关系为:

$$H_{正常} = H - \zeta$$

通过卫星导航定位技术测得的大地高结合似大地水准面数值模型可确定地面点的正常高($H_{正常}$)。

确定似大地水准面数值模型的方法有:

a) 几何法(天文水准、卫星测高及 GPS 水准等);

b) 重力学法;

c) 几何与重力联测法。

附 录 A
（资料性附录）
坐标转换的数学模型

A.1 概述

本附录介绍了坐标系统间相互转换的数学模型和空间直角坐标与大地坐标相互转换的数学模型。

坐标系统间相互转换的数学模型包括三维转换数学模型和二维转换数学模型。

三维转换数学模型适用于地心大地坐标系统之间的三维转换。二维转换数学模型适用于平面坐标系之间的二维转换。

A.2 三维转换数学模型

A.2.1 三参数数学模型

某点从坐标系统 1 到坐标系统 2 的三参数数学模型如下：

$$\begin{bmatrix} X \\ Y \\ Z \end{bmatrix}_2 = \begin{bmatrix} X \\ Y \\ Z \end{bmatrix}_1 + \begin{bmatrix} \Delta X_0 \\ \Delta Y_0 \\ \Delta Z_0 \end{bmatrix} \qquad (A.1)$$

式中：

$[X \quad Y \quad Z]_2^T$ ——该点在坐标系统 2 下的坐标，单位为米(m)；

$[X \quad Y \quad Z]_1^T$ ——该点在坐标系统 1 下的坐标，单位为米(m)；

$[\Delta X_0 \quad \Delta Y_0 \quad \Delta Z_0]^T$ ——坐标系统 2 原点相对于坐标系统 1 原点的平移量，单位为米(m)。

A.2.2 七参数数学模型

某点从坐标系统 1 至坐标系统 2 的七参数模型如下：

$$\begin{bmatrix} X \\ Y \\ Z \end{bmatrix}_2 = \begin{bmatrix} \Delta X_0 \\ \Delta Y_0 \\ \Delta Z_0 \end{bmatrix} + (1+m)\cdot R_1(\varepsilon_X)\cdot R_2(\varepsilon_Y)\cdot R_3(\varepsilon_Z) \begin{bmatrix} X \\ Y \\ Z \end{bmatrix}_1 \qquad (A.2)$$

$$R_X(\varepsilon_X)=\begin{bmatrix} 1 & 0 & 0 \\ 0 & \cos\varepsilon_X & \sin\varepsilon_X \\ 0 & -\sin\varepsilon_X & \cos\varepsilon_X \end{bmatrix}, R_Y(\varepsilon_Y)=\begin{bmatrix} \cos\varepsilon_Y & 0 & -\sin\varepsilon_Y \\ 0 & 1 & 0 \\ \sin\varepsilon_Y & 0 & \cos\varepsilon_Y \end{bmatrix}, R_Z(\varepsilon_Z)=\begin{bmatrix} \cos\varepsilon_Z & \sin\varepsilon_Z & 0 \\ -\sin\varepsilon_Z & \cos\varepsilon_Z & 0 \\ 0 & 0 & 1 \end{bmatrix}$$

式中：

$[X \quad Y \quad Z]_2^T$ ——该点在坐标系统 2 下的坐标，单位为米(m)；

$[X \quad Y \quad Z]_1^T$ ——该点在坐标系统 1 下的坐标，单位为米(m)；

$[\Delta X_0 \quad \Delta Y_0 \quad \Delta Z_0]^T$ ——坐标系统 2 原点相对于坐标系统 1 原点的平移量，单位为米(m)；

$\varepsilon_X,\varepsilon_Y,\varepsilon_Z$ ——坐标系统 2 和坐标系统 1 间的三个欧拉角，单位为弧度(rad)；

m ——两个坐标系统间的尺度参数，10^{-9}(ppb)。

一般情况下，ε_X，ε_Y，ε_Z 均为微小角，因此式(A.2)可简化为下式：

$$\begin{bmatrix} X \\ Y \\ Z \end{bmatrix}_2 = \begin{bmatrix} \Delta X_0 \\ \Delta Y_0 \\ \Delta Z_0 \end{bmatrix} + (1+m) \begin{bmatrix} 1 & \varepsilon_Z & -\varepsilon_Y \\ -\varepsilon_Z & 1 & \varepsilon_X \\ \varepsilon_Y & -\varepsilon_X & 1 \end{bmatrix} \begin{bmatrix} X \\ Y \\ Z \end{bmatrix}_1$$

式中：

$[X\quad Y\quad Z]_2^T$ ——该点在坐标系统 2 下的坐标，单位为米(m)；

$[X\quad Y\quad Z]_1^T$ ——该点在坐标系统 1 下的坐标，单位为米(m)；

$[\Delta X_0\quad \Delta Y_0\quad \Delta Z_0]^T$ ——坐标系统 2 原点相对于坐标系统 1 原点的平移量，单位为米(m)；

$\varepsilon_X,\varepsilon_Y,\varepsilon_Z$ ——坐标系统 2 和坐标系统 1 间的三个欧拉角，单位为弧度(rad)；

m ——两个坐标系统间的尺度参数，10^{-9}(ppb)。

A.3 二维转换数学模型

A.3.1 二维相似变换数学模型

某点从平面坐标系统 1 到平面坐标系统 2 的二维相似变换数学模型如下：

$$\begin{bmatrix} x_2 \\ y_2 \end{bmatrix} = (1+m)\begin{bmatrix} \cos\alpha & -\sin\alpha \\ \sin\alpha & \cos\alpha \end{bmatrix}\begin{bmatrix} x_1 \\ y_1 \end{bmatrix} + \begin{bmatrix} \Delta x_0 \\ \Delta y_0 \end{bmatrix} \quad \cdots\cdots\cdots (A.3)$$

式中：

$[x_1\quad y_1]^T$ ——该点在坐标系统 1 下的坐标，单位为米(m)；

$[x_2\quad y_2]^T$ ——该点在坐标系统 2 下的坐标，单位为米(m)；

$[\Delta x_0\quad \Delta y_0]^T$ ——坐标系统 2 原点相对于坐标系统 1 原点的平移量，单位为米(m)；

α ——坐标系统 1 与坐标系统 2 间的夹角，单位为弧度(rad)；

m ——两个坐标系统间的尺度参数，10^{-9}(ppb)。

A.4 空间直角坐标与大地坐标相互转换的数学模型

同一坐标系统的空间直角坐标(X,Y,Z)与大地坐标(B,L,H)的转换关系见下式：

$$\begin{bmatrix} X \\ Y \\ Z \end{bmatrix} = \begin{bmatrix} (N+H)\cos B\cos L \\ (N+H)\cos B\sin L \\ (N(1-e^2)+H)\sin B \end{bmatrix} \quad \cdots\cdots\cdots (A.4)$$

$$\begin{bmatrix} B \\ L \\ H \end{bmatrix} = \begin{bmatrix} \arctan \dfrac{Z+N\cdot e^2\sin B}{\sqrt{(X^2+Y^2)}} \\ \arctan \dfrac{Y}{X} \\ \dfrac{\sqrt{(X^2+Y^2)}}{\cos B} - N \end{bmatrix} \quad \cdots\cdots\cdots (A.5)$$

式(A.4)和(A.5)中：

$[X\quad Y\quad Z]^T$ ——空间直角坐标，单位为米(m)；

N ——卯酉圈曲率半径，单位为米(m)，$N=\dfrac{a}{\sqrt{1-e^2\sin^2 B}}$；

B ——大地纬度，单位为弧度(rad)；

L ——大地经度，单位为弧度(rad)；

H ——大地高，单位为米(m)；

e ——椭球第一偏心率，$e^2=\dfrac{a^2-b^2}{a^2}$；

a ——椭球长半轴，单位为米(m)；

b ——椭球短半轴，单位为米(m)。

附 录 B
（资料性附录）
地图投影的数学公式

B.1 概述

本附录介绍了高斯投影和墨卡托投影的数学公式。

B.2 高斯投影主要公式

B.2.1 大地坐标换算到高斯平面坐标

高斯投影中，某点的大地坐标到高斯平面坐标的转换公式组如式(B.1)：

$$\begin{aligned} x &= X_0 + \frac{N}{2}\sin B\cos B l^2 + \frac{N}{24}\sin B\cos^3 B(5 - t^2 + 9\eta^2 + 4\eta^4)l^4 \\ &\quad + \frac{N}{720}\sin B\cos^5 B(61 - 58t^2 + t^4)l^6 \\ y &= N\cos B l + \frac{N}{6}\cos^3 B(1 - t^2 + \eta^2)l^3 \\ &\quad + \frac{N}{120}\cos^5 B(5 - 18t^2 + t^4 + 14\eta^2 - 58\eta^2 t^2)l^5 \end{aligned} \quad \cdots\cdots\cdots\cdots\cdots(\text{B.1})$$

式中：

x,y ——该点的高斯投影坐标，单位为米(m)；

X_0 ——子午线弧长，单位为米(m)；

$$X_0 = a(1-e^2)\left(A'B - \frac{B'}{2}\sin 2B + \frac{C'}{4}\sin 4B - \frac{D'}{6}\sin 6B + \frac{E'}{8}\sin 8B\right)$$

$$A' = 1 + \frac{3}{4}e^2 + \frac{45}{64}e^4 + \frac{175}{256}e^6 + \frac{11\ 025}{16\ 384}e^8 + \frac{43\ 659}{65\ 536}e^{10}$$

$$B' = \frac{3}{4}e^2 + \frac{15}{16}e^4 + \frac{525}{512}e^6 + \frac{2\ 205}{2\ 048}e^8 + \frac{72\ 765}{65\ 536}e^{10}$$

$$C' = + \frac{15}{64}e^4 + \frac{105}{256}e^6 + \frac{2\ 205}{4\ 096}e^8 + \frac{10\ 395}{16\ 384}e^{10}$$

$$D' = \frac{35}{512}e^6 + \frac{315}{2\ 048}e^8 + \frac{31\ 185}{131\ 072}e^{10}$$

$$E' = + \frac{315}{16\ 384}e^8 + \frac{3\ 645}{65\ 536}e^{10}$$

N ——卯酉圈曲率半径，单位为米(m)，$N = \dfrac{a}{\sqrt{1-e^2\sin^2 B}}$；

B,L ——该点的大地纬度和大地经度，单位为弧度(rad)；

L_0 ——高斯投影带的中央子午线大地经度，单位为弧度(rad)；

l ——该点大地经度与投影带中央子午线大地经度的经度差，$l = L - L_0$ 单位为弧度(rad)；

a,b ——参考椭球的长半轴和短半轴，单位为米(m)；

e^2 ——椭球第一偏心率的平方，$e^2=\frac{a^2-b^2}{a^2}$，无量纲；

e'^2 ——椭球第二偏心率的平方，$e'^2=\frac{a^2-b^2}{b^2}$，无量纲；

t ——该点纬度的正切函数值，$t=\tan B$，无量纲；

η ——参变量，$\eta=e'^2\cos^2 B$，无量纲。

当 $\Delta L<3.5°$时，按式(B.1)进行投影的坐标转换，精度约为 0.001 m。

B.2.2 高斯平面坐标换算到大地坐标

某点的高斯平面坐标到大地坐标的转换公式如式(B.2)：

$$\begin{aligned} B&=B_f-\frac{y^2}{2M_fN_f}t_f\left[1-\frac{y^2}{12N_f^2}(5+\eta_f^2+3t_f^2-9\eta_f^2t_f^2)+\frac{y^4}{360N_f^4}(61+90t_f^2+45t_f^2)\right]\\ L&=L_0+\frac{y}{N_f\cos B_f}\left[1-\frac{y^2}{6N_f^2}(1+\eta_f^2+2t_f^2)+\frac{y^4}{120N_f^4}(5+6\eta_f^2+28t_f^2+8\eta_f^2t_f^2+24t_f^4)\right]\end{aligned} \quad\cdots(\text{B.2})$$

式(B.2)中：

B,L ——该点的大地纬度和大地经度，单位为弧度(rad)；

L_0 ——高斯投影带中央子午线大地经度，$\Delta L=L-L_0$，单位为弧度(rad)；

B_f ——横坐标(y)在高斯投影带中央子午线上的垂足点的纬度(底点纬度)，单位为弧度(rad)；

M_f ——底点纬度 B_f 处的子午圈曲率半径，$M_f=\frac{a(1-e^2)}{\sqrt{(1-e^2\sin^2 B_f)^2}}$，单位为米(m)；

N_f ——底点纬度 B_f 处的卯酉圈曲率半径，$N_f=\frac{a}{\sqrt{1-e^2\sin^2 B_f}}$，单位为米(m)；

a,b ——参考椭球的长半轴和短半轴，单位为米(m)；

e^2 ——椭球第一偏心率的平方，$e^2=\frac{a^2-b^2}{a^2}$，无量纲；

e'^2 ——椭球第二偏心率的平方，$e'^2=\frac{a^2-b^2}{b^2}$，无量纲；

t_f ——纬度 B_f 的正切函数值，$t_f=\tan B_f$，无量纲；

η_f ——参变量，$\eta_f=e'^2\cos^2 B_f$，无量纲。

式(B.2)中的 B_f 可采用以下迭代方式计算：

a) 初值 $(B_f)_0=\frac{x}{aA(1-e^2)}$；

b) 按下式迭代：

$$(B_f)_1=\frac{x}{aA(1-e^2)}+\frac{1}{A}\left[\frac{B}{2}\sin 2(B_f)_0-\frac{C}{4}\sin 4(B_f)_0+\frac{D}{6}\sin 6(B_f)_0-\frac{E}{8}\sin 8(B_f)_0\right]$$

式中：

a ——参考椭球的长半轴和短半轴，单位为米(m)；

e^2——第一偏心率的平方，$e^2=\frac{a^2-b^2}{a^2}$，无量纲；

$$A = 1 + \frac{3}{4}e^2 + \frac{45}{64}e^4 + \frac{175}{256}e^6 + \frac{11\ 025}{16\ 384}e^8 + \frac{43\ 659}{65\ 536}e^{10}$$

$$B = \frac{3}{4}e^2 + \frac{15}{16}e^4 + \frac{525}{512}e^6 + \frac{2\ 205}{2\ 048}e^8 + \frac{72\ 765}{65\ 536}e^{10}$$

$$C = + \frac{15}{64}e^4 + \frac{105}{256}e^6 + \frac{2\ 205}{4\ 096}e^8 + \frac{10\ 395}{16\ 384}e^{10}$$

$$D = \frac{35}{512}e^6 + \frac{315}{2\ 048}e^8 + \frac{31\ 185}{131\ 072}e^{10}$$

$$E = + \frac{315}{16\ 384}e^8 + \frac{3\ 645}{65\ 536}e^{10}$$

c) 检查迭代结果，若 $|(B_f)_i - (B_f)_{i-1}| < 0.000\ 1''$ $(i = 1,2,3,\cdots)$ 则退出，否则返回 b) 继续迭代。

当 $\Delta L < 3.5°$ 时，按式(B.2)进行投影坐标转换，转换精度约为 $0.000\ 1''$。

B.3 墨卡托投影主要公式

B.3.1 大地坐标换算到墨卡托投影平面坐标

某点的大地坐标到墨卡托投影平面坐标的转换公式如式(B.3)：

$$\begin{aligned} x &= r_0 \ln U \\ y &= r_0 l \end{aligned} \qquad \cdots\cdots (B.3)$$

式中：

x,y ——该点墨卡托投影平面坐标，单位为米(m)；

B,L ——该点的大地纬度和大地经度，单位为弧度(rad)；

B_0 ——投影带基准纬度，单位为弧度(rad)；

L_0 ——投影带中央子午线，单位为弧度(rad)；

r_0 ——投影带基准纬度 B_0 的平行圈半径，$r_0 = N_0 \cos B_0$，单位为米(m)；

N_0 ——投影带基准纬度 B_0 的卯酉圈曲率半径，$N_0 = \dfrac{a}{\sqrt{1 - e^2 \sin^2 B_0}}$，单位为米(m)；

U ——$U = \tan\left(\dfrac{\pi}{4} + \dfrac{B}{2}\right) \cdot \left(\dfrac{1 - e\sin B}{1 + e\sin B}\right)^{\frac{e}{2}}$，无量纲；

l ——该点距投影面中央子午线的经度差，$l = L - L_0$，单位为弧度(rad)。

B.3.2 墨卡托投影平面坐标换算到大地坐标

某点的墨卡托投影平面坐标到大地坐标的转换公式如下：

$$\begin{aligned} L &= L_0 + \frac{y}{r_0} \\ \tan\left(\frac{\pi}{4} + \frac{B}{2}\right) &= \left(\frac{1 - e\sin B}{1 + e\sin B}\right)^{-\frac{e}{2}} \exp\left(\frac{x}{r_0}\right) \end{aligned} \qquad \cdots\cdots (B.4)$$

式中：

B,L ——该点的大地纬度、经度，单位为弧度(rad)；

x,y ——该点的墨卡托投影平面坐标，单位为米(m)；

r_0 ——基准纬度 B_0 的平行圈曲率半径，$r_0 = N_0 \cos B_0$，单位为米(m)；

N_0 ——基准纬度 B_0 的卯酉圈曲率半径，$N_0 = \dfrac{a}{\sqrt{1 - e^2 \sin^2 B_0}}$，单位为米(m)；

B_0 ——投影带基准纬度，单位为弧度(rad)；

e^2 ——椭球第一偏心率的平方，$e^2=\dfrac{a^2-b^2}{a^2}$，无量纲；

a,b ——参考椭球的长半轴和短半轴，单位为米(m)。

式(B.4)中的 B 可用迭代方法计算：

a) 初值：$B_0=2\left\{\arctan\left[\exp\left(\dfrac{x}{r_0}\right)\right]-\dfrac{\pi}{4}\right\}$；

b) 迭代：$B_1=2\arctan\left[\left(\dfrac{1-e\sin B}{1+e\sin B}\right)^{-\frac{e}{2}}\exp\left(-\dfrac{x}{r_0}\right)\right]-\dfrac{\pi}{2}$；

c) 检查：当两次迭代结果的绝对值 $|(B)_i-(B)_{i-1}|$ 小于规定限差时($i=1,2,3\cdots$)，迭代结束，否则按 b)式继续迭代。

附　录　C
（资料性附录）
地心坐标系统参考框架的大地测量常数

C.1　概述

本附录介绍了本标准第5章所列举的地心坐标系统及其参考框架的主要的大地测量常数。

C.2　ITRFyy 主要的大地测量常数

C.2.1　地球椭球基本参数

长半轴 $a=6.378\ 136\ 6\times10^{6}\ \mathrm{m}$；
地球引力常数(含大气层)$GM=3.986\ 004\ 418\times10^{14}\ \mathrm{m^3/s^2}$；
地球动力因子 $J_2=1.082\ 635\ 9\times10^{-3}$；
地球自转角速度 $\omega=7.292\ 115\times10^{-5}\ \mathrm{rad/s}$。

C.2.2　地球椭球主要几何和物理常数

扁率 $1/f=298.256\ 42$；
椭球正常重力位 $U_0=6.263\ 685\ 60\times10^{7}\ \mathrm{m^2/s^2}$；
赤道正常重力 $\gamma_e=9.780\ 327\ 8\ \mathrm{m/s^2}$；
光速 $c=2.997\ 924\ 58\times10^{8}\ \mathrm{m/s}$。

C.3　GTRF 主要的大地测量常数

长半轴 $a=6.378\ 136\ 55\times10^{6}\ \mathrm{m}$；
地球引力常数 $GM=3.986\ 004\ 415\times10^{14}\ \mathrm{m^3/s^2}$；
地球动力因子 $J_2=1.082\ 626\ 7\times10^{-3}$；
扁率 $1/f=298.257\ 69$。

C.4　WGS84(Gwwww)主要的大地测量常数

C.4.1　地球椭球基本参数

长半轴 $a=6.378\ 137\ 0\times10^{6}\ \mathrm{m}$；
地球引力常数(含大气层)$GM=3.986\ 004\ 418\times10^{14}\ \mathrm{m^3/s^2}$；
地球自转角速度 $\omega=7.292\ 115\times10^{-5}\ \mathrm{rad/s}$。

C.4.2　地球椭球主要几何和物理常数

扁率 $1/f=298.257\ 223\ 563$；
椭球正常重力位 $U_0=62\ 636\ 860.849\ 7\ \mathrm{m^2/s^2}$；
赤道正常重力 $\gamma_e=9.780\ 326\ 771\ 4\ \mathrm{m/s^2}$；

短半轴 b=6 356 752.314 2 m；

引力位二阶谐系数 $\bar{C}_{2,0}$ =−484.166 85×10^{-6}；

第一偏心率平方 e^2=0.006 694 379 990 13；

第二偏心率平方 e'^2=0.006 739 496 742 227。

C.4.3 WGS84(Gwwww)的精化

到目前为止，WGS84 共进行了三次精化：

a) 1994 年第一次精化，将 WGS84 的地球引力常数 GM 更新为 IERS 1996 标准所规定的数值，即 GM=3.986 004 418×10^{14} m^3/s^2，得到 WGS84(G730)；

b) 1996 年第二次更新 WGS84 坐标系，得到 WGS84(G873)，坐标参考历元是 1997.0；

c) 2001 年第三次更新，得到 WGS84(G1150)。

WGS84(Gwwww)中的 G 表示这些坐标计算完全采用 GPS 观测数据，数字 wwww 表示 GPS 周。G730、G873 和 G1150 的第一天分别对应于 1994 年 1 月 2 日 0hUTC，1996 年 9 月 29 日和 2002 年 1 月 20 日 0hUTC。

C.5 PZ90 主要的大地测量常数

C.5.1 地球椭球基本参数

长半轴 a=6.378 136×10^6 m；

地球引力常数 GM=3.986 004 4×10^{14} m^3/s^2；

地球大气引力常数 fM_a =3.5×10^8 m^3/s^2；

地球自转角速度 ω=7.292 115×10^{-5} rad/s。

C.5.2 地球椭球主要几何和物理常数

扁率 $1/f$ =298.257 839 303；

椭球正常重力位 U_0=6.263 686 107 4×10^7 m^2/s^2；

赤道正常重力 γ_e =9.780 328 m/s^2；

光速 c=2.997 924 58×10^8 m/s；

引力位二阶带谐项系数 J_2^0=1.082 625 7×10^{-3}；

引力位四阶带谐项系数 J_4^0=−2.370 9×10^{-6}；

海平面上由大气引起的重力改正 −0.9 m/s^2。

C.6 CGCS2000 主要的大地测量常数

C.6.1 地球椭球基本参数

CGCS2000 的大地测量基本常数采用无潮汐系统，具体数值如下：

长半轴 a=6 378 137.0 m；

地球引力常数 GM=3.986 004 418×10^{14} m^3/s^2；

地球自转角速度 ω=7.292 115 0×10^{-5} rad/s。

C.6.2 地球椭球主要几何和物理常数

扁率 f =1/298.257 222 101；

光速 c=2.997 924 58×10^8 m/s。

附 录 D
（资料性附录）
主要地心坐标系统及其参考框架间的转换

D.1 概述

本附录介绍了地心坐标系统参考框架间的转换模型和转换参数。

参考框架 1 和参考框架 2 间的转换采用三维转换模型，并考虑转换参数变化率。

D.2 转换模型

若给定参考历元为 t_0 时参考框架 1 和参考框架 2 间的转换参数，则某点在参考框架 1 下的坐标 $\vec{X}_1$（历元为 t_1）和参考框架 2 下的坐标 $\vec{X}_2$（历元为 t_2）关系见式(D.1)，常速度 $\dot{\vec{X}}_1$ 与常速度 $\dot{\vec{X}}_2$ 关系见式(D.2)。

$$\vec{X}_2=\vec{X}_1+(t_2-t_1)\dot{\vec{X}}_1+\vec{T}+D\cdot\vec{X}_1+R\cdot\vec{X}_1+(t_2-t_0)[\dot{\vec{X}}+\dot{D}\cdot\vec{X}_1+\dot{R}\cdot\vec{X}_1] \quad \cdots\cdots(\text{D.1})$$

$$\dot{\vec{X}}_2=\dot{\vec{X}}_1+\dot{\vec{T}}+\dot{D}\cdot\vec{X}_1+\dot{R}\cdot\vec{X}_1 \quad \cdots\cdots(\text{D.2})$$

$$\vec{X}_2=\begin{bmatrix}X_2\\Y_2\\Z_2\end{bmatrix}_{t_2},\dot{\vec{X}}_2=\begin{bmatrix}\dot{X}_2\\\dot{Y}_2\\\dot{Z}_2\end{bmatrix}_{t_2},\vec{X}_1=\begin{bmatrix}X_1\\Y_1\\Z_1\end{bmatrix}_{t_1},\dot{\vec{X}}_1=\begin{bmatrix}\dot{X}_1\\\dot{Y}_1\\\dot{Z}_1\end{bmatrix}_{t_1},$$

$$\vec{T}=\begin{bmatrix}T_1\\T_2\\T_3\end{bmatrix}_{t_0},\dot{\vec{T}}=\begin{bmatrix}\dot{T}_1\\\dot{T}_2\\\dot{T}_3\end{bmatrix}_{t_0},R=\begin{bmatrix}0&-R_3&R_2\\R_3&0&-R_1\\-R_2&R_1&0\end{bmatrix}_{t_0},\dot{R}=\begin{bmatrix}0&-\dot{R}_3&\dot{R}_2\\\dot{R}_3&0&-\dot{R}_1\\-\dot{R}_2&\dot{R}_1&0\end{bmatrix}_{t_0}$$

式(D.1)和式(D.2)中：

X_2,Y_2,Z_2——t_2时刻该点在参考框架 2 下的站坐标，单位为米(m)；

$\dot{X}_2,\dot{Y}_2,\dot{Z}_2$——该点在参考框架 2 下的站坐标速度，单位为米(m)；

X_1,Y_1,Z_2——t_1时刻该点在参考框架 1 下的站坐标，单位为米(m)；

$\dot{X}_1,\dot{Y}_1,Z_2$——该点在参考框架 1 下的站坐标向量，单位为米(m)；

T_1,T_2,T_3——t_0时刻参考框架 1 和参考框架 2 间的三个平移参数，单位为米(m)；

$\dot{T}_1,\dot{T}_2,\dot{T}_3$——$t_0$时刻参考框架 1 和参考框架 2 间的三个平移参数变化率，单位为米每年(m/a)；

R_1,R_2,R_3——t_0时刻参考框架 1 和参考框架 2 间的三个旋转参数，单位为弧度(rad)；

$\dot{R}_1,\dot{R}_2,\dot{R}_3$——$t_0$时刻参考框架 1 和参考框架 2 间的三个旋转参数变化率，单位为弧度每年(rad/a)；

D ——t_0时刻参考框架 1 和参考框架 2 间的尺度参数，单位 10^{-9}(ppb)；

$\dot{D}$ ——t_0时刻参考框架 1 和参考框架 2 间的尺度参数变化率，单位 10^{-9}(ppb)。

D.3 IGS05 到 ITRF2005 的转换参数

IGS05 到 ITRF2005 间的转换参数见表 D.1。

表 D.1 IGS05 到 ITRF2005 的转换参数

参　数	说　明	参数数值	参数单位
T_1	x 轴方向平移参数	0.165	cm
T_2	y 轴方向平移参数	0.016	cm
T_3	z 轴方向平移参数	0.236	cm
D	尺度参数	−1.855 33	ppb
R_1	绕 x 轴旋转参数	−0.011 18	0.001″
R_2	绕 y 轴旋转参数	−0.006 93	0.001″
R_3	绕 z 轴旋转参数	−0.000 46	0.001″
注：表中未列的 $\dot{T}$,$\dot{R}$,$\dot{D}$ 数值为 0。			

D.4 ITRF2005 到 ITRF2000 的转换参数

ITRF2005 到 ITRF2000 的转换参数参见表 D.2。

表 D.2 ITRF2005 到 ITRF2000 的转换参数

参数	说　明	参数数值	参数单位	标准差	标准差单位
T_1	x 轴方向平移参数	0.1	cm	±0.3	cm
T_2	y 轴方向平移参数	−0.8	cm	±0.3	cm
T_3	z 轴方向平移参数	−5.8	cm	±0.3	cm
D	尺度参数	0.40	ppb	±0.05	ppb
R_1	绕 x 轴旋转参数	0.000	0.001″	±0.012	0.001″
R_2	绕 y 轴旋转参数	0.000	0.001″	±0.012	0.001″
R_3	绕 z 轴旋转参数	0.000	0.001″	±0.012	0.001″
$\dot{T}_1$	x 轴方向平移参数的变化率	−0.2	cm/a	±0.3	cm/a
$\dot{T}_2$	y 轴方向平移参数的变化率	0.1	cm/a	±0.3	cm/a
$\dot{T}_3$	z 轴方向平移参数的变化率	−1.8	cm/a	±0.3	cm/a
$\dot{D}$	尺度参数变化率	0.08	ppb	0.05	ppb
$\dot{R}_1$	绕 x 轴旋转参数的变化率	0.000	0.001″/a	0.012	0.001″/a
$\dot{R}_2$	绕 y 轴旋转参数的变化率	0.000	0.001″/a	0.012	0.001″/a
$\dot{R}_3$	绕 z 轴旋转参数的变化率	0.000	0.001″/a	0.012	0.001″/a

D.5 ITRFxx 到 ITRF2000 的转换参数

ITRFxx 到 ITRF2000 的转换参数参见表 D.3。

表 D.3 ITRFxx 到 ITRF2000 的转换参数

参数	单位	ITRF97	ITRF96	ITRF94	ITRF93	ITRF92	ITRF91	ITRF90	ITRF89	ITRF88
参考历元	—	1997.0	1997.0	1997.0	1988.0	1988.0	1988.0	1988.0	1988.0	1988.0
T_1	cm	0.67	0.67	0.67	1.27	1.47	2.67	2.47	2.97	2.47
T_2	cm	0.61	0.61	0.61	0.65	1.35	2.75	2.35	4.75	1.15
T_3	cm	−1.85	−1.85	−1.85	−2.09	−1.39	−1.99	−3.59	−7.39	−9.79
D	ppb	1.55	1.55	1.55	1.95	0.75	2.15	2.45	5.85	8.95
R_1	0.001″	0.00	0.00	0.00	−0.39	0.00	0.00	0.00	0.00	0.10
R_2	0.001″	0.00	0.00	0.00	0.80	0.00	0.00	0.00	0.00	0.00
R_3	0.001″	0.00	0.00	0.00	−1.14	−0.18	−0.18	−0.18	−0.18	−0.18
$\dot{T}_1$	cm/a	0.00	0.00	0.00	−0.29	0.00	0.00	0.00	0.00	0.00
$\dot{T}_2$	cm/a	−0.06	0.06	0.06	−0.02	−0.06	−0.06	−0.06	−0.06	−0.06
$\dot{T}_3$	cm/a	−0.14	−0.14	−0.14	−0.06	−0.14	−0.14	−0.14	−0.14	−0.14
$\dot{D}$	ppb	0.01	0.01	0.01	0.01	0.01	0.01	0.01	0.01	0.01
$\dot{R}_1$	0.001″/a	0.00	0.00	0.00	−0.11	0.00	0.00	0.00	0.00	0.00
$\dot{R}_2$	0.001″/a	0.00	0.00	0.00	−0.19	0.00	0.00	0.00	0.00	0.00
$\dot{R}_3$	0.001″/a	0.02	0.02	0.02	0.07	0.02	0.02	0.02	0.02	0.02

D.6 PZ90 到 WGS84 间的转换参数

PZ90 到 WGS84 间的转换参数见表 D.4。

表 D.4 PZ90 到 WGS84 的转换参数

参　　数	说　　明	参数数值	参数单位
T_1	x 轴方向平移参数	0.07	m
T_2	y 轴方向平移参数	0.0	m
T_3	z 轴方向平移参数	−0.77	m
D	尺度参数	−3	ppb
R_1	绕 x 轴旋转参数	−353	0.001″
R_2	绕 y 轴旋转参数	−4	0.001″
R_3	绕 z 轴旋转参数	19	0.001″
注：表中未列的 $\dot{T}$,$\dot{R}$,$\dot{D}$ 数值为 0。			

附 录 E
（资料性附录）
参心坐标系统参考框架的大地测量常数

E.1 概述

本附录介绍了1954年北京坐标系和1980西安坐标系主要的大地测量常数。

E.2 1954年北京坐标系主要的大地测量常数

长半轴 $a=6.378\ 245\times10^{6}$ m；
短半轴 $b=6.356\ 863\ 018\ 8\times10^{6}$ m；
扁率 $1/f=298.3$；
第一偏心率平方 $e^{2}=6.693\ 421\ 622\ 966\times10^{-3}$；
第二偏心率平方 $e'^{2}=6.7385\ 254\ 146\ 83\times10^{-3}$。

E.3 1980西安坐标系主要的大地测量常数

E.3.1 参考椭球基本参数

长半轴 $a=6.378\ 140\times10^{6}$ m；
地球引力常数(含大气层) $GM=3.986\ 005\times10^{14}$ m^{3}/s^{2}；
引力位二阶带谐系数 $J_{2}=1.082\ 63\times10^{-3}$；
地球自转角速度 $\omega=7.292\ 115\times10^{-5}$ rad/s。

E.3.2 参考椭球主要几何和物理常数

扁率 $1/f=298.257$；
椭球正常重力位 $U_{0}=6.263\ 683\ 0\times10^{-7}$ m^{2}/s^{2}；
赤道正常重力 $\gamma_{0}=9.780\ 32$ m/s^{2}。
第一偏心率平方 $e^{2}=6.694\ 384\ 999\ 59\times10^{-3}$；
第二偏心率平方 $e'^{2}=6.739\ 501\ 819\ 47\times10^{-3}$。

参 考 文 献

[1] 中国卫星导航系统管理办公室,《北斗卫星导航系统空间信号接口控制文件(公开服务信号B1I(1.0版))》,2012.12

[2] ICD-GPS-200

[3] GLONASS Interface Control Document (version 5.0),2002

[4] BIPM,《Annual Report of the BIPM Time Section》

[5] BIPM,Circular T,monthly,ftp://62.161.69.5

[6] NTSC,《时间频率公报》,月刊

[7] 《时间统一系统》,国防工业出版社,2004

[8] The Leap Second:its history and possible future

[9] Technical Directives for Standardization of GPS Time Receiver Software, International Reports

[10] IAU. IAU Information Bulletin,67, 1991

[11] IAU. IAU Information Bulletin,88, 2001

[12] Chapter 17, Part Ⅲ of《Global Positioning System: Theory and Applications》,Ed. Bradford W.Parkinson, Ect., American Institute of Aeronautics and Astronautics, Inc, 1996

[13] Department of Defense World Geodetic System 1984,NIMA TR8350.2 Third Edition Amendment1,2000,1,3

[14] 基于坐标的空间参照,Geographic information—Spatial referencing by coordinates,国际标准化组织, 2003-1-7,ISO/FDIS 19111:2002(E)

[15] IERS 协议 2003,《IERS Conventions 2003》,国际地球自转及参考系统服务局

ICS 33.200
M 50

中华人民共和国国家标准

GB/T 30289.1—2013

基于网络传输的导航电子地图数据更新规范 第1部分:应用于车载终端编译的增量更新模式

Network-based data updating specification for navigation electronic map—Part 1:Incremental update mode for the on-board compiling

2013-12-31 发布　　2014-07-15 实施

中华人民共和国国家质量监督检验检疫总局
中国国家标准化管理委员会　发布

前　言

GB/T 30289《基于网络传输的导航电子地图数据更新规范》分为两个部分：

——第1部分：应用于车载终端编译的增量更新模式；

——第2部分：应用于服务中心编译的增量更新模式。

本部分为GB/T 30289的第1部分。

本部分依据GB/T 1.1—2009给出的规则起草。

请注意本文件的某些内容可能涉及专利。本文件的发布机构不承担识别这些专利的责任。

本部分由中华人民共和国工业和信息化部提出。

本部分由中国电子技术标准化研究院归口。

本部分起草单位：北京四维图新科技股份有限公司、中国电子技术标准化研究院、北京超图软件股份有限公司、北京灵图软件技术有限公司、启明信息技术股份有限公司、易图通科技(北京)有限公司、广东瑞图万方科技股份有限公司。

本部分主要起草人：孙玉国、刘盛理、曹晓航、贾学力、陈倩、李楷、张力、张高峰、张小京、赵斌、李宏利。

引　言

GB/T 30289 的本部分规定了针对基于车载导航终端编译的导航电子地图在车载导航终端进行增量更新的方法，本部分中，地图数据特指地图厂商通过采集加工后提供给应用厂商的数据，本地数据特指保存在导航终端，用于实现增量更新的数据，PSF 特指应用厂商的实现应用的物理存储格式，增量数据特指地图厂商发布的最新地图数据与前一版地图数据的差异数据。本部分涉及的范围见图 1。

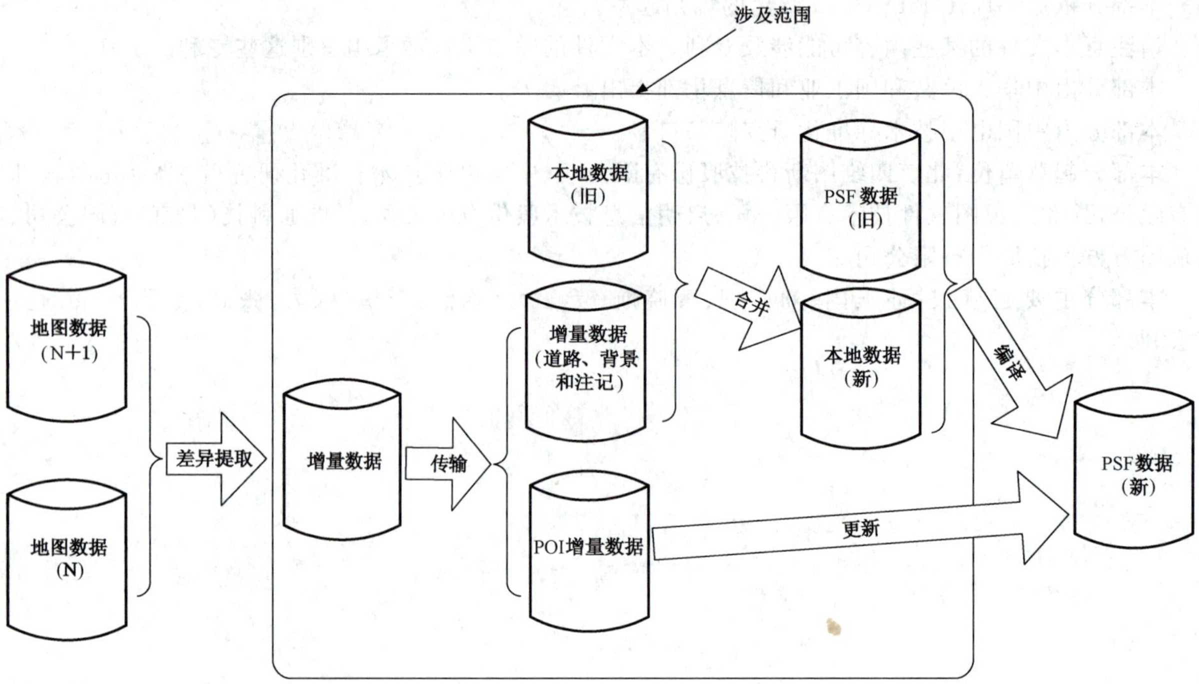

图 1　涉及范围

增量数据更新车载终端导航电子地图物理存储格式(PSF)数据的过程如下：

——车载终端通过通信信道接收地图增量数据；

——根据本地数据的分层结构，将地图增量数据中的道路、背景和注记增量数据分别更新本地数据中的各层数据，生成新版本的本地数据；

——编译新版本的本地数据和旧版本的 PSF 数据，生成新版本的 PSF 数据；

——地图增量数据中的 POI 增量数据直接更新车载终端的 PSF 数据。

本部分涉及的导航电子地图物理存储格式，见 GB/T 30291—2013《车载导航电子地图物理存储格式》。

基于网络传输的导航电子地图数据更新规范 第1部分:应用于车载终端编译的增量更新模式

1 范围

GB/T 30289 的本部分规定了导航电子地图增量更新机制、增量数据传输协议、本地数据存储格式、增量数据存储格式以及本地数据的更新方法。

本部分适用于从网络传输得到的导航电子地图增量数据与本地数据结合,通过编译形成可供车载导航应用软件使用的物理存储格式的模式。

2 规范性引用文件

下列文件对于本文件的应用是必不可少的。凡是注日期的引用文件,仅注日期的版本适用于本文件。凡是不注日期的引用文件,其最新版本(包括所有的修改单)适用于本文件。

GB/T 28442—2012 导航电子地图数据分类与编码

3 术语和定义

下列术语和定义适用于本文件。

3.1

文件 file

应用系统在存储介质上管理数据的基本单元。

3.2

记录 record

一个或多个相关字段组成的结构。

3.3

管理数据 management data

描述各数据主题并用于访问管理的数据,包括数据索引和数据字典。

3.4

层 level

由同一空间索引管理的,具有相同分类内容且数据详细程度一致的数据集合。

3.5

块 block

对层数据进行分割而产生的数据块。

注:每个块的大小对应 4×4 个格网。

3.6

格网 parcel

对数据库进行地理空间分区的基本单元,由最南端纬线、最北端纬线和最西端经线、最东端经线所包围的范围界定，可以达到快速索引指定地理区域内地图数据的目的。

3.7

道路数据　road data

用于道路显示、位置匹配、路径规划的导航数据，包括道路显示数据和路径规划数据。

3.8

背景数据　background data

除道路数据外用于地图显示的数据，包括基本几何要素（点、线、面）等。

3.9

注记　cartographic text

需要在地图中显示的居民地名称、行政区划名称、道路名称、省道和国道的标号，以及著名地点或地物的名称等类型的文本。

3.10

交通规则　traffic regulation

道路本身的限制信息或者道路之间的限制信息，以及行人或者车辆应遵循的规则。

3.11

道路元素　road element

为车辆行驶所设计的（或车辆行驶所形成的）线状地物。表示道路网络的最小单元。

3.12

结点　node

表示两条或更多条弧段的拓扑连接点或一条弧段的端点。

3.13

形状点　shape point

指在弧段的结点之间，表示道路形状变化的点。

3.14

弧段　link

由一个、多个或零个道路元素所组成的道路网络要素。

3.15

复合结点　complex node

表示具有相同功能特征的一组连接点和道路元素组成的特殊结点。

3.16

假想点　dummy node

a）相邻一对结点之间有几条弧段存在时，为方便设定弧段而增加的结点。

b）弧段上的形状点超过了数据规格规定的数目，为方便分割弧段而设定的结点。

3.17

路径规划　route planning

利用导航电子地图数据库所提供的地图帮助驾驶者在行驶前或行驶中规划路径的过程。

3.18

路径规划区域　route planning region

在路径规划的过程中，为了能够参照尽可能大范围的路网数据，而划分的任意多边形路网区域单位。

3.19

路径规划区域框　route planning region frame

路径规划区域的最小外接长方形。

3.20

路网　road network

由结点和弧段构成的连通网络,用来抽象描述现实世界的道路交通网络。

3.21

引导数据　guidance data

用于提示驾驶员前方道路情况、引导驾驶员行驶方向的导航数据。

3.22

永久 ID　permanent ID

导航电子地图中要素的永久的、统一的、唯一的识别。

3.23

弧段序列　link sequence

同一格网范围内具有相同道路等级和弧段种类的连续的弧段组。

3.24

边界结点　boundary node

格网边框上的结点。

3.25

服务区　service area

高速公路上可供休息、停车、加油、进餐等服务的区域,除提供停车外,还可提供其他服务。

3.26

停车区　parking area

高速公路上仅提供停车的区域。

3.27

休息区　rest area

高速公路上提供休息的区域。

3.28

匝道　slip road

用于进入或者离开道路元素的一段道路。

3.29

图幅　mesh

按一定的规则将地图切分成规则的图形。

注:本部分规定经差 1°,纬差 40′切分成的区域称为一级图幅,将一级图幅 8×8 等分后的区域称为二级图幅。

3.30

格网数据层　parcel data level

格网数据的分层。

3.31

路径规划区域数据层　route planning region data level

对路径规划区域数据的分层。

3.32

关注点　point of interest

兴趣点

导航电子地图上的特定位置和属性的点位,用于检索和引导。

3.33

循环冗余码检验　cyclic redundancy check

一种数据计算、用来捕捉最大传输误码的检验值。译码器计算接收数据的 CRC 并将其与编码器计算的 CRC（附于数据之后）进行比较，如果二者不匹配则表明数据在传输时被破坏。根据算法及 CRC 码的比特数，可得出包含足够的用来校准数据的冗余信息。

4　符号和缩略语

4.1　符号

下列符号适用于本文件，见表 1。

表 1　符号对应

符号	含　　义
[]	表示括号内的对象为数据表的数据项编号
～	表示在符号前后对象之间取值
“”	表示字符常量
0x	表示后面字符以十六进制表示
:	表示字段之间的间隔符
+	表示两侧对象为并列关系
×	表示经度方向和纬度方向的分割关系
\	表示目录层次

4.2　缩略语

下列缩略语适用于本文件。

CRC　循环冗余码检验(Cyclic Redundancy Check)

DB　数据库(Data Base)

IDTP　增量数据传输协议(Incremental Data Transfer Protocol)

LSB　最低有效位(Least Significant Bit)

PA　停车区(Parking Area)

PDL　格网数据层(Parcel Data Level)

PSF　物理存储格式(Physical Storage Format)

RA　休息区(Rest Area)

RDL　路径规划区域数据层(Route planning region Data Level)

SA　服务区(Service Area)

5　导航电子地图增量更新机制

5.1　字段数据类型

5.1.1　自然数类型(N)

值的范围：表示 0 到由字段长度所规定的正的最大值。

示例：具有 2 个字节的字段长度的自然数类型表示从 0 到 65 535 为止的范围，字段值为“空值”时，不分配存储空间。

5.1.2 整数类型(I)

值的范围:表示从由字段长度所规定的负的最小值到正的最大值。

示例:具有2个字节的字段长度的整数类型表示从－32 768到＋32 767为止的范围,字段值为“空值”时,不分配存储空间。

5.1.3 字符类型(C)

用单字节序列的编码方式语言表示文字串。

5.1.4 字符串类型(CC)

用多字节序列的编码方式语言表示文字串。

5.1.5 位类型(B)

表示方法:一个数据项目用二进制位或位组表示,其中每一位代表一个语义。

5.1.6 正规化坐标(NZ)

值的范围:正规化值的字段值范围在大于或等于0和小于或等于1.0之间,实际表达的值是字段值和N相乘所得结果的整数部分。

5.1.7 坐标类型(PID)

表示方法:长度为4字节,表示一个绝对坐标的纬度值或者经度值。坐标类型的定义见表2。

表2 坐标类型

序号	项目名称	位	说明
1	坐标标志	31	0:北纬或东经;1:南纬或西经
2	坐标值	30～0	1/64秒单位

5.1.8 BCD码(BCD)

BCD编码是一种数字压缩存储编码,BCD编码将一个字节的8个位拆分成高4位和低4位两部分,每4位存储一个数字,用一个字节存储两个数字。

5.1.9 可变的数据长度

表示方法:B1,B2,B3,……。

5.1.10 不定的地址偏移

表示方法:01,02,03,……。

5.2 文件存储格式说明

5.2.1 数据项目说明

数据项目格式见图2。

表名(1)

序号	偏移量	数据长度	数据类型	项目名称	说明	约束
(2)	(3)	(4)	(5)	(6)	(7)	(8)

图2 数据项目格式示例图

图2中：

(1) 表名

描述数据记录、数据序列的名称。

(2) 序号

数据体中不同项目顺序排列的号码。

(3) 偏移量

从数据体起始位置开始计算的相对位置，标记本项目的起始位置。

(4) 数据长度

描述当前数据项目的以字节为单位的数据长度。

(5) 数据类型

描述当前项目的数据类型。一个数据项目中存在多个数据域时用冒号(:)断开。

(6) 项目名称

描述当前数据项目的名称。“(保留)”项目中全部填充0。

(7) 说明

对当前数据项目的描述。如果为序号，说明描述内容较长将其列于数据表后，序号指明描述内容所在的位置。

(8) 约束

约束表示对本项目取值的限制，说明是否是必选以及是否需要赋值。约束有KEY、NULL、OPT三种类型：

——KEY：必选项目，且数据值是有效值；

——NULL：必选项目，但数据值可以是无效值，无效数据用“NULL”表示；

——OPT：可选项目，不必要时可省略。

5.2.2 位字段说明

位字段格式见图3。

表名(1)

序号	位	内容	说明
(2)	(3)	(4)	(5)

图3 位字段格式示例图

图3中：

(1) 表名

描述位字段数据记录的名称。

(2) 序号

表示每个数据域的序号。

(3) 位

描述位域的范围。

(4) 内容

描述数据域的数据名称。

(5) 说明

描述设定的位的值以及所表示的意义。

5.2.3 代码表说明

代码表格式见图 4。

表名(1)

序号	代码	内容	说明
(2)	(3)	(4)	(5)

图 4 代码表格式示例图

图 4 中：

(1) 表名

描述代码数据表的名称。

(2) 序号

表示每个代码的序号。

(3) 代码

描述代码的数值。

(4) 内容

描述代码所表示的数据名称。

(5) 说明

对(3)所描述的数据名称进行解释。

5.2.4 字段类型物理存储字节顺序说明

在物理存储时所有字段类型的字节顺序采用小端法(Little-Endian)。

5.3 导航电子地图增量更新的主要流程

导航电子地图增量更新的流程包括增量数据的传输，增量数据与本地数据的合并处理，见图 5。

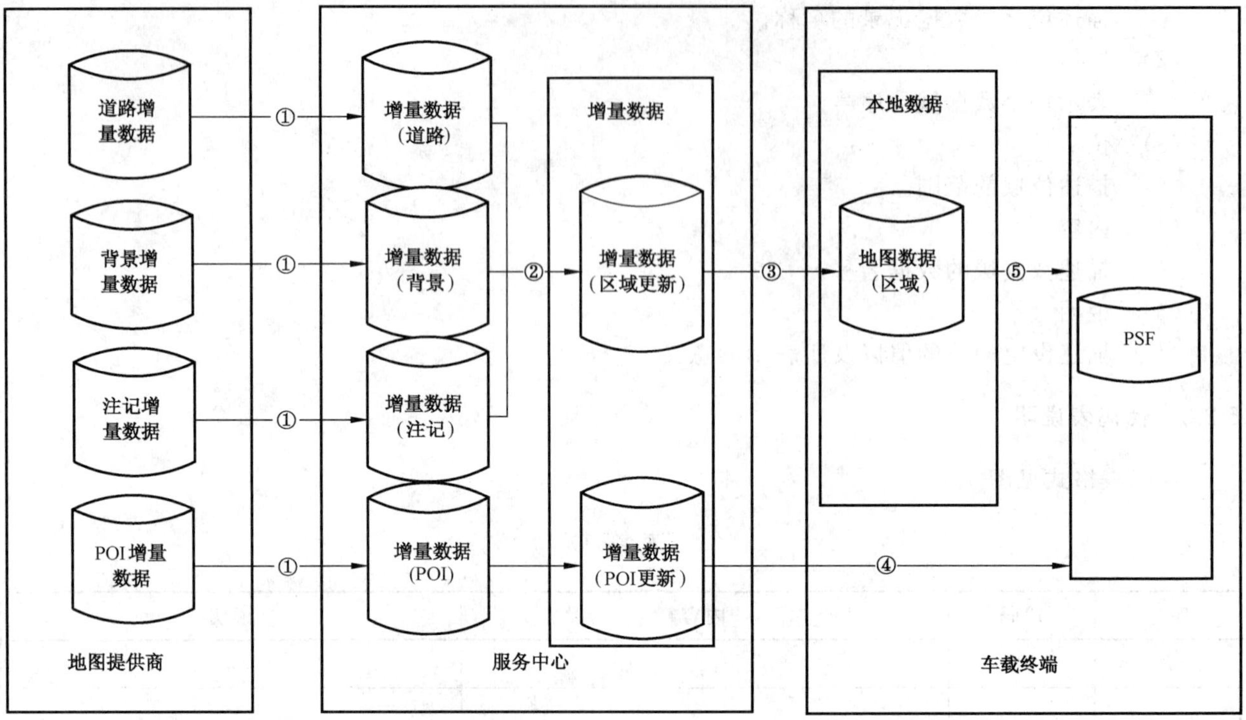

图 5　导航电子地图增量更新总体流程示意图

图 5 中①至⑤表示导航电子地图增量更新的流程，具体含义如下：

① 地图提供商向服务中心提供全部地图增量数据；

② 根据车载终端提出的数据更新请求，服务中心对增量数据进行分析并生成车载终端所需的增量数据；

③ 服务中心将增量数据传输至车载终端。车载终端利用接收到的增量数据对本机存储的本地数据进行更新；

④ 服务中心将 POI 增量数据传输至车载终端，直接用增量数据更新车载终端的 PSF 数据；

⑤ 车载终端使用更新后的本地数据编译更新 PSF 数据。

5.4　数据版本管理

在本地数据中数据版本管理涉及的类型包括：道路、背景、注记、结点扩展数据、道路扩展数据。这些数据按类型存储在格网中，每类数据在不同格网内均有各自的版本号，同一类型数据在不同格网内的版本可以不相同。

用户可以根据需要，请求所需区域内某一版本的增量数据。

5.4.1　道路

从数据更新角度将道路数据分为三种类型：

——TYPE0：全国骨干道路，即全国层的道路；

——TYPE1：除 TYPE0 以外用于路径规划及引导的道路；

——TYPE2：细密道路，主要用于显示的道路。

全国骨干道路在每次版本变化后，都需要增量更新全国范围内的全部变化内容。

5.4.2 背景

背景以格网为单位进行版本管理，每个格网中的背景数据的版本相同。

5.4.3 注记

注记以格网为单位进行版本管理，每个格网中的注记数据的版本相同。

5.4.4 结点扩展数据

结点扩展数据以格网为单位进行版本管理，每个格网中的结点扩展数据的版本相同。

5.4.5 道路扩展数据

道路扩展数据以格网单位进行版本管理，每个格网中的道路扩展数据的版本相同。

5.4.6 POI 数据

POI 数据以行政区域为单位进行版本管理。

6 增量数据传输协议

6.1 基本要求

车载终端与服务中心的数据传输采用增量数据传输协议(IDTP)，应满足以下基本要求：

——支持双向传输
  能够实现车载终端与服务中心的交互；
——适应无线传输
  采用数据压缩，支持断点续传或重传；
——支持数据验证
  能够保证传输的数据正确无误；
——支持信道无关
  能够运行在多种信道上，而不是局限于某一特定的信道；
——提供安全性保障
  能够支持对传输的内容进行加密。

6.2 IDTP 的超时与寻址

IDTP 是构建在底层网络协议之上的应用层协议，传输的超时机制及寻址方式由底层网络协议和应用程序确定。

6.3 传输规程

IDTP 采用请求与应答、确认的方式。

6.3.1 增量数据传输总体规程

在地图服务中心和车载终端之间定义了一个透明的数据传输通道，增量数据传输总体规程见图 6。

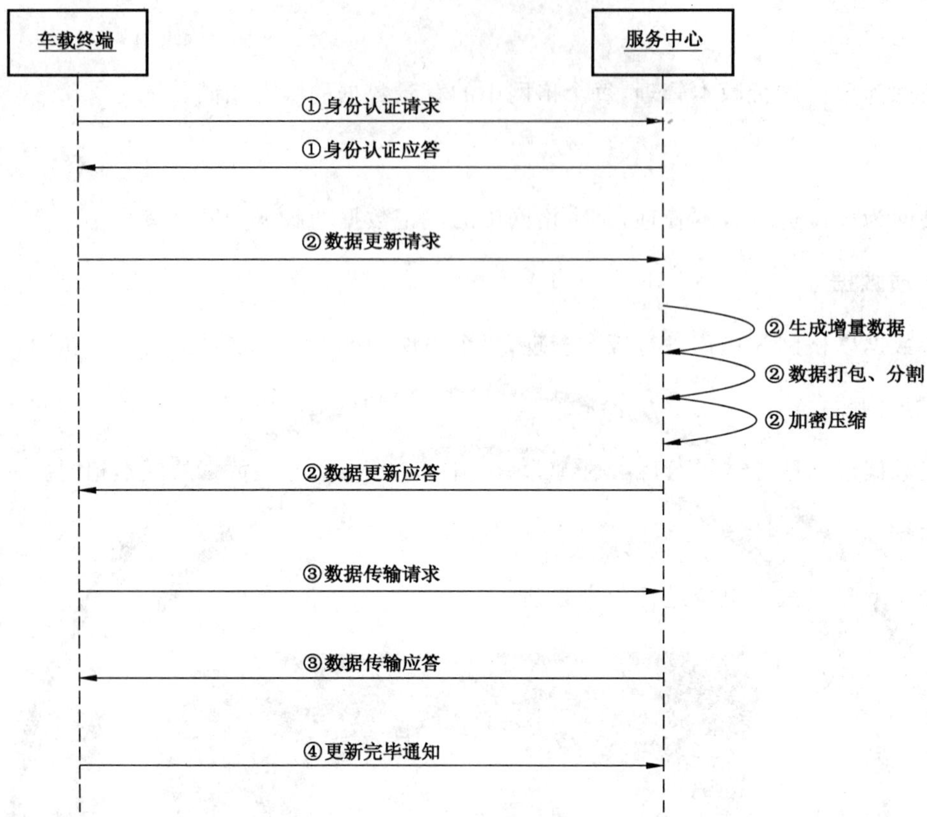

说明：
①——身份认证规程；
②——数据更新规程；
③——数据传输规程；
④——数据更新完毕规程。

图 6　增量数据传输的总体规程

6.3.2　身份认证规程

身份认证规程由车载终端发起，服务中心认证、应答。身份认证规程见图 7。

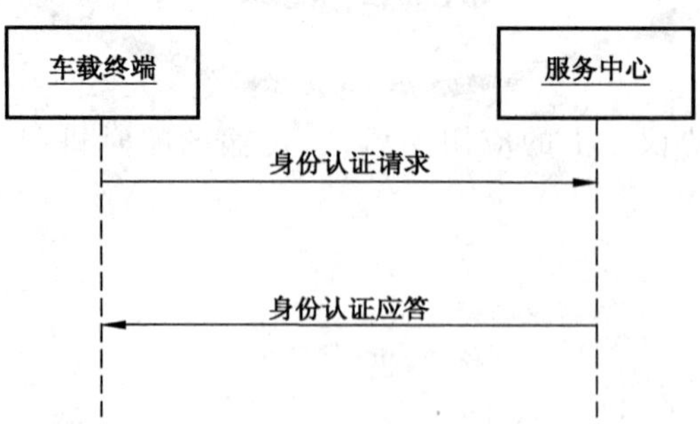

注：服务中心接收到请求后，确认客户信息，并将确认结果通知车载终端。

图 7　身份认证规程

6.3.3 数据更新规程

数据更新规程由车载终端发起，服务中心应答。数据更新规程见图 8。

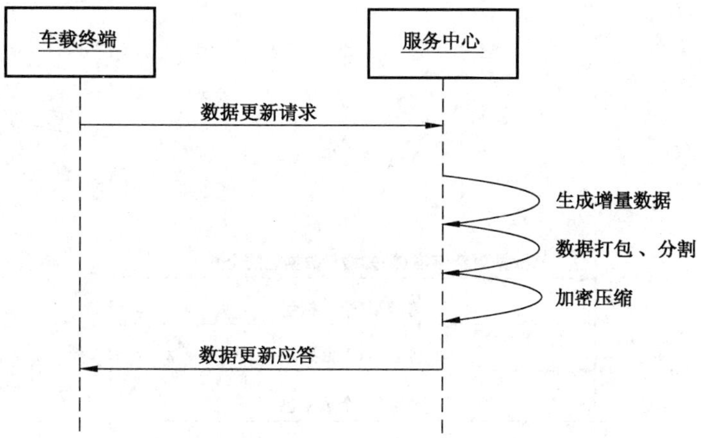

注：服务中心接收到请求之后，检查是否有新版本的增量数据，并将检查结果告诉车载终端。

图 8 数据更新规程

6.3.4 数据传输规程

数据传输规程由车载终端发起，服务中心应答。数据传输规程见图 9。

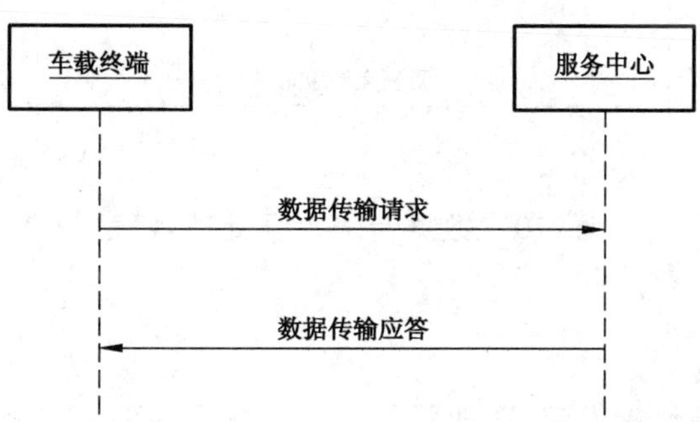

图 9 数据传输规程

6.3.5 数据传输错误规程

服务中心向车载终端传输增量数据的过程中，可能出现数据传输错误。数据传输错误时的处理见图 10。如果数据发生错误，不用重传全部增量数据，仅重新传输发生错误的数据包即可。

示例：在图 10 中，服务中心向用户传输第 n 个数据包后，车载终端查出数据包的内容有误，则丢弃该数据包，并重新向服务中心请求第 n 个数据包。服务中心收到请求后，将第 n 个数据包重新发到车载终端。

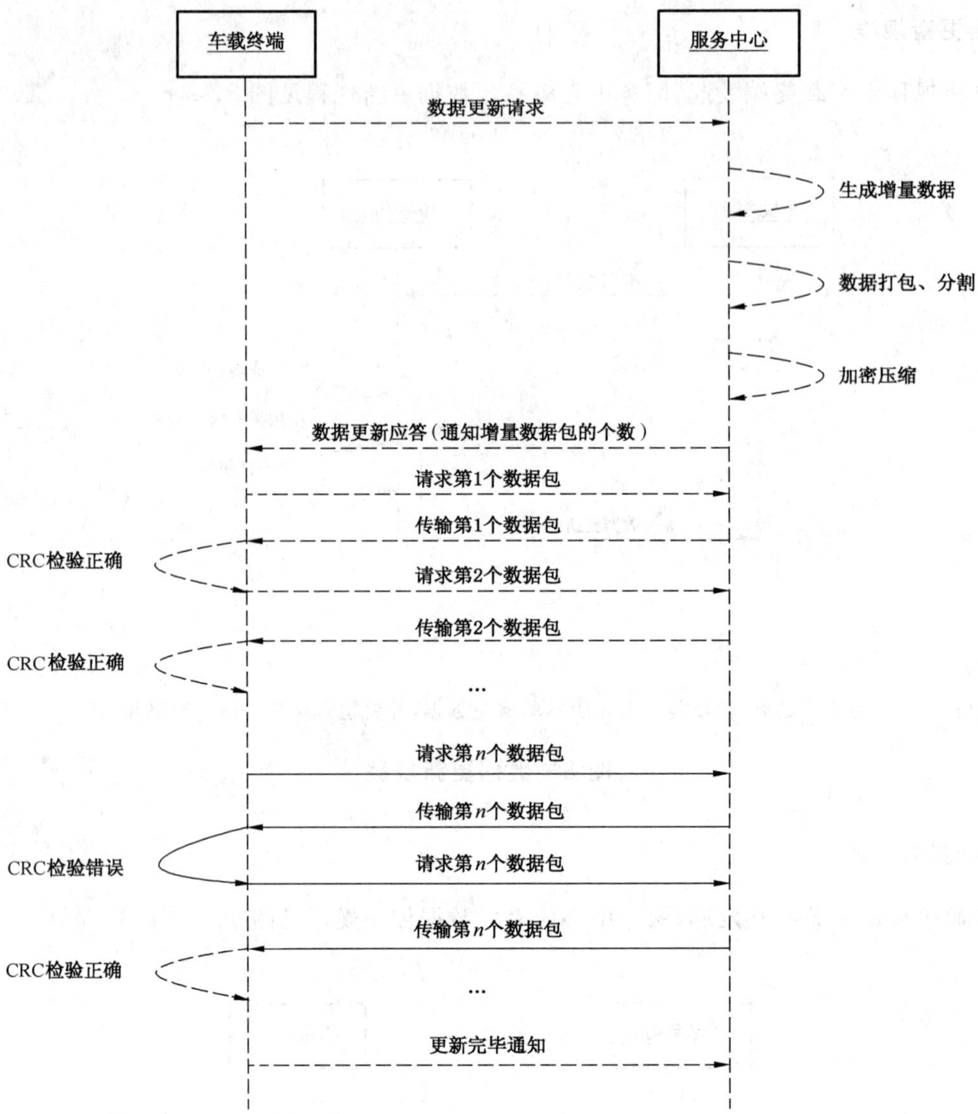

图 10 数据传输错误处理规程

6.3.6 数据更新完毕规程

数据更新完毕规程由车载终端发起,通知服务中心车载终端数据更新完毕。数据更新完毕规程见图 11。

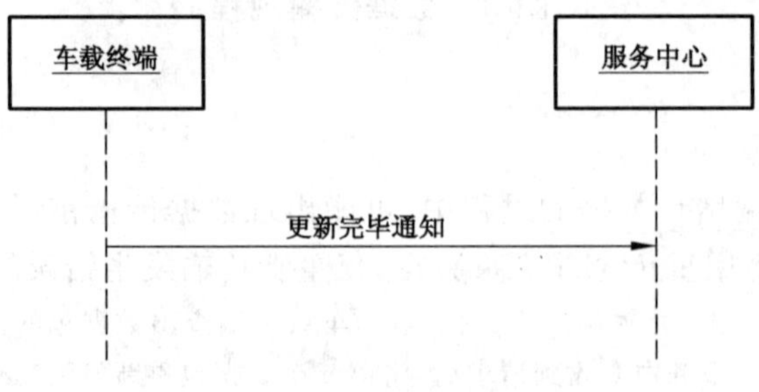

图 11 数据更新完毕规程

6.4 数据包格式

6.4.1 传输数据包结构定义

增量数据传输协议采用请求/应答模式，每次均由车载终端向服务中心发起请求，服务中心对请求进行应答。

请求数据包结构定义见图 12：

LEN	CRC	REQ	CODE	DATA

图 12 请求数据包

应答数据包结构定义见图 13：

LEN	CRC	RES	STAT	DATA

图 13 应答数据包

图 12 和图 13 中：

LEN——以字节为单位的整个数据包的长度，用 2 个字节表示。数据包的最大长度为 64K 字节；

CRC——整个数据包的 CRC 检验码，用 2 个字节表示。如果 CRC 检验错误，则需重新发送对应的数据包。具体算法采用 CRC-16 的检验算法；

REQ——1 字节，0x1；

RES——1 字节，0x2；

CODE——请求代码，用 1 个字节表示，具体见表 3。用户可以根据需要进行扩展；

STAT——应答状态代码，用 1 字节表示，具体见表 4。用户可以根据需要进行扩展；

DATA——传输的数据，数据内容根据请求代码解析，数据长度根据 LEN 计算，最多不能超过(64K-6)字节。

表 3 请求代码

序号	代码	内 容	说明
1	1	AUTH	身份认证请求
2	2	UPDT	数据更新请求
3	3	PACK	请求增量数据包
4	4	OVER	更新完毕

表 4 应答状态代码

序号	代码	内 容	说明
1	1	OK	车载终端请求成功
2	2	NG	车载终端请求失败

6.4.2 身份认证数据包

6.4.2.1 请求

身份认证请求的数据包格式见图14。

LEN	CRC	REQ	AUTH	USRID

图14 身份认证请求数据包

图14中，身份USRID的内容和长度为自定义，长度根据LEN计算。

6.4.2.2 应答

服务中心对车载终端应答的数据包格式见图15。

LEN	CRC	RES	STAT	ERR CODE

图15 服务中心应答身份认证结果数据包

如果STAT值为“NG”，则错误代码ERR CODE见表5。

表5 错误代码

序号	代码	内　　容	说明
1	1	AUTH ERR	USRID 错误
2	2	CRC ERR	请求数据CRC检验错

如果STAT值为“OK”，则ERR CODE字段不存在。

6.4.3 数据更新数据包

6.4.3.1 请求

车载终端向服务中心请求更新数据的数据包格式见图16。

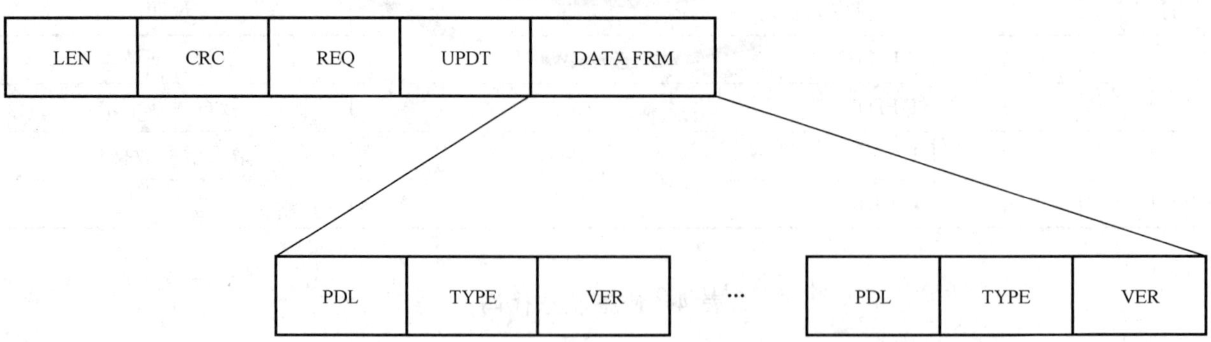

图16 更新请求数据包

图16中，PDL、TYPE、VER的含义如下：

a) PDL表示格网ID，占4个字节，具体数据格式见表6，说明见7.1.1；

b) TYPE 表示数据类型，例如：道路数据、背景数据、注记数据、POI 数据等，可进行扩展也可组合使用，占 2 个字节。某一个位的值为 1 时表示相应的数据存在，具体分类见表 7；

c) VER 表示车载终端数据版本号，如果请求单个类型的数据，则为该类数据的版本号，如果请求多类数据，则为各类数据的版本中最旧的那个版本，占 2 个字节，见表 50。

表 6 格网 ID 组成

序号	位	内 容	说 明
1	31～7	块号	
2	6	格网标志	0：标准；1：分割
3	5～2	格网号	
4	1～0	分割格网号	
注：分割格网号在格网标志设为“1”时有效。			

表 7 数据类型存储标志数据

序号	位	内 容	说 明
1	15	格网全部数据	0：无；1：有
2	14	道路数据 TYPE0	0：无；1：有
3	13	道路数据 TYPE1	0：无；1：有
4	12	道路数据 TYPE2	0：无；1：有
5	11	结点扩展数据	0：无；1：有
6	10	道路扩展数据	0：无；1：有
7	9	背景数据	0：无；1：有
8	8	注记数据	0：无；1：有
9	7	POI 数据	0：无；1：有
10	6～0	（保留）	

6.4.3.2 应答

服务中心根据车载终端请求的格网及版本计算出增量数据，并将增量数据合并成一个文件，然后服务中心根据网络状况对文件进行均匀切分形成传输数据包。应答的内容是通知车载终端传输包的个数。具体格式见图 17。

LEN	CRC	RES	OK	NUM	ENCRPTION/COMPRESS

图 17 服务器应答的增量数据包

图 17 中：

NUM——表示车载终端请求的增量数据被分成几个数据包，占 4 个字节；

ENCRYPTION/COMPRESS——表示增量数据是否经过加密或压缩，及其对应的加密或压缩算法，占 1 个字节，具体数据格式见表 8。

表 8 数据加密压缩标志

序号	位	内 容	说 明
1	7～4	加密算法，其中“0x0”表示无加密	
2	3～0	压缩算法，其中“0x0”表示无压缩	

6.4.4 数据传输数据包

6.4.4.1 请求

车载终端根据服务中心的应答信息，得出传输数据包个数。车载终端根据[1，n]的 ID 请求传输数据包，n 为传输数据包个数。如果传输过程中产生误码，造成车载终端 CRC 检验错误，车载终端应将错误数据包抛弃，并根据缺失数据包的情况向服务中心请求重发。重发请求与普通的数据报请求格式一样，具体格式见图 18。

LEN	CRC	REQ	PACK	ID

图 18 数据传输请求数据包格式

图 18 中，ID 表示增量数据包的序号，序号从 1 开始计数，最多不能超过服务中心发来的传输数据包的个数，ID 占 4 个字节。

6.4.4.2 应答

服务中心向车载终端应答的数据包格式见图 19。

LEN	CRC	RES	OK	ID	DATA

图 19 数据传输应答包

图 19 中，ID 表示增量数据包的序号，序号从 1 开始计数，最大不能超过数据包的总数，ID 占 4 个字节。DATA 表示真正的增量数据，长度根据 LEN 计算。

6.4.5 数据更新完毕数据包

更新完成后，车载终端向服务中心发送的更新完毕请求，服务中心根据情况释放资源。更新完毕请求数据包格式见图 20。

LEN	CRC	REQ	OVER

图 20 更新完毕请求数据包

7 本地数据存储格式

7.1 逻辑模型

本地数据包括全局数据和块数据。全局数据把块数据中多处用到的数据抽出来单独存放以减少数据的冗余；块数据以格网为单位进行存储管理，格网数据包括道路（路网基本数据和路网扩展数据）、背景和注记数据，见图 21。

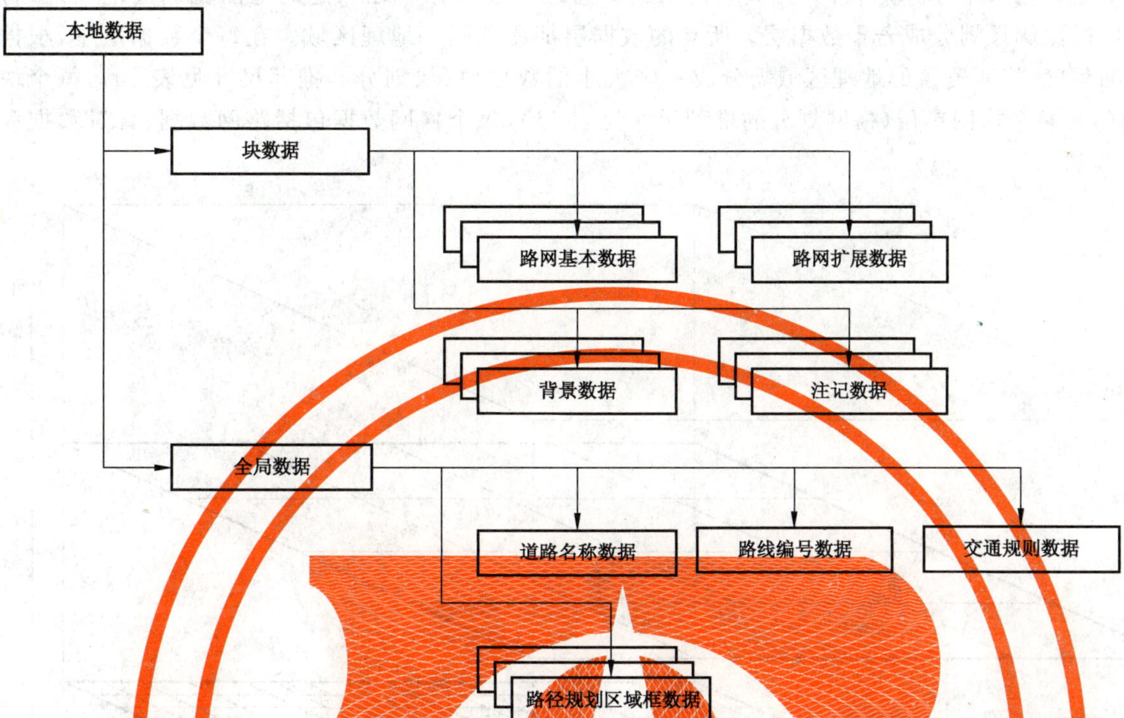

图 21 本地数据组成结构示意图

本地数据可以分为如下几种类型，见表 9。

表 9 数据类型

序号	类型名称			主要内容	用途
1	全局数据	道路名称数据		道路的文本数据，包括拼音和汉字等信息	地图显示和路径引导
		路线编号数据		包含路线编号、路线编号 ID、道路种类、名称 ID 等信息	路径引导
		交通规则数据		包括交通规则 ID、交通规则等信息	路径规划
		路径规划区域框数据		车载终端 PSF 数据中路径规划区域的经纬度范围	更新车载终端 PSF 中的路径规划区域数据
2	块数据	路网数据	路网基本数据	主要包括结点数据、道路属性数据、道路形状数据、道路连接数据、弧段序列数据、道路交通规则等	道路显示和路径规划
			路网扩展数据	结点扩展和道路扩展两部分数据，主要包括高速分岔引导数据、3D 结点引导数据、指路标志数据、辅路引导数据、车道信息等	车辆行进的过程中进行路径的引导
		背景数据		地图几何要素	用于显示
		注记数据		地图的显示文字	用于显示

7.1.1 块数据模型

本地数据采用“层-块-格网”三级结构来组织管理地图数据。在一定的地图比例尺范围内，将地图数据依据比例尺划分成若干数据层。所有的数据层都覆盖同一地理区域。在每个数据层中，根据数据的详细程度，将所覆盖的地理区域划分成一定大小的数据块(块划分的推荐尺寸见表10)，每个块划分为16(4×4)个格网单位(格网划分的推荐尺寸见表11)，每个格网数据包括路网数据、背景数据和注记数据，见图22。

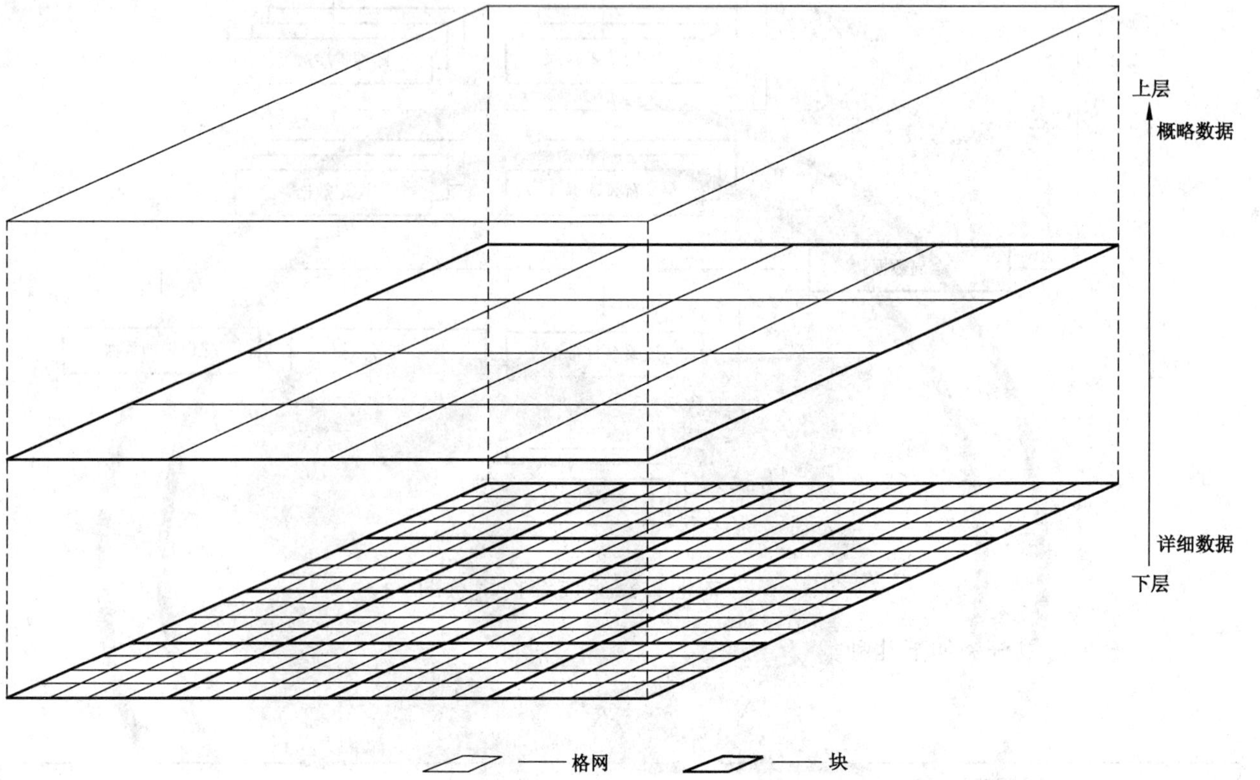

图22 层、块和格网的关系示意图

表10 块划分标准

层　　号	块　尺　寸
PDL 0	约10 km×10 km
PDL 1	约40 km×40 km
PDL 2	约160 km×160 km
PDL 3	约640 km×640 km
PDL 4	约2 560 km×2 560 km
PDL 5	约10 240 km×10 240 km

7.1.1.1 格网的分层

格网数据通过层的划分来匹配不同的地图显示比例尺。每个层中最多可以设定五个显示比例尺。每个数据层的格网划分的推荐尺寸见表11。

表 11 格网划分标准

层号	正规化坐标的划分基准	格网尺寸
PDL 0	4 096×4 096	约 2.5 km×2.5 km
PDL 1	4 096×4 096	约 10 km×10 km
PDL 2	4 096×4 096	约 40 km×40 km
PDL 3	4 096×4 096	约 160 km×160 km
PDL 4	4 096×4 096	约 640 km×640 km
PDL 5	4 096×4 096	约 2 560 km×2 560 km

7.1.1.2 格网的分割以及编号规则

每个块分割成 4×4 个标准格网。用户可以根据需要进行分割，可以把标准格网按照 2×2 分割成数据量更小的分割格网，格网分割会把所有的数据进行分割。

块、格网和分割格网编号的基本原则：依据地理位置，按自西向东、自南向北的顺序进行编号，见图 23。

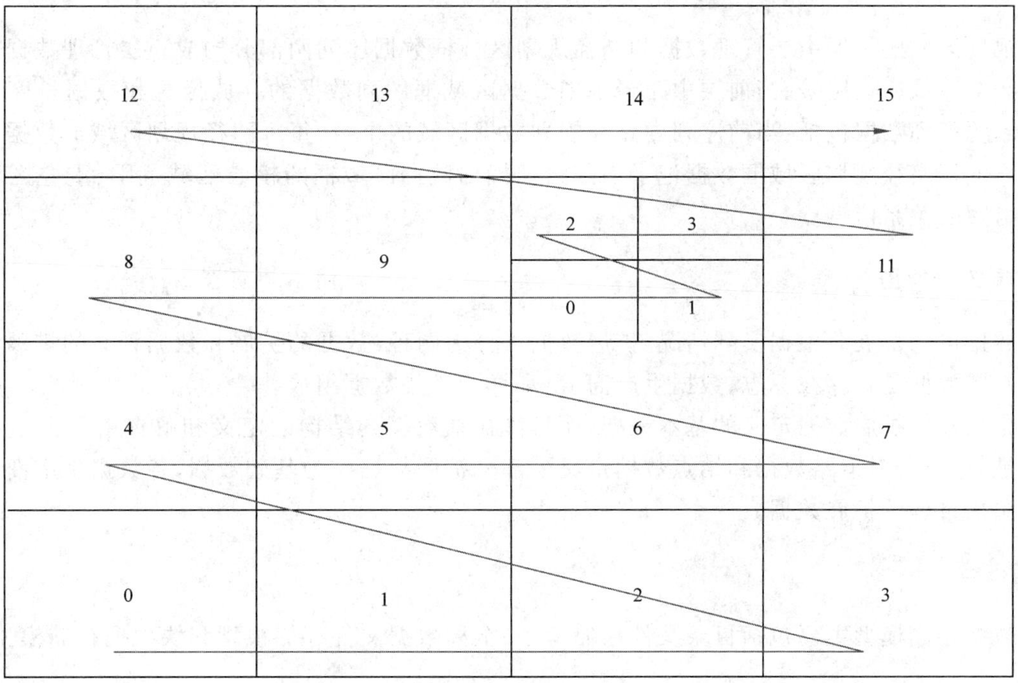

图 23 格网分割与格网编号示意图

7.1.1.3 坐标定义

在格网内的坐标使用正规化坐标。在所有层中，格网正规化坐标的划分标准均为 4 096×4 096。

在分割格网的情况下，分割格网内的数据的正规化坐标依然依据标准格网的正规化坐标，分割格网不再重新设定正规化坐标。

7.1.2 背景数据

背景数据按照几何形状可以分为点、线、面三种数据类型。通过几何形状的类别、几何形状坐标、名称 ID 等信息来表示地点、铁路、线水系、面水系、行政区划、绿地和居民地等背景。

7.1.3 注记数据

注记数据主要通过字符串、显示位置、显示角度、显示等级等来表示地点名称、道路名称和背景数据名称等。

7.1.4 路网数据模型

路网数据由路网基本数据和路网扩展数据组成。

路网基本数据主要包括结点数据、道路属性数据、道路形状数据、道路连接数据、弧段序列数据、道路交通规则等,主要用于地图显示和路径规划。

路网扩展数据又分为结点扩展数据和道路扩展数据。结点扩展数据主要包括高速分岔引导数据、3D 结点引导数据、指路标志数据、辅路引导数据、车道信息等。道路扩展数据主要包括路线编号数据、单向通行数据、普通道路名称数据等。路网扩展数据主要用于路径引导。

7.1.5 路径规划区域框数据模型

路径规划区域框数据由层管理数据和路径规划区域框数据序列两部分构成。层管理数据主要包括路径规划数据区域所在层号、当前层中路径规划数据区域框序列数据的存放位置和数据长度。路径规划数据区域框序列数据包括:当前序列内路径规划数据区域的个数、每个路径规划区域框数据的存放位置和数据长度。路径规划区域框数据记录当前路径规划数据区域框的核心区域范围、重叠区域范围以及与相关格网的关系信息。

7.1.6 扩展数据模型

本地数据可以扩展。根据实际情况,扩展数据可分为两种:数据的扩展和数据种类的扩展。扩展数据主要由扩展数据是否存在标志、数据生产商 ID 和详细扩展数据组成。

本部分只提供扩展数据定义的基本框架,而具体扩展数据的结构的定义和解释由数据生产商自行制定。但是,本部分对道路数据和结点数据定义了部分扩展数据作为基础数据,各数据生产商可以对这部分数据添加自己的扩展数据。

7.2 存储模型

本地数据存储模型主要包括目录文件存储模型、全局数据文件存储模型和块数据存储模型。

7.2.1 目录文件存储模型

本部分采用目录和文件结构来管理和存储本地数据。本地数据采用三级目录结构:本地数据管理目录(LCL)\层管理目录(LEVEL)\一级图幅目录(一级图幅号),见图 24。

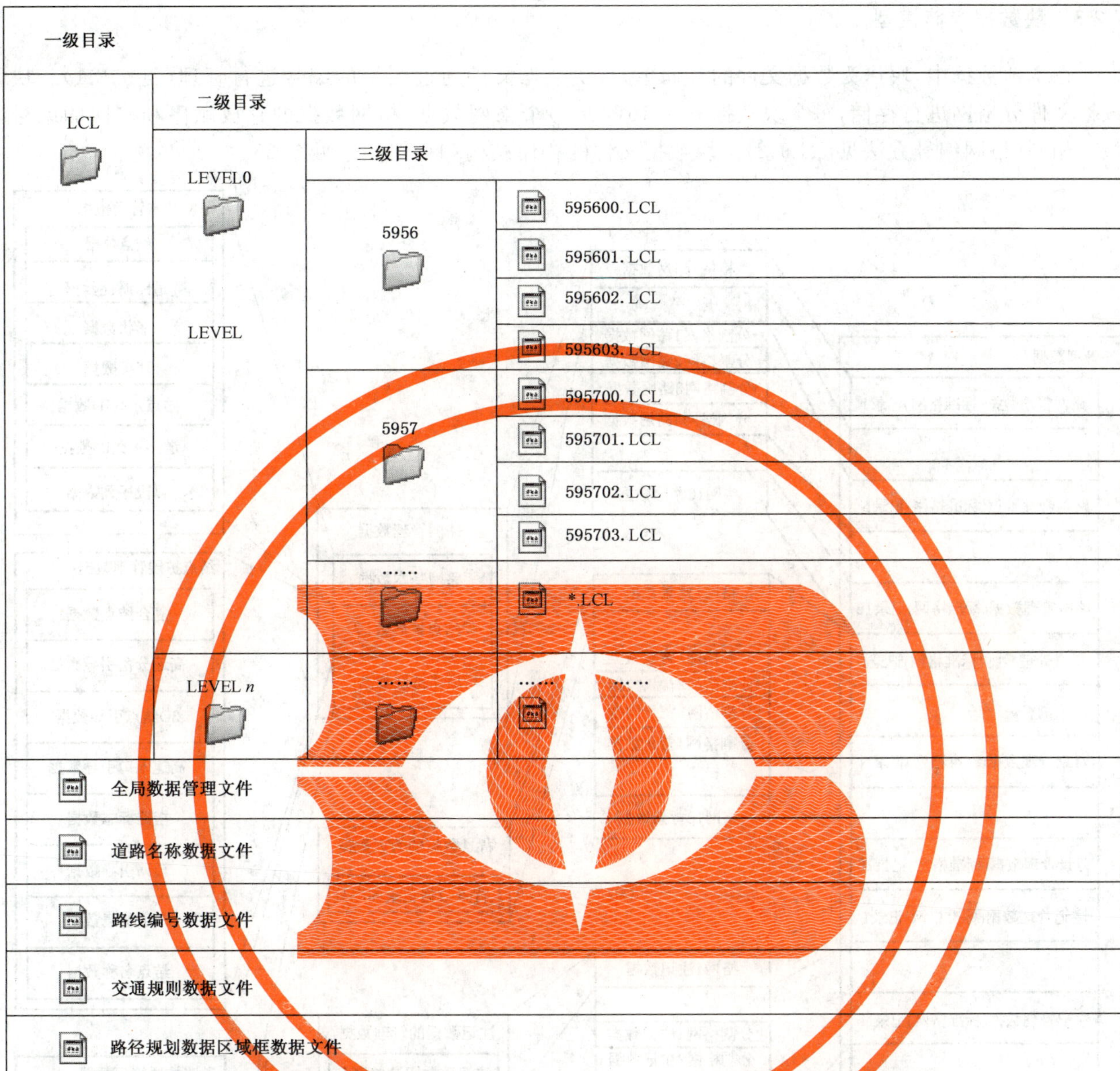

注 1：一级目录为本地数据的总目录，一级目录文件夹名称为“LCL”；

注 2：二级目录按照数据层存储数据，每个数据层中的数据存储在以数据层号命名的文件夹中，如文件夹“LEVEL n”，其中的 n 取值范围为 $0 \leqslant n \leqslant 5$；

注 3：三级目录以一级图幅为单位存储块数据文件，一级图幅号作为文件夹的名称。

图 24　目录文件存储模型示例图

7.2.2　全局数据文件存储模型

全局数据文件存储本地数据中的一些共用数据，如道路名称数据文件、交通规则数据文件等。全局管理数据文件主要记录全局数据文件名称和全局数据的偏移，通过这些信息可以定位各种全局数据。

路径规划区域框数据文件记录所有路径规划数据区域的数据范围以及和格网的对应关系。

本地数据格式中所涉及到的全局性的数据文件的存放目录和本地数据管理目录属于同一目录级别，见图 24。

7.2.3 块数据存储模型

在本地数据中,块作为数据文件的存储单元,块数据文件通过图幅的编号进行管理(见7.2.1)。块数据文件分格网进行存储,每个块数据分为16(4×4)个格网数据,格网数据的存放顺序和格网的编号顺序相同(格网编号方法见7.1.1.2)。块数据文件的存储结构和存储顺序见图25。

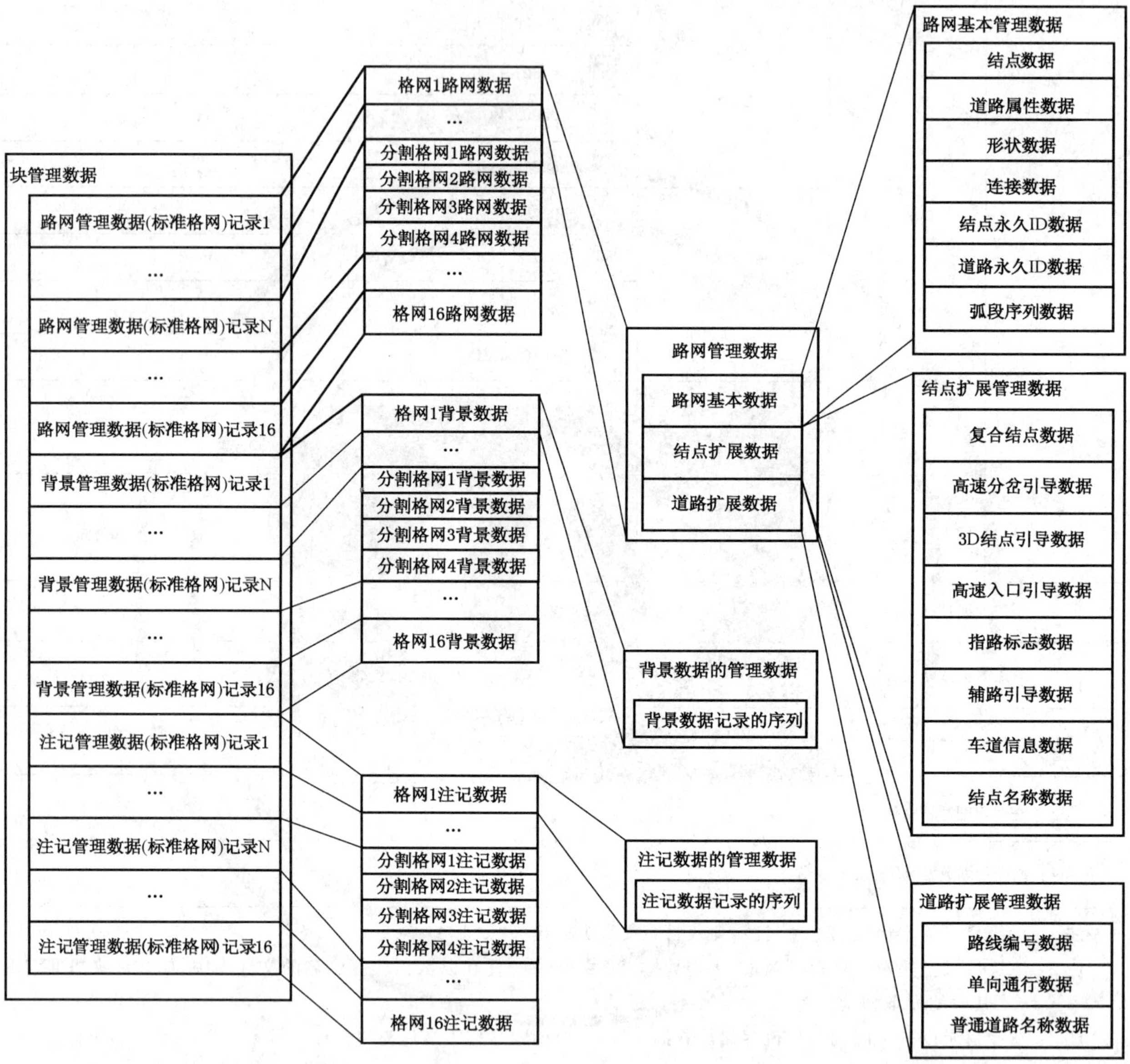

注1:图中第N个格网被分成4个分割格网。

注2:在块数据中,全部格网的路网数据都存储在同一块存储区内,各格网的路网数据存储区之间没有间隙。

注3:分割格网中各类型的数据的存储方法和标准格网相同。分割格网的各类型的数据存储在对应标准格网各类型数据的存储位置。

图25 块数据存储模型示意图

7.3 全局管理数据

全局管理数据根据情况可以分文件存储,也可以存成一个文件,具体内容见表12。

表 12　全局管理数据

序号	偏移量	数据长度	数据类型	项 目 名 称	说明	约束
1	0	1	N	数据标志	(1)	KEY
2	1	2	N	全局管理数据的长度		KEY
3	3	1	N	管理数据数		KEY
4	4	B1	—	管理数据 1(道路名称数据)		OPT
5	01	B2	—	管理数据 2(路线编号数据)		OPT
6	02	B3	—	管理数据 3(交通规则数据)		OPT
7	03	B4	—	管理数据 4(路径规划区域框数据)		OPT

表 12 中：

(1)　数据标志

设定为“1”。

7.3.1　管理数据

管理数据表记录全局数据的存储位置，包括全局数据的偏移量、数据长度和数据文件名称。管理数据格式见表 13。

表 13　管理数据

序号	偏移量	数据长度	数据类型	项 目 名 称	说明	约束
1	0	4	N	数据偏移量	(1)	KEY
2	4	4	N	数据长度	(2)	KEY
3	8	12	C	数据文件名称	(3)	NULL

表 13 中：

(1)　数据偏移量

表示数据的存放位置。当数据项[3]的文件名称有效时，表示从该数据文件的开头开始的偏移量。当为无效值时(用“0”填充)，表示从全局管理数据文件开头开始的偏移量。

(2)　数据长度

管理的数据的长度。

(3)　数据文件名称

当管理的数据为其他文件时，保存有效的文件名称。如果数据存储在全局管理数据文件中，则用“0”填充。

7.3.2　道路名称数据

道路名称数据通过指针进行管理。指针记录与道路名称数据的个数相同，每条指针记录对应一条道路名称数据，其格式见表 14。

表 14 道路名称数据

序号	偏移量	数据长度	数据类型	项目名称	说明	约束
1	0	1	N	数据标志	(1)	KEY
2	1	1	N	道路名称的长度		KEY
3	2	4	N	指针记录数	(2)	KEY
4	6	2	N	道路名称数据偏移量(从道路名称数据的开头开始的偏移量)		KEY
5	8	B1	—	指针记录的序列	(3)	OPT
6	01	B2	—	道路名称数据的序列	(4)	OPT

表 14 中：

(1) 数据标志

设定为“2”。

(2) 指针记录数

指针记录的序列中指针记录的个数。

(3) 指针记录的序列

指针记录的序列中每个指针记录单元的格式见表 15。

表 15 指针记录

序号	偏移量	数据长度	数据类型	项目名称	说明	约束
1	0	4	B∶N	名称 ID	(3-1)	KEY
2	4	4	N	指针	(3-2)	KEY

表 15 中：

(3-1) 名称 ID

全国范围内的道路名称永久 ID,其格式见表 16。

表 16 名称 ID

序号	位	内容	说明
1	31	删除标志	0:非删除;1:删除
2	30～0	名称 ID	

(3-2) 指针

从道路名称数据的开头开始,到该名称数据开头为止的偏移量。

(4) 道路名称数据的序列

道路名称数据的序列中每个道路名称数据单元的格式见表 17。

表 17　道路名称数据

序号	偏移量	数据长度	数据类型	项目名称	说明	约束
1	0	1	N	汉字名称文字长度		KEY
2	1	1	N	拼音字母长度		KEY
3	2	B1	CC	汉字名称		OPT
4	O1	B2	C	拼音字母		OPT
5	O2	1	B	本数据扩展存在标志	(4-1)	KEY
6	O3	B3	—	扩展数据	(4-2)	OPT

表 17 中：

(4-1)　本数据扩展存在标志

本数据扩展存在标志格式见表 57。

(4-2)　扩展数据

扩展数据格式见表 58。

7.3.3　路线编号数据

路线编号数据的格式见表 18。

表 18　路线编号数据

序号	偏移量	数据长度	数据类型	项目名称	说明	约束
1	0	1	N	数据标志	(1)	KEY
2	1	1	N	路线编号的长度		KEY
3	2	2	N	路线编号记录数		KEY
4	4	B1	—	路线编号记录的序列	(2)	OPT

表 18 中：

(1)　数据标志

设定为“3”。

(2)　路线编号记录的序列

路线编号记录的序列中每个路线编号记录单元的格式见表 19。

表 19　路线编号记录

序号	偏移量	数据长度	数据类型	项目名称	说明	约束
1	0	4	B：N	路线 ID	(2-1)	KEY
2	4	1	N	道路种类	(2-2)	KEY
3	5	4	N	路线编号		KEY
4	9	4	B：N	名称 ID	(2-3)	KEY

表 19 中：

(2-1)　路线 ID

全国范围内的路线永久 ID,其格式见表 20。

表 20 路线 ID

序号	位	内 容	说 明
1	31	删除标志	0:非删除;1:删除
2	30～0	路线 ID	

(2-2) 道路种类

道路种类数据格式见表 21。

表 21 道路种类

序号	位	内 容	说 明
1	7～4	道路功能等级代码	见第 A.1 章
2	3～0	(保留)	

(2-3) 名称 ID

其格式见表 16。

7.3.4 交通规则数据

交通规则数据采用指针的方式进行存储管理。指针记录与交通规则数据的个数相同,每条指针记录对应一条交通规则数据,见表 22。

表 22 交通规则数据

序号	偏移量	数据长度	数据类型	项 目 名 称	说明	约束
1	0	8	—	交通规则管理数据	(1)	KEY
2	8	B1	—	指针记录的序列	(2)	OPT
3	01	B2	—	交通规则数据的序列	(3)	OPT

表 22 中:

(1) 交通规则管理数据

交通规则管理数据交通规则的管理数据,包括:管理数据的长度、指针记录数、偏移量和交通规则数据的长度,其格式见表 23。

表 23 交通规则管理数据

序号	偏移量	数据长度	数据类型	项 目 名 称	说明	约束
1	0	1	N	数据标志	(1-1)	KEY
2	1	1	N	管理数据的长度	(1-2)	KEY
3	2	2	N	指针记录数		KEY
4	4	2	N	交通规则数据偏移量(从交通规则数据的开头开始的偏移量)		KEY
5	6	2	N	交通规则数据的长度		KEY

表 23 中：

(1-1) 数据标志

设定为“4”。

(1-2) 管理数据的长度

将管理数据的长度做为偏移量。

(2) 指针记录的序列

指针记录的序列中每个指针记录单元的格式见表 24。

表 24 指针记录

序号	偏移量	数据长度	数据类型	项目名称	说明	约束
1	0	2	N	交通规则 ID	(2-1)	KEY
2	2	2	N	指针	(2-2)	KEY

表 24 中：

(2-1) 交通规则 ID

在全国范围内作为永久值。

(2-2) 指针

从交通规则数据开头开始的位置。

(3) 交通规则数据的序列

交通规则数据的序列中每个交通规则数据单元的格式见表 25 和表 26。

表 25 交通规则数据

序号	偏移量	数据长度	数据类型	项目名称	说明	约束
1	0	1	N	交通规则数据数		KEY
2	1	B1	—	交通规则数据的序列	(3-1)	OPT

表 25 中：

(3-1) 交通规则数据的序列

交通规则数据的序列中每个交通规则数据单元的格式见表 26。

表 26 交通规则数据

序号	偏移量	数据长度	数据类型	项目名称	说明	约束
1	0	6	N	交通规则数据	见附录 B	KEY

7.3.5 路径规划区域框数据

路径规划区域框数据根据 PSF 进行分层，其格式见表 27。

表 27 路径规划区域框数据管理数据

序号	偏移量	数据长度	数据类型	项目名称	说明	约束
1	0	1	N	层的个数		KEY
2	1	B1	—	层管理数据的序列	(1)	KEY
3	01	B2	—	路径规划区域框数据的序列	(2)	KEY

表 27 中：

(1) 层管理数据的序列

层管理数据的序列中每条层管理数据单元的格式见表 28。

表 28 层管理数据

序号	偏移量	数据长度	数据类型	项 目 名 称	说明	约束
1	0	1	I	层号		KEY
2	1	3	N	到路径规划区域框数据的偏移量	(1-1)	KEY
3	4	2	N	路径规划区域框数据的管理数据的长度	(1-2)	KEY

表 28 中：

(1-1) 到路径规划区域框数据的偏移量

表示从路径规划区域框数据管理的开头开始的偏移量。

(1-2) 路径规划区域框数据的管理数据的长度

表示数据项[2]所指向的路径规划区域框数据的管理数据的长度。

(2) 路径规划区域框数据的序列

路径规划区域框数据的序列中每条路径规划区域框数据单元的格式见表 29，由路径规划区域框管理数据和路径规划区域框数据序列两部分组成，其格式分别见表 30 和表 32。

表 29 路径规划区域框数据

序号	偏移量	数据长度	数据类型	项 目 名 称	说明	约束
1	0	B1	—	路径规划区域框管理数据	(2-1)	KEY
2	01	B2	—	路径规划区域框数据序列	(2-2)	KEY

表 29 中：

(2-1) 路径规划区域框管理数据

路径规划区域框管理数据格式见表 30。

表 30 路径规划区域框管理数据

序号	偏移量	数据长度	数据类型	项 目 名 称	说明	约束
1	0	2	N	路径规划数据区域框数		KEY
2	2	3	N	到路径规划区域框数据序列的偏移量	(2-1-1)	KEY
3	5	B1	—	路径规划区域框数据管理数据的序列	(2-1-2)	KEY

表 30 中：

(2-1-1) 到路径规划区域框数据序列的偏移量

表示从当前层的路径规划区域框数据的开头开始的偏移量。

(2-1-2) 路径规划区域框数据管理数据的序列

路径规划区域框数据管理数据的格式见表 31。

表 31 路径规划区域框数据管理数据

序号	偏移量	数据长度	数据类型	项 目 名 称	说明	约束
1	0	2	N	路径规划数据区域号码		KEY
2	2	3	N	到路径规划数据区域框记录的偏移量	(2-1-2-1)	KEY
3	5	2	N	路径规划数据区域框记录的长度		KEY

表 31 中：

(2-1-2-1) 到路径规划数据区域框记录的偏移量

表示从当前层的路径规划区域框数据序列的开头开始的偏移量。

(2-2) 路径规划区域框数据序列

路径规划区域框数据序列中每条路径规划区域框数据单元的格式见表 32。

表 32 路径规划区域框数据序列

序号	偏移量	数据长度	数据类型	项 目 名 称	说明	约束
1	0	B1	N	路径规划数据区域框记录的序列	(2-2-1)	KEY

表 32 中：

(2-2-1) 路径规划数据区域框记录的序列

路径规划数据区域框记录的序列中每个路径规划数据区域框记录单元的格式见表 33。

表 33 路径规划数据区域框记录

序号	偏移量	数据长度	数据类型	项 目 名 称	说明	约束
1	0	4	PID	路径规划核心数据区域左下经度坐标	(2-2-1-1)	KEY
2	4	4	PID	路径规划核心数据区域左下纬度坐标	(2-2-1-1)	KEY
3	8	4	PID	路径规划核心数据区域右上经度坐标	(2-2-1-1)	KEY
4	12	4	PID	路径规划核心数据区域右上纬度坐标	(2-2-1-1)	KEY
5	16	4	PID	路径规划重叠数据区域左下经度坐标	(2-2-1-1)	KEY
6	20	4	PID	路径规划重叠数据区域左下纬度坐标	(2-2-1-1)	KEY
7	24	4	PID	路径规划重叠数据区域右上经度坐标	(2-2-1-1)	KEY
8	28	4	PID	路径规划重叠数据区域右上纬度坐标	(2-2-1-1)	KEY
9	32	4	N：B：N：N	对应左下角格网 ID		KEY
10	36	2	N	经度方向格网数		KEY
11	38	2	N	纬度方向格网数		KEY
12	40	B1	—	道路数据存在标志的序列	(2-2-1-2)	KEY

表 33 中：

(2-2-1-1) 经度坐标、纬度坐标

存储的是绝对坐标，单位是(1/64)″。

(2-2-1-2) 道路数据存在标志的序列

道路数据存在标志的序列中道路数据存在标志单元的个数等于经度方向格网数×纬度方向格网数。每个标志对应一个数据位。按照从左下开始到右上的顺序依次进行设定。格网数据存在道路数据时设为“1”,不存在道路数据设为“0”;当道路数据存在标志的个数不等于8的整数倍时,不足的位用“0”来填充。

7.4 块数据

块数据包括块管理数据和块内各格网的路网数据、背景数据、注记数据和扩展数据,其格式见表34。

表34 块数据

序号	偏移量	数据长度	数据类型	项目名称	说明	约束
1	0	41	—	块管理数据		KEY
2	41	B1	—	路网数据的格网管理数据		KEY
3	01	B2	—	背景数据的格网管理数据		KEY
4	02	B3	—	注记数据的格网管理数据		KEY
5	03	B4	—	路网扩展数据的格网管理数据		KEY

7.4.1 块管理数据

块的管理数据的格式见表35。

表35 块管理数据

序号	偏移量	数据长度	数据类型	项目名称	说明	约束
1	0	1	N	数据标志	(1)	KEY
2	1	4	N	块号		KEY
3	5	2	N	块管理数据长度		KEY
4	7	2	N:N:N:N	版本号码	(2)	KEY
5	9	3	N	到路网管理数据的偏移量	(3)	KEY
6	12	2	N	路网管理数据的长度	(4)	KEY
7	14	3	N	到路网数据开头的偏移量	(5)	KEY
8	17	3	N	到背景管理数据的偏移量	(6)	KEY
9	20	2	N	背景管理数据的长度	(7)	KEY
10	22	3	N	到背景数据开头的偏移量	(8)	KEY
11	25	3	N	到注记管理数据的偏移量	(9)	KEY
12	28	2	N	注记管理数据的长度	(10)	KEY
13	30	3	N	到注记数据开头的偏移量	(11)	KEY
14	33	3	N	到扩展管理数据的偏移量	(12)	KEY
15	36	2	N	扩展管理数据的长度	(13)	KEY
16	38	3	N	到扩展数据开头的偏移量	(14)	KEY

表 35 中：

(1) 数据标志

设定为“5”。

(2) 版本号码

版本号码的格式见表 50。

(3) 到路网管理数据的偏移量

从块数据文件的开头开始到路网格网管理数据的开头为止的偏移量。

当无路网数据时，设定为“0xFFFFFF”。

(4) 路网管理数据的长度

包括路网数据的标准和分割格网管理数据的总长度。

当无路网数据时，设定为“0”。

(5) 到路网数据开头的偏移量

从块数据文件的开头开始到路网数据的开头为止的偏移量。

当无路网数据时，设定为“0xFFFFFF”。

(6) 到背景管理数据的偏移量

从块数据文件的开头开始到背景管理数据的开头为止的偏移量。

当无背景数据时，设定为“0xFFFFFF”。

(7) 背景管理数据的长度

包含了背景数据的标准和分割格网管理数据的总长度。

当无背景数据时，设定为“0”。

(8) 到背景数据开头的偏移量

从块数据文件的开头开始到背景数据的开头为止的偏移量。

当无背景数据时，设定为“0xFFFFFF”。

(9) 到注记管理数据的偏移量

从块数据文件的开头开始到注记管理数据的开头为止的偏移量。

当无注记数据时，设定为“0xFFFFFF”。

(10) 注记管理数据的长度

包含了注记数据的标准和分割格网管理数据的总长度。

当无注记数据时，设定为“0”。

(11) 到注记数据开头的偏移量

从块数据文件的开头开始到注记数据的开头为止的偏移量位置。

当无注记数据时，设定为“0xFFFFFF”。

(12) 到扩展管理数据的偏移量

从块数据文件的开头开始到扩展管理数据的开头为止的偏移量。

当无扩展数据时，设定为“0xFFFFFF”。

(13) 扩展管理数据的长度

包含了扩展数据的标准和分割格网管理数据的总长度。

当无扩展数据时，设定为“0”。

(14) 到扩展数据开头的偏移量

从块数据文件的开头开始到扩展数据的开头为止的偏移量位置。

当无扩展数据时，设定为“0xFFFFFF”。

7.4.2 路网管理数据

路网数据按格网进行存储，其格式见表 36。

表 36 路网管理数据

序号	偏移量	数据长度	数据类型	项目名称	说明	约束
1	0	B1	—	路网管理数据（标准格网）记录的序列	(1)	KEY
2	01	B2	—	路网管理数据（分割格网）记录的序列	(2)	OPT

表 36 中：

(1) 路网管理数据（标准格网）记录的序列

在当前块中，当一个以上的格网里有路网数据时、路网管理数据（标准格网）记录为 16 个序列，否则，没有路网管理数据（标准格网）记录的序列。路网管理数据（标准格网）记录的序列中每个路网管理数据（标准格网）数据单元的格式见表 37。

表 37 路网管理数据（标准格网）记录

序号	偏移量	数据长度	数据类型	项目名称	说明	约束
1	0	3	N	到路网基本数据（标准格网）的偏移量	(1-1)	KEY
2	3	3	N	路网基本数据（标准格网）的长度	(1-1)	KEY
3	6	3	N	结点扩展数据（标准格网）的长度		KEY
4	9	3	N	道路扩展数据（标准格网）的长度		KEY

表 37 中：

(1-1) 从路网数据的开头开始的偏移量

当偏移量为"0xFFFFFF"、长度是"0"时，表示在此标准格网中无数据。

当偏移量不是"0xFFFFFF"、长度是"0"时，表示有分割数据。此时的偏移量表示从路网数据管理数据的开头开始，到当前标准格网的路网管理数据（分割格网）记录开头为止的偏移量。

(2) 路网管理数据（分割格网）记录的序列

对于一个分割格网，存在 4 个路网管理数据（分割格网）记录。块内的各格网的数据按图 23 所示的顺序记录。背景数据、注记数据也按相同的顺序记录。路网管理数据（分割格网）记录的序列中每个路网管理数据（分割格网）数据单元的格式见表 38。

表 38 路网管理数据（分割格网）记录

序号	偏移量	数据长度	数据类型	项目名称	说明	约束
1	0	3	N	到路网数据（分割格网）的偏移量	(2-1)	OPT
2	3	3	N	路网数据（分割格网）的长度	(2-1)	OPT
3	6	3	N	结点扩展数据（分割格网）的长度		OPT
4	9	3	N	道路扩展数据（分割格网）的长度		OPT

表 38 中：

(2-1) 到路网数据(分割格网)的偏移量和路网数据(分割格网)的长度

当分割格网中无数据时,偏移量为“0xFFFFFF”、长度为“0”。

路网数据、路网扩展(结点扩展和道路扩展)数据的记录顺序与标准格网相同。

7.4.3 背景管理数据

背景数据分格网进行管理(见表39)。

表39 背景管理数据

序号	偏移量	数据长度	数据类型	项目名称	说明	约束
1	0	B1	—	背景管理数据(标准格网)记录的序列	(1)	KEY
2	01	B2	—	背景管理数据(分割格网)记录的序列	(2)	OPT

表39中:

(1) 背景管理数据(标准格网)记录的序列

在当前块中,当一个以上的格网里有背景数据时,背景管理数据(标准格网)记录为16个,否则没有背景管理数据(标准格网)记录的序列。背景管理数据(标准格网)记录的序列中每个背景管理数据(标准格网)记录单元的格式见表40。

表40 背景管理数据(标准格网)

序号	偏移量	数据长度	数据类型	项目名称	说明	约束
1	0	3	N	到背景数据(标准格网)的偏移量	(1-1)	KEY
2	3	3	N	背景数据(标准格网)的长度	(1-1)	KEY

表40中:

(1-1) 到背景数据(标准格网)的偏移量和背景数据(标准格网)的长度

当偏移量为“0xFFFFFF”、长度为“0”时,表示在此标准格网中无数据。

当偏移量不为“0xFFFFFF”、长度为“0”时,表示有分割数据。此时的偏移量被设定为从背景数据管理数据的开头开始,到背景管理数据(标准格网)记录开始为止的偏移量。

(2) 背景管理数据(分割格网)记录的序列

对于一个分割格网,存在4个背景管理数据(分割格网)记录。背景管理数据(分割格网)记录的序列中每个背景管理数据(分割格网)记录单元的格式见表41。

表41 背景管理数据(分割格网)

序号	偏移量	数据长度	数据类型	项目名称	说明	约束
1	0	3	N	到背景数据(分割格网)的偏移量	(2-1)	OPT
2	3	3	N	背景数据(分割格网)的长度	(2-1)	OPT

表41中:

(2-1) 到背景数据(分割格网)数据的偏移量和背景数据(分割格网)数据的长度

当本分割格网中无数据时,偏移量为“0xFFFFFF”、长度为“0”。

7.4.4 注记管理数据

注记数据分格网进行存储,其格式见表42。

表 42 注记管理数据

序号	偏移量	数据长度	数据类型	项 目 名 称	说明	约束
1	0	B1	—	注记管理数据(标准格网)记录的序列	(1)	KEY
2	01	B2	—	注记管理数据(分割格网)记录的序列	(2)	OPT

表 42 中：

(1) 注记管理数据(标准格网)记录的序列

在块数据中,当存在一个或者以上的注记数据(标准格网)时,注记管理数据(标准格网)记录为 16 个,否则没有注记管理数据(标准格网)记录的序列。注记管理数据(标准格网)记录的序列中每个注记管理数据(标准格网)记录单元的格式见表 43。

表 43 注记管理数据(标准格网)

序号	偏移量	数据长度	数据类型	项 目 名 称	说明	约束
1	0	3	N	到注记数据(标准格网)的偏移量	(1-1)	KEY
2	3	3	N	注记数据(标准格网)的长度	(1-1)	KEY

表 43 中：

(1-1) 到注记数据(标准格网)的偏移量和注记数据(标准格网)的长度

当偏移量为"0xFFFFFF"、长度为"0"时,表示在此标准格网中无数据。

当偏移量不为"0xFFFFFF"、长度为"0"时,表示有分割数据。此时的偏移量被设定为从注记管理数据的开头开始,到本标准格网的注记管理数据(分割格网)记录开始为止的偏移量。

(2) 注记管理数据(分割格网)记录的序列

每 4 个注记管理数据(分割格网)管理一个注记数据(分割格网)。注记管理数据(分割格网)记录的序列中每个注记管理数据(分割格网)记录单元的格式见表 44。

表 44 注记管理数据(分割格网)

序号	偏移量	数据长度	数据类型	项 目 名 称	说明	约束
1	0	3	N	到注记数据(分割格网)的偏移量	(2-1)	OPT
2	3	3	N	注记数据(分割格网)的长度	(2-1)	OPT

表 44 中：

(2-1) 到注记数据(分割格网)数据的偏移量和注记数据(分割格网)数据的长度

当分割格网中无数据时,偏移量为"0xFFFFFF"、长度为"0"。

7.4.5 扩展管理数据

扩展数据以格网为单位进行管理,其格式见表 45。

表 45 扩展管理数据

序号	偏移量	数据长度	数据类型	项 目 名 称	说明	约束
1	0	2	N	数据生产商标志	(1)	KEY
2	2	B1	—	扩展管理数据(标准格网)记录的序列	(2)	KEY
3	01	B2	—	扩展管理数据(分割格网)记录的序列	(3)	OPT

表 45 中:

(1) 数据生产商标志

地图提供商的代码,这是为了区分不同的地图提供商,代码由各地图提供商自己定义。

(2) 扩展管理数据(标准格网)记录的序列

在块数据中,当存在一个或者扩展数据(标准格网)时,扩展管理数据(标准格网)记录为 16 个,否则没有扩展管理数据(标准格网)记录的序列。扩展管理数据(标准格网)记录的序列中每个扩展管理数据(标准格网)记录单元的格式见表 46。

表 46 扩展管理数据(标准格网)

序号	偏移量	数据长度	数据类型	项 目 名 称	说明	约束
1	0	3	N	到扩展数据(标准格网)的偏移量	(2-1)	KEY
2	3	3	N	扩展数据(标准格网)的长度	(2-1)	KEY

表 46 中:

(2-1) 到扩展数据(标准格网)数据的偏移量和扩展数据(标准格网)数据的长度

当偏移量为"0xFFFFFF"、长度为"0"时,表示在此标准格网中无数据。

当偏移量不为"0xFFFFFF"、长度为"0"时,表示有分割数据。此时的偏移量被设定为从扩展数据管理数据的开头开始,到标准格网的扩展管理数据(分割格网)记录开始为止的偏移量。

(3) 扩展管理数据(分割格网)记录的序列

每 4 个扩展管理数据(分割格网)管理一个扩展数据(分割格网)。扩展管理数据(分割格网)记录的序列中每个扩展管理数据(分割格网)记录单元的格式见表 47。

表 47 扩展管理数据(分割格网)

序号	偏移量	数据长度	数据类型	项 目 名 称	说明	约束
1	0	3	N	到扩展数据(分割格网)数据的偏移量	(3-1)	OPT
2	3	3	N	扩展数据(分割格网)数据的长度	(3-1)	OPT

表 47 中:

(3-1) 到扩展数据(分割格网)数据的偏移量和扩展数据(分割格网)数据的长度

当分割格网中无扩展数据时,偏移量为"0xFFFFFF"、长度为"0" 。

7.5 路网基本数据

路网基本数据主要由结点数据、道路数据组成。道路数据包括道路属性数据、道路形状数据、道路连接数据、永久 ID 数据和弧段序列数据。路网基本数据的格式见表 48。

表 48 路网基本数据

序号	偏移量	数据长度	数据类型	项目名称	说明	约束
1	0	55	—	路网基本管理数据		KEY
2	55	B1	—	结点数据		KEY
3	01	B2	—	道路属性数据		KEY
4	02	B3	—	道路形状数据		KEY
5	03	B4	—	道路连接数据		KEY
6	04	B5	—	结点永久 ID 数据		KEY
7	05	B6	—	弧段永久 ID 数据		KEY
8	06	B7	—	弧段序列数据		KEY

7.5.1 管理数据

包括路网基本数据的版本号、路网各种数据的偏移量和长度等。管理数据格式见表 49。

表 49 管理数据

序号	偏移量	数据长度	数据类型	项目名称	说明	约束
1	0	1	N	数据标志	(1)	KEY
2	1	4	N：B：N：N	格网 ID	(2)	KEY
3	5	2	N	管理数据长度	(3)	KEY
4	7	2	N：N：N：N	版本号码(TYPE0)	(4)	KEY
5	9	2	N：N：N：N	版本号码(TYPE1)	(4)	KEY
6	11	2	N：N：N：N	版本号码(TYPE2)	(4)	KEY
7	13	3	N	结点数据偏移量	(5)	KEY
8	16	3	N	结点数据的长度		KEY
9	19	3	N	道路属性数据偏移量	(5)	KEY
10	22	3	N	道路属性数据的长度		KEY
11	25	3	N	道路形状数据偏移量	(5)	KEY
12	28	3	N	道路形状数据的长度		KEY
13	31	3	N	道路连接数据偏移量	(5)	KEY
14	34	3	N	道路连接数据的长度		KEY
15	37	3	N	结点永久 ID 数据偏移量	(5)	KEY
16	40	3	N	结点永久 ID 数据的长度		KEY
17	43	3	N	弧段永久 ID 数据偏移量	(5)	KEY
18	46	3	N	弧段永久 ID 数据的长度		KEY
19	49	3	N	弧段序列数据的偏移量	(5)	KEY
20	52	3	N	弧段序列数据的长度		KEY

表 49 中：

(1) 数据标志

设定为“6”。

(2) 格网 ID

设定当前数据的本地保存格网位置。格网 ID 格式见表 6。

(3) 管理数据长度

路网基本管理数据的长度。

(4) 版本号码

版本号码定义见表 50。

表 50 版本号码

序号	位	内容	说明
1	15～11	更新年	(4-1)
2	10～7	更新月	
3	6～2	更新日	
4	1～0	设定变更号码	(4-2)

表 50 中：

(4-1) 更新年

从 2000 年开始的经过的年份。

(4-2) 设定变更号码

在更新日内的变更次数，从“0”开始设定。

(5) 偏移量

从路网基本数据的开头开始、到当前数据的开头为止的偏移量。

7.5.2 结点数据

结点数据按其所在格网中的位置，划分为一般结点和边界结点，具体说明参见附录 C。结点数据的格式见表 51。

表 51 结点数据

序号	偏移量	数据长度	数据类型	项目名称	说明	约束
1	0	16	—	结点管理数据		KEY
2	16	B1	—	一般结点数据(TYPE0)的序列		KEY
3	01	B2	—	一般结点数据(TYPE1)的序列		KEY
4	02	B3	—	一般结点数据(TYPE2)的序列		KEY
5	03	B4	—	边界结点数据(TYPE0)的序列		KEY
6	04	B5	—	边界结点数据(TYPE1)的序列		KEY
7	05	B6	—	边界结点数据(TYPE2)的序列		KEY

注：TYPE0——TYPE0 道路上的结点。
TYPE1——TYPE1 道路上的结点。
TYPE2——TYPE2 道路上的结点。

7.5.2.1 结点管理数据

结点管理数据格式见表52。

表52 结点管理数据

序号	偏移量	数据长度	数据类型	项目名称	说明	约束
1	0	1	N	数据标志	(1)	KEY
2	1	1	N	管理数据的长度(一般结点数据偏移量)	(2)	KEY
3	2	2	N	一般结点数据数(TYPE0)		KEY
4	4	2	N	一般结点数据数(TYPE1)		KEY
5	6	2	N	一般结点数据数(TYPE2)		KEY
6	8	2	N	边界结点数据偏移量	(3)	KEY
7	10	2	N	边界结点数据数(TYPE0)		KEY
8	12	2	N	边界结点数据数(TYPE1)		KEY
9	14	2	N	边界结点数据数(TYPE2)		KEY

表52中：

(1) 数据标志

设定为"7"。

(2) 管理数据的长度(一般结点数据偏移量)

将管理数据的长度做为偏移量。从结点数据的开头到一般结点数据开头为止的偏移量。

(3) 边界结点数据偏移量

从结点数据的开头开始到边界结点数据开头为止的偏移量。

7.5.2.2 一般结点数据

7.5.2.2.1 TYPE0 的一般结点数据

描述TYPE0道路上的一般结点。TYPE0的一般结点数据的格式见表53。

表53 TYPE0 的一般结点数据

序号	偏移量	数据长度	数据类型	项目名称	说明	约束
1	0	2	NZ	经度坐标	(1)	KEY
2	2	2	NZ	纬度坐标	(1)	KEY
3	4	2	B	结点扩展数据存在标志	(2)	KEY
4	6	1	B	结点信息:RDL代码(用于路径规划数据区域)	(3)	KEY
5	7	1	B	本数据扩展存在标志	(4)	KEY
6	8	B1	—	扩展数据	(5)	OPT

表 53 中：

(1) 经度坐标、纬度坐标

存储正规化坐标，每层中格网设定的正规化坐标范围见表 11。

(2) 结点扩展数据存在标志

表示结点对应的各种扩展数据是否存在的标志，格式见表 54。

表 54 结点扩展数据存在标志

序号	位	内容	说明
1	15	复合结点数据存在标志	0:不存在;1: 存在
2	14	高速分岔引导数据存在标志	0:不存在;1: 存在
3	13	3D 结点引导数据存在标志	0:不存在;1: 存在
4	12	高速入口引导数据存在标志	0:不存在;1: 存在
5	11	指路标志数据存在标志	0:不存在;1: 存在
6	10	辅路引导数据存在标志	0:不存在;1: 存在
7	9	车道信息存在标志	0:不存在;1: 存在
8	8	结点名称数据存在标志	0:不存在;1: 存在
9	7～0	(保留)	

(3) 结点信息

结点信息的格式见表 55。

表 55 结点信息

序号	位	内 容	说 明
1	7	边界结点标志	0: 非边界结点;1: 是边界结点
2	6	收费站标志	0: 非收费站;1: 是收费站
3	5	红绿灯标志	0: 非红绿灯;1: 是红绿灯
4	4	虚设点标志	0: 非虚设点;1: 是虚设点
5	3～1	RDL 代码	(3-1)
6	0	(保留)	

表 55 中：

(3-1) RDL 代码

RDL 是进行路网分层的依据，预设七层，最多可以容纳八层。RDL 代码见表 56。

表 56 RDL 代码

序号	代码(10 进制数值)	内容	说明
1	0	(保留)	
2	1	RDL 1	
3	2	RDL 2	
4	3	RDL 3	
5	4	RDL 4	
6	5	RDL 5	
7	6	RDL 6	
8	7	RDL 7	

(4) 本数据扩展存在标志

本数据扩展存在标志格式见表 57。

表 57 本数据扩展存在标志

序号	位	内　　容	说　　明
1	7	本数据扩展存在标志	0:不存在;1:存在
2	6～0	(保留)	

(5) 扩展数据

扩展数据格式见表 58。

表 58 扩展数据

序号	偏移量	数据长度	数据类型	项 目 名 称	说明	约束
1	0	2	N	数据生产商标志	(5-1)	KEY
2	2	B1	—	扩展数据详细内容	(5-2)	KEY

表 58 中:

(5-1) 数据生产商标志

区分不同地图提供商的地图提供商代码,代码由各地图提供商自己定义。

(5-2) 扩展数据详细内容

由地图数据提供商具体定义。

7.5.2.2.2 TYPE1 的一般结点数据

描述 TYPE1 道路上的一般结点。TYPE1 的一般结点数据的格式见表 59。

表 59　TYPE1 的一般结点数据

序号	偏移量	数据长度	数据类型	项 目 名 称	说明	约束
1	0	2	NZ	经度坐标(格网左下基准)	(1)	KEY
2	2	2	NZ	纬度坐标(格网左下基准)	(1)	KEY
3	4	2	B	结点扩展数据存在标志	(1)	KEY
4	6	1	B	结点信息	(1)	KEY
5	7	1	B	本数据扩展存在标志	(1)	KEY
6	8	B1	—	扩展数据	(1)	OPT

表 59 中：

(1)　TYPE1 的一般结点数据的格式

各项目的内容同 7.5.2.2.1。

7.5.2.2.3　TYPE2 的一般结点数据

描述 TYPE2 道路上的一般结点。TYPE2 的一般结点数据的格式见表 60。

表 60　TYPE2 的一般结点数据

序号	偏移量	数据长度	数据类型	项 目 名 称	说明	约束
1	0	2	NZ	经度坐标(格网左下基准)	(1)	KEY
2	2	2	NZ	纬度坐标(格网左下基准)	(1)	KEY
3	4	1	B	本数据扩展存在标志	(1)	KEY
4	5	B1	—	扩展数据	(1)	OPT

表 60 中：

(1)　TYPE2 的一般结点数据的格式

各项目的内容同 7.5.2.2.1。

7.5.2.3　边界结点数据

7.5.2.3.1　TYPE0 的边界结点数据

描述 TYPE0 道路上的边界结点。TYPE0 的边界结点数据的格式见表 61。

表 61　TYPE0 的边界结点数据

序号	偏移量	数据长度	数据类型	项 目 名 称	说明	约束
1	0	2	NZ	经度坐标(格网左下基准)	(1)	KEY
2	2	2	NZ	纬度坐标(格网左下基准)	(1)	KEY
3	4	2	B	结点扩展数据存在标志	(1)	KEY
4	6	1	B	结点信息	(1)	KEY
5	7	1	N	邻接格网位置	(2)	KEY

表 61（续）

序号	偏移量	数据长度	数据类型	项 目 名 称	说明	约束
6	8	1	B	本数据扩展存在标志	(1)	KEY
7	9	B1	—	扩展数据	(1)	OPT

表 61 中：

(1) TYPE0 的边界结点数据的格式

各项目的内容同 7.5.2.2.1。

(2) 邻接格网位置

当结点处于当前格网的边界时，按其所处的位置设定邻接格网位置字段为“1”，见图 26。

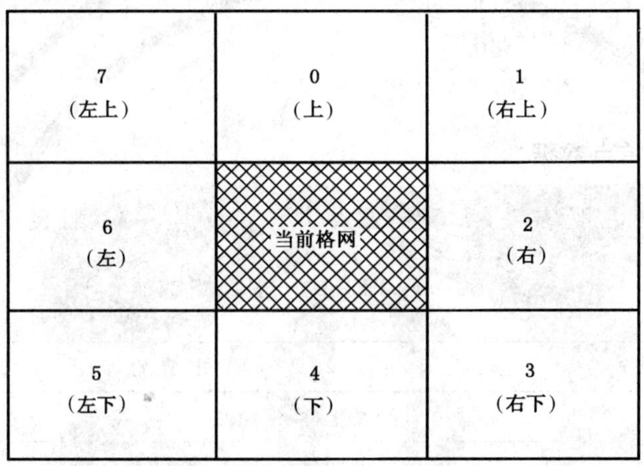

图 26　邻接格网位置示意图

7.5.2.3.2　TYPE1 的边界结点数据

描述 TYPE1 道路上的边界结点。TYPE1 的边界结点数据的格式见表 62。

表 62　TYPE1 的边界结点数据

序号	偏移量	数据长度	数据类型	项 目 名 称	说明	约束
1	0	2	NZ	经度坐标(格网左下基准)	(1)	KEY
2	2	2	NZ	纬度坐标(格网左下基准)	(1)	KEY
3	4	2	B	结点扩展数据存在标志	(1)	KEY
4	6	1	B	结点信息	(1)	KEY
5	7	1	N	邻接格网位置	(1)	KEY
6	8	1	B	本数据扩展存在标志	(1)	KEY
7	9	B1	—	扩展数据	(1)	OPT

表 62 中：

(1) TYPE1 的边界结点数据的格式

各项目的内容同表 61。

7.5.2.3.3 TYPE2 的边界结点数据

描述 TYPE2 道路上的边界结点。TYPE2 的边界结点数据的格式见表 63。

表 63 TYPE2 的边界结点数据

序号	偏移量	数据长度	数据类型	项 目 名 称	说明	约束
1	0	2	NZ	经度坐标(格网左下基准)	(1)	KEY
2	2	2	NZ	纬度坐标(格网左下基准)	(1)	KEY
3	4	1	N	邻接格网位置	(1)	KEY
4	5	1	B	本数据扩展存在标志	(1)	KEY
5	6	B1	—	扩展数据	(1)	OPT

表 63 中:

(1) TYPE2 的边界结点数据的格式

各项目的内容同表 61。

7.5.3 道路属性数据

TYPE0、TYPE1、TYPE2 的道路属性数据分别存放,其格式见表 64。

表 64 道路属性数据

序号	偏移量	数据长度	数据类型	项 目 名 称	说明	约束
1	0	8	—	道路属性管理数据		KEY
2	8	B1	—	TYPE0 的道路属性数据的序列		KEY
3	01	B2	—	TYPE1 的道路属性数据的序列		KEY
4	02	B3	—	TYPE2 的道路属性数据的序列		KEY

7.5.3.1 道路属性管理数据

道路属性管理数据格式见表 65。

表 65 道路属性管理数据

序号	偏移量	数据长度	数据类型	项 目 名 称	说明	约束
1	0	1	N	数据标志	(1)	KEY
2	1	1	N	管理数据的长度(道路属性数据偏移量)		KEY
3	2	2	N	TYPE0 的道路属性数据数		KEY
4	4	2	N	TYPE1 的道路属性数据数		KEY
5	6	2	N	TYPE2 的道路属性数据数		KEY

表 65 中:

(1) 数据标志

设定为“8”。

7.5.3.2 道路属性数据

7.5.3.2.1 TYPE0 的道路属性数据

描述全国骨干道路,TYPE0 的道路属性数据的格式见表 66。

表 66 TYPE0 的道路属性数据

序号	偏移量	数据长度	数据类型	项 目 名 称	说明	约束
1	0	2	B∶N∶N	起始结点 ID	(1)	KEY
2	2	2	B∶N∶N	终止结点 ID	(1)	KEY
3	4	2	B∶B∶B∶B∶B∶B∶B∶B∶B∶B∶B	各种标志	(2)	KEY
4	6	2	B∶B∶B	道路扩展数据存在标志	(3)	KEY
5	8	2	N∶N	道路长度	(4)	KEY
6	10	4	B∶B∶B∶B∶B∶B∶B	道路详细属性	(5)	KEY
7	14	1	N∶N	单向通行标志	(6)	KEY
8	15	1	B	本数据扩展存在标志	(7)	KEY
9	16	B1	—	扩展数据	(8)	OPT

表 66 中:

(1) 结点 ID

结点 ID 格式见表 67。

表 67 结点 ID

序号	位	内 容	说明
1	15	边界结点标志	0:一般结点;1:边界结点
2	14~13	结点类型代码	(1-1)
3	12~0	结点号码	各结点各 TYPE 的记录顺序
注:结点号码是用位于各结点类型中记录的顺序号进行定义的。有效值范围是:1~8 191			

表 67 中:

(1-1) 结点类型代码

见表 68。

表 68 结点类型代码

序号	代码	内 容	说明
1	0	TYPE 0	
2	1	TYPE 1	
3	2	TYPE 2	
4	3	(保留)	

(2) 各种标志

各种标志格式见表69。

表69 各种标志

序号	位	内　容	说　明
1	15	汽车专用路标志	0:非汽车专用道路;1:汽车专用道路
2	14～13	收费道路标志	0:免费道路;1:收费道路;2:收费道路的免费区间
3	12	计划道路标志	0:非计划道路;1:计划道路
4	11	桥	0:非桥;1:桥
5	10	高架	0:非高架;1:高架
6	9	隧道	0:非隧道;1:隧道
7	8	快速道	0:非快速道;1:快速道
8	7	市区郊区标志	0:市区;1:郊区
9	6	通行方向	0:左侧通行;1:右侧通行
10	5	中央分离带	0:非中央分离带;1:中央分离带
11	4	统一收费弧段	0:非统一收费弧段;1:统一收费弧段
12	3～0	(保留)	

(3) 道路扩展数据存在标志

判定各道路扩展数据的存在的标志,其格式见表70。

表70 道路扩展数据存在标志

序号	位	内　容	说　明
1	15	路线编号数据存在标志	0:不存在;1:存在
2	14	单向通行数据存在标志	0:不存在;1:存在
3	13	普通道路名称数据存在标志	0:不存在;1:存在
4	12～0	(保留)	

(4) 道路长度

道路长度格式见表71,其单位代码见表72。

表71 道路长度数据

序号	位	内　容	说明
1	15～13	长度单位	
2	12～0	道路长度	
注:长度单位表示见表72。			

表 72 长度单位代码

序号	代码	内 容	说明
1	5	1 000 m	
2	4	100 m	
3	3	10 m	
4	2	1 m	
5	1	0.1 m	

(5) 道路详细属性

见表 73。

表 73 道路详细属性

序号	位	内 容	说 明
1	31～28	道路功能等级代码	见第 A.1 章
2	27～22	弧段种类代码	(5-1)
3	21～19	幅宽代码	见第 A.2 章
4	18～15	车道数代码	见第 A.3 章
5	14～12	RDL 代码(用于路径规划数据区域)	(5-2)
6	11～8	显示层代码(用于格网)	(5-3)
7	7～4	限制速度代码	见第 A.4 章
8	3～0	(保留)	

表 73 中:

(5-1) 弧段种类代码

根据各位的值决定道路的弧段种类,其格式见表 74。

表 74 弧段种类代码

序号	位	内 容	说 明
1	27	主路(非上下线分离)	0:否;1:是
2	26	主路(上下线分离)	0:否;1:是
3	25	JCT	0:否;1:是
4	24	辅路	0:否;1:是
5	23	服务区,休息区	0:否;1:是
6	22	环岛	0:否;1:是
注:JCT 指的是连接不同高速或不同城市高速或不同高速和城市高速之间的弧段。			

(5-2) RDL 代码(用于路径规划数据区域)

RDL 代码的格式见表 56。

(5-3) 显示层代码(用于格网)

显示层代码见表75。

表75 显示层代码

序号	代码	内　　容	说明
1	0	PDL 0	
2	1	PDL 1	
3	2	PDL 2	
4	3	PDL 3	
5	4	PDL 4	
6	5	PDL 5	

(6)　单向通行标志

单向通行标志格式见表76。

表76 单向通行标志

序号	位	内　　容	说　　明
1	7～6	正方向	(6-1)
2	5～4	反方向	(6-2)
3	3～0	(保留)	

表76中：

(6-1)　正方向

正方向指起始结点到终止结点的方向，其格式见表77。

表77 正方向

序号	代码	内　　容	说明
1	0	无限制	
2	1	全天限制	
3	2	时间、期间限制	(6-1-1)

表77中：

(6-1-1)　时间、期间限制

如果有时间、期间限制，则存在道路扩展数据的单向通行数据。

(6-2)　反方向

反方向指终止结点到起始结点的方向，其格式见表77。

(7)　本数据扩展存在标志

本数据扩展存在标志格式见表57。

(8)　扩展数据

扩展数据格式见表58。

7.5.3.2.2 TYPE1 的道路属性数据

描述路径规划及引导道路，TYPE1 的道路属性数据的格式与 TYPE0 的格式一致，见 7.5.3.2.1。

7.5.3.2.3 TYPE2 的道路属性数据

描述细密道路，TYPE2 的道路属性数据的格式见表 78。

表 78 TYPE2 的道路属性数据

序号	偏移量	数据长度	数据类型	项目名称	说明	约束
1	0	2	N	起始结点 ID	(1)	KEY
2	2	2	N	终止结点 ID	(1)	KEY
3	4	2	B：B：B：B：B	道路详细属性数据	(2)	KEY
4	6	1	B	本数据扩展存在标志	(1)	KEY
5	7	B1	—	扩展数据	(1)	OPT

表 78 中：

(1) 起始结点 ID 和终止结点 ID

各项目同 7.5.3.2.1。

(2) 道路详细属性数据

格式见表 79。

表 79 道路详细属性数据

序号	位	内容	说明
1	15～12	道路功能等级代码	(2-1)
2	11～9	幅宽代码	(2-2)
3	8～5	车道数代码	(2-3)
4	4～3	单向通行标志(正方向)	(2-4)
5	2～1	单向通行标志(反方向)	(2-5)
6	0	(保留)	

表 79 中：

(2-1) 道路功能等级代码

同 7.5.3.2.1。

(2-2) 幅宽代码

同 7.5.3.2.1。

(2-3) 车道数代码

同 7.5.3.2.1。

(2-4) 单向通行标志(正方向)

同 7.5.3.2.1。

(2-5) 单向通行标志(反方向)

同 7.5.3.2.1。

7.5.4 道路形状数据

道路形状数据通过指针数据进行管理,指针数据和道路形状数据个数相同。道路形状数据格式见表 80。

表 80 道路形状数据

序号	偏移量	数据长度	数据类型	项目名称	说明	约束
1	0	10	—	道路形状管理数据		KEY
2	10	B1	—	指针数据的序列	(1)	KEY
3	01	B2	—	道路形状数据的序列		KEY

表 80 中:

(1) 指针数据的序列

指针数据与道路形状数据一一对应。

7.5.4.1 道路形状管理数据

道路形状管理数据格式见表 81。

表 81 道路形状管理数据

序号	偏移量	数据长度	数据类型	项目名称	说明	约束
1	0	1	N	数据标志	(1)	KEY
2	1	1	N	管理数据的长度(指针记录偏移量)		KEY
3	2	2	N	指针数据数	(2)	KEY
4	4	2	N	道路形状数据偏移量	(3)	KEY
5	6	4	N	道路形状数据的长度		KEY

表 81 中:

(1) 数据标志

设定为“9”。

(2) 指针数据数

指针数据的个数与道路形状数据的个数相同。

(3) 道路形状数据偏移量

从道路形状数据的开头开始,到道路形状数据的开头为止的偏移量。

7.5.4.2 指针数据

指针数据指向对应的道路形状数据,其格式见表 82。

表 82　指针数据

序号	偏移量	数据长度	数据类型	项 目 名 称	说明	约束
1	0	4	N	指针	(1)	KEY
2	4	2	N	形状点数		KEY

表 82 中：

(1)　指针

设定从道路形状数据的开头开始的位置。

7.5.4.3　道路形状数据

道路形状数据描述道路上除起始结点和终止结点之外的形状点的位置信息(示意图见图 27)。所有形状点采用相对当前格网左下角坐标的正规化坐标。道路形状数据格式见表 83。

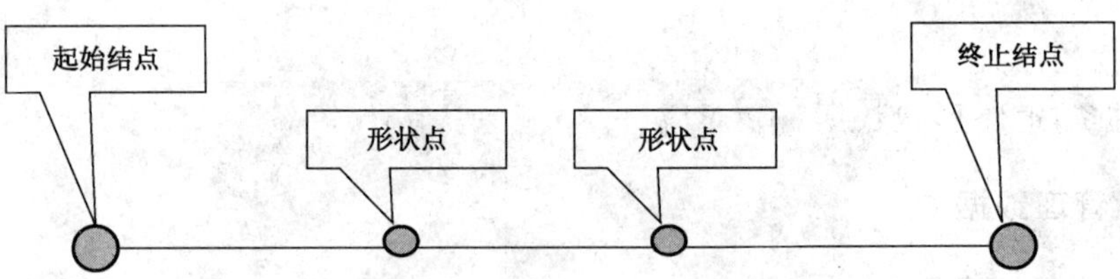

图 27　道路形状示意图

表 83　道路形状数据

序号	偏移量	数据长度	数据类型	项 目 名 称	说明	约束
1	0	12 位	NZ	经度坐标		KEY
2	12 位	12 位	NZ	纬度坐标		KEY
注：经度和纬度方向的取值，是相对于前一个点的差分值，差分值的范围：－2 047～＋2 047。						

7.5.5　道路连接数据

描述结点所连接的道路。包括格网内、格网外、不需引导和禁止进入的道路。道路连接数据由指针记录进行管理，通过指针，记录道路连接数据的存放位置，其格式见表 84。

表 84　道路连接数据

序号	偏移量	数据长度	数据类型	项 目 名 称	说明	约束
1	0	8	—	道路连接管理数据		KEY
2	8	B1	—	指针记录的序列		KEY
3	O1	B2	—	连接数据的序列		KEY

7.5.5.1 道路连接管理数据

描述道路连接数据的管理信息，格式见表 85。

表 85 道路连接管理数据

序号	偏移量	数据长度	数据类型	项目名称	说明	约束
1	0	1	N	数据标志	(1)	KEY
2	1	1	N	管理数据的长度(指针记录偏移量)		KEY
3	2	2	N	指针记录数	(2)	KEY
4	4	2	N	到连接数据的偏移量	(3)	KEY
5	6	2	N	连接数据的长度		KEY

表 85 中：

(1) 数据标志

设定为“10”。

(2) 指针记录数

指针数据的数目，与结点的总数相同。

(3) 到连接数据的偏移量

从道路连接管理数据的开头开始的偏移量。

7.5.5.2 指针记录

指针记录格式见表 86。

表 86 指针记录

序号	偏移量	数据长度	数据类型	项目名称	说明	约束
1	0	2	N	到连接数据的指针	(1)	KEY

表 86 中：

(1) 到连接数据的指针

指向连接数据序列的开头记录，从道路连接数据序列的开始起算。

7.5.5.3 连接数据

连接数据的格式见表 87。

表 87 连接数据

序号	偏移量	数据长度	数据类型	项目名称	说明	约束
1	0	2	N：N：N：N	连接弧段数	(1)	KEY
2	2	B1	—	格网内弧段数据的序列		OPT
3	O1	B2	—	格网外弧段数据的序列		OPT
4	O2	B3	—	不需引导弧段数据的序列		OPT
5	O3	B4	—	禁止进入弧段数据的序列		OPT

表 87 中：

(1) 连接弧段数

连接弧段数格式见表 88。

表 88 连接弧段数

序号	位	内　　容	说　　明
1	15～12	格网内弧段数	
2	11～8	格网外弧段数	
3	7～5	不需引导弧段数	
4	4～0	禁止进入弧段数	

7.5.5.3.1 格网内弧段数据

格网内弧段是指当前格网内与结点连接的道路。格网内弧段格式见表 89。

表 89 格网内弧段数据

序号	偏移量	数据长度	数据类型	项 目 名 称	说明	约束
1	0	2	B：N：N	道路 ID	(1)	KEY

表 89 中：

(1) 道路 ID

道路 ID 格式见表 90。

表 90 道路 ID 组成数据

序号	位	内　　容	说　　明
1	15	方向标志	0:正方向;1:反方向
2	14～13	道路属性类型代码	(1-1)
3	12～0	道路号码	各 TYPE 内的记录顺序,有效值:1～8 191

表 90 中：

(1-1) 道路属性类型代码

道路属性类型代码与结点的类型代码定义相同,见表 68。

7.5.5.3.2 格网外弧段数据

格网外弧段是指格网外与结点连接的道路。格网外弧段数据格式见表 91。

表 91 格网外弧段数据

序号	偏移量	数据长度	数据类型	项 目 名 称	说明	约束
1	0	1	N	邻接格网位置	(1)	KEY
2	1	4	B：N	弧段永久 ID	(2)	KEY

表 91 中：

(1)　邻接格网位置

见表 61 中数据项[5]。

(2)　弧段永久 ID

各项目同 7.5.7.2。

7.5.5.3.3　不需引导弧段数据

在连接结点的道路中，规定不需引导的道路对，即不需引导的进入和退出弧段，其格式见表 92。

表 92　不需引导弧段数据

序号	偏移量	数据长度	数据类型	项目名称	说明	约束
1	0	4 位	N	不需引导的进入弧段	(1)	KEY
2	4 位	4 位	N	不需引导的退出弧段	(1)	KEY

表 92 中：

(1)　不需引导的进入和退出弧段

用格网内(外)弧段内的记录顺序来指定，有效值：1～15。

7.5.5.3.4　禁止进入弧段数据

在连接结点的道路中，规定有禁止进入限制的道路对，即禁止进入的进入和退出弧段，其格式见表 93。

表 93　禁止进入弧段数据

序号	偏移量	数据长度	数据类型	项目名称	说明	约束
1	0	4 位	N	禁止进入进入弧段	(1)	KEY
2	4 位	4 位	N	禁止进入退出弧段	(1)	KEY
3	1	2	N	交通规则 ID	(2)	KEY

表 93 中：

(1)　禁止进入的进入和退出弧段

用格网内(外)弧段内的记录顺序来指定，有效值为 1～15。

(2)　交通规则 ID

可通过交通规则 ID 从交通规则数据中获取信息。

如果是全天的交通规则，设为“0xFFFF”。

7.5.6　结点永久 ID 数据

描述结点 ID 和结点永久 ID 之间的对应关系，其格式见表 94。

表 94　结点永久 ID 数据

序号	偏移量	数据长度	数据类型	项目名称	说明	约束
1	0	4	—	结点永久 ID 管理数据		KEY
2	4	B1	—	结点永久 ID 数据的序列	(1)	KEY

表 94 中：

(1) 结点永久 ID 数据表的序列

存放顺序与结点数据的存放顺序相同。

7.5.6.1 结点永久 ID 管理数据

结点永久 ID 管理数据格式见表 95。

表 95 结点永久 ID 管理数据

序号	偏移量	数据长度	数据类型	项 目 名 称	说明	约束
1	0	1	N	数据标志	(1)	KEY
2	1	1	N	管理数据的长度(永久 ID 数据表偏移量)		KEY
3	2	2	N	结点永久 ID 数据数	(2)	KEY

表 95 中：

(1) 数据标志

设定为“11”。

(2) 结点永久 ID 数据表数

与结点的总数相同。

7.5.6.2 结点永久 ID 数据

结点永久 ID 数据格式见表 96。

表 96 结点永久 ID 数据

序号	偏移量	数据长度	数据类型	项 目 名 称	说明	约束
1	0	4	B∶N	结点永久 ID	(1)	KEY
2	4	2	N∶N∶N∶N	版本号码		KEY

表 96 中：

(1) 结点永久 ID

结点永久 ID 格式见表 97。

表 97 结点永久 ID

序号	位	内 容	说 明
1	31	删除标志	0:非删除;1:删除
2	30～0	结点永久 ID	

7.5.7 弧段永久 ID 数据

弧段永久 ID 数据格式见表 98。

表 98 弧段永久 ID 数据

序号	偏移量	数据长度	数据类型	项目名称	说明	约束
1	0	4	—	弧段永久 ID 管理数据		KEY
2	4	B1	—	弧段永久 ID 数据的序列	(1)	KEY

表 98 中：

(1) 弧段永久 ID 数据表的序列

弧段永久 ID 数据与道路属性数据的存储顺序相同。

7.5.7.1 弧段永久 ID 管理数据

弧段永久 ID 管理数据格式见表 99。

表 99 弧段永久 ID 管理数据

序号	偏移量	数据长度	数据类型	项目名称	说明	约束
1	0	1	N	数据标志	(1)	KEY
2	1	1	N	管理数据的长度(永久 ID 数据表偏移量)		KEY
3	2	2	N	弧段永久 ID 数据表数	(2)	KEY

表 99 中：

(1) 数据标志

设定为“12”。

(2) 弧段永久 ID 数据表数

与道路的总数相同。

7.5.7.2 弧段永久 ID 数据

弧段永久 ID 数据格式见表 100。

表 100 弧段永久 ID 数据

序号	偏移量	数据长度	数据类型	项目名称	说明	约束
1	0	4	B∶N	弧段永久 ID	(1)	KEY
2	4	2	N∶N∶N∶N	版本号码		KEY

表 100 中：

(1) 弧段永久 ID

弧段永久 ID 格式见表 101。

表 101 弧段永久 ID

序号	位	内容	说明
1	31	删除标志	0:非删除;1:删除
2	30~0	弧段永久 ID	

7.5.8 弧段序列数据

弧段序列数据主要由两种类型的弧段序列组成:弧段 ID 连续的弧段序列和弧段 ID 不连续的弧段序列,其格式见表 102。

表 102 弧段序列数据

序号	偏移量	数据长度	数据类型	项目名称	说明	约束
1	0	B1	—	弧段序列管理数据		KEY
2	01	B2	—	弧段 ID 连续的弧段序列数据表		KEY
3	02	B3	—	弧段 ID 不连续的弧段序列数据表		KEY

7.5.8.1 弧段序列管理数据

弧段序列的管理数据,包括每种弧段序列数据表的偏移量、数据长度等信息,其格式见表 103。

表 103 弧段序列管理数据

序号	偏移量	数据长度	数据类型	项目名称	说明	约束
1	0	1	N	数据标志	(1)	KEY
2	1	1	N	管理数据的长度(弧段序列数据表偏移量)		KEY
3	2	2	N	弧段 ID 连续的弧段序列数据表中弧段序列的个数		KEY
4	4	2	N	弧段 ID 不连续的弧段序列数据表中弧段序列的个数		KEY
5	6	2	N	到弧段 ID 连续的弧段序列数据表的偏移量	(2)	OPT
6	8	2	N	弧段 ID 连续的弧段序列数据表的长度		OPT
7	10	2	N	到弧段 ID 不连续的弧段序列数据表的偏移量	(2)	OPT
8	12	2	N	弧段 ID 不连续的弧段序列数据表的长度		OPT
9	14	B1	—	弧段序列指针记录的序列	(3)	KEY

表 103 中:

(1) 数据标志
设定为“13”。

(2) 数据项[5]、[7]中的偏移量
从弧段序列管理数据的开头开始。

(3) 弧段序列指针记录
弧段序列指针记录格式见表 104。

表 104 弧段序列指针记录

序号	偏移量	数据长度	数据类型	项目名称	说明	约束
1	0	1	B	对应数据表种类	(4-1)	KEY
2	1	4	N	起始弧段 ID		OPT
3	5	2	N	终止弧段的增量 ID		OPT
4	7	2	N	到弧段序列数据开头的偏移量	(4-2)	KEY
5	9	1	N	弧段数		KEY

表 104 中：

(4-1) 对应数据表种类
对应数据表种类格式见表 105。

表 105 对应数据表种类

序号	位	内　容	说　明	
1	7	对应数据表种类	0	对应弧段 ID 连续的弧段序列数据表，数据项[2]、[3]存在
			1	对应弧段 ID 不连续的弧段序列数据表，数据项[2]、[3]不存在
2	6～0	(保留)		

(4-2) 到弧段序列记录开头的偏移量
从弧段序列数据表种类所对应的弧段序列数据表开头开始，到当前弧段序列数据开头为止的偏移量。

7.5.8.2 弧段 ID 连续的弧段序列数据

适用于弧段 ID 的编号连续的弧段序列，其格式见表 106。

表 106 弧段 ID 连续的弧段序列数据

序号	偏移量	数据长度	数据类型	项 目 名 称	说明	约束
1	0	B1	—	弧段记录的序列	(1)	KEY

表 106 中：

(1) 弧段记录的序列
弧段记录的序列中每个弧段记录单元的格式见表 107。

表 107　弧段记录(弧段 ID 连续)

序号	偏移量	数据长度	数据类型	项 目 名 称	说明	约束
1	0	2	B∶N∶N	道路 ID		KEY
2	2	2	N	弧段邻接增量 ID		KEY

7.5.8.3　弧段 ID 不连续的弧段序列数据表

适用于弧段 ID 的编号不连续的弧段序列,其格式见表 108。

表 108　弧段 ID 不连续的弧段序列数据

序号	偏移量	数据长度	数据类型	项 目 名 称	说明	约束
1	0	B1	—	弧段记录的序列	(1)	KEY

表 108 中:

(1)　弧段记录的序列

弧段记录的序列中每个弧段记录单元的格式见表 109。

表 109　弧段记录(弧段 ID 不连续)

序号	偏移量	数据长度	数据类型	项 目 名 称	说明	约束
1	0	2	B∶N∶N	道路 ID		KEY

7.6　路网扩展数据

路网扩展数据包括结点扩展数据和道路扩展数据两部分,其格式见表 110。

表 110　路网扩展数据

序号	偏移量	数据长度	数据类型	项 目 名 称	说明	约束
1	0	B1	—	结点扩展数据		KEY
2	01	B2	—	道路扩展数据		KEY

7.6.1　结点扩展数据

结点扩展数据包括复合结点、高速分岔引导、3D 结点引导、高速入口引导、指路标志、辅路引导、车道信息和结点名称数据,见表 111。

结点扩展的各数据是否存在通过路网基本数据的结点数据的扩展数据存在标志进行判断。

表 111 结点扩展数据

序号	偏移量	数据长度	数据类型	项目名称	说明	约束
1	0	57	—	结点扩展数据的管理数据		KEY
2	57	B1	—	复合结点数据		OPT
3	01	B2	—	高速分岔引导数据		OPT
4	02	B3	—	3D结点引导数据		OPT
5	03	B4	—	高速入口引导数据		OPT
6	04	B5	—	指路标志数据		OPT
7	05	B6	—	辅路引导数据		OPT
8	06	B7	—	车道信息		OPT
9	07	B8	—	结点名称数据		OPT

7.6.1.1 结点扩展数据的管理数据

结点扩展数据的管理数据格式见表 112。

表 112 结点扩展数据的管理数据

序号	偏移量	数据长度	数据类型	项目名称	说明	约束
1	0	1	N	数据标志	(1)	KEY
2	1	4	N：B：N：N	格网 ID		KEY
3	5	2	N	管理数据的长度	(2)	KEY
4	7	2	N：N：N：N	版本号码		KEY
5	9	3	N	复合结点数据偏移量	(3)	KEY
6	12	3	N	复合结点数据的长度	(3)	KEY
7	15	3	N	高速分岔引导数据偏移量	(3)	KEY
8	18	3	N	高速分岔引导数据的长度	(3)	KEY
9	21	3	N	3D结点引导数据偏移量	(3)	KEY
10	24	3	N	3D结点引导数据的长度	(3)	KEY
11	27	3	N	高速入口引导数据偏移量	(3)	KEY
12	30	3	N	高速入口引导数据的长度	(3)	KEY
13	33	3	N	指路标志数据偏移量	(3)	KEY
14	36	3	N	指路标志数据的长度	(3)	KEY
15	39	3	N	辅路引导数据偏移量	(3)	KEY
16	42	3	N	辅路引导数据的长度	(3)	KEY
17	45	3	N	车道信息偏移量	(3)	KEY
18	48	3	N	车道信息的长度	(3)	KEY
19	51	3	N	结点名称数据偏移量	(3)	KEY
20	54	3	N	结点名称数据的长度	(3)	KEY

表 112 中：

（1） 数据标志

设定为“14”。

（2） 管理数据的长度

表示路网结点扩展数据管理数据的长度。

（3） 结点各种扩展数据的偏移量和长度

偏移量是指从结点扩展数据管理数据的开头到各结点扩展数据为止的偏移量。

无数据时，偏移量设为“0xFFFFFF”，长度设为“0”。

7.6.1.2 复合结点数据

复合结点由具有相同功能特征的一组结点组成，见图 28。

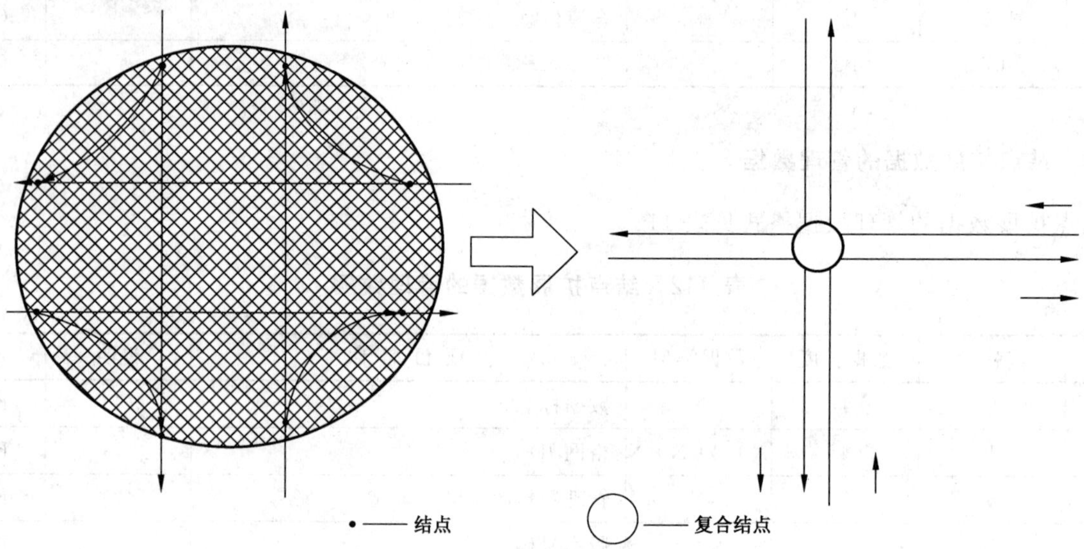

图 28 复合结点示意图

复合结点数据格式见表 113。

表 113 复合结点数据

序号	偏移量	数据长度	数据类型	项 目 名 称	说明	约束
1	0	4	—	复合结点数据的管理数据	(1)	KEY
2	4	B1	—	复合结点数据的序列	(2)	OPT

表 113 中：

（1） 复合结点数据的管理数据

复合结点数据的管理数据格式见表 114。

表 114 复合结点数据的管理数据

序号	偏移量	数据长度	数据类型	项 目 名 称	说明	约束
1	0	1	N	数据标志	(1-1)	KEY
2	1	1	N	管理数据的长度		KEY
3	2	2	N	复合结点数据数		KEY

表 114 中：

(1-1) 数据标志

设定为“15”。

(2) 复合结点数据的序列

复合结点数据的序列中每个复合结点数据单元的格式见表 115。

表 115 复合结点数据

序号	偏移量	数据长度	数据类型	项目名称	说明	约束
1	0	4	B：N	复合结点 ID(永久 ID)		KEY
2	4	2	N	复合结点内结点 ID 数		KEY
3	6	B1	—	复合结点内结点 ID 数据的序列	(2-1)	KEY

表 115 中：

(2-1) 复合结点内结点 ID 数据的序列

复合结点内结点 ID 数据的序列中每个复合结点内结点 ID 数据单元的格式见表 116。

表 116 复合结点内结点 ID 数据

序号	偏移量	数据长度	数据类型	项目名称	说明	约束
1	0	2	B：N：N	结点 ID	(2-1-1)	KEY

表 116 中：

(2-1-1) 结点 ID

表示结点在路网基本数据的结点数据中的 ID，其格式见表 67。

7.6.1.3 高速分岔引导数据

高速分岔引导数据格式见表 117。

表 117 高速分岔引导数据

序号	偏移量	数据长度	数据类型	项目名称	说明	约束
1	0	4	—	高速分岔引导数据的管理数据	(1)	KEY
2	4	B1	—	高速分岔引导数据的序列	(2)	OPT

表 117 中：

(1) 高速分岔引导数据的管理数据

高速分岔引导数据的管理数据格式见表 118。

表 118 高速分岔引导数据的管理数据

序号	偏移量	数据长度	数据类型	项目名称	说明	约束
1	0	1	N	数据标志	(1-1)	KEY
2	1	1	N	管理数据的长度		KEY
3	2	2	N	高速分岔引导数据数		KEY

表 118 中：

(1-1) 数据标志

设定为“16”。

(2) 高速分岔引导数据的序列

高速分岔引导数据的序列中每个高速分岔引导数据单元的格式见表 119。

表 119 高速分岔引导数据

序号	偏移量	数据长度	数据类型	项 目 名 称	说明	约束
1	0	2	B∶N∶N	进入结点 ID		KEY
2	2	2	B∶N∶N	对象结点 ID		KEY
3	4	4	N	模式图 ID(背景)		KEY
4	8	4	N	模式图 ID(箭形)		KEY
5	12	1	N	引导方向	见第 A.5 章	KEY
6	13	1	N	退出结点数		KEY
7	14	B1	—	退出结点数据的序列	(2-1)	OPT
8	01	1	B	本数据扩展存在标志	(2-2)	KEY
9	02	B2	—	扩展数据	(2-3)	OPT

表 119 中：

(2-1) 退出结点数据的序列

退出结点数据的序列中每个退出结点数据单元的格式见表 120。

表 120 退出结点数据

序号	偏移量	数据长度	数据类型	项 目 名 称	说明	约束
1	0	1	N	邻接格网位置	(2-1-1)	KEY
2	1	4	B∶N	退出结点永久 ID		KEY

表 120 中：

(2-1-1) 邻接格网位置

见表 61 中数据项[5]。

(2-2) 本数据扩展存在标志

本数据扩展存在标志格式见表 57。

(2-3) 扩展数据

扩展数据格式见表 58。

7.6.1.4 3D 结点引导数据

3D 结点引导数据格式见表 121。

表 121　3D 结点引导数据

序号	偏移量	数据长度	数据类型	项 目 名 称	说明	约束
1	0	4	—	3D 结点引导数据的管理数据	(1)	KEY
2	4	B1	—	3D 结点引导数据的序列	(2)	OPT

表 121 中：

(1)　3D 结点引导数据的管理数据

3D 结点引导数据的管理数据格式见表 122。

表 122　3D 结点引导数据的管理数据表

序号	偏移量	数据长度	数据类型	项 目 名 称	说明	约束
1	0	1	N	数据标志	(1-1)	KEY
2	1	1	N	管理数据的长度		KEY
3	2	2	N	3D 结点引导数据数		KEY

表 122 中：

(1-1)　数据标志

设定为“17”。

(2)　3D 结点引导数据的序列

3D 结点引导数据的序列中每个 3D 结点引导数据单元的格式见表 123。

表 123　3D 结点引导数据

序号	偏移量	数据长度	数据类型	项 目 名 称	说明	约束
1	0	2	B：N：N	进入结点 ID		KEY
2	2	2	B：N：N	对象结点 ID		KEY
3	4	4	N	模式图 ID(背景)		KEY
4	8	4	N	模式图 ID(箭形)		KEY
5	12	1	N	退出结点数		KEY
6	13	B1	—	退出结点数据的序列	(2-1)	OPT
7	01	1	B	本数据扩展存在标志	(2-2)	KEY
8	02	B2	—	扩展数据	(2-3)	OPT

表 123 中：

(2-1)　退出结点数据的序列

退出结点数据的序列中每个退出结点数据单元的格式见表 120。

(2-2)　本数据扩展存在标志

本数据扩展存在标志格式见表 57。

(2-3)　扩展数据

扩展数据格式见表 58。

7.6.1.5 高速入口引导数据

高速入口引导数据格式见表 124。

表 124 高速入口引导数据

序号	偏移量	数据长度	数据类型	项目名称	说明	约束
1	0	4	—	高速入口引导数据的管理数据	(1)	KEY
2	4	B1	—	高速入口引导数据的序列	(2)	OPT

表 124 中：

(1) 高速入口引导数据的管理数据

高速入口引导数据的管理数据格式见表 125。

表 125 高速入口引导数据的管理数据

序号	偏移量	数据长度	数据类型	项目名称	说明	约束
1	0	1	N	数据标志	(1-1)	KEY
2	1	1	N	管理数据的长度		KEY
3	2	2	N	高速入口引导数据数		KEY

表 125 中：

(1-1) 数据标志

设定为“18”。

(2) 高速入口引导数据的序列

高速入口引导数据的序列中每个高速入口引导数据单元的格式见表 126。

表 126 高速入口引导数据

序号	偏移量	数据长度	数据类型	项目名称	说明	约束
1	0	2	B∶N∶N	进入结点 ID		KEY
2	2	2	B∶N∶N	对象结点 ID		KEY
3	4	4	N	模式图 ID(背景)		KEY
4	8	4	N	模式图 ID(箭形)		KEY
5	12	1	N	退出结点邻接格网位置	(2-1)	KEY
6	13	4	B∶N	退出结点永久 ID		KEY
7	17	1	N	进入结点数		KEY
8	18	B1	—	进入结点数据的序列	(2-2)	OPT
9	01	1	B	本数据扩展存在标志	(2-3)	KEY
10	02	B2	—	扩展数据	(2-4)	OPT

表 126 中：

(2-1) 退出结点邻接格网位置

见表 61 中数据项[5]。当结点为普通结点时，邻接格网位置设为“0”。

(2-2) 进入结点数据的序列

进入结点数据的序列中每个进入结点数据单元的格式见表 127。

表 127 进入结点数据

序号	偏移量	数据长度	数据类型	项 目 名 称	说明	约束
1	0	1	N	邻接格网位置		KEY
2	1	4	B：N	进入结点永久 ID		KEY

(2-3) 本数据扩展存在标志

本数据扩展存在标志格式见表 57。

(2-4) 扩展数据

扩展数据格式见表 58。

7.6.1.6 指路标志数据

指路标志数据格式见表 128。

表 128 指路标志数据

序号	偏移量	数据长度	数据类型	项 目 名 称	说明	约束
1	0	4	—	指路标志数据的管理数据	(1)	KEY
2	4	B1	—	指路标志数据的序列	(2)	OPT

表 128 中：

(1) 指路标志数据的管理数据

表 129 指路标志数据的管理数据

序号	偏移量	数据长度	数据类型	项 目 名 称	说明	约束
1	0	1	N	数据标志	(1-1)	KEY
2	1	1	N	管理数据的长度		KEY
3	2	2	N	指路标志数据的个数		KEY

表 129 中：

(1-1) 数据标志

设定为“19”。

(2) 指路标志数据的序列

指路标志数据的序列中每个指路标志数据单元的格式见表 130。

表 130　指路标志数据

序号	偏移量	数据长度	数据类型	项 目 名 称	说明	约束
1	0	2	B∶N∶N	进入结点 ID		KEY
2	2	2	B∶N∶N	对象结点 ID		KEY
3	4	1	N	名称种类、名称属性	(2-1)	KEY
4	5	4	B∶N	名称 ID	(2-2)	KEY
5	9	1	N	退出结点数		KEY
6	10	B1	—	退出结点数据的序列	(2-3)	OPT
7	01	1	B	本数据扩展存在标志	(2-4)	KEY
8	02	B2	—	扩展数据	(2-5)	OPT

表 130 中：

(2-1)　名称种类、名称属性

名称种类、名称属性格式见表 131。

表 131　名称种类和属性记录

序号	位	内　容	说　明
1	7～5	名称种类	(2-1-1)
2	4～2	名称属性	(2-1-2)
3	1～0	(保留)	

(2-1-1)　名称种类

代码定义见表 132。

表 132　名称种类

序号	代码	内　容	说明
1	0	实际看板上的指路标志的名称	
2	1	标志物指路标志的名称	
3	2	地点名称	
4	3	道路名称	
5	4～7	(保留)	

(2-1-2)　名称属性

代码定义见表 133。

表 133 名称属性

序号	代码	内　　容	说明
1	0	无属性(不明、未调查)	
2	1	休息区	
3	2	停车区	
4	3	服务区	
5	4	JCT	
6	5	匝道	
7	6	IC	
8	7	指路标志(地点名称)	
注:IC 指连接高速道路与其他种类道路的弧段,是唯一进入或退出高速路的道路。			

(2-2) 名称 ID

见表 16。

(2-3) 退出结点数据的序列

退出结点数据的序列中每个退出结点数据单元的格式见表 120。

(2-4) 本数据扩展存在标志

本数据扩展存在标志格式见表 57。

(2-5) 扩展数据

扩展数据格式见表 58。

7.6.1.7 辅路引导数据

辅路引导数据格式见表 134。

表 134 辅路引导数据

序号	偏移量	数据长度	数据类型	项 目 名 称	说明	约束
1	0	4	—	辅路引导数据的管理数据	(1)	KEY
2	4	B1	—	辅路引导数据的序列	(2)	OPT

表 134 中:

(1) 辅路引导数据的管理数据

辅路引导数据的管理数据格式见表 135。

表 135 辅路引导数据的管理数据

序号	偏移量	数据长度	数据类型	项 目 名 称	说明	约束
1	0	1	N	数据标志	(1-1)	KEY
2	1	1	N	管理数据的长度		KEY
3	2	2	N	辅路引导数据数		KEY

表 135 中：

(1-1) 数据标志

设定为“20”。

(2) 辅路引导数据的序列

辅路引导数据的序列中每个辅路引导数据单元的格式见表 136。

表 136 辅路引导数据

序号	偏移量	数据长度	数据类型	项目名称	说明	约束
1	0	2	B：N：N	进入结点 ID		KEY
2	2	2	B：N：N	对象结点 ID		KEY
3	4	4	N	模式图 ID(背景)		KEY
4	8	4	N	模式图 ID(箭形)		KEY
5	12	1	N	引导方向	见第 A.5 章	KEY
6	13	1	N	退出结点数		KEY
7	14	B1	—	退出结点数据的序列	(2-1)	OPT
8	01	1	B	本数据扩展存在标志	(2-2)	KEY
9	02	B2	—	扩展数据	(2-3)	OPT

表 136 中：

(2-1) 退出结点数据的序列

退出结点数据的序列中每个退出结点数据单元的格式见表 120。

(2-2) 本数据扩展存在标志

本数据扩展存在标志格式见表 57。

(2-3) 扩展数据

扩展数据格式见表 58。

7.6.1.8 车道信息数据

车道信息数据格式见表 137。

表 137 车道信息数据

序号	偏移量	数据长度	数据类型	项目名称	说明	约束
1	0	8	—	车道信息数据的管理数据		KEY
2	8	B1	—	指针数据的序列		OPT
3	01	B2	—	退出信息的序列		OPT

7.6.1.8.1 车道信息数据的管理数据

车道信息数据的管理数据格式见表 138。

表 138　车道信息数据的管理数据

序号	偏移量	数据长度	数据类型	项 目 名 称	说明	约束
1	0	1	N	数据标志	(1)	KEY
2	1	1	N	管理数据的长度		KEY
3	2	2	N	指针数据数		KEY
4	4	2	N	到退出信息的偏移量(从车道信息开头开始的位置)		KEY
5	6	2	N	退出信息的长度		KEY

表 138 中：

(1)　数据标志

设定为“21”。

7.6.1.8.2　指针数据

指针数据表格式见表 139。

表 139　指针数据

序号	偏移量	数据长度	数据类型	项 目 名 称	说明	约束
1	0	2	B：N：N	进入结点 ID		KEY
2	2	2	B：N：N	对象结点 ID		KEY
3	4	2	N：N：N：N：N	结点附近信息	(1)	KEY
4	6	1	N	退出信息数	(2)	KEY
5	7	2	N	退出信息指针(从退出信息开始的偏移量)		KEY

表 139 中：

(1)　结点附近信息

结点附近信息格式见表 140。

表 140　结点附近信息

序号	位	内　　容	说　明
1	15～12	结点附近的车道数	
2	11～9	结点前增加车道数(左侧)	
3	8～6	结点前增加车道数(右侧)	
4	5～3	结点前减少车道数(左侧)	
5	2～0	结点前减少车道数(右侧)	

(2)　退出信息数

退出信息数格式见表 141。

表 141 结点退出数

序号	位	内 容	说 明
1	7～1	退出信息数	
2	0	（保留）	

7.6.1.8.3 退出信息

退出信息格式见表 142。

表 142 退出信息

序号	偏移量	数据长度	数据类型	项 目 名 称	说明	约束
1	0	2	N	退出方位车道标志	(1)	KEY
2	2	2	N	方位	(2)	KEY
3	4	1	N	退出结点数		KEY
4	5	B1	—	退出结点数据的序列	(3)	OPT
5	01	1	B	本数据扩展存在标志	(4)	KEY
6	02	B2	—	扩展数据	(5)	OPT

表 142 中：

（1） 退出方位车道标志

用二进制位的“或”运算来指定对应退出方向的车道。将第 15 位设为最左车道、根据进入结点的车道信息，按照从高位到低位的顺序进行赋值。如果是可以通行的情况，设为 1(二进制)。

（2） 方位

方位格式见表 143。

表 143 方位

序号	位	内 容	说 明
1	15～7	方位	(2-1)
2	6～0	（保留）	

表 143 中：

(2-1) 方位

将进入弧段的方位设为“0”、顺时针方向设为正方向。将单位设为“度”，值的范围设为 0～359。当角度为“0x1FF”时作为无效。

（3） 退出结点数据的序列

退出结点数据的序列中每个退出结点数据单元的格式见表 120。

（4） 本数据扩展存在标志

本数据扩展存在标志格式见表 57。

（5） 扩展数据

扩展数据格式见表 58。

7.6.1.9 结点名称数据

结点名称数据格式见表 144。

表 144 结点名称数据

序号	偏移量	数据长度	数据类型	项 目 名 称	说明	约束
1	0	8	N	结点名称数据的管理数据		KEY
2	8	B1	—	指针记录的序列		KEY
3	01	B2	—	名称数据的序列		KEY

7.6.1.9.1 结点名称数据的管理数据

结点名称数据的管理数据格式见表 145。

表 145 结点名称数据的管理数据

序号	偏移量	数据长度	数据类型	项 目 名 称	说明	约束
1	0	1	N	数据标志	(1)	KEY
2	1	1	N	管理数据的长度		KEY
3	2	2	N	指针记录数	(2)	KEY
4	4	2	N	到结点名称数据的序列开头的偏移量	(3)	KEY
5	6	2	N	结点名称数据序列的大小	(4)	KEY

表 145 中：

(1) 数据标志

设定为“22”。

(2) 指针记录数

指针记录数是指指针记录的序列的数目。

(3) 到名称数据的序列开头的偏移量

从名称数据的开头开始，到名称数据的序列的开头为止的偏移量。

(4) 名称数据的大小

名称数据的序列的合计大小。

7.6.1.9.2 指针记录

指针记录格式见表 146。

表 146 指针记录

序号	偏移量	数据长度	数据类型	项 目 名 称	说明	约束
1	0	4	B∶N	名称 ID	(1)	KEY
2	4	2	N	指针	(2)	KEY

表 146 中：

(1) 名称 ID

名称 ID 格式见表 16。

(2) 指针

从名称数据的序列的开头开始到名称 ID 为表 146 中第[1]项数值的名称数据为止的偏移量位置。

7.6.1.9.3 结点名称数据

结点名称数据格式见表 147。

表 147 结点名称数据

序号	偏移量	数据长度	数据类型	项目名称	说明	约束
1	0	1	N	汉字名称文字长度		KEY
2	1	1	N	拼音字母个数		KEY
3	2	B1	CC	汉字名称		OPT
4	01	B2	C	拼音字母		OPT
5	02	1	B	本数据扩展存在标志	(1)	KEY
6	03	B3	—	扩展数据	(2)	OPT

表 147 中：

(1) 本数据扩展存在标志

本数据扩展存在标志格式见表 57。

(2) 扩展数据

扩展数据格式见表 58。

7.6.2 道路扩展数据

道路扩展数据格式见表 148。

表 148 道路扩展数据

序号	偏移量	数据长度	数据类型	项目名称	说明	约束
1	0	27	—	道路扩展数据的管理数据		KEY
2	27	B1	—	路线编号数据		OPT
3	01	B2	—	单向通行数据		OPT
4	02	B3	—	普通道路名称数据		OPT

7.6.2.1 道路扩展数据的管理数据

道路扩展数据的管理数据格式见表 149。

表 149 道路扩展数据的管理数据

序号	偏移量	数据长度	数据类型	项目名称	说明	约束
1	0	1	N	数据标志	(1)	KEY
2	1	4	N:B:N:N	格网 ID		KEY
3	5	2	N	管理数据的长度	(2)	KEY
4	7	2	N:N:N:N	版本号码		KEY
5	9	3	N	路线编号数据偏移量	(3)	KEY
6	12	3	N	路线编号数据的长度	(3)	KEY
7	15	3	N	单向通行数据偏移量	(3)	KEY
8	18	3	N	单向通行数据的长度	(3)	KEY
9	21	3	N	普通道路名称数据偏移量	(3)	KEY
10	24	3	N	普通道路名称数据的长度	(3)	KEY

表 149 中：

(1) 数据标志

设定为“23”。

(2) 管理数据的长度

表示道路扩展数据管理数据的长度。

(3) 道路各种扩展数据的偏移量和长度

偏移量是指从道路扩展管理数据的开头到各道路扩展数据为止的偏移量。无数据时，偏移量设为“0xFFFFFF”，长度设为“0”。

7.6.2.2 路线编号数据

记录格网内道路的路线编号数据。如果路线编号在全局路线编号数据中已存在，则由路线 ID 表示，否则记录相应的路线编号。路线编号数据格式见表 150。

表 150 路线编号数据

序号	偏移量	数据长度	数据类型	项目名称	说明	约束
1	0	4	—	路线编号管理数据		KEY
2	4	B1	—	路线编号数据的序列		OPT

7.6.2.2.1 路线编号管理数据

路线编号管理数据的格式见表 151。

表 151 路线编号管理数据

序号	偏移量	数据长度	数据类型	项目名称	说明	约束
1	0	1	N	数据标志	(1)	KEY
2	1	1	N	管理数据的长度		KEY
3	2	2	N	路线编号数据数		KEY

表 151 中：

(1) 数据标志

设定为“24”。

7.6.2.2.2 路线编号数据

路线编号数据的格式见表 152。

表 152 路线编号数据

序号	偏移量	数据长度	数据类型	项 目 名 称	说明	约束
1	0	2	B：N：N	道路 ID		KEY
2	2	1	N	路线数		KEY
3	3	B1	—	路线 ID 数据的序列	(1)	OPT

表 152 中：

(1) 路线 ID 数据的序列

路线 ID 数据的序列中每个路线 ID 数据单元的格式见表 153。

表 153 路线 ID 数据

序号	偏移量	数据长度	数据类型	项 目 名 称	说明	约束
1	0	1	B	数据类型	(1-1)	KEY
2	1	4	B：N 或 N	路线 ID 或路线编号	(1-2)	KEY
3	5	1	N：N	属性	(1-3)	KEY

表 153 中：

(1-1) 数据类型

数据类型格式见表 154。

表 154 数据类型

序号	位	内 容	说 明
1	7	数据类型	0：路线 ID；1：路线编号
2	6～0	(保留)	

(1-2) 路线 ID 或路线编号

路线 ID 格式见表 20。

(1-3) 属性

属性格式见表 155。

表 155 属性

序号	位	内 容	说 明
1	7～3	接头文字(0：无；1：A；2：B，…)	
2	2～0	主从标志代码	(1-3-1)

表 155 中：

(1-3-1) 主从标志代码

主从标志代码格式见表 156。

表 156 主从标志代码

序号	代码	内容	说明
1	0	未调查	
2	1	上坡	
3	2	下坡	
4	3	环状线	
5	4	内环	
6	5	外环	
7	6～7	(保留)	

7.6.2.3 单向通行数据

记录道路的交通规则信息，由格网内的道路 ID 和交通规则 ID 来表示，其格式见表 157。

表 157 单向通行数据

序号	偏移量	数据长度	数据类型	项目名称	说明	约束
1	0	4	—	单向通行数据的管理数据		KEY
2	4	B1	—	单向通行数据的序列		OPT

7.6.2.3.1 单向通行数据的管理数据

单向通行数据的管理数据格式见表 158。

表 158 单向通行数据的管理数据

序号	偏移量	数据长度	数据类型	项目名称	说明	约束
1	0	1	N	数据标志	(1)	KEY
2	1	1	N	管理数据长度		KEY
3	2	2	N	单向通行数据数		KEY

表 158 中：

(1) 数据标志

设定为“25”。

7.6.2.3.2 单向通行数据

单向通行数据格式见表 159。

表 159 单向通行数据

序号	偏移量	数据长度	数据类型	项目名称	说明	约束
1	0	2	B:N:N	道路 ID		KEY
2	2	2	N	交通规则 ID	(1)	KEY

表 159 中：

(1) 交通规则 ID

如果是全天交通规则时，设定为“0xFFFF”。

7.6.2.4 普通道路名称数据

记录格网内道路的名称，由格网内的道路 ID 和道路名称 ID 来表示，其格式见表 160。

表 160 普通道路名称数据

序号	偏移量	数据长度	数据类型	项目名称	说明	约束
1	0	4	—	普通道路名称数据的管理数据长度	(1)	KEY
2	4	B1	—	普通道路名称数据的序列	(2)	OPT

表 160 中：

(1) 普通道路名称数据的管理数据

普通道路名称数据的管理数据格式见表 161。

表 161 普通道路名称数据的管理数据

序号	偏移量	数据长度	数据类型	项目名称	说明	约束
1	0	1	N	数据标志	(1-1)	KEY
2	1	1	N	普通道路名称管理数据长度		KEY
3	2	2	N	普通道路名称数据数		KEY

表 161 中：

(1-1) 数据标志

设定为“26”。

(2) 普通道路名称数据的序列

普通道路名称数据的序列中每个普通道路名称数据单元的格式见表 162。

表 162 普通道路名称数据

序号	偏移量	数据长度	数据类型	项目名称	说明	约束
1	0	2	B:N:N	道路 ID		KEY
2	2	4	B:N	名称 ID	(1)	KEY

表 162 中：

(1) 名称 ID

名称 ID 格式见表 16。

7.7 背景数据

背景数据格式见表 163。

表 163 背景数据

序号	偏移量	数据长度	数据类型	项目名称	说明	约束
1	0	17	—	背景数据的管理数据		KEY
2	17	B1	—	背景数据的序列		OPT

7.7.1 背景数据的管理数据

背景数据的管理数据主要包括数据的长度、偏移量、记录数等信息，见表 164。

表 164 背景数据的管理数据

序号	偏移量	数据长度	数据类型	项目名称	说明	约束
1	0	1	N	数据标志	(1)	KEY
2	1	4	N:B:N:N	格网 ID		KEY
3	5	2	N	管理数据的长度		KEY
4	7	2	N:N:N:N	版本号码		KEY
5	9	3	N	背景数据偏移量		KEY
6	12	3	N	背景数据的长度		KEY
7	15	2	N	背景数据数		KEY

表 164 中：

(1) 数据标志

设为“27”。

7.7.2 背景数据

背景数据格式见表 165。

表 165 背景数据

序号	偏移量	数据长度	数据类型	项目名称	说明	约束
1	0	2	B:N	各种信息的存在标志是否存在的标志位、背景记录的长度	(1)	KEY
2	2	4	B:N	背景 ID		KEY
3	6	2	N	种类代码	(2)	KEY
4	8	1	N:N	显示等级代码、形状种类	(3)	KEY
5	9	2	B:B	显示比例尺标志、坐标描述种类	(4)	KEY

表 165（续）

序号	偏移量	数据长度	数据类型	项目名称	说明	约束
6	11	2	N∶N	坐标指数、形状坐标数	(5)	KEY
7	13	2	NZ	起点 X 坐标	(6)	OPT
8	15	2	NZ	起点 Y 坐标	(6)	OPT
9	17	B1	—	坐标数据的序列	(7)	OPT
10	01	2	B	各种信息的存在标志	(8)	OPT
11	02	4	B∶N	名称 ID	(9)	OPT
12	03	4	N	行政区划代码		OPT
13	04	2	N	高度信息	(10)	OPT
14	05	1	B	本数据扩展存在标志	(11)	KEY
15	06	B2	—	扩展数据	(12)	OPT

表 165 中：

(1) 背景的各种信息的存在标志是否存在的标志位、背景记录的长度

背景的各种信息的存在标志是否存在的标志位、背景记录的长度格式见表 166。

表 166 标志位、背景记录的长度

序号	位	内容	说明
1	15	各种信息的存在标志是否存在的标志位	0:"各种信息的存在标志"不存在 1:"各种信息的存在标志"存在
2	14～0	背景记录的长度	

(2) 种类代码

见 GB/T 28442—2012。

(3) 显示等级代码、形状种类

格式见表 167。

表 167 显示等级代码、形状类别

序号	位	内容	说明
1	7～3	显示等级代码	
2	2～1	形状类别	0:(保留);1:点;2:线;3:面
3	0	(保留)	

(4) 显示比例尺标志、坐标描述种类

显示比例尺标志、坐标描述种类格式见表 168。

表 168 显示比例尺标志、坐标描述种类

序号	位	内　　容	说明
1	15	比例尺替换标志	(4-1)
2	14	1∶5 000(比例尺替换标志为“0”时)　1∶10 240 000(比例尺替换标志为“1”时)	0:不显示(4-2) 1:显示
3	13	1∶10 000(比例尺替换标志为“0”时)　1∶20 480 000(比例尺替换标志为“1”时)	0:不显示(4-2) 1:显示
4	12	1∶20 000(比例尺替换标志为“0”时)　1∶40 960 000(比例尺替换标志为“1”时)	0:不显示(4-2) 1:显示
5	11	1∶40 000(比例尺替换标志为“0”时)　1∶81 920 000(比例尺替换标志为“1”时)	0:不显示(4-2) 1:显示
6	10	1∶80 000(比例尺替换标志为“0”时)　(保留)(比例尺替换标志为“1”时)	0:不显示(4-2) 1:显示
7	9	1∶160 000(比例尺替换标志为“0”时)　(保留)(比例尺替换标志为“1”时)	0:不显示(4-2) 1:显示
8	8	1∶320 000(比例尺替换标志为“0”时)　(保留)(比例尺替换标志为“1”时)	0:不显示(4-2) 1:显示
9	7	1∶640 000(比例尺替换标志为“0”时)　(保留)(比例尺替换标志为“1”时)	0:不显示(4-2) 1:显示
10	6	1∶1 280 000(比例尺替换标志为“0”时)　(保留)(比例尺替换标志为“1”时)	0:不显示(4-2) 1:显示
11	5	1∶2 560 000(比例尺替换标志为“0”时)　(保留)(比例尺替换标志为“1”时)	0:不显示(4-2) 1:显示
12	4	1∶5 120 000(比例尺替换标志为“0”时)　(保留)(比例尺替换标志为“1”时)	0:不显示(4-2) 1:显示
13	3～2	坐标描述种类	0:格网内正规化坐标 1:2 字节偏移量 2:3 字节偏移量 3:全域(3-3)
14	1～0	(保留)	

表 168 中：

(4-1)　比例尺替换标志

根据比例尺替换标志，位 14～位 4 表示显示比例尺将会发生变化。

(4-2)　0:不显示

背景数据在相应比例尺是否显示的标志，如果全是“0:不显示”时，表示背景数据不显示。

示例 1：比例尺替换标志为“0”的情况下，如果本数据表中第 2 项为“1”，则表示背景数据在比例尺为 1∶5 000时显示；如果本数据表中第 2 项为“0”，则背景数据在比例尺为1∶5 000 时不显示。

示例 2：比例尺替换标志为“1”，如果本数据表中第 2 项为“1”，则表示背景数据在比例尺为 1∶10 240 000 时显示；如果本数据表中第 2 项为“0”，则背景数据在比例尺为 1∶10 240 000 时都不显示。

(4-3) 全域

"坐标描述种类"中的"全域"表示当前背景数据覆盖整个格网,当前背景数据不设定坐标数据。

(5) 坐标指数、形状坐标数

坐标指数、形状坐标数格式见表169。

表169 坐标指数、形状坐标数数据

序号	位	内　容	说　明
1	15～13	坐标指数	(5-1)
2	12～0	形状坐标数	(5-2)

表169中:

(5-1) 坐标指数

X坐标偏移量值以及Y坐标偏移量值乘上2的N次方之后为实际坐标偏移量。N即为坐标指数(N的取值范围为0≤N≤7,其中N为整数)。

(5-2) 形状坐标数

包含起点坐标的坐标数。

(6) 起点X坐标、起点Y坐标

取值范围:0≤X≤4 096,0≤Y≤4 096。

(7) 坐标数据的序列

根据坐标描述种类、格式不同,分为2字节偏移量坐标、3字节偏移量坐标及格网内正规化坐标,见表170、表171、表172。

a) 2字节偏移量坐标

2字节偏移量坐标格式见表170。

表170 坐标数据

序号	偏移量	数据长度	数据类型	项目名称	说明	约束
1	0	1	I	X坐标偏移量值		KEY
2	1	1	I	Y坐标偏移量值		KEY

b) 3字节偏移量坐标

3字节偏移量坐标格式见表171。

表171 坐标数据

序号	偏移量	数据长度	数据类型	项目名称	说明	约束
1	0	1.5字节	I	X坐标偏移量值		KEY
2	1.5	1.5字节	I	Y坐标偏移量值		KEY

c) 格网内正规化坐标

格网内正规化坐标格式见表172。

表 172 坐标数据

序号	偏移量	数据长度	数据类型	项 目 名 称	说明	约束
1	0	2	NZ	X 坐标		KEY
2	2	2	NZ	Y 坐标		KEY

(8) 各种信息的存在标志

根据各种信息的存在标志，判断各种信息是否存在，其格式见表 173。

表 173 各种信息的存在标志

序号	位	内 容	说 明
1	15	名称 ID 存在标志	0:不存在;1:存在
2	14	行政区划代码存在标志	0:不存在;1:存在
3	13	高度信息存在标志	0:不存在;1:存在
4	12～0	(保留)	

(9) 名称 ID

背景数据所涉及到的名称在注记数据中的名称 ID，其格式同道路名称，见表 16。

(10) 高度信息

高度信息格式见表 174。

表 174 高度信息

序号	位	内 容	说 明
1	15～2	高度值	
2	1～0	(保留)	

(11) 本数据扩展存在标志

本数据扩展存在标志格式见表 57。

(12) 扩展数据

扩展数据格式见表 58。

7.8 注记数据

注记数据的格式见表 175。

表 175 注记数据

序号	偏移量	数据长度	数据类型	项 目 名 称	说明	约束
1	0	17	—	注记管理数据		KEY
2	17	B1	—	注记数据的序列		OPT

7.8.1 注记数据的管理数据

注记数据的管理数据主要包括数据的长度、偏移量、记录数等，其格式见表176。

表 176 注记数据的管理数据

序号	偏移量	数据长度	数据类型	项目名称	说明	约束
1	0	1	N	数据标志	(1)	KEY
2	1	4	N∶B∶N∶N	格网 ID		KEY
3	5	2	N	管理数据的长度		KEY
4	7	2	N∶N∶N∶N	版本号码		KEY
5	9	3	N	注记数据偏移量		KEY
6	12	3	N	注记数据的长度		KEY
7	15	2	N	注记记录数		KEY

表176中：

(1) 数据标志

设为“28”。

7.8.2 注记数据

注记数据格式见表177。

表 177 注记数据

序号	偏移量	数据长度	数据类型	项目名称	说明	约束
1	0	2	B∶N	各种信息的存在标志是否存在的标志位、名称记录的长度	(1)	KEY
2	2	4	B∶N	名称 ID	(2)	KEY
3	6	2	N	种类代码	(3)	KEY
4	8	1	N	显示等级代码	(4)	KEY
5	9	2	B∶B	显示比例尺标志、名称分类	(5)	KEY
6	11	2	NZ	X 坐标	(6)	KEY
7	13	2	NZ	Y 坐标	(6)	KEY
8	15	1	N	名称文字数		KEY
9	16	B1	CC	名称		OPT
10	01	2	B	各种信息是否存在的标志	(7)	OPT
11	02	1	N	字段配置	(8)	OPT
12	03	2	B∶N∶B∶N	显示角度信息	(9)	OPT
13	04	1	B	本数据扩展存在标志	(10)	KEY
14	05	B2	—	扩展数据	(11)	OPT

表 177 中：

(1) 各种信息的存在标志是否存在的标志位、名称记录的长度

其格式见表 178。

表 178 标志位、名称记录的长度数据

序号	位	内　容	说　明
1	15	各种信息的存在标志是否存在的标志位	0:“各种信息是否存在的标志”不存在 1:“各种信息是否存在的标志”存在
2	14～0	名称记录的长度	

(2) 名称 ID

名称 ID 格式同道路名称，见表 16。

(3) 种类代码

见 GB/T 28442—2012。

(4) 显示等级代码

显示等级代码格式见表 179。

表 179 显示等级代码

序号	位	内　容	说　明
1	7～3	显示等级代码	(4-1)
2	2～0	(保留)	

(5) 显示比例尺标志、名称分类

格式见表 180。

表 180 显示比例尺标志、名称分类

序号	位	内　容	说　明
1	15	比例尺替换标志	(5-1)
2	14	1∶5 000(比例尺替换标志为“0”时)　1∶10 240 000(比例尺替换标志为“1”时)	0:不显示(5-2) 1:显示
3	13	1∶10 000(比例尺替换标志为“0”时)　1∶20 480 000(比例尺替换标志为“1”时)	0:不显示(5-2) 1:显示
4	12	1∶20 000(比例尺替换标志为“0”时)　1∶40 960 000(比例尺替换标志为“1”时)	0:不显示(5-2) 1:显示
5	11	1∶40 000(比例尺替换标志为“0”时)　1∶81 920 000(比例尺替换标志为“1”时)	0:不显示(5-2) 1:显示
6	10	1∶80 000(比例尺替换标志为“0”时)　(保留)(比例尺替换标志为“1”时)	0:不显示(5-2) 1:显示
7	9	1∶160 000(比例尺替换标志为“0”时)　(保留)(比例尺替换标志为“1”时)	0:不显示(5-2) 1:显示
8	8	1∶320 000(比例尺替换标志为“0”时)　(保留)(比例尺替换标志为“1”时)	0:不显示(5-2) 1:显示

表 180（续）

序号	位	内 容	说 明
9	7	1∶640 000（比例尺替换标志为“0”时） （保留）（比例尺替换标志为“1”时）	0：不显示(5-2) 1：显示
10	6	1：1 280 000（比例尺替换标志为“0”时） （保留）（比例尺替换标志为“1”时）	0：不显示(5-2) 1：显示
11	5	1：2 560 000（比例尺替换标志为“0”时） （保留）（比例尺替换标志为“1”时）	0：不显示(5-2) 1：显示
12	4	1：5 120 000（比例尺替换标志为“0”时） （保留）（比例尺替换标志为“1”时）	0：不显示(5-2) 1：显示
13	3	字符串的方向	0：横方向 1：纵方向
14	2～0	名称分类	0：重心坐标文字
			1：线型文字
			2：记号、文字
			3～7：(保留)

表 180 中：

(5-1) 比例尺替换标志

根据比例尺替换标志，位 14～位 4 表示显示比例尺将会发生变化。

(5-2) 0：不显示

注记数据在相应比例尺是否显示的标志，如果全是“0：不显示”时，表示注记数据不显示。

(6) X 坐标、Y 坐标

取值范围：0≤X≤4 096；0≤Y≤4 096。

(7) 各种信息的存在标志

根据各种信息的存在标志判断各种信息的存在标志是否存在，其格式见表 181。

表 181 各种信息存在标志数据

序号	位	内 容	说 明
1	15	字段配置存在标志	(7-1) 0：不存在；1：存在
2	14	显示角度信息存在标志	(7-2) 0：不存在；1：存在
3	13～0	(保留)	

表 181 中：

(7-1) 字段配置存在标志

如果“名称分类”为“记号、文字”（见表 180 数据项[14]），则位 15 设为“1”，否则位 15 设为“0”。

(7-2) 显示角度信息存在标志

如果“名称分类”为“线型文字”（见表 180 数据项[14]），则位 14 设为“1”，否则位 14 设为

"0"。

(8) 字段配置

格式见表 182。

表 182 字段配置

序号	偏移量	数据长度	数据类型	项目名称	说明	约束
1	0	1	N	7:记号的上方 6:记号的左方 5:记号的左下方 4:记号的下方 3:记号的右下方 2:记号的右方 1:记号的右上方 0:记号的左上方	(8-1)	

表 182 中：

(8-1) 字段配置的位置

字段配置的位置示意图见图 29。

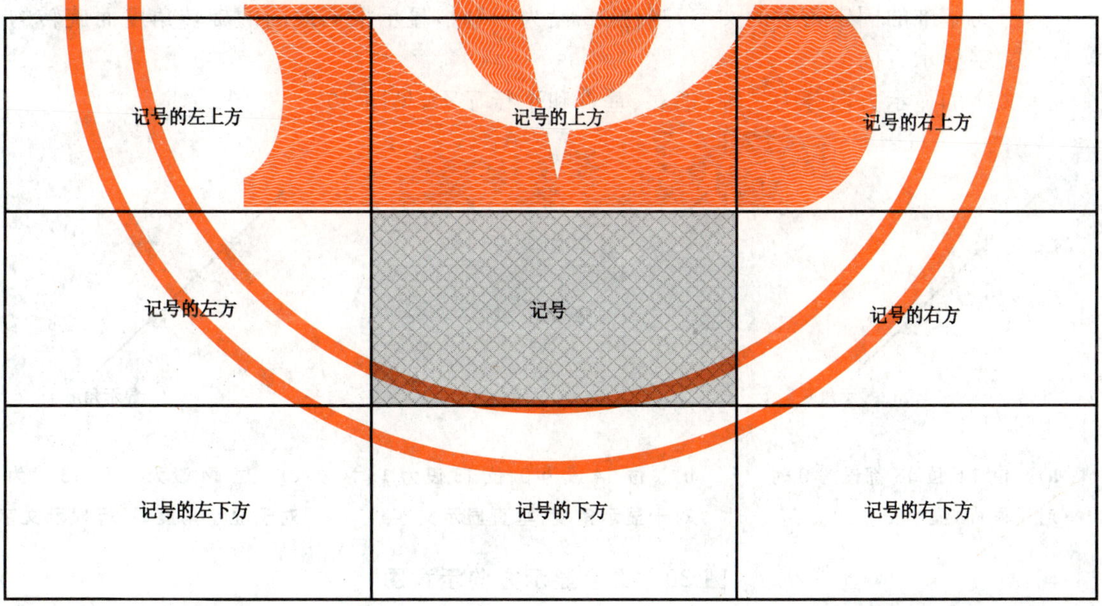

图 29 字段配置的位置示意图

(9) 显示角度信息

显示角度信息格式见表 183。

表 183 显示角度信息

<table>
<tr><th>序号</th><th>位</th><th>内容</th><th colspan="3">说明</th></tr>
<tr><td rowspan="3">1</td><td rowspan="3">15</td><td rowspan="3">转动基准(9-1)</td><td>位 15</td><td colspan="2">内容</td></tr>
<tr><td>0</td><td colspan="2">对于显示画面,显示固定角度</td></tr>
<tr><td>1</td><td colspan="2">对于地图画面,显示相对角度</td></tr>
<tr><td rowspan="4">2</td><td rowspan="4">14～13</td><td rowspan="4">文字显示方向(9-2)</td><td>位 14</td><td>位 13</td><td>内容</td></tr>
<tr><td>0</td><td>0</td><td>通常对于画面,显示正立的文字</td></tr>
<tr><td>0</td><td>1</td><td>对于显示角度,垂直显示文字</td></tr>
<tr><td>1</td><td>0</td><td>对于显示角度,平行显示文字</td></tr>
<tr><td rowspan="3">3</td><td rowspan="3">12</td><td rowspan="3">文字旋转模式(9-3)</td><td>位 12</td><td colspan="2">内容</td></tr>
<tr><td>0</td><td colspan="2">不以字符串为单位旋转</td></tr>
<tr><td>1</td><td colspan="2">以字符串为单位旋转</td></tr>
<tr><td>4</td><td>11～3</td><td>显示角度</td><td colspan="3">(9-4)</td></tr>
<tr><td>5</td><td>2～0</td><td>(保留)</td><td colspan="3"></td></tr>
</table>

表 183 中：

(9-1) 转动基准

当旋转地图时,需要设定是否改变文字的显示角度。当位 15 设为“0”时,显示以地图北向上为基准的固定角度的文字;当位 15 设为“1”时,显示根据地图的旋转角度而旋转的文字。

(9-2) 文字显示方向

文字的显示方向分为三种:正立、垂直和平行显示,见图 30。

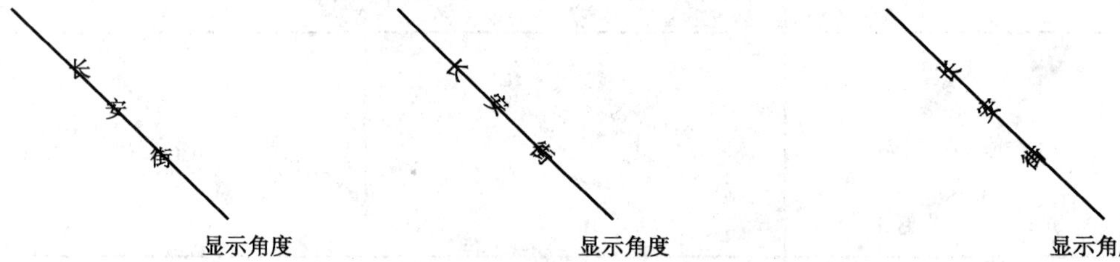

a) 位 14、位 13 都设为 0 时对于画面,显示正立的文字

b) 位 14 设为 0、位 13 设为 1 时对于显示角度,垂直显示文字

c) 位 14 设为 1、位 13 设为 0 时对于显示角度,平行显示文字

图 30 文字显示方向示意图

(9-3) 文字旋转模式

根据显示角度指定文字是否以字符串为单位旋转。当位 12 设为“1”时,以字符串为单位旋转;当位 12 设为“0”时,不以字符串为单位的旋转。在指定以字符串为单位旋转时,字符串在以(9-2)中所述的文字显示方向为基准进行旋转之后,再进行显示;当不指定字符串为单位旋转时,按表 177 中数据项[5]中的字符串方向、以(9-2)中所述的文字显示方向为准旋转文字并显示整个字符串。

(9-4) 显示角度

以北向上方向为基准0°,显示角度与北向上方向之间以顺时针方向形成的角度。显示角度的取值范围为0°～359°,见图31。

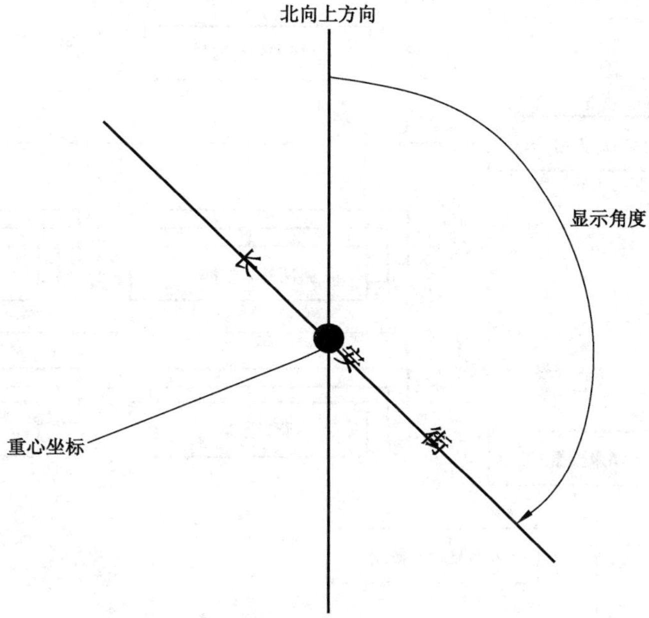

图31 显示角度示意图

(10) 本数据扩展存在标志

本数据扩展存在标志格式见表57。

(11) 扩展数据

扩展数据格式见表58。

8 增量数据存储格式

8.1 逻辑模型

增量数据包括增量管理数据、格网增量数据和POI增量数据。其中,增量管理数据主要记录格网增量数据的整体管理信息,包括数据版本号、格网数等。格网增量数据依次按照格网、数据类型、变更类型进行管理,主要包括全局增量数据、路网基本数据的增量数据、路网扩展数据的增量数据、背景数据的增量数据、注记数据的增量数据,其中全局数据的增量数据也是通过格网进行管理(见表187)。POI增量数据单独存储和管理,包括POI增量管理数据和POI增量实体数据两部分,增量数据组成结构示意图见图32。

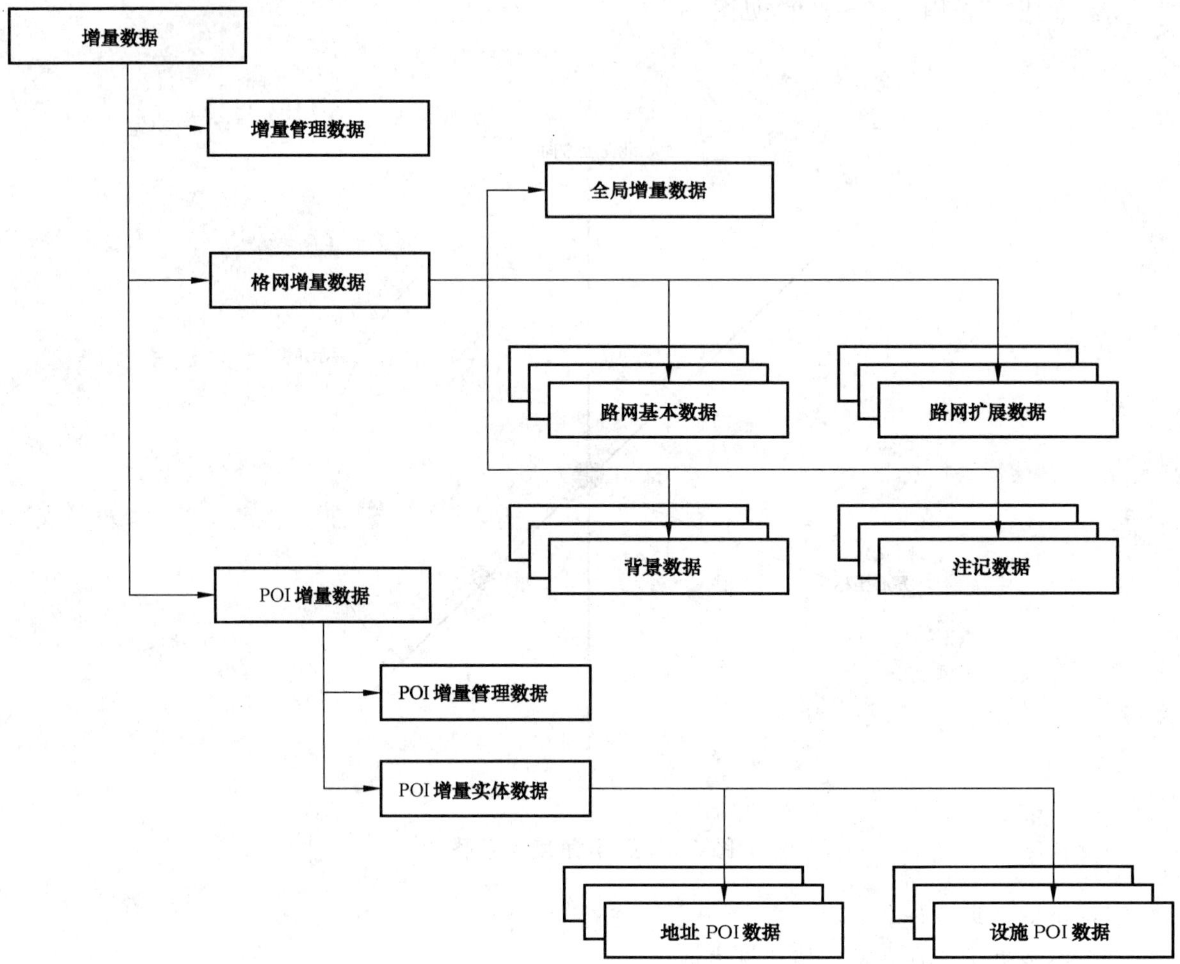

图 32　增量数据组成结构示意图

8.2　存储模型

8.2.1　格网增量数据

增量数据以格网为基本存储单位，每个增量数据文件包括若干个格网的增量数据，格网增量数据存储模型图见图 33。

增量数据的主要构造如下：

——增量数据的管理数据；

——以格网为单位存放的增量数据，全局增量数据作为特殊的格网增量数据，格网号设为“0xFFFFFFFF”；

——每个格网存放三种类型的增量数据：删除、新增、变更；

——每种类型的增量数据以永久 ID 来识别。

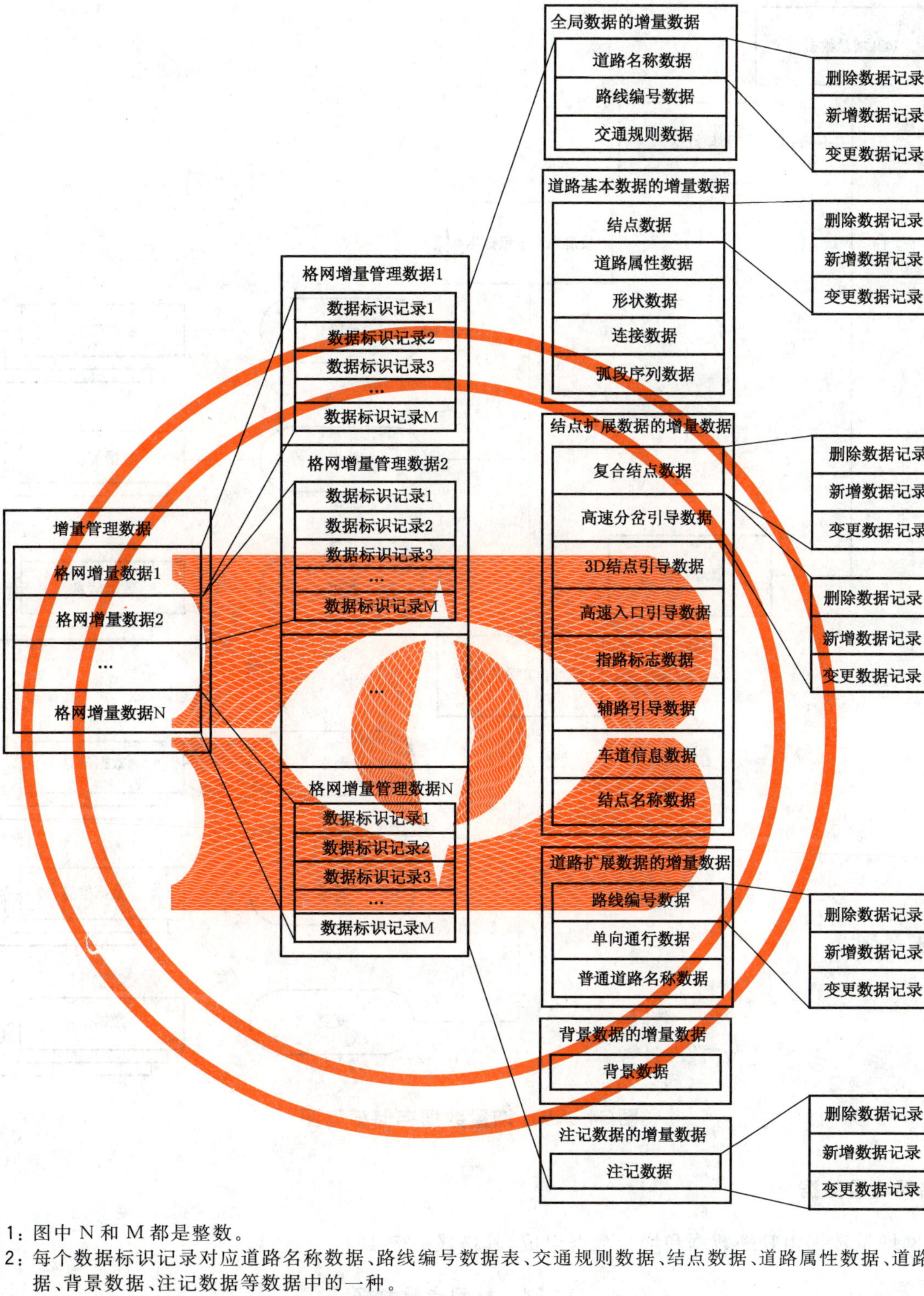

注 1：图中 N 和 M 都是整数。

注 2：每个数据标识记录对应道路名称数据、路线编号数据表、交通规则数据、结点数据、道路属性数据、道路形状数据、背景数据、注记数据等数据中的一种。

图 33　格网增量数据存储模型图

8.2.2　POI 增量数据

POI 增量数据分为设施 POI 和地址 POI 两种数据类型。POI 增量数据依次按照行政区域、类型进行存储，每个 POI 增量数据文件对应一个行政区划范围内的一种类型的 POI 增量数据。每种类型的 POI 增量数据包括删除、新增和变更三种变更类型，POI 增量数据存储模型图见图 34。

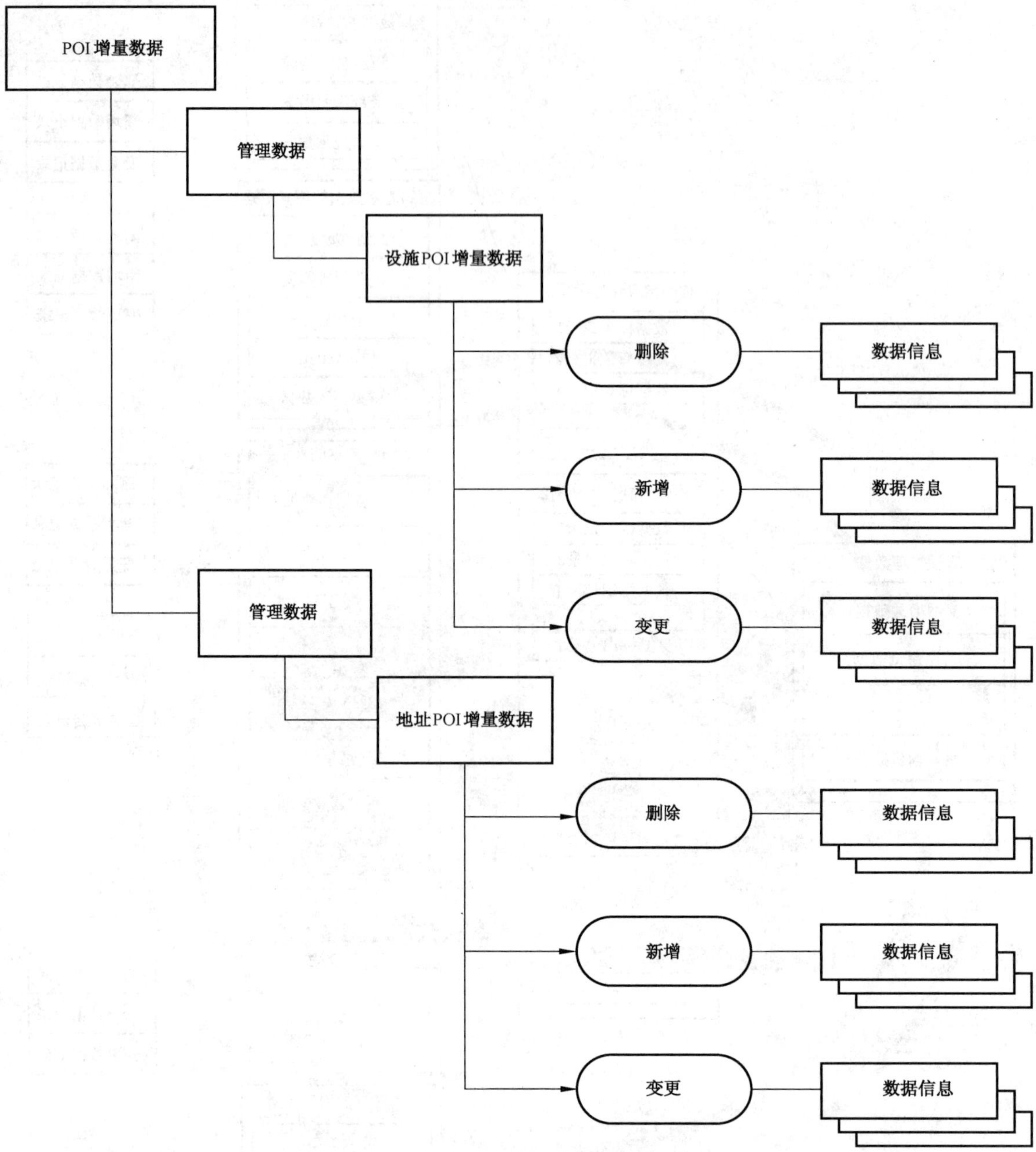

图 34　POI 增量数据存储模型图

8.3　格网增量数据

格网增量数据由管理数据和增量数据组成，其格式见表 184。

表 184　格网增量数据

序号	偏移量	数据长度	数据类型	项目名称	说明	约束
1	0	10	—	增量管理数据		KEY
2	10	B1	—	增量数据的序列		OPT

8.3.1 管理数据

管理数据格式见表185。

表185 管理数据

序号	偏移量	数据长度	数据类型	项目名称	说明	约束
1	0	2	N:N:N:N	新版本号	(1)	KEY
2	2	2	N:N:N:N	旧版本号	(2)	KEY
3	4	4	N	数据大小		KEY
4	8	2	N	格网数		KEY

表185中:

(1) 新版本号

增量数据的版本号。

(2) 旧版本号

车载终端用旧版本号进行版本检查(版本更新的机制)。

8.3.2 增量数据

增量数据格式见表186。

表186 增量数据

序号	偏移量	数据长度	数据类型	项目名称	说明	约束
1	0	9	—	增量管理数据		KEY
2	9	B1	—	标志信息的记录序列		OPT
3	01	B2	—	各种类型增量数据的序列		OPT

8.3.2.1 增量管理数据

增量管理数据格式见表187。

表187 增量管理数据

序号	偏移量	数据长度	数据类型	项目名称	说明	约束
1	0	4	N:B:N:N	格网ID	(1)	KEY
2	4	4	N	数据大小		KEY
3	8	1	N	数据标志个数		KEY

表187中:

(1) 格网ID

全局数据的增量数据的格网ID设为“0xFFFFFFFF”,非全局数据的格网ID的格式见表6。

8.3.2.2 标志信息记录

标志信息记录格式见表188。

表 188　标志信息记录

序号	偏移量	数据长度	数据类型	项目名称	说明	约束
1	0	1	N	数据标志		KEY
2	1	4	N	到增量数据的偏移量	(1)	KEY

表 188 中：

(1)　到增量数据的偏移量

表示从格网增量数据的管理数据的开始，到数据标志所代表的增量数据的开头为止的偏移量。

8.3.2.3　各种类型增量数据

各种类型增量数据格式见表 189。

表 189　各种类型增量数据

序号	偏移量	数据长度	数据类型	项目名称	说明	约束
1	0	1	N	数据标志		KEY
2	1	2	N	删除数据个数		KEY
3	3	2	N	新增数据个数		KEY
4	5	2	N	属性变更数据个数		KEY
5	7	2	N	字节变更数据个数		KEY
6	9	B1	—	变更类型为删除的增量数据的序列		OPT
7	01	B2	—	变更类型为新增的增量数据的序列		OPT
8	02	B3	—	变更类型为变更的增量数据的序列	(1)	OPT
9	03	B4	—	变更类型为字节变更的增量数据的序列	(2)	OPT

表 189 中：

(1)　变更类型为变更的增量数据的序列

数据元素的变更是指各种数据类型的数据变更，这里的数据类型包括结点、道路属性、道路形状等。数据元素变更的数据格式随数据类型的不同而不同。

(2)　变更类型为字节变更的增量数据的序列

以字节为变更单位，字节变更的数据格式与数据类型无关，变更类型为字节变更的增量数据的序列中每个字节变更增量数据单元的格式见表 190。

表 190　变更类型为字节变更的增量数据

序号	偏移量	数据长度	数据类型	项目名称	说明	约束
1	0	4	B：N	永久 ID	(2-1)	KEY
2	4	1	N	大小	(2-2)	KEY
3	5	B1	—	字节增量数据的序列	(2-3)	OPT

表 190 中：

(2-1)　永久 ID

变更数据的永久 ID，如弧段永久 ID 或结点永久 ID 等。

(2-2) 大小

字节变更增量数据的总长度。

(2-3) 字节增量数据的序列

字节增量数据的序列中每个字节增量数据单元的格式见表 191。

表 191 字节增量数据

序号	偏移量	数据长度	数据类型	项目名称	说明	约束
1	0	4	N	字节偏移量	(2-3-1)	KEY
2	4	1	B	变更标志	(2-3-2)	KEY
3	5	1	N	第 0 字节的变更内容	(2-3-3)	OPT
4	01	1	N	第 1 字节的变更内容	(2-3-3)	OPT
5	02	1	N	第 2 字节的变更内容	(2-3-3)	OPT
6	03	1	N	……	(2-3-3)	OPT

表 191 中：

(2-3-1) 字节偏移量

从永久 ID 所标志的数据的开头到字节变更数据为止的偏移量。

(2-3-2) 变更标志

变更标志格式见表 192。

表 192 变更标志

序号	位	内容	说明
1	7	第 7 字节的变更	0：无；1：有
2	6	第 6 字节的变更	0：无；1：有
3	5	第 5 字节的变更	0：无；1：有
4	4	第 4 字节的变更	0：无；1：有
5	3	第 3 字节的变更	0：无；1：有
6	2	第 2 字节的变更	0：无；1：有
7	1	第 1 字节的变更	0：无；1：有
8	0	第 0 字节的变更	0：无；1：有

(2-3-3) 字节的变更内容

根据变更标志、按顺序设定有变更的字节的数据。

8.3.3 全局数据的增量数据

8.3.3.1 道路名称数据

用于全局管理数据中的道路名称数据的更新(见 7.3.2)。

8.3.3.1.1 删除

格式见表 193。

表 193 删除道路名称数据

序号	偏移量	数据长度	数据类型	项目名称	说明	约束
1	0	4	N	名称 ID		KEY

8.3.3.1.2 新增

格式见表 194。

表 194 新增道路名称数据

序号	偏移量	数据长度	数据类型	项目名称	说明	约束
1	0	4	B∶N	名称 ID		KEY
2	4	1	N	汉字名称长度		KEY
3	5	1	N	拼音名称长度		KEY
4	6	B1	CC	汉字名称		KEY
5	01	B2	C	拼音名称		KEY
6	02	1	B	本数据扩展存在标志		KEY
7	03	B3	—	扩展数据		OPT

8.3.3.1.3 变更

变更与新增的数据格式相同，见表 194。

8.3.3.2 路线编号数据

用于全局管理数据中的路线编号数据的更新(见 7.3.3)。

8.3.3.2.1 删除

格式见表 195。

表 195 删除路线编号数据

序号	偏移量	数据长度	数据类型	项目名称	说明	约束
1	0	4	B∶N	路线 ID		KEY

8.3.3.2.2 新增

新增路线编号数据格式见表 19。

8.3.3.2.3 变更

变更与新增的数据格式相同，见表 19。

8.3.3.3 交通规则数据

用于全局管理数据中的交通规则数据的更新(见 7.3.4)。

8.3.3.3.1 删除

格式见表196。

表196 删除交通规则数据

序号	偏移量	数据长度	数据类型	项目名称	说明	约束
1	0	2	N	交通规则ID		KEY

8.3.3.3.2 新增

格式见表197。

表197 新增交通规则数据

序号	偏移量	数据长度	数据类型	项目名称	说明	约束
1	0	2	N	交通规则ID		KEY
2	2	1	N	交通规则个数		KEY
3	3	B1	—	交通规则数据的序列	(1)	OPT

表197中：

(1) 交通规则数据的序列

交通规则数据的格式见表26。

8.3.3.3.3 变更

格式见表198。

表198 变更交通规则数据

序号	偏移量	数据长度	数据类型	项目名称	说明	约束
1	0	2	N	交通规则ID		KEY
2	2	1	B∶N	详细信息标志变更、交通规则个数	(1)	KEY
3	3	B1	—	交通规则数据的序列	(2)	OPT

表198中：

(1) 详细信息标志变更、交通规则个数

详细信息标志变更、交通规则个数格式见表199。

表199 详细信息标志变更、交通规则个数

序号	位	内　容	说　明
1	7	详细信息标志变更	0:新增;1:删除
2	6～0	交通规则个数	
注1:"详细信息标志变更"设为0时，如果存在同一交通规则ID的情况，则交通规则新增全部。 注2:"详细信息标志变更"设定为1时，如果存在同一交通规则ID的情况，则删除相同的交通规则。			

（2） 交通规则数据的序列

交通规则数据的序列中每个交通规则数据单元的格式见表 26。

8.3.4 路网基本数据的增量数据

8.3.4.1 结点数据

8.3.4.1.1 删除

删除结点的数据只使用结点永久 ID 来标志，与结点的类型无关，其格式见表 200。

表 200 删除数据

序号	偏移量	数据长度	数据类型	项目名称	说明	约束
1	0	4	B：N	结点永久 ID	(1)	KEY

表 200 中：

（1） 结点永久 ID

结点永久 ID 格式见表 97。

8.3.4.1.2 新增

新增的结点数据格式随结点的类型而异，其格式见表 201。

表 201 新增结点数据

序号	偏移量	数据长度	数据类型	项目名称	说明	约束
1	0	4	B：N	结点永久 ID		KEY
2	4	1	N	结点的类型和数据存在的标志	(1)	KEY
3	5	2	N	经度坐标		KEY
4	7	2	N	纬度坐标		KEY
5	9	2	B	结点扩展数据存在标志		OPT
6	11	1	B	结点信息		OPT
7	12	1	N	邻接格网位置		OPT
8	13	1	B	本数据扩展存在标志		KEY
9	14	B1	—	扩展数据		OPT

表 201 中：

（1） 新增的结点数据的类型和数据存在标志

新增的结点数据的类型和数据存在标志格式见表 202。

表 202 新增的结点数据的类型和数据存在标志

序号	位	内　容	说　明
1	7	“邻接格网位置”存在标志	0:不存在;1:存在
2	6	“结点信息”存在标志	0:不存在;1:存在
3	5	“结点扩展数据存在标志”存在标志	0:不存在;1:存在
4	4	结点的类型代码	(1-1)
5	3～0	(保留)	

表 202 中：

(1-1) 结点的类型代码

结点的类型代码格式见表 68。

8.3.4.1.3 变更

变更的结点数据格式随结点的类型而异，其格式见表 203。

表 203 变更结点数据

序号	偏移量	数据长度	数据类型	项目名称	说明	约束
1	0	4	B:N	结点永久 ID		KEY
2	4	1	N	结点的类型、数据存在的标志	(1)	KEY
3	5	2	N	经度坐标		OPT
4	7	2	N	纬度坐标		OPT
5	9	2	B	结点扩展数据存在标志		OPT
6	11	1	B	结点信息		OPT
7	12	1	N	邻接格网位置		OPT
8	13	1	B	本数据扩展存在标志		KEY
9	14	B1	—	扩展数据		OPT

表 203 中：

(1) 结点的类型、数据存在的标志见表 204。

表 204 结点数据的类型、数据存在标志

序号	位	内　容	说　明
1	7	“邻接格网位置”存在标志	0:不存在;1:存在
2	6	“结点信息”存在标志	0:不存在;1:存在
3	5	“结点扩展数据存在标志”存在标志	0:不存在;1:存在
4	4	“经度坐标”存在标志	0:不存在;1:存在
5	3	“纬度坐标”存在标志	0:不存在;1:存在
6	2～1	结点的类型代码	(1-1)
7	0	(保留)	

表 204 中：

(1-1) 结点的类型代码

结点的类型代码格式见表 68。

8.3.4.2 道路属性数据

8.3.4.2.1 删除

格式见表 205。

表 205 删除道路属性数据

序号	偏移量	数据长度	数据类型	项目名称	说明	约束
1	0	4	B∶N	弧段永久 ID		KEY

8.3.4.2.2 新增

新增的道路属性数据格式随道路属性的类型，其格式见表 206。

表 206 新增数据

序号	偏移量	数据长度	数据类型	项目名称	说明	约束
1	0	4	B∶N	弧段永久 ID		KEY
2	4	1	N	道路属性的类型代码	(1)	KEY
3	5	4	B∶N	起始结点永久 ID		KEY
4	9	4	B∶N	终止结点永久 ID		KEY
5	13	2	B	各种标志		KEY
6	15	2	B	道路扩展数据存在标志		KEY
7	17	2	N∶N	道路长度		KEY
8	19	4	B	道路功能等级、幅宽等		KEY
9	23	1	N∶N	单向通行标志		KEY
10	24	1	B	本数据扩展存在标志		KEY
11	25	B1	—	扩展数据		OPT

注 1：道路属性的类型为 TYPE0 与 TYPE1 的道路属性数据格式相同，与类型为 TYPE2 的格式不相同。

注 2：具体含义见本地数据结构中 7.5.3.2 的规定。

表 206 中：

(1) 道路属性的类型代码

道路属性类型代码与结点的类型代码定义相同，其格式见表 68。

8.3.4.2.3 变更

变更的道路属性数据格式随道路属性的类型，其格式见表 207。

表 207 变更道路属性数据

序号	偏移量	数据长度	数据类型	项目名称	说明	约束
1	0	4	B∶N	弧段永久 ID		KEY
2	4	1	N	道路属性的类型代码、数据的存在标志	(1)	KEY
3	5	2	B	各种标志		OPT
4	7	2	B	扩展数据存在标志		OPT
5	9	2	N∶N	道路长度		OPT
6	11	4	B	道路功能等级代码、幅宽等		OPT
7	15	1	N∶N	单向通行标志		OPT
8	16	1	B	本数据扩展存在标志		KEY
9	17	B1	—	扩展数据		OPT
注 1：道路属性的类型为 TYPE0 和与 TYPE1 的道路属性数据格式相同，与类型为 TYPE2 的格式不相同。 注 2：具体含义见本地数据结构中 7.5.3.2 的规定。						

表 207 中：

(1) 道路属性的类型代码、数据存在标志

道路属性的类型代码、数据存在标志格式见表 208。

表 208 道路类型、数据存在标志

序号	位	内　容	说　明
1	7	“单向通行标志”	0:不存在;1:存在
2	6	“道路功能等级代码、幅宽等”	0:不存在;1:存在
3	5	“道路长度”	0:不存在;1:存在
4	4	“扩展数据存在标志”	0:不存在;1:存在
5	3	“各种标志”	0:不存在;1:存在
6	2～1	道路属性的类型代码	(1-1)
7	0	(保留)	

表 208 中：

(1-1) 道路属性的类型代码

道路属性类型代码与结点的类型代码定义相同，其格式见表 68。

8.3.4.3 道路形状数据

8.3.4.3.1 删除

格式见表 209。

表 209　删除道路形状数据

序号	偏移量	数据长度	数据类型	项目名称	说明	约束
1	0	4	B∶N	弧段永久 ID		KEY

8.3.4.3.2　新增

格式见表 210。

表 210　新增道路形状数据

序号	偏移量	数据长度	数据类型	项目名称	说明	约束
1	0	4	B∶N	弧段永久 ID		KEY
2	4	2	N	形状点数		KEY
3	6	B1	—	形状点数据序列		KEY

8.3.4.3.3　变更

格式见表 211。

表 211　变更道路形状数据

序号	偏移量	数据长度	数据类型	项目名称	说明	约束
1	0	4	B∶N	弧段永久 ID		KEY
2	4	2	N	形状点数		KEY
3	6	B1	—	形状点数据序列		KEY

8.3.4.4　连接数据

8.3.4.4.1　删除

删除结点数据时，应删除所对应的连接数据，其格式见表 212。

表 212　删除连接数据

序号	偏移量	数据长度	数据类型	项目名称	说明	约束
1	0	4	B∶N	结点永久 ID		KEY

8.3.4.4.2　新增

格式见表 213。

表 213 新增连接数据

序号	偏移量	数据长度	数据类型	项目名称	说明	约束
1	0	4	B∶N	结点永久 ID		KEY
2	4	2	N∶N∶N∶N	连接弧段数	(1)	KEY
3	6	B1	—	格网内弧段数据的序列	(2)	OPT
4	01	B2	—	格网外弧段数据的序列	(3)	OPT
5	02	B3	—	不需引导弧段数据的序列	(4)	OPT
6	03	B4	—	禁止进入弧段数据的序列	(5)	OPT

表 213 中：

(1) 连接弧段数

连接弧段数格式见表 88。

(2) 格网内弧段数据

格网内弧段数据格式见 7.5.5.3.1。

(3) 格网外弧段数据

格网外弧段数据格式见 7.5.5.3.2。

(4) 不需引导弧段数据

不需引导弧段数据格式见 7.5.5.3.3。

(5) 禁止进入弧段数据

禁止进入弧段数据格式见 7.5.5.3.4。

8.3.4.4.3 变更

8.3.4.4.3.1 道路的变更

道路变更导致的连接数据变更，在车载终端上进行计算后更新，不做增量数据。

8.3.4.4.3.2 不需引导及禁止进入的变更

格式见表 214。

表 214 变更(不需引导及禁止进入)数据

序号	偏移量	数据长度	数据类型	项目名称	说明	约束
1	0	4	B∶N	结点永久 ID		KEY
2	4	1	N∶N	变更数据数	(1)	KEY
3	5	B1	—	不需引导的弧段数据的序列	(2)	OPT
4	01	B2	—	禁止进入的弧段数据的序列	(3)	OPT

表 214 中：

(1) 变更数据数

变更数据数格式见表 215。

表 215　变更数据数

序号	位	内　容	说　明
1	7～4	不需引导数据数	
2	3～0	禁止进入数据数	

(2)　不需引导弧段数据的序列

不需引导弧段数据的格式见表 216;在删除不需引导时,将不需引导的退出道路的永久 ID 设定为“0”。

表 216　不需引导弧段数据

序号	偏移量	数据长度	数据类型	项目名称	说明	约束
1	0	4	B∶N	不需引导的进入弧段永久 ID		KEY
2	4	4	B∶N	不需引导的退出弧段永久 ID		KEY

(3)　禁止进入弧段数据的序列

禁止进入弧段数据的序列中每个禁止进入弧段数据单元的格式见表 217。在删除禁止进入交通规则时,将交通规则 ID 设定为“0”。

表 217　禁止进入弧段数据

序号	偏移量	数据长度	数据类型	项目名称	说明	约束
1	0	4	B∶N	禁止进入进入弧段永久 ID		KEY
2	4	4	B∶N	禁止进入退出弧段永久 ID		KEY
3	8	2	N	交通规则 ID		KEY

8.3.4.5　弧段序列数据

8.3.4.5.1　删除

车载终端根据道路删除数据判断是否删除弧段序列。

8.3.4.5.2　新增

格式见表 218。

表 218　新增弧段序列数据

序号	偏移量	数据长度	数据类型	项目名称	说明	约束
1	0	1	B	标志信息	(1)	KEY
2	1	B1	N	新增弧段序列数据	(2)	KEY

表 218 中:

(1)　标志信息

标志信息格式见表 219。

表 219 标志信息

<table>
<tr><th>序号</th><th>位</th><th>内　容</th><th colspan="2">说　明</th></tr>
<tr><td rowspan="2">1</td><td rowspan="2">7</td><td rowspan="2">新增弧段序列数据标志</td><td>0</td><td>弧段 ID 连续的弧段序列　(1-1)</td></tr>
<tr><td>1</td><td>弧段 ID 不连续的弧段序列　(1-1)</td></tr>
<tr><td>2</td><td>6～0</td><td>(保留)</td><td colspan="2"></td></tr>
</table>

表 219 中：

(1-1)　新增弧段序列数据标志

是识别新增弧段序列数据的格式的信息。

(2)　新增弧段序列数据

新增弧段序列数据分为两种数据类型：弧段 ID 连续和弧段 ID 不连续。如 a)和 b)所述：

a)　弧段 ID 连续

格式见表 220。

表 220 新增弧段 ID 连续的弧段序列数据

序号	偏移量	数据长度	数据类型	项目名称	说明	约束
1	0	4	N	起始弧段 ID		KEY
2	4	2	N	终止弧段 ID 的增量		KEY
3	6	1	N	弧段数		KEY
4	7	B1	—	新增弧段 ID 连续的弧段的序列	(2-1)	KEY

表 220 中：

(2-1)　新增弧段 ID 连续的弧段的序列

新增弧段 ID 连续的弧段的序列中每个新增弧段 ID 连续的弧段单元的格式见表 221。

表 221 新增弧段 ID 连续的弧段数据

序号	偏移量	数据长度	数据类型	项目名称	说明	约束
1	0	4	B：N	弧段永久 ID		KEY
2	4	2	N	弧段 ID 增量		KEY

b)　弧段 ID 不连续

格式见表 222。

表 222 新增弧段 ID 不连续的弧段序列数据

序号	偏移量	数据长度	数据类型	项目名称	说明	约束
1	0	1	N	弧段数		KEY
2	1	B1	—	新增弧段 ID 不连续的弧段的序列	(2-2)	KEY

表 222 中：

(2-2)　新增弧段 ID 不连续的弧段的序列

新增弧段 ID 不连续的弧段的序列中每个新增弧段 ID 不连续的弧段单元的格式见表 223。

表 223 新增弧段 ID 不连续的弧段数据

序号	偏移量	数据长度	数据类型	项目名称	说明	约束
1	0	4	B∶N	弧段永久 ID		KEY

8.3.4.5.3 变更

格式见表 224。

表 224 变更弧段序列数据

序号	偏移量	数据长度	数据类型	项目名称	说明	约束
1	0	1	B	标志信息	(1)	KEY
2	1	B1	N	变更弧段序列数据	(2)	KEY

表 224 中：

(1) 标志信息

标志信息格式见表 225。

表 225 标志信息

<table>
<tr><th>序号</th><th>位</th><th>内 容</th><th colspan="2">说 明</th></tr>
<tr><td rowspan="2">1</td><td rowspan="2">7</td><td rowspan="2">变更弧段序列数据标志</td><td>0</td><td>弧段 ID 连续的弧段序列</td></tr>
<tr><td>1</td><td>弧段 ID 不连续的弧段序列</td></tr>
<tr><td>2</td><td>6～0</td><td>(保留)</td><td colspan="2"></td></tr>
<tr><td colspan="5">注：变更弧段序列数据标志是识别变更弧段序列数据格式的信息。</td></tr>
</table>

(2) 变更弧段序列数据

变更弧段序列数据分为两种数据类型：弧段 ID 连续和弧段 ID 不连续，其格式分别见表 226 和表 227。

表 226 变更弧段 ID 连续的弧段序列数据

序号	偏移量	数据长度	数据类型	项目名称	说明	约束
1	0	4	B∶N	弧段永久 ID		KEY
2	4	4	N	弧段序列 ID		KEY
3	8	2	N	弧段 ID 增量		KEY

表 227 变更弧段 ID 不连续的弧段序列数据

序号	偏移量	数据长度	数据类型	项目名称	说明	约束
1	0	4	B:N	起点挂接弧段永久 ID		KEY
2	4	4	B:N	终点挂接弧段永久 ID		KEY
3	8	1	N	弧段数		KEY
4	9	B1	—	变更弧段 ID 不连续的弧段序列	(2-1)	KEY

表 227 中：

(2-1) 变更弧段 ID 不连续的弧段序列

变更弧段 ID 不连续的弧段序列中每个变更弧段 ID 不连续的弧段单元的格式见表 228。

表 228 变更弧段 ID 不连续的弧段数据

序号	偏移量	数据长度	数据类型	项目名称	说明	约束
1	0	4	B:N	弧段永久 ID		KEY

8.3.5 路网扩展数据的增量数据

8.3.5.1 结点扩展数据

8.3.5.1.1 复合结点数据

8.3.5.1.1.1 删除

格式见表 229。

表 229 删除复合结点数据

序号	偏移量	数据长度	数据类型	项目名称	说明	约束
1	0	4	N	复合结点 ID		KEY

8.3.5.1.1.2 新增

格式见表 230。

表 230 新增复合结点数据

序号	偏移量	数据长度	数据类型	项目名称	说明	约束
1	0	4	N	复合结点 ID		KEY
2	4	1	N	结点数		KEY
3	5	B1	—	结点永久 ID 的序列	(1)	KEY

表 230 中：

(1) 结点永久 ID

结点永久 ID 格式见表 231。

表 231 结点永久 ID

序号	偏移量	数据长度	数据类型	项目名称	说明	约束
1	0	4	B∶N	结点永久 ID		KEY

8.3.5.1.1.3 变更

格式见表 232。

表 232 变更复合结点数据

序号	偏移量	数据长度	数据类型	项目名称	说明	约束
1	0	4	N	复合结点 ID		KEY
2	4	1	B∶N	变更详细信息标志、结点数	(1)	KEY
3	5	B1	—	结点永久 ID 的序列	(2)	KEY

表 232 中：

(1) 变更详细信息标志、结点数

变更详细信息标志、结点数格式见表 233。

表 233 变更详细信息标志及结点数数据

序号	位	内　容	说　明
1	7	变更详细信息标志	0:新增;1:删除
2	6～0	结点数	
注 1：变更详细信息标志设为 0 时： 如果存在同一复合结点 ID,则将结点全部新增。 注 2：变更详细信息标志设为 1 时： 如果存在同一复合结点 ID,则删除相同的结点。			

8.3.5.1.2 高速分岔引导数据

8.3.5.1.2.1 删除

格式见表 234。

表 234 删除高速分岔引导数据

序号	偏移量	数据长度	数据类型	项目名称	说明	约束
1	0	4	B∶N	进入结点永久 ID		KEY
2	4	4	B∶N	对象结点永久 ID		KEY
3	8	4	N	模式图 ID(箭头)	(1)	KEY

表 234 中：

(1) 模式图 ID(箭头)

当设为“0xFFFFFFFF”时，删除与数据项[1]、[2]相匹配的数据。

8.3.5.1.2.2 新增

格式见表235。

表235 新增高速分岔引导数据

序号	偏移量	数据长度	数据类型	项目名称	说明	约束
1	0	4	B∶N	进入结点永久ID		KEY
2	4	4	B∶N	对象结点永久ID		KEY
3	8	4	N	模式图ID(背景)		KEY
4	12	4	N	模式图ID(箭头)		KEY
5	16	1	N	引导方向		KEY
6	17	1	N	退出结点数		KEY
7	18	B1	—	退出结点数据的序列	(1)	OPT
8	01	1	B	本数据扩展存在标志	(2)	KEY
9	02	B2	—	扩展数据	(3)	OPT

表235中：

(1) 退出结点数据的序列

退出结点数据的序列中每个退出结点数据单元的格式见表120。

(2) 本数据扩展存在标志

本数据扩展存在标志格式见表57。

(3) 扩展数据

扩展数据格式见表58。

8.3.5.1.2.3 变更

变更与新增的数据格式相同，见表235。

8.3.5.1.3 3D结点引导数据

8.3.5.1.3.1 删除

格式见表236。

表236 删除3D结点引导数据

序号	偏移量	数据长度	数据类型	项目名称	说明	约束
1	0	4	B∶N	进入结点永久ID		KEY
2	4	4	B∶N	对象结点永久ID		KEY
3	8	4	N	模式图ID(箭头)	(1)	KEY

表236中：

(1) 模式图ID(箭头)

当设为“0xFFFFFFFF”时,删除与数据项[1]、[2]相匹配的数据。

8.3.5.1.3.2 新增

格式见表237。

表237 新增3D结点引导数据

序号	偏移量	数据长度	数据类型	项目名称	说明	约束
1	0	4	B:N	进入结点永久ID		KEY
2	4	4	B:N	对象结点永久ID		KEY
3	8	4	N	模式图ID(背景)		KEY
4	12	4	N	模式图ID(箭头)		KEY
5	16	1	N	退出结点数		KEY
6	17	B1	—	退出结点数据的序列	(1)	OPT
7	O1	1	B	本数据扩展存在标志	(2)	KEY
8	O2	B2	—	扩展数据	(3)	OPT

表237中:

(1) 退出结点数据的序列

退出结点数据的序列中每个退出结点数据单元的格式见表120。

(2) 本数据扩展存在标志

本数据扩展存在标志格式见表57。

(3) 扩展数据

扩展数据格式见表58。

8.3.5.1.3.3 变更

变更与新增的数据格式相同,见表237。

8.3.5.1.4 高速入口引导数据

8.3.5.1.4.1 删除

格式见表238。

表238 删除高速入口引导数据

序号	偏移量	数据长度	数据类型	项目名称	说明	约束
1	0	4	B:N	进入结点永久ID		KEY
2	4	4	B:N	对象结点永久ID		KEY

8.3.5.1.4.2 新增

格式见表239。

表 239 新增高速入口引导数据

序号	偏移量	数据长度	数据类型	项目名称	说明	约束
1	0	4	B∶N	进入结点永久 ID		KEY
2	4	4	B∶N	对象结点永久 ID		KEY
3	8	4	N	模式图 ID(背景)		KEY
4	12	4	N	模式图 ID(箭头)		KEY
5	16	1	N	退出结点邻接格网位置		KEY
6	17	4	N	退出结点永久 ID		KEY
7	21	1	N	进入结点数		KEY
8	22	B1	—	进入结点数据的序列	(1)	OPT
9	01	1	B	本数据扩展存在标志	(2)	KEY
10	02	B2	—	扩展数据	(3)	OPT

表 239 中：

(1) 进入结点数据的序列

进入结点数据的序列中每个进入结点数据单元的格式见表 127。

(2) 本数据扩展存在标志

本数据扩展存在标志格式见表 57。

(3) 扩展数据

扩展数据格式见表 58。

8.3.5.1.4.3 变更

变更与新增的数据格式相同，见表 239。

8.3.5.1.5 指路标志数据

8.3.5.1.5.1 删除

格式见表 240。

表 240 删除指路标志数据

序号	偏移量	数据长度	数据类型	项目名称	说明	约束
1	0	4	B∶N	进入结点永久 ID		KEY
2	4	4	B∶N	对象结点永久 ID		KEY
3	8	4	B∶N	退出结点永久 ID	(1)	KEY

表 240 中：

(1) 退出结点永久 ID

当设为“0xFFFFFFFF”时，删除与数据项[1]、[2]相匹配的数据。

8.3.5.1.5.2 新增

格式见表 241。

表 241 新增指路标志数据

序号	偏移量	数据长度	数据类型	项目名称	说明	约束
1	0	4	B∶N	进入结点永久 ID		KEY
2	4	4	B∶N	对象结点永久 ID		KEY
3	8	1	N∶N	名称种类:名称属性	(1)	KEY
4	9	4	B∶N	名称 ID		KEY
5	13	1	N	退出结点数		KEY
6	14	B1	—	退出结点数据的序列	(2)	KEY
7	01	1	B	本数据扩展存在标志	(3)	KEY
8	02	B2	—	扩展数据	(4)	OPT

表 241 中：

(1) 名称种类:名称属性

名称种类:名称属性格式见表 131。

(2) 退出结点数据的序列

退出结点数据的序列中每个退出结点数据单元的格式见表 120。

(3) 本数据扩展存在标志

本数据扩展存在标志格式见表 57。

(4) 扩展数据

扩展数据格式见表 58。

8.3.5.1.5.3 变更

变更与新增的数据格式相同,见表 241。

8.3.5.1.6 辅路引导数据

8.3.5.1.6.1 删除

格式见表 242。

表 242 删除辅路引导数据

序号	偏移量	数据长度	数据类型	项目名称	说明	约束
1	0	4	B:N	进入结点永久 ID		KEY
2	4	4	B:N	对象结点永久 ID		KEY
3	8	4	N	模式图 ID(箭头)	(1)	KEY

表 242 中：

(1) 模式图 ID(箭头)

当设为“0xFFFFFFFF”时,删除与数据项[1]、[2]相匹配的数据。

8.3.5.1.6.2 新增

格式见表 243。

表 243　新增辅路引导数据

序号	偏移量	数据长度	数据类型	项目名称	说明	约束
1	0	2	B∶N∶N	进入结点 ID		KEY
2	2	2	B∶N∶N	对象结点 ID		KEY
3	4	4	N	模式图 ID(背景)		KEY
4	8	4	N	模式图 ID(箭形)		KEY
5	12	1	N	引导方向	见第 A.5 章	KEY
6	13	1	N	退出结点数		KEY
7	14	B1	—	退出结点数据的序列	(1)	OPT
8	01	1	B	本数据扩展存在标志		KEY
9	02	B2	—	扩展数据		OPT

表 243 中：

(1)　退出结点数据的序列

退出结点数据的序列中每个退出结点数据单元的格式见表 120。

8.3.5.1.6.3　变更

变更与新增的数据格式相同，见表 243。

8.3.5.1.7　车道信息数据

8.3.5.1.7.1　删除

格式见表 244。

表 244　删除车道信息数据表

序号	偏移量	数据长度	数据类型	项目名称	说明	约束
1	0	4	B∶N	进入结点永久 ID		KEY
2	4	4	B∶N	对象结点永久 ID		KEY
3	8	4	B∶N	退出结点永久 ID		KEY

8.3.5.1.7.2　新增

格式见表 245。

表 245　新增车道信息数据

序号	偏移量	数据长度	数据类型	项目名称	说明	约束
1	0	4	B∶N	进入结点永久 ID		KEY
2	4	4	B∶N	对象结点永久 ID		KEY
3	8	2	N	结点附近信息		KEY
4	10	2	N	退出方位车道标志		KEY

表 245（续）

序号	偏移量	数据长度	数据类型	项目名称	说明	约束
5	12	2	N：	方位		KEY
6	14	1	N	退出结点数		KEY
7	15	B1	—	退出结点数据的序列	(1)	OPT
8	01	1	B	本数据扩展存在标志	(2)	KEY
9	02	B2	—	扩展数据	(3)	OPT

表 245 中：

(1) 退出结点数据的序列

退出结点数据的序列中每个退出结点数据单元的格式见表 120。

(2) 本数据扩展存在标志

本数据扩展存在标志格式见表 57。

(3) 扩展数据

扩展数据格式见表 58。

8.3.5.1.7.3 变更

变更与新增的数据格式相同，见表 245。

8.3.5.1.8 结点名称数据

8.3.5.1.8.1 删除

格式见表 246。

表 246 删除结点名称数据

序号	偏移量	数据长度	数据类型	项目名称	说明	约束
1	0	4	B：N	名称 ID		KEY

8.3.5.1.8.2 新增

格式见表 247。

表 247 新增结点名称数据

序号	偏移量	数据长度	数据类型	项目名称	说明	约束
1	0	4	B：N	名称 ID		KEY
2	4	1	N	汉字名称文字数		KEY
3	5	1	N	拼音名称文字数		KEY
4	6	B1	CC	汉字名称本体		OPT
5	01	B2	C	拼音名称本体		OPT
6	02	1	B	本数据扩展存在标志		KEY
7	03	B3	—	扩展数据		OPT

8.3.5.1.8.3 **变更**

变更与新增的数据格式相同,见表 247。

8.3.5.2 **道路扩展数据**

8.3.5.2.1 **路线编号数据**

8.3.5.2.1.1 **删除**

格式见表 248。

表 248 删除路线编号数据

序号	偏移量	数据长度	数据类型	项目名称	说明	约束
1	0	4	B:N	弧段永久 ID		KEY

8.3.5.2.1.2 **新增**

新增路线编号数据格式见表 249。

表 249 新增路线编号数据

序号	偏移量	数据长度	数据类型	项目名称	说明	约束
1	0	4	B:N	弧段永久 ID		KEY
2	4	1	N	路线数		KEY
3	5	B1	—	路线 ID 数据表的序列	(1)	OPT

表 249 中:

(1) 路线 ID 数据表的序列

路线 ID 数据表的序列中每个路线 ID 数据表单元的格式见表 153。

8.3.5.2.1.3 **变更**

变更与新增的数据格式相同,见表 249。

8.3.5.2.2 **单向通行数据**

8.3.5.2.2.1 **删除**

格式见表 250。

表 250 删除单向通行数据

序号	偏移量	数据长度	数据类型	项目名称	说明	约束
1	0	4	B:N	弧段永久 ID		KEY

8.3.5.2.2.2 **新增**

格式见表 251。

表 251 新增单向通行数据

序号	偏移量	数据长度	数据类型	项目名称	说明	约束
1	0	4	B∶N	弧段永久 ID		KEY
2	4	2	N	交通规则 ID		KEY

8.3.5.2.2.3 变更

变更与新增的数据格式相同,见表 251。

8.3.5.2.3 普通道路名称数据

8.3.5.2.3.1 删除

格式见表 252。

表 252 删除普通道路名称数据

序号	偏移量	数据长度	数据类型	项目名称	说明	约束
1	0	4	B∶N	弧段永久 ID		KEY

8.3.5.2.3.2 新增

格式见表 253。

表 253 新增普通道路名称数据表

序号	偏移量	数据长度	数据类型	项目名称	说明	约束
1	0	4	B∶N	弧段永久 ID		KEY
2	4	4	B∶N	名称 ID		KEY

8.3.5.2.3.3 变更

变更和与新增的数据格式相同,见表 253。

8.3.6 背景数据的增量数据

8.3.6.1 删除

格式见表 254。

表 254 删除背景数据

序号	偏移量	数据长度	数据类型	项目名称	说明	约束
1	0	4	N	背景 ID		KEY

8.3.6.2 新增

格式见表 255。

表 255　新增背景数据

序号	偏移量	数据长度	数据类型	项目名称	说明	约束
1	0	2	B∶N	各种信息的存在标志是否存在的标志位、背景记录大小	(1)	KEY
2	2	4	N	背景 ID		KEY
3	6	2	N	种类代码		KEY
4	8	1	N∶N	显示等级代码、形状种类	(1)	KEY
5	9	2	B∶B	显示比例尺标志、坐标描述种类	(1)	KEY
6	11	2	N∶N	坐标指数、形状坐标数	(1)	OPT
7	13	2	N	起点 X 坐标		OPT
8	15	2	N	起点 Y 坐标		OPT
9	17	B1	—	坐标数据的序列		OPT
10	01	2	B	各种信息是否存在	(1)	OPT
11	02	4	B∶N	名称 ID		OPT
12	03	4	N	行政区划代码		OPT
13	04	2	N	高度信息		OPT
14	05	1	B	本数据扩展存在标志	(1)	KEY
15	06	B3	—	扩展数据	(1)	OPT

表 255 中：

(1)　各项目　格式见表 165。

8.3.6.3　变更

变更与新增的数据格式相同，见表 255。

8.3.7　注记数据的增量数据

8.3.7.1　删除

格式见表 256。

表 256　删除注记数据

序号	偏移量	数据长度	数据类型	项目名称	说明	约束
1	0	4	B∶N	名称 ID		KEY

8.3.7.2　新增

格式见表 257。

表 257　新增注记数据

序号	偏移量	数据长度	数据类型	项目名称	说明	约束
1	0	2	B∶N	各种信息的存在标志是否存在的标志位、名称记录大小	(1)	KEY
2	2	4	B∶N	名称 ID		KEY
3	6	2	N	种类代码		KEY
4	8	1	N	显示等级代码	(1)	KEY
5	9	2	B∶B	显示比例尺标志、名称分类	(1)	KEY
6	11	2	N	X 坐标		KEY
7	13	2	N	Y 坐标		KEY
8	15	1	N	名称文字数		KEY
9	16	2	B	各种信息是否存在的标志	(1)	OPT
10	01	1	N	字段配置		OPT
11	02	2	N	显示角度信息		OPT
12	03	1	B	本数据扩展存在标志	(1)	KEY
13	04	B2	—	扩展数据	(1)	OPT

表 257 中：

(1)　各项目

格式见表 177。

8.3.7.3　变更

变更与新增的数据格式相同，见表 257。

8.4　POI 数据的增量数据

POI 增量数据由管理数据和 POI 增量数据的序列组成，其格式见表 258。

表 258　POI 增量数据

序号	偏移量	数据长度	数据类型	项目名称	说明	约束
1	0	15	—	POI 增量管理数据		KEY
2	15	B1	—	POI 增量数据的序列		KEY

8.4.1 POI 增量管理数据

表 259 POI 增量管理数据

序号	偏移量	数据长度	数据类型	项目名称	说明	约束
1	0	1	N	数据类型	(1)	KEY
2	1	2	N	行政区划代码		KEY
3	3	2	N∶N∶N∶N	新版本号	(2)	KEY
4	5	2	N∶N∶N∶N	旧版本号	(3)	KEY
5	7	4	N	数据大小		KEY
6	11	4	N	记录数		KEY

表 259 中：

(1) 数据类型

1:设施信息;2:地址信息。

(2) 新版本号

增量数据的版本号。

(3) 旧版本号

车载终端用旧版本号进行版本检查。

8.4.2 设施信息增量

设施信息增量记录格式见表 260。

表 260 设施信息增量记录

序号	偏移量	数据长度	数据类型	项目名称	说明	约束
1	0	2	N	记录大小		KEY
2	2	4	N	图幅号		KEY
3	6	4	B∶N	永久 ID		KEY
4	10	1	N	新增、变更、删除判别标志	(1)	KEY
5	11	1	B	记录数据标志	(2)	KEY
6	12	1	B	更新数据标志	(3)	KEY
7	13	8	PID	经度、纬度(显示坐标)		OPT
8	21	B1	N∶N	行政区划代码	(4)	OPT
9	01	B2	N∶CC	名称数据	(5)	OPT
10	02	B3	N∶C	拼音数据	(6)	OPT
11	03	1	N∶N	地图显示比例尺	(7)	OPT
12	04	B4	N∶N	种类代码	(8)	OPT
13	05	B5	—	电话号码数据	(9)	OPT
14	06	B6	N∶CC	地址名称	(10)	OPT
15	07	B7	N∶CC	门牌号码	(11)	OPT
16	08	1	B	本数据扩展存在标志	(12)	KEY
17	09	B8	—	扩展数据	(13)	OPT

表 260 中：

（1） 新增、变更、删除判别标志

1:新增;2:更新;3:删除。

（2） 记录数据存在标志

格式见表261。

表261 记录数据标志

序号	位	内　容	说　明
1	15	经度、纬度(显示坐标)	0:不存在;1:存在
2	14	行政区划代码	0:不存在;1:存在
3	13	名称数据	0:不存在;1:存在
4	12	拼音数据	0:不存在;1:存在
5	11	地图显示比例尺	0:不存在;1:存在
6	10	种类代码	0:不存在;1:存在
7	9	电话号码数据	0:不存在;1:存在
8	8	地址名称	0:不存在;1:存在
9	7	门牌号码	0:不存在;1:存在
10	6～0	(保留)	

（3） 更新数据标志

格式见表262。

表262 更新数据标志

序号	位	内　容	说　明
1	15	经度、纬度(显示坐标)	0:无变更;1:变更
2	14	行政区划代码	0:无变更;1:变更
3	13	名称数据	0:无变更;1:变更
4	12	拼音数据	0:无变更;1:变更
5	11	地图显示比例尺	0:无变更;1:变更
6	10	种类代码	0:无变更;1:变更
7	9	电话号码数据	0:无变更;1:变更
8	8	地址名称	0:无变更;1:变更
9	7	门牌号码	0:无变更;1:变更
10	6～0	(保留)	

（4） 行政区划代码

高位1字节:行政区划代码数。

（5） 名称数据

高位1字节:名称的长度。

（6） 拼音数据

高位1字节:拼音的长度。

(7) 地图显示比例尺

以显示纬经度为中心、显示区域的纬度和经度方向的长轴的半径 10 m/LSB 的精度，计算方法如下：

高位 4 位：尾数部 x；

低位 4 位：指数部 y；

地图显示比例尺(10 m/LSB)＝$x \cdot 2^y$。

(8) 种类代码

高位 1 字节：种类代码个数。

(9) 电话号码数据

电话号码数据格式见表 263。

表 263 电话号码数据

序号	偏移量	数据长度	数据类型	项目名称	说明	约束
1	0	1	N	电话号码个数		KEY
2	1	B1	—	电话号码记录的序列	(9-1)	KEY

(9-1) 电话号码记录的序列

电话号码记录的序列中每个电话号码记录单元的格式见表 264。BCD 码高位 4 位表示电话号码的长度，如果 BCD 码最后四位单独为一字节的前四位，则字节后四位填“0”，凑成整字节。

表 264 电话号码记录

序号	偏移量	数据长度	数据类型	项目名称	说明	约束
1	0	B1	BCD	电话号码		KEY
2	01	1	N	电话号码种类	(9-1-1)	KEY

(9-1-1) 电话号码种类

电话号码的种类代码见表 265。

表 265 电话号码种类代码

序号	代码	内 容	说 明
1	0	免费电话	
2	1	电话号码	
3	2	传真号码	

(10) 地址名称

高位 1 字节表示名称的长度。

(11) 门牌号码

BCD 码高位 4 位表示门牌号码的长度，如果 BCD 码最后四位单独占一字节的前四位，则字节后四位填“0”，凑成整字节。

(12) 本数据扩展存在标志

本数据扩展存在标志格式见表 57。

(13) 扩展数据

扩展数据格式见表58。

8.4.3 地址信息增量

格式见表266。

表266 地址信息增量数据

序号	偏移量	数据长度	数据类型	项目名称	说明	约束
1	0	2	N	记录大小		KEY
2	2	4	N	图幅号		KEY
3	6	4	B∶N	永久ID		KEY
4	10	1	B∶B	增量更新数据标志	(1)	KEY
5	11	B1	BCD	邮政编码	(2)	OPT
6	01	B2	BCD	电话区号	(3)	OPT
7	02	1	N	新增、变更、删除判别标志	(4)	KEY
8	03	2	B	记录数据标志	(5)	KEY
9	04	2	B	更新数据标志	(6)	KEY
10	05	8	PID	经度、纬度(显示坐标)		OPT
11	06	1	N∶N	地图显示比例尺	(7)	OPT
12	07	B3	N∶CC	地址名数据	(8)	OPT
13	08	B4	N∶C	地址拼音数据	(9)	OPT
14	09	B5	BCD	门牌号码	(10)	OPT
15	010	1	B	本数据扩展存在标志	(11)	KEY
16	011	B6	—	扩展数据	(12)	OPT

表266中：

(1) 增量更新数据标志

第1位:邮政编码存在标志 第2位:电话区号存在标志,剩下的位为保留位。

(2) 邮政编码

BCD代码高位4位表示邮政编码的长度,如果BCD码最后四位单独为一字节的前四位,则该字节后四位填0,凑成整字节。

(3) 电话区号

BCD代码高位4位表示电话区号的长度,如果BCD码最后四位单独占一字节的前四位,则该字节后四位填0,凑成整字节。

(4) 新增、变更、删除判别标志

1:新增 2:更新 3:删除。

(5) 记录数据存在标志

格式见表267。

表 267　记录数据标志

序号	位	内　　容	说　明
1	15	经度、纬度(显示坐标)	0:不存在;1:存在
2	14	地图显示比例尺	0:不存在;1:存在
3	13	地址名数据	0:不存在;1:存在
4	12	地址拼音数据	0:不存在;1:存在
5	11	门牌号码	0:不存在;1:存在
6	10～0	(保留)	

(6)　更新数据标志

格式见表 268。

表 268　更新数据标志

序号	位	内　　容	说　明
1	15	经度、纬度(显示坐标)	0:无变更;1:变更
2	14	地图显示比例尺	0:无变更;1:变更
3	13	地址名数据	0:无变更;1:变更
4	12	地址拼音数据	0:无变更;1:变更
5	11	门牌号码	0:无变更;1:变更
6	10～0	(保留)	

(7)　地图显示比例尺

见 8.4.2 中表 260 的数据项[11]。

(8)　地址名数据

第一个字节为名称长度。

(9)　地址拼音数据

第一个字节为拼音长度。

(10)　门牌号码

见 8.4.2 中表 260 的数据项[15]。

(11)　本数据扩展存在标志

本数据扩展存在标志格式见表 57。

(12)　扩展数据

扩展数据格式见表 58。

9　本地数据的更新方法

车载终端更新本地数据的方法:将从服务中心接收到的增量数据,依据增量数据的变更类型依次更新到本地数据中,生成新版本的本地数据。

9.1 新增数据的更新

新增的数据直接在相同类型数据的后面追加，原有的数据不变，道路、结点新增更新方法示例参见图35。

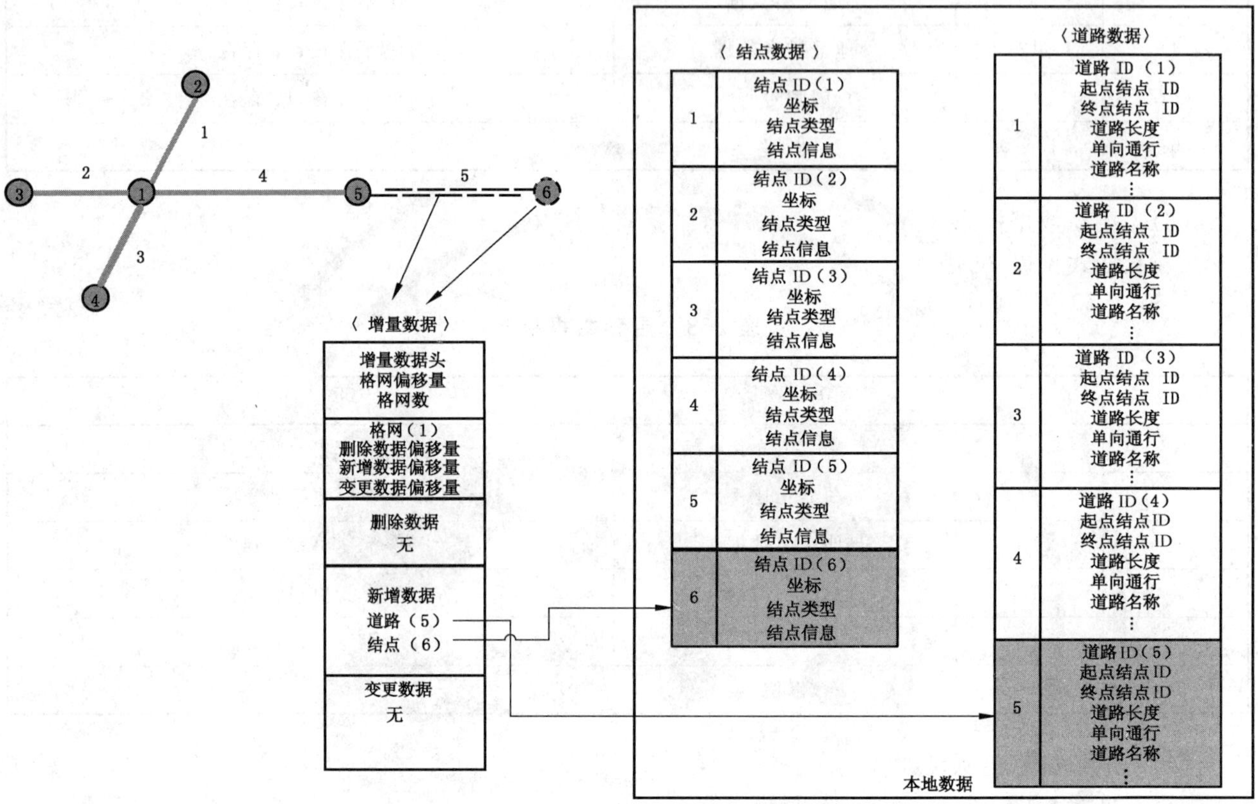

注1：目前数据已存在的道路(4)和结点(5)不需要变更。

注2：新增的道路(5)和结点(6)置于本地相应格网数据的尾部。

图35 道路、结点新增更新方法示例

9.2 变更数据的更新

a) 普通的更新

通过相应的记录的永久ID，找到对应的记录进行修改，道路、结点新变更新方法示例参见图36。

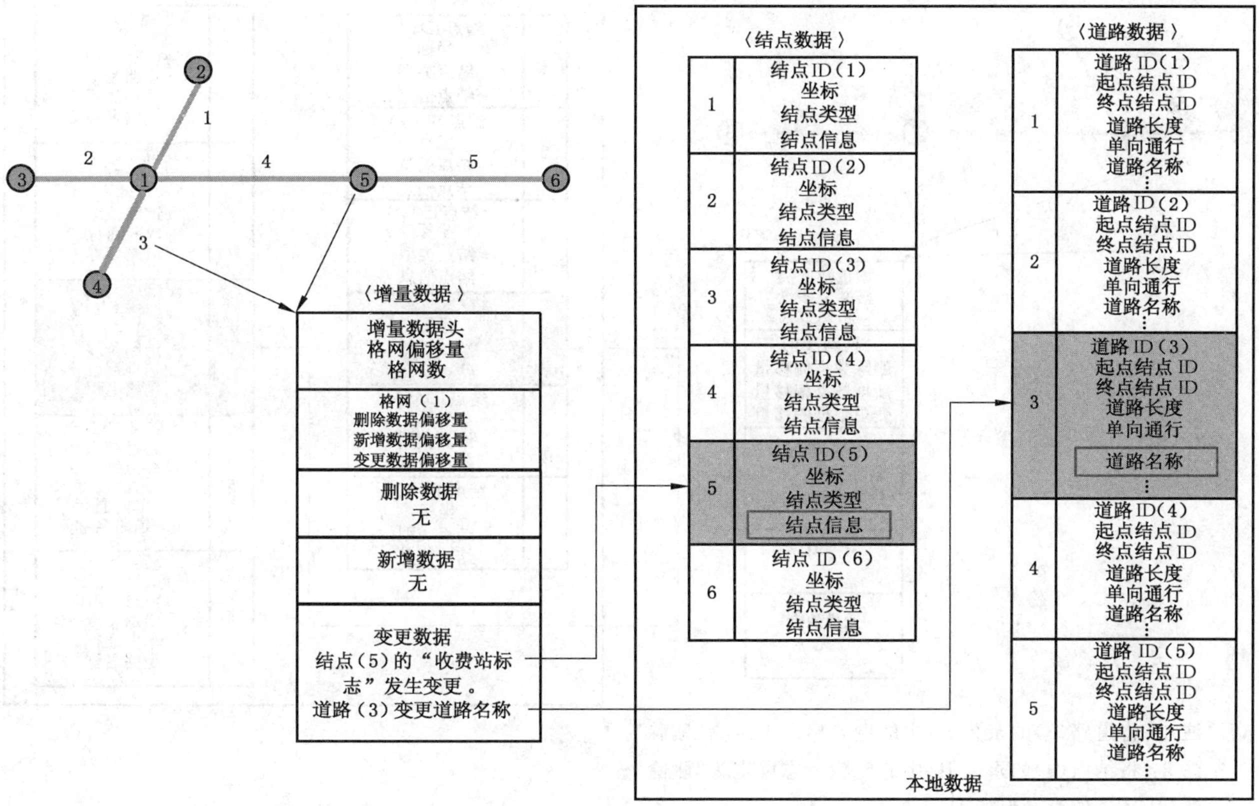

注 1：道路(3)的“道路名称”发生变更。

注 2：结点(5)的“收费站标志”发生变更。

注 3：其他的记录保持不变。

图 36　道路、结点变更的更新方法示例

b)　字节的更新

更新方法如下：

1)　通过增量数据中的永久 ID，查找本地数据中对应记录的存储位置；

2)　通过字节偏移量，确定字节变更的起始位置；

3)　将字节变更的数据内容替换本地数据。

9.3　删除数据的更新

删除数据通过设置删除标志来实现。删除数据时，只设置删除标志，其他数据保持不变。参见图 37。

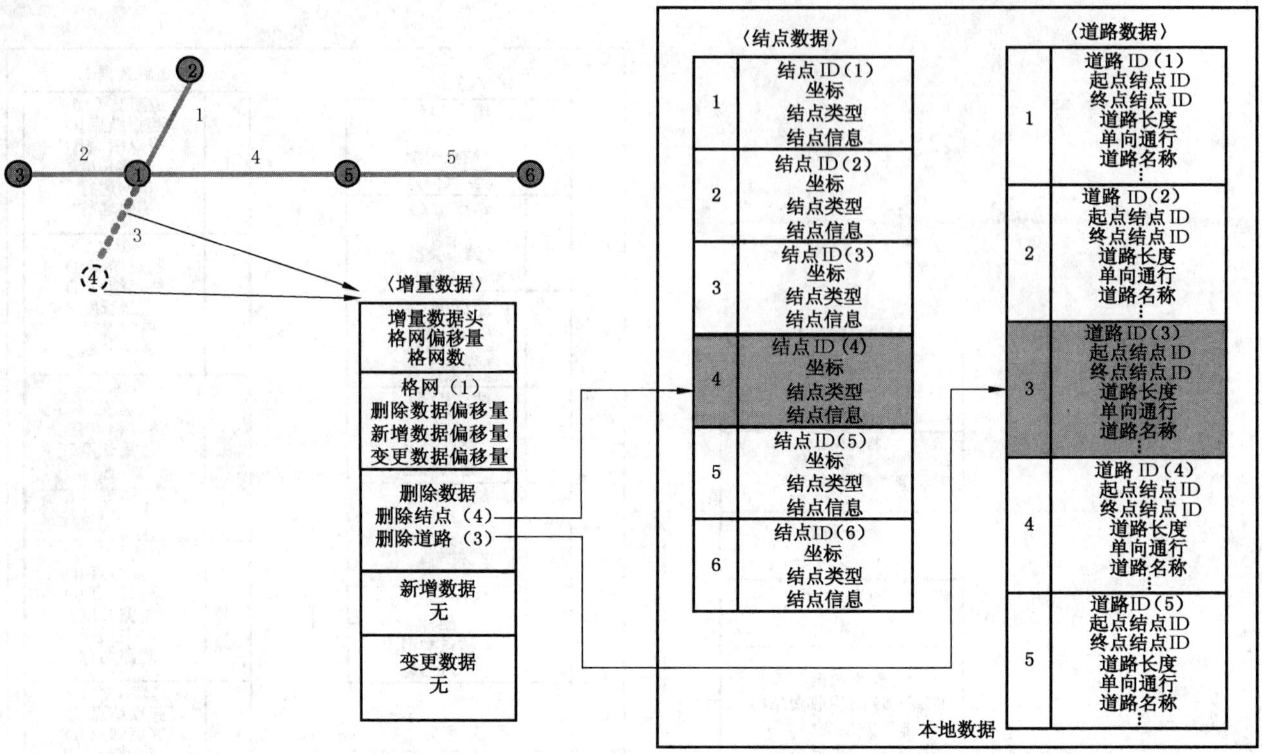

注 1：将道路(3)的永久 ID 中的删除标志设定为“删除”。

注 2：将结点(4)的永久 ID 中的删除标志设定为“删除”。

注 3：其他的记录保持不变。

图 37　道路、结点删除的更新方法示例

9.4　特殊合并

9.4.1　弧段序列合并

a)　删除弧段序列

根据道路删除的信息，判断弧段序列中其他弧段是否都被删除，如果是，则删除整条弧段序列，否则按变更弧段序列处理。

b)　新增弧段序列

根据新增的信息将弧段序列追加即可。

c)　变更弧段序列

1)　对于弧段 ID 连续的弧段序列的变更方法：通过弧段序列 ID 及增量 ID 找到相应的弧段序列，更新相应的数据；

2)　对于弧段 ID 不连续的弧段序列的变更方法：通过起始端的弧段永久 ID，终止端的弧段永久 ID 找到变更的弧段序列，更新相应的数据。

9.4.2　POI 数据合并

POI 数据不作合并处理，直接更新 PSF。

附 录 A
（规范性附录）
道 路 属 性

A.1 道路功能等级代码

道路功能等级代码格式见表 A.1。

表 A.1 道路功能等级代码

序号	代码	内　容	说　明
1	0	一级功能道路	高速路、城市快速路
2	1	二级功能道路	一级公路、城市快速路、城市主干道
3	2	三级功能道路	二级公路、城市主干道
4	3	四级功能道路	三级公路、城市次干道
5	4	五级功能道路	四级公路、城市支路
6	5	六级功能道路	等外公路
7	6～15		（保留）

A.2 道路幅宽代码

道路功能等级代码格式见表 A.2。

表 A.2 道路幅宽代码

序号	代码	内　容	说　明
1	0	幅宽小于或等于 3 m	
2	1	幅宽大于 3 m、小于或等于 5.5 m	
3	2	幅宽大于 5.5 m、小于或等于 13 m	
4	3	幅宽大于 13 m	

A.3 车道数代码

车道数代码格式见表 A.3。

表 A.3 车道数代码

序号	代码	内　容	说　明
1	0	1 车道	
2	1	2 车道	
3	2	3 车道	
4	3	4 车道	
5	4	5 车道	
6	5	6 车道	
7	6	7 车道	
8	7	8 车道以上	

A.4 限制速度代码

限制速度代码格式见表 A.4。

表 A.4 限制速度代码

序号	代码	内　容	说　明
1	0	0 km/h～9 km/h	
2	1	10 km/h～19 km/h	
3	2	20 km/h～29 km/h	
4	3	30 km/h～39 km/h	
5	4	40 km/h～49 km/h	
6	5	50 km/h～59 km/h	
7	6	60 km/h～69 km/h	
8	7	70 km/h～79 km/h	
9	8	80 km/h～89 km/h	
10	9	90 km/h～99 km/h	
11	10	100 km/h～109 km/h	
12	11	110 km/h～119 km/h	
13	12	120 km/h 以上	
14	13～16	(保留)	

A.5 引导方向代码

引导方向格式见表 A.5。

表 A.5 引导方向代码

序号	代码	内容	说明
1	0x00	沿路方向(没有方向引导)	
2	0x01	直行(12 点钟方向)	
3	0x02	30°右转(1 点钟方向)	
4	0x03	60°右转(2 点钟方向)	
5	0x04	直角右转(3 点钟方向)	
6	0x05	120°右转(4 点钟方向)	
7	0x06	150°右转(5 点钟方向)	
8	0x07	调头(6 点钟方向)	
9	0x08	210°左转(7 点钟方向)	
10	0x09	240°左转(8 点钟方向)	
11	0x0A	直角左转(9 点钟方向)	
12	0x0B	300°左转(10 点钟方向)	
13	0x0C	330°左转(11 点钟方向)	
14	0x0D～0xFF	(保留)	

附 录 B
（规范性附录）
交通规则代码

B.1 交通规则代码 1

交通规则代码格式见表 B.1、表 B.2，其中第 42 位“月日、星期标志”选择为“0”的情况，见表 B.1。

表 B.1 交通规则代码 1

<table>
<tr><th>序号</th><th>位</th><th>内 容</th><th colspan="2">说 明</th></tr>
<tr><td rowspan="3">1</td><td rowspan="3">47</td><td rowspan="3">车种限制 1(大型特殊)</td><td>位 47</td><td>内容</td></tr>
<tr><td>0</td><td>不存在</td></tr>
<tr><td>1</td><td>存在</td></tr>
<tr><td rowspan="3">2</td><td rowspan="3">46</td><td rowspan="3">车种限制 2(大型)</td><td>位 46</td><td>内容</td></tr>
<tr><td>0</td><td>不存在</td></tr>
<tr><td>1</td><td>存在</td></tr>
<tr><td rowspan="3">3</td><td rowspan="3">45</td><td rowspan="3">车种限制 3(普通)</td><td>位 45</td><td>内容</td></tr>
<tr><td>0</td><td>不存在</td></tr>
<tr><td>1</td><td>存在</td></tr>
<tr><td rowspan="3">4</td><td rowspan="3">44</td><td rowspan="3">车种限制 4(轻型车)</td><td>位 44</td><td>内容</td></tr>
<tr><td>0</td><td>不存在</td></tr>
<tr><td>1</td><td>存在</td></tr>
<tr><td rowspan="3">5</td><td rowspan="3">43</td><td rowspan="3">车种限制 5(两轮车)</td><td>位 43</td><td>内容</td></tr>
<tr><td>0</td><td>不存在</td></tr>
<tr><td>1</td><td>存在</td></tr>
<tr><td rowspan="3">6</td><td rowspan="3">42</td><td rowspan="3">月日，星期标志</td><td>位 42</td><td>内容</td></tr>
<tr><td>0</td><td>月日</td></tr>
<tr><td>1</td><td>星期</td></tr>
<tr><td>7</td><td>41～38</td><td>开始 a1 月(从 1 月到 12 月)</td><td colspan="2"></td></tr>
<tr><td>8</td><td>37～33</td><td>开始 b1 日(从 1 日到 31 日)</td><td colspan="2"></td></tr>
<tr><td>9</td><td>32～29</td><td>结束 a2 月(1～12)</td><td colspan="2"></td></tr>
<tr><td>10</td><td>28～24</td><td>结束 b2 日(1～31)</td><td colspan="2"></td></tr>
<tr><td>11</td><td>23～0</td><td>规则时间段标志</td><td colspan="2"></td></tr>
</table>

注 1：规则时间段由第 7 项至第 11 项来指定。从第 7 项到第 10 项是对于月日的规则的开始，结束的内容，第 11 项是对应期间的对应时间段的指定。

注 2：如果表示月的项为 0，表示日的项从 1 到 31 的情况，则是指每月的开始日和结束日的规则，表示日的项为 0，月的指定从 1 到 12 的情况，是开始月到结束月的期间的规则。

注 3：第 11 项的位 0 对应的时间段为 0～1 点，位 23 对应的时间段为 23 点～24 点，1 位差 1 小时，用各个位的“或”来表示时间段。

注 4：a1、a2 的取值范围是：从 1 月到 12 月；b1、b2 的取值范围是：从 1 日到 31 日。

B.2 交通规则代码 2

交通规则代码格式见表 B.1、表 B.2，其中第 42 位“月日、星期标志”选择为 1 的情况，见表 B.2。

表 B.2 交通规则代码 2

序号	位	内容	说明	
1	47	车种限制 1(大型特殊)	位 47	内容
			0	不存在
			1	存在
2	46	车种限制 2(大型)	位 46	内容
			0	不存在
			1	存在
3	45	车种限制 3(普通)	位 45	内容
			0	不存在
			1	存在
4	44	车种限制 4(轻型车)	位 44	内容
			0	不存在
			1	存在
5	43	车种限制 5(两轮车)	位 43	内容
			0	不存在
			1	存在
6	42	月日，星期标志	位 42	内容
			0	月日
			1	星期
7	41	(保留)		
8	40	规则开始时间(延长)	位 40	内容
			0	0 分
			1	30 分
9	39	规则结束时间(提前)	位 39	内容
			0	0 分
			1	30 分
10	38	本月第 1 周规则的是否存在	位 38	内容
			0	不存在
			1	存在
11	37	本月第 2 周规则的是否存在	位 37	内容
			0	不存在
			1	存在

表 B.2（续）

<table>
<tr><th>序号</th><th>位</th><th>内　　容</th><th colspan="2">说　　明</th></tr>
<tr><td rowspan="3">12</td><td rowspan="3">36</td><td rowspan="3">本月第 3 周规则的是否存在</td><td>位 36</td><td>内容</td></tr>
<tr><td>0</td><td>不存在</td></tr>
<tr><td>1</td><td>存在</td></tr>
<tr><td rowspan="3">13</td><td rowspan="3">35</td><td rowspan="3">本月第 4 周规则的是否存在</td><td>位 35</td><td>内容</td></tr>
<tr><td>0</td><td>不存在</td></tr>
<tr><td>1</td><td>存在</td></tr>
<tr><td rowspan="3">14</td><td rowspan="3">34</td><td rowspan="3">本月第 5 周规则的是否存在</td><td>位 34</td><td>内容</td></tr>
<tr><td>0</td><td>不存在</td></tr>
<tr><td>1</td><td>存在</td></tr>
<tr><td rowspan="3">15</td><td rowspan="3">33</td><td rowspan="3">本月第最后周规则的是否存在</td><td>位 33</td><td>内容</td></tr>
<tr><td>0</td><td>不存在</td></tr>
<tr><td>1</td><td>存在</td></tr>
<tr><td rowspan="3">16</td><td rowspan="3">32</td><td rowspan="3">节日前一天规则的是否存在</td><td>位 32</td><td>内容</td></tr>
<tr><td>0</td><td>不存在</td></tr>
<tr><td>1</td><td>存在</td></tr>
<tr><td rowspan="3">17</td><td rowspan="3">31</td><td rowspan="3">节日规则的是否存在</td><td>位 31</td><td>内容</td></tr>
<tr><td>0</td><td>不存在</td></tr>
<tr><td>1</td><td>存在</td></tr>
<tr><td rowspan="3">18</td><td rowspan="3">30</td><td rowspan="3">周日规则的是否存在</td><td>位 30</td><td>内容</td></tr>
<tr><td>0</td><td>不存在</td></tr>
<tr><td>1</td><td>存在</td></tr>
<tr><td rowspan="3">19</td><td rowspan="3">29</td><td rowspan="3">周一规则的是否存在</td><td>位 29</td><td>内容</td></tr>
<tr><td>0</td><td>不存在</td></tr>
<tr><td>1</td><td>存在</td></tr>
<tr><td rowspan="3">20</td><td rowspan="3">28</td><td rowspan="3">周二规则的是否存在</td><td>位 28</td><td>内容</td></tr>
<tr><td>0</td><td>不存在</td></tr>
<tr><td>1</td><td>存在</td></tr>
<tr><td rowspan="3">21</td><td rowspan="3">27</td><td rowspan="3">周三规则的是否存在</td><td>位 27</td><td>内容</td></tr>
<tr><td>0</td><td>不存在</td></tr>
<tr><td>1</td><td>存在</td></tr>
<tr><td rowspan="3">22</td><td rowspan="3">26</td><td rowspan="3">周四规则的是否存在</td><td>位 26</td><td>内容</td></tr>
<tr><td>0</td><td>不存在</td></tr>
<tr><td>1</td><td>存在</td></tr>
</table>

表 B.2（续）

<table>
<tr><th>序号</th><th>位</th><th>内　容</th><th colspan="2">说　明</th></tr>
<tr><td rowspan="3">23</td><td rowspan="3">25</td><td rowspan="3">周五规则的是否存在</td><td>位 25</td><td>内容</td></tr>
<tr><td>0</td><td>不存在</td></tr>
<tr><td>1</td><td>存在</td></tr>
<tr><td rowspan="3">24</td><td rowspan="3">24</td><td rowspan="3">周六规则的是否存在</td><td>位 24</td><td>内容</td></tr>
<tr><td>0</td><td>不存在</td></tr>
<tr><td>1</td><td>存在</td></tr>
<tr><td>25</td><td>23～0</td><td colspan="3">规则时间段的标志</td></tr>
<tr><td colspan="5">注 1：规则时间段由第 8 项到第 25 项来指定。从第 10 项到第 24 项是对于星期的规则的开始，结束的内容，第 8 项、第 9 项、第 25 项是对应期间的对应时间段的指定。
注 2：第 25 项的位 0 表示时间段为 0～1 点，位 23 表示时间段为 23 点～24 点，1 位差 1 小时，用各个位的“或”来表示时间段。
注 3：规则开始时间（延长），规则结束时间（提前）是为了表示连续的时间段以 30 分钟为单位的数据。</td></tr>
</table>

示例 1：7 点 30 分～9 点 30 分的情况

规则时间段标志为 000000000000001110000000，规则开始时间（延长）为 30 分，规则结束时间（提前）为 30 分。

示例 2：22 点 00 分～6 点 30 分的情况

规则时间段标志为 110000000000000001111111，规则开始时间（延长）为 0 分，规则结束时间（提前）为 30 分。

附 录 C
（资料性附录）
结点类型说明

结点根据所在格网中的位置，可以分为一般结点和边界结点两种。处理方法见图 C.1 和图 C.2。

a) 当结点在格网边框上，与两个格网均有道路相连，见图 C.1。

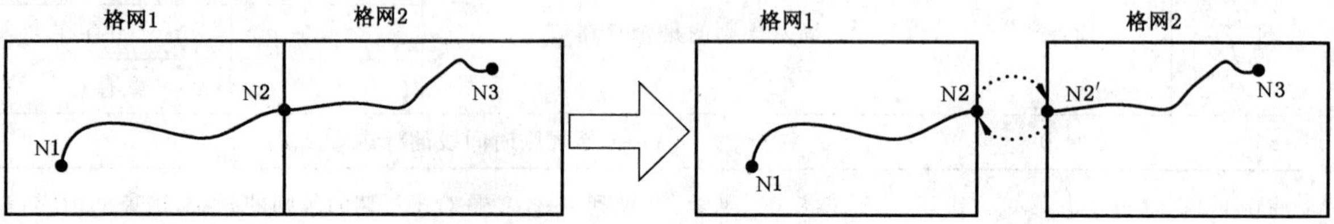

注：格网 1 中，N1 为一般结点，N2 为边界结点；
格网 2 中，N3 为一般结点，N2′为边界结点。

图 C.1 结点类型说明示意图(一)

b) 当结点在格网边框上，仅相邻一个格网，见图 C.2。

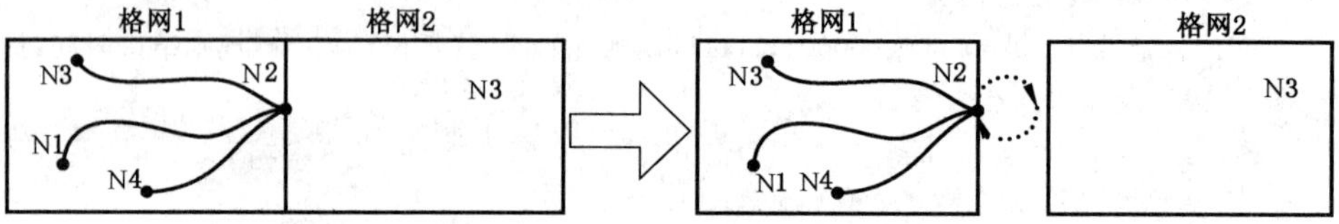

注：格网 1 中，N1、N3、N4 为一般结点，N2 为边界结点：
格网 2 中，对 N2 不处理边界结点。

图 C.2 结点类型说明示意图(二)

参 考 文 献

[1] GB/T 30291—2013 车载导航电子地图物理存储格式

ICS 33.200
M 50

中华人民共和国国家标准

GB/T 30290.1—2013

卫星定位车辆信息服务系统
第1部分：功能描述

Satellite positioning vehicle information service system (VISS)—
Part 1: Function description

2013-12-31 发布 2014-07-15 实施

中华人民共和国国家质量监督检验检疫总局
中国国家标准化管理委员会 发布

前　言

GB/T 30290《卫星定位车辆信息服务系统》目前包括四个部分：

——第1部分：功能描述；

——第2部分：车载终端与服务中心信息交换协议；

——第3部分：信息安全规范；

——第4部分：车载终端通用规范。

本部分为GB/T 30290的第1部分。

本部分按照GB/T 1.1—2009给出的规则起草。

请注意本文件的某些内容可能涉及专利。本文件的发布机构不承担识别这些专利的责任。

本部分由中华人民共和国工业和信息化部提出。

本部分由中国电子技术标准化研究院归口。

本部分主要起草单位：厦门雅迅网络股份有限公司、中国电子技术标准化研究院。

本部分主要起草人：韦昌荣、陈倩、卢继燕。

卫星定位车辆信息服务系统
第1部分:功能描述

1 范围

GB/T 30290 的本部分规定了卫星定位车辆信息服务系统(以下简称系统)的体系结构和功能描述等内容。

本部分适用于通过卫星定位技术、采用公众移动通信网络或专用移动通信网络、具有车辆信息服务中心的信息处理系统,可作为系统的设计依据。通过非卫星定位技术、具有车辆信息服务中心的信息处理系统亦可参照执行。

2 规范性引用文件

下列文件对于本文件的应用是必不可少的。凡是注日期的引用文件,仅注日期的版本适用于本文件。凡是不注日期的引用文件,其最新版本(包括所有的修改单)适用于本文件。

GB 18030 信息技术 中文编码字符集

GB/T 30290.2—2013 卫星定位车辆信息服务系统 第2部分:车载终端与服务中心信息交换协议

GB/T 30290.3—2013 卫星定位车辆信息服务系统 第3部分:信息安全规范

GB/T 30290.4—2013 卫星定位车辆信息服务系统 第4部分:车载终端通用规范

3 术语和定义

GB/T 30290.2—2013、GB/T 30290.3—2013 、GB/T 30290.4—2013 界定的以及下列术语和定义适用于本文件。

3.1

车辆信息服务系统 vehicle information service system;VISS

以提供实时车辆位置和状态信息为特征,具有车辆驾乘人员及车辆管理者等用户远程信息服务,反映车辆电气数据,满足其他系统信息运用要求,能对服务范围内的车辆进行管理和控制的综合性信息处理系统。

3.2

信息服务中心 information service center;ISC

以信息服务中心网关和信息服务中心计算机系统为基础,对服务范围内的车辆按区域或用户进行分组管理,提供信息处理(包括显示、存储、融合等)及人机服务接口的功能实体。

3.3

车辆信息服务系统中心 vehicle information service system center;VISSC

由一个或多个互连互通的信息服务中心(ISC)组成。

注:VISSC 是所有信息服务中心的总称。

3.4

信息服务中心网关　information service center gateway;ISCG

实现信息服务中心与车载终端的安全通信、提供各区域服务中心互连功能的实体。

3.5

信息服务中心计算机系统　information service center computer & network;ISCN

由计算机、服务器及通信设备组成的计算机局域网络,实现信息服务中心各设备间的数据通信。

3.6

车辆信息服务系统通信网络　vehicle information service system network;VISSN

由各类公众移动通信网、公众数据广域网组成,实现信息服务中心与车载终端、信息服务中心之间、车载终端之间的通信。

3.7

车载终端　vehicle terminal;VT

安装在车辆上,执行位置信息处理、移动网络接入、车辆信号采集控制,可与其他车载电子设备通信,提供信息服务中心所需的信息,完成信息服务中心控制指令的功能实体。

3.8

车载终端通信单元　vehicle terminal transceiver;VTR

实现车载终端与信息服务中心通信的功能模块。

3.9

卫星定位单元　satellite positioning receiver;SPR

实现车辆定位信息接收的功能模块。

3.10

车载终端主控单元　vehicle terminal main controller;VTM

由计算机处理器、辅助处理器及应用程序组成,实现车载终端各功能模块的控制。

3.11

车载终端加解密单元　vehicle terminal encrypter and decrypter;VTE

实现车载终端与信息服务中心通信数据的加密和解密,完成加解密算法、安全处理规程、用户密钥生成及设备密钥管理的功能实体。

3.12

位置数据　position data

由卫星定位单元处理后输出的经度、纬度、速度、方向及时间等信息。

3.13

位置信息　position information

按规定格式组织位置数据和其他控制信息,提供给信息服务中心处理的信息。

3.14

刷新方式　refurbish mode

车载终端发送车辆位置信息和信息服务中心更新当前车辆位置的条件,包括:定时、定距、定位置、定时刻、定速度、定状态、定时隙等方式。

3.15

时间间隔　time interval

表示两次刷新的时刻之差。

3.16

定时方式　timing mode

车载终端位置信息刷新方式之一,表示按规定的时间间隔刷新车辆位置及状态信息。

3.17

定距方式　set distance mode

车载终端位置信息刷新方式之一，表示车辆每行驶规定的里程或距离时刷新车辆位置及状态信息。

3.18

定位置方式　positioning mode

车载终端位置信息刷新方式之一，表示按规定的一个或多个车辆经纬度刷新车辆位置及状态信息。

3.19

定时刻方式　scheduling mode

车载终端位置信息刷新方式之一，表示按规定的时刻刷新车辆位置及状态信息。

3.20

定速度方式　velocity mode

车载终端位置信息刷新方式之一，表示按规定的卫星定位车辆速度刷新车辆位置及状态信息。

3.21

定状态方式　state mode

车载终端位置信息刷新方式之一，表示按规定的车辆信号状态刷新车辆位置及状态信息。

3.22

定时隙方式　slot mode

车载终端位置信息刷新方式之一，表示按分配到的时间片顺序刷新车辆位置及状态信息。

3.23

系统功能　system functions

车载终端和信息服务中心通过系统通信网络实现信息传输和交换，使车载终端和信息服务中心依据对方一次的特定请求和指示并按一定的规程处理信息和状态，达到预期信息表示和状态变化的显现结果。

注：系统功能具有独立性和唯一性，是结果的最小表现形式。

3.24

系统服务　system service

车载终端和信息服务中心依据一个或多个系统功能的组合或本地多源信息处理，使车辆驾乘人员、车辆管理者及第三方通过系统的人机接口或信息提供获得的一组结果的表现形式。

4　缩略语和符号

下列缩略语和符号适用于本文件。

4.1　缩略语

ISCSCE　信息服务中心安全保密实体(Information Service Center Security and Crypto Entity)

SPS　卫星定位系统(Satellite Positioning System)

VTSCE　车载终端安全保密实体(Vehicle Terminal Security and Crypto Entity)

4.2　符号

G_g　移动通信网与公众数据广域网接口

G_G　ISC 与其他信息处理系统接口

G_i　ISC 接入公众数据广域网接口

G_m　ISC 接入移动通信网接口

G_K　ISC 互连接口
R_C　车载移动通信参考点
R_I　信息处理参考点
R_L　车辆控制参考点
R_P　定位信息接入参考点
R_E　车载信息安全保密参考点
R_S　中心信息安全保密参考点
U_m　车载通信空中接口
U_P　定位信息接收空中接口

5　体系结构

系统体系结构包括基本组成、参考接口、协议体系、逻辑结构及技术体制。

5.1　基本组成

5.1.1　基本模型

系统基本模型结构如图 1 所示。

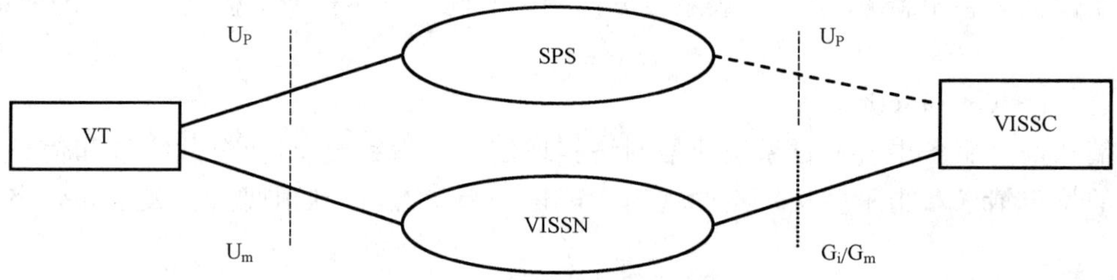

VISCC 依据功能设计可取消 UP 接口，VISSC 与 VISSN 在满足系统设计要求时可仅采用无线通信连接。

图 1　VISS 基本模型

系统由卫星定位系统(SPS)、车辆信息服务系统通信网络(VISSN)、车辆信息服务系统中心(VISSC)及车辆信息服务系统终端(VT)四部分组成。在具有信息安全保密要求时，存在信息安全保密实体。

5.1.2　组成单元

5.1.2.1　SPS

SPS 由满足星座要求的空间卫星和实施运行控制的地面设备组成，提供系统定位信号。

5.1.2.2　VISSN

VISSN 由移动通信网和数据通信广域网组成。VISSN 应提供点-点、点-多点操作方式，完成 VT 和 ISC 之间的端-端通信。其中，移动通信网实现 VT 的接入，数据通信广域网实现 ISC 的接入，移动通信网与数据通信广域网互连。

5.1.2.3　VISSC

VISSC 由系统的多个 ISC 组成。ISC 由计算机及通信、信息处理、人机处理及数据库服务等系统组成。ISC 是系统的车辆服务、设备控制、网络管理及信息处理中心，能实现人机操作、车辆控制、信息处理及其他应用系统接入等功能。根据服务规模、区域规划、应用管理等要求，VISSC 可以由一个总中心或多个不同级别的分中心组成。

5.1.2.4 VT

VT 由主控单元、卫星定位单元、移动通信单元等基本部分和人机接口、信号采集及控制等扩展部分组成。VT 应能获取车辆位置、状态信息，提供人机操作、信息处理，实现本地和远程控制。VT 是车辆信息服务的执行主体，通过主控单元实现车辆的各种管理、控制及服务。

5.1.2.5 信息安全保密实体

信息安全保密实体由 VTSCE 和 ISCSCE 两部分组成。通过信息安全保密实体实现系统的安全保密机制，系统应能抵御非法访问、窃听(取)、伪造等安全威胁。

5.2 参考接口

5.2.1 参考点定义

系统的访问接口和参考点定义如图 2 所示。

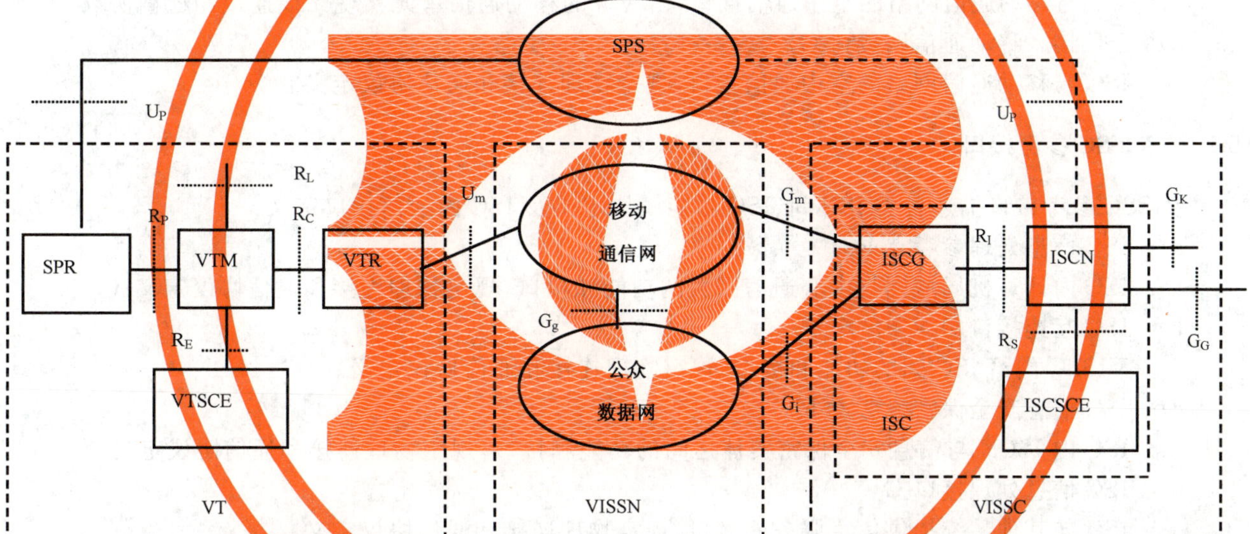

系统中的 VT 和 ISC 内部各组成部分由于采用一体化技术可取消接口或参考点，系统依据规模也可仅使用 G_m 接口。

图 2 VISS 访问接口和参考点

5.2.2 SPS 参考接口

SPS 参考接口描述 SPS 与 VT、ISC 通信接口定义：

a) VT 卫星信号接口 U_P

VT 与 SPS 的空中通信接口，由 VT 的卫星定位接收机实现无线信号接收和格式信息的解析。

b) ISC 卫星信号接口 U_P

ISC 与 SPS 的空中通信接口由 ISC 的卫星定位接收机实现无线信号接收和格式信息的解析。

5.2.3 VT 参考接口

VT 参考接口描述各类 VT 功能模块的划分和通信接口定义：

a) 车载通信参考点 R_C

VT 内主控单元与移动通信单元之间的接口，规定物理连接和通信协议定义。

b) 定位信息接入参考点 R_P

VT 内主控单元与卫星定位单元之间的接口，规定物理连接和通信协议定义。

c) 车辆控制参考点 R_L

VT 内主控单元与其他终端设备之间的接口，规定物理连接和通信协议定义。

d) 车载信息安全保密参考点 R_E

VT 内主控单元与信息安全保密实体之间的接口，规定物理连接和通信协议定义。

5.2.4 VISSN 参考接口

VISSN 参考接口描述各类移动通信网、公众数据广域网、ISC 间的通信接口定义：

a) 移动通信网与公众数据广域网接口 G_g

移动通信网络与公众数据广域网互连互通接口，规定物理连接和通信协议定义。

b) ISC 接入公众数据广域网 G_i

ISC 与公众数据广域网互连互通接口，规定物理连接和通信协议定义。

c) 车载通信空中接口 U_m

VT 与移动通信网络的空中通信接口，由 VT 的移动通信单元实现无线连接和通信协议。

d) ISC 接入移动通信网接口 G_m

ISC 与移动通信网络的空中通信接口，规定物理连接和通信协议定义。

5.2.5 VISSC 参考接口

VISSC 参考接口描述各类 ISC 间、ISC 功能模块定义及 ISC 内通信接口定义：

a) ISC 信息处理参考点 R_I

ISC 内计算机局域网与中心通信网关的功能和接口，规定物理连接和通信协议定义。

b) ISC 互连接口 G_K

VISSC 内给 ISC 间的功能和接口，规定物理连接和通信协议定义。

c) ISC 信息安全保密参考点 R_S

ISC 内 ISCN 与信息安全保密实体之间的功能和接口，规定物理连接和通信协议定义。

d) ISC 信息处理接口 G_G

ISC 向其他系统提供信息服务的接口，规定物理连接和通信协议定义。

5.3 协议体系

5.3.1 协议结构

VISS 协议体系结构如图 3 所示。通信协议、功能协议、管理协议、安全协议及应用协议分别是 VT、VISSC 内部各类处理实体执行的规则，反映 VT 和 VISSC 通过 VISSN 实现分层、开放及对等的处理结构。其中安全协议在系统提供信息安全保密实体时存在。

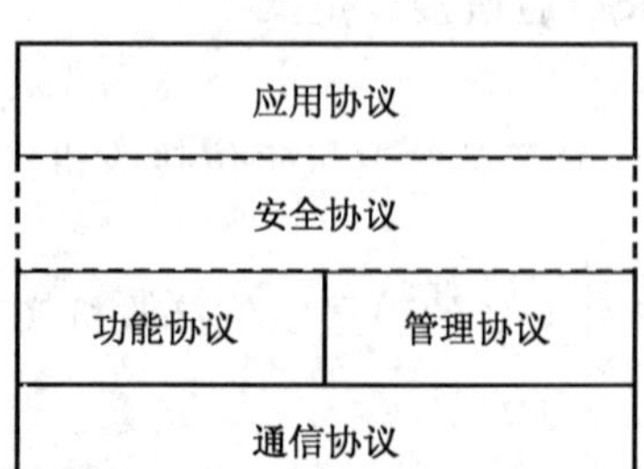

图 3 VISS 协议体系结构

5.3.2 通信协议

通信协议由 VISSN 采用的技术体制和提供的通信业务确定，用于承载功能协议、管理协议的数据，实现点-点、点-多点通信，完成 VT、VISSC 间互连互通。通信协议用于承载业务协议的数据，依据 VISSN 的接口要求实现 VT 和 ISC 的接入。通信协议的参考体系参见附录 A。

VISSN 可采用不同的技术体制、网络结构及承载业务，但其性能指标、数据传输及接口协议应满足系统设计的要求。

5.3.3 功能协议

功能协议由 VT、VISSC 确定并实现，完成 VT、VISSC 间 ISC 与 VT 的端-端通信，保证系统各类功能所需信息交换和处理。功能协议用于承载 VT 和 ISC 之间交换的数据，分别由 VT 和 ISC 对等实现信息格式的组装和解析，并按确定的规程进行处理。功能协议由 GB/T 30290.2—2013 规定。

5.3.4 管理协议

管理协议由 VT、VISSC 确定并实现，完成系统的网络管理功能（如配置、性能、故障、安全、计费等）。管理协议用于承载 VT 和 ISC 分别与 VISSN 之间为协商、配置及统计通信协议和业务协议接口参数和性能进行的数据交换协议。管理协议可以通过本地人机接口实现，也可通过网络通信实现。通常各 ISC 互连的管理协议由公众数据广域网承载。管理协议由 GB/T 30290.2—2013 规定。

5.3.5 安全协议

安全协议由 ISCSCE、VTSCE 确定并实现，完成 VT、VISSC 间 ISCSCE 与 VTSCE 的端-端通信，保证系统各类安全保密机制处理所需信息交换和处理。安全协议用于承载 ISCSCE 和 VTSCEVT 之间交换的数据，分别由 ISCSCE 和 VTSCE 对等实现信息格式的组装和解析，并按确定的安全规程进行处理。安全协议由 GB/T 30290.3—2013 规定。

5.3.6 应用协议

应用协议分别由 VT、VISSC 依据设备的功能要求、技术体制、本地接口或规程确定并实现，如提供 VISSC 内各 ISC 间的互连互通、不同服务区域的 VT 漫游管理、开放系统信息给其他信息系统等。应用协议用于承载 VISSC 内各 ISC 间、VISSC 与其他系统间交换的数据，分别按对等实体实现信息格式的组装和解析，并按确定的规程进行处理。

5.4 逻辑结构

5.4.1 结构定义

通过 VISSN 的网络拓扑，依据服务运营模式、移动通信体制、车载终端接入、用户注册管理、行业应用分类等要求，VISSC 可以构成一个广域性的网络，为各类车辆及其他应用系统提供统一的信息服务，其逻辑结构如图 4 所示。其中各地域为一个 VISSC 子系统，由 ISC 提供服务，VT 注册在所属地域的 ISC，各 ISC 通过系统应用协议和管理协议实现 VT 注册信息的交换。

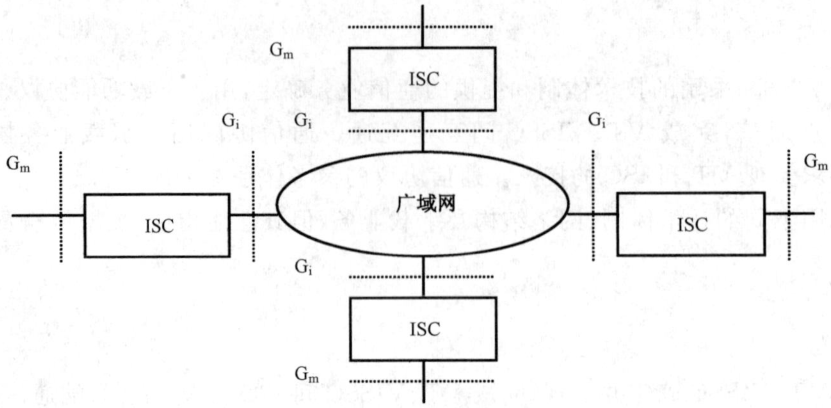

图 4　VISSC 逻辑结构

5.4.2　中心分级

ISC 可以是系统总中心，也可以是系统的一个分中心，也可以是一个用户中心，如图 5 所示。VT 可以接入用户中心或分中心或总中心。分中心和用户中心的设置与 VISSN 和车辆信息服务管理有关。各独立运行的系统可通过 ISC 实现互连互通。

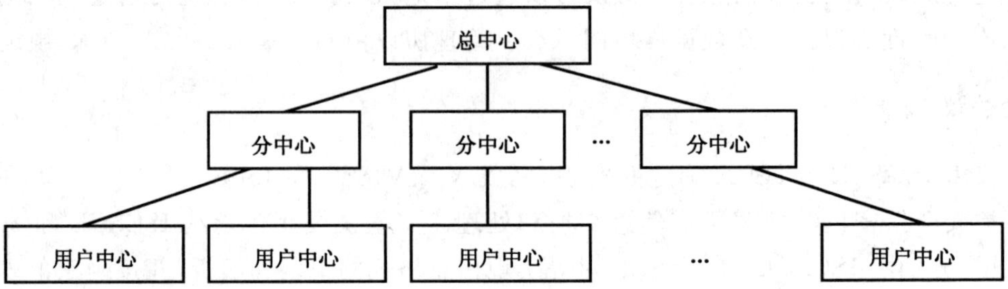

图 5　ISC 逻辑结构

5.4.3　系统分层

系统依据信息流、处理实体及服务实现进行分层，其结构如图 6 所示。由系统构建的信息服务平台应满足通信网络无关、信息交换协议统一及信息中心任意接入的要求。

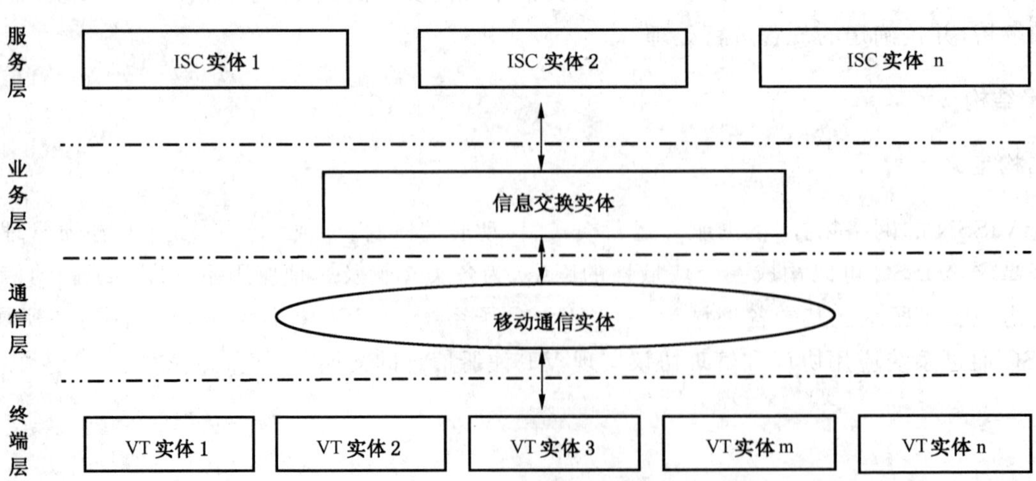

图 6　系统分层结构

5.5 技术体制

系统除应充分应用卫星定位系统、移动通信网络、计算机及通信系统及嵌入式设计等技术外,可采用数据库管理系统、地理信息系统、互联网与 Web 服务及信息安全处理等技术。系统应充分考虑车辆信息电子和设备的工作环境和可靠性设计要求。系统应充分保证系统内各类型设备操作系统和应用软件的安全性和扩展性。除 VT 及嵌入式操作系统外,系统汉字信息处理字符集应采用 GB 18030。

5.5.1 卫星定位系统

系统通过集成在 VT 中的卫星定位单元,可以获得信息服务所需的经纬度、速度、时间和方向等信息在内的车辆位置数据。卫星定位系统应满足:

a) 覆盖范围应大于车辆信息服务系统确定的有效服务区域;

b) 提供的标准定位信号经定位单元解算后,满足系统要求的定位精度。

5.5.2 移动通信网络

系统可采用各种移动通信网(如公众移动、卫星通信、数字/模拟集群及常规无线电等)作为 VISSN。移动通信网络应满足:

a) 技术体制应符合国家法规和标准等要求;

b) 覆盖范围应大于车辆信息服务系统确定的有效服务区域;

c) 应至少具有数据承载业务;

d) 应具有与 ISC 互连的机制,能满足车载终端与 ISC 无阻塞互通的要求。

5.5.3 计算机及通信系统

系统可采用广域网、局域网及互联网等计算机通信技术,构建合理的计算机处理体系结构。计算机及通信系统应能实现与移动通信网络的互连,满足以下要求:

a) 需要时采用编码转换,将二进制数据转换成通信网络能够可靠、透明传输的数据,在接收端对数据进行逆转换,恢复二进制数据;

b) 通过定义车载终端与信息服务中心信息格式和处理规程,实现与通信网络特性无关的数据交换。

依据系统服务的用户数可对计算机处理体系结构进行增减。

5.5.4 数据库管理系统

系统可采用数据库及其处理技术为 ISC 提供高效、安全、可靠的信息操作和存储服务。数据库性能应满足以下要求:

a) 具备联机备份、日志传送、故障切换;

b) 支持对称多处理器硬件环境、支持混合负载;

c) 联机分析处理、数据转换服务及并行多用户的多进程体系结构。

依据系统服务的用户数对数据库性能进行增减。

5.5.5 地理信息系统

系统可采用相关的地理信息系统处理技术为 VT 或 ISC 提供车辆位置等相关信息服务结果的直观、形象的表述和电子地图数据处理,满足:

a) 电子地图及信息应满足国家法规和标准的要求;

b) 规范的电子地图属性数据、空间数据关联及元数据等定义;

c) 完善的地图显示和操作，包括放大、缩小、移动、查询等；

d) 明确的地图加载显示速度、缩放响应时间、平移响应时间及属性数据搜索时间等。

5.5.6 信息安全处理

系统可采用信息安全技术，通过安全规则和密码算法实现设备认证、访问控制及报文加密，确保传输信息安全。系统信息安全处理应满足以下要求：

a) 采用对称密钥体制的密钥结构；

b) 具有中心集中式密钥分配及管理机制；

c) 实现设备认证、访问控制、数据加密；

d) 信息安全保密机制应遵循 GB/T 30290.3—2013。

5.5.7 嵌入式设计

VT 的处理器、操作系统、移动通信单元、卫星定位单元、人机接口、采集控制等可采用一体化和模块化设计技术。VT 的设计应满足 GB/T 30290.4 的要求。

6 功能描述

系统提供基本功能和扩展功能。系统通过功能组合，能为车辆和驾乘者/管理者提供多种服务，部分服务类型参见附录 B。

6.1 基本功能

系统基本功能应包括：实时定位、VT 基本参数配置等。

6.1.1 实时定位

VT 应能依据 ISC 设定的实时定位有效期和实时定位刷新参数，向 ISC 报告车辆位置信息。当 ISC 需要对车辆进行实时定位时，可向 VT 发出实时定位请求命令，VT 应根据命令设定实时定位的参数，并按要求发送车辆位置信息到 ISC。当设定的实时定位有效期到时，VT 可主动终止实时定位。在实时定位过程中也可由 ISC 发出实时定位撤消命令终止实时定位。VT 的定位方式如下：

a) 定时方式，为系统的基本方式；

b) 定距方式，为系统的可选方式；

c) 定时定距组合方式，为系统的可选方式，指车辆在满足 ISC 所设定的定时条件或行驶距离满足定距条件时，将位置信息发往 ISC。

作为系统的可选方式，当 ISC 对 VT 进行实时定位且成功时，应在 VT 与 ISC 之间建立一个链路状态，并由 ISC 维护链路。ISC 每隔一定时间需发送链路维护信息到 VT，表明 ISC 正对车辆进行实时定位；若 VT 在设定的时间内未收到 ISC 发出的链路维护信息，则主动终止实时定位。

6.1.2 VT 基本参数配置

ISC 应具有对 VT 进行基本参数配置功能，以实现注册和通信。包括：

a) 中心区域号：指示系统中各个 ISC 的标识，表明注册区域管理者，实现系统用户管理；

b) 源/目地址：指示 ISC 在 VISSN 中的地址，表明 VT 移动通信接入点，实现系统区域覆盖。

6.2 扩展功能

系统扩展功能包括：条件定位、报警、求助、话音采集、图像采集、分组调度、信息发布、语音提示、车载话音、短信息处理、通信盲区补传、拒绝实时定位、多ISC实时定位、报警测试、测量遥控、数据传输、越界指示、状态查询、行驶记录、用户注册、时区适应及VT扩展参数配置等。

6.2.1 条件定位

VT应能主动报告车辆位置信息到ISC。VT依据ISC设定的车辆位置或状态条件,在条件满足时将当前的车辆位置信息及状态发往ISC直至ISC撤消条件。系统应能提供以下定位方式:

a) 定时方式,作为系统的基本方式;
b) 定距方式,作为系统的可选方式;
c) 定时刻方式,作为系统的可选方式;
d) 定位置方式,作为系统的可选方式;
e) 定速度方式,作为系统的可选方式;
f) 定状态方式,作为系统的可选方式。

注:实时定位和条件定位下的定位方式在处理时存在有效期的差别,条件定位无有效期。

6.2.2 报警

VT应连接报警传感器或防盗报警装置。当报警设备触发时,VT应向ISC发送位置信息及状态。ISC收到报警信息后,应根据报警类型采取相应的措施,同时指示VT报警成功。VT提供报警条件触发次数的方式来请求报警的紧急等级。根据报警的类型,报警功能应提供以下三种方式:

a) 紧急报警:作为系统的基本功能,由用户触发报警装置;
b) 防盗报警:作为系统的可选功能,由防盗报警装置触发;
c) 欠压报警:作为系统的可选功能,由电瓶电压检测装置触发。

作为系统的可选功能,用户误触发报警装置时,VT应提供撤消误触发报警机制。ISC应提供关闭/开启防盗报警和欠压报警的功能。当被关闭的报警类型信号触发时,VT不再发送报警信息到ISC。

6.2.3 人工求助

驾乘者可通过VT提供的人机接口(如快捷键、类型选项及话音等)向ISC发送求助请求,ISC接受求助后应向VT指示求助成功。求助可分为医疗、事故、纠纷、故障、加油、引导等类型,根据紧急程度可将求助类型分为不同的等级。

6.2.4 话音采集

VT可按ISC设定的话音采集号码建立话音连接,并提供两类话音采集方式:

a) 被动话音采集:ISC预先对VT设置一个或几个话音采集号码。当设定号码呼入时,在报警或高等级求助请求状态下则视为话音采集请求,VT自动完成选通话音采集语音电路,否则视为正常的话音呼入;
b) 主动话音采集:ISC通过命令请求VT按指定的话音采集号码进行拨出操作。在报警状态或高等级请求时,VT接收话音采集请求,并与ISC建立话音通路,实现话音采集功能。

注:系统仅在车辆发生报警且进行警情确认或高等级求助请求时实施话音采集,ISC可对话音采集过程进行录音处理。

6.2.5 图像采集

VT应能通过VISSN传送图像编码数据到ISC,ISC应保存采集到的图像数据以供事后查询。VT可提供与模拟摄像头的接口,能够对复合视频信号进行编码,VT也可提供与编码一体化的摄像机的接口。系统应有明确的编码格式,并能提供不同图像质量的编码和处理。系统应能提供两种图像采集方式：

a) 被动图像采集：VT 应能够根据 ISC 设定的触发条件，按指定的参数启动图像采集；

b) 主动图像采集：ISC 应能通过命令指示 VT 采集相应参数的图像编码，实施图像采集。

6.2.6 调度

系统应提供通过图文或语音等信息载体，实现车辆驾乘者与车辆管理者的信息交互。系统应提供依据管理权限进行分组的功能，ISC 应能以单车、分组及全体等调度模式发送调度信息。VT 应提供图文或语音等调度信息输出方式，并依据 ISC 要求提供应答和无应答两种响应方式。在应答响应方式下，VT 应能发送调度应答信息。

6.2.7 路径计算

当驾乘者通过 VT 提供的人机接口确定目的地，向 ISC 发送路径计算请求，ISC 应依据起始位置、目的地位置及 VT 分级属性等计算出路径，对路径信息进行组织并返回 VT。目的地位置可由驾乘人员通过 VT 提供的语音、文字及经纬度等方法确定。VT 分级属性包括图形显示、文字指示及语音提示等能力。路径信息应适应 VT 处理性能要求。

6.2.8 信息发布

ISC 应能通过图文、语音及编码等信息载体，按区域对服务范围内的车辆提供公共和定制信息（如实时路况、天气预报、新闻要政等）的广播。VT 应能按发布的信息分类输出（显示、播报）和存储，并提供可查询的方法。编码信息应提供构造和解析规程，以使 ISC 和 VT 按规程进行编码和解释。定制信息的有效期为驾乘者发出定制指示到取消定制指示期间，定制信息的类型由系统定义。

6.2.9 周边信息

系统应具有以当前车辆或指定点为请求位置，同时指定周边检索范围和请求信息类型，获取检索结果信息并进行处理的能力。当驾乘者通过 VT 提供的人机接口向 ISC 发送周边信息指示后，ISC 应依据车辆请求位置、信息类型、及 VT 分级属性等获取信息，对周边信息进行组织并返回 VT。周边信息应适应 VT 处理性能的要求。

6.2.10 引导信息

系统应具有以当前车辆位置为请求位置，同时指定请求范围和信息类型，获取引导信息并进行处理的能力。当驾乘者通过 VT 提供的人机接口启动该功能后，VT 应自动将车辆位置信息以一定时间隔向 ISC 发送。ISC 应依据车辆当前位置、引导信息类型、及 VT 分级属性等，对给定范围内的引导信息进行处理。当 ISC 确定需给出引导信息时，组织该信息并返回 VT。引导信息应适应 VT 处理性能的要求。

6.2.11 语音提示

语音提示可由 VT 依据本地处理流程实现语音的输出，也可依据 ISC 语音提示请求实现语音的输出。ISC 应提供文本和编码等载体的传输方式，由 VT 转换和合成处理（如文语转换），能够将数字、字母、汉字的编码转换成声音，向驾乘者进行语音提示。包括：

a) 作为人机界面的提示途径，实现语音菜单的功能；

b) 提供对调度信息的实时播报；

c) VT 故障、状态等提示。

6.2.12 车载话音

VT 应通过手柄或免提装置提供车载话音功能。车载话音功能除有呼入呼出功能外，还具有以下两种功能：

a) 呼叫鉴权：在使用车载话音之前输入账号和密码，ISC 对该信息进行鉴权。如账号和密码合法，ISC 登记用户注册时间，发出允许使用车载话音的指示；

b) 呼叫限制：VT 提供呼出和呼入话音号码进行限制的功能。ISC 根据用户的要求，VT 根据 ISC 设定的限制呼出和呼入话音号码禁止车载话音功能。

6.2.13 短信息处理

在 VT 上应利用人机接口设备为用户提供短信息的编辑、发送、接收和显示，并实现收发短信息的查询。短信息使用文本承载方式。

6.2.14 通信盲区补传

VT 检测到移动通信盲区，则应将需补传的信息保存在缓冲区中。当移动通信恢复后，VT 应首先发送当前的信息，在发送的间隙将缓冲区中的补传信息发往 ISC。ISC 应按时间顺序将补传的信息插入中断信息点，确保车辆行驶轨迹的连续、有效性。

6.2.15 拒绝定位

系统应具有在 VT 或 ISC 本地设置拒绝定位(包括实时定位和条件定位)以确保车辆不报告位置信息。在 VT 通过人机接口提供驾乘者选择是否接受定位，当 IS 定位请求时，VT 通过返回原因为拒绝的失败应答拒绝定位。VT 应保持拒绝定位状态直至驾乘者解除。此外，在 VT 解除定位状态下，通过对 ISC 合法性鉴别，也可拒绝定位。在 ISC 配置车辆拒绝定位状态后应禁止向 VT 发出定位请求。

6.2.16 多 ISC 实时定位

系统应支持多个 ISC 对同一 VT 实施实时定位的功能，以便不同信息服务的 ISC 即可独立也可协同提供服务。多 ISC 实时定位可在 VT 通过接受多 ISC 实时定位请求并按要求报告实时定位数据实现，也可通过 ISC 修改实时定位参数由修改者将实时定位数据按各 ISC 要求的实时定位参数进行转发实现。

6.2.17 报警测试

系统应具有确保报警装置、报警信息及报警应答正常工作和传输处理的检验方法。VT 应具有供驾乘者进行报警测试的人机接口。当 VT 设置为报警测试状态时发出测试报警信息，ISC 在接收到测试报警信息后返回报警测试成功的应答，VT 应通过声光或文字提示报警测试成功或失败，并取消报警测试状态。ISC 不应限制驾乘者的报警测试操作。

6.2.18 信号采集与控制

系统应具有实时获取车辆电气特性参数并与其他数据综合处理，反映车辆相应性能和控制车辆相关操作的功能。VT 应提供信号采集的接口以实时读取反映车辆状态的参数。VT 应能按 ISC 要求将采集信息传输，ISC 应能根据需要对 VT 进行信号输出操作达到对车辆进行控制的目的。对车辆的控制应保证可靠，并满足：

a) 禁止对行驶中的车辆进行锁止(如断油、断电及开关车门等)控制；

b) 在控制命令中增加时效范围以便 VT 判断遥控命令的有效性，如当前的时间在时效范围内，则执行相应的控制动作，否则丢弃该遥控命令。

6.2.19 外设数据传输

系统应能支持与其他车载设备的通信和流量控制机制，确保通信的完整、可靠传输。

6.2.20 越界提示

系统应能提供对要求的车辆规定多条行驶路线和多个行驶范围，当车辆行驶过程中偏离规定的路线和范围时进行指示以便系统采取相应措施的功能。行驶线路和范围参数可保存在 VT 或 ISC，但一经设定立即生效直至解除为止。VT 和 ISC 应依据路线距离确定和应用业务确定参数的保存方式。当参数由 VT 保存时则 VT 进行当前位置计算，偏离时报告位置信息到 ISC。当参数由 ISC 保存时，VT 实时报告车辆位置信息，ISC 进行当前位置计算，偏离时指示。

6.2.21 状态查询

系统应提供各类设备运行状态、关键模块工作特性、重要事件发生记录及所有功能用户操作日志等统计、查询及输出的功能。VT 应检测卫星定位单元、移动通信单元及关键部件的工作状态，记录如配置、实时定位、报警、求助等功能操作日志。当 ISC 进行状态查询请求时报告，ISC 各功能设备依据网络管理的要求均应具有日志处理功能。VT 和 ISC 各功能设备的日志应集中存储综合处理，为系统网络管理提供有效信息和分析数据。

6.2.22 行驶记录

系统应具有按一定的采样时间间隔记录车辆位置、速度、时间及对车辆相关操作（如点火、制动、车灯、车门等）等数据，并由此构成反映车辆行驶路线和动态特征的行驶记录。行驶记录的采样时间间隔可由 ISC 进行调整，采样数据由 VT 按时间顺序进行存储。ISC 应能按日期范围、地点范围及报警类型等条件进行查询，当 VT 存在满足查询条件的记录时给出查询成功的应答，并将相应记录进行报告，否则给出查询失败的应答。ISC 应能将查询到的行驶记录存储和处理，使之成为车辆运行的轨迹。

6.2.23 用户注册

系统应具有通过人机接口接收并验证用户账号和密码以区分不同 VT 使用者的功能。通过注册确定用户使用功能或接受服务的有效性和合法性；通过注销确定用户退出使用功能或退出接受服务。VT 和 ISC 应保存使用者注册状态直至注销。用户注册可以由 VT 本地提供，也可以由 ISC 提供。

6.2.24 时区适应

系统应能在世界不同时区范围内使用。VT 通过 ISC 确定时区值进行时区的调整，达到卫星定位系统确定的协调世界时（UTC）与应用地区时间的换算。系统默认时区为东八区（北京时间）。

6.2.25 安全管理

系统具有安全保密实体时，通过安全管理启动和关闭设备认证、访问控制及信息加密等安全机制，规定设备认证规程、访问控制方法及各类功能信息加密选择，实现 VT 与 ISC 的合法性识别、VT 使用系统功能的登记、VT 与 ISC 间传输信息的保密等功能。

6.2.26 VT 扩展参数配置

ISC 应具有对 VT 进行扩展参数配置的功能，包括：

a) 报警目的地址：用于 VT 报警时指示处理报警服务的 ISC 在 VISSN 中的地址，以提供快速、实时的警情信息接收和本地、及时的警情处理服务；

b) 配置报警器报警类型：用于开启/关闭各种报警功能，实现报警服务可选；

c) 设置话音采集号码：用于设置 ISC 中承担话音采集功能的号码；

d) 设置呼叫限制号码：用于设置禁止话音呼出的号码；

e) 设置行驶记录采样间隔：用于设置 VT 实施行驶记录功能时，记录运行轨迹的最小时间单位。

附 录 A
（资料性附录）
车辆信息服务系统通信协议体系

系统基于公众移动、卫星通信、数字/模拟集群及常规无线电等移动通信网络的通信协议参考结构如图 A.1。其中 TRN 是无线透明传输协议，由移动通信网络定义；业务协议是图 3 中功能协议、管理协议、安全协议及应用协议的总称。

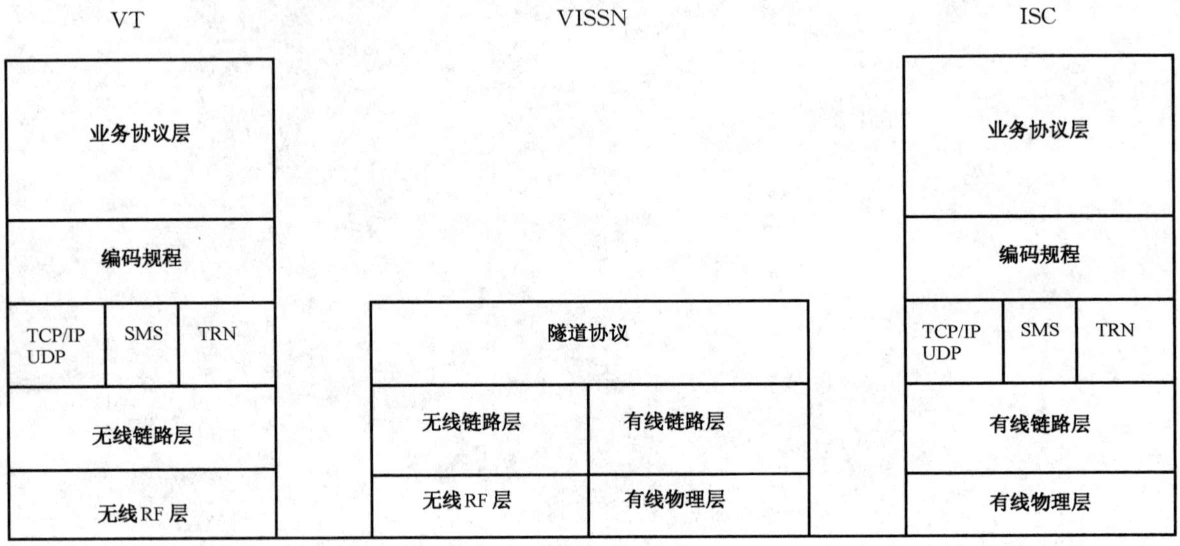

图 A.1 通信协议参考体系

附 录 B
(资料性附录)
车辆信息服务系统服务类型

通过基本功能和扩展功能，系统可提供不同类型的服务。B.1～B.16 为部分服务类型。

B.1 车辆导航

车辆导航服务指 VT 报告当前车辆位置信息，请求 ISC 提供路径规划计算、兴趣信息查询、实时交通信息及道路描述数据等服务，由 ISC 将计算结果分发到指定的 VT，通过人机接口实时指导驾驶人员到达目的地或实现本地电子地图数据的补充和更新。车辆导航服务可依据 VT 性能和配置分为自主式和中心式两类导航服务模式。其中自主式导航服务可通过车辆上装配具有电子地图及其操作的 VT，能够实时显示当前区域的电子地图。根据车辆当前所处位置和前往目的地，VT 能提供最佳行驶路线以及若干其他行驶路线供驾驶员选择，并依据路径实时提示驾驶人员操作。在该类模式下，ISC 以提供车辆当前区域道路实时交通信息及电子地图数据的补充和更新为主。对于中心式导航服务可通过配置无电子地图及其操作的 VT，在 ISC 接到导航服务请求后，依据当前车辆位置、目的地及道路状况，计算车辆行驶路径，通过联机或脱机操作等方式指导驾乘人员行驶。

B.2 车辆监控

车辆监控服务指 ISC 可以确定车辆当前所处的具体位置或连续、实时查看车辆的行驶轨迹。ISC 可以提供定位信息的具体数值，并提供对轨迹的距离测量的服务。ISC 可以确定车辆位置信息刷新方式，包括定时刷新、定距刷新、定时/定距相结合等。ISC 对车辆的监控可定义相应的权限，并可对车辆进行重点追踪监控。监控的历史轨迹可以在 ISC 存储、回放和打印。车辆监控分为主动和被动监控两类服务模式。其中主动监控由 VT 依据设定的条件实时报告当前位置信息，由 ISC 储存或显示。被动监控由 VT 依据 ISC 的请求报告当前位置信息，由 ISC 储存或显示。

B.3 车辆报警

车辆报警服务指 VT 自动采集车辆的车门、车窗、振动、移动、欠压及开关等各类变化数据，依据车辆报警布防和撤防状态确定警情是否发生，VT 按指定的规则向 ISC 发送车辆位置信息和明确的报警类型信息。ISC 在接收到报警信息后，将实施车辆监控服务直至报警撤消。ISC 接警服务可满足预案要求分别针对防盗、抢劫等报警信息进行处理，如通过车辆声音、图像等手段进行警情确认，通过警情转发到相应职能部门和/或个人实施接警处理，通过报警、处警车辆的实时定位和调度指示，实施警情车辆现场协同处理等。

B.4 车辆调度

车辆调度服务指系统应能根据不同的应用提供有针对性的调度方案，包括单位车辆调度、营运车辆调度等。调度信息分为图文和语音等载体，依据信息类可分为有应答和无应答类型以示调度的交互。ISC 可依据车辆的管理、运营、服务等特点进行分组，实施单呼、组呼及群呼等调度操作。VT 接收到调度信息时，应给出明显的声光提示，驾乘人员可及时的阅读信息，并对有应答的调度信息进行要求的操作。

B.5 车辆电召

车辆电召服务主要应用于出租车行业，是一个乘用者(客户)、驾驶者(车辆)及调度员(ISC)协同完成的过程。调度员依据乘用者要求在电子地图上确定乘车地点和明确电召范围，将乘车点位置信息以广播的方式发送给个别或群组或全体VT，VT对车辆是否在电召范围内、是否是空载等条件进行判断，提示驾驶者有电召请求。驾驶者按下电召应答功能键表明接受ISC的电召请求，并报告当前位置。ISC按照先到优先、最近优先或其他的筛选算法选择应召车辆，将乘用者信息和地点发往对应的VT，VT通过文本或语音提示驾驶者到指定点实施服务。

B.6 车辆检控

车辆检控服务指VT在ISC的管理和指示下实现车辆电量、油量、重量、容量及运行状态等信息的采集和电路、油路、车门、车窗及发动机等的控制。ISC在对车辆进行检控时应有完善的鉴权和保障体系，确保车辆在行驶和停止状态的安全性。通过对VT检测信息的扩充(如加入车辆总线及网络系统、接入车辆其他检测设备等)，进一步为车辆故障提供远程诊断和检修服务，通过ISC授权使车辆检控与车辆使用者的手持设备互动达到个性化服务。

B.7 车辆求助

车辆求助服务指驾乘者(VT)与服务员(ISC)通过快捷键、图文或语音等方式实现互动达到解决驾乘者困难的过程。求助由驾乘者经VT发出连同车辆位置信息在内的不同类型请求(如道路、事故、医疗、故障、纠纷、信息等)，服务员经ISC确定驾乘者位置并通过信息应答或通知第三方服务的方式完成。求助服务基于ISC完备、快捷的信息处理和完善的第三方服务体系。

B.8 车辆安全

车辆安全服务指VT记录车辆行驶的位置、速度、里程、时间、载重、制动及指示灯等与疲劳、超速、超载、违章驾驶有关的信息，达到事前报警提示、事后原因分析，确保车辆和人身安全的目的。车辆行驶信息依据不同属性具有不同的记录规则，并可断电存储。行驶记录可通过存储介质本地采集，也可通过ISC远程读取，并经分析工具以图表的方式形像显示。

B.9 信息发布

信息发布服务指ISC根据驾乘者的需要或定制，采用图文、语音等方式把新闻、交通、股票、会议、天气等综合信息发送到VT，VT收到ISC发出的信息内容后依据信息的属性和类别进行分类储存，以便用户浏览或查阅。信息发布时间可以是定时的，间隔时间可由VT设定；信息发布时间也可以是交互的，由用户提出请求时才发送；信息发布时间还可以是实时的，当ISC信息更新且有时效性限制时则强行发布。驾乘者经VT可以允许/禁止该项服务。

B.10 电子站牌

电子站牌服务指 VT 实时将车辆位置信息报告 ISC,由 ISC 依据公交线路属性、站点分布结构、车辆位置信息及电子站牌显示属性等,计算车辆当前位置和预计到站时间,并将计算结果发布到车辆沿线行驶将到达的各个站点,由电子站牌以直观方式进行显示的信息系统。以电子站牌服务为基础,通过 VT 和 ISC 功能的扩充,实施乘客流量统计、站点自动播报、车辆发车计算及车辆速度控制等,进而实现公交线路管理服务系统。

B.11 车辆物流

车辆物流服务指货物供应商/经销商、承运商、最终客户及车辆驾驶者,通过 ISC 和 VT 的处理,按一定的信息流程交互,确保货物在运输过程中以高效、安全、准时到达目的地的过程。通过待运货物信息发布、待装车辆信息发布等实现车货调配,通过车辆位置信息查询/实时定位、车辆报警规划等实现货物安全运输,通过车辆运输调度、车辆货运信息管理及目的地位置报告等实现货物受控运输。此外,VT 可作为车辆上货物信息(如名称、数量、源目地及其他标识)的通信接入设备,实现货物流通信息化管理,达到第三方物流服务的目的。

B.12 路况采集

路况采集服务指系统内的 VT 按 ISC 指定的信息要素以人工或自动的方式记录数据,并将原始数据或依据规定的算法预处理的数据进行报告。ISC 通过建立的路况信息模型进行分析处理,确定各类道路的实时形态和属性状况,由此形成道路交通动态信息向系统内 VT 发布。路况信息包括拥塞状况、交通标识、道路等级、通勤管制等。

B.13 交通指示

交通指示服务指系统通过语音向驾驶者提供交通指示标识、路口通行状况、车辆检查监控点等属性信息,使驾驶者依据交通指示信息操控车辆,确保车辆遵章行驶。交通指示可以在线服务也可离线服务。在线服务时由 VT 实时报告车辆位置信息,由 ISC 依据位置信息查询当前行进方向的属性信息并通知 VT;离线服务时由 ISC 将属性信息储存在 VT,由 VT 依据行驶位置确定当前行进方向的属性信息。

B.14 移动互联网

移动互联网服务指无移动通信能力的其他车载设备通过 VT 或功能性能扩展后的 VT 接入通信网络,直接或经 ISC 实现互联网的登录。由于 VT 和 ISC 对移动互连数据采用隧道结构传输,因此,互联网的各项功能(如信息浏览、邮件收发、在线音视、网络电话、连线交流等)和基于互联网的各类应用(客户/服务器模式、浏览/服务器模式等)均完全能够实现。

B.15 车载电话

车载电话服务指 VT 在 ISC 的管理下实现话音通信的服务。依据移动通信网络的技术体制和承载业务，话音可以沿用移动通信网络的承载业务，也可以是VT提供的经编码后的分组话音。车载电话不仅支持来电显示、去电重拨、电话记录、话簿管理等移动电话常规功能，同时具有免提通话、来电语音、自动接听、一键拨号等车载电话特殊功能。车载电话不仅支持与系统内其他车载电话的互通，同时具有与公共移动通信网、固定通信网电话用户互通的能力。

B.16 时间调校

时间调校服务指VT通过接收卫星定位系统的卫星星历、卫星钟校正参数等数据，经恢复卫星时钟信息以获取准确的时钟，由此以本地调校的方式为车辆上的其他电子设备提供正确的时间信息。此外，在ISC同样可建立准确时钟获取机制，计算出正确的时间向系统内的VT发布，由VT实施调校处理。

ICS 33.200
M 50

中华人民共和国国家标准

GB/T 30290.2—2013

卫星定位车辆信息服务系统 第2部分:车载终端与服务中心信息交换协议

Satellite positioning vehicle information service system(VISS)—
Part 2: Information protocol for vehicle terminal and service center

2013-12-31 发布 2014-07-15 实施

中华人民共和国国家质量监督检验检疫总局
中国国家标准化管理委员会 发布

前　　言

GB/T 30290《卫星定位车辆信息服务系统》目前包括四个部分：

——第1部分：功能描述；

——第2部分：车载终端与服务中心信息交换协议；

——第3部分：信息安全规范；

——第4部分：车载终端通用规范。

本部分为GB/T 30290的第2部分。

本部分按照GB/T 1.1—2009给出的规则起草。

请注意本文件的某些内容可能涉及专利。本文件的发布机构不承担识别这些专利的责任。

本部分由中华人民共和国工业和信息化部提出。

本部分由中国电子技术标准化研究院归口。

本部分主要起草单位：厦门雅迅网络股份有限公司、中国电子技术标准化研究所。

本部分主要起草人：韦昌荣、陈倩、卢继燕。

卫星定位车辆信息服务系统 第2部分:车载终端与服务中心信息交换协议

1 范围

GB/T 30290的本部分定义了卫星定位车辆信息服务系统(以下简称系统)车载终端与信息服务中心之间信息交换规程及帧格式等内容。

本部分适用于通过卫星导航定位技术、采用公众或专用移动通信网络、具有服务中心的车辆信息服务系统,可作为系统通信协议设计和测试依据。通过非卫星定位技术、具有服务中心的信息系统亦可参照执行。

2 规范性引用文件

下列文件对于本文件的应用是必不可少的。凡是注日期的引用文件,仅注日期的版本适用于本文件。凡是不注日期的引用文件,其最新版本(包括所有的修改单)适用于本文件。

GB 2312 信息交换用汉字编码字符集 基本集

GB 18030 信息技术 中文编码字符集

GB/T 30290.1—2013 卫星定位车辆信息服务系统 第1部分:功能描述

GB/T 30290.3—2013 卫星定位车辆信息服务系统 第3部分:信息安全规范

GB/T 30290.4—2013 卫星定位车辆信息服务系统 第4部分:车载终端通用规范

3 术语和定义

GB/T 30290.1—2013、GB/T 30290.3—2013、GB/T 30290.4—2013界定的以及下列术语和定义适用于本文件。

3.1

总中心 main-center

车辆信息服务系统中心(VISSC)中具有系统服务范围内所有车辆和用户的管理、操作权限的信息服务中心(ISC)。

3.2

分中心 sub-center

VISSC中具有系统服务范围内部分车辆和用户管理、操作权限的ISC。

3.3

位置信息类型 position information type

VT将一个或多个位置数据按指定的规则进行数据组合的方式。

3.4

实时定位状态 real time locating state

VT接受ISC的实时定位请求,依据实时定位刷新参数和位置信息类型发送车辆位置和状态信息到中心，直至中心撤销或车载终端终止实时定位。

3.5

实时定位刷新参数 real time locating refurbish parameter

VT在实时定位状态下按刷新方式和位置信息类型发送车辆位置和状态信息到中心的规则表示。规则可通过周期、距离、时隙等参数定义。

3.6

实时定位有效期 period of validity for real time locating

VT处于实时定位状态的度量表示。

注：有效期可以是时间长度，也可以是车载终端发送车辆位置和状态信息到中心的次数。

3.7

实时定位时间 real time locating time

VT在实时定位状态下按实时定位刷新参数和位置信息类型发送车辆位置和状态信息到中心的持续时间。实时定位时间是实时定位有效期的度量方式之一。

3.8

实时定位条数 real time locating number

VT在实时定位状态下按实时定位刷新参数和位置信息类型发送车辆位置和状态信息到中心的次数。实时定位条数是实时定位有效期的度量方式之一。

3.9

实时定位周期 real time locating period

VT在实时定位状态下依据车辆运行时间间隔和位置信息类型发送车辆位置和状态信息到中心的时间度量。实时定位周期是实时定位刷新参数之一。

3.10

实时定位距离 real time locating distance

VT在实时定位状态下依据车辆行驶里程或距离间隔和位置信息类型发送车辆位置和状态信息到中心的距离度量。实时定位距离是实时定位刷新参数之一。

3.11

实时定位时隙 real time locating slot

VT在实时定位状态下依据通信机制分配的通信信道和位置信息类型发送车辆位置和状态信息到中心的时间间隔度量。实时定位时隙是实时定位刷新参数之一。

4 缩略语和符号

GB/T 30290.1—2013、GB/T 30290.3—2013、GB/T 30290.4—2013确立的缩略语和符号适用于本文件。

5 系统参考模型

系统参考模型见GB/T 30290.1—2013中5.1。

6 信息交换接口定义

信息交换接口定义信息交换协议参考点和信息交换帧结构。

6.1 信息交换协议参考点

VT 与 ISC 信息格式定义的参考点 R_C 和 R_I 见图 1，信息交换帧在 VISSN 的传输取决于移动通信网的承载协议。

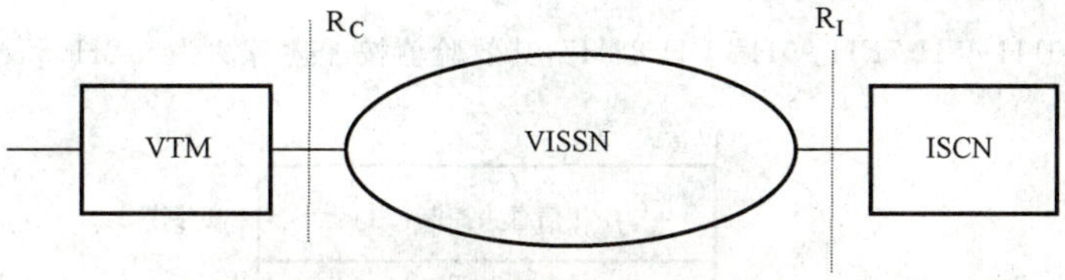

图 1　信息交换协议参考点

6.2 信息交换帧结构

信息交换由信息帧承载，信息帧由多个字段按规则组成。

6.2.1 帧结构定义

每一帧由标志、信息、校验等字段组成，其结构定义如图 2 所示。

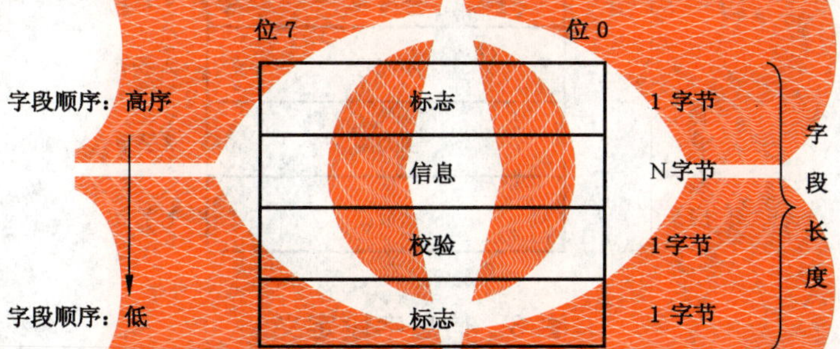

图 2　信息交换帧结构定义

帧内的所有字段数据均采用 8 位(1 字节)十六进制数格式，由数字 0～9、字母 A～F 组合的两位数加后缀 H 表示，字段内可使用二进制位，由有效二进制位加后缀 B 表示。多字节表示的字段，高字节在前，低字节在后。信息帧数据传输顺序由高字节到低字节，每字节传输顺序由低比特(位 0)到高比特(位 7)。VT 与 ISC 应保证数据透明性。其中：

a） 标志字段：指示帧的开始和结束，以 7EH 作为标志符。需对信息和校验字段中按字节(byte)出现的标志符进行转义处理。在发送时，7EH 转换为相连的 7DH 和 02H；7DH 转换为相连的 7DH 和 01H。接收时，将相连的 7DH 和 02H 转换为 7EH；7D 和 01H 转换为 7DH。

示例：如待发信息为"01H 45H 7EH 90H 7DH 88H"，经转义后在通信线路上的数据为"01H 45H 7DH 02H 90H 7DH 01H 88H"。

b） 信息字段：用于承载完成 GB/T 30290.1—2013 中第 6 章所述功能在信息中心和车载终端之间传输的数据，由信息头和命令/响应体组成，定义如图 3 所示。各字段定义见 6.3；

c） 校验字段：实现信息字段传输错误的检验，其值为信息字段按字节带进位的累加和，其算法为：设待校验运算的数据为 Data[i]，0≤i＜n，n 为字节长度，校验结果为 ChkSum，则计算步骤如下：

```
ChkSum = 0;
for ( i= 0, i<n, i++ )
```

```
    {
        ChkSum = ChkSum + Data[ i ];
        if ( ChkSum >= 256 )
            ChkSum = (ChkSum－256) + 1;
    }
```

示例:如待发信息为"01H 45H 7EH 90H 7DH 88H",其效验值按上述算法为:5BH。

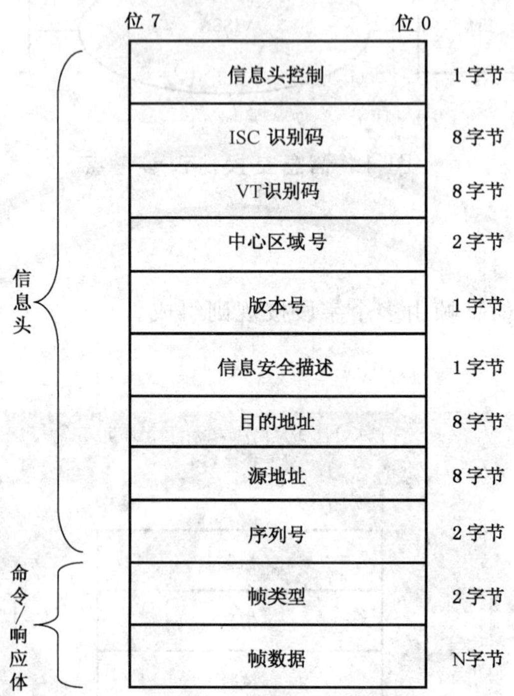

图 3 信息字段定义

6.2.2 字段组帧规则

信息帧由多个字段采用固定和组合格式组成。

a) 固定格式:格式定义中无字段控制参数,在帧中的相对位置确定,由固定或可变字节长度的字段参数组成;

b) 组合格式:格式定义中有字段控制参数,在帧中的相对位置确定,由字段控制参数和固定或可变字节长度的一个或多个字段参数组成,如图 4 所示。字段控制参数确定各字段参数是否按顺序存在,当指定的字段参数不存在时,由下一个存在的字段参数填补。字段参数 2 和字段参数 4 时的组合规则见图 5。

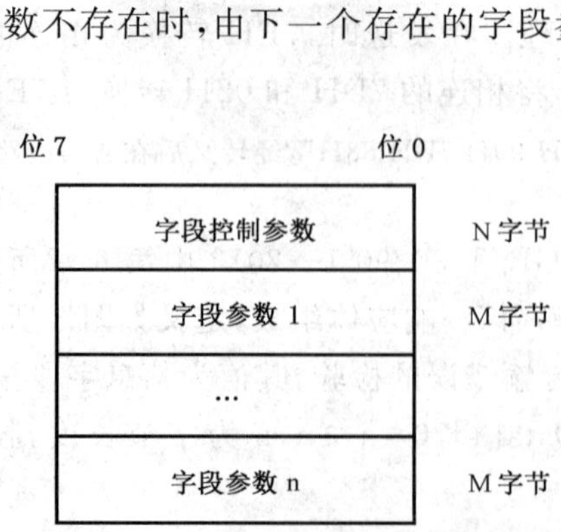

图 4 组合格式字段定义

位 7　　　　　　位 0	
字段控制参数	N 字节
字段参数 2	M 字节
字段参数 4	M 字节

图 5　字段参数组合规则示例

6.3　信息字段定义

信息字段由信息头字段和命令/响应体字段组成。

6.3.1　信息头字段定义

信息头字段由信息头控制、ISC 识别码、VT 识别码、设备区域号、版本号、安全描述、目的地址、源地址及序列号等字段组成。信息头控制字段为信息头基本字段，其他字段作为扩展字段由信息头控制字段确定是否存在和使用，并按各字段字节数顺序排列。

6.3.1.1　信息头控制字段

信息头控制字段 1 字节，定义如图 6 所示。

位 7　　　　　　位 0

Q	S	D	E	V	A	CV	CI

说明：

CI——ISC 识别码控制位；　　CV——VT 识别码控制位；
A——设备区域号控制位；　　V——版本号控制位；
E——信息安全描述控制位；　　D——目的地址控制位；
S——源地址控制位；　　Q——序列号控制位。

图 6　控制字段定义

a)　SC 识别码控制位：1 位，用 CI 定义，指示信息头字段中是否存在和使用识别码字段。0B 指示不存在，1B 指示存在，且为 8 字节；
b)　VT 识别码控制位：1 位，用 CV 定义，指示信息头字段中是否存在和使用识别码字段。0B 指示不存在，1B 指示存在，且为 8 字节；
c)　中心区域号控制位：1 位，用 A 定义，指示信息头字段中是否存在和使用中心区域号字段。0B 指示不存在，1B 指示存在，且为 2 字节；
d)　版本号控制位：1 位，用 V 定义，指示信息头字段中是否存在和使用版本号字段。0B 指示不存在，1B 指示存在，且为 1 字节；
e)　信息安全描述控制位：1 位，用 E 定义，指示信息头字段中是否存在和使用信息安全描述字段。0B 指示不存在，1B 指示存在，且为 1 字节；
f)　目的地址控制位：1 位，用 D 定义，指示信息头字段中是否存在和使用目的地址字段。0B 指示不存在，1B 指示存在，且为 8 字节；

g) 源地址控制位:1 位,用 S 定义,指示信息头字段中是否存在和使用源地址字段。0B 指示不存在,1B 指示存在,且为 8 字节;

h) 序列号控制位:1 位,用 Q 定义,指示信息头字段中是否存在和使用序列号字段。0B 指示不存在,1B 指示存在,且为 2 字节。

6.3.1.2 ISC 识别码字段

ISC 识别码字段 8 字节,用于 ISC 与 VT 间的鉴别。ISC 识别码由 ISC 定义,并注入 VT 保存。

6.3.1.3 VT 识别码字段

VT 识别码字段 8 字节,用于 ISC 与 VT 间的鉴别。VT 识别码由 VT 定义,并注入 ISC 保存。

6.3.1.4 中心区域号字段

中心区域号字段为 2 字节,定义如图 7 所示,用于区分总中心和分中心,指示 VT 归属的分中心。

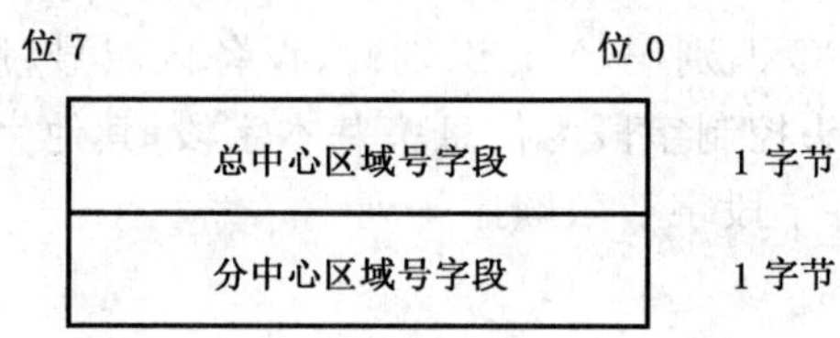

图 7 中心区域号字段定义

a) 总中心区域号字段:1 字节,指示系统具有同等控制权的总中心标识。可表示 256 个总中心;

b) 分中心区域号字段:1 字节,指示系统指定总中心控制下的分中心标识。取值 00H 表示总中心,取值 01H～FFH 表示分中心。在一个总中心下可表示 255 个分中心。

6.3.1.5 版本号字段

版本号字段 1 字节,定义如图 8 所示,用于记录 ISC 的版本号。版本号采用 BCD 码,编码定义由 ISC 产品标准给出规定和特性说明。

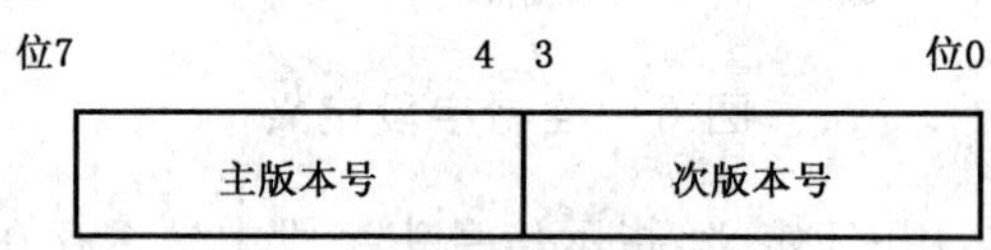

图 8 版本号字段定义

a) 主版本号字段:4 位,用位 7～位 4 定义,取值 0～9;

b) 次版本号字段:4 位,用位 3～位 0 定义,取值 0～9。

示例:如版本号为 3.1,则该字段为 31H。

6.3.1.6 信息安全描述字段

信息安全描述字段 1 字节,用于指示本帧是否承载安全保密实体的信息,如图 9 所示。其中,位7～位 3 系统保留,值为 0。

位7	6	5	4	3	2	1	位0
0	0	0	0	0	E2	E1	E0

说明：

E2、E1、E0——信息帧安全控制位。

图 9　信息安全描述字段定义

信息帧安全控制位为 3 位，用 E2、E1、E0 组合定义。其中：

a) 000B 指示非安全保密实体信息；

b) 001B 指示帧中所有位置信息字段为加密信息；

c) 010B 指示帧中帧数据字段是为加密信息；

d) 011B 指示除控制字段外其他字段均使用加密处理，用于承载安全保密实体交换的信息；

e) 其他指示系统保留。

6.3.1.7　目的地址字段

目的地址字段采用可变字节长度，用于信宿识别，指示 ISC 或 VT 在 VISSN 中的地址。地址编码方案依赖所采用的网络技术体系，根据通信网络的类型，采用不同的地址编码方案，定义如图 10 所示。

位7　　　　位0	
地址控制	1字节
地址数据	M字节

图 10　目的地址字段定义

6.3.1.7.1　地址控制字段

地址控制字段 1 字节，定义了地址数据的长度和地址类型，如图 11 所示。

位7	6	5	4	3	2	1	位0
L4	L3	L2	L1	L0	C2	C1	C0

说明：

L4、L3、L2、L1、L0——地址数据长度控制位；

C2、C1、C0——地址数据类型控制位。

图 11　地址控制字段定义

a) 地址数据长度控制位：5 位，用 L4～L1 组合定义，指示后续地址数据的字节数。取值 01H～1FH；

b) 地址数据类型控制位：3 位，用 C2～C0 组合定义，指示后续地址数据的类型和编码方式。其中：

1) 000B 为数字地址类，采用 BCB 编码；

2) 001B 为 IP 地址类(包括 IPV4 和 IPV4)，采用 HEX 编码；

3) 010B 为 ULR 地址类，采用 ASCII 编码；

4） 其他为系统保留。

6.3.1.7.2 地址数据字段

由地址控制字段定义的编码数据组成，其要求包括：

a） 数字地址为奇数个时，采用0补齐；

b） IP地址分段符“.”不应编码表示；

c） ULR地址分段符“.”应编码表示。

示例1：当采用GSM网络，以GSM移动终端（手机）号13800592300作为地址，采用数字地址类，地址数据为13H、80H、05H、92H、30H、00H。

示例2：当采用互联网，以主机号110.23.78.156（IPV4类）作为地址，采用IP地址类，地址数据为6EH、17H、4EH、9CH。

示例3：当采用互联网，以主机域名www.yaxon.com作为地址，采用ULR地址类，地址数据为77H、77H、77H、2EH、79H、61H、78H、6FH、6E、2E、63H、6FH、6DH。

6.3.1.8 源地址字段

源地址字段采用可变字节长度，用于信源识别，指示ISC或VT在VISSN中的地址，定义同6.3.1.7。

6.3.1.9 序列号字段

序列号字段2字节，取值范围为0000H～FFFFH，用于标识本帧，并依据不同的传输方向独立编码。序列号初始值为0000H，由ISC和VT分别按步进值1进行累加赋予待传输的帧，按序循环取值。

6.3.2 命令/响应体字段

命令/响应体字段由命令/响应帧类型和帧数据两个字段组成。

6.3.2.1 帧类型字段

帧类型字段2字节，由功能类型和帧数据类型两部分组成，定义如图12所示。

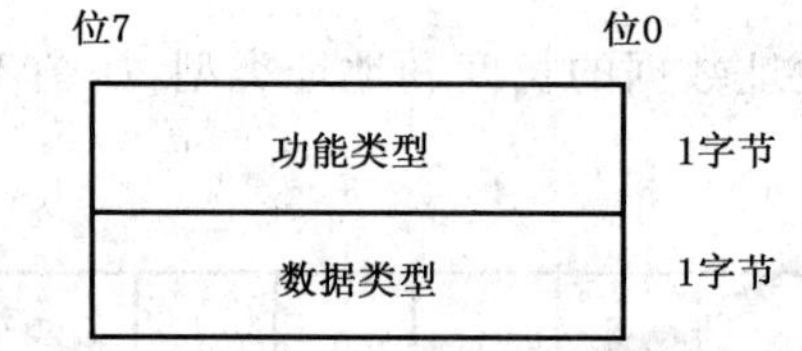

图12 类型字段定义

6.3.2.1.1 功能类型字段

功能类型字段1字节，编码范围为00H～FFH。GB/T 30290.1—2013中第6章的功能类型的编码定义见表1。

表1 功能类型编码定义

功能类型编码	功能类型描述
00H	实时定位
01H	条件定位
02H	报警

表 1（续）

功能类型编码	功能类型描述
03H	求助
04H	调度
05H	信息发布
06H	语音提示
07H	外设数据传输
08H	信号采集与控制
09H	话音采集
0AH	图像采集
0BH	行驶记录
0CH	状态查询
0DH	用户管理
0EH	时区管理
0FH	安全管理
10H	路径计算
11H	周边信息
12H	引导信息
13H～1FH	系统保留
20H	参数配置
21H～DFH	系统保留
E0H～FFH	用户定义

6.3.2.1.2 数据类型字段

数据类型字段 1 字节，定义实现表 1 特定功能下各类信息帧数据结构的标识，其编码范围为 00H～FFH，分为下行编码和上行编码两类。下行编码为 00H～7FH，上行编码为 80H～FFH。

6.3.2.1.3 信息帧标识

信息帧标识由帧类型字段确定。从 VT 发出，ISC 接收的帧称为上行信息帧，由上行编码定义。从 ISC 发出，VT 接收的帧称为下行信息帧，由下行编码定义。各信息帧的类型编码定义见表 2。

表 2 信息帧类型编码定义

信息帧类型描述	功能类型编码	数据类型编码
实时定位请求	实时定位 00H	00H
实时定位撤销请求		01H
修改实时定位参数请求		02H
终止实时定位应答		03H
实时定位链路维护请求		05H
实时定位应答		80H
实时定位撤销应答		81H
修改实时定位参数应答		82H
终止实时定位指示		83H

表 2（续）

信息帧类型描述	功能类型编码	数据类型编码
实时定位数据指示	实时定位 00H	84H
实时定位链路维护应答		85H
条件定位请求	条件定位 01H	00H
条件定位应答		80H
条件定位数据指示		81H
报警请求	报警 02H	00H
报警应答		80H
报警数据指示		81H
报警状态指示		82H
求助应答	求助 03H	00H
求助撤销应答		01H
求助指示		80H
求助撤销指示		81H
调度请求	调度 04H	00H
调度应答		80H
调度指示		81
信息发布请求	息发布 05H	00H
信息定制应答		01H
信息定制指示		80H
语音提示请求	语音提示 06H	00H
语音提示应答		80H
外设数据传输请求	外设数据传输 07H	00H
外设数据传输指示应答		01H
外设数据传输请求应答		80H
外设数据传输指示		81H
信号采集和控制请求	信号采集和控制 08H	00H
信号采集和控制应答		80H
话音采集请求	话音采集 09H	00H
话音采集取消请求		01H
话音采集应答		80H
话音采集取消应答		81H
图像采集请求	图像采集 0AH	00H
图像采集撤销请求		01H
图像采集条件请求		02H

表 2（续）

信息帧类型描述	功能类型编码	数据类型编码
图像数据应答	图像采集 0AH	03H
图像采集应答		80H
图像采集撤销应答		81H
图像采集条件应答		82H
图像数据指示		83H
查询行驶记录请求	行驶记录 0BH	00H
行驶记录数据应答		01H
查询行驶记录应答		80H
行驶记录数据指示		81H
状态查询请求	状态查询 0CH	00H
状态查询应答		80H
用户注册应答	用户管理 0DH	00H
用户注销应答		01H
用户禁止请求		02H
用户注册指示		80H
用户注销指示		81H
用户禁止应答		82H
时区设置请求	时区适应 0EH	00H
时区设置应答		80H
安全管理请求	安全管理 0FH	00H
安全管理指示应答		01H
安全管理应答		80H
安全管理指示		81H
路径计算应答	路径计算 10H	00H
路径数据请求		01H
路径计算指示		80H
路径数据应答		81H
周边信息应答	周边信息 11H	00H
周边数据请求		01H
周边信息指示		80H
周边数据应答		81H
引导信息应答	引导信息 12H	00H
引导数据请求		01H
引导信息指示		80H
引导数据应答		81H

表 2（续）

信息帧类型描述	功能类型编码	数据类型编码
基本参数配置请求	参数配置 20H	00H
扩展参数配置请求		01H
基本参数配置应答		80H
扩展参数配置应答		81H

6.3.2.2 数据字段

数据字段用于构造各类命令/响应信息帧，其定义见第 8 章。数据字段采用 8 位十六进制编码，其最大允许长度根据所采用的通信网络类型而定。

7 信息交换规程

信息交换规程采用请求/指示与应答方式，每一请求/指示命令具有超时重传机制。超时、重传参数由 ISC 定义。请求是 ISC 发往 VT 的命令，指示是 VT 发到 ISC 的要求，ISC 与 VT 的响应为应答。

7.1 实时定位功能规程

实时定位功能由 ISC 请求，VT 响应。在实时定位功能中，根据需要可设定位置信息的类型、位置信息的刷新方式、实时定位周期、实时定位时间、定位精度等。实时定位功能规程定义如图 13 所示。图 13 中终止实时定位的方式有两种（如虚框所示），任何一种方式都可终止实时定位操作。

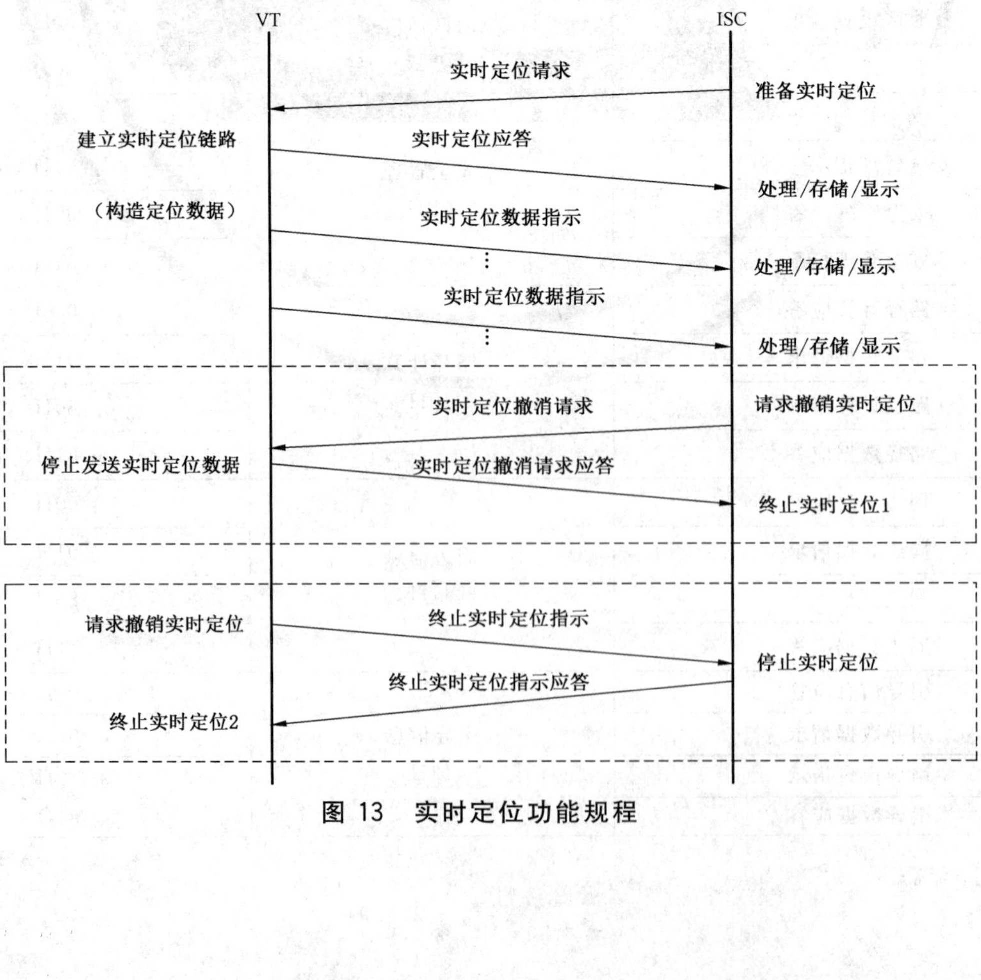

图 13 实时定位功能规程

7.2 修改实时定位功能规程

修改实时定位功能在 VT 处于实时定位状态时有效。修改实时定位功能规程定义如图 14 所示。

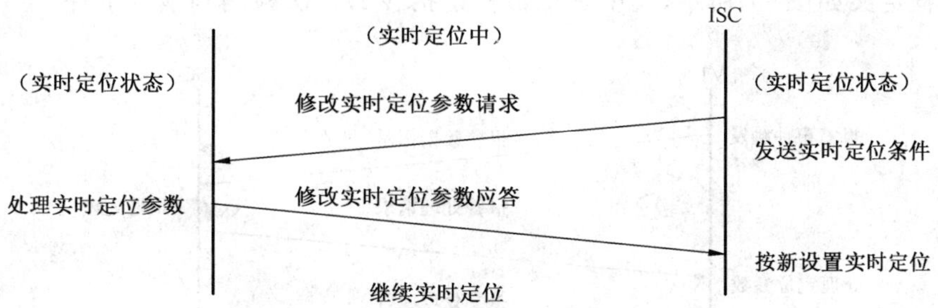

图 14 修改实时定位参数规程

7.3 链路维护功能规程

链路维护功能在 VT 处于实时定位状态时有效。实时定位状态期间 VT 和 ISC 均可启动链路维护定时器，在定时器超时前接收任意信息帧则重新计时，否则执行链路维护功能规程，定义如图 15 所示。

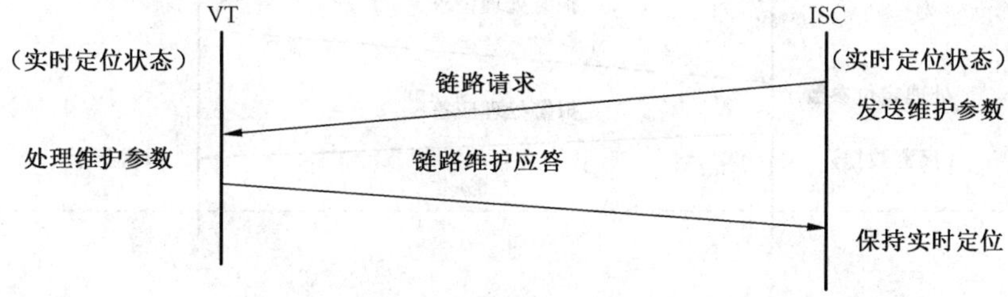

图 15 链路维护功能规程

7.4 条件定位功能规程

条件定位功能是指车辆满足 ISC 设定的位置或状态条件时，VT 将位置信息发往 ISC。根据条件类型，分为定时、定距、定时刻、定位置、定速度以及定状态等方式，条件定位功能包含多种条件的组合。为区分车辆满足不同的条件，采用条件序列号方式，通过条件序列号定义不同的条件。条件定位功能规程定义如图 16 所示。

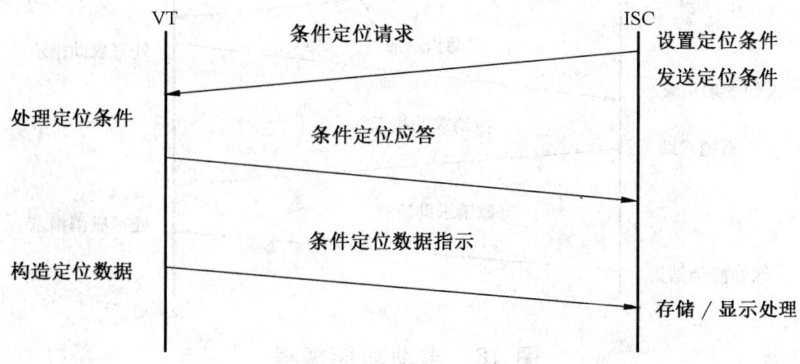

图 16 条件定位功能规程

7.5 报警功能规程

报警信息由 VT 发起，ISC 响应。报警信息可按要求进行分类处理，并确定报警时 ISC 的处理程序。报警功能规程定义如图 17 所示，其中紧急报警是指 VT 再次检测到报警事件。

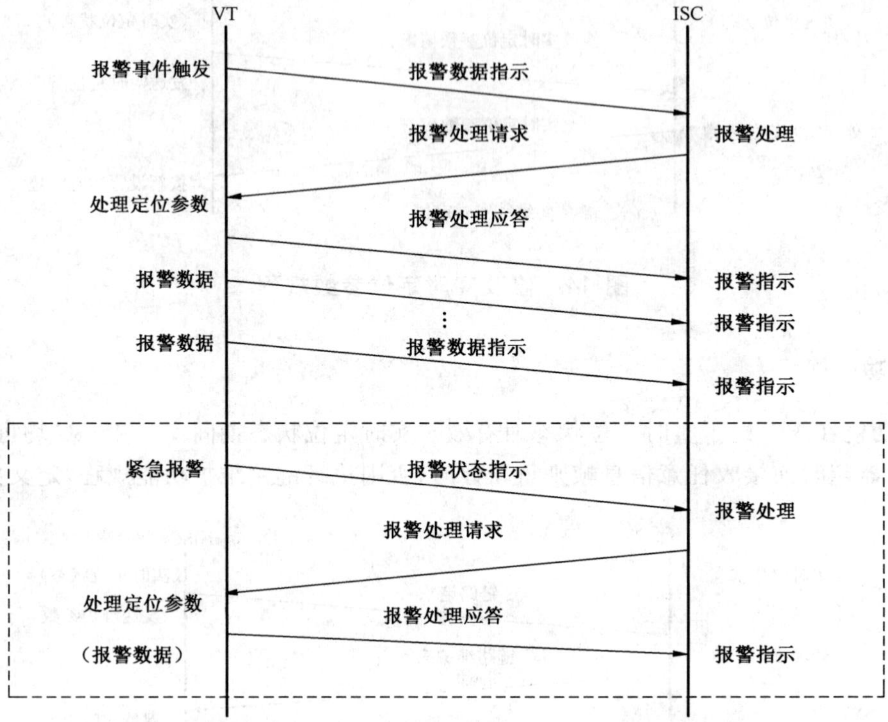

图 17 报警功能规程

7.6 求助功能规程

VT 根据不同的求助类型将信息发往 ISC，ISC 收到之后发出应答，指示 ISC 是否接受用户的求助指示。如用户误操作或其他原因不需要 ISC 服务，则可发出撤销求助指示。求助功能规程定义如图 18 所示。

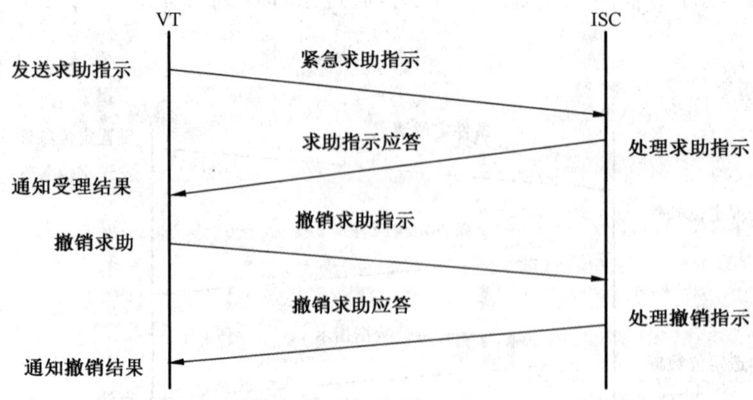

图 18 求助功能规程

7.7 调度功能规程

在 VT 与 ISC 之间定义了一个对文本(如汉字、英文、数字等)和编码透明的调度信息传输通道。调度响应存在应答和无应答两种方式,调度功能规程定义如图 19 所示。

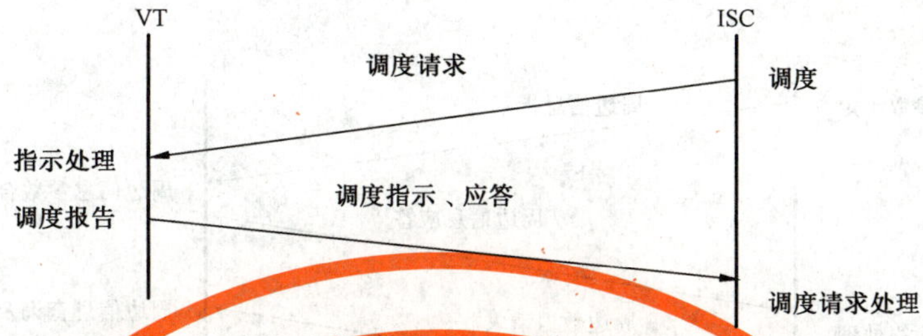

图 19 调度功能规程

7.8 路径计算功能规程

VT 依据分级属性和人机接口确定路径计算参数,指示 ISC 按参数要求计算路径,并组织路径数据。路径计算功能规程定义如图 20 所示。

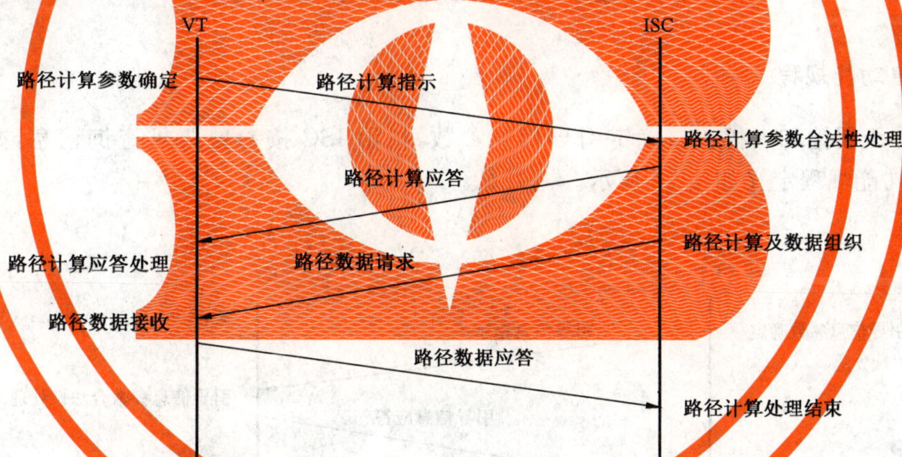

图 20 路径计算功能规程

7.9 信息发布和语音提示功能规程

在 VT 与 ISC 之间定义了文本和编码的透明广播传输通道。信息发布和语音指示功能规程定义如图 21 所示,其中是否给出应答帧取决于 ISC 的要求。

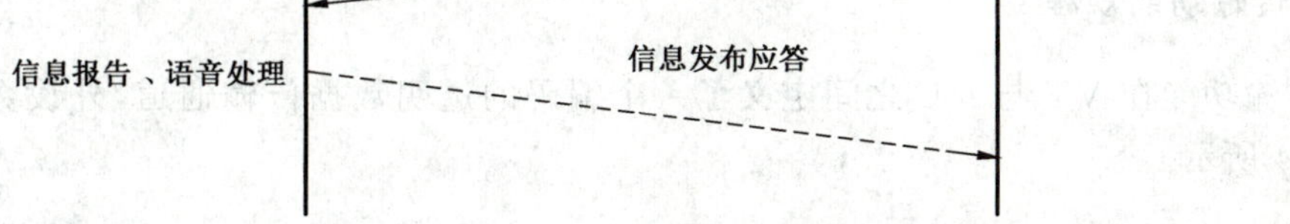

图 21 信息发布、语音提示功能规程

7.10 周边信息功能规程

VT 依据分级属性和人机接口确定周边信息参数，指示 ISC 按参数要求查询信息，并组织周边数据。周边信息功能规程定义如图 22 所示。

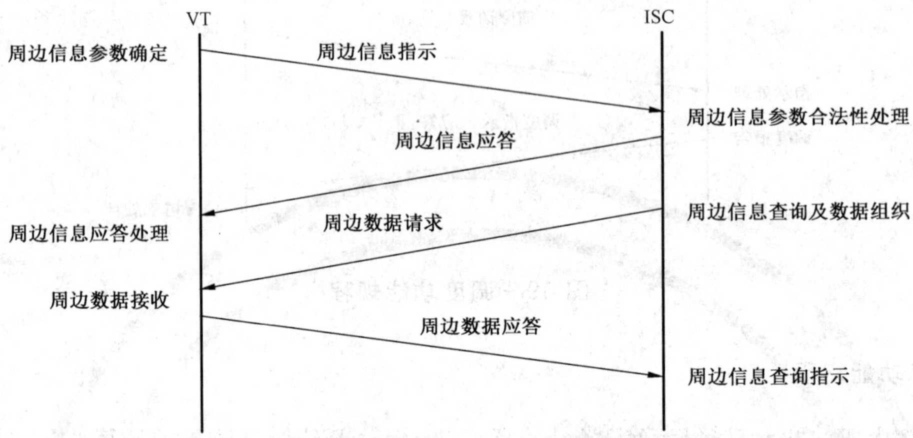

图 22 周边信息功能规程

7.11 引导信息功能规程

VT 依据分级属性和人机接口确定引导信息参数，指示 ISC 按参数要求查询信息，并组织引导数据。引导信息功能规程定义如图 23 所示。

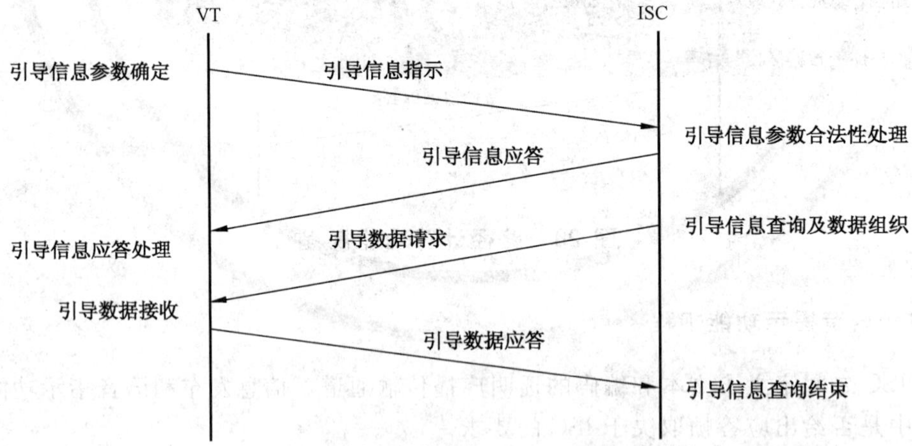

图 23 引导信息功能规程

7.12 外设数据传输功能规程

外设数据传输功能在 VT 与 ISC 之间定义了一个编码的透明数据传输通道，外设数据传输功能的规程定义如图 24 所示。

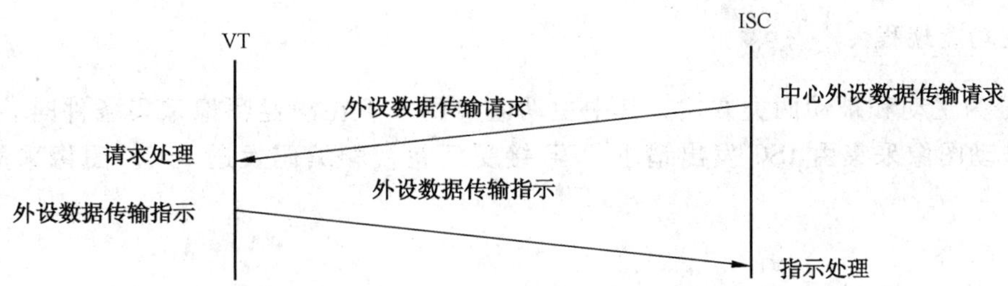

图 24 外设数据传输功能规程

7.13 信号采集与控制功能规程

信号采集与控制功能应考虑数据在通信网络中的延时和滞留，为保证控制命令的实时性，在命令中应带有时间标签及有效时间。VT 首先判断当前的时间是否有效，如无效则丢弃该命令，返回失败应答。否则执行相应的控制操作，并返回成功应答。信号采集与控制功能规程定义如图 25 所示。

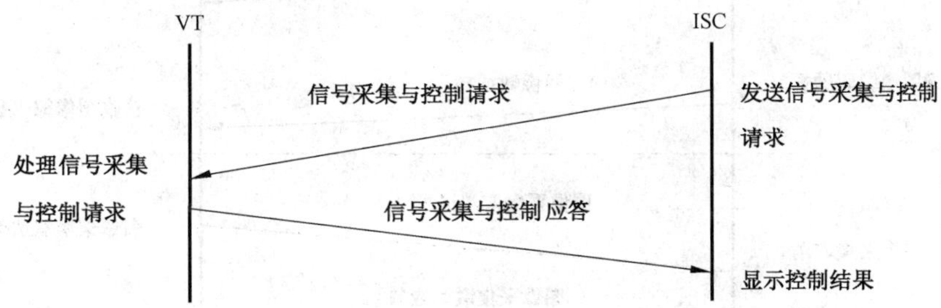

图 25 信号采集与控制功能规程

7.14 话音采集功能规程

话音采集分为被动话音采集和主动话音采集两类方式。其中主动话音采集由 VT 在报警发生时接受 ISC 请求，主动与指定的话音采集号码建立话音通路实现 ISC 的话音采集。被动话音采集由 ISC 发起建立话音连接，VT 依据设定的话音采集号码确定是否接受连接。话音采集功能规程定义如图 26 所示。

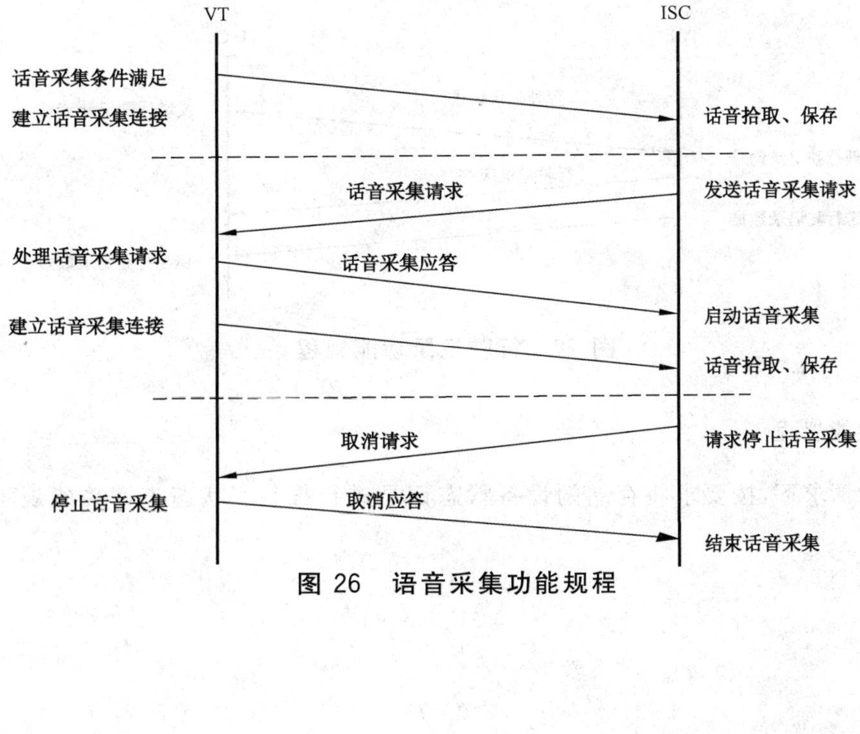

图 26 语音采集功能规程

7.15 图像采集功能规程

图像采集分为主动和被动两类方式。其中主动监视由 VT 在满足图像采集条件时，主动将视频编码发送 ISC。被动图像采集由 ISC 发出请求，VT 接受后将视频编码发送 ISC。图像采集功能规程如图 27 所示。

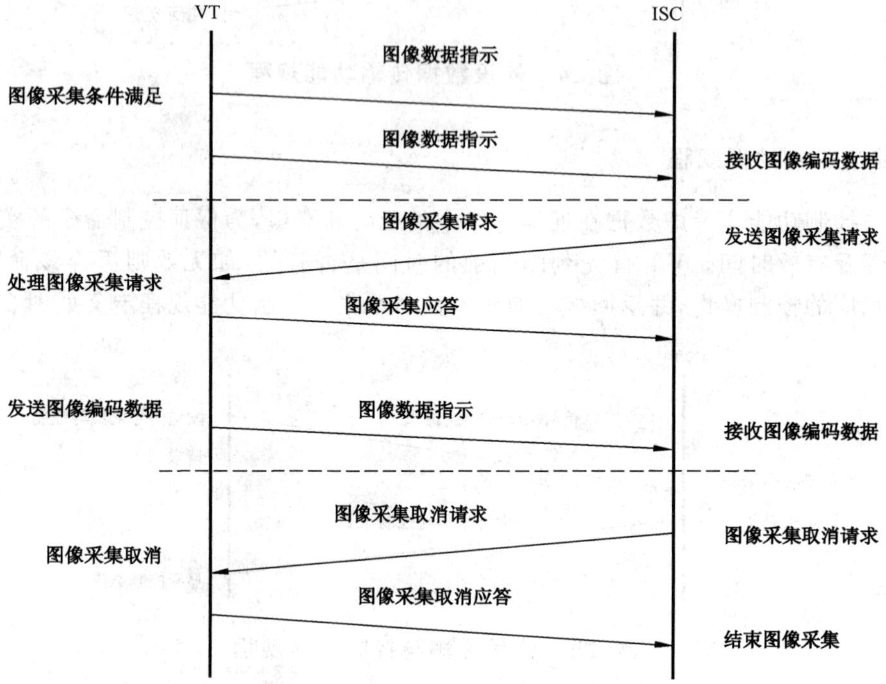

图 27　图像采集功能规程

7.16 行驶记录功能规程

VT 在 ISC 的请求下，按要求将存储的车辆行驶记录进行报告。行驶记录功能规程定义如图 28 所示。

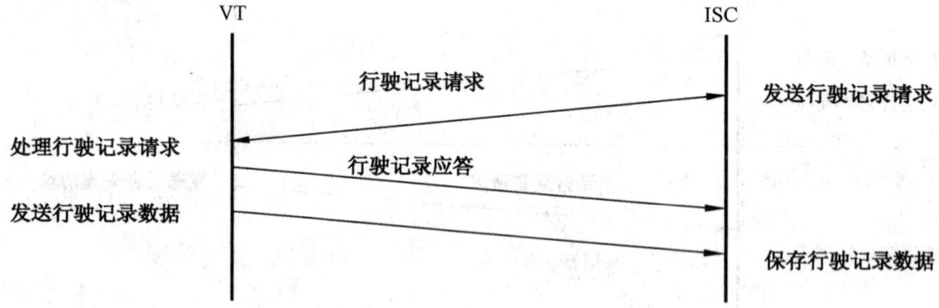

图 28　行驶记录功能规程

7.17 状态查询功能规程

VT 在 ISC 的请求下，按要求将存储的设备状态记录进行报告。状态查询功能规程定义如图 29 所示。

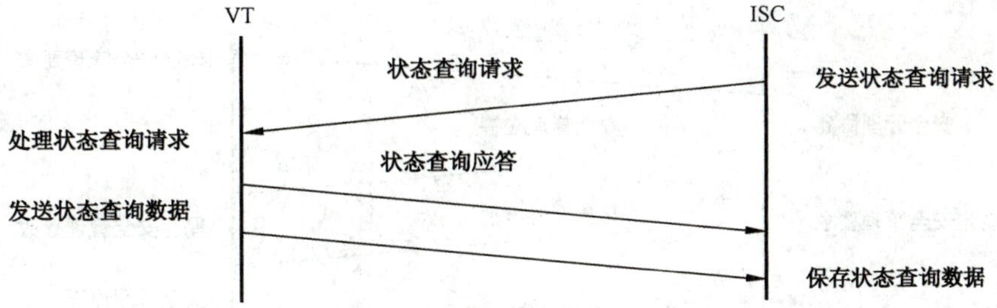

图 29　状态查询功能规程

7.18　用户注册功能规程

VT 要求 ISC 对当前车载终端的使用者作出合法性确认。当使用者放弃使用时通过用户注销实现退出。用户注册功能规程定义如图 30 所示。

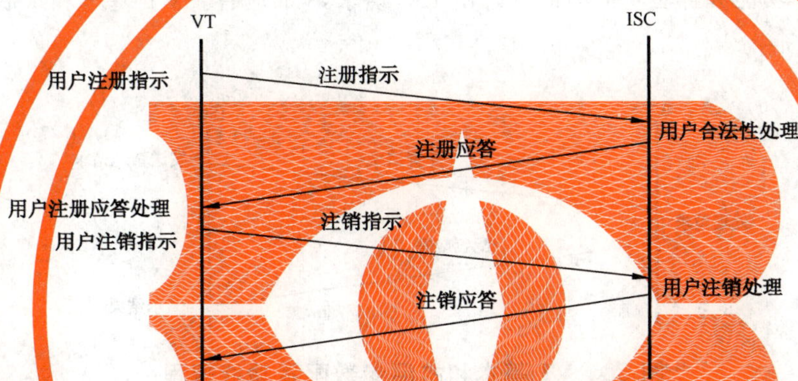

图 30　用户注册功能规程

7.19　时区适应功能规程

VT 在 ISC 的请求下，按要求修改时区以确保区域时间的正确。时区适应功能规程定义如图 31 所示。

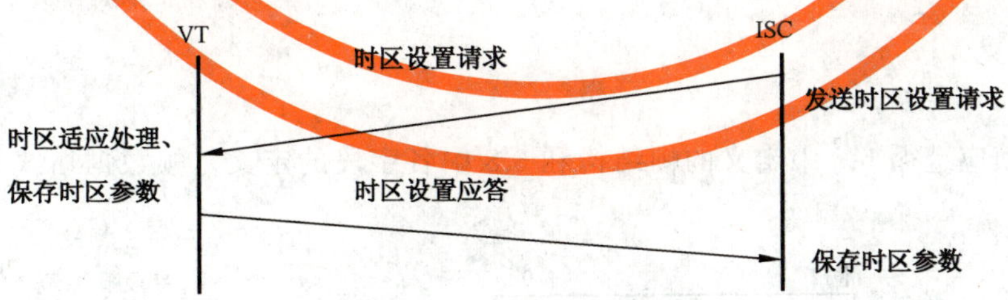

图 31　时区适应功能规程

7.20　安全管理功能规程

系统中的 VT、ISC 均可依据安全保密实体的配置情况，主动要求实施安全保密机制的协商。安全管理功能规程定义如图 32 所示。

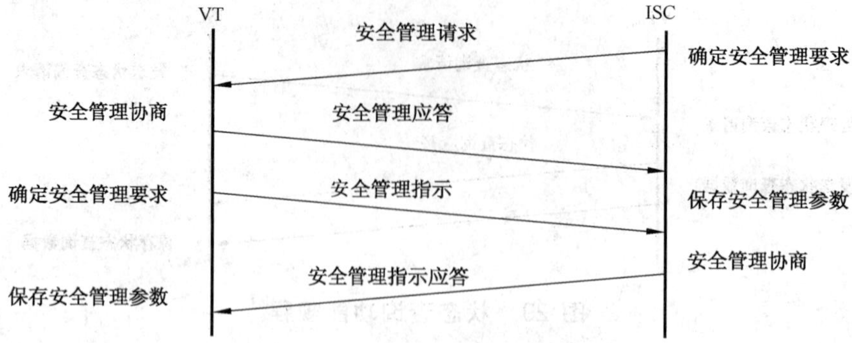

图 32 安全管理功能规程

7.21 VT 配置功能规程

VT 配置由基本功能和扩展功能两部分。由 ISC 请求,VT 应答。VT 基本和扩展配置功能规程定义如图 33 所示。

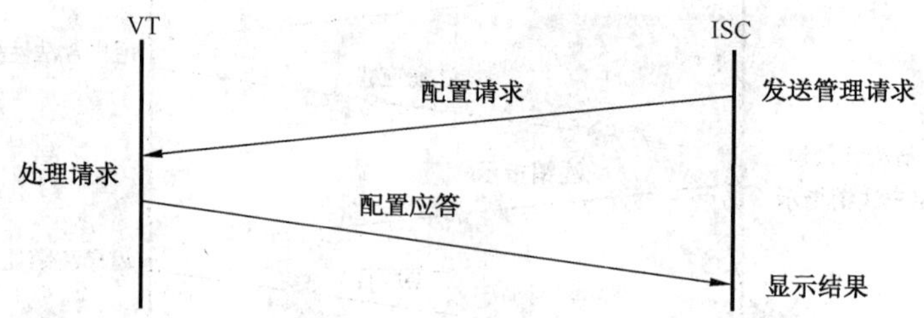

图 33 VT 基本和扩展参数配置功能规程

7.22 其他功能规程

车载话音和短信息处理功能规程依据接入的移动通信网络 VISSN 确定。通信盲区补传和拒绝实时定位功能规程在实时定位功能规程中确定。报警测试功能规程在报警功能规程中确定,越界功能规程在条件定位功能规程中确定。

8 帧数据格式定义

每一类信息帧应遵循 6.2 中定义的帧结构和 6.3 中各字段的定义。帧数据格式的结构定义如图 34 所示。

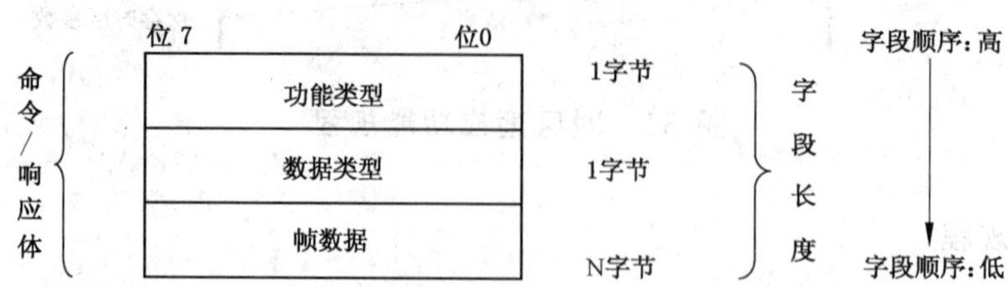

图 34 命令/响应体格式结构

8.1 实时定位功能帧格式定义

系统通过实时定位请求、实时定位应答、实时定位撤销请求、实时定位撤销应答、终止实时定位请求、终止实时定位应答、实时定位维护请求、实时定位维护应答及实时定位数据指示等信息帧，依据处理规程，完成 GB/T 30290.1—2013 中 6.1.1、6.2.15 和 6.2.16 描述的实时定位功能。此外，在实时定位数据指示信息帧中，通过补传的控制，完成 GB/T 30290.1—2013 中 6.2.14 描述的通信盲区补传功能。

8.1.1 实时定位请求帧

实时定位请求帧结构定义如图 35 所示。其中，实时定位有效期和实时定位刷新参数字段由实时定位控制字段确定。

位7　　　　　　　位 0	
00H	1字节
00H	1字节
实时定位控制	1字节
实时定位有效期	M字节
实时定位刷新参数	N字节

图 35　定时定位请求帧定义

8.1.1.1 实时定位控制字段

实时定位控制字段 1 字节，定义如图 36 所示。其中位 7 系统保留，值为 0。

位 7	6	5	4	3	2	1	位0
0	S1	S0	R2	R1	R0	P1	P0

说明：

P1、P0——位置信息类型控制位；

R2、R1、R0——实时定位刷新参数控制位；

S1、S0——实时定位有效期控制位。

图 36　实时定位控制字段定义

a) 位置信息类型控制位：2 位，用 P1、P0 组合定义，指示车载终端定义的位置信息类型。其中：
   1) 00B：标准位置数据；
   2) 01B：组合位置数据；
   3) 其他：系统保留；
b) 实时定位刷新参数控制位：3 位，用 R2、R1、R0 组合定义，指示实时定位刷新参数表示的位置信息刷新方式、刷新参数和字段数据结构。其中：
   1) 000B：定时刷新方式，实时定位刷新参数字段采用实时定位周期；
   2) 001B：定距刷新方式，实时定位刷新参数字段采用实时定位距离；
   3) 010B：定时定距组合刷新方式，实时定位刷新参数字段按序采用实时定位周期和实时定位距离；

4)011B:隙刷新方式,实时定位刷新参数字段采用实时定位时隙;

5)其他:系统保留;

c) 实时定位有效期控制位:2位,用S1、S0组合定义,指示实时定位有效期度量方式和字段数据结构。其中:

1) 00B:以时间度量,实时定位有效期字段采用实时定位时间;

2) 01B:以条数度量,实时定位有效期字段采用实时定位条数;

3) 其他:系统保留。

8.1.1.2 实时定位有效期字段

实时定位有效期字段长度由实时定位控制字段确定,并依据实时定位有效期控制字段编码定义为实时定位时间或实时定位条数之一,如图37、图38所示。

位7　　　　　　位0	
实时定位时间(高位)	2字节
实时定位时间(低位)	1字节

图37 实时定位时间字段定义

位7　　　　　　位0	
实时定位条数(高位)	1字节
实时定位条数(低位)	1字节

图38 实时定位条数字段定义

a) 采用实时定位时间:2字节,取值范围为0000H～FFFFH,单位为分(min)。取值为0000H时,则表示永久实时定位;

b) 采用实时定位条数:2字节,取值范围为0000H～FFFFH,单位为条。取值为0000H时,则表示永久实时定位。

8.1.1.3 实时定位参数字段

实时定位参数长度由实时定位刷新参数控制字段定义,依据实时定位刷新参数控制字段编码定义按序为定时、定距、定时定距组合及时隙等刷新方式之一。实时定位参数字段定义如图39所示。

位7　　　　　　位0	
实时定位周期参数	2字节
实时定位距离参数	2字节
实时定位时隙参数	5字节

图39 实时定位参数字段定义

a) 定时刷新方式:使用实时定位周期参数定义,2字节。第一字节为高位,取值00H～FFH,单位为分(min)。第二字节为低位,取值范围为01H～3BH,单位为s,当超过60 s时进位到高字节；

b） 定距刷新方式：使用实时定位距离参数定义，2 字节。第一字节为高位，取值 00H～FFH，单位为千米(km)。第二字节为低位，取值 00H～63H，单位为 10 m，当超过 1 000 m 时进位到高字节；

c） 定时定距组合刷新方式：按序使用实时定位周期和实时定位距离参数定义，4 字节。参数定义同 8.1.1.3 a)、b)；

d） 时隙刷新方式：使用实时定位时隙参数定义，5 字节。定义如图 40 所示。时隙总数取值为 0000H～FFFFH，时隙序号取值为 0000H～FFFFH，时隙片取值 01H～FFH，单位为 100 ms。

位7　　　　位0	
时隙总数	2字节
时隙序号	2字节
时隙片	1字节

图 40　实时定位时隙定义

8.1.2　实时定位应答帧

实时定位应答帧定义如图 41 所示。其中，位置信息字段指示当前车辆的实时位置。

位7　　　　位0	
00H	1字节
80H	1字节
控制及应答类型	1字节
用户自定义	N字节
位置信息	M字节

图 41　实时定位应答帧定义

8.1.2.1　控制及应答类型字段

控制及应答类型为 1 字节，定义如图 42 所示。其中位 7、6 系统保留，值为 0。

位7	6	5	4	3	2	1	位0
0	0	PI	UD	A3	A2	A1	A0

说明：

A3、A2、A1、A0——应答类型位；

UD——用户自定义控制位；

PI——位置信息控制位。

图 42　控制及应答类型字段定义

a） 应答类型位：4 位，用 A3、A2、A1、A0 组合定义。其中：

1) 0000B 表示成功；

2) 非 0000B 表示失败，其编码值表示失败原因，0001H 表示拒绝实时定位；

3) 其他系统保留；

b) 用户自定义控制位：1 位，用 UD 定义，指示后续用户自定义字段是否存在，0B 表示不存在，1B 表示存在；

c) 位置信息控制位：1 位，用 PI 定义，指示后续位置信息字段是否存在，0B 表示不存在，1B 表示存在。

8.1.2.2 用户自定义字段

用户自定义字段长度可变，定义如图 43 所示。

位7　　　　位0	
长度	1字节
自定义编码	N字节

图 43 用户自定义字段定义

a) 长度字段：1 字节，指示自定义编码字节数，编码值为 00H～FFH。当长度为 0 时，则无自定义编码字段；

b) 自定义编码字段：字节数由长度字段确定，由 ISC 与 VT 根据功能要求定义。

8.1.2.3 位置信息字段

位置信息字段定义如图 44 所示。各字段定义见附录 A。

位7　　　　位0	
日期	3字节
位置数据控制	1字节
位置数据	N字节
校验码	1字节

图 44 位置信息字段定义

8.1.3 实时定位数据指示帧

实时定位数据指示帧定义如图 45 所示。

位7　　　　位0	
00H	1字节
84H	1字节
补传及ISC个数	1字节
位置信息	M字节

图 45 实时定位数据指示帧定义

8.1.3.1 补传及 ISC 个数字段

补传及 ISC 个数字段 1 字节，定义如图 46 所示。其中位 7～位 5 系统保留，值为 0。

位7	6	5	4	3	2	1	位0
0	0	0	RT	I3	I2	I1	I0

说明：

I3、I2、I1、I0——ISC 个数位；

RT——通信盲区补传控制位。

图 46 ISC 个数字段定义

a) ISC 个数位：4 位，用 I3、I2、I1、I0 组合定义，指示对 VT 实施相同功能（如实时定位、条件定位、报警等）操作的 ISC 数量。取值 0001B～1111B，允许十六个 ISC 就同一功能对 VT 进行操作；

b) 通信盲区补传控制位：1 位，用 RT 定义，指示 ISC 应按时间顺序将本信息插入中断信息点，1B 表示补传，0B 表示正常。

8.1.3.2 位置信息字段

位置信息字段，长度可变，定义同 8.1.2.3。

8.1.4 实时定位撤销请求帧

实时定位撤销请求帧定义如图 47 所示。其中：

位7　　　　位0	
00H	1字节
01H	1字节
控制及撤销原因	1字节
用户自定义	N字节

图 47 实时定位撤销请求帧定义

8.1.4.1 控制及撤销原因字段

控制及撤销原因字段为 1 字节，定义如图 48 所示。其中位 7～位 5 系统保留，值为 0。

位7	6	5	4	3	2	1	位0
0	0	0	UD	Q3	Q2	Q1	Q0

说明：

Q3、Q2、Q1、Q0——撤销原因位；

UD——用户自定义控制位。

图 48 控制及撤销原因字段定义

a) 撤销原因位：4 位，用 Q3、Q2、Q1、Q0 定义，0000B 表示正常撤销，非 0000B 表示异常撤销，其编码系统保留；

b) 用户自定义控制位:1 位,用 UD 表示。定义同 8.1.2.1 b)。

8.1.4.2 用户自定义字段

用户自定义字段同 8.1.2.2。

8.1.5 实时定位撤销应答帧

实时定位撤销应答帧定义如图 49 所示。其中:控制及应答类型定义同 8.1.2.1,用户自定义字段定义同 8.1.2.2,位置信息字段定义同 8.1.2.3。

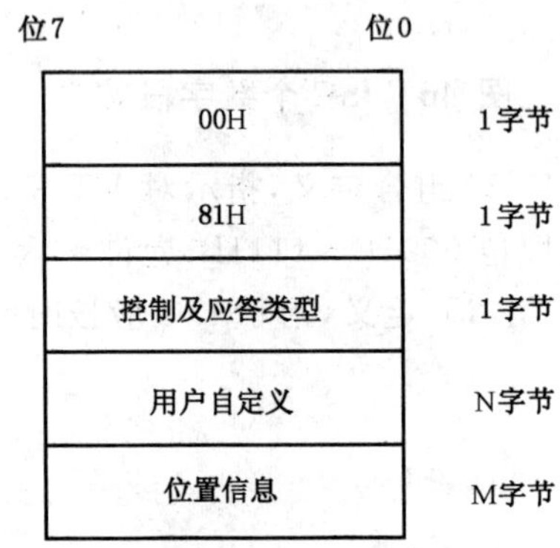

图 49 实时定位撤销应答帧定义

8.1.6 修改实时定位参数请求帧

修改实时定位参数请求帧定义如图 50 所示。其中,原实时定位目的地址字段字节数可变,定义同 6.3.1.7,用于指示发起实时定位请求的 ISC 或最近一次修改实时定位的 ISC。实时定位控制字段定义同 8.1.1.1,实时定位有效期字段定义同 8.1.1.2,实时定位刷新参数字段定义同 8.1.1.3。

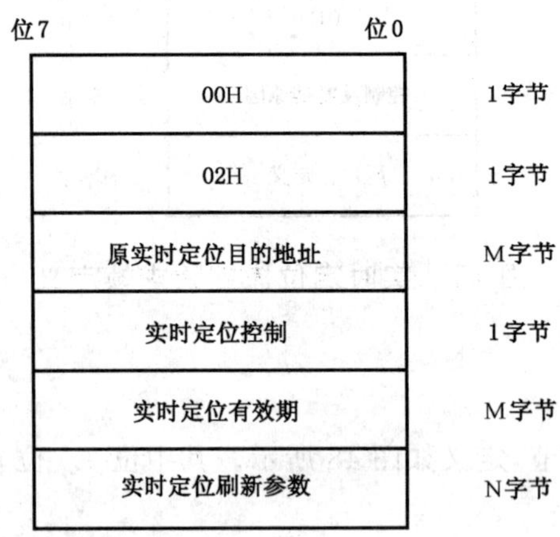

图 50 修改实时定位参数请求帧定义

8.1.7 修改实时定位参数应答帧

修改实时定位参数应答帧定义如图 51 所示。其中,原实时定位目的地址字段定义同 8.1.6,控制及应答类型字段定义同 8.1.2.1,用户自定义字段定义同 8.1.2.2,位置信息字段定义同 8.1.2.3。

位7　　　　位0	
00H	1字节
82H	1字节
原实时定位目的地址	M字节
控制及应答类型	1字节
用户自定义	N字节
位置信息	M字节

图 51　修改实时定位参数应答帧定义

8.1.8　终止实时定位指示帧

终止实时定位指示帧定义如图 52 所示。

位7　　　　位0	
00H	1字节
83H	1字节
控制及终止原因	1字节
用户自定义	N字节
位置信息	M字节

图 52　终止实时定位指示帧定义

8.1.8.1　控制及终止原因字段

控制及终止原因字段为 1 字节，定义如图 53 所示。其中位 7、位 6 系统保留，值为 0。

位7	6	5	4	3	2	1	位0
0	0	PI	UD	T3	T2	T1	T0

说明：

T3、T2、T1、T0——终止原因位；

UD——用户自定义控制位；

PI——位置信息控制位。

图 53　控制及终止原因字段定义

a)　终止原因位：4 位，用 T3、T2、T1、T0 组合定义，其中：

1)　0000B：实时定位有效期到时；

2） 0001B:用户终止实时定位；

3） 0010B:链路维护超时；

4） 其他:系统保留；

b） 用户自定义控制位:1位,用UD定义。定义同8.1.2.1 b)；

c） 位置信息控制位:1位,用PI定义。定义同8.1.2.1 c)。

8.1.8.2 其他字段

用户自定义字段、位置信息字段定义分别同8.1.2.2和8.1.2.3。

8.1.9 终止实时定位应答帧

终止实时定位应答帧定义如图54所示。

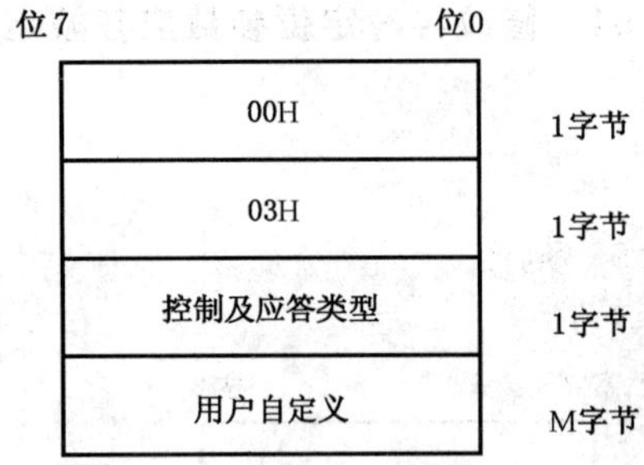

图54 终止定位应答帧定义

8.1.9.1 控制及应答类型字段

控制及应答类型字段为1字节,定义如图55所示。其中位7～位5系统保留,值为0。

位7	6	5	4	3	2	1	位0
0	0	0	UD	A3	A2	A1	A0

说明：

A3、A2、A1、A0——应答类型位；

UD——用户自定义控制位。

图55 控制及应答类型字段定义

a） 应答类型位:4位,用A3、A2、A1、A0组合定义,0000B表示终止完成,非0000B表示终止未完成,其编码表示原因,系统保留；

b） 用户自定义控制位:1位,用UD定义。定义同8.1.2.1 b)。

8.1.9.2 用户自定义字段

用户自定义字段同8.1.2.2。

8.1.10 实时定位链路维护请求帧

实时定位链路维护请求帧定义如图56所示。其中,用户自定义字段同8.1.2.2。

位 7 … 位 0	
00H	1字节
05H	1字节
控制及维护参数	1字节
链路维护时间	2字节
用户自定义	M字节

图 56　实时定位链路维护请求帧定义

8.1.10.1　控制及维护参数字段

控制及维护参数字段为 1 字节，定义如图 57 所示。其中位 7～位 1 系统保留，值为 0。

位7	6	5	4	3	2	1	位0
0	0	0	UD	0	0	0	MP

说明：
MP——链路维护时间控制位；
UD——用户自定义控制位。

图 57　控制及维护参数字段定义

a)　链路维护时间控制位：1 位，用 MP 定义，指示是否修改链路维护时间。0B 无链路维护时间字段，系统依据省缺值或上一次指定的时间执行维护操作；1B 有链路维护时间字段；

b)　用户自定义控制位：1 位，用 UD 定义。定义同 8.1.2.1 b)。

8.1.10.2　链路维护时间字段

链路维护时间字段 2 字节，取值为 0001H～FFFFH，单位为分(min)，指 VT 收到下一条链路维护信息的时间间隔。

8.1.11　实时定位链路维护应答帧

实时定位链路维护请求帧定义如图 58 所示。其中，控制及应答类型字段定义同 8.1.2.1，用户自定义字段定义同 8.1.2.2，位置信息字段定义同 8.1.2.3。

位 7 … 位 0	
00H	1字节
85H	1字节
控制及应答类型	1字节
用户自定义	N字节
位置信息	M字节

图 58　实时定位链路维护应答帧定义

8.2 条件定位功能信息帧定义

系统通过条件定位请求、条件定位应答及条件定位数据指示等信息帧，依据处理规程，完成 GB/T 30290.1—2013 中 6.2.1 描述的条件定位功能。此外，在条件定位数据指示信息帧中，通过补传的控制，完成 GB/T 30290.1—2013 中 6.2.14 描述的通信盲区补传功能。

8.2.1 条件定位请求帧

条件定位请求帧定义如图 59 所示。其中：条件设置控制字段确定条件设置参数、定位条件类型和定位条件是否存在。

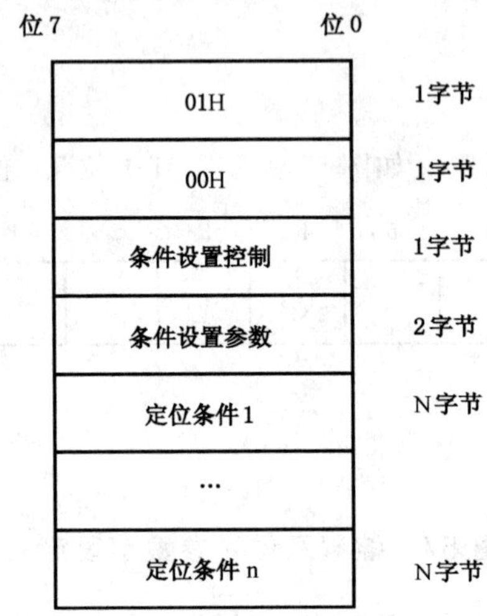

图 59 条件定位请求帧定义

8.2.1.1 条件设置控制字段

条件设置控制字段 1 字节，定义如图 60 所示。其中，位 7、位 6 系统保留，值为 0。

位 7	6	5	4	3	2	1	位 0
0	0	CA	CD	C3	C2	C1	C0

说明：

C3、C2、C1、C0——条件个数位；

CD——条件设置参数控制位；

CA——清除所有定位条件位。

图 60 条件设置控制字段定义

a) 条件个数位：4 位，用 C3、C2、C1、C0 定义。其中：
   1) 0000B：无定位条件字段；
   2) 非 0000B：指示有指定个数的定位条件字段；
b) 条件设置参数控制位：1 位，用 CD 定义。其中：
   1) 0B：不存在条件设置参数；
   2) 1B：存在条件设置参数；
c) 清除所有定位条件位：1 位，用 CA 定义。其中：
   1) 0B：无操作；

2) 1B:清除存在的所有定位条件,再执行本请求后续操作。

8.2.1.2 条件设置参数字段

条件设置参数字段2字节,定义如图61所示。其中,各字节的位7~位5系统保留,值为0。

a) 清除时间间隔条件位:1位,用CI定义,0B表示保留时间间隔条件,1B表示清除时间间隔条件;
b) 清除时刻条件位:1位,用CT定义,0B表示保留时刻条件,1B表示清除时刻条件;
c) 清除速度条件位:1位,用CV定义,0B表示保留速度条件,1B表示清除速度条件;
d) 清除范围条件位:1位,用CA定义,0B表示保留范围条件,1B表示清除范围条件;
e) 清除状态条件位:1位,用CS定义,0B表示保留状态条件,1B表示清除状态条件;
f) 清除距离条件位:1位,用CD定义,0B表示保留距离条件,1B表示清除距离条件;
g) 关闭/开启时间间隔条件位:1位,用EI定义,0B表示关闭时间间隔条件定位,1B表示开启时间间隔条件定位;
h) 关闭/开启时刻条件位:1位,用ET定义,0B表示关闭时刻条件定位,1B表示开启时刻条件定位;
i) 关闭/开启速度条件位:1位,用EV定义,0B表示关闭速度条件定位,1B表示开启速度条件定位;
j) 关闭/开启范围条件位:1位,用EA定义,0B表示关闭范围条件定位,1B表示开启范围条件定位;
k) 关闭/开启状态条件位:1位,用ES定义,0B表示关闭状态条件定位,1B表示开启状态条件定位;
l) 关闭/开启距离条件位:1位,用ED定义,0B表示关闭距离条件定位,1B表示开启距离条件定位。

位7	6	5	4	3	2	1	位0	
0	0	CD	CS	CA	CV	CT	CI	字节1
0	0	ED	ES	EA	EV	ET	EI	字节2

说明:
CI——清除时间间隔条件位; EI——关闭/开启时间间隔位;
CT——清除时刻条件位; ET——关闭/开启时刻条件位;
CV——清除速度条件位; EV——关闭/开启速度条件位;
CA——清除范围条件位; EA——关闭/开启范围条件位;
CS——清除状态条件位; ES——关闭/开启状态条件位;
CD——清除距离条件位; ED——关闭/开启距离条件位。

图61 条件设置参数字段定义

8.2.1.3 定位条件字段

定位条件字段长度可变,定义如图62所示。

位7 位0	
定位条件类型	1字节
定位条件参数	M字节

图 62 定位条件字段定义

8.2.1.3.1 定位条件类型字段

定位条件类型字段1字节,定义如图63所示。其中,位7、位6系统保留,值为0。

位7	6	5	4	3	2	1	位0
0	0	P1	P0	C3	C2	C1	C0

说明:

C3、C2、C1、C0——定位条件类型位;

P1、P0——位置信息类型控制位。

图 63 定位条件类型字段定义

a) 定位条件类型位:4位,用C3、C2、C1、C0组合定义,确定后续的定位条件参数的意义和数据结构。其中:
   1) 0000B:时间间隔条件;
   2) 0001B:实时时刻条件;
   3) 0010B:车辆速度条件;
   4) 0011B:地理范围条件;
   5) 0100B:传感器状态条件;
   6) 0100B:行驶距离条件;
   7) 其他:保留;
b) 位置信息类型控制位:2位,用P1、P0组合定义,确定满足定位条件后上报位置信息的类型。定义同8.1.1.1 a)。

8.2.1.3.2 定位条件参数字段

定位条件参数字段长度可变,由定位条件类型字段C3、C2、C1、C0组合定义为时间间隔、时刻、速度、范围、状态、距离等定位条件之一。

8.2.1.3.2.1 间隔定位条件参数

间隔定位条件参数2字节,取0001H～FFFFH,单位为秒(s)。

8.2.1.3.2.2 时刻定位条件参数

时刻定位条件参数4字节,定义如图64所示。

位7　　位0	
时刻序列号	1字节
日	1字节
时	1字节
分	1字节

图 64　时刻定位条件参数定义

a)　时刻序列号字段:1 字节,取值 01H～FFH,递增循环。指示特定的时刻标识;

b)　日字段:1 字节,取值 00H～1FH,0 表示每天,01H～1FH 表示对应的每一天;

c)　时字段:1 字节,取值 00H～17H;

d)　分字段:1 字节,取值 00H～3BH。

8.2.1.3.2.3　速度定位条件参数

速度定位条件参数 1 字节,取值 01H～FFH,单位为米每秒(m/s)。

8.2.1.3.2.4　范围定位条件参数

范围定位条件参数 19 字节,定义如图 65 所示。

位7　　位0	
区域属性	1字节
区域序列号	1字节
区域范围参数	17字节

图 65　设置定位范围条件定义

a)　区域属性字段:1 字节,定义如图 66 所示。其中,位 7、位 6 系统保留,值为 0;

位7	6	5	4	3	2	1	位0
0	0	D1	D0	E3	E2	E1	E0

说明:

E3、E2、E1、E0——区域误差参数位;

D1、D0——区域定位属性位。

图 66　区域属性字段定义

b)　区域误参数位:4 位,用 E3、E2、E1、E0 组合定义。指示该区域边界点经纬度允许的误差值,取值 0000B～1111B,每一值为 0.5 s;

c)　区域定位属性位:2 位,用 D1、D0 定义,指示当前位置与区域、各区域间的操作关系。其中:

1)　00B:区域内定位(逻辑或);

2)　01B:区域内定位(逻辑与);

3)　10B:区域外定位(逻辑或);

4)　11B:区域外定位(逻辑与);

d） 区域序列号字段：1字节，指示各区域标识，取值范围为00H～FFH，系统能表示256个区域；

e） 区域范围参数字段：17字节，定义如图67所示。其中经度、纬度参数定义同附录A。东经北纬参数字段用于指示左下角经纬度和右上角经纬度的东经、北纬，定义如图68所示。

右上角纬度为北纬时NR置1，右上角经度为东经时ER置1，左下角纬度为北纬时NL置1，左下角经度为东经时EL置1。

位7　　　　位0	
东经北纬参数	1字节
左下角经度	4字节
左下角纬度	4字节
右上角经度	4字节
右上角纬度	4字节

图67　区域范围参数字段定义

位7	6	5	4	3	2	1	位0
0	0	0	0	NR	ER	NL	EL

说明：

NR、ER、NL、EL——东经北纬指示位。

图68　东经北纬字段定义

8.2.1.3.2.5　状态定位条件参数

状态定位条件参数1字节，通过传感器指示状态，定义如图69所示。其中，位7、位6系统保留，值为0。

位7	6	5	4	3	2	1	位0
0	0	SO	SE	N3	N2	N1	N0

说明：

N3、N2、N1、N0——状态序列号位；

SO、SE——传感器电平检测控制位。

图69　状态定位条件参数字段定义

a） 状态序列号位：4位，用N3、N2、N1、N0定义，取值范围为0000B～1111B，指示VT的特定状态标识。系统可表示十六个状态；

b） 传感器电平检测控制位：2位，用SO、SE组合定义，指示依据电平变化进行状态变化的条件。电平检测方式为：

1） 00B：关闭状态检测；

2） 01B：检测低电平状态；

3） 10B：检测高电平状态；

4） 11B：检测电平跳变状态。

8.2.1.3.2.6 距离定位条件参数

距离定位条件参数2字节,取0001H～FFFFH,单位为米(m)。

8.2.2 条件定位应答帧

条件定位应答帧定义如图70所示。其中,控制及应答类型字段定义同8.1.2.1,用户自定义字段定义同8.1.2.2,位置信息字段定义同8.1.2.3。

位7　　　　位0	
01H	1字节
80H	1字节
控制及应答类型	1字节
用户自定义	N字节
位置信息	M字节

图70　条件定位应答帧定义

8.2.3 条件定位数据指示帧

条件定位数据指示帧定义如图71所示。其中:

位7　　　　位0	
01H	1字节
81H	1字节
补传及ISC个数	1字节
定位条件类型	1字节
条件序列号	1字节
位置信息	M字节

图71　条件定位数据指示帧定义

a) 补传及ISC个数字段:1字节,定义同8.1.3.1;
b) 定位条件类型字段:1字节,有效4位,定义同8.2.1.3.1。指示位置信息是满足所定义的定位条件之一和条件序列号含义;
c) 条件序列号字段:1字节,由定位条件类型字段定义为时刻序列号、区域序列号、状态序列号之一。其值应与请求时的序列号一致;
d) 位置信息字段:长度可变,定义同8.1.2.3。

8.3 报警功能帧格式定义

系统通过报警请求、报警应答、报警数据指示及报警状态指示等信息帧,依据处理规程,完成

GB/T 30290.1—2013 中 6.2.2 和 6.2.17 描述的报警和报警测试功能。此外，在报警数据指示信息帧中，通过补传的控制，完成 GB/T 30290.1——2013 中 6.2.14 描述的通信盲区补传功能。

8.3.1 报警请求帧

报警请求帧定义如图 72 所示。

位7 　　　　　　　　位0	
02H	1字节
01H	1字节
报警控制	1字节
实时定位控制	1字节
实时定位有效期	M字节
实时定位刷新参数	N字节

图 72 报警请求帧定义

8.3.1.1 报警控制字段

报警控制字段 1 字节，定义如图 73 所示。其中，位 7～位 5、位 3 系统保留，值为 0。

位7	6	5	4	3	2	1	位0
0	0	0	AR	0	Q2	Q1	Q0

说明：

Q2、Q1、D0——报警类型位；

AR——应答控制位。

图 73 报警指示控制字段定义

a) 报警类型位：3 位，用 Q2、Q1、Q0 组合定义，指示 VT 依据类型进行操作。其中：
   1) 000B：撤销报警；
   2) 001B：依据 VT 省缺报警流程处理；
   3) 010B：依据本帧后续的参数转入实时定位处理；
   4) 其他：系统保留；
b) 应答控制位：1 位，用 AR 定义，指示是否要求报警应答，0B 表示无应答，1B 表示应答。

8.3.1.2 其他字段

实时定位控制字段定义同 8.1.1.1，实时定位有效期字段定义同 8.1.1.2，实时定位刷新参数字段定义同 8.1.1.3。本字段仅当选定为 8.3.1.1 a)中的 3)时存在。

8.3.2 报警应答帧

报警应答帧定义如图 74 所示。其中，控制及应答类型字段定义同 8.1.2.1，用户自定义字段定义同 8.1.2.2，位置信息字段定义同 8.1.2.3。

位7　　　　位0	
02H	1字节
80H	1字节
控制及应答类型	1字节
用户自定义	N字节
位置信息	M字节

图 74　报警指示应答帧定义

8.3.3　报警数据指示帧

报警数据指示帧定义如图 75 所示。

位7　　　　位0	
02H	1字节
81H	1字节
补传及ISC个数	1字节
报警类型	4字节
位置信息	M字节

图 75　报警数据指示帧定义

8.3.3.1　补传及 ISC 个数字段

补传及 ISC 个数字段 1 字节，定义同 8.1.3.1。

8.3.3.2　报警类型字段

报警类型字段 4 字节，定义如图 76 所示。其中最高字节位 7、位 6 系统保留，值为 0。

a)　报警测试状态位：1 位，用 AT 表示，指示 VT 进行报警测试。1B 表示测试，0B 表示非测试；
b)　车辆布防状态位：1 位，用 VA 表示，指示车辆防护状态。1B 表示布防，0B 表示撤防；
c)　欠压报警状态位：1 位，用 NV 表示，指示车辆电瓶欠压状态。1B 表示欠压，0B 表示正常；
d)　抢劫报警状态位：1 位，用 DA 表示，指示驾驶人员受到胁迫。1B 表示抢劫，0B 表示正常；
e)　开门报警状态位：1 位，用 OD 表示，指示车辆各类车门非法开启。1B 表示开门，0B 表示正常；
f)　震动报警状态位：1 位，用 SH 表示，指示车辆由于外力处于震动状态。1B 表示震动，0B 表示正常；
g)　外接报警器状态位：1 字节，用 R24～R17 表示，指示 VT 外接报警器的各类状态；
h)　系统保留状态位：1 字节，用 R16～R8 表示；
i)　用户定义状态位：1 字节，用 R7～R0 表示。

位 7	6	5	4	3	2	1	位 0	
0	0	DA	OD	SH	NV	VA	AT	1 字节
R24	R23	R22	R21	R20	R19	R18	R17	1 字节
R16	R15	R14	R13	R12	R10	R9	R8	1 字节
R7	R6	R5	R4	R3	R2	R1	R0	1 字节

说明：

AT——报警测试状态位；
VA——车辆布防状态位；
NV——欠压报警状态位；
DA——紧急报警状态位；
OD——开门报警状态位；
SH——震动报警状态位；
R24～R17——外接报警器状态位；
R16～R8——系统保留状态位；
R7～R0——用户定义状态位。

图 76 报警类型字段定义

8.3.3.3 位置信息字段

位置信息字段长度可变，定义同 8.1.2.3。

8.3.4 报警状态指示帧

报警状态指示帧定义如图 77 所示。

位 7　　　　位 0	
02H	1 字节
82H	1 字节
报警次数统计	1 字节
报警类型	4 字节
位置信息	M 字节

图 77 报警器再次触发指示帧定义

a) 报警次数统计字段：1 字节，用于统计报警条件满足的次数，取值 00H～FFH。当报警次数统计字段为 00H 时，指示报警状态解除；
b) 报警类型字段：4 字节，定义同 8.3.3.2；
c) 位置信息字段：长度可变，定义同 8.1.2.3，指示报警的时间和地点。

8.4 求助功能帧格式定义

系统通过求助指示、求助应答、撤销求助指示、撤销求助应答等信息帧，依据处理规程，完成 GB/T 30290.1—2013 中 6.2.3 描述的求助功能。

8.4.1 求助指示帧

求助指示帧定义如图 78 所示。

位 7 位 0	
03H	1 字节
80H	1 字节
求助类型	1 字节
用户自定义	N字节
位置信息	M字节

图 78 求助指示帧定义

8.4.1.1 求助类型字段

求助类型字段 1 字节，定义如图 79 所示。其中，位 7～位 5 系统保留，值为 0。

位 7	6	5	4	3	2	1	位 0
0	0	0	AD	A3	A2	A1	A0

说明：
A3、A2、A1、A0——系统定义求助状态位；
AD——用户定义求助状态位。

图 79 求助类型字段定义

a) 系统定义求助状态位：4 位，用 A3、A2、A1、A0 组合定义，指示车辆或驾乘人员所处的需要外界帮助的状态。其中：
   1) 0000B：医疗求助；
   2) 0001B：交通事故；
   3) 0010B：纠纷排解；
   4) 0011B：车辆故障；
   5) 0100B：车辆加油；
   6) 0101B：车辆引导；
   7) 其他：系统保留；
b) 用户定义求助位：1 位，用 AD 定义，用于扩展系统定义的求助状态类型，指示后续用户自定义字段是否存在，0B 表示无用户自定义字段，1B 表示有用户自定义字段。

8.4.1.2 其他字段

用户自定义字段定义同 8.1.2.2，位置信息字段定义同 8.1.2.3。位置信息字段指示了求助的时间和地点。

8.4.2 求助应答帧

求助应答帧定义如图 80 所示。其中，控制及应答类型字段定义同 8.1.2.1，用户自定义字段定义同

8.1.2.2。求助类型字段定义同 8.4.1.1。

位 7　　　　位 0	
03H	1 字节
00H	1 字节
控制及应答类型	1 字节
求助类型	1 字节
用户自定义	N 字节

图 80　求助应答帧定义

8.4.3　求助撤销指示帧

求助撤销指示帧定义如图 81 所示。其中，求助类型字段定义同 8.4.1.1，用户自定义字段定义同 8.1.2.2，位置信息字段定义同 8.1.2.3。

位 7　　　　位 0	
03H	1 字节
81H	1 字节
求助类型	1 字节
用户自定义	N 字节
位置信息	M 字节

图 81　求助撤销指示帧定义

8.4.4　求助撤销应答帧

求助撤销应答帧定义如图 82 所示。其中，控制及应答类型字段定义同 8.1.2.1，用户自定义字段定义同 8.1.2.2，求助类型字段定义同 8.4.1.1。

位 7　　　　位 0	
03H	1 字节
01H	1 字节
控制及应答类型	1 字节
求助类型	1 字节
用户自定义	N 字节

图 82　求助撤销应答帧定义

8.5 调度功能帧格式定义

系统通过调度请求、调度应答、调度指示等信息帧，依据处理规程，完成 GB/T 30290.1—2013 中 6.2.6描述的分组调度功能。

8.5.1 调度请求帧

调度请求帧定义如图 83 所示。

位 7 … 位 0	
04H	1 字节
00H	1 字节
调度控制	1 字节
调度信息	M字节

图 83 调度请求帧定义

8.5.1.1 调度控制字段

调度控制字段 1 字节，定义如图 84 所示。其中位 7～位 5 系统保留，值为 0。

位 7	6	5	4	3	2	1	位 0
0	0	0	PI	AR	M2	M1	M0

说明：

M2、M1、M0——调度信息载体类型位；

AR——调度应答类型位；

PI——位置信息控制位。

图 84 调度控制字段定义

a) 调度信息载体类型位：3 位，用 M2、M1、M0 组合定义，指示调度信息的人机表示和格式。其中：
   1) 000B：文本输出方式；
   2) 001B：语音输出方式；
   3) 010B：编码定义；
   4) 其他：系统保留；
b) 调度应答类型位：1 位，用 AR 定义，指示是否对本调度请求进行应答，1B 表示需要应答，0B 表示无应答；
c) 位置信息控制位：定义同 8.1.2.1 c)。

8.5.1.2 调度信息字段

调度信息字段长度可变，定义如图 85 所示。

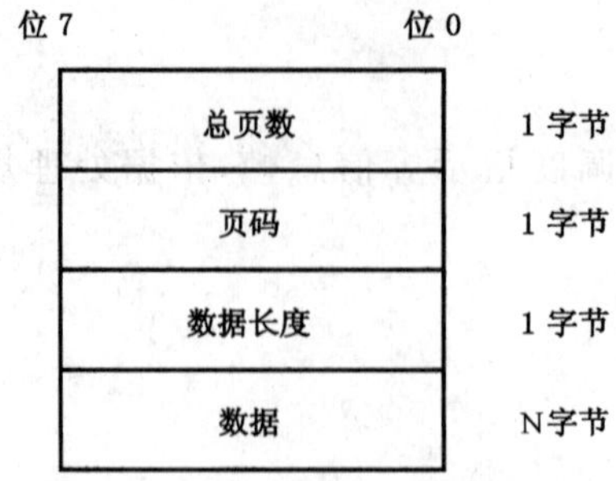

图 85 调度信息字段定义

a) 总页数字段:1 字节,指示本次调度信息的页数之和,取值 01H～FFH;

b) 页码字段:1 字节,指示本次调度信息的各页标识,取值 01H～FFH;

c) 数据长度字段:1 字节,指示后续数据字节数,取 01H～FFH;

d) 数据字段:长度可变,指示各页的信息数据编码,由 ISC 与 VT 之间定义。

8.5.2 调度应答帧

调度应答帧定义如图 86 所示。其中,控制及应答类型字段定义同 8.1.2.1,用户自定义字段定义同 8.1.2.2,位置信息字段定义同 8.1.2.3。

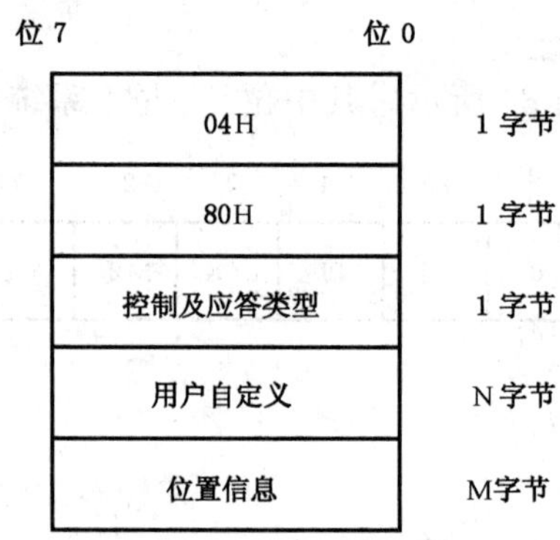

图 86 调度应答帧定义

8.5.3 调度指示帧

调度指示帧定义如图 87 所示。其中:调度控制字段定义同 8.5.1.1,调度信息字段定义同8.5.1.2,位置信息字段定义同 8.1.2.3。

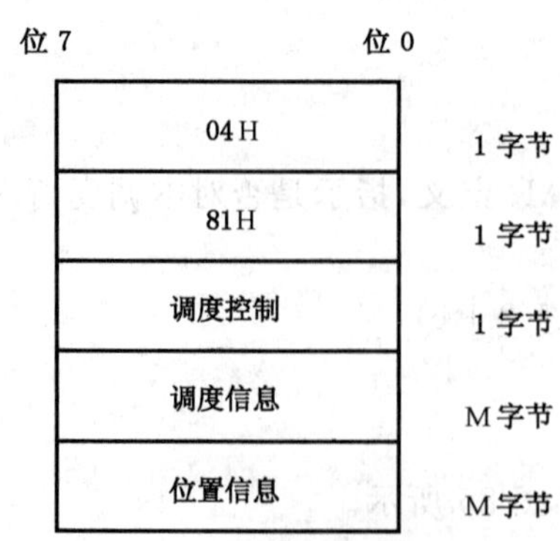

图 87 调度指示帧定义

8.6 路径计算功能帧格式定义

系统通过路径计算指示、路径计算应答、路径数据请求、路径数据应答等信息帧，依据处理规程，完成 GB/T 30290.1—2013 中 6.2.7 描述的路径计算功能。

8.6.1 路径计算指示帧

路径计算指示帧定义如图 88 所示。

位 7　　　　　　位 0	
10H	1 字节
80H	1 字节
路径计算控制	1 字节
位置信息表示	1 字节
当前位置信息	M字节
目的位置信息	N字节

图 88　路径计算指示帧定义

8.6.1.1 路径计算控制字段

路径计算控制字段 1 字节，定义如图 89 所示。其中，位 7、位 6 系统保留，值为 0。

位 7	6	5	4	3	2	1	位 0
0	0	S1	S0	T1	T0	R1	R0

说明：

R1、R0——路径规划要求位；

T1、T0——VT 分级属性位；

S1、S0——地图比例尺要求位。

图 89　路径计算控制字段定义

a) 路径规划要求位：2 位，用 R1、R0 组合定义，指示 ISC 进行路径计算时选择的优先考虑因素。其中：
   1) 00B：最短路径优先；
   2) 01B：最快路径优先；
   3) 10B：为大路优先；
   4) 其他：系统保留；
b) VT 分级属性位：2 位，用 T1、T0 组合定义，指示 VT 依据 GB/T 30290.4—2013 中 6.1 定义，获取路径信息后提供给驾乘人员的人机接口方式。其中：
   1) 00B：指示 A 级(提供图形显示、文字及语音操作)；
   2) 01B：指示 B 级(提供文字和语音操作)；
   3) 10B：指示 C(提供语音操作)；

4） 其他：系统保留；

c） 地图比例尺要求位：2 位，用 S1、S0 组合定义，指示 VT 依据 GB/T 30290.4—2013 中 6.1 定义，确定路径信息描述的详尽程度。其中：

1） 00B 表示无地图要求；

2） 01B 表示 1∶1 000；

3） 10B 表示 1∶5 000；

4） 11B 表示 1∶10 000。

8.6.1.2 位置信息表示字段

位置信息表示字段 1 字节，指示后续当前和目的位置信息字段的表示方式，定义如图 90 所示。其中，位 7、位 3 为系统保留，值为 0。

位 7	6	5	4	3	2	1	位 0
0	D2	D0	D1	0	E2	E1	E0

说明：

E2、E1、E0——当前位置信息表示位；

D2、D1、D0——目的位置信息表示位。

图 90 位置信息表示字段定义

a） 当前位置信息表示位：3 位，用 E2、E1、E0 组合定义，指示后续当前位置信息字段的表示方式。其中：

1） 000B：经纬度；

2） 001B：地物名称；

3） 010B：道路名称；

4） 其他：系统保留；

b） 目的位置信息表示位：3 位，用 D2、D1、D0 组合定义，指示后续目的位置信息字段的表示方式。其中：

1） 000B：经纬度；

2） 001B：地物名称；

3） 010B：道路名称；

4） 其他：系统保留。

8.6.1.3 当前位置信息字段

当前位置信息字段长度可变，信息格式由 8.6.1.2a）定义为经纬度、地物名称、道路名称等方式之一。

8.6.1.3.1 经纬度表示

经纬度位置信息表示定义同 8.1.2.3。

8.6.1.3.2 地物名称表示

地物名称表示用字符串定义，如图 91 所示。其中字符串长度指示后续字符的字节个数，字符串编码满足 GB 2312、GB 18030 及 ASCII 码。

位 7　　　　位 0	
字符串长度	1 字节
字符串	N字节

图 91　地物名称表示定义

8.6.1.3.3　道路名称表示

道路名称表示用字符串定义，同 8.6.1.3.2。

8.6.1.4　目的位置信息字段

目的位置信息字段长度可变，信息格式由 8.6.1.2 b）定义为经纬度、地物名称、道路名称等方式之一，同 8.6.1.3。

8.6.2　路径计算应答帧

路径计算应答帧定义如图 92 所示。控制及应答类型字段定义同 8.1.2.1，用户自定义字段定义同 8.1.2.2。

位 7　　　　位 0	
10H	1 字节
00H	1 字节
控制及应答类型	1 字节
用户自定义	N字节

图 92　路径计算应答帧定义

8.6.3　路径数据请求帧

路径数据请求帧定义如图 93 所示。

位 7　　　　位 0	
10H	1 字节
01H	1 字节
路径数据控制	1 字节
路径数据	M字节

图 93　路径数据请求帧定义

8.6.3.1　路径数据控制字段

路径数据控制字段 1 字节，定义如图 94 所示。其中有效为位 4，其余系统保留，值为 0。

位7	6	5	4	3	2	1	位0
0	0	0	AR	0	0	0	0

说明：

AR——路径数据应答位。

图94　路径数据控制字段定义

路径数据应答位为1位，用AR定义，指示接收方对本帧数据正确接收进行应答。1B表示应答，0B表示不应答。

8.6.3.2　路径数据字段

路径数据字段格式定义同8.5.1.2。数据字段依据8.6.1.1b)由ISC与VT之间定义。

8.6.4　路径数据应答帧

路径数据应答帧定义如图95所示。

位7　　　位0	
10H	1字节
81H	1字节
应答页码长度	1字节
页码序列	N字节

图95　路径数据应答帧定义

8.6.4.1　应答页码长度字段

应答页码长度字段1字节，指示后续页码个数，取值01H～FFH。

8.6.4.2　页码序列字段

页码序列字段长度由应答长度字段确定。页码序列由已正确接收的数据帧中页码组成。页码定义参见8.5.1.2 b)。

8.7　信息发布功能帧格式定义

系统通过信息发布请求、信息定制指示及信息定制应答等信息帧，依据处理规程，完成GB/T 30290.1—2013中6.2.8描述的信息发布功能。

8.7.1　信息发布请求帧

信息发布请求帧定义如图96所示。

位 7　　　　位 0	
05H	1 字节
00H	1 字节
信息发布控制	1 字节
发布信息	M 字节

图 96　信息发布请求帧定义

8.7.1.1　信息发布控制字段

信息发布控制字段 1 字节，定义如图 97 所示。

位 7	6	5	4	3	2	1	位 0
PI	T3	T2	T1	T0	M2	M1	M0

说明：

M2、M1、M0——发布信息载体类型位；

T3、T2、T1、T0——发布信息类型位；

PI——位置信息控制位。

图 97　信息发布控制字段定义

a)　发布信息载体类型位：3 位，用 M2、M1、M0 组合定义，指示发布信息的人机表示和格式。其中：
   1)　000B：文本输出方式；
   2)　001B：语音输出方式；
   3)　010B：编码定义；
   4)　其他：系统保留；

b)　发布信息类型位：4 位，用 T3、T2、T1、T0 组合定义，指示发布信息的分类。其中：
   1)　0000B：路况；
   2)　0001B：天气；
   3)　0010B：新闻；
   4)　其他：系统保留；

c)　位置信息控制位：定义同 8.1.2.1 c)。

8.7.1.2　发布信息字段

格式定义同 8.5.1.2。

8.7.2　信息定制指示帧

信息定制指示帧定义如图 98 所示。

位 7 ~ 位 0	
05H	1 字节
80H	1 字节
定制信息控制	1 字节
定制信息类型	2 字节
位置信息	M 字节

图 98 信息定制指示帧定义

8.7.2.1 定制信息控制字段

定制信息控制字段 1 字节,定义同 8.7.1.1。

8.7.2.2 定制信息类型字段

定制信息类型字段 2 字节,定义如图 99 所示。

位 7	6	5	4	3	2	1	位 0	
T7	T6	T5	T4	T3	T2	T1	T0	1 字节
T15	T14	T13	T12	T11	T10	T9	T8	1 字节

说明:

T1～T15:定制信息类型字段。

图 99 定制信息类型字段定义

定制类型位可表示十六种信息分类,用 T 定义,0B 指示取消定制,1B 指示定制。定制信息类编码为:

a) T0:路况;
b) T1:天气;
c) T2:新闻;
d) 其他:保留。

定制信息类型与 8.7.1.1 b)保持一致。

8.7.2.3 定位信息字段

位置信息等字段定义同 8.1.2.3。

8.7.3 信息定制应答帧

信息定制应答帧定义如图 100 所示。其中控制及应答类型字段定义同 8.1.2.1,用户自定义字段定义同 8.1.2.2。

位 7　　　　位 0	
05H	1 字节
01H	1 字节
控制及应答类型	1 字节
用户定义	N字节

图 100　信息定制应答帧定义

8.8　周边信息功能帧格式定义

系统通过周边信息指示、周边信息应答、周边数据请求、周边数据应答等信息帧，依据处理规程，完成 GB/T 30290.1—2013 中 6.2.9 描述的周边信息功能。

8.8.1　周边信息指示帧

周边信息指示帧定义如图 101 所示。

位7　　　　位0	
11H	1字节
80H	1字节
信息指示控制	1字节
位置信息表示	1字节
目标位置信息	N字节

图 101　周边信息指示帧定义

8.8.1.1　信息指示控制字段

信息指示控制字段 1 字节，定义如图 102 所示。其中，位 7、位 6 系统保留，值为 0。

位7	6	5	4	3	2	1	位0
0	0	R1	R0	T1	T0	I1	I0

说明：

I1、I0——周边信息类型位；

T1、T0——VT 分级属性位；

R1、R0——周边范围要求位。

图 102　信息指示控制字段定义

a)　周边信息类型位：2 位，用 I1、I0 组合定义，指示 VT 请求查询的关注信息类型。其中：

1)　00B：所有信息；

2） 01B：地物信息；

3） 10B：道路信息；

4） 其他：系统保留；

b） VT 分级属性位：2 位，用 T1、T0 组合定义，同 8.6.1.1 b)；

c） 周边范围要求位：2 位，用 R1、R0 组合定义，指示以查询点为中心，以范围要求为半径的区域。取值范围为 00H～FFH，单位为 100 m。为 00H 时指示查询指定的地址名称。

8.8.1.2 位置信息表示字段

位置信息表示字段 1 字节，指示后续目标位置信息字段的表示方式，定义如图 86 所示，同 8.6.1.2 b)。

8.8.1.3 目标位置信息字段

目标位置信息字段长度可变，信息格式由 8.8.1.2 定义为经纬度、地物名称、道路名称等方式之一，定义同 8.6.1.3。

8.8.2 周边信息应答帧

周边信息应答帧定义如图 103 所示。控制及应答类型字段定义同 8.1.2.1，用户自定义字段定义同 8.1.2.2。

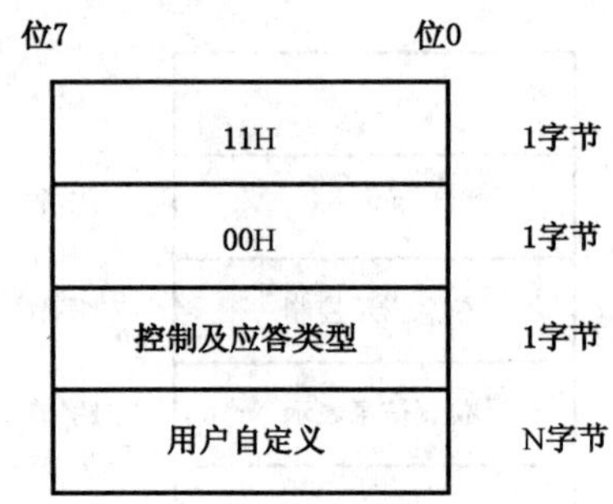

图 103 周边信息应答帧定义

8.8.3 周边数据请求帧

周边数据请求帧定义如图 104 所示。

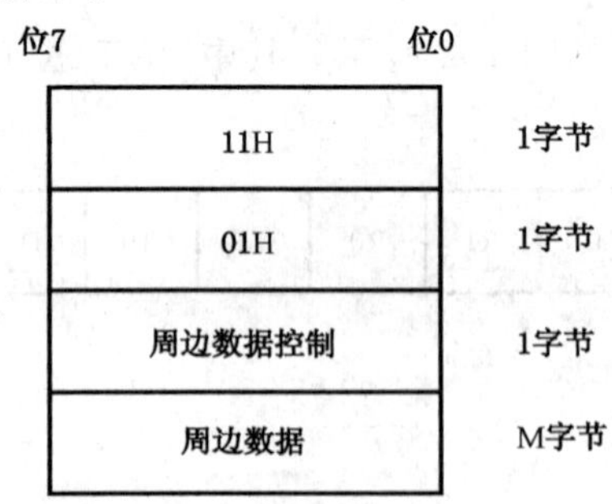

图 104 周边数据请求帧定义

8.8.3.1 周边数据控制字段

周边数据控制字段 1 字节，定义如图 94 所示，同 8.6.3.1。

8.8.3.2 周边数据字段

周边数据字段格式定义同 8.5.1.2。数据字段依据 8.8.1.1 b)由 ISC 与 VT 之间定义。

8.8.4 周边数据应答帧

周边数据应答帧定义如图 105 所示。其中,应答页码长度字段定义同 8.6.4.1,页码序列字段定义同 8.6.4.2。

位7　　　　　位0	
11H	1字节
81H	1字节
应答页码长度	1字节
页码序列	N字节

图 105 周边数据应答帧定义

8.9 引导信息功能帧格式定义

系统通过引导信息指示、引导信息应答、引导数据请求、引导数据应答等信息帧,依据处理规程,完成 GB/T 30290.1—2013 中 6.2.10 描述的引导信息功能。

8.9.1 引导信息指示帧

引导信息指示帧定义如图 106 所示。

位7　　　　　位0	
12H	1字节
80H	1字节
引导信息控制	1字节
引导信息类型	1字节
位置信息	N字节

图 106 引导信息指示帧定义

8.9.1.1 引导信息控制字段

引导信息控制字段 1 字节,定义如图 107 所示。其中,位 7、位 6 系统保留,值为 0。

位7	6	5	4	3	2	1	位0
0	0	R1	R0	T1	T0	I1	I0

说明：

I1、I0——引导信息类型控制位；

T1、T0——VT 分级属性位；

R1、R0——引导范围要求位。

图 107　引导信息控制字段定义

a) 信息类型控制位：2 位，用 I1、I0 组合定义，指示 VT 请求 ISC 指示的辅助驾驶人员行驶过程中关注的信息类型。其中：
   1) 00B：所有类型信息，且后续的引导信息类型字段不存在；
   2) 01B：类型信息由后续的引导信息类型字段确定；
   3) 其他：系统保留；
b) VT 分级属性位：2 位，用 T1、T0 组合定义，同 8.6.1.1 b)；
c) 引导范围要求位：2 位，用 R1、R0 组合定义，指示以当前车辆位置为中心，以范围要求为半径的区域。取值范围为 01H～FFH，单位为 100 m。为 00H 时表示无效。

8.9.1.2　引导信息类型字段

引导信息字段 1 字节，定义如图 108 所示。

位7	6	5	4	3	2	1	位0
I7	I6	I5	I4	I3	I2	I1	I0

说明：

I0、I1、I2、I3、I4、I5、I6、I7——引导信息类型位。

图 108　引导信息控制字段定义

a) 交通指示位：1 位，用 I0 定义，指示请求交通信息。1B 表示有效，0B 表示无效；
b) 道路路况位：1 位，用 I1 定义，指示请求路况信息。1B 表示有效，0B 表示无效；
c) 其他：系统保留。

8.9.1.3　位置信息字段

位置信息字段定义同 8.1.2.3。

8.9.2　引导信息应答帧

引导信息应答帧定义如图 109 所示。控制及应答类型字段定义同 8.1.2.1，用户自定义字段定义同 8.1.2.2。

位7　　　　位0	
12H	1字节
00H	1字节
控制及应答类型	1字节
用户自定义	N字节

图 109　引导信息应答帧定义

8.9.3　引导数据请求帧

引导数据请求帧定义如图 110 所示。

位7　　　　位0	
12H	1字节
01H	1字节
引导数据控制	1字节
引导数据	M字节

图 110　引导数据请求帧定义

8.9.3.1　引导数据控制字段

引导数据控制字段 1 字节，定义如图 94 所示，同 8.6.3.1。

8.9.3.2　引导数据字段

引导数据字段格式定义同 8.5.1.2。数据字段依据 8.7.1.1 b)由 ISC 与 VT 之间定义。

8.9.4　引导数据应答帧

引导数据应答帧定义如图 111 所示。其中，应答页码长度字段同 8.6.4.1，页码序列字段定义同 8.6.4.2。

位7　　　　位0	
12H	1字节
81H	1字节
应答页码长度	1字节
页码序列	N字节

图 111　引导数据应答帧定义

8.10 语音提示功能帧格式定义

系统通过语音提示请求和语音提示应答等信息帧，依据处理规程，完成 GB/T 30290.1—2013 中 6.2.11描述的语音提示功能。

8.10.1 语音提示请求帧

语音提示请求帧定义如图 112 所示。

位7　　　　位0	
06H	1字节
00H	1字节
语音提示控制	1字节
语音提示信息	M字节

图 112　语音提示请求帧定义

8.10.1.1 语音提示控制字段

语音提示控制字段 1 字节，定义如图 113 所示。其中位 7、位 2、位 1 系统保留，值为 0。

位7	6	5	4	3	2	1	位0
0	T3	T2	T1	T0	0	0	AR

说明：

AR——语音提示应答控制位；

T3、T2、T1、T0——语音提示信息类型位。

图 113　语音提示控制字段定义

a) 语音提示应答控制位：1 位，用 AR 定义，指示接收端对该帧进行应答确认。1B 表示要求确认，0B 表示不要求确认；

b) 语音提示信息类型位：4 位，用 T3、T2、T1、T0 组合定义，同 8.6.1.1 b)。

8.10.1.2 语音提示信息

格式定义同 8.5.1.2。

8.10.2 语音提示应答帧

语音提示应答帧定义如图 114 所示。其中，控制及应答类型字段同 8.1.2.1，用户自定义字段同 8.1.2.2，位置信息字段定义同 8.1.2.3。

位7　　　　位0	
06H	1字节
80H	1字节
控制及应答类型	1字节
用户自定义	N字节
位置信息	M字节

图 114　语音提示应答帧定义

8.11　外设数据传输功能帧格式定义

系统通过外设数据传输请求、外设数据传输请求应答、外设数据传输指示及外设数据传输指示应答等信息帧，依据处理规程，完成 GB/T 30290.1—2013 中 6.2.19 描述的外设数据传输功能。

8.11.1　外设数据传输请求帧

外设数据传输请求帧定义如图 115 所示。

位7　　　　位0	
07H	1字节
00H	1字节
数据控制	1字节
数据	M字节

图 115　外设数据传输请求帧定义

8.11.1.1　数据控制字段

数据控制字段 1 字节，定义如图 116 所示。其中有效为位 4，其余系统保留，值为 0。

位7	6	5	4	3	2	1	位0
0	0	0	AR	0	0	0	0

说明：
AR——数据应答位。

图 116　数据控制字段定义

数据应答字段 1 位，用 AR 定义，指示接收方对本帧数据正确接收进行应答。1B 表示应答，0B 表示不应答。

8.11.1.2 数据字段

格式定义同 8.5.1.2。数据字段由 ISC 与 VT 之间定义。

8.11.2 外设数据传输指示帧

外设数据传输指示帧定义如图 117 所示。其中,数据控制字段定义同 8.11.1.1,数据字段定义同 8.11.1.2。

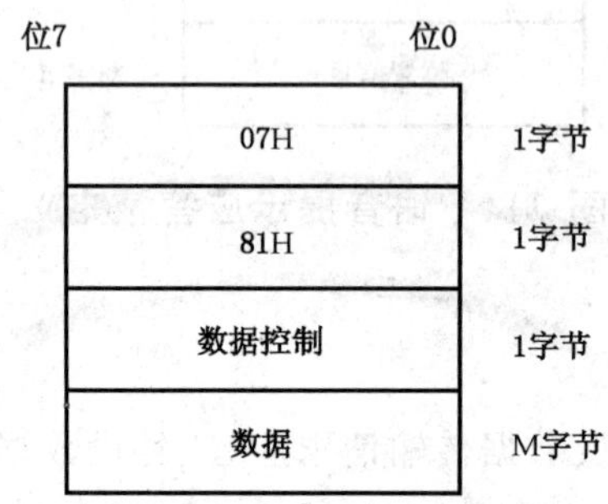

图 117 外设数据传输指示帧定义

8.11.3 外设数据传输指示应答帧

外设数据传输指示应答帧定义如图 118 所示。

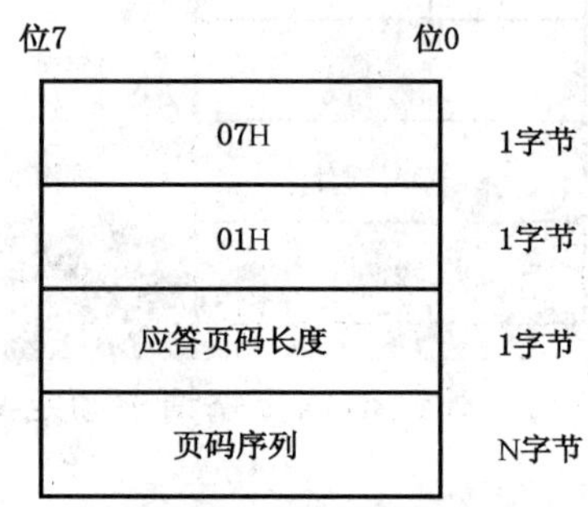

图 118 外设数据传输指示应答帧定义

8.11.3.1 应答页码长度字段

应答页码长度字段 1 字节,指示后续页码个数,取值 01H～FFH。

8.11.3.2 页码序列字段

页码序列字段长度由应答长度字段确定。页码序列由已正确接收的数据帧中页码组成。页码定义参见 8.5.1.2 b)。

8.11.4 外设数据传输请求应答帧

外设数据传输请求应答帧定义如图 119 所示。其中,应答长度字段定义同 8.11.3.1,页码序列字段定义同 8.11.3.2 定义。

位7　　位0	
07H	1字节
80H	1字节
应答长度	1字节
页码序列	N字节

图 119　外设数据传输请示应答帧定义

8.12　信号采集与控制功能帧格式定义

系统通过信号采集与控制请求、信号采集与控制应答等信息帧，依据处理规程，完成 GB/T 30290.1—2013 中 6.2.18 描述的信号采集与控制功能。

8.12.1　信号采集与控制请求帧

信号采集与控制请求帧定义如图 120 所示。

位7　　位0	
08H	1字节
00H	1字节
有效期间	7字节
控制参数	2字节

图 120　信息采集与控制请求帧定义

8.12.1.1　有效期间字段

有效期间字段 7 字节，定义如图 121 所示。

位7　　位0	
日期	3字节
时刻	3字节
有效期	1字节

图 121　有效期间字段定义

a)　日期字段：3 字节，定义同第 A.1 章；

b)　时刻字段：3 字节，定义同 A.3.1.1；

c)　有效期字段：1 字节，指示规定时刻之后的有效期间。取值 00H～FFH，单位为 10 s。

8.12.1.2　控制参数字段

控制参数字段 2 字节，定义如图 122 所示。在控制字中总共定义了 8 组开关，用于控制车辆的不同电路。其中 S_i、K_i 共同对应表示一组开关的控制状态。

位7	6	5	4	3	2	1	位0	
S7	S6	S5	S4	S3	S2	S1	S0	1字节
K7	K6	K5	K4	K3	K2	K1	K0	1字节

说明：

S7～S0——控制类型使能位；

K7～K0——控制开关控制位。

图 122 控制参数字段定义

a) 控制类型使能位：1 字节，用 S7～S0 定义，每一位指示确定的控制对象类型和使能方式，每位取 0B 时为禁止控制，取 1B 时为允许控制。类型包括：
   1) S0：车门；
   2) S1：油路；
   3) S2：点火；
   4) 其他：系统保留；

b) 控制开关控制位：1 字节。用 K7～K0 定义。每一位指示确定控制对象的状态。0B 表示接通，1B 表示断开。

8.12.2 信号采集与控制应答帧

信号采集与控制应答帧定义如图 123 所示。

位7 　　　　　　 位0	
08H	1字节
80H	1字节
控制状态	2字节
控制及应答类型	1字节
用户自定义	N字节
位置信息	M字节

图 123 控制应答帧定义

b) 控制状态字段：2 字节，定义同 8.12.1.2，指示当前各控制变量状态；

c) 控制及应答类型字段：定义同 8.1.2.1，用户自定义字段定义同 8.1.2.2，位置信息字段定义同 8.1.2.3。

8.13 话音采集功能帧格式定义

系统通过音采集请求、话音采集应答、话音采集取消请求及话音采集取消应答等信息帧，依据处理规程，完成 GB/T 30290.1—2013 中 6.2.4 描述的语音采集功能。

8.13.1 话音采集请求帧

话音采集请求帧定义如图 124 所示。

位7　　　　位0	
09H	1字节
00H	1字节
号码个数	1字节
号码	M字节

图 124 话音采集请求帧定义

a) 号码个数字段:1 字节,指示后续号码字段中号码的数量,取值 01H～10H;
b) 号码字段:由号码个数字段确定的独立的号码组成,每一号码 8 字节,采用 BCD 编码表示。从高字节开始填,未用完的用半字节 FH 补足。

8.13.2 话音采集应答帧

话音采集应答帧定义如图 125 所示。其中,控制及应答类型字段定义同 8.1.2.1,用户自定义字段定义同 8.1.2.2,位置信息字段定义同 8.1.2.3。

位 7　　　　位 0	
09H	1字节
80H	1字节
控制及应答类型	1字节
用户自定义	N字节
位置信息	M字节

图 125 话音采集应答帧定义

8.13.3 话音采集撤销请求帧

话音采集撤销请求帧定义如图 126 所示。其中,号码个数字段定义同 8.13.1 a),号码序列字段定义同 8.13.1 b)。

位 7　　　　位 0	
09H	1字节
01H	1字节
号码个数	1字节
号码序列	M字节

图 126 话音采集撤销请求帧定义

8.13.4 话音采集撤销应答帧

语音采集撤销应答帧定义如图127所示。其中,控制及应答类型字段定义同8.1.2.1,用户自定义字段定义同8.1.2.2,位置信息字段定义同8.1.2.3。

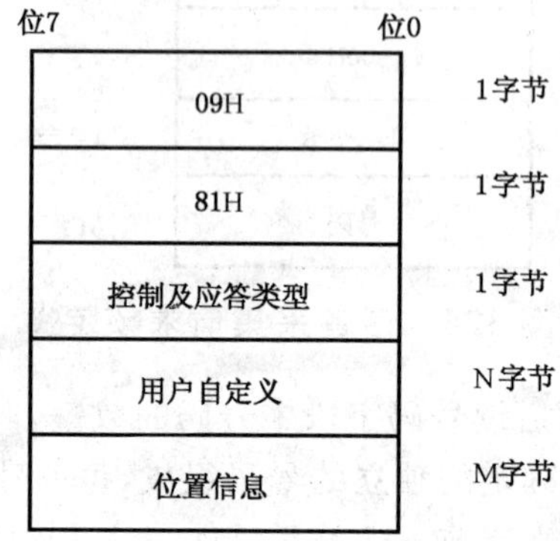

图127 话音采集撤销应答帧定义

8.14 图像采集功能帧格式定义

系统通过图像采集请求、图像采集应答、图像采集条件请求、图像采集条件应答、图像采集撤销请求、图像采集撤销应答、图像数据指示及图像数据应答等信息帧,依据处理规程,完成GB/T 30290.1—2013中6.2.5描述的图像采集功能。

8.14.1 图像采集请求帧

图像采集请求帧定义如图128所示。其中,用户自定义字段定义同8.1.2.2。

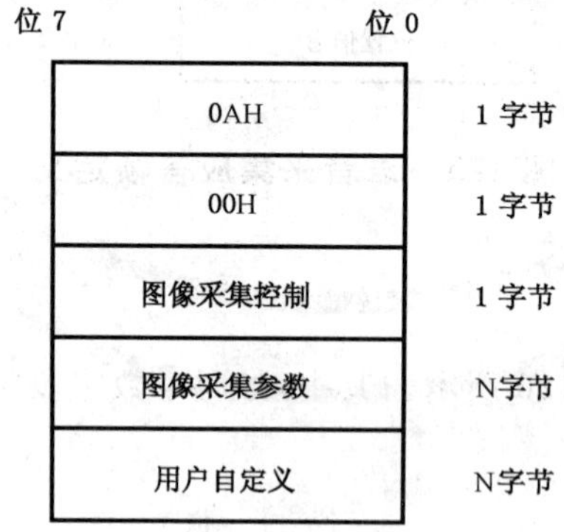

图128 图像采集请求帧定义

8.14.1.1 图像采集控制字段

图像采集控制字段1字节,定义如图129所示。其中,位7、位6系统保留,值为0。

位7	6	5	4	3	2	1	位0
0	0	UD	IT	IF	IQ	IR	IP

说明：

IP——图像制式控制位；　　IR——图像分辨率控制位；

IQ——图像质量控制位；　　IF——图像帧率控制位；

IT——图像采集时间控制位；　　UD——用户自定义控制位。

图 129 图像采集控制字段定义

a) 图像制式控制位：1 位，用 IP 定义，指示存在图像制式参数。0B 表示不存在，1B 表示存在；
b) 图像分辨率控制位：1 位，用 IR 定义，指示存在图像分辨率参数。0B 表示不存在，1B 表示存在；
c) 图像质量控制位：1 位，用 IQ 定义，指示存在图像质量参数。0B 表示不存在，1B 表示存在；
d) 图像帧率控制位：1 位，用 IF 定义，指示存在图像帧率参数。0B 表示不存在，1B 表示存在；
e) 图像采集时间控制位：1 位，用 IT 定义，指示存在图像采集时间参数。0B 表示不存在，1B 表示存在；
f) 用户自定义控制位：1 位，用 UD 定义，指示存在用户自定义字段。0B 表示不存在，1B 表示存在。

8.14.1.2 图像采集参数字段

图像采集参数字段长度由其控制字段确定，定义如图 130 所示。

位7　　位0	
图像制式	1 字节
图像分辨率	1 字节
图像质量	1 字节
图像帧率	1 字节
图像采集时间	2 字节

图 130 图像采集参数字段定义

a) 图像制式字段：1 字节，通过编码指示图像数据的格式。其中：
   1) 00H：为 JPEG；
   2) 01H：为 MPEG4；
   3) 其他：保留；
b) 图像分辨率字段：1 字节，在图像制式规定下通过编码指示图像的清晰程度。其中：
   1) 00H：为 176×144；
   2) 01H：为 352×288；
   3) 02H：为 704×576；
   4) 03H：为 1024×768；
   5) 其他：保留；

c) 图像质量字段:1 字节,保留;

d) 图像帧率字段:1 字节,在图像制式规定下通过编码指示图像的连续程度。取值 01H～1EH,单位为帧每秒;

e) 图像采集时间字段:2 字节,第一字节为高位,第二字节为低位,取值范围为 0000H～FFFFH,单位为秒(s)。取值为 0000H 时,则表示永久图像采集。

8.14.2 图像采集应答帧

图像采集应答帧定义如图 131 所示。其中,控制及应答类型字段定义同 8.1.2.1,用户自定义字段定义同 8.1.2.2,位置信息字段定义同 8.1.2.3。

位7　　　　位0	
0AH	1 位
80H	1 位
控制及应答类型	1 位
用户自定义	N位
位置信息	M位

图 131　图像采集应答帧定义

8.14.3 设置图像采集条件请求帧

设置图像采集条件请求帧定义如图 132 所示。

位 7　　　　位 0	
0AH	1字节
01H	1字节
图像采集条件控制	1字节
图像采集控制	2字节
图像采集参数	M字节

图 132　设置图像采集条件请求帧定义

8.14.3.1 图像采集条件控制字段

图像采集条件控制字段 1 字节,定义如图 133 所示。其中,位 7～位 2 系统保留,值为 0。

位 7	6	5	4	3	2	1	位 0
0	0	0	0	0	0	AC	RC

说明:

RC——条件定位状态采集位;

AC——报警状态采集位。

图 133　图像采集条件控制字段定义

a） 条件定位状态采集位：1 位，用 RC 定义，指示依据条件定位功能中定义的定位条件启动图像采集。0B 表示关闭，1B 表示启动。当系统无条件定位功能时该位无效；

b） 报警状态采集位：1 位，用 RC 定义，指示依据报警功能中定义的报警状态启动图像采集。0B 表示关闭，1B 表示启动。当系统无报警功能时该位无效。

8.14.3.2 其他字段

图像采集控制字段定义同 8.11.1.1，图像采集参数字段定义同 8.11.1.2。

8.14.4 设置图像采集条件应答

设置图像采集条件应答帧定义如图 134 所示。其中，控制及应答类型字段定义同 8.1.2.1，用户自定义字段定义同 8.1.2.2，位置信息字段定义同 8.1.2.3。

位 7　　　　位 0	
0AH	1字节
81H	1字节
控制及应答类型	1字节
用户自定义	N字节
位置信息	M字节

图 134　设置图像采集条件应答帧定义

8.14.5 图像采集取消请求帧

图像采集取消请求帧定义如图 135 所示。其中：控制及撤销原因字段定义同 8.1.4.1，用户自定义字段定义同 8.1.4.2。

位 7　　　　位 0	
0AH	1字节
02H	1字节
控制及撤销原因	1字节
用户自定义	N字节

图 135　图像采集撤销请求帧定义

8.14.6 图像采集取消应答帧

图像采集取消应答帧定义如图 136 所示。其中，控制及应答类型字段定义同 8.1.2.1，用户自定义字段定义同 8.1.2.2，位置信息字段定义同 8.1.2.3。

位7 位0	
0AH	1字节
82H	1字节
控制应答类型	1字节
用户自定义	N字节
位置信息	M字节

图 136 图像采集取消应答帧定义

8.14.7 图像数据指示帧

图像数据指示帧定义如图 137 所示。其中,图像数据控制字段定义同 8.11.1.1,图像数据字段定义同 8.11.1.2。

位7 位0	
0AH	1字节
83H	1字节
图像数据控制	1字节
图像数据	M字节

图 137 图像采集数据指示帧定义

8.14.8 图像数据应答帧

图像数据应答帧定义如图 138 所示。其中,应答页码长度字段定义同 8.6.4.1,页码序列字段格式定义同 8.6.4.2。

位7 位0	
0AH	1字节
03H	1字节
应答页码长度	1字节
页码序列	N字节

图 138 图像数据应答帧定义

8.15 行驶记录功能帧格式定义

系统通过行驶记录请求、行驶记录应答及行驶记录数据指示等信息帧,依据处理规程,完成

GB/T 30290.1—2013 中 6.2.22 描述的行驶记录功能。

8.15.1 行驶记录请求帧

行驶记录请求帧定义如图 139 所示。

位 7　　　　位 0	
0BH	1字节
00H	1字节
查询条件控制	1字节
查询条件	M字节

图 139　行驶记录请求帧定义

8.15.1.1 查询条件控制字段

查询条件控制字段 1 字节，定义如图 140 所示。其中，位 7～位 3 系统保留，值为 0。

位 7	6	5	4	3	2	1	位 0
0	0	0	0	0	AC	DC	TC

说明：

TC——时间查询条件位；

DC——地点查询条件位；

AC——报警查询条件位。

图 140　查询条件控制字段定义

a) 时间查询条件位：1 位，用 TC 定义，指示后续查询条件为时间期间参数。其中：
   1) 0B：无时间期间参数；
   2) 1B：有时间期间参数；
b) 地点查询条件位：1 位，用 DC 定义，指示后续查询条件为地点范围参数。其中：
   1) 0B：无地点范围参数；
   2) 1B：有地点范围参数；
c) 报警查询条件位：1 位，用 AC 定义，指示后续查询条件为报警状态参数。其中：
   1) 0B：无报警状态参数；
   2) 1B：有报警状态参数。

8.15.1.2 查询条件字段

查询条件字段按时间查询条件、地点查询条件、报警查询条件的顺序，由查询条件控制字段确定。

8.15.1.2.1 时间查询条件字段

时间查询条件字段 6 字节，定义如图 141 所示，指示确定的时间范围。时间以月、日、时及分钟表示，均十六进制数。月取值范围为01H～0CH，日取值范围为01H～1FH，时取值范围为00H～17H，分取值范围为00H～3BH。分钟偏移值为两字节，第一字节为高位，取值范围为0000H～FFFFH。时间加、减分钟偏移值即为时间范围参数。

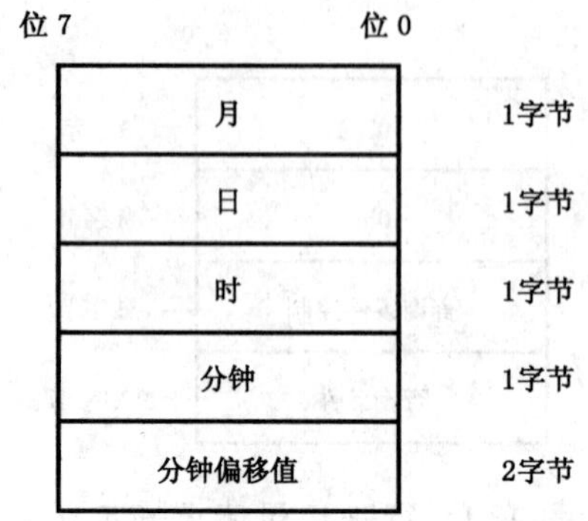

图141　日期范围查询参数定义

8.15.1.2.2　地点范围条件字段

地点范围条件字段17字节，定义同8.2.1.3.2.4 e)。

8.15.1.2.3　报警状态条件字段

报警状态条件字段4字节，定义同8.3.3.2。

8.15.2　行驶记录应答帧

行驶记录应答帧定义如图142所示。其中，控制及应答类型字段定义同8.1.2.1，用户自定义字段定义同8.1.2.2，位置信息字段定义同8.1.2.3。

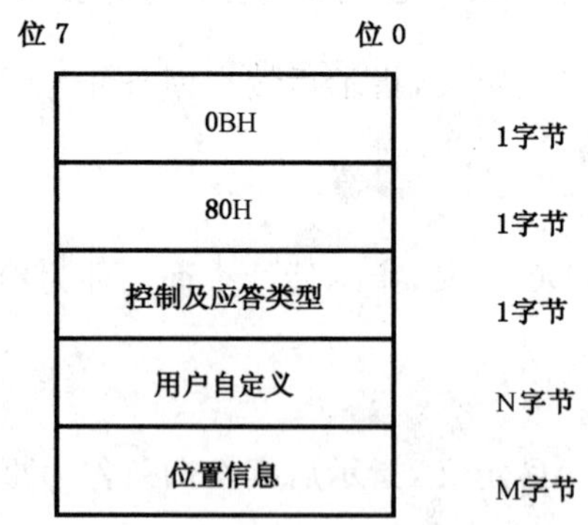

图142　行驶记录应答帧定义

8.15.3　行驶记录数据指示帧

行驶记录数据指示应答帧定义如图143所示。

位 7　　　　位 0	
0BH	1 字节
81H	1 字节
控制及记录个数	1 字节
记录信息序列	M 字节

图 143　行驶记录数据指示帧定义

8.15.3.1　控制及记录个数字段

控制及记录个数字段 1 字节，定义如图 144 所示。其中位 7 系统保留，值为 0。

位 7	6	5	4	3	2	1	位 0
0	AR	C5	C4	C3	C2	C1	C0

说明：

C5～C0——记录个数位；

AR——应答要求位。

图 144　控制及记录个数字段定义

a）记录个数位：6 位，用 C5～C0 组合定义，指示后续记录信息序列中按顺组织的记录信息的计数。取值 01H～3FH；

b）应答要求位：1 位，用 AR 定义，指示 ISC 对正确接收的记录指示数据逐帧进行确认。1B 表示要求确认，0B 表示无确认。

8.15.3.2　记录信息序列字段

记录信息序列字段由控制及记录个数字段确定长度，其由记录信息按顺排列。定义如图 145 所示。

位 7　　　　位 0	
记录信息序列号	1字节
记录信息 1	N字节
…	
记录信息 N	N字节

图 145　记录信息序列字段定义

8.15.3.2.1　记录信息序列号字段

记录信息序列号字段 1 字节，当 8.15.3.1 b)定义的 AR 值为 1 时存在，指示本帧的标识。循环取值 00H～FFH。

8.15.3.2.2 记录信息字段

记录信息字段定义如图146所示。其中,位置信息字段用于指示车辆位置、速度、时间等参数,定义同8.1.2.3。

位7　　　　位0	
位置信息	M字节
车辆操作状态	2字节

图146　记录信息字段定义

车辆操作状态字段2字节,指示驾驶者对车辆进行操作和反映车辆特征的参数。定义如图147所示。

位7	6	5	4	3	2	1	位0	
07	06	05	04	03	02	01	00	1字节
V7	V6	V5	V4	V3	V2	V1	V0	1字节

说明:
07～00——车辆操作类型位;
V7～V0——车辆状态类型位。

图147　车辆操作状态字段定义

a) 车辆操作类型位:用07～00定义,指示8种驾驶者对车辆操作的类型,值为1时表示对应的操作有效。其中:
   1) 00:制动;
   2) 01:驱动;
   3) 02:左指示灯;
   4) 02:右指示灯;
   5) 其他:系统保留;
b) 车辆状态类型位:用V7～V0定义,指示8种反映车辆特征的状态类型,取值为1B时表示对应的状态存在。类型包括:
   1) V0:发动机工作;
   2) V1:车门关闭;
   3) 其他:系统保留。

8.15.4 行驶记录数据应答帧

当8.15.3.1 b)定义的AR值为1时使用该帧应答ISC正确接收行驶记录指示数据。行驶记录数据应答帧定义如图148所示。其中,控制及应答类型字段定义同8.1.2.1,记录信息序列号字段定义同8.15.3.2.1,用户自定义字段定义同8.1.2.2。

位 7　　　　位 0	
0AH	1 字节
01H	1 字节
控制及应答类型	1 字节
记录信息序列号	1 字节
用户自定义	N字节

图 148　行驶记录数据应答帧定义

8.16　状态查询功能帧格式定义

系统通过查询 VT 状态请求、查询 VT 状态应答等信息帧，依据处理规程，完成 GB/T 30290.1—2013 中 6.2.21 描述的状态查询功能。

8.16.1　查询 VT 状态请求帧

查询 VT 状态请求帧定义如图 149 所示。

位 7　　　　位 0	
0CH	1 字节
00H	1 字节
控制及VT状态类型	1 字节
用户自定义	N字节

图 149　查询 VT 状态请求帧定义

8.16.1.1　控制及 VT 状态类型字段

控制及 VT 状态类型字段 1 字节，定义如图 150 所示。

位 7	6	5	4	3	2	1	位 0
PI	UD	V5	V4	V3	V2	V1	V0

说明：

V5～V0——VT 状态类型位；

UD——用户自定义控制位；

PI——位置信息控制位。

图 150　控制及 VT 状态类型字段定义

a)　VT 状态类型位：6 位，用 V5～V0 定义，指示 VT 依据状态信息类型报告 VT 状态信息。其中：

1)　V0：定义为设备各硬件功能模块工作状态；

2) V1:定义为ISC与VT之间的操作记录;

3) V2:定义为VT各类配置参数记录;

4) 其他:系统保留;

b) 用户自定义控制位:1位,用UD指示后续用户自定义字段。定义同8.1.2.1 b);

c) 位置信息控制位:1位,用PI指示后续位置信息字段。定义同8.1.2.1 c)。

8.16.1.2 用户自定义字段

用户自定义等字段定义同8.1.2.2。

8.16.2 查询VT状态应答帧

查询VT状态应答帧定义如图151所示。

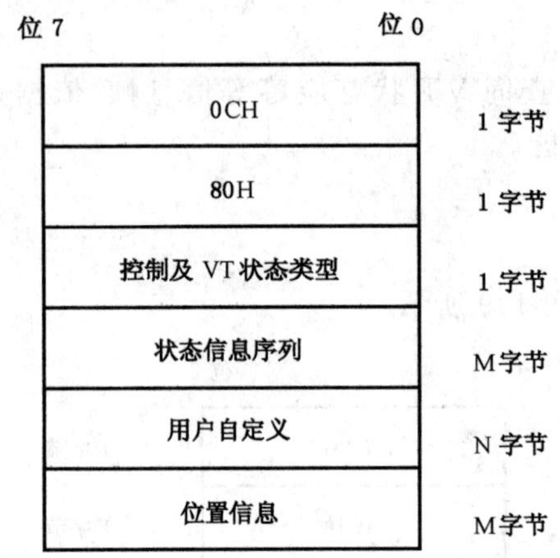

图151 查询VT状态应答帧定义

8.16.2.1 控制及VT状态类型字段

控制及VT状态类型字段1字节,定义同8.16.1.1。

8.16.2.2 状态信息序列字段

状态信息序列由8.16.2.1定义的各类状态信息按序组成,如图152所示。当对应控制位V为0时,表示无该状态信息。

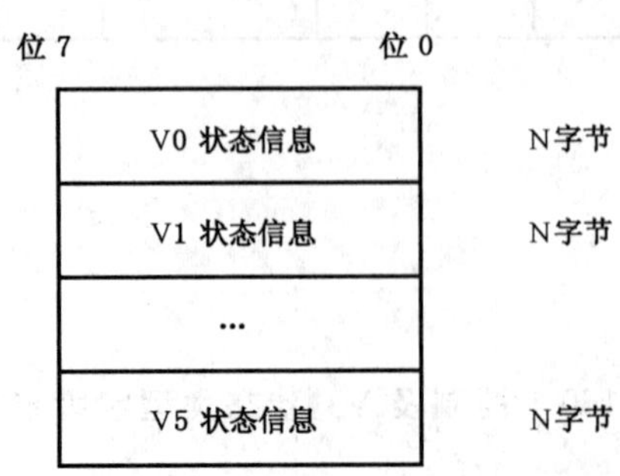

图152 状态信息序列字段定义

8.16.2.2.1 V0(设备) 状态信息字段

设备状态信息字段由状态数据类型和各状态数据按序组成,定义如图 153 所示。

位 7　　　　位 0	
状态数据类型	2 字节
状态数据 0	M字节
…	
状态数据15	M字节

图 153 设备状态信息字段定义

a) 数据类型字段:2 字节,共十六种硬件功能模块工作状态,定义如图 154 所示。当对应状态位为 1 时存在相应的状态数据;

位 7	6	5	4	3	2	1	位 0	
S15	S14	S13	S12	S11	S10	S9	S8	1 字节
S7	S6	S5	S4	S3	S2	S1	S0	1 字节

说明:

S0——报警器状态位;

S1——卫星定位单元状态位;

S2～S15——系统保留定义位。

图 154 设备状态数据字段定义

b) 数据状态字段:格式定义如图 155 所示,每一字段最长 256 字节;

位 7　　　　位 0	
数据长度	1 字节
编码数据	N字节

图 155 状态数据字段定义

c) 报警器状态及数据:用 S0 定义报警器状态报告。0B 表示不报告,1B 表示报告,编码数据由 VT 与 ISC 协商定义;

d) 卫星定位接收机状态及数据:用 S1 定义卫星接收机状态报告。0B 表示不报告,1B 表示报告,编码数据由 VT 与 ISC 协商定义;

e) S2～S15:系统保留。

8.16.2.2.2 V1(操作)状态信息字段

操作状态信息字段由状态数据类型和各状态数据按序组成,格式定义如图 153 所示。

a) 状态数据类型字段:2字节,共十六种VT、ISC操作模式状态,定义如图156所示。当对应状态位为1时存在相应的状态数据;

b) 数据状态字段:格式定义如图155所示,每一字段最长256字节;

c) 各操作状态及数据:用S定义各操作报告。0B表示不报告,1B表示报告,编码数据由VT与ISC协商定义。

位7	6	5	4	3	2	1	位0	
S15	S14	S13	S12	S11	S10	S9	S8	1字节
S7	S6	S5	S4	S3	S2	S1	S0	1字节

说明:

S0——实时定位操作位; S1——条件定位操作位;

S2——报警处理操作位; S3——人工求助操作位;

S4～S15——系统保留定义位。

图156 设备状态数据字段定义

8.16.2.2.3 V2(配置)状态信息字段

配置状态信息字段由状态数据类型和各状态数据按序组成,格式定义如图153所示。

a) 状态数据类型字段:2字节,共十六种VT、ISC操作模式状态,定义如图157所示。当对应状态位为1时存在相应的状态数据;

位7	6	5	4	3	2	1	位0	
S15	S14	S13	S12	S11	S10	S9	S8	1字节
S7	S6	S5	S4	S3	S2	S1	S0	1字节

说明:

S0——配置位; S1——配置位;

S2——配置位; S3——配置位;

S4～S15——系统保留定义位。

图157 设备状态数据字段定义

b) 据状态字段:格式定义如图155所示,每一字段最长256字节;

c) 各操作状态及数据:用S定义各操作报告。0B表示不报告,1B表示报告,编码数据由VT与ISC协商定义。

8.16.2.3 其他字段

用户自定义字段定义同8.1.2.2,位置信息字段定义同8.1.2.3。

8.17 用户注册功能帧格式定义

系统通过用户注册指示、用户注册应答、用户注销指示、用户禁止请求及用户禁止应答等信息帧,依据处理规程,完成GB/T 30290.1—2013中6.2.23描述的用户注册功能。此外,通过用户注册可支持

GB/T 30290.1—2013 中 6.2.12 描述的车载话音功能管理。

8.17.1 用户注册指示帧

用户注册指示帧定义如图 158 所示。

位 7　　　　位 0	
0DH	1 字节
80H	1 字节
注册控制	1 字节
注册信息	N 字节
用户自定义	N 字节
位置信息	M字节

图 158 用户注册指示帧定义

8.17.1.1 注册控制字段

注册控制字段 1 字节，定义如图 159 所示。其中位 7、位 6 系统保留，值为 0。

位 7	6	5	4	3	2	1	位 0
0	0	UD	PI	L3	L2	L1	L0

说明：

L3、L2、L1、L0——注册信息类型位；

PI——位置信息控制位；

UD——用户自定义控制位。

图 159 注册控制字段定义

a) 注册信息类型位：4 位，用 L3、L2、L1、L0 定义，指示后续注册信息类型。其中：
   1) L0 为 1B 指示注册时间；
   2) L1 为 1B 指示注册账号；
   3) L2 为 1B 指示注册密码；
   4) L3 系统保留；
b) 位置信息控制位：1 位，用 PI 定义。当 PI 为 1B 指示后续位置信息字段；
c) 用户自定义控制位：1 位，用 UD 定义。当 UD 为 1B 指示后续用户自定义字段。

8.17.1.2 注册信息字段

注册信息字段定义如图 160 所示，各字段由注册信息控制字段确定。

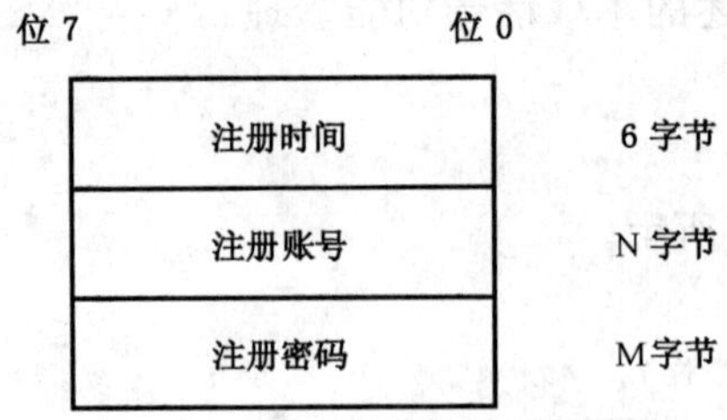

图 160 注册信息字段定义

8.17.1.2.1 注册时间字段

注册时间字段包括日期和时刻，各 3 字节，其中日期定义同 8.12.1.1 a)，时刻定义同 8.12.1.1 b)。

8.17.1.2.2 注册账号字段

注册账号字段定义如图 161 所示。

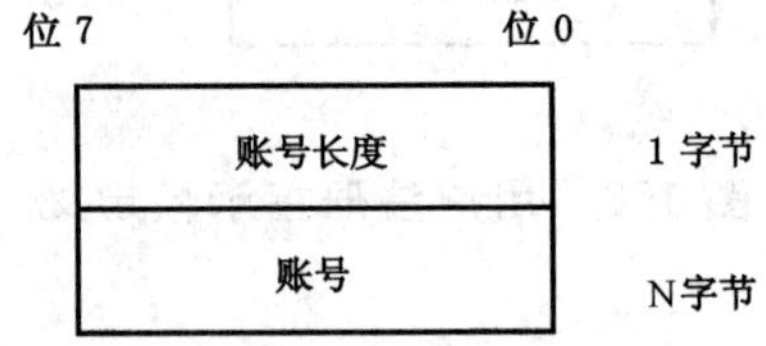

图 161 注册账号字段定义

a) 账号长度字段：1 字节，取值 01H～0CH；
b) 账号字段：采用字母、数字的 ASCII 码，字节数由账号长度字段确定。

8.17.1.2.3 注册密码字段

注册密码字段定义如图 162 所示。

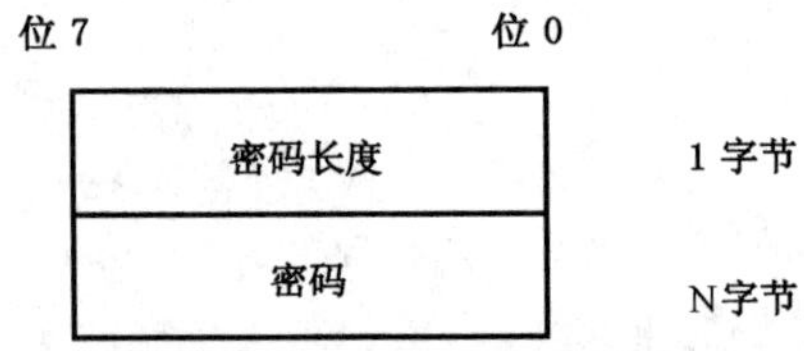

图 162 注册密码字段定义

a) 密码长度字段：1 字节，取值 01H～0CH；
b) 密码字段：采用数字 0～9 的 ASCII 码，字节数由密码长度字段确定。

8.17.1.3 用户自定义字段

用户自定义字段定义同 8.1.2.2。

8.17.1.4 位置信息字段

位置信息字段定义同 8.1.2.3。

8.17.2 用户注册应答帧

用户注册应答帧定义如图 163 所示。

位 7 位 0	
0DH	1 字节
00H	1 字节
注册应答控制	1 字节
注册信息	N字节
用户自定义	N byte

图 163　用户注册应答帧定义

8.17.2.1　注册应答控制字段

注册应答控制 1 字节，定义如图 164 所示。其中，其中位 7 为系统保留，值为 0。注册信息类型字段定义同 8.17.1.1 a)，位置信息控制字段定义同 8.17.1.1 b)，用户自定义字段定义同 8.17.1.1 c)。

位 7	6	5	4	3	2	1	位 0
0	AA	UD	PI	L3	L2	L1	L0

说明：

L3、L2、L1、L0——注册信息类型位；　　PI——位置信息控制位；

UD——用户自定义控制位；　　AA——注册应答类型位。

图 164　注册应答控制字段定义

注册应答类型控制位为 1 位，用 AA 定义。为 1B 时指示注册成功，为 0B 时指示注册失败。

8.17.2.2　注册信息及用户自定义字段

注册信息字段定义同 8.17.1.2，用户自定义字段定义同 8.1.2.2。

8.17.3　用户注销指示帧

用户注销指示帧定义如图 165 所示。其中，注销控制字段定义同 8.17.1.1、注销信息字段定义同 8.17.1.2、用户自定义字段定义同 8.17.1.3、位置信息等字段定义同 8.17.1.4。

位 7 位 0	
0DH	1 字节
81H	1 字节
注销控制	1 字节
注销信息	N字节
用户自定义	N字节
位置信息	M字节

图 165　用户注销指示帧定义

8.17.4 用户注销应答帧

用户注销应答帧定义如图 166 所示。其中,注销应答控制字段定义同 8.17.2.1、注销信息字段和用户自定义字段定义同 8.17.2.2。

位 7　　　　位 0	
0DH	1 字节
01H	1 字节
注销应答控制	1 字节
注销信息	N字节
用户自定义	N字节

图 166　用户注销应答帧定义

8.17.5 用户禁止请求帧

用户禁止请求帧定义如图 167 所示。其中,禁止控制字段定义同 8.17.1.1、禁止信息字段定义同 8.17.1.2、用户自定义字段定义同 8.17.1.3。

位 7　　　　位 0	
0DH	1 字节
02H	1 字节
禁止控制	1 字节
禁止信息	N字节
用户自定义	N字节

图 167　用户禁止请求帧定义

8.17.6 用户禁止应答帧

用户禁止应答帧定义如图 168 所示。其中,禁止应答控制字段定义同 8.17.2.1、禁止信息字段和用户自定义字段定义同 8.17.2.2。

位 7　　　　位 0	
0DH	1 字节
82H	1 字节
禁止应答控制	1 字节
禁止信息	N字节
用户自定义	N字节

图 168　用户禁止应答帧定义

8.18 时区适应功能帧格式定义

系统通过时区设置请求、时区设置应答等信息帧，依据处理规程，完成 GB/T 30290.1—2013 中 6.2.24 描述的时区适应功能。

8.18.1 时区设置请求帧

时区设置请求帧定义如图 169 所示。

位 7　　　　　位 0	
0EH	1 字节
00H	1 字节
时区控制	1 字节
时区信息	1 字节
用户自定义	N字节

图 169　时区设置请求帧定义

8.18.1.1 时区控制字段

时区控制字段 1 字节，定义如图 170 所示。其中位 7、6、3、2 系统保留，值为 0。位置信息字段定义同 8.16.1.1 b)，用户自定义字段定义同 8.16.1.1 c)。

位 7	6	5	4	3	2	1	位 0
0	0	UD	PI	0	0	WZ	EZ

说明：

EZ——东区控制位；　　WZ——西区控制位；

PI——位置信息控制位；　　UD——用户自定义控制位。

图 170　注册应答控制字段定义

a) 东区控制位：1 位，用 EZ 定义。当 EZ 为 1B 时指示后续按顺存在东区信息；

b) 西区控制位：1 位，用 WZ 定义。当 WZ 为 1B 时指示后续按顺存在西区信息。

8.18.1.2 时区信息字段

时区信息字段 2 字节，定义如图 171 所示。

位 7　　　　　位 0	
东区信息	1 字节
西区信息	1 字节

图 171　时区信息字段定义

a) 东区信息字段：1 字节，取值 01H～0CH；

b）西区信息字段：1 字节，取值 01H～0CH。

8.18.2 时区设置应答帧

时区设置请求帧定义如图 172 所示。其中，控制及应答类型字段定义同 8.1.2.1，用户自定义字段定义同 8.1.2.2，位置信息字段定义同 8.1.2.3。

位 7　　　　位 0	
0FH	1 字节
80H	1 字节
控制及应答类型	1 字节
用户自定义	N 字节
位置信息	M字节

图 172　时区设置应答帧定义

8.19 安全管理功能帧格式定义

系统通过安全管理请求、安全管理应答、安全管理指示、安全管理指示应答等信息帧，依据处理规程，完成 GB/T 30290.1—2013 中 6.2.25 描述的管理功能功能。

8.19.1 安全管理请求帧

安全管理请求帧定义如图 173 所示。

位 7　　　　位 0	
0FH	1 字节
00H	1 字节
安全机制控制	1 字节
设备认证参数	1 字节
访问控制参数	1 字节
功能加密参数	N字节

图 173　安全管理请求帧定义

8.19.1.1 安全机制控制字段

安全管理控制字段 1 字节，定义如图 174 所示。其中位 7～位 4 系统保留，值为 0。

位7	6	5	4	3	2	1	位0
0	0	0	0	SV	SE	SC	SA

说明：

SA——设备认证控制位；

SE——功能加密控制位；

SC——访问控制位；

SV——话音加密控制位。

图 174　安全管理控制字段定义

a）设备认证控制位：1 位，用 SA 定义。当 SA 为 1B 时指示后续按序存在设备认证参数；

b）访问控制位：1 位，用 SC 定义。当 SC 为 1B 时指示后续按序存在访问控制参数；

c）功能加密控制位：1 位，用 SE 定义。当 SE 为 1B 时指示后续按序存在功能加密参数；

d）话音加密控制位：1 位，用 SV 定义。当 SV 为 1B 时指系统提供端端话音数据加密功能。

8.19.1.2　设备认证参数

设备认证参数字段 1 字节，定义如图 175 所示。其中，位 7～位 3 系统保留，值为 0。

位7	6	5	4	3	2	1	位0
0	0	0	0	0	BA	TA	IA

说明：

IA——ISC 认证控制位；

TA——VT 认证控制位；

BA——ISC、VT 双向认证控制位。

图 175　设备认证参数字段定义

a）ISC 认证控制位：1 位，用 IA 定义。当 IA 为 1B 时指示 VT 通过认证规程对 ISC 的合法性进行鉴别。IA 为 0B 时指示 VT 不对 ISC 鉴别；

b）TA 认证控制位：1 位，用 TA 定义。当 TA 为 1B 时指示 ISC 通过认证规程对 VT 的合法性进行鉴别。TA 为 0B 时指示 ISC 不对 VT 鉴别；

c）ISC、VT 双向认证控制位：1 位，用 BA 定义。当 BA 为 1B 时指示 ISC、VT 通过认证规程分别对 VT、ISC 的合法性进行鉴别。BA 为 0B 时指示 VT、ISC 不对 ISC、VT 鉴别。

8.19.1.3　访问控制参数

访问控制参数字段 1 字节，定义如图 176 所示。其中位 7～位 2 系统保留，值为 0。

位7	6	5	4	3	2	1	位0
0	0	0	0	0	0	TC	IC

说明：

IC——ISC 访问控制位；

TC——VT 访问控制位。

图 176　访问控制参数字段定义

a) ISC 访问控制位:1 位,用 IC 定义。当 IC 为 1B 时指示 ISC 各设备管理员(操作员)通过 PIN 码校验规程对身份进行合法性进行鉴别。当 IC 为 0B 时指示 ISC 取消鉴别;
b) TA 访问控制位:1 位,用 TC 定义。当 TC 为 1B 时指示 VT 乘驾员通过 PIN 码校验规程对身份进行合法性进行鉴别。当 TC 为 0B 时指示 VT 取消鉴别。

8.19.1.4 功能加密参数

功能加密参数字段定义如图 177 所示。

位 7 　　　　位 0	
功能加密要求	1 字节
功能类型编码	N字节

图 177 功能加密参数字段定义

8.19.1.4.1 功能加密要求字段

功能加密要求字段 1 字节,定义如图 178 所示,其中,位 7 系统保留,值为 0。

位 7	6	5	4	3	2	1	位 0
0	E1	E0	PE	F3	F2	F1	F0

说明:

F4、F3、F2、F1、F0——功能类型编码长度位;
PE——位置信息加密控制位;
E1、E0——功能加密选择位。

图 178 功能加密要求字段定义

a) 功能类型编码长度位:5 位,用 F4、F3、F2、F1、F0 组合定义,指示后续定义同表 1 所示的功能类型编码的个数。取值 00H~1FH,当为 00000B 时表示无功能类型编码字段;
b) 位置信息加密控制位:1 位,用 PE 定义。当 PE 为 1B 时指示各功能中的位置信息字段均加密。当 PE 为 0B 时指示各功能中的位置信息字段加密操作依据功能加密选择字段确定;
c) 功能加密选择位:2 位,用 E1、E0 组合定义,指示加密启动和关闭操作。其中:
   1) 00B 指示关闭所有功能加密,并依据后续功能编码类型定义再开启功能加密;
   2) 01B 指示依据后续功能编码类型定义关闭功能加密;
   3) 10B 指示依据后续功能编码类型定义开启功能加密;
   4) 11B 指示开启所有功能加密,并依据后续功能编码类型定义再关闭功能加密。

8.19.1.4.2 功能类型编码字段

每一功能类型编码 1 字节,定义同表 1。

8.19.2 安全管理应答帧

安全管理应答帧定义如图 179 所示。其中,控制及应答类型字段定义同 8.1.2.1,用户自定义字段定义同 8.1.2.2,位置信息字段定义同 8.1.2.3。

位7　　　位0	
0FH	1字节
80H	1字节
控制及应答	1字节
用户自定义	N字节
位置信息	M字节

图 179　安全管理应答帧定义

8.19.3　安全管理请求帧

安全管理指示帧定义如图 180 所示。其中,各字段定义同 8.19.1。

位7　　　位0	
0FH	1字节
81H	1字节
安全机制控制	1字节
设备认证参数	1字节
访问控制参数	1字节
功能加密参数	N字节

图 180　安全管理指示帧定义

8.19.4　安全管理指示应答帧

安全管理指示应答帧定义如图 181 所示。其中,各字段定义同 8.19.2。

位7　　　位0	
0FH	1字节
01H	1字节
控制及应答	1字节
用户自定义	N字节
位置信息	M字节

图 181　安全管理指示应答帧定义

8.20　VT 基本参数配置功能帧格式定义

系统通过基本参数配置请求和基本参数配置应答等信息帧,依据处理规程,完成 GB/T 30290.1—

2013 中 6.1.2 描述的 VT 基本参数配置功能。

8.20.1 基本参数配置请求帧

基本参数配置请求帧定义如图 182 所示。

位 7 　　　　位 0	
20H	1 字节
00H	1 字节
基本参数控制	2 字节
基本参数	M 字节
用户自定义	N 字节

图 182　基本参数配置请求帧定义

8.20.1.1 基本参数控制字段

基本参数控制字段 2 字节,定义如图 183 所示。其中,位 C3～位 C15 系统保留,值为 1。

位 7	6	5	4	3	2	1	位 0	
C15	C14	C13	C12	C11	C10	C9	C8	1 字节
C7	C6	C5	C4	C3	C2	C1	C0	1 字节

说明:

C0——配置中心区域号控制位;

C1——配置源/目地址控制位;

C2——用户自定义控制位;

C3～C15——系统保留定义位。

图 183　基本参数控制字段定义

a) 配置中心区域号控制位:1 位,用 C0 定义,当为 1B 时指示配置参数按序存在中心区域号字段;

b) 配置源/目地址控制位:1 位,用 C1 定义,当为 1B 时指示配置参数按序存在源/目地址字段;

c) 用户自定义控制位:1 位,用 C2 定义,当为 1B 时指示配置参数按序存在用户自定义字段。

8.20.1.2 基本参数字段

基本参数字段定义如图 184 所示。

位 7　　　　位 0	
中心区域号	2 字节
源地址	M 字节
目的地址	M 字节
用户自定义	N 字节

图 184　基本参数字段定义

8.20.1.2.1　中心区域号字段

中心区域号字段 2 字节，定义同 6.3.1.3。

8.20.1.2.2　源地址字段

源地址字段字节长度可变，定义同 6.3.1.8。

8.20.1.2.3　目的地址字段

目的地址字段字节长度可变，定义如图 185 所示。

位 7　　　　位 0	
目的地址个数	1 字节
目的地址1	M1 字节
…	
目的地址n	Mn 字节

图 185　目的地址字段定义

a)　目的地址个数字段：1 字节，指示后续目的地址个数，取值 00H～FFH；

b)　目的地址 1 字段：字节长度可变，定义同 6.3.1.7。

8.20.2　基本参数配置应答帧

基本参数配置应答帧定义如图 186 所示。其中，用户自定义字段定义同 8.1.2.2，位置信息字段定义同 8.1.2.3。

位 7 … 位 0	
20H	1 字节
80H	1 字节
控制及应答类型	1 字节
基本参数控制	2 字节
基本参数	M字节
用户自定义	N字节
位置信息	M字节

图 186 基本参数配置应答帧定义

8.20.2.1 控制及应答类型字段

控制及应答类型字段 1 字节，定义如图 187 所示。其中，应答类型位定义同 8.1.2.1 a)，用户自定义控制位定义同 8.1.2.1 b)，位置信息控制位定义同 8.1.2.1 c)。基本参数使用位为 1 位，用 CP 定义，指示后续存在基本参数控制字段。

位 7	6	5	4	3	2	1	位 0
0	CP	PI	UD	A3	A2	A1	A0

说明：

A3、A2、A1、A0——应答类型位；　　UD——用户自定义控制位；

PI——位置信息控制位；　　CP——基本参数使用位。

图 187 控制及应答类型字段定义

8.20.2.2 基本参数控制字段

基本参数控制字段 2 字节，定义同 8.20.1.1。当对应位为 1B 时，指示应答相应基本参数，否则相应基本参数无效。

8.20.2.3 其他字段

基本参数字段定义同 8.20.1.2，用户自定义字段定义同 8.1.2.2，位置信息字段定义同 8.1.2.3。

8.21 VT 扩展参数配置功能帧格式定义

系统通过扩展参数配置请求和扩展参数配置应答等信息帧，依据处理规程，完成 GB/T 30290.1—2013 中 6.2.26 描述的 VT 扩展参数配置功能。

8.21.1 扩展参数配置请求帧

基本参数配置请求帧定义如图 188 所示。

位7　　　　位0	
20H	1字节
01H	1字节
扩展参数控制	2字节
扩展参数	M字节
用户自定义	N字节

图 188　扩展参数配置请求帧定义

8.21.1.1　扩展参数控制字段

扩展参数控制字段 2 字节，定义如图 189 所示。其中 C15～C4 系统保留，值为 1。

位7	6	5	4	3	2	1	位0	
C15	C14	C13	C12	C11	C10	C9	C8	1字节
C7	C6	C5	C4	C3	C2	C1	C0	1字节

说明：

C0——配置报警目的地址控制位；　C1——配置报警器控制位；

C2——配置行驶记录采样间隔控制位；　C3——配置语音监听号码控制位；

C4——配置呼叫限制号码控制位；　C5——用户自定义控制位；

C6～C15——系统保留定义位。

图 189　扩展参数控制字段定义

a)　配置报警目的地址控制位：1 位，用 C0 定义，当为 1B 时指示配置参数按序存在报警目的地址字段；

b)　配置报警器状态控制位：1 位，用 C1 定义，当为 1B 时指示配置参数按序存在报警器字段；

c)　配置行驶记录采样间隔控制位：1 位，用 C2 定义，当为 1B 时指示配置参数按序存在行驶记录采样时间字段；

d)　配置语音采集号码控制位：1 位，用 C3 定义，当为 1B 时指示配置参数按序存在语音监听号码字段；

e)　配置呼叫限制号码控制位：1 位，用 C4 定义，当为 1B 时指示配置参数按序存在呼叫限制号码字段；

f)　用户自定义控制位：1 位，用 C5 定义，当为 1B 时指示配置参数按序存在用户自定义字段。

8.21.1.2　扩展参数字段

扩展参数字段定义如图 190 所示。

图 190　扩展参数字段定义

8.21.1.2.1　报警目的地址字段

报警目的地址字段字节数可变，指示接受报警的 ISC 号码，定义同 6.3.1.7。

8.21.1.2.2　报警器状态字段

报警器状态字段 4 字节，格式定义同 8.3.3.2，指示报警器各种状态是否有效。当状态字段为 1B 时，对应报警状态有效，可作为报警触发条件。当状态字段为 0B 时，对应报警状态无效，不作为报警触发条件。

8.21.1.2.3　行驶记录采样间隔字段

行驶记录采样时间间隔字段 2 字节，取值为 0000H～FFFFH，单位为秒(s)。如取 0000H，则表示终止运行记录采样。

8.21.1.2.4　语音采集号码字段

语音采集号码字段定义如图 191 所示。

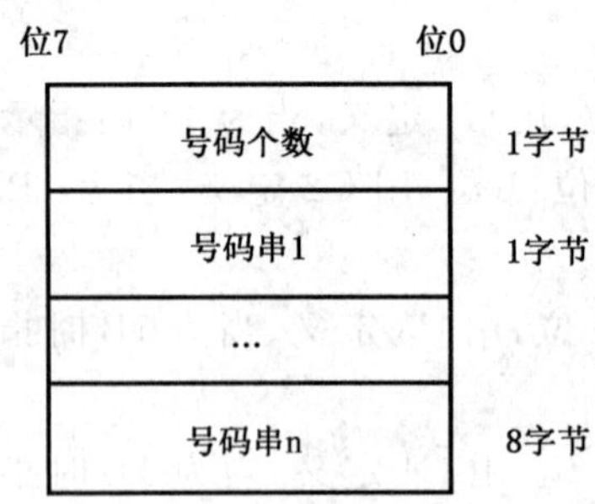

图 191　语音采集号码字段定义

a)　号码个数字段:1 字节，取值 01H～10H；

b)　号码串字段:8 字节，采用 BCD 编码。从高字节开始填，未用完的半字节用 FH 补足。

8.21.1.2.5　呼叫限制号码字段

呼叫限制号码字段定义如图 192 所示。

位7 位0	
呼叫限制控制	1字节
呼叫号码个数	1字节
呼叫号码属性1	1字节
呼叫号码串1	8字节
…	
呼叫号码属性n	1字节
呼叫号码串n	8字节

图 192 呼叫限制号码字段定义

8.21.1.2.5.1 呼叫限制控制字段

呼叫限制控制字段 1 字节，定义如图 193 所示。

位7	6	5	4	3	2	1	位0
0	0	C0	CI	01	00	I1	I0

说明：

I1、I0——呼入号码限制位；　　01、00——呼出号码限制位；

CI——清除呼入号码限制位；　　C0——清除呼出号码限制位。

图 193 呼叫限制号码设置字段定义

a) 呼入号码限制位：2 位，用 I1、I0 组合定义。其中：
   1) 00B：允许所有呼入号码；
   2) 01B：禁止所有呼入号码；
   3) 10B：允许部分呼入号码，但禁止其中某些号码呼入；
   4) 11B：禁止部分呼入号码，但允许其中某些号码呼入；
b) 呼出号码限制位：2 位，用 01、00 组合定义。其中：
   1) 00B：允许所有呼出号码；
   2) 01B：禁止所有呼出号码；
   3) 10B：允许部分呼出号码，但禁止其中某些号码呼出；
   4) 11B：禁止部分呼出号码，但允许其中某些号码呼入；
c) 清除所有呼入号码位：1 位，用 C1 定义。其中：
   1) 1B：清除所有呼入号码设置；
   2) 0B：保留以前呼入号码设置；
d) 清除所有呼出话码位：1 位，用 C0 定义。其中：
   1) 1B：清除所有呼出话码设置；
   2) 0B：保留以前呼出话码设置。

8.21.1.2.5.2 呼叫号码个数字段

呼叫号码个数字段1字节，取值为01H～10H，指示后续限制呼叫号码个数。

8.21.1.2.5.3 呼叫号码属性字段

呼叫号码属性字段1字节，定义如图194所示。

位7	6	5	4	3	2	1	位0
0	0	T	A	L3	L2	L1	L0

说明：

L3、L2、L1、L0——呼叫号码长度位；

A——呼叫属性使能位；

T——呼叫属性控制位。

图194 呼叫号码属性字段定义

a) 呼叫号码长度位：4位，用L3、L2、L1、L0组合定义。指示呼叫号码串BCD码个数，取值为0001B～1111B；

b) 呼叫属性使能位：1位，用A定义。0：允许呼入（或呼出），1：禁止呼入（或呼出）；

c) 呼叫属性控制位：1位，用T定义。0B指示本呼叫号码为呼出号码，1B指示本呼叫号码为呼入号码。

8.21.1.2.5.4 呼叫号码串字段

呼叫号码串字段长度由呼叫号码属性字段确定，采用BCD编码。

8.21.2 扩展参数配置应答帧

扩展参数配置应答帧定义如图195所示。其中，用户自定义字段同8.1.2.2，位置信息字段定义同8.1.2.3。

位7　　　　位0	
20H	1字节
81H	1字节
控制及应答类型	1字节
扩展参数控制	2字节
扩展参数	M字节
用户自定义	N字节
位置信息	M字节

图195 扩展参数配置应答帧定义

8.21.2.1 控制及应答类型字段

控制及应答类型字段 1 字节,定义如图 196 所示。其中,应答类型字段定义同 8.1.2.1 a),用户自定义控制字段定义同 8.1.2.1 b),位置信息字段定义同 8.1.2.1 c)。扩展参数使用位为 1 位,用 CP 定义,指示后续存在基本参数控制字段。

位7	6	5	4	3	2	1	位0
0	CP	PI	UD	A3	A2	A1	A0

说明:

A3、A2、A1、A0——应答类型位;　UD——用户自定义控制位;

PI——位置信息控制位;　CP——基本参数使用位。

图 196 控制及应答类型字段定义

8.21.2.2 扩展参数控制字段

扩展参数控制字段 2 字节,定义同 8.21.1.1。当对应位为 1B 时,指示应答相应扩展参数,否则相应扩展参数无效。

8.21.2.3 其他字段

扩展参数字段定义同 8.21.1.2,用户自定义字段定义同 8.1.2.2,位置信息字段定义同 8.1.2.3。

附 录 A
（规范性附录）
位置信息定义

A.1 位置信息定义

位置信息格式定义如图 A.1 所示。

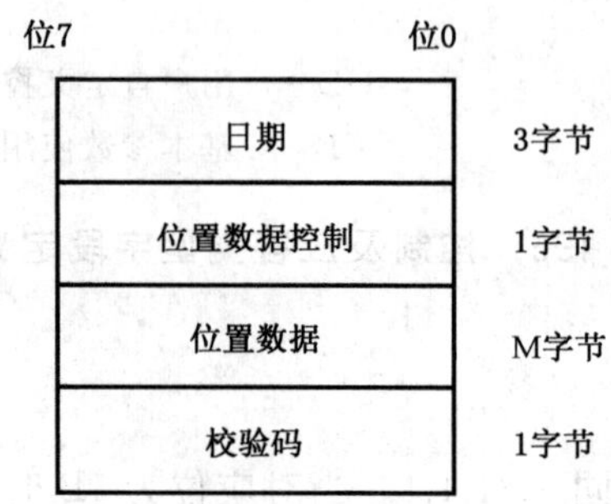

图 A.1 位置信息定义

A.2 日期字段定义

日期字段 3 字节，定义如图 A.2 所示。日期为 UTC 日期，从 2000 年计起，采取年(YY)月(MM)日(DD)表示。

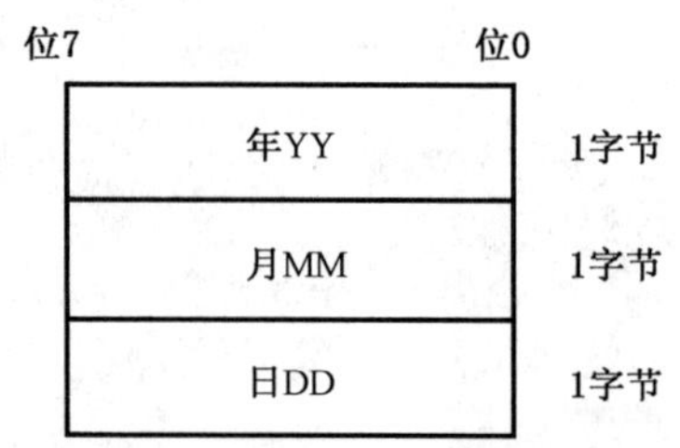

图 A.2 日期字段定义

a） 年字段：1 字节，用 YY 定义，取值范围为 00H～63H；
b） 月字段：1 字节，用 MM 定义，取值范围为 01H～0CH；
c） 日字段：1 字节，用 DD 定义，取值范围为 01H～1FH。

A.3 位置数据控制字段定义

位置数据控制字段 1 字节，定义如图 A.3 所示。

位7	6	5	4	3	2	1	位0
0	0	E	N	V	A	P1	P0

说明：

P1、P0——位置信息类型控制位；　A——卫星定位有效性位；

V——速度控制位；　N——纬度控制位；

E——经度控制位。

图 A.3　位置数据控制字段定义

a)　位置信息类型控制位：2 位，用 P1、P0 组合定义，指示位置数据结构。定义同 8.1.1.1 c)；

b)　卫星定位有效性位：1 位，用 A 定义，指示卫星定位信号和数据解算正确程度。0B 表示无效位置数据，1B 表示有效位置数据；

c)　速度控制位：1 位，用 V 定义，指示定位目标运行速度超过 255 km/h。0B 表示速度低于 255 km/h，1B 表示速度高于 255 km/h；

d)　纬度控制位：1 位，用 N 定义，指示定位目标所处纬度。0B 表示南纬，1B 表示北纬；

e)　经度控制位：1 位，用 E 定义，指示定位目标所处经度。0B 表示西经，1B 表示东经。

A.4　位置数据字段定义

位置数据字段依据 8.1.1.1 c)定义分为标准位置数据和组合位置数据。

A.4.1　标准位置数据

标准位置数据定义如图 A.4 所示。

位7　　　　位0	
时间	3字节
纬度	4字节
经度	4字节
速度	1字节
方向	1字节

图 A.4　标准数据格式定义

A.4.1.1　时间字段定义

时间字段 3 字节，用时(HH)分(MM)秒(SS)定义，为格林尼治时间，定义如图 A.5 所示。

位7 　　　　位0	
时HH	1字节
分MM	1字节
秒SS	1字节

图 A.5　时间字段定义

a）时字段:1 字节,用 HH 定义,取值范围为 00H～17H,指示一天中的 0 h～23 h;

b）分字段:1 字节,用 MM 定义,取值范围为 00H～3BH,指示一小时中的 0 min～59 min;

c）秒字段:1 字节,用 SS 定义,取值范围为 00H～3BH,指示一分中的 0 s～59 s。

A.4.1.2　纬度字段定义

纬度字段 4 字节,用十六进制数表示,格式定义如图 A.6 所示。

位7 　　　　位0	
度(DD)	1字节
整数分(CC1)	1字节
小数分(CC2)	1字节
小数分(CC3)	1字节

图 A.6　纬度字段定义

示例:纬度为 22°00.8921′,南、北纬在位置数据控制字段中的“N”位指示,则经编码转换 N=0,DD=16H,CC1=00H,CC2=59H,CC3=15H。

A.4.1.3　经度字段定义

经度字段 4 字节,采用十六进制数表示,格式定义如图 A.7 所示。

位7 　　　　位0	
度(GD)	1字节
整数分(GC1)	1字节
小数分(GC2)	1字节
小数分(GC3)	1字节

图 A.7　经度字段定义

示例:经度为 128°59.0022′,东、西经在位置数据控制字段中的“E”位指示,则经过编码转换 E=0,GD=80H,GC1=3BH,GC2=00H,GC3=16H。

A.4.1.4 速度字段定义

速度字段 1 字节,采用十六进制数 00H～FFH 表示速度在 0 km/h～255 km/h。

示例:设速度为 023.3 km/h,则经编码转换 V 位为 0,速度字段为 17H。设速度为 285 km/h,则经编码转换 V 位为 1,速度字段为 1EH。

A.4.1.5 方向字段定义

方向字段 1 字节,采用十六进制数 00H～B4H(单位为 2°) 表示方向 0°～360°。方向字段不计小数。0°表示正北方向,以此为准顺时针方向按 2°增大。

A.4.2 组合位置数据

组合位置数据定义如图 A.8 所示。

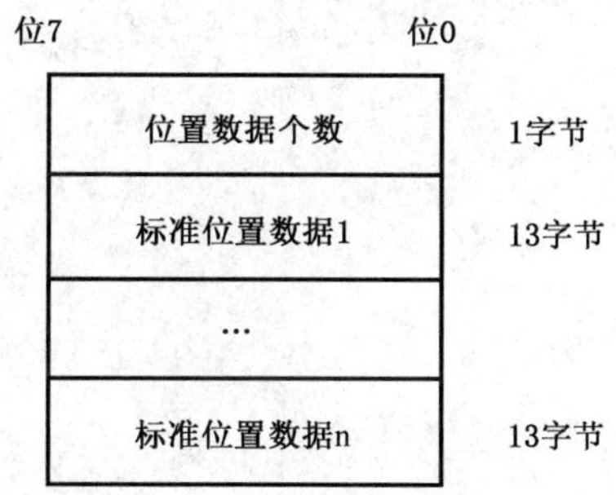

图 A.8 组合位置数据定义

A.4.2.1 位置数据个数字段定义

位置数据个数字段 1 字节,指示后续已组合的标准位置数据个数。取值范围为 01H～FFH。

A.4.2.2 标准位置数据字段定义

标准位置数据字段定义同 A.3.1。

A.5 校验码字段

校验码字段 1 字节,为编码前(ASCII 码)信息格式中所有字节的累加和。

ICS 33.200
M 50

中华人民共和国国家标准

GB/T 30290.3—2013

卫星定位车辆信息服务系统 第3部分:信息安全规范

Satellite positioning vehicle information service system (VISS)—
Part 3: Information security specification

2013-12-31 发布　　2014-07-15 实施

中华人民共和国国家质量监督检验检疫总局
中国国家标准化管理委员会 发布

前　言

GB/T 30290 目前包括四个部分：

——第 1 部分：功能描述；

——第 2 部分：车载终端与服务中心信息交换协议；

——第 3 部分：信息安全规范；

——第 4 部分：车载终端通用规范。

本部分为 GB/T 30290 的第 3 部分。

本部分按照 GB/T 1.1—2009 给出的规则起草。

请注意本文件的某些内容可能涉及专利。本文件的发布机构不承担识别这些专利的责任。

本部分由中华人民共和国工业和信息化部提出。

本部分由中国电子技术标准化研究所归口。

本部分起草单位：中国电子科技集团公司第三十研究所、中国电子技术标准化研究所、厦门雅迅网络股份有限公司。

本部分主要起草人：虞忠辉、肖红英、尹峰、韦昌荣、陈倩。

卫星定位车辆信息服务系统
第3部分:信息安全规范

1 范围

GB/T 30290 的本部分规定了卫星定位车辆信息服务系统(以下简称“系统”)的信息安全模型、密钥分配、设备认证、访问控制、数据机密性及数据完整性保护等安全保密机制,定义了车载终端安全保密模块的接口和通信协议。

本部分适用于通过卫星导航定位技术、采用公众移动通信网络、具有信息服务中心的车辆信息服务系统,可作为系统信息安全功能的设计和测试依据。通过陆基等定位技术、采用专用移动通信网络、具有信息服务中心的信息处理系统的信息安全功能亦可参照执行。

2 规范性引用文件

下列文件对于本文件的应用是必不可少的。凡是注日期的引用文件,仅注日期的版本适用于本文件。凡是不注日期的引用文件,其最新版本(包括所有修改单)适用于本文件。

GB/T 6107—2000 使用串行二进制数据交换的数据终端设备和数据电路终接设备之间的接口

GB/T 30290.1—2013 卫星定位车辆信息服务系统 第1部分:功能描述

GB/T 30290.2—2013 卫星定位车辆信息服务系统 第2部分:车载终端与服务中心信息交换协议

GB/T 30290.4—2013 卫星定位车辆信息服务系统 第4部分:车载终端通用规范

3 术语和定义

GB/T 30290.1—2013、GB/T 30290.2—2013、GB/T 30290.4—2013 界定的以及下列术语和定义适用于本文件。

3.1

访问控制 access control

保护系统资源不受非授权访问。

3.2

机密性 confidentiality

数据不能被非授权的个人、实体或者处理流程(例如,非授权的系统实体)所访问,或者不能被暴露的特性。

3.3

密钥 cipher key

在密码体制中,用于控制或改变密码算法和初态的一组参数(变量)。

3.4

密码算法 cryptographic algorithm

受密钥控制将明文变换成密文和将密文变换成明文的规则。

3.5

解密 decryption

将密文变换成明文的密码操作。

3.6

设备认证 device authentication

对一个设备所声称的,或者为一个设备所声明的身份进行验证、并授予其访问系统资源的权利或者许可的过程。

3.7

加密 encryption

将明文变换成密文的密码操作。

3.8

完整性 integrity

数据没有在非授权或者意外的情况下被修改、破坏或者丢失的特性。

3.9

安全保密机制 security and crypto mechanism

用于实现系统之中或者系统提供的某个安全保密服务的处理流程(或者设备加上处理流程)。

3.10

安全模型 security model

对一系列实体和关系的示意性描述,可提供一系列特定的安全服务。

4 符号和缩略语

GB/T 30290.1—2013、GB/T 30290.2—2013、GB/T 30290.4—2013 界定的以及下列符号和缩略语适用于本文件。

4.1 符号

G_c 信息服务中心保密实体与信息服务中心接口

G_s 安全保密管理实体与信息服务中心接口

4.2 缩略语

A/D 模拟/数字变换(Anolog/Digital Convert)

AK 认证密钥(Authentication Key)

D/A 数字/模拟变换(Digital/Anolog Convert)

DCK 导出密钥(Derived Cipher Key)

DCK1 导出密钥的第一部分(Part 1 of Derived Cipher Key)

DCK2 导出密钥的第二部分(Part 2 of Derived Cipher Key)

ISCCE 信息服务中心保密实体(Information Service Center Crypto Entity)

ISCSCE 信息服务中心安全保密实体(Information Service Center Security and Crypto Entity)

KS 会话密钥(Key of Session)

MK 主密钥(Main Key)

PIN 个人身份识别码(Personal Identification Number)

RAND1 随机询问 1(Random Challenge 1)

RAND2 随机询问 2(Random Challenge 2)

RES1 响应 1(Response 1)

RES2 响应 2(Response 2)

RS 随机数种子(Random Seed)

SCMC 安全保密管理中心(Security and Crypto Management Center)

SCME 安全保密管理实体(Security and Crypto Management Entity)

VA11 车载认证算法 11(Vehicle-Borne Authentication Algorithm 11)

VA12 车载认证算法 12(Vehicle-Borne Authentication Algorithm 12)

VA21 车载认证算法 21(Vehicle-Borne Authentication Algorithm 21)

VA22 车载认证算法 22(Vehicle-Borne Authentication Algorithm 22)

VDCKA 车载导出密钥算法(Vehicle-Borne Derived Cipher Key Algorithm)

VSCA 车载序列密码加密算法(Vehicle-Borne Sequence Cipher Algorithm)

VPCA 车载分组密码加密算法(Vehicle-Borne Packet Cipher Algorithm)

VTCE 车载终端保密实体(Vehicle-Borne Terminal Crypto Entity)

VTCM 车载终端保密模块(Vehicle-Borne Terminal Crypto Module)

VTSCE 车载终端安全保密实体(Vehicle-Borne Terminal Security and Crypto Entity)

VTSCM 车载终端安全保密模块(Vehicle-Borne Terminal Security and Crypto Module)

VTSCMIN 车载终端安全保密模块身份识别码(Vehicle-Borne Terminal Security and Crypto Module Identification Number)

VTSE 车载终端安全实体(Vehicle-Borne Terminal Security Entity)

VTSM 车载终端安全模块(Vehicle-Borne Terminal Security Module)

VWKEA 车载工作密钥加密算法(Vehicle-Borne Work Key Encryption Algorithm)

WK 工作密钥(Work Key)

XRES1 期望响应 1(Expect Response 1)

XRES2 期望响应 2(Expect Response 2)

5 安全保密机制

5.1 参考模型

系统安全保密机制建立在如 GB/T 30290.1—2013 图 1 所示的参考模型基础上,通过在车载终端(VT)和信息服务中心(ISC)上分别叠加安全保密实体,来实现安全保密系统与非安全保密系统的相对独立。安全保密模型访问接口和参考点定义如 GB/T 30290.1—2013 中图 2 所示。

5.2 实体组成

系统安全保密实体由车载终端安全保密实体(VTSCE)和信息服务中心安全保密实体(ISCSCE)两部分组成,其中 ISCSCE 由信息服务中心保密实体(ISCCE)和安全保密管理实体(SCME)组成。

5.2.1 VTSCE 组成

VTSCE 包括车载终端安全实体(VTSE)和车载终端保密实体(VTCE)。VTSE 提供设备认证等安全服务;VTCE 提供加密、密钥管理等保密服务。根据系统安全管理确定的安全保密机制,VTSCE 可仅提供安全服务或保密服务,也可两种服务同时提供。

当 VTSCE 仅提供安全服务时,其只包括 VTSE,此时 VTSCE 则相应由独立的车载终端安全模块(VTSM)来实现,如图 1 所示。

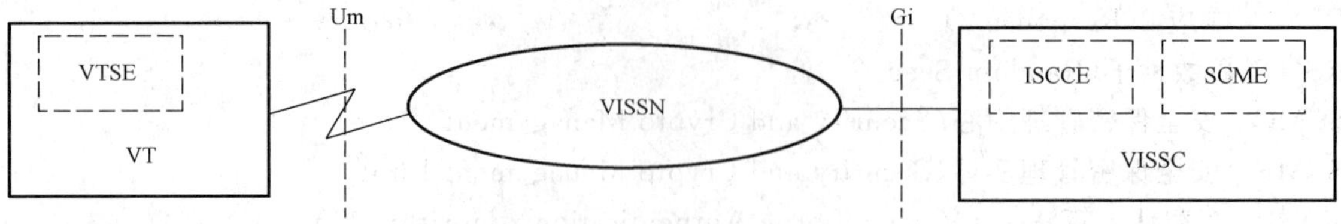

图 1　仅提供安全服务的基本模型

当 VTSCE 仅提供保密服务时，其只包括 VTCE，此时，VTSCE 则相应由独立的车载终端保密模块（VTCM）来实现，如图 2 所示。

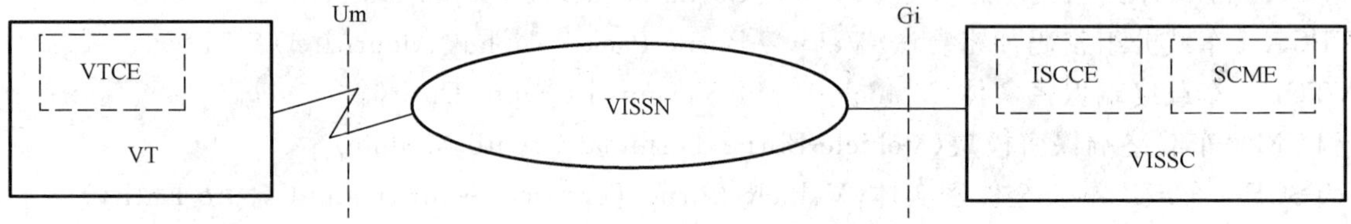

图 2　仅提供保密服务的基本模型

当 VTSCE 两种服务同时提供时，其包括 VTSE 和 VTCE，此时，VTSCE 则相应由独立的车载终端安全保密模块（VTSCM）来实现，如图 3 所示。

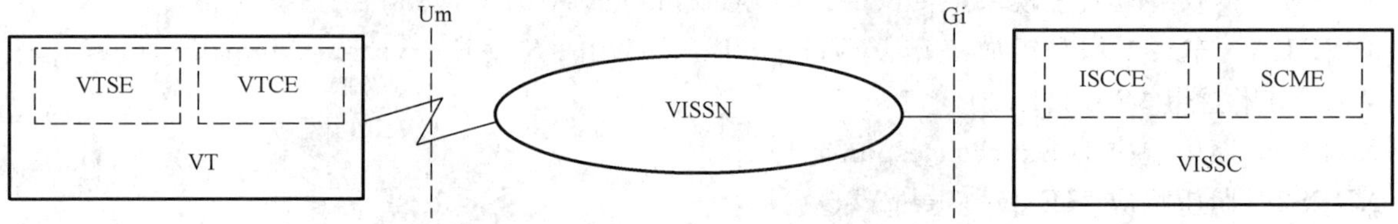

图 3　提供安全服务和保密服务的基本模型

VTSCM 独立于车载终端制造商。满足本部分要求的 VT 插入 VTSCM，并与车辆信息服务系统通信网络（VISSN）连接，即可获得相关的安全保密服务。

5.2.2　ISCSCE 组成

ISCSCE 由 ISCCE 和 SCME 组成。

ISCCE 用以实现 ISC 与 VT 间通信的加/解密服务，可由硬件设备或软件模块实现，通过相关接口与 ISC 相连。

SCME 为系统提供设备认证、密钥产生、密钥分配、密钥遥控销毁等安全保密管理服务，通常由独立设备安全保密管理中心（SCMC）实现，通过局域网与 ISC 连接。

5.3　密码体制

安全保密实体的加解密算法采用基于密码学的对称密钥密码体制实现，其密钥结构为：

a)　主密钥（MK_n）

　　MKn 用于完成对空中分配的认证密钥（AK）的加/解密，参与安全保密实体内部保密参数的加密掩盖运算。n 为用户编号，即每个用户拥有独立的 MK。MK 由 SCMC 产生，通过加载设备（例如智能 IC 卡）以人工方式注入安全保密实体。

b)　认证密钥（AK）

AK 用于完成通信双方间的身份认证以及工作密钥(WK)分配时的加/解密运算。由 SCMC 定期或根据需要产生,经 ISC 通过移动通信网络分配给各安全保密实体。

c) 工作密钥(WK)

WK 用于完成 VTSCE 之间传输的话音或数据信息的加/解密处理。由 SCMC 定期或根据需要产生,经 ISC 通过移动通信网络分配给 VTSCE,在 VTSCE 内需加密存储。

5.4 机制运行

安全保密实体依据系统安全管理确定的安全保密机制,启动和关闭设备认证、访问控制、数据加密等一个或几个功能。

5.4.1 设备认证机制启用和关闭

SCME 对 VT 用户单向设备认证机制由 SCME 启用或者关闭;VT 用户对 SCME 单向设备认证机制由 VT 用户启用或者关闭;SCME 与 VT 用户间双向设备认证机制由 SCME 启用或者关闭。

5.4.2 访问控制机制启用和关闭

VT 用户的访问控制机制由 VT 用户启用或者关闭;SCME 的访问控制机制由 SCME 启用或者关闭。

5.4.3 数据加密机制启用和关闭

VT 与 ISC 间通信时的数据加密机制由 SCME 启用或者关闭;VT 与 VT 间通信时的数据加密机制由 VT 启用或者关闭。

6 安全保密规程

6.1 设备认证规程

当卫星定位车辆信息服务系统配有 SCME,并根据实际情况需要对系统内 VT 进行设备认证时,可选用空中接口认证。

设备认证的双方是 SCME 和 VT 用户。采用对称密钥的方法进行认证,即认证的双方共享认证密钥 AK,通过相互询问共享 AK 完成设备认证。每个用户的 AK 相互独立、互不相同。

在 VT 每次和车辆信息服务系统通信网络连接,获取相关的安全保密服务时,其与 SCME 之间需实施单向或双向空中接口认证。空中接口认证的方式有以下几种,可采用其中之一:

a) SCME 对 VT 用户单向设备认证:采用询问一应答协议;
b) VT 用户对 SCME 单向设备认证:采用询问一应答协议;
c) SCME 和 VT 用户双向设备认证:采用询问一应答协议,而且采用与 a)和 b)设备认证相同的密钥和密码算法。

6.1.1 SCME 对 VT 用户单向设备认证

SCME 对 VT 用户的设备认证过程如图 4 所示。首先,VT 用户向 SCME 发起认证申请,收到申请后 SCME 产生随机数种子(RS)和随机询问(RAND1)发送给 VT,然后 SCME 和 VT 根据 RS 通过算法 VA11 计算出会话密钥(KS),再根据 RAND1 通过算法 VA12 分别计算出预期响应(XRES1)、响应(RES1)和导出密钥(DCK1)。VT 将计算出的 RES1 发送给 SCME,SCME 把得到的 RES1 与计算出的 XRES1 进行比较,如果值相等,则设置运算结果 R1 为真,并发送给 VT,设备认证成功。

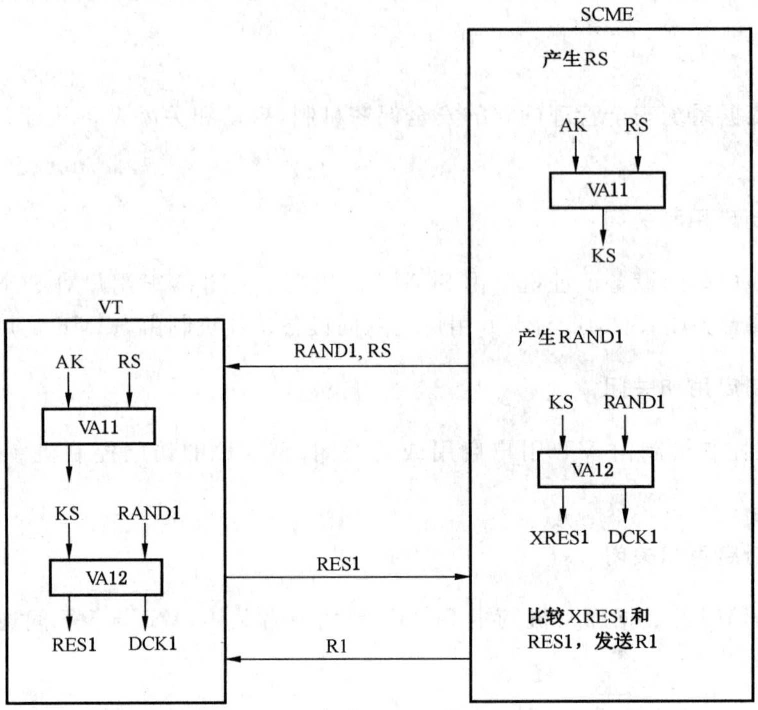

图4 SCME对VT用户单向设备认证过程

SCME对VT用户单向设备认证规程如图5所示，虚线部分表示工作异常时的处理流程。

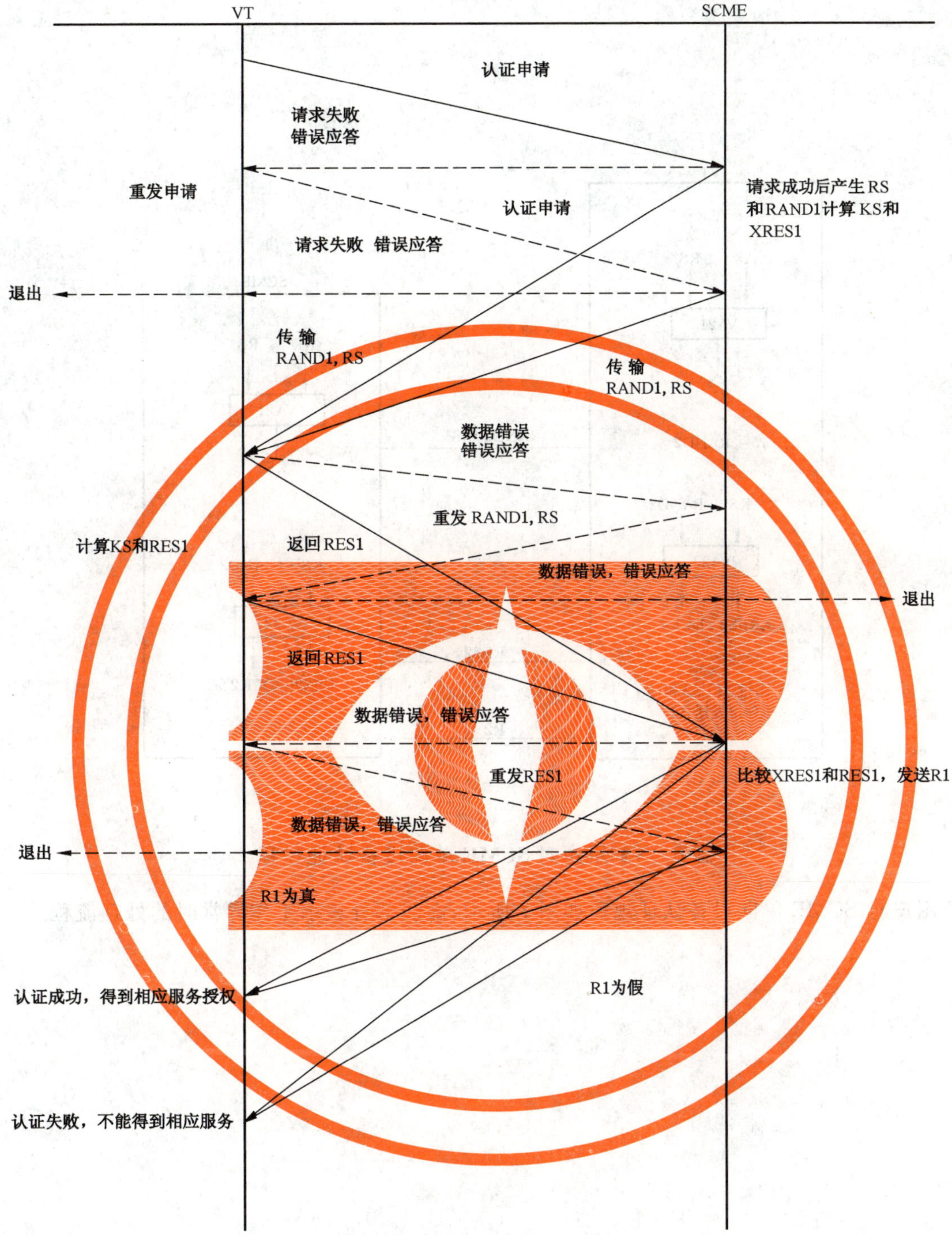

图 5 SCME 对 VT 用户单向设备认证规程

6.1.2 VT 用户对 SCME 单向设备认证

VT 用户对 SCME 的设备认证过程如图 6 所示。首先，SCME 向 VT 发起认证申请，收到申请后 VT 产生 RS 和 RAND2 发送给 SCME，然后 VT 和 SCME 根据 RS 通过算法 VA21 计算出会话密钥(KS’)，再根据 RAND2 通过算法 VA22 分别计算出 XRES2、RES2 和 DCK2。SCME 将计算出的 RES2 发送给 VT，VT 把得到的 RES2 与计算出的 XRES2 进行比较，如果值相等，则设置运算结果 R2 为真，并发送给 SCME，设备认证成功。

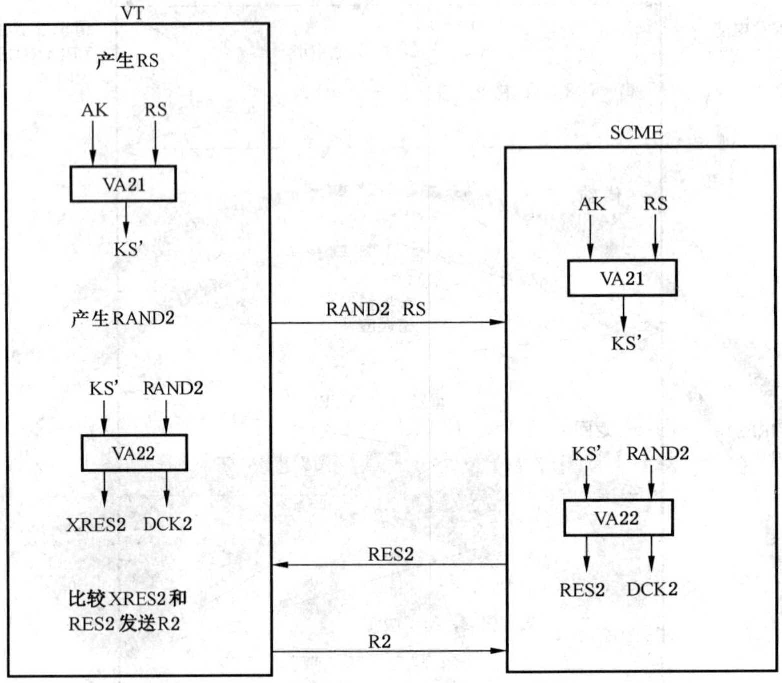

图6　VT用户对SCME单向设备认证过程

VT 用户对 SCME 单向设备认证规程如图 7 所示，虚线部分表示工作异常时的处理流程。

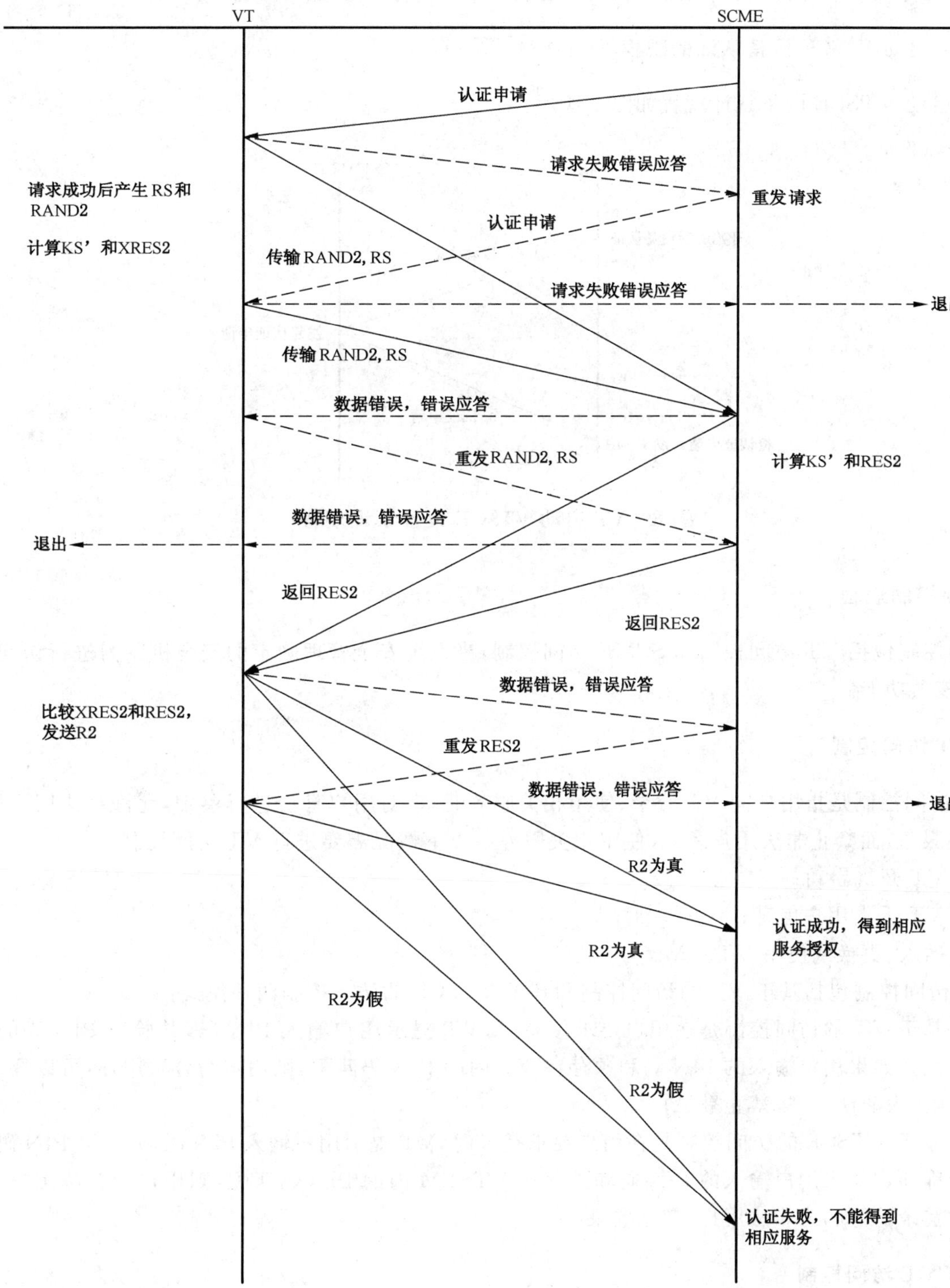

图 7　VT 用户对 SCME 单向设备认证规程

6.1.3　VT 用户和 SCME 双向设备认证

双向设备认证由第一被询问方发起，即首先询问方发起(单向)设备认证，由应答方发起相互设备认证。相互设备认证时，如果第一次设备认证为假，则放弃第二次设备认证。

双向设备认证采用图4、图5、图6和图7的设备认证过程和设备认证规程。

6.1.4 VT启动VTSCE设备认证的规程

VT启动VTSCE设备认证规程如图8所示。

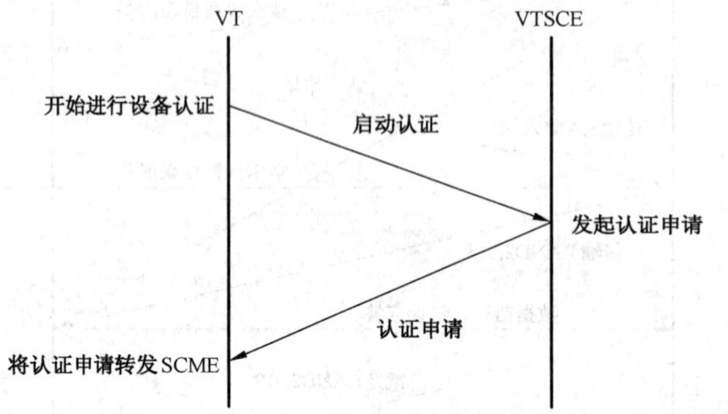

图8 VT启动VTSCE设备认证规程

6.2 访问控制规程

访问控制包括VT访问控制和SCME访问控制，当系统安全管理确定的安全机制需进行访问控制时，启用该项功能。

6.2.1 VT访问控制

VT访问控制是指用户向VT登录、使用相关服务时，需对用户身份进行鉴别，允许合法用户登录、使用相关服务，而禁止非法用户登录、使用相关服务。以下情况需要进行VT访问控制：

a) VT开机启动；

b) VT丢失用户信息；

c) 插入、更换或使用VTSCM。

VT访问控制包括基于VT的访问控制和基于VTSCE的访问控制两种模式：

a) 基于VT的访问控制是在用户要求登录时，VT提示用户输入PIN码，并验证PIN码的正确性。如果用户输入的PIN码和预存在VT内的PIN码匹配，则用户为合法用户，可以登录；否则，为非法用户，禁止登录；

b) 基于VTSCE的访问控制是在用户要求登录时，VT提示用户输入PIN码，并验证PIN码的正确性。如果用户输入的PIN码和预存在VTSCM内的PIN码匹配，则用户为合法用户，允许登录；否则，为非法用户，禁止登录。

6.2.2 SCME访问控制

SCME访问控制采用身份鉴别和双重身份鉴别两种机制。当系统配置有SCME时，才需要进行SCME访问控制。

6.2.2.1 身份鉴别

SCME设置一个系统管理员，系统管理员具有身份鉴别码。系统管理员只有正确输入身份鉴别码，才能进入系统操作员设置程序，由系统管理员设置每个操作员的身份鉴别码。每个操作员只有正确输入各自的身份鉴别码，才可进入系统并进行相应的操作控制。

6.2.2.2 双重身份鉴别

重要操作应采用双重身份鉴别机制，一重身份鉴别是操作员的身份鉴别码，另一重身份鉴别是操作鉴别码，即操作员不仅要正确输入自己的鉴别码，还要正确输入该项操作的鉴别码才能进行有关的重要操作。

6.2.3 基于 VTSCE 的访问控制规程

基于 VTSCE 的访问控制规程如图 9 所示。

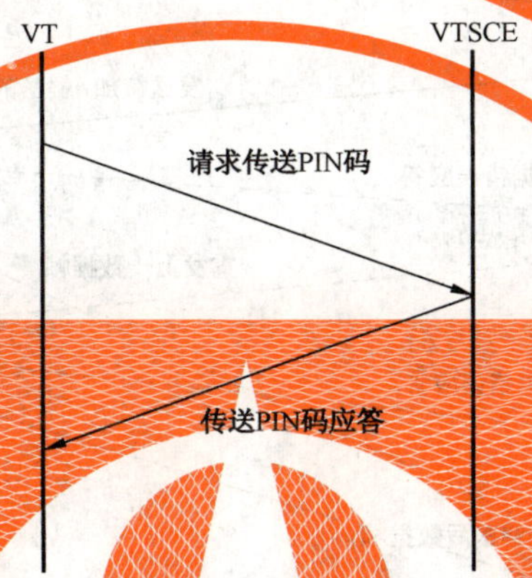

图 9 基于 VTSCE 的访问控制规程

6.3 数据加密规程

数据加密是在 VT 和 ISC，或者 VT 和 VT 之间的全程链路上提供机密性保护。数据信息加密主要为非话业务，同时也可为话音业务提供机密性保护（话音业务参考附录 A）。

6.3.1 加密算法及信道要求

非话业务端到端加密采用分组密码加密算法；话音业务端到端加密采用序列密码加密算法，承载加密话音的信道传输速率应大于最低话音编解码速率。

6.3.2 非话业务加解密规程

非话业务加/解密规程如图 10 所示，虚线部分表示工作异常时的处理流程。

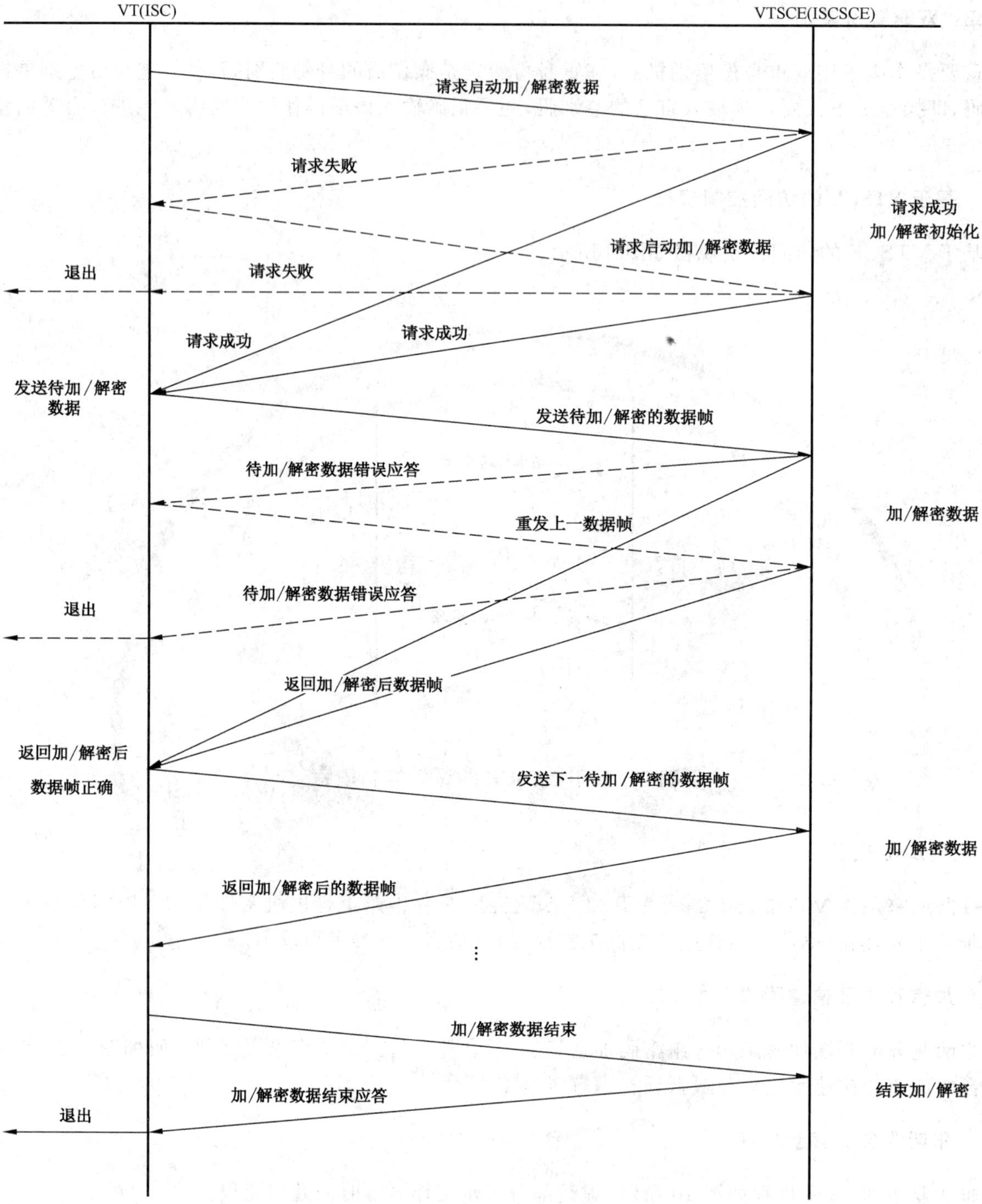

图 10 非话业务加/解密规程

6.4 密钥分配管理规程

为保证安全保密系统使用的安全性,VT 与 ISC、VT 与 VT 间使用不同的密钥分配管理机制。密钥分配管理采用 GB/T 30290.2—2013 中 6.3.1.1 定义的帧承载。

整个系统的密钥分配管理功能由 SCME 实现,SCME 通过局域网与 ISC 相连。其对 VT 的密钥分配管理规程通过 ISC 与 VT 的信息传输实现;对 ISC 的密钥分配管理规程则通过自身与 ISC 的信息传输实现。

当系统未配置 SCME 时，系统的各类密钥参数由安全保密设备的生产厂商预先注入。如要更换时，则需返回生产厂商统一进行。

6.4.1 WK 分配机制

VT 与 VT 之间通信时，使用 WK 和车载序列密码加密算法（VSCA）、或者 WK 和车载分组密码加密算法（VPCA）加密保护 VT 和 VT 之间的各类数据信息。互通的 VTSCE 的 WK 相同。

WK 有一定的生存周期，当周期结束时，就需要由 SCMC 产生新的 WK，并通过 VISSN 发送给 VTSCE。通过 VISSN 分配 WK（一般为多组）时，应用 AK 和车载工作密钥加密算法（VWKEA）对 WK 分配帧的用户数据字段进行加密处理。

WK 分配帧的用户数据字段应包括：

a) 密钥编号；
b) 车载终端安全保密模块身份识别码 VTSCMIN；
c) 工作密钥 WK；
d) 时间戳；
e) 完整性校验码。

其规程如图 11 所示。

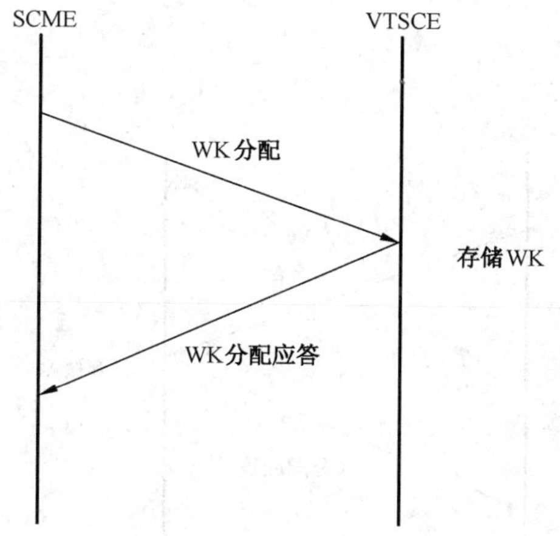

图 11 WK 分配规程

6.4.2 导出密钥（DCK）分配机制

系统如需进行设备认证，则认证成功后（如图 4 和图 6），VT 和 SCME 应把单向设备认证产生的导出密钥 DCK1 或者 DCK2，或者双向设备认证产生的导出密钥 DCK1 和 DCK2，通过车载导出密钥算法（VDCKA）计算出导出密钥 DCK（如图 12 所示）。如果是单向设备认证，则 DCK1 或者 DCK2 设置为零。对于通过 SCME 对 VT 用户的设备认证来说，DCK2＝0；对于通过 VT 用户对 SCME 的设备认证来说，DCK1＝0。

成功产生 DCK 后，使用 DCK 和 VSCA、或者 DCK 和 VPCA 来保护 VT 和 ISC 之间通信网络的各类数据信息的传输。

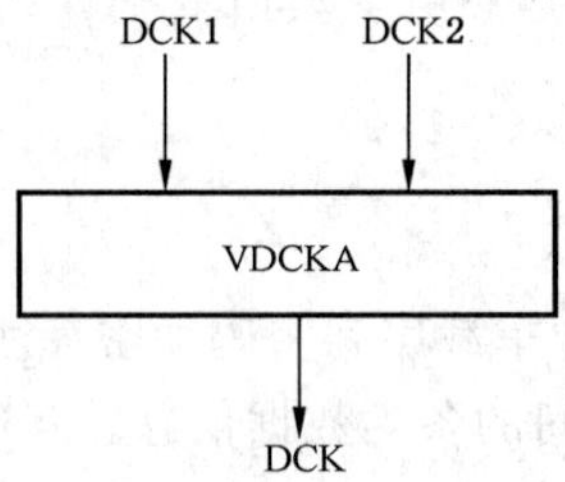

图 12　DCK 的产生

当系统不支持设备认证功能时，VT 与 ISC 之间通信采用 WK 和 VSCA、或者 WK 和 VPCA 加密保护 VT 和 ISC 之间的各类数据信息。

6.4.3　AK 的产生和分发

AK 由 SCMC 的物理噪声源产生，通过 VISSN 空中分配给各安全保密实体。通过 VISSN 分配 AK 时，应该用 MK 对 AK 分配帧的用户数据字段进行加密处理。

AK 分配帧的用户数据字段应包括：

a)　车载终端安全保密模块身份识别码(VTSCMIN)；

b)　认证密钥(AK)；

c)　时间戳；

d)　完整性校验码。

AK 分配规程如图 13 所示。

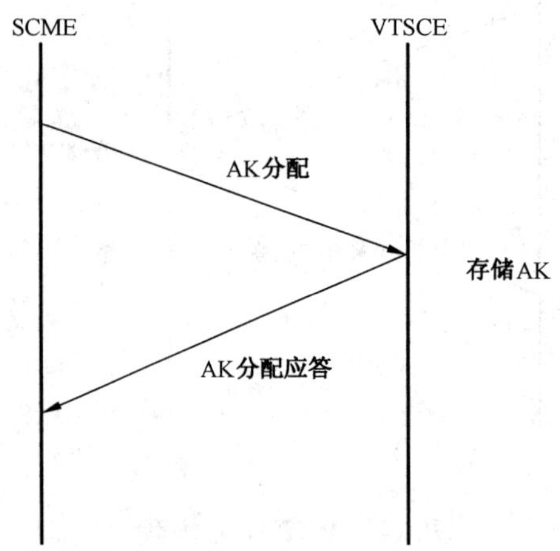

图 13　AK 分配规程

6.4.4　MK 的更换

MK 也有一定的生存周期，当周期结束时，应由 SCMC 产生各个 VTSCE 和 ISCCE 新的 MK，并通过加载设备(例如智能 IC 卡)以人工方式注入各安全保密实体。

6.4.5　WK 的更换

SCME 根据需要通过 VISSN 将 WK 更换命令发送给 VTSCE，遥控 VTSCE 将 WK 更换为其他的组。通过 VISSN 更换 WK 时，应该用 AK 和车载工作密钥加密算法(VWKEA)对 WK 更换帧的用户数据字段进行加密处理。

WK 更换帧的用户数据字段应该包括以下参数：

a） WK组号；

b） 车载终端安全保密模块身份识别码（VTSCMIN）；

c） WK更换方式；

d） 时间戳；

e） 完整性校验码。

WK更换规程如图14所示。

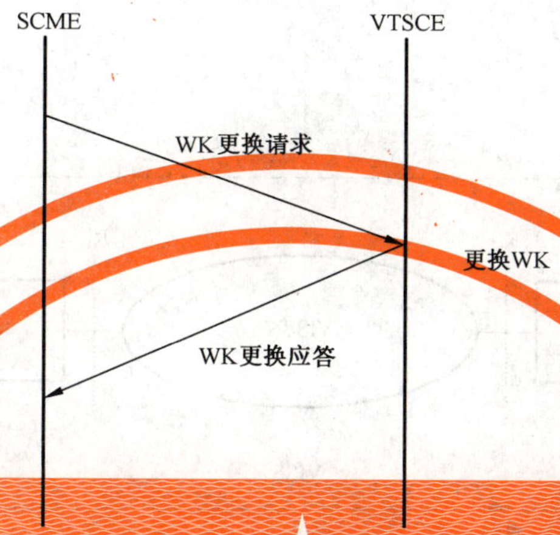

图14 WK更换规程

6.4.6 销毁密钥

需要时，VT可以通过接收SCME发出的遥控销毁密钥命令或者按下设备面板上的紧急毁钥按键来销毁VTSCE内的密钥；ISCCE则通过局域网直接接受SCME的销毁密钥命令来销毁其内的密钥。

遥控销毁密钥命令是SCME通过VISSN发送给VT，并由VT下达给VTSCE的。收到命令后，VTSCE销毁存储的AK、DCK和WK。通过VISSN发送遥控销毁密钥命令时，应该用AK和车载工作密钥加密算法（VWKEA）对遥控销毁密钥帧的用户数据字段进行加密处理。

遥控销毁密钥帧的用户数据字段应包括以下参数：

a） 车载终端安全保密模块身份识别码（VTSCMIN）；

b） 时间戳；

c） 完整性校验码。

其规程如图15所示。

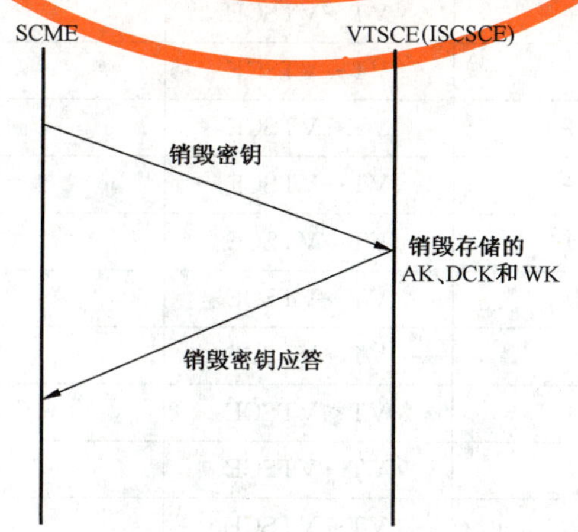

图15 销毁密钥规程

7 通信接口

7.1 通信接口参考点

VTSCE与ISCSCE的通信由VT与ISC信息交换协议承载，遵循GB/T 30290.2—2013中6.3.1.1的规定。如图16所示，各安全保密实体与系统的接口分别为：

a) VTSCE与VT接口R_E；

b) ISCCE与ISC接口G_c；

c) SCME与ISC接口G_s。

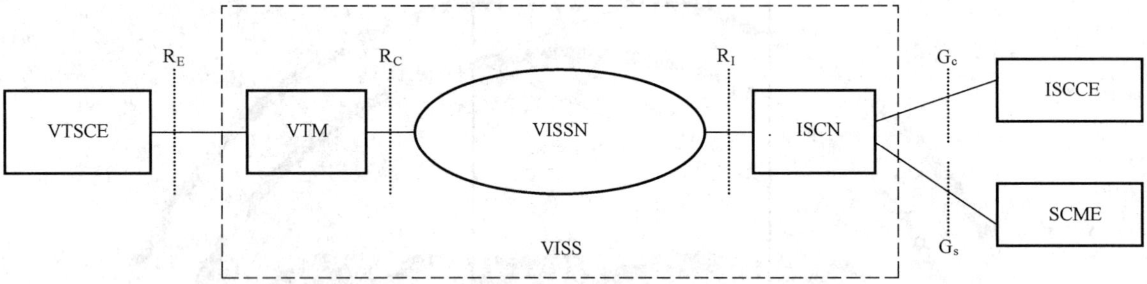

图16 信息交换协议参考点

7.2 R_E 接口定义

R_E接口包括物理接口和通信协议。

7.2.1 R_E 物理接口

VTSCE与VT的物理接口R_E定义如表1所示。

表1 车载终端安全保密实体与车载终端接口定义

序号	定义	方向	特性
1	电源(VCC)	VT→VTSCE	产品规范定义
2	复位(RESET)	VT→VTSCE	低电平有效
3	MIC+	VT→VTSCE	—
4	MIC−	VT→VTSCE	—
5	SPK+	VT←VTSCE	—
6	SPK−	VT←VTSCE	—
7	RXD	VT←VTSCE	异步通信[a]
8	TXD	VT→VTSCE	异步通信
9	RTS	VT→VTSCE	—
10	CTS	VT←VTSCE	—
11	DTR	VT→VTSCE	—
12	DSR	VT←VTSCE	—
13	模拟地(AGND)	—	—

表 1（续）

序　　号	定　　义	方　　向	特　　性
14	数字地(DGND)	—	—
15	备用 1	—	—
16	备用 2	—	—

[a] 接口采用串行异步通信 10 位数字模式。其中，1 位起始位、8 位数据位、1 位停止位、无校验位。其握手流控方式满足 GB/T 6107—2000 的要求。

7.2.2 R_E 通信帧结构

VTSCE 与 VT 通信协议采用图 17 所示的帧结构定义。每一帧由标志、信息、校验等字段组成。帧内的所有数据采用十六进制数格式。

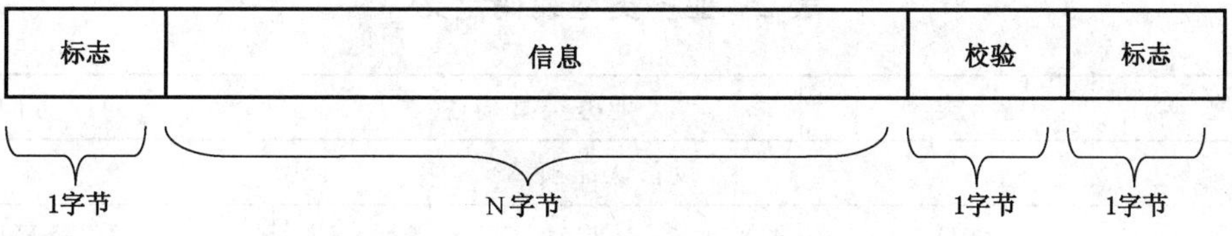

图 17　R_E 通信帧结构定义

a) 标志字段

指示帧的开始和结束，以 7EH 作为标志符。为保证数据传输的透明性，需对信息和校验字段中按字节(byte)出现的标志符进行转义处理。在发送时，7EH 转换为相连的 7DH 和 02H，7DH 转换为相连的 7DH 和 01H。接收时，将相连的 7DH 和 02H 转换为 7EH，7D 和 01H 转换为 7DH。

示例：如待发信息为“01H 45H 7EH 90H 7DH 88H”，经转义后在通信线路上的数据为“01H 45H 7DH 02H 90H 7DH 01H 88H”。

b) 信息字段

用于承载安全保密各实体之间传输的数据，定义如图 18 所示。

图 18　信息字段定义

c) 校验字段

用于检验信息字段传输是否正确，其值为信息字段按字节带进位的累加和，其算法为：设待校验运算的数据为 Data[i]，$0 \leqslant i < n$，n 为字节长度，校验结果为 ChkSum，则计算步骤如下：

```
ChkSum=0;
for (i=0;i<n;i++)
{
    ChkSum=ChkSum+Data[i];
    if (ChkSum>=256)
      ChkSum=(ChkSum-256)+1;
}
```

示例:如待发信息为"01H 45H 7EH 90H 7DH 88H",其校验值按上述算法为:5BH。

7.2.3 传输类型和业务类型定义

传输类型1字节,定义通信帧的传输方向,00H表示该帧用在ISCSCE与VTSCE或VTSCE之间的传输;01H表示该帧用在ISCSCE与ISC或VTSCE与VT之间的传输;其他为保留。

业务类型1字节,定义了描述的各个规程实现。业务类型的编码范围为00H～FFH。业务类型的编码定义如表2所示。

表2 业务类型编码定义

传输类型	业务类型	业务类型描述	方向
设备认证帧			
01H	00H	启动认证	VT→VTSCE
00H	01H	认证申请	VTSCE↔SCME
00H	02H	传输 RS 和 RAND	VTSCE↔SCME
00H	03H	传输 RES	VTSCE↔SCME
00H	04H	认证成功	VTSCE↔SCME
00H	05H	认证失败	VTSCE↔SCME
00H	06H	错误应答	VTSCE↔SCME
访问控制帧			
01H	10H	请求状态	VT→VTSCE ISC→ISCSCE
01H	11H	请求状态应答	VT←VTSCE ISC←ISCSCE
01H	12H	请求传送 PIN 码	VT→VTSCE ISC→ISCSCE
01H	13H	传送 PIN 码应答	VT←VTSCE ISC←ISCSCE
01H	14H	请求修改 PIN 码	VT→VTSCE ISC→ISCSCE
01H	15H	修改 PIN 码应答	VT←VTSCE ISC←ISCSCE
数据加密帧			
01H	20H	启动或结束加/解密数据	VT→VTSCE ISC→ISCSCE
01H	21H	启动或结束加/解密数据应答	VT←VTSCE ISC←ISCSCE
01H	22H	发送待加/解密数据	VT→VTSCE ISC→ISCSCE
01H	23H	发送待加/解密数据应答	VT←VTSCE ISC←ISCSCE
01H	24H	发送已加/解密数据	VT←VTSCE ISC←ISCSCE
01H	25H	发送已加/解密数据应答	VT→VTSCE ISC→ISCSCE

表 2（续）

传输类型	业务类型	业务类型描述	方向
话音业务数据加密帧			
01H	30H	请求启动加/解密话音	VT→VTSCE
01H	31H	启动加/解密话音应答	VT←VTSCE
01H	32H	请求停止加/解密话音	VT→VTSCE
01H	33H	停止加/解密话音应答	VT←VTSCE
01H	34H	传送待解密话音数据	VT→VTSCE
01H	35H	传送已加密话音数据	VT←VTSCE
密钥分配管理帧			
00H	40H	WK 分配	SCME→VTSCE
00H	41H	WK 分配应答	SCME←VTSCE
00H	42H	AK 分配	SCME→VTSCE
00H	43H	AK 分配应答	SCME←VTSCE
00H	44H	WK 更换请求	SCME→VTSCE
00H	45H	WK 更换应答	SCME←VTSCE
00H	46H	销毁密钥	SCME→VTSCE
00H	47H	销毁密钥应答	SCME←VTSCE
00H	F0H～FFH	用户定义	
01H	F0H～FFH	用户定义	
其他		系统保留	

7.2.4 用户数据定义

用户数据依据业务功能定义，见第 8 章。

7.3 G_C 和 G_S 接口定义

G_C 和 G_S 物理接口满足 10-BasT、100-BasT、1000-BasT 规范要求。通过 TCP/IP 承载 7.2.2 定义的信息帧。

8 信息字段帧格式定义

8.1 概述

本章所描述的各类型帧，如果用于 VTSCE 与 ISCSCE 的通信则由 VT 与 ISC 信息交换协议承载，遵循 GB/T 30290.2—2013 中 6.3.1.1 定义；如果用于 VT 和 VTSCE 的通信，则应遵循 7.2.2 中 R_E 通信帧结构的定义。

8.2 设备认证帧结构

设备认证帧由启动认证帧、认证申请帧、传输 RS 和 RAND 帧、传输 RES 帧、认证成功帧、认证失败帧和错误应答帧组成，该类型帧主要通过接口 R_C、R_C、R_I 和 G_S 交互，在 SCME 和 VT 间进行设备认证时使用，为双方所共有。

8.2.1 启动认证帧

VT 启动 VTSCE 开始认证的帧定义如图 19 所示。

位7　　　　　　位0	
01H	1字节
00H	1字节

图 19　启动认证帧

8.2.2 认证申请帧

SCME 和 VT 之间单向或双向认证申请帧定义如图 20 所示。

位7　　　　　　位0	
00H	1字节
01H	1字节

图 20　认证申请帧

8.2.3 传输 RS 和 RAND 帧

传输 RS 和 RAND 帧定义如图 21 所示。

位7　　　　　　位0	
00H	1字节
02H	1字节
RS 数据长度[a]	1字节
RS[b]	N字节
RAND 数据长度[c]	1字节
RAND[d]	N字节

[a] RS 数据长度：取值范围为 00H～FFH，指示 RS 数据的长度。

[b] RS：指示 RS 数据。

[c] RAND 数据长度：取值范围为 00H～FFH，指示 RAND 数据的长度。

[d] RAND：指示 RAND 数据。

图 21　传输 RS 和 RAND 帧

8.2.4 传输 RES 帧

传输 RES 帧定义如图 22 所示。

位7　　　　位0	
00H	1字节
03H	1字节
数据长度[a]	1字节
RES[b]	N字节

[a] 数据长度:取值范围为 00H～FFH,指示 RES 数据的长度。

[b] RES:指示 RES 数据。

图 22　传输 RES 帧

8.2.5 认证成功帧

认证成功帧定义如图 23 所示。

位7　　　　位0	
00H	1字节
04H	1字节

图 23　认证成功帧

8.2.6 认证失败帧

认证失败帧定义如图 24 所示。

位7　　　　位0	
00H	1字节
05H	1字节

图 24　认证失败帧

8.2.7 错误应答帧

错误应答帧定义如图 25 所示。

位7　　　　位0	
00H	1字节
06H	1字节

图 25　错误应答帧

8.3 访问控制帧结构

8.3.1 请求状态帧

请求状态帧定义如图 26 所示。

位7 位0	
01H	1字节
10H	1字节

图 26 请求状态帧

8.3.2 请求状态应答帧

请求状态应答帧定义如图 27 所示。

位7 位0	
01H	1字节
11H	1字节
类型[a]	1字节

[a] 类型:取值范围为 00H～FFH,00H 表示安全保密实体存在,用户已登陆;01H 表示安全保密实体存在,用户未登陆;其他为保留。

图 27 请求状态应答帧

8.3.3 请求传送 PIN 码帧

请求传送 PIN 码帧定义如图 28 所示。

位7 位0	
01H	1字节
12H	1字节
数据长度[a]	1字节
PIN码[b]	N字节

[a] 数据长度:取值范围为 00H～FFH,指示 PIN 码数据的长度。

[b] PIN 码:采用 ASCII 码表示,指示已输入的 PIN 码数据。

图 28 请求传送 PIN 码帧

8.3.4 传送 PIN 码应答帧

传送 PIN 码应答帧定义如图 29 所示。

位7　　　　　　位0	
01H	1字节
13H	1字节
状态[a]	1字节

[a] 状态:取值范围为00H～FFH,00H表示PIN码验证成功;01H表示PIN码验证失败,PIN码错误;其他为保留。

图29　传送PIN码答应帧

8.3.5　请求修改PIN码帧

请求修改PIN码帧定义如图30所示。

位7　　　　　　位0	
01H	1字节
14H	1字节
旧PIN码长度[a]	1字节
旧PIN码[b]	N字节
新PIN码长度[c]	1字节
新PIN码[d]	N字节

[a] 旧PIN码长度:取值范围为00H～FFH,指示旧的PIN码数据的长度。
[b] 旧PIN码:采用ASCII码表示,指示旧的PIN码数据。
[c] 新PIN码长度:取值范围为00H～FFH,指示新的PIN码数据的长度。
[d] 新PIN码:采用ASCII码表示,指示新的PIN码数据。

图30　请求修改PIN码帧

8.3.6　修改PIN码应答帧

修改PIN码应答帧定义如图31所示。

位7　　　　　　位0	
01H	1字节
15H	1字节
状态[a]	1字节

[a] 状态:取值范围为00H～FFH,00H表示PIN码修改成功;01H表示请求修改PIN码帧中的旧PIN码错误;02H表示PIN码修改失败;其他为保留。

图31　修改PIN码应答帧

8.4 数据加密帧结构

8.4.1 启动或结束加/解密数据帧

请求启动或结束加/解密数据帧定义如图 32 所示。

位7　　　　位0	
01H	1字节
20H	1字节
请求类型[a]	1字节

[a] 请求类型:取值范围为 00H～FFH,00H 表示请求启动数据加/解密;01H 表示请求结束数据加/解密;其他为保留。

图 32　启动或结束加/解密数据帧

8.4.2 启动或结束加/解密数据应答帧

请求启动或结束加/解密数据应答帧定义如图 33 所示。

位7　　　　位0	
01H	1字节
21H	1字节
类型[a]	1字节

[a] 类型:取值范围为 00H～FFH,00H 表示启动或结束加/解密数据请求成功;01H 表示启动或结束加/解密数据请求失败;其他为保留。

图 33　启动或结束加/解密数据应答帧

8.4.3 发送待加/解密数据帧

发送待加/解密数据帧定义如图 34 所示。

位7　　　　　　位0	
01H	1字节
22H	1字节
加/解密类型[a]	1字节
数据类型[b]	1字节
数据帧总数[c]	2字节
帧序号[d]	2字节
秘钥序号[e]	1字节
数据长度[f]	2字节
数据[g]	N字节

[a] 加/解密类型:取值范围为00H～FFH,01H表示本数据为待加密数据;02H表示本数据为待解密数据;其他为保留。

[b] 数据类型:取值范围为00H～FFH,01H表示本数据为短信;02H表示本数据为定位信息;03H表示本数据为文件数据;其他为保留。

[c] 数据帧总数:第一字节为高位,第二字节为低位,取值范围为0000H～FFFFH,指示该类型数据的总帧数。

[d] 帧序号:第一字节为高位,第二字节为低位,取值范围为0000H～FFFFH,指示本帧在总帧数中的序号,帧序号从0开始编码。

[e] 密钥序号:取值范围为00H～FFH,指示本帧数据在加密时所使用的密钥的组序号,密钥序号从0开始编码,当加/解密类型为01H时,则该字段无实际意义,可任意取值。

[f] 数据长度:第一字节为高位,第二字节为低位,取值范围为0000H～FFFFH,指示待加/解密数据的长度。

[g] 数据:指示待加/解密的数据。

图34　发送待加/解密数据帧

8.4.4　发送待加/解密数据应答帧

发送待加/解密数据应答帧定义如图35所示,当数据错误时才发送此帧。

位7　　　　　位0	
01H	1字节
23H	1字节
类型[a]	1字节
出错帧序号[b]	2字节

[a] 类型:取值范围为00H～FFH,01H表示用户未登陆,加/解密失败;02H表示数据错误;其他为保留。

[b] 出错帧序号:第一字节为高位,第二字节为低位,取值范围为0000H～FFFFH,指示数据错误的帧的帧序号,当类型为01H时,该字段无实际意义,不传输该字段。

图35　发送待加/解密数据应答帧

8.4.5 发送已加/解密数据帧

发送已加/解密数据帧定义如图 36 所示。

位7　　　　　　　位0	
01H	1字节
24H	1字节
加/解密类型[a]	1字节
数据类型[b]	1字节
数据帧总数[c]	2字节
帧序号[d]	2字节
密钥序号[e]	1字节
数据长度[f]	2字节
数据[g]	N字节

[a] 加/解密类型:取值范围为 00H～FFH,01H 表示本数据为已加密数据;02H 表示本数据为已解密数据;其他为保留。

[b] 数据类型:取值范围为 00H～FFH,01H 表示本数据为短信;02H 表示本数据为定位信息;03H 表示本数据为文件数据;其他为保留。

[c] 数据帧总数:第一字节为高位,第二字节为低位,取值范围为 0000H～FFFFH,指示该类型数据的总帧数。

[d] 帧序号:第一字节为高位,第二字节为低位,取值范围为 0000H～FFFFH,指示本帧在总帧数中的序号,帧序号从 0 开始编码。

[e] 密钥序号:取值范围为 00H～FFH,指示本帧数据在加密时所使用的密钥的组序号,密钥序号从 0 开始编码,当加/解密类型为 02H 时,则该字段无实际意义,可任意取值。

[f] 数据长度:第一字节为高位,第二字节为低位,取值范围为 0000H～FFFFH,指示已加/解密数据的长度。

[g] 数据:指示已加/解密的数据。

图 36　发送已加/解密数据帧

8.4.6 发送已加/解密数据应答帧

发送已加/解密数据应答帧定义如图 37 所示,当数据错误时才发送此帧。

位7　　　　位0	
01H	1字节
25H	1字节
类型[a]	1字节
出错帧序号[b]	2字节

[a] 类型：取值范围为00H～FFH，01H指示数据错误；其他为保留。

[b] 出错帧序号：第一字节为高位，第二字节为低位，取值范围为0000H～FFFFH，指示数据错误的帧的帧序号。

图37　发送已加/解密数据应答帧

8.5　密钥分配管理帧格式定义

密钥分配管理帧由WK分配帧、WK分配应答帧、AK分配帧、AK分配应答帧、WK更换请求帧、WK更换应答帧、销毁密钥帧、销毁密钥应答帧组成，通过密钥分配管理规程实现系统的密钥分配管理功能。密钥分配管理帧在SCME和VTSCE之间进行交互，在空中传输时需要对这类帧的用户数据字段进行加密处理。

注：在WK更换请求帧中加密的数据范围有所不同。

8.5.1　WK分配帧

SCME发送给VTSCE的WK分配帧定义如图38所示。

位7　　　　位0	
00H	1字节
40H	1字节
密钥编号[a]	1字节
识别码[b]	8字节
工作密钥WK[c]	N字节
时间戳[d]	7字节
完整性校验码[e]	2字节

[a] 密钥编号：取值范围为00H～FFH，指示之后工作密钥数据的编号。

[b] 识别码(车载终端安全保密模块身份识别码)：取值范围为0000000000000000H～FFFFFFFFFFFFFFFFH，收到该命令后首先比对收到的识别码与模块中存储的识别码，如果不一致则不进行相关的操作。

[c] 工作密钥WK：指示工作密钥数据，其长度由所采用的算法确定。

[d] 时间戳：第一字节为高位，第七字节为低位，取值范围为00000000000000H～FFFFFFFFFFFFFFH，指示该命令发出的时间，防止重播等安全威胁。

示例：如2005年10月21日8时40分35秒就记为14 h，05 h，0a h，15 h，08 h，28 h，23 h。

[e] 完整性校验码：用于检验数据的完整性。

图38　WK分配帧

8.5.2 WK 分配应答帧

VTSCE 发送给 SCME 的 WK 分配应答帧如图 39 所示。

位7　　　　位0	
00H	1字节
41H	1字节
类型[a]	1字节

a 类型：取值范围为 00H～FFH，00H 表示 WK 分配成功；01H 表示 WK 分配失败；其他为保留。

图 39 WK 分配应答帧

8.5.3 AK 分配帧

SCME 发送给 VTSCE 的 AK 分配帧如图 40 所示。

位7　　　　位0	
00H	1字节
42H	1字节
识别码[a]	8字节
认证密钥AK[b]	N字节
时间戳[c]	7字节
完整性校验码[d]	2字节

a 识别码(车载终端安全保密模块身份识别码)：具体定义同 8.5.1 图 38 脚注 b。

b 认证密钥 AK：指示认证密钥数据，其长度由所采用的算法确定。

c 时间戳：具体定义同 8.5.1 图 38 脚注 d。

d 完整性校验码：用于检验数据的完整性。

图 40 AK 分配帧

8.5.4 AK 分配应答帧

VTSCE 发送给 SCME 的 AK 分配应答帧如图 41 所示。

位7　　　　位0	
00H	1字节
43H	1字节
类型[a]	1字节

a 类型：取值范围为 00H～FFH，00H 表示 AK 分配成功；01H 表示 AK 分配失败；其他为保留。

图 41 AK 分配应答帧

8.5.5 WK 更换请求帧

本帧在空中传输时，只对用户数据字段的 WK 组号、识别码和时间戳进行加密，WK 更换方式和 WK 更换时间仍以明文方式传输。

SCME 发送给 VT 的 WK 更换请求帧定义如图 42 所示。

位7　　　　位0	
00H	1字节
44H	1字节
WK更换方式[a]	1字节
WK更换时间[b]	7字节
WK组号[c]	1字节
识别码[d]	8字节
时间戳[e]	7字节

[a] WK 更换方式：取值范围为 00H～FFH，00H 表示立即更换，VT 收到请求帧后立即向 VTSCE 发出 WK 更换请求帧；01H 表示定时更换，VT 收到请求帧后比较系统时间与请求帧中的 WK 更换时间，当一致时才向 VTSCE 发出 WK 更换请求帧；其他为保留。

[b] WK 更换时间：第一字节为高位，第七字节为低位，取值范围为 00000000000000H～FFFFFFFFFFFFFFH，指示在定时更换方式时所定的更换时间；在立即更换方式时，该字段无效，此时取值为 00000000000000H。

示例：如 2005 年 10 月 21 日 8 时 40 分 35 秒就记为 14 h，05 h，0a h，15 h，08 h，28 h，23 h。

[c] WK 组号：取值范围为 00H～FFH，指示更换后使用的 WK 的组号，WK 组号从 0 开始编码。

[d] 识别码(车载终端安全保密模块识别码)：具体定义同 8.5.1 图 38 脚注 b。

[e] 时间戳：具体定义同 8.5.1 图 38 脚注 d。

图 42　SCME 发送给 VT 的 WK 更换请求帧定义

VT 发送给 VTSCE 的 WK 更换请求帧定义如图 43 所示。

位7　　　　位0	
00H	1字节
44H	1字节
WK组号	1字节
识别码	8字节

图 43　VT 发送给 VTSCE 的 WK 更换请求帧

当 VT 收到 SCME 发送的 WK 更换请求帧后，如果是立即更换，则按此帧结构把命令转发给 VTSCE；如果是定时更换，则是到时间以后再按此帧结构把命令转发给 VTSCE。其各个字段的定义同 8.5.1。

8.5.6 WK 更换应答帧

VT 发送给 SCME 或 VTSCE 发送给 VT 的 WK 更换应答帧定义如图 44 所示。

位7　　　　位0	
00H	1字节
45H	1字节
状态[a]	1字节

[a] 状态:取值范围为 00H～FFH,00H 表示更换成功;01H 表示更换失败;其他为保留。

图 44　WK 更换应答帧

8.5.7 销毁密钥帧

SCME 发送给 VTSCE 的销毁密钥帧定义如图 45 所示。

位7　　　　位0	
00H	1字节
46H	1字节
识别码[a]	8字节
时间戳[b]	7字节

[a] 识别码(车载终端安全保密模块识别码):具体定义同 8.5.1 图 38 脚注 b。

[b] 时间戳:具体定义同 8.5.1 图 38 脚注 d。

图 45　销毁密钥帧

当 VT 接收到 SCME 发送的销毁密钥帧后,立即以相同的帧结构转发给 VTSCE。如果是按下面板的销钥按键,则 VT 直接发送销毁密钥帧给 VTSCE。

8.5.8 销毁密钥应答帧

VTSCE 发送给 SCME 的销毁密钥应答帧定义如图 46 所示。

位7　　　　位0	
00H	1字节
47H	1字节
状态[a]	1字节

[a] 状态:取值范围为 00H～FFH,00H 表示毁钥成功;01H 表示毁钥失败;其他为保留。

图 46　销毁密钥应答帧

9 安全保密实体参数要求

系统各安全保密实体在设备认证和加密时使用的有关参数的指标见表3。

表3 设备认证和加密参数

符 号	名 称	长 度 (bit)
AK	认证密钥	根据使用的算法而定
DCK1	导出密钥的第一部分	根据使用的算法而定
DCK2	导出密钥的第二部分	根据使用的算法而定
DCK	导出密钥	根据使用的算法而定
KS	会话密钥	根据使用的算法而定
PIN	个人身份识别码	自行定义
RAND1	随机询问1	根据使用的算法而定
RAND2	随机询问2	根据使用的算法而定
RES1	响应1	根据使用的算法而定
RES2	响应2	根据使用的算法而定
RS	随机数种子	根据使用的算法而定
VTSCMIN	车载终端安全保密模块身份识别码	自行定义
WK	工作密钥	根据使用的算法而定
XRES1	期望响应1	根据使用的算法而定
XRES2	期望响应2	根据使用的算法而定

10 VTSCM 技术要求

10.1 功能描述

VTSCE 由系统控制及密钥管理、话音编解码器、加解密器、数据接口等功能模块组成，如图47所示。系统控制及密钥管理主要负责整个 VTSCE 功能控制及密钥管理功能；话音编解码器负责将 VT 传送过来的模拟话音信号经过 A/D 转换压缩编码成话音数据传送给加解密器，或将加解密器传送过来的明话音数据解码、解压并通过 D/A 转换还原成模拟信号再传送给 VT；加解密器负责将话音编解码器传送过来的话音数据加密并通过数据接口传送给 VT，或将数据接口传送过来的加密话音数据解密并传送给话音编解码器；数据接口为 VTSCE 与 VT 间的接口，负责传送待加密或待解密的话音数据。

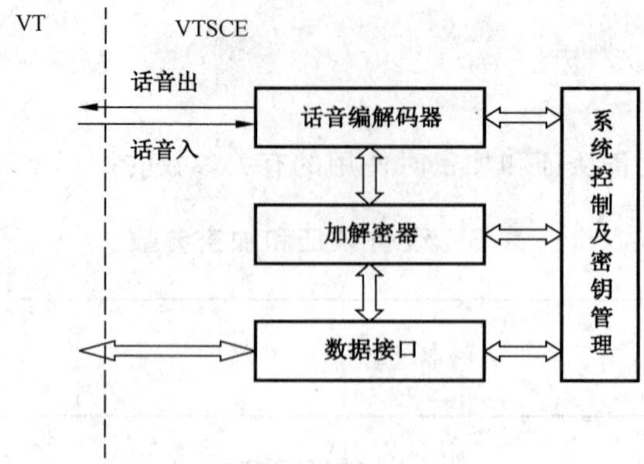

图 47　VTSCM 框图

10.2　功能性能要求

10.2.1　密码

应符合下列要求：

a）加解密速率：由产品规范规定；

b）密钥量：根据使用的算法而定。

10.2.2　安全性

应具有下列功能：

a）具有物理防护措施（如物理锁）；

b）具有主动或被动式密钥销毁功能；

c）具有数据防读出功能，可有效防止非法读取数据。

10.2.3　环境适应性

VTSCM 应满足 GB/T 30290.4—2013 的要求。

附 录 A
（资料性附录）
加密话音业务

A.1 加密话音实现实例

需要使用加密话音业务时，VT 首先应告知 VTSCE 做好话音加密准备，然后发送终端将模拟话音信号通过 MIC 脚(见表 1)从 VT 送入 VTSCE 进行 A/D 变换、压缩为数字话音信号，VTSCE 将数字话音信号加密，把已加密数字话音信号组帧后通过接口 R_E 送回 VT，由 VT 通过移动通信网络发送给接收终端；接收终端的 VT 将接收下来的加密数字话音信号，通过接口 R_E 送入 VTSCE 进行解密、解压、D/A 转换，再将解密后的模拟信号通过 SPK 脚(见表 1)送回 VT，由 VT 播放出来。如图 A.1 所示。

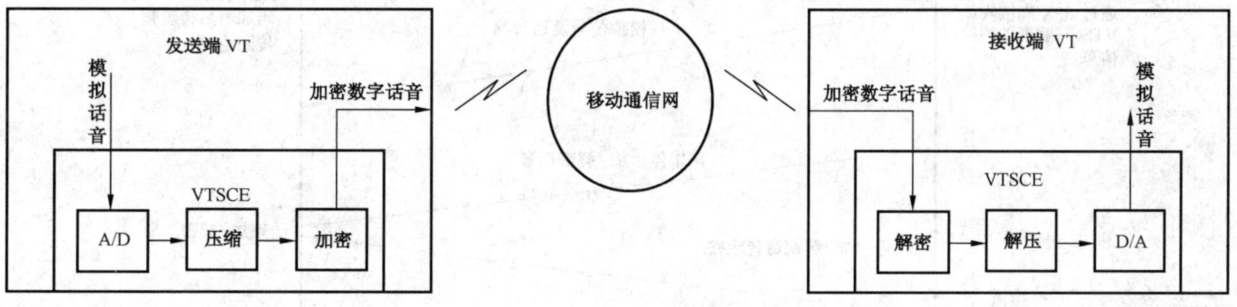

图 A.1 话音端到端加密、解密过程

A.2 话音业务加解密规程

话音业务加解密规程如图 A.2 所示，其中虚线部分表示异常情况时的处理流程。

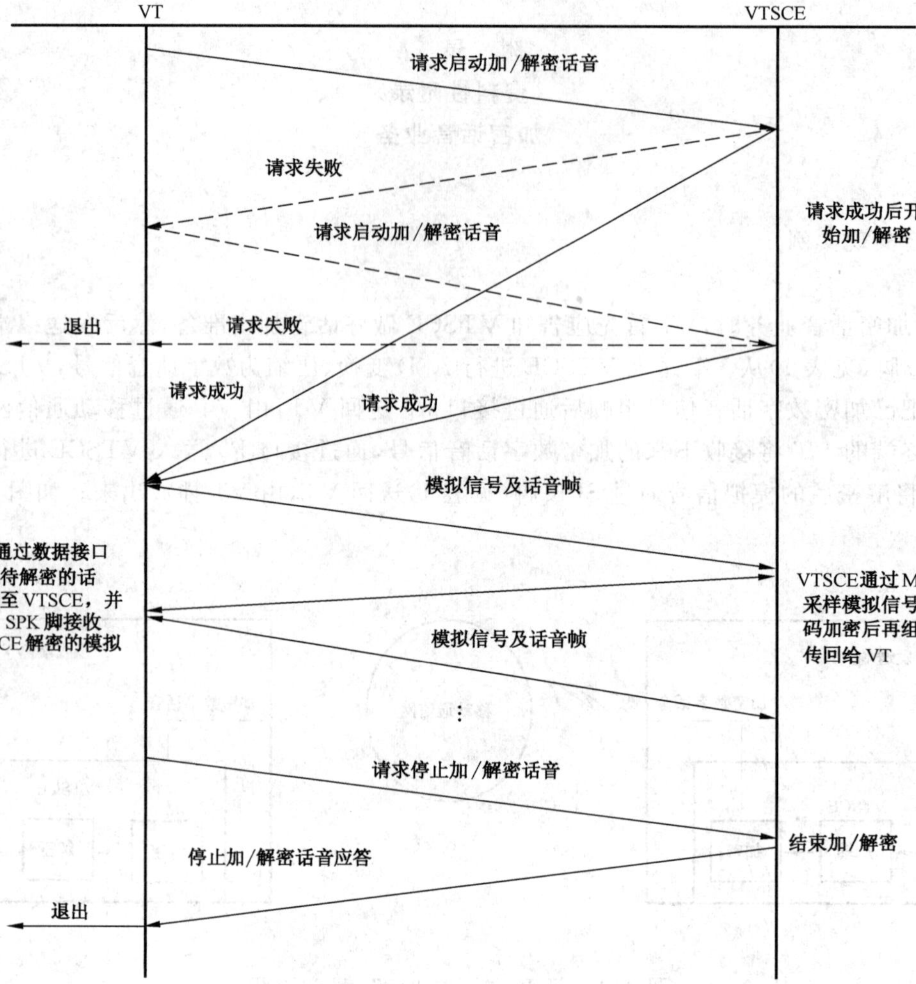

图 A.2 话音业务加解密规程

A.3 话音业务端到端加密

话音业务数据加密帧通过接口 R_E 进行交互，其信息字段定义如下所示。

A.3.1 请求启动加/解密话音帧

请求启动加/解密话音帧定义如图 A.3 所示。

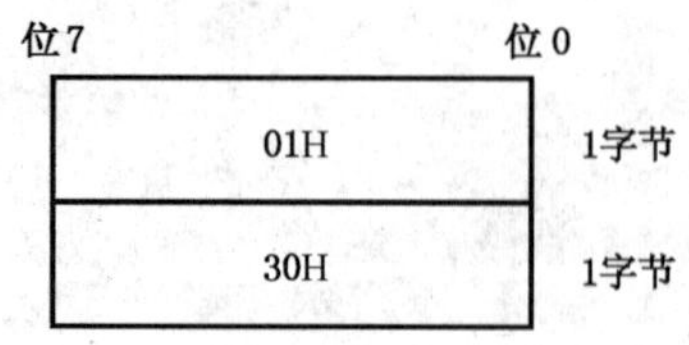

图 A.3 请求启动加/解密话音帧

A.3.2 启动加/解密话音应答帧

启动加/解密话音应答帧定义如图 A.4 所示。

位7 位0	
01H	1字节
31H	1字节
类型[a]	1字节

[a] 类型:取值范围为00H～FFH,00H表示启动成功,VTSCE开始加/解密话音信号;01H表示启动失败;其他为保留。

图 A.4 启动加/解密话音应答帧

A.3.3 请求停止加/解密话音帧

请求停止加/解密话音帧定义如图A.5所示。

位7 位0	
01H	1字节
32H	1字节

图 A.5 请求停止加/解密话音帧

A.3.4 停止加/解密话音应答帧

停止加/解密话音应答帧定义如图A.6所示。

位7 位0	
01H	1字节
33H	1字节
类型[a]	1字节

[a] 类型:取值范围为00H～FFH,00H表示停止成功,VTSCE停止加/解密话音信号;01H表示停止失败;其他为保留。

图 A.6 停止加/解密话音应答帧

A.3.5 传送待解密话音数据帧

VTSCE收到该帧数据后开始进行解密、解压,并还原成话音信号从SPK脚(见表1)送出。传送待解密话音数据帧定义如图A.7所示。

位7　　　　位0	
01H	1字节
34H	1字节
数据长度[a]	1字节
话音数据[b]	N字节

[a] 数据长度:取值范围为00H～FFH,指示传送的待解密话音数据的长度。

[b] 话音数据:指示待解密的话音数据。

图 A.7　传送待解密话音数据帧

A.3.6　传送已加密话音数据帧

VTSCE采样MIC信号,进行压缩加密后通过VT发送给移动通信网络。传送已加密话音数据帧定义如图A.8所示。

位7　　　　位0	
01H	1字节
35H	1字节
数据长度[a]	1字节
话音数据[b]	N字节

[a] 数据长度:取值范围为00H～FFH,指示传送的已加密话音数据的长度。

[b] 话音数据:指示已加密的话音数据。

图 A.8　传送已加密话音数据帧

ICS 33.200
M 50

中华人民共和国国家标准

GB/T 30290.4—2013

卫星定位车辆信息服务系统 第4部分:车载终端通用规范

Satellite positioning vehicle information service system(VISS)— Part 4:General specification for vehicle terminal

2013-12-31 发布 2014-07-15 实施

中华人民共和国国家质量监督检验检疫总局
中国国家标准化管理委员会 发布

前　言

GB/T 30290《卫星定位车辆信息服务系统》目前包括四个部分：

——第1部分：功能描述；

——第2部分：车载终端与服务中心信息交换协议；

——第3部分：信息安全规范；

——第4部分：车载终端通用规范。

本部分为 GB/T 30290 的第4部分。

本部分按照 GB/T 1.1—2009 给出的规则起草。

请注意本文件的某些内容可能涉及专利。本文件的发布机构不承担识别这些专利的责任。

本部分由中华人民共和国工业和信息化部提出。

本部分由中国电子技术标准化研究院归口。

本部分主要起草单位：厦门雅迅网络股份有限公司、中国电子技术标准化研究院。

本部分主要起草人：韦昌荣、陈倩、卢继燕。

卫星定位车辆信息服务系统
第4部分:车载终端通用规范

1 范围

GB/T 30290 的本部分规定了卫星定位车辆信息服务系统(以下简称系统)中车载终端的基本组成、要求、测试方法、检验规则、包装、运输及贮存等内容。

本部分适用于采用卫星定位技术、采用公众移动通信网络或专用移动通信网络、具有信息服务功能的车载终端研制和生产。采用其他定位技术的车辆信息服务系统车载终端亦可参照执行。

2 规范性引用文件

下列文件对于本文件的应用是必不可少的。凡是注日期的引用文件,仅注日期的版本适用于本文件。凡是不注日期的引用文件,其最新版本(包括所有的修改单)适用于本文件。

GB/T 191—2008 包装储运图示标志

GB/T 2423.1—2008 电工电子产品环境试验 第2部分:试验方法 试验A:低温

GB/T 2423.2—2008 电工电子产品环境试验 第2部分:试验方法 试验B:高温

GB/T 2423.3 电工电子产品环境试验 第2部分:试验方法 试验Cab:恒定湿热试验

GB/T 2423.5 电工电子产品环境试验 第2部分:试验方法 试验Ea和导则:冲击

GB/T 2423.10 电工电子产品环境试验 第2部分:试验方法 试验Fc和导则:振动(正弦)

GB/T 2828.1—2012 计数抽样检验程序 第1部分:按接收质量限(AQL)检索的逐批检验抽样计划

GB/T 2829—2002 可靠性试验 第1部分:试验条件和统计检验原理

GB 4208—2008 外壳防护等级(IP代码)

GB/T 5080.1 可靠性试验 第1部分:试验条件和统计检验原理

GB/T 5080.7—1986 设备可靠性试验 恒定失效率假设下的失效率与平均无故障时间的验证试验方案

GB 5296.1 消费品使用说明 第1部分:总则

GB/T 13306 标牌

GB/T 17619—1998 机动车电子电器组件的电磁辐射抗扰性限值和测量方法

GB/T 18655—2010 车辆、船和内燃机 无线电骚扰特性 用于保护车载接收机的限值和测量方法

GB/T 19392—2013 车载卫星导航设备通用规范

GB/T 19951—2005 道路车辆 静电放电产生的电骚扰试验方法

GB/T 21437.2—2008 道路车辆 由传导和耦合引起的电骚扰 第2部分:沿电源线的电瞬态传导

GB/T 21437.3—2012 道路车辆 由传导和耦合引起的电骚扰 第3部分:除电源线外的导线通过容性和感性耦合的电瞬态发射

GB/T 30290.1—2013 卫星定位车辆信息服务系统 第1部分:功能描述

GB/T 30290.2—2013 卫星定位车辆信息服务系统 第2部分:车载终端与服务中心信息交换协议

GB/T 30290.3—2013 卫星定位车辆信息服务系统 第3部分:信息安全规范

QC/T 238 汽车零部件的储存和保管

3 术语和定义

GB/T 30290.1—2013、GB/T 30290.2—2013 和 GB/T 30290.3—2013 中界定的以及下列术语和定义适用于本文件。

3.1

车辆跟踪 vehicle tracking

服务中心(ISC)通过电子地图和车辆位置信息实时确定目标车辆当前位置的过程。

3.2

车辆定位 vehicle positioning

实现按规定要求对车载终端(车辆)所处位置参数(如经度、纬度、速度、方向、时间等)进行解算并输出定位信息的过程。

3.3

信号采集 signal collection

车载终端连接车辆低电压或电流信号线,通过电压或电流转换实现信号属性的测量,确定车辆或外接的设备状态的过程。

4 缩略语和符号

GB/T 30290.1—2013、GB/T 30290.2—2013、GB/T 30290.3—2013 确立的缩略语和符号适用于本文件。

5 要求

5.1 一般要求

5.1.1 组成

VT处理实体由基本和扩展两部分组成,其中基本组成实现 GB/T 30290.1—2013 中 6.1 的功能要求,扩展组成实现 GB/T 30290.1—2013 中 6.2 的功能要求:

a) 基本组成:
   1) 主控单元:实现VT各功能,包括处理器、I/O接口、存储介质、操作系统、应用程序等;
   2) 定位单元:实现卫星定位系统信号的接收、处理,完成信息数据的解算和输出,是卫星定位系统的用户终端;
   3) 通信单元:通过无线信号的收发,实现移动通信网的接入,提供移动通信接口和本地通信接口。

b) 扩展组成:
   1) 人机接口单元:通过文本、图形及语音等方式向驾乘者提供信息,通过键盘、触摸屏、开关及语音等方式向终端发布指示;
   2) 信号采集及控制单元:提供检测车辆控制信号状态,具有输出信号控制车辆状态的能力;
   3) 信息安全保密单元:具有加解密处理机制,实现数据的加解密处理及密钥管理。

5.1.2 设备标志

VT 的铭牌应符合 GB/T 13306 的规定。其基本内容包括：

a) 产品名称、型号及商标；

b) 生产企业名称；

c) 生产日期(或编号)或生产批号；

d) 产品的主要技术参数及适用车型。

可依据 VT 体积按序进行标识，标识不下的内容应在其使用说明书或包装上标明。

5.1.3 外观要求

VT 机壳外观应整洁，表面不应有毛刺、凹痕、裂纹、变形，表面涂层不应起泡、龟裂、脱落。金属零件不应有锈蚀和机械损伤。

5.2 功能要求

VT 应能支持 GB/T 30290.1—2013 中 6.1、6.2 的功能，按 GB/T 30290.2—2013 的要求与 ISC 进行通信，实现协议处理，完成控制和应答规程。

5.2.1 基本功能

5.2.1.1 配置参数修改

VT 应能接受 ISC 的参数修改请求，按规程保存参数和向 ISC 报告参数修改成功。

5.2.1.2 位置信息报告

VT 应能接受和拒绝一个或多个 ISC 的实时定位和条件定位请求，并按规程进行位置信息报告(包括移动通信中断时)。VT 应支持系统的实时定位、条件定位、多 ISC 实时定位、拒绝实时定位及盲区补传等功能。

5.2.2 扩展功能

5.2.2.1 报警求助报告

VT 应能支持系统的报警指示、越界报警、报警测试及求助等功能，应能确定警情和接受驾乘者操作，并按规程向 ISC 发出报警、求助报告。

5.2.2.2 音像采集报告

VT 应能支持系统的话音采集和图像采集等功能，接受 ISC 话音和图像采集请求，并按规程向 ISC 传送话音和图像。

5.2.2.3 设备记录报告

VT 应能支持系统的状态查询、行驶记录及测量遥控等功能，采集车辆实时信号，接受 ISC 设备状态查询、行驶记录查询的请求，并按规程向 ISC 报告当前、历史的设备状态和存储的车辆运行数据，执行 ISC 信号控制操作。

5.2.2.4 信息收发处理

VT 应能支持系统的调度、信息发布、短信息处理及语音提示等功能，应能与 ISC 或网内其他 VT

按规程互通文字信息，并按确定的人机界面向驾乘者提供操作信息。

5.2.2.5 通话操作

VT 可支持系统的车载话音功能，向驾乘者提供手持或免提通话装置。

5.2.2.6 外设数据接口

VT 可支持系统的外设数据传输功能，为其他设备提供数据传输。

5.2.2.7 用户管理

VT 可支持系统的用户注册、注销及禁止等功能，通过人机接口提供车载终端用户进行系统注册和注销。

5.2.2.8 安全管理

VT 可支持系统的安全管理请求和指示等功能，自动识别安全保密模块及其工作状态，支持发起和接受 ISC 安全保密机制和参数的协商，实现系统的安全保密。

5.2.2.9 导航信息处理

VT 可请求 ISC 计算导航路径、查询指定点周边信息及下发当前位置附近的交通引导信息，并将计算、查询及下发的信息通过人机接口提供给驾乘人员或供 VT 作为导航计算参考。

5.2.2.10 设备自检

VT 应具备自检功能，并指示结果。

5.3 性能要求

5.3.1 定位性能

在定位单元正常接收信号条件下，应满足以下要求：

a) 定位精度：静态和动态定位精度应分别不大于 20 m 和 15 m(2DRMS)；
b) 信号捕获，包括：
   1) 在没有存储正确的星历、历书、时间和位置等数据时，应在 180s 内获得满足定位精度要求的位置数据；
   2) 在存储正确的历书、时间和位置数据，但没有星历数据时，应在 90s 内获得满足定位精度要求的位置数据；
   3) 在存储正确的星历、历书、时间和位置等数据时，应能在 20s 内重新获得满足定位精度要求的位置数据。

5.3.2 移动通信性能

在移动通信网络覆盖范围内，应满足以下要求：

a) 应具有双向数据传输能力，保证数据的透明性、完整性和实时性；
b) 在提供话音业务时，其话音连续、自然度高；
c) 发射功率、接收灵敏度、频带干扰、频率范围等应满足移动通信网络要求。

5.3.3 信号采集及控制

VT 应能通过基本数字输入、输出口，采集具有明确定义的开关量，输出开关量达到控制车辆电气的目的。

5.3.3.1　**信号采集**

VT可具有开关信号采集的能力。每一采集点应指示电平输入范围和信号采集可承受的电流极限值。

5.3.3.2　**信号控制**

VT可具有开关信号输出的能力。每一采集点应指示电平输出范围和电流输出极限值。

5.3.3.3　**输入输出接口**

每一路采集、控制接口使用独立的地线和信号线，其线径不低于所能承受电流极限值的安全值。

5.3.4　**信息处理及接口**

VT人机界面可以是文本、图形及语音等媒体。VT应至少支持以下一种信息处理操作方式。

5.3.4.1　**按键操作**

VT应能提供快捷按键或依据文字、语音提示操作按键方式，辅助驾乘者向ISC或其他驾乘者指示确定意义事件发生。

5.3.4.2　**语音操作**

VT应能以手持或免提方式向驾乘者提供通话功能，支持主动呼叫和被动接听。在车辆环境噪声达到75 dB时，通话的话音自然度评分不低于3.0。

5.3.4.3　**文字操作**

VT应能向驾乘者提供文本阅读、文字编辑等功能，能发送信息到ISC或其他驾乘者，也能接收ISC或其他驾乘者发送的信息。

5.3.4.4　**图形操作**

VT应能提供图形缩放、旋转、滚动等功能，满足GB/T 19392—2013中4.2.2.2的要求。

5.3.5　**信息安全及接口**

VT应能提供设备认证、数据加密等信息安全功能，满足GB/T 30290.3—2013的要求。VT可采用独立的数据加解密单元实现信息安全功能。

5.3.5.1　**加解密单元性能**

加解密单元的加密速率、解密速率、密钥量等性能应满足GB/T 30290.3—2013中第10章的要求。

5.3.5.2　**加解密单元接口**

VT与加解密单元接口的电气特性、数据格式、速率应满足GB/T 30290.3—2013中7.2.1的要求。

5.3.5.3　**接口通信协议**

VT与加解密单元的信息交换数据定义、格式及规程应满足GB/T 30290.3—2013中7.2.2、7.2.3及7.2.4的要求。

5.3.6 信息交换协议

VT 与 ISC 通过通信规程实现信息交换及控制，信息交换协议应遵循 GB/T 30290.2—2013。

5.4 电源适应性

5.4.1 电源电压

电源电压应满足标称电压分别为 12 V、24 V 及 36 V 的车辆环境工作，其工作电压范围见表 1。

表 1 电源应性要求

标称电压	低电压	高电压	过电压
12 V	+9 V	+18 V	+24 V
24 V	+12 V	+32 V	+36 V
36 V	+24 V	+48 V	+54 V

5.4.2 电流限值

VT 应满足产品规范中规定的最大工作电流、正常工作电流和待机工作电流要求。

5.4.3 安全保护

VT 应具有过压保护和极性保护：

a) 过压保护：VT 在达到表 1 规定的过电压范围时应进行保护，电压恢复时应能正常工作；

b) 极性保护：VT 在表 1 规定的电源极性要求范围内极性反接时，除熔断器外（允许更换烧坏的熔断器）不应有其他电气故障；

c) 短路保护：VT 在发生电源线短路时，除熔断器外不应有其他电气故障。

5.5 环境适应性

5.5.1 高低温

VT（除液晶屏外）应能承受如表 2 高低温适应性试验后，应能正常工作。

表 2 高低温适应性要求

序号	项目	工作条件	贮存条件
1	低温	−20 ℃	−40 ℃
2	高温	+70 ℃	+85 ℃

5.5.2 湿热

VT 应能在工作和贮存条件下承受温度为+40 ℃、相对湿度 93%、试验周期为 48 h 的恒定湿热适应性试验后，应能正常工作。

5.5.3 振动

VT 应能承受如表 3 所示的振动条件下的试验，其物理结构完整，并能正常工作。

表 3 振动条件

频率范围 Hz	振幅 mm	加速度 m/s^2	扫频速率 oct/min	每一方向试验时间 h
10～25	1.2	—	1	8
25～500	—	30		
振幅和加速度适用于“Z”，对于“X”和“Y”方向其振幅和加速度值可以除以 2。 振动试验时的“Z”方向规定为与汽车的垂直方向平行的方向。				

5.5.4 冲击

VT 工作状态下应能承受峰值加速度为 150 m/s^2、脉冲持续时间为 11 ms、每个轴向连续 3 次的半正弦波的冲击试验，其物理结构完整，并能正常工作。

5.5.5 机壳

VT 应能承受 GB 4208—2008 中 IP40 等级的试验，其物理结构完整，并能正常工作。

5.6 电磁兼容性

VT 电磁兼容性要求见表 4。

表 4 电磁兼容性要求

序号	项　目	要　　求
1	辐射骚扰场强	应符合 GB/T 18655—2010 等级 2 所规定的限值要求
2	传导骚扰	应符合 GB/T 18655—2010 等级 2 所规定的限值要求
3	静电放电抗扰度	应符合 GB/T 19951—2005 规定的要求，通电状态，接触放电试验电压为 ±6 kV，空气放电试验电压为 ±8 kV；不通电状态，接触放电试验电压 ±6 kV，空气放电试验电压 ±15 kV
4	辐射抗扰度	应符合 GB/T 17619—1998 规定的要求，在 20 MHz～1 000 MHz 频率范围内，试验场强为 24 V/m
5	电源线电瞬态传导	应符合 GB/T 21437.2—2008 中测试波形要求，在电源线分别测试脉冲 1、脉冲 2、脉冲 3、脉冲 4、脉冲 5，推荐试验等级Ⅲ
6	信号线电瞬态传导	应符合 GB/T 21437.3—2012 中测试波形要求，在信号线分别测试快脉冲和慢脉冲，推荐试验等级Ⅱ

5.7 配件

5.7.1 线缆

VT 线缆分为电源线和信号线：

a) 电源线：VT 电源线正极应为红色，负极应为黑色。电源线应有保护套，保证不会接触到可能引起绝缘损伤的部件。电源线线径不低于 2.0 mm，满足 300 V 绝缘电压条件下工作要求；

b) 信号线：VT 信号线应通过不同颜色标识，并在安装说明书中描述。当信号线需穿越金属孔时，应装有保护套。信号线线径应满足所能通过最大电流要求。

5.7.2 连接器

VT 连接器两端的线色应相同。若有两个以上连接器，连接头(座)间应不能互换。在连接完毕后，连接器的连接应牢固可靠，不应有松动、接触不良现象。

5.7.3 熔断器

VT 应在使用熔断器处清晰地标出额定电流值。熔断器应能方便地安装和更换。

5.8 可靠性

由产品规范规定。

6 分类

6.1 VT 分类

在满足 5.1、5.4、5.5、5.6 及 5.7 的前提下，依据其人机接口处理能力和信息安全要求，将 VT 分为四级、两型，共八类，见表 5。各类终端分级、分型定义见 6.2 和 6.3。

表 5 VT 分类要求

分级	分 型	
	A 型分类	B 型分类
A 级	AA	AB
B 级	BA	BB
C 级	CA	CB
D 级	DA	DB

6.2 VT 分级

VT 依据人机接口处理方式和处理能力分为 A、B、C、D 四级：

a) A 级：具有图像、文字、语音处理能力；

b) B 级：具有文字和语音处理能力；

c) C 级：具有文字或语音处理能力；

d) D 级：无人机接口。

6.3 VT 分型

VT 依据信息安全要求分为 A 型和 B 型：

a) A 型：具有信息安全功能；

b) B 型：不具有信息安全功能。

7 测试方法

7.1 测试条件

7.1.1 大气条件

除另有规定外，所有试验应在如下测试用标准大气条件下进行：

a) 温度：15 ℃～35 ℃；

b) 相对湿度：25％～75％；

c) 大气压力：86 kPa～106 kPa。

7.1.2 测试系统

建立测试用ISC,除另有规定外,利用实际的卫星信号、移动通信网络对VT测试,且场地周围无显著电磁信号干扰。

测试期间施加于VT的电源电压应在额定电压的±5%范围内。

7.1.3 测试设备

所有测试设备应有足够的分辨率、准确度和稳定度,其性能应满足被测技术性能指标的要求。除另有规定外,测试设备精度应优于被测指标精度一个数量级。所有测试设备应经过计量检定合格并在有效期内。

7.2 一般要求

用目测、图文核对和操作演示等方法进行。

7.3 功能

将VT按要求安装在车辆上,使车辆以不低于20 km/h的速度行驶,通过ISC的操作,记录过程和结果,对车载VT功能进行验证。

7.3.1 配置参数修改

通过ISC对VT实施基本参数配置,记录观测结果,按表6要求操作。

表6 VT基本参数配置检测

基本配置操作	操作项目	观测结果	观测要求	合格判据
	设置设备区域号	确认中心是否操作成功	实施三次操作,查看应答记录,计算操作响应时间	二次成功
	设置源/目的地址			

通过ISC对VT实施扩展参数配置,记录观测结果,按表7要求操作。

表7 VT扩展参数配置检测

	操作项目	观测结果	观测要求	合格判据
扩展配置操作	设置报警目的地址	确认中心是否操作成功	实施三次操作,查看应答记录,计算请求发出至收到应答的时间	二次成功
	配置报警器			
	设置行驶记录采样时间			
	设置话音采集号码			
	设置呼叫限制号码			

7.3.2 位置信息报告

在ISC通过对VT实施实时定位、条件定位、多ISC实时定位等操作,记录观测结果,确定是否满足位置信息报告的要求。

7.3.2.1 实时定位功能

按表8的要求操作。

表 8 实时定位功能检测

	操作项目	观测结果	观测要求	合格判据
实时定位	定时定位	是否按规定时间报告位置信息直至实时定位时间到时	各操作项目实施三次不同参数的操作，确定车辆实际位置和 VT 报告的位置，计算请求发出至收到第一个位置报告的响应时间	二次成功
	定距定位	是否按规定距离报告位置信息直至实时定位时间到时		
	定时定距定位	是否按规定时间/距离报告位置信息直至实时定位时间到时		

7.3.2.2 条件定位功能

按表 9 的要求操作。

表 9 条件定位功能检测

	操作项目	观测结果	观测要求	合格判据
条件定位	定时定距条件设置	确认中心是否操作成功，是否按规定条件报告置信息	a） 实施三次操作，查看应答记录，计算请求发出至收到应答的时间；b） 各操作项目实施三次不同参数的操作，确定车辆实际位置和 VT 报告的位置，计算请求发出至收到第一个位置报告的响应时间	二次成功
	定时刻条件设置			
	定位置条件设置			
	定速度条件设置			
	定状态条件设置			

7.3.2.3 多 ISC 实时定位功能

按表 10 的要求操作。

表 10 多 ISC 实时定位功能检测

	操作项目	观测结果	观测要求	合格判据
多 ISC 实时定位	单个 ISC 实时定位	确定是否满足 7.3.2.1 要求	各 ISC 独立操作并互不影响。各操作项目实施三次不同参数的操作，确定车辆实际位置和 VT 报告的位置，计算请求发出至收到第一个位置报告的响应时间	二次成功
	两个 ISC 实时定位			
	三个 ISC 实时定位			

7.3.3 报警求助报告

通过 VT 按条件启动报警，在 ISC 通过对 VT 实施报警、求助等操作，记录观测结果，确定是否满足报警求助报告的要求。

7.3.3.1 报警指示功能

按表 11 的要求操作。

表 11 报警功能检测

	操作项目	观测结果	观测要求	合格判据
报警	抢劫报警	是否按规定的时间/距离报告位置信息直至报警监控时间到时	各操作项目实施三次操作，确定车辆实际位置和 VT 报告的位置，计算报警启动至收到第一个位置报告的响应时间	二次成功
	防盗报警			
	欠压报警			

7.3.3.2 人工求助功能

按表12的要求操作。

表12 求助功能检测

	操作项目	观测结果	观测要求	合格判据
求助	人机操作1:如交通事故	是否按规定的求助类型发送求助报告	各操作项目实施三次操作,记录求助类型,确定车辆实际位置和VT报告的位置,计算求助启动至收到第一个位置报告的响应时间	二次成功
	人机操作2:如车辆故障			

7.3.4 音像采集报告

在ISC通过对VT实施话音采集、图像采集等操作,记录观测结果,确定是否满足音像采集报告的要求。

7.3.4.1 话音采集功能

按表13的要求操作。

表13 话音采集功能检测

	操作项目	观测结果	观测要求	合格判据
话音采集	主动话音采集	是否按规定的号码建立话音通路直至采集撤销	各操作项目实施三次,确定话音自然度,计算话音采集启动至开始听到话音的时间	二次成功
	被动话音采集			

7.3.4.2 图像采集功能

按表14的要求操作。

表14 图像采集功能检测

	操作项目	观测结果	观测要求	合格判据
图像采集	主动图像采集	是否按规定的图像编码发送图像信息	各操作项目实施三次,确定图像清晰度,确定车辆实际位置和VT报告的位置,计算图像采集启动至收到图像的响应时间	二次成功
	被动图像采集			

7.3.5 设备记录报告

在ISC通过对VT实施状态查询、行驶记录及测量遥控等操作,记录观测结果,确定是否满足设备记录报告的要求。

7.3.5.1 状态查询功能

按表15的要求操作。

表 15 状态查询功能检测

	操作项目	观测结果	观测要求	合格判据
状态查询	车辆位置	是否按规定报告位置信息、信号状态及控制日志	各操作项目实施三次，确定车辆实际位置和VT报告的位置，确定车辆实际信号状态，对比中心控制记录和终端控制日志，计算查询启动至接收报告的时间	二次成功
	信号状态			
	控制日志			

7.3.5.2 **行驶记录功能**

按表16的要求操作。

表 16 行驶记录功能检测

	操作项目	观测结果	观测要求	合格判据
行驶记录	按日期范围查询	是否按规定查询要求报告记录	各操作项目实施三次，确定车辆实际行驶路线、日期、报警与查询记录一致，计算查询应答响应时间	二次成功
	按地点范围查询			
	按报警条件查询			

7.3.5.3 **信号采集控制功能**

按表17的要求操作。

表 17 信号采集控制功能检测

	操作项目	观测结果	观测要求	合格判据
信号采集控制	命令时效性	是否按规定的时间成功地实施了车门的开和关	各操作项目实施二次，计算命令应答响应时间和车门实施开关操作时间，确定车门按对应要求进行了动作	二次成功
	车门开、关			

7.3.6 信息收发处理

在ISC通过对VT实施调度、文本信息发布及语音信息发布等操作，记录观测结果，确定是否满足信息收发处理的要求。

7.3.6.1 **调度功能**

按表18的要求操作。

表 18 调度功能检测

	操作项目	观测结果	观测要求	合格判据
调度	调度请求	是否完整地接收到调度请求和指示信息	各操作项目实施三次，分别在VT和ISC查阅调度信息的正确性，计算调度请求和指示发出至接收到信息的时间	二次成功
	调度指示			

7.3.6.2 信息发布功能

按表19的要求操作。

表19 信息发布功能检测

	操作项目	观测结果	观测要求	合格判据
信息发布	文本信息	是否完整地看到文本信息和听得语音信息	各操作项目实施三次，确定看到和听到的信息与发布的信息应一致，计算信息发布启动至收到信息的时间	二次成功
	语音信息			

7.3.7 通话操作检验

在ISC通过对VT实施分组调度、信息发布、短信息处理及语音提示等操作，记录观测结果，确定是否满足信息收发处理的要求。

按表20的要求操作。

表20 通话操作管理功能检测

	操作项目	观测结果	观测要求	合格判据
通话操作	呼出	是否正确实施呼出和接听操作，通话过程中自然度是否满足要求	各操作项目实施三次，确定通话自然度，计算呼出至开始通话的时间	二次成功
	接听			
	通话记录			

7.3.8 外设数据接口功能

在ISC通过对VT实施外设数据收发等操作，记录观测结果，确定是否满足外设数据接口功能的要求。按表21的要求操作。

表21 外设数据接口功能检测

	操作项目	观测结果	观测要求	合格判据
外设数据接口	发送数据	是否正确进行数据传输	各操作项目实施二次，确定数据的完整性，计算数据传输延时	二次成功
	接收数据			

7.3.9 使用者管理功能检验

分别在VT实施用户注册、用户注销和在ISC对VT实施用户禁止等操作，记录观测结果，确定是否满足使用者管理的要求。

7.3.9.1 用户注册功能

按表22的要求操作。

表 22　用户注册功能检测

	操作项目	观测结果	观测要求	合格判据
用户注册	正确注册	是否能够注册成功	各操作项目实施二次，检测注册日期、账号、密码是否正确，计算注册响应时间	二次成功
	错误注册			

7.3.9.2　用户注销功能

按表 23 的要求操作。

表 23　用户注销功能检测

	操作项目	观测结果	观测要求	合格判据
用户注销	正确注销	是否能够注销	各操作项目实施三次，检测注册日期、账号是否正确，计算注销响应时间	二次成功
	错误注销			

7.3.9.3　用户禁止功能检验

按表 24 的要求操作。

表 24　用户禁止功能检测

	操作项目	观测结果	观测要求	合格判据
用户禁止	正确禁止	是否能够禁止	各操作项目实施三次，检测禁止日期、账号是否正确，确定用户禁止后系统功能的使用，计算禁止响应时间	二次成功
	错误禁止			

7.3.10　安全管理功能检验

分别在 VT 接入安全保密模块和在 ISC 对 VT 实施安全保密机制协商等操作，记录观测结果，确定是否满足安全管理的要求。

7.3.10.1　安全管理指示功能

按表 25 的要求操作。

表 25　安全管理指示功能检测

	操作项目	观测结果	观测要求	合格判据
安全管理指示	VT 接入安全保密模块	协商的安全保密参数应启动	各操作项目实施三次，检测安全保密机制的参数正确性	二次成功
	VT 断开安全保密模块	协商的安全保密参数应关闭		

7.3.10.2　安全管理请求功能

按表 26 的要求操作。

表 26　安全管理请求功能检测

	操作项目	观测结果	观测要求	合格判据
安全管理请求	ISC 开启安全保密机制	协商的安全保密参数应启动	各操作项目实施三次，检测安全保密机制的参数正确性	二次成功
	ISC 关闭安全保密机制	协商的安全保密参数应关闭		

7.3.11　导航信息处理功能

在 VT 实施路径计算指示等操作，记录观测结果，确定是否满足导航信息处理的要求。

7.3.11.1　路径计算功能

按表 27 的要求操作。

表 27　路径计算功能检测

	操作项目	观测结果	观测要求	合格判据
路径计算	通过人机接口确定目的地，发出路径计算指示	在 VT 上路径信息的：a) 图形、文字、语音提示；b) 文字、语音提示；c) 语音提示	各操作项目实施三次，检测路径计算和提示的正确性	二次成功

7.3.11.2　周边信息功能

按表 28 的要求操作。

表 28　周边信息功能检测

	操作项目	观测结果	观测要求	合格判据
周边信息	通过人机接口确定指定点信息，发出周边信息指示	在 VT 上周边信息：a) 图形、文字、语音提示；b) 文字、语音提示；c) 语音提示	各操作项目实施三次，检测周边信息查询和提示的正确性	二次成功

7.3.11.3　引导信息功能

按表 29 的要求操作。

表 29　引导信息功能检测

	操作项目	观测结果	观测要求	合格判据
引导信息	通过人机接口发出引导信息指示	在 VT 上引导信息：a) 图形、文字、语音提示；b) 文字、语音提示；c) 语音提示	各操作项目实施三次，检测引导信息查询和提示的正确性	二次成功

7.4 性能

将 VT 按要求安装在车辆上，并确认 VT 和 ISC 的工作正常。

7.4.1 定位性能

7.4.1.1 定位精度

测试方法如下：

a) 静态定位精度

将车辆停泊在已知准确经纬度的地点，通过 ISC 连续获取 1 000 个车辆的位置信息，保留卫星星况正常的信息，统计各位置信息与已知点的偏差。

b) 动态定位精度

使车辆以不低于 40 km/h 的速度来回行驶在一条已知准确经纬度的道路上，通过 ISC 连续获取 1 000 个车辆的位置信息，保留卫星星况正常的信息，统计各位置信息与已知道路的偏差。

7.4.1.2 信号捕获

将车辆停泊在已知准确经纬度的地点，清空卫星定位接收机保存的参数(包括星历、历书、时间和位置等)使其处于初始状态，确认 VT 为断电方式：

a) 初次定位时间测试

VT 加电，并使 ISC 处于实时定位周期为 1 s～10 s 取值的连续实时定位工作方式，开始计时。获取第一个卫星星况正常且定位精度满足要求的车辆位置信息，结束计时，并计算起止时间差。

b) 再次定位时间测试

在初次定位测试后，使卫星定位接收机保存有正确的星历数据，VT 断电 24 h。VT 加电，并使 ISC 处于实时定位周期为 1 s～10 s 取值的连续实时定位工作方式，开始计时。获取第一个卫星星况正常且定位精度满足要求的车辆位置信息，结束计时，并计算起止时间差。

c) 定位恢复时间测试

VT 加电，使卫星定位接收机处于定位工作状态。断开卫星接收天线 24 h 后，使 ISC 处于实时定位周期为 1 s～10 s 取值的连续实时定位工作方式，接通卫星接收天线并开始计时。在获取第一个卫星星况正常且定位精度满足要求的车辆位置信息时结束计时，并计算起止时间差。

d) 重新定位时间测试

VT 加电，使卫星定位接收机处于定位工作状态。断开卫星接收天线 60 s 后(删除：24 h 后 VT 断电 60 s 后重新上电)，并使 ISC 处于实时定位周期为 1 s～10 s 取值的连续实时定位工作方式，接通卫星接收天线并开始计时。在获取第一个卫星星况正常且定位精度满足要求的车辆位置信息时结束计时，并计算起止时间差。

7.4.2 移动通信性能

使车辆在服务区域范围内以 40 km/h 的速度行驶，并使 ISC 处于实时定位周期为 1 s～10 s 取值的连续实时定位工作方式。

a) 数据通信

车辆行驶过程中实施 7.3.1、7.3.2 操作，校验数据的正确性；

b) 话音自然度

车辆行驶过程中实施通话操作；

c) 无线信号

依据不同网络技术要求，检查相关检验机构有关无线收发信机发射功率、接收灵敏度、频带干扰、频率范围等报告。

7.4.3 信号采集及控制

首先测量信号线径和观察颜色，然后使车辆在服务区域范围内以 40 km/h 的速度行驶：

a) VT 实施报警操作，测量信号采集线电压和电流，观察 ISC 接收的报警指示；

b) ISC 实施遥控操作，测量信号输出线电压和电流，观察 VT 执行的遥控请求。

7.4.4 信息处理及接口

使车辆在服务区域范围内以 40 km/h 的速度行驶。

7.4.4.1 按键操作

检测按键接触灵敏度，文字清晰度。实施求助功能操作。

7.4.4.2 话音操作

实施话音呼出和接听操作，试听通话质量。

7.4.4.3 文字操作

在不同角度实施文本阅读和文字编辑操作。

7.4.5 信息安全接口及性能

7.4.5.1 接口性能检验

将 VT 技术说明书与实物对照检查，检查加解密机与 VT 的连接接口，实施 GB/T 30290.3—2013 中 6.2 操作。

7.4.5.2 加解密机性能

检查涉密检验机构有关加解密机加密速率、解密速率、密钥量等指标测试报告。

7.4.5.3 接口通信协议

通过协议分析，实施 GB/T 30290.3—2013 中 6.1、6.2、6.3 中各项操作，记录各协议帧。

7.4.6 信息交换协议

通过协议分析，实施 7.3 中各项操作，记录各协议帧。

7.5 电源适应性试验

将 VT 置于实验室环境，确保与 ISC 之间通信正常。

7.5.1 电源电压

测试方法如下：

a) 对于标称为 12 V 工作电源的 VT，分别输入电源电压 9 V 和 18 V 各运行 15 min；

b) 对于标称为 24 V 工作电源的 VT，分别输入电源电压 18 V 和 32 V 各运行 15 min；

c) 对于标称为 36 V 工作电源的 VT，分别输入电源电压 24 V 和 48 V 各运行 15 min；

d) 对于标称为 12 V、24 V、36 V 工作电源的 VT，分别输入电源电压 24 V、36 V 及 48 V 的电压，各持续 1 min，仅允许更换烧坏的熔断器，再输入正常电压。

7.5.2 电流限值

使 VT 分别工作在满负载、正常负载及无操作状态下，记录各状态下的工作电流。

7.5.3 安全保护

测试方法如下：

a) 对于标称为 12 V、24 V 及 36 V 工作电源的 VT，将电源线的正负极连接 1 min，仅允许更换烧坏的熔断器；
b) 向 VT 的电源端分别输入 12 V、24 V 及 36 V 但极性相反的电压，各持续 1 min，仅允许更换烧坏的熔断器，再输入正常电压；
c) 用目测法检查 VT 连接器上的标记和防差错装置。

7.6 环境适应性试验

在进行环境适应性试验时，VT 不应加任何防护包装。在试验中改变温度时，升温或降温速率不超过 1 ℃/min。除非另有规定，试验顺序按表 30 规定进行。

表 30 VT 环境适应性试验顺序

试验顺序	试验项目
1	低温试验
2	高温试验
3	冲击试验
4	振动试验
5	恒定湿热试验

试验中的初始检测、中间检测和最后检测项目见表 31。

表 31 环境适应性检测项目

序号	检测项目	要求的章条号	检验方法的章条号
1	外观质量	5.1.3	7.2
2	位置信息报告	5.2.1.2	7.3.2.1

7.6.1 低温试验

低温试验按 GB/T 2423.1—2008 的规定进行。其中，低温贮存时间为 16 h，低温工作稳定时间为 2 h，恢复时间均为 2 h。受试样品的中间检测项目按表 31 中序号 2 进行，初始检测和最后检测项目按表 31 中各项目进行。

7.6.2 高温试验

高温试验按 GB/T 2423.2—2008 的规定进行。其中，高温贮存时间为 16 h，高温工作稳定时间为 2 h，恢复时间均为 2 h。受试样品的中间检测项目按表 31 中序号 2 进行，初始检测和最后检测项目按表 31 中各项目进行。

7.6.3 冲击试验

冲击试验按 GB/T 2423.5 的规定进行。受试样品的中间检测项目按表 31 中序号 2 进行，初始检测和最后检测项目按表 31 中各项目进行。

7.6.4 振动试验

振动试验按 GB/T 2423.10 的规定进行。受试样品的中间检测项目按表 31 中序号 2 进行,初始检测和最后检测项目按表 31 中各项目进行。

7.6.5 湿热试验

恒定湿热试验按 GB/T 2423.3 的方法。受试样品的中间检测项目按表 31 中序号 2 进行,初始检测和最后检测项目按表 31 中各项目进行。

7.7 电磁兼容性试验

7.7.1 辐射骚扰场强试验

按 GB/T 18655—2010 中 6.4 规定的试验方法进行。

7.7.2 传导骚扰试验

按 GB/T 18655—2010 中 6.3 规定的试验方法进行。

7.7.3 静电放电抗扰度试验

按 GB/T 19951—2005 中第 5 章和第 7 章规定的方法进行。

性能判据推荐采用 GB/T 19951—2005 附录 B 中功能状态 B 类,即设备或系统在暴露于干扰期间,能执行其预先设计的所有功能;然而,有一项或多项指标超出规定偏差。所有功能在移出直接暴露干扰之后自动恢复到正常允许范围内。

7.7.4 辐射抗扰度试验

按 GB/T 17619—1998 中第 9 章规定的方法进行。性能判据推荐采用如下功能状态,即装置或系统在施加骚扰期间,不执行其预先设计的一项或多项功能,但在停止施加骚扰之后能自动恢复到正常操作状态。

7.7.5 电源线电瞬态传导

按 GB/T 21437.2—2008 中第 4 章规定的方法进行。性能判据推荐采用附录 A 中的功能状态 C 类,即装置或系统在施加骚扰期间,不执行其预先设计的一项或多项功能,但在停止施加骚扰之后能自动恢复到正常操作状态。

7.7.6 信号线电瞬态传导

按 GB/T 21437.3—2012 中第 3 章规定的方法进行。性能判据推荐采用如下功能状态,即装置或系统在施加骚扰期间,不执行其预先设计的一项或多项功能,但在停止施加骚扰之后能自动恢复到正常操作状态。

7.8 配件

将 VT 置于实验室环境,通过目测,逐项进行检查。

7.8.1 线缆

通过目测检查电源线、信号线的保护套和颜色。通过量具测量电源线和信号线线径。

7.8.2 连接器

观察 VT 连接器两端的线色是否相同,是否不能互换,是否连接可靠,是否接触良好。

7.8.3 熔断器

目测判断是否清晰标明额定电流值，是否方便安装和更换。

7.9 可靠性

7.9.1 试验方案

设备的可靠性试验方案，根据生产批量的多少和生产方可能提供的试验条件，由生产方和使用方按照下述试验方案协商确定：

a) 在设备定型时，应进行可靠性鉴定试验，以验证设备是否达到规定的可靠性要求。鉴定方案可选用 GB/T 5080.7—1986 中标准型定时截尾试验方案；

b) 在设备批量生产验收且不需要估计 MTBF 的真值时，应以预定的判断风险率(α、β)，对规定的 MTBF 值作合格与否的判决。方案可选用 GB/T 5080.7—1986 中序贯试验方案。

7.9.2 受试样本的数量

受试样本的数量要求如下：

a) 可靠性试验受试样本的数量应在有关合同中规定或由生产方和使用方商定；

b) 最佳受试样本的数量推荐如表 32 所示。

表 32 最佳样本数

批量大小	最佳样本数
1～3	全部
4～50	4
50～100	8

7.9.3 失效判决

失效判决准则按 GB/T 5080.1 规定执行。

7.10 外壳

测试方法如下：

a) 在试验室借助放大镜通过目测检测 VT 机壳；

b) 使用线径大于 1.0 mm 的金属丝探测。

7.11 终端分类

在实施 7.3～7.9 试验的基础上，依据 6.3 的要求对 VT 分类进行判断。

8 检验规则

8.1 检验分类

VT 的检验分为鉴定检验和质量一致性检验。

8.2 鉴定检验

如有下列情况之一发生时应进行鉴定检验：

a) 新产品或老产品易地生产的生产定型鉴定；

b) 结构、材料、工艺有较大改变可能影响产品性能时；

c) 产品停产 1 年以上恢复生产时。

8.2.1 样品数量

做鉴定检验的样品数量为 4 套。

8.2.2 检验项目及顺序

鉴定检验项目及顺序见表 33。

表 33 检验项目及顺序表

序号	检验项目	鉴定检验	质量一致性检验			要求的章条号	检验方法的章条号
			逐批检验		周期检验		
			全数检验	抽样检验			
1	基本组成	○	○	—	—	5.1.1	7.2
2	配置参数修改	○	○	—	—	5.2.1.1	7.3.1
3	位置信息报告	○	○	—	—	5.2.1.2	7.3.2
4	报警求助报告	○	○	—	—	5.2.2.1	7.3.3
5	音像采集报告	○	○	—	—	5.2.2.2	7.3.4
6	设备记录报告	○	—	○	—	5.2.2.3	7.3.5
7	信息收发处理	○	—	○	—	5.2.2.4	7.3.6
8	通话操作	○	—	○	—	5.2.2.5	7.3.7
9	外设数据接口	○	—	○	—	5.2.2.6	7.3.8
10	用户管理	○	—	○	—	5.2.2.7	7.3.9
11	安全管理	○	—	○	—	5.2.2.8	7.3.10
12	导航信息处理	○	—	○	—	5.2.2.9	7.3.11
13	设备自检	○	—	○	—	5.2.2.10	7.2
14	定位精度	○	○	—	—	5.3.1a)	7.4.1.1
15	信号捕获	○	—	○	—	5.3.1b)	7.4.1.2
16	移动通信性能	○	—	—	—	5.3.2	7.4.2
17	信号采集	○	—	○	—	5.3.3.1	7.4.3 a)
18	信号控制	○	○	—	—	5.3.3.2	7.4.3 b)
19	信息处理及接口	○	○	—	—	5.3.4	7.4.4
20	信息安全及接口	○	○	—	—	5.3.5	7.4.5
21	信息交换协议	○	—	○	—	5.3.6	7.4.6
22	电源电压	○	—	○	—	5.4.1	7.5.1
23	电流限值	○	—	○	—	5.4.2	7.5.2
24	安全保护	○	—	○	—	5.4.3	7.5.3
25	高温工作	○	—	—	○	5.5.1	7.6.2
26	低温工作	○	—	—	○	5.5.1	7.6.1
27	湿热	○	—	—	○	5.5.2	7.6.5
28	振动	○	—	—	○	5.5.3	7.6.4
29	冲击	○	—	—	○	5.5.4	7.6.3

表 33（续）

序号	检验项目	鉴定检验	质量一致性检验			要求的章条号	检验方法的章条号
			逐批检验		周期检验		
			全数检验	抽样检验			
30	配件	○	—	—	○	5.7	7.8
31	机壳及外观	○	—	—	○	5.1.3、5.5.5	7.9
32	电磁兼容性	○	—	—	△	5.6	7.7
33	设备标志	○	—	—	△	5.1.2	7.2
34	安装	○	—	—	△	9	7.2
35	包装	○	—	—	△	10.1	7.2
注：“○”表示必做项目；“△”表示选做项目；“—”表示不做项目。							

8.2.3 合格判据

当规定的检验项目全部符合第 5 章的要求，判定鉴定检验合格，否则判为不合格。若有一个项目不合格时，可重新抽取加倍的产品就该不合格项目进行复查，如仍有不合格时，则该批产品判为不合格。

8.3 质量一致性检验

8.3.1 检验分类

质量一致性检验分为逐批检验和周期检验。

8.3.2 检验批的形成与提出

检验批的形成与提出应符合 GB/T 2828.1—2012 的规定。

8.3.3 不合格的分类

按产品的质量特性及其不符合的严重程度，依据表 34 分为 A 类、B 类、C 类不合格。当有一个或一个以上不合格项目的单位产品称为不合格品。按不合格类型可分为 A 类、B 类、C 类不合格品。

表 34 产品不合格分类

分类	检查项目	不合格内容	不合格分类		
			A 类	B 类	C 类
功能要求	基本功能	不满足要求	○	—	—
	扩展功能	不满足要求	○	—	—
通用要求	电源适应性	不能在高电压(18 V/32 V/48 V)下正常工作	○	—	—
		不能在低电压(9 V/12 V/24 V)下正常工作	—	○	—
		不具有过电压和极性反接保护功能	○	—	—
通用要求	环境适应性	高、低温状态下不能正常工作	○	—	—
		振动状态下不能正常工作	—	○	—
		湿热状态下不能正常工作	—	○	—
	电磁兼容性	辐射骚扰场强不符合要求	—	○	—
		在规定的射频电磁场辐射抗扰度下不能工作	—	—	○
	外壳	表面有局部轻微擦伤、起泡、龟裂	—	—	○
		结构件金属表面严重锈蚀、发霉	—	—	○

表 34（续）

分类	检查项目	不合格内容	不合格分类		
			A类	B类	C类
配套线材		电源线和信号线没有保护套	—	○	—
		接插件接触不良及松动	—	○	—
		电源线和信号线颜色混乱	—	—	○
卫星定位		在50%时间范围内不能实现定位	○	—	—
		定位精度80%以下满足要求	—	○	—
		重新定位时间90%以下满足要求	—	—	○
内包装		配件和随机文件不全	—	—	○
外包装		标记不全或不正确	—	—	○
		运输试验后发生较严重的损伤	—	○	—

8.3.4 **检验项目及顺序**

检验项目及顺序见表33，根据实际情况，验收方和生产方可协商剪裁检验项目或改变检验顺序。

8.3.5 **逐批检验**

逐批检验是为判断每个提交检验批质量是否符合规定的要求。根据检查对象，逐批检验分全数检验和抽样检验。

8.3.5.1 **全数检验**

8.3.5.1.1 **抽样方案**

对生产方提交检验批的产品百分之百地进行检验。

8.3.5.1.2 **合格判据**

根据检验结果对全数检验作出如下判定：当发现A类不合格项时，应判该批产品检验不合格。当发现B类、C类不合格项小于或等于规定值，则判该批产品检验合格，否则不合格。具体数值由产品规范规定。

8.3.5.1.3 **样品处理**

经全数检验合格的批中，对发现有不合格的产品，生产方应负责修复并达到规定后，可作为合格品交付。

8.3.5.2 **抽样检验**

8.3.5.2.1 **抽样方案**

从交验的合格批中，随机抽取样本。除非另有规定，抽样方案按GB/T 2828.1—2012中规定的一般检验水平Ⅱ，一次正常检验抽样方案，其接收质量限(AQL)规定为：A类不合格品AQL为0.65、B类不合格品AQL为6.5、C类不合格品AQL为15。

8.3.5.2.2 **合格判据**

根据检验结果，若发现的三类不合格品数均不大于规定的合格判定数，则判检验合格，否则为不合格。

8.3.5.2.3 重新检验

若抽样检验不合格，生产方应对该批产品进行分析，找出缺陷原因并采取纠正措施后，可重新提交检验。重新提交检验批的抽样检验应按 GB/T 2828.1—2012 中 13.3 转移规则进行处理。若重新检验合格，仍判抽样检验合格；若重新检验仍不合格，仍判该批产品抽样检验不合格，拒收。

8.3.5.2.4 样品处理

同 8.3.5.1.3。

8.3.6 周期检验

周期检验是生产厂周期性地从全数检验和抽样检验合格的批中随机抽取样本进行的检验，以判断在规定周期内生产过程的稳定性是否符合规定的质量指标。有下列情况之一应进行周期检验：

a) 连续生产的产品，每年不少于一次，具体要求由产品规范规定；
b) 产品主要设计、工艺及原材料、元器件发生重大更改的提交批；
c) 停产半年后，恢复生产时。

8.3.6.1 抽样方案

除非另有规定，抽样方案按 GB/T 2829—2002 判别水平Ⅲ的一次抽样方案进行，不合格质量水平(RQL)和判定数组见表 35。

表 35 不合格质量水平(RQL)和判定

不合格品	样本大小	RQL	判定数组
A类	6	40	Ac=0,Re=1
B类	6	65	Ac=1,Re=2
C类	6	80	Ac=2,Re=3
注：Ac—合格判定数;Re—不合格判定数。			

8.3.6.2 合格判据

根据检验的不合格品数，按抽样方案中的判定数组要求，判定合格或不合格。若有一组不合格则应暂停交货，分析原因，采取改进措施，重新进行周期检查。合格后，产品方可交货。

当周期检验不合格，则停止交付，对已交付的产品由生产方采取纠正措施。

8.3.6.3 样品处理

经周期检验的样品不能作为正品出厂。

9 安装

VT 的安装分为出厂车和在用车安装。设备的安装和使用不应改变车辆性能和驾驶人员正常操作。

9.1 出厂车

VT 作为出厂车的标准配件，VT 的安装由车辆制造商自行负责设计、安装和调试。

9.2 在用车

对于在用车，由VT制造商与用户共同设计，确定设备的安装位置和方式。安装不应影响车辆的结构强度、电气安全性能和VT的使用、维修，且具有一定的防破坏能力。

10 包装、运输及贮存

10.1 包装

10.1.1 包装标志

包装标志的基本内容包括：

a) 与发货有关的产品标志内容：产品名称及商标、产品型号、规格、适用车型；
b) 生产企业名称、详细地址、邮政编码及电话号码；
c) 生产日期(或编号)或生产批号；
d) 执行的产品标准(国家标准、行业标准、地方标准或者经备案的企业标准)编号；
e) 包装储运图示标志应符合GB/T 191—2008的有关规定；
f) 质量等级标志；
g) 其他标志，如：安全认证合格标志、电磁兼容认证合格标志、质量认证合格标志等。

以上各项中f)、g)两项根据产品的具体情况可不标注，其余各项应标注。

10.1.2 包装要求

产品包装应考虑以下要求：

a) 防潮、防震、防尘；
b) 适应运输及装卸；
c) 临时性的防锈保护措施。

10.1.3 包装箱

包装箱应牢固，产品在箱内不应窜动，以免运输途中损伤。包装箱中随同产品供应的文件应包括：

a) 装箱单；
b) 产品出厂合格证；
c) 安装、使用及维护说明书。

10.2 运输

产品经包装后，可采用任何交通工具运输，但在运输过程中应采取防雨淋、防震以及安全措施。

10.3 贮存

产品的贮存应符合QC/T 238的有关规定。产品的贮存期通常为1a(从制造厂入库日期起)。在贮存超过1a的产品仍应开箱按8.3.5.2要求的项目进行检验，经复验合格后方可进入流通领域。

11 使用说明

使用说明(书)的编写应符合GB 5296.1的规定并提供下列有关信息：

a) 产品型号及组成；
b) 产品功能及操作；

c) 运输、装配和安装；

d) 保养、故障判断及修理；

e) 安全注意事项；

f) 其他。
